高等学校通识教育系列教材

# 计算机基础与高级办公应用

黄蔚 主 编

凌云 沈玮 副主编

熊福松 张志强 李小航 编 著

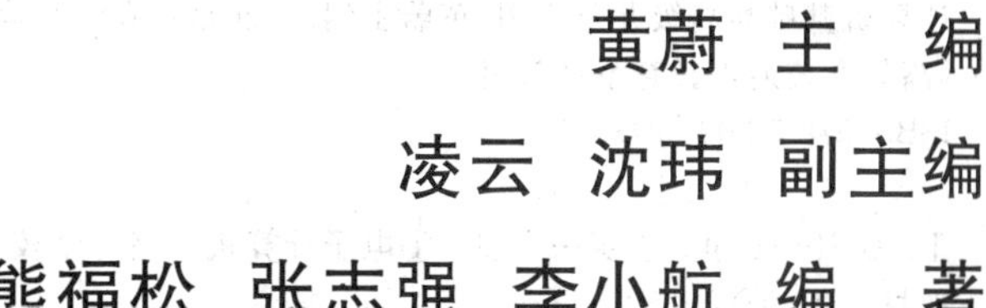

清华大学出版社

北 京

## 内容简介

本书包括计算机组成及工作原理、计算机软件与信息表示、计算机网路与信息安全、计算机新技术、Windows以及Microsoft Office软件介绍等内容。

本书第1～4章着重介绍现代信息技术，主要让读者理解计算机软硬件工作原理、网络与信息安全，并了解大数据、云计算、人工智能、物联网、虚拟现实技术及增强现实技术等计算机新技术；第5～8章着重介绍Windows、Word 2010、Excel 2010以及PowerPoint 2010的基本使用方法。本书可帮助读者理解和掌握计算机基础理论知识，并熟练运用办公自动化软件，为后续课程的深入学习以及将来的工作与生活奠定良好的基础。

本书可供多层次、不同专业的高等学校非计算机专业本科生使用，尤其适合文科专业的学生使用；通过合理选取内容，可以满足不同学时的教学，并可作为计算机等级考试一级、二级（高级Office应用）的参考书；也可供一般工程技术人员和对计算机技术感兴趣的读者参考。



**图书在版编目(CIP)数据**

计算机基础与高级办公应用/黄蔚主编. —北京：清华大学出版社，2018（2019.8重印）
（高等学校通识教育系列教材）
ISBN 978-7-302-50488-7

Ⅰ. ①计…　Ⅱ. ①黄…　Ⅲ. ①电子计算机－高等学校－教材 ②办公自动化－应用软件－高等学校－教材　Ⅳ. ①TP3

中国版本图书馆CIP数据核字(2018)第135339号

**责任编辑**：刘向威　张爱华
**封面设计**：文　静
**责任校对**：徐俊伟
**责任印制**：李红英

**出版发行**：清华大学出版社
**网　　址**：http://www.tup.com.cn，http://www.wqbook.com
**地　　址**：北京清华大学学研大厦A座　　**邮　　编**：100084
**社 总 机**：010-62770175　　**邮　　购**：010-62786544
**投稿与读者服务**：010-62776969，c-service@tup.tsinghua.edu.cn
**质量反馈**：010-62772015，zhiliang@tup.tsinghua.edu.cn
**课件下载**：http://www.tup.com.cn，010-62795954
**印 装 者**：三河市铭诚印务有限公司
**经　　销**：全国新华书店
**开　　本**：185mm×260mm　**印　张**：25.25　**字　　数**：628千字
**版　　次**：2018年9月第1版　**印　　次**：2019年8月第4次印刷
**印　　数**：4001～6500
**定　　价**：49.00元

---

产品编号：079728-01

# 前 言

计算机及相关技术的发展与应用在当今社会生活中发挥着前所未有且越来越重要的作用，计算机与人类的生活息息相关，是不可或缺的工作和生活工具，因此计算机教育应面向社会，与时代同行。为进一步推动高等学校计算机基础教育的发展，教育部高等学校计算机科学与技术教学指导委员会发布了《关于进一步加强高等学校计算机基础教学的意见暨计算机基础课程教学基本要求》(简称白皮书)。白皮书建议各高等学校在课程设置中采用"1＋X"方案，即"大学计算机基础"课程＋若干必修或选修课程方案。

全书内容共分8章。第1章是计算机组成及工作原理；第2章是计算机软件与信息表示；第3章是计算机网络与信息安全；第4章是计算机新技术；第5章是Windows操作系统；第6章是文字处理软件Word 2010；第7章是电子表格软件Excel 2010；第8章是演示文稿软件PowerPoint 2010。其中，第1～3章重点对计算机信息技术相关的基础知识做了全面介绍，属于基本原理性质的内容，讲解力求简洁、透彻。第4章属于技术性质的内容，只做了粗略介绍，允许初学者"知其然而不知其所以然"，将来在学习和工作中还可以进一步学习和加深理解。第5章介绍Windows的基本用法，主要是针对计算机基础较薄弱的用户，帮助这部分用户快速掌握计算机的基本使用方法。第6～8章介绍Microsoft Office 2010中的几个常用软件，包括Word、Excel和PowerPoint。针对目前国内有相当一部分地区在中小学就开设信息技术类课程的现状，本书对Office软件的介绍做了提升，涵盖了从基础到高级的知识，尤其是Excel部分，通过大量实例，介绍了办公应用中的很多实用技术。

本书的出版得到了江苏省高等教育教改立项研究课题(2017JSJG532)的资助。

全书由黄蔚主编，凌云、沈玮副主编，熊福松、张志强和李小航编著，朱锋和金海东老师也对本书的编写给予了很多指导性意见。参与编写的人员还有苏州大学计算机科学与技术学院大学计算机教学部的曹国平、陈建明、顾红其、郭芸、蒋银珍、李海燕、卢晓东、马知行、钱毅湘、王朝晖、魏慧、吴瑾、徐丽、张建、章建民、甄田甜、周红、周克兰、邹羚，在此表示衷心的感谢。

本书的编写力求做到由浅入深、层次分明、概念清晰，在选取案例时追求生动、通俗、易懂，同时涉及的知识点尽量全面、实用且新颖。由于编者水平有限，书中难免存在疏漏之处，敬请广大读者和同行不吝指正。

编　者

2018年4月

# 目　录

# 第1章 计算机组成及工作原理

## 1.1 计算机概述

计算机是20世纪人类最伟大的科学技术发明之一，对人类的生产和社会生活产生了极大的影响。计算机是一种能够根据程序指令对复杂任务进行自动、高速、精确处理的电子设备。通常所说的计算机主要是指电子计算机，它在人们的日常生活中几乎无处不在、无所不能。现代电子计算机虽然只经历了短短的几十年，但是却彻底改变了人类的生活和生产方式。

### 1.1.1 计算机发展历史

1946年2月，美国宾夕法尼亚大学莫尔学院研制成了大型电子数字积分计算机(ENIAC)，它最初专门用于火炮弹道计算，后经多次改进成为能进行各种科学计算的通用计算机，例如天气预报、原子核能、风洞试验设计等。ENIAC是一个约1m宽、30.5m长，重达30t的庞然大物(如图1-1所示)，它每秒可以执行5000次加法或400次乘法运算，是手工计算速度的20万倍，只需要3s就可以完成此前需要200人手工计算两个月的弹道计算。1955年10月2日，ENIAC功德圆满，正式退役。在服役的十年间，它的算术运算量比有史以来人类大脑所有运算量的总和还要多。ENIAC是计算机发展史上的一个里程碑，也是公认的世界上第一台电子计算机。

伴随电子技术的发展，计算机所采用的元器件经历了从电子管到晶体管，从分离元件到集成电路，再到高集成度的微处理器阶段。每一次物理元器件的变革都是一次新的突破，促使计算机性能出现新的飞跃。概括地说，自1946年以来，根据所采用的电子元器件可以将电子计算机的发展划分为四代。

**第一代——电子管计算机**(1946—1959年)。第一代计算机的逻辑器件采用电子管，如图1-2所示。主存储器有水银延迟线存储器、阴极射线示波管、静电存储器等类型，内存储器(简称内存)大小仅几千字节，外存储器(简称外存)使用磁带、磁鼓、纸带、卡片等。运算速度为每秒几千次至几万次。第一代计算机没有系统软件，使用机器语言和汇编语言编程。

这一时期的计算机主要用于科学计算，只被运用于少数尖端领域。第一代计算机的体积庞大、运算速度慢、存储容量小、可靠性低，但它们奠定了以后计算机技术发展的基础，对计算机的发展产生了深远的影响。

图 1-1　世界上第一台现代电子计算机 ENIAC

图 1-2　电子管

**第二代——晶体管计算机**(1959—1964 年)。第二代计算机的逻辑器件采用晶体管，如图 1-3 所示。主存储器均采用磁心存储器，内存容量扩大到几万字节，磁鼓和磁盘开始用作主要的辅助存储器，利用 I/O(输入输出)处理机进行输入输出处理。运算速度明显提高，每秒可以执行几万次到几十万次加法运算。计算机中出现了操作系统，配置了子程序库和批处理管理程序，还出现了高级语言，如 Fortran、COBOL、ALGOL 等。计算机不仅继续大量用于科学计算，还被用于数据处理和工业过程控制。中小型计算机开始大量生产并逐渐被工商企业用于商务处理。与第一代计算机相比，第二代计算机晶体管体积小、寿命长、发热小、功耗低、价格便宜，使得计算机电子线路的结构大有改观，存储容量大为增加，运算速度也得到大幅提高。

**第三代——中小规模集成电路计算机**(1964—1970 年)。第三代计算机的逻辑器件采用中小规模集成电路，如图 1-4 所示。与晶体管计算机相比，集成电路计算机的体积、重量、功耗都进一步减小，运算速度、逻辑运算功能和可靠性进一步提高。半导体存储器逐步取代了磁心存储器的主存储器地位，内存容量大幅度提高，磁盘成了不可缺少的辅助存储器，并且开始普遍采用虚拟存储技术。运算速度达到每秒几百万次。操作系统软件在规模和功能上发展很快，功能日趋成熟和完善；软件技术进一步提高，提出了结构化、模块化的程序设计思想，出现了结构化的程序设计语言 Pascal；软件开始形成产业，出现了大量面向用户的应用程序。第三代计算机的应用进入更多的科学技术领域和工业生产领域。

图 1-3　晶体管

图 1-4　中小规模集成电路

**第四代——大规模、超大规模集成电路计算机**(1970 年至今)。20 世纪 70 年代以来,集成电路的集成度迅速从中、小规模发展到大规模、超大规模的水平,如图 1-5 所示。微处理器和微型计算机应运而生,各类计算机的性能迅速提高。金属氧化物半导体电路(Metal Oxide Silicon,MOS)的出现,使计算机的主存储器由半导体存储器完全替代了服役达 20 年之久的磁心存储器,主存储器的功能和可靠性进一步提高,存储容量向百兆、千兆字节发展;外存储器除了软盘和硬盘外,还出现了光盘。运算速度向每秒十万亿次、百万亿次及更高速度发展。这个时期,操作系统不断地完善,应用软件成为现代工业中的一个重要产业,计算机的发展进入网络时代。

图 1-5　大规模及超大规模集成电路

计算机在提高性能、降低成本、普及和深化应用等方面的发展趋势仍在继续,节奏进一步加快,学术界和工业界不再沿用“第 X 代计算机”的说法。人们正在研究开发的计算机系统,主要着力于智能化,它以知识处理为核心,可以模拟或部分替代人的智能活动,具有自然的人机通信能力。当然,这是一个需要持续努力才能逐步实现的目标。

## 1.1.2　计算机分类

计算机及相关技术的迅速发展带动计算机的类型也不断分化,形成了各种不同种类的计算机。计算机按结构原理可分为模拟计算机、数字计算机和混合式计算机;按用途可分为专用计算机和通用计算机。较为普遍的一种分法是按照计算机的运算速度、字长、存储容量等综合性能指标,将计算机分为巨型机、大型机、小型机、微型机和嵌入式计算机等。

**1. 巨型机**

巨型机是一种超大型电子计算机,具有很强的计算和处理数据的能力,其主要特点表现为高速度和大容量,配有多种外部和外围设备及丰富的、高性能的软件系统,如图 1-6 所示。巨型机实际上是一个巨大的计算机系统,主要用来承担重大科学研究、国防尖端技术和国民经济领域的大型计算课题及数据处理任务。如大范围天气预报,卫星照片整理,原子核物理探索,洲际导弹、宇宙飞船研究等。

根据 2017 年第 50 届全球顶级巨型机 TOP500 榜单的排名,中国的两台计算机再次蝉联冠亚军,分别是“神威太湖之光”和“天河二号”。第三名是瑞士的“代恩特峰”,第四名是日本的“晓光”,第五名是美国的“泰坦”。“泰坦”曾经是世界第一,如今已经远远被“神威太湖之光”甩在身后。

图 1-6　巨型机

“神威太湖之光”是采用中国设计和制造的处理器而研制成的一款新系统，安装在无锡国家超级计算中心。线性系统软件包基准测试测得其运行速度达到每秒 93 千万亿次浮点运算。“神威太湖之光”拥有 10 649 600 个计算核心，包括 40 960 个节点，速度是“天河二号”的 2 倍，效率是其 3 倍。

**2. 大型机**

大型机也称为大型主机。大型机使用专用的处理器指令集、操作系统和应用软件。大型机最初是指装在非常大的带框铁盒子里的大型计算机系统，以用来与小一些的迷你机和微型机相区别，如图 1-7 所示。

图 1-7　大型机

大型机和巨型机的主要区别如下。

(1) 大型机使用专用的指令系统和操作系统，巨型机使用通用处理器及 UNIX 或类 UNIX 操作系统(如 Linux)。

(2) 大型机擅长非数值计算(数据处理)，巨型机擅长数值计算(科学计算)。

(3) 大型机主要用于商业领域，如银行和电信，而巨型机用于尖端科学领域，特别是国防领域。

(4) 大型机大量使用冗余等技术确保其安全性及稳定性，所以内部结构通常有两套，而巨型机使用大量处理器，通常由多个机柜组成。

(5) 为了确保兼容性，大型机的部分技术相对于巨型机较为保守。

### 3. 小型机

小型机是指采用精简指令集处理器，性能和价格介于PC服务器和大型机之间的一种高性能计算机，如图1-8所示。在中国，小型机习惯上是指UNIX服务器。

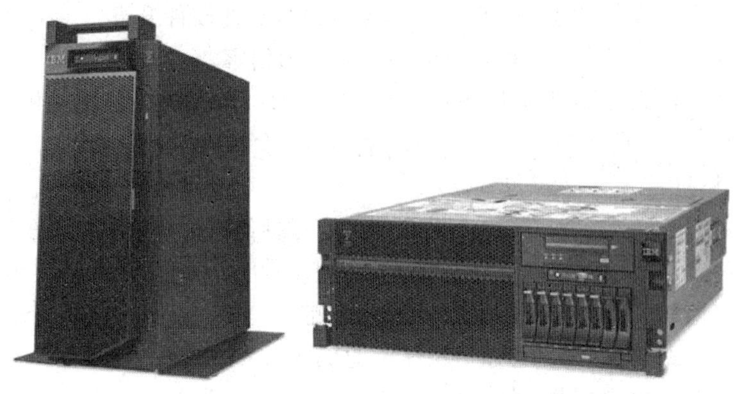

图1-8　小型机

UNIX服务器具有区别于x86服务器和大型机的特有体系结构，基本上，各厂家的UNIX服务器均使用自家UNIX版本的操作系统和专属处理器。使用小型机的用户一般是看中UNIX操作系统和专用服务器的安全性、可靠性、纵向扩展性以及高并发访问下的出色处理能力。

现在生产UNIX服务器的厂商主要有IBM、HP、浪潮、富士通和甲骨文公司（收购了SUN公司）。典型机器如IBM公司曾经生产的RS/6000、HP公司的Superdome、浪潮公司的天梭K1950等。SUN、HP公司用来和大型机竞争的高端UNIX服务器称为大型机级UNIX服务器，严格来说，它不属于大型机的范畴。

### 4. 微型机

微型机又称微型计算机、微机、微电脑。微型机是由大规模集成电路组成的体积较小的电子计算机。它是以微处理器为基础，配以内存储器及输入输出接口电路和相应的辅助电路而构成的裸机。

微型机的特点是体积小、灵活性大、价格便宜、使用方便。自1981年美国IBM公司推出第一代微型机IBM-PC以来，微型机以其执行结果精确、处理速度快、性价比高、轻便小巧等特点迅速进入社会各个领域，且技术不断更新，产品快速换代，从单纯的计算工具发展成为能够处理数字、符号、文字、语言、图形、图像、音频、视频等多种信息的强大多媒体工具。如今的微型机产品在运算速度、多媒体功能、软硬件支持还是易用性等方面都比早期产品有了很大飞跃。

微型机主要包括台式机、电脑一体机、笔记本电脑、平板电脑和智能手机等。

1）台式机

台式机也称桌面机，是一种主机、显示器等设备相对独立的计算机，相较于笔记本电脑，其体积较大，一般需要放置在电脑桌或者专门的工作台上，因此命名为台式机。目前，多数家庭和公司使用的计算机都是台式机。台式机的性能相对来说比笔记本电脑强。

台式机一般具有如下特点。

(1) 散热性。台式机具有笔记本电脑所无法比拟的优点。台式机的机箱因具有空间大、通风条件好等因素而一直被人们广泛使用。

(2) 扩展性。台式机的机箱方便用户进行硬件升级,如台式机机箱的光驱驱动器插槽是4~5个,硬盘驱动器插槽也是4~5个,非常方便日后的硬件升级。

(3) 保护性。台式机全方位保护硬件不受灰尘的侵害。

(4) 明确性。台式机机箱的开、关键,重启键,USB口,音频接口都在机箱前置面板中,使用方便。

2) 电脑一体机

电脑一体机是由一台显示器、一个键盘和一个鼠标组成的计算机,如图1-9所示。它的芯片、主板与显示器集成在一起,显示器就是一台计算机,因此只要将键盘和鼠标连接到显示器上,机器就能使用。随着无线技术的发展,电脑一体机的键盘、鼠标与显示器可实现无线连接,机器只有一根电源线。这就解决了一直为人诟病的台式机线缆多而杂的问题。有的电脑一体机还具有电视接收、AV功能。

3) 笔记本电脑

笔记本电脑也称手提电脑或膝上型电脑,是一种小型、可携带的个人电脑,通常重1~3kg。它和台式机架构类似,但是提供了更好的便携性,如图1-10所示。

图1-9 电脑一体机

图1-10 笔记本电脑

笔记本电脑大体上可以分为6类:商务型、时尚型、多媒体应用型、上网型、学习型、特殊用途。商务型笔记本电脑一般移动性强、电池续航时间长、商务软件多;时尚型笔记本电脑外观时尚,主要针对时尚女性;多媒体应用型笔记本电脑则有较强的图形、图像处理能力和多媒体能力,尤其是播放能力,为享受型产品;上网型笔记本电脑即上网本,轻便、配置低,具备上网、收发邮件以及即时信息(IM)等功能,可以流畅播放流媒体和音乐,学习型笔记本电脑机身设计为笔记本外形,全面整合学习机、电子辞典、复读机、学生电脑等多种机器功能;特殊用途的笔记本电脑服务于专业人士,可以在酷暑、严寒、低气压、战争等恶劣环境下使用,如奥运会前期在"华硕珠峰大本营IT服务区"使用的华硕笔记本电脑。

4) 平板电脑

平板电脑是一款无须翻盖、没有键盘、大小不等、形状各异但功能完整的电脑。其构成组件与笔记本电脑基本相同,但它是利用触控笔或数字笔在屏幕上书写,而不是使用键盘和鼠标输入,并且打破了笔记本电脑键盘与屏幕垂直的L形设计模式,如图1-11所示。它除了拥有笔记本电脑的所有功能外,还支持手写输入或语音输入,移动性和便携性更胜一筹。平板电脑由比尔·盖茨提出,至少是x86架构。

5）智能手机

智能手机是由掌上电脑演变而来的。最早的掌上电脑并不具备手机通话功能，但是随着用户对掌上电脑的个人信息处理方面功能的依赖，厂商将掌上电脑的系统移植到手机中，于是出现了智能手机。智能手机比传统的手机具有更多的综合性处理能力。

智能手机同传统手机的外观和操作方式类似，不仅包含触摸屏，也包含非触摸屏数字键盘手机和全尺寸键盘操作的手机。但是传统手机使用的都是生产厂商自行开发的封闭式操作系统，所能实现的功能非常有限，不具备智能手机的扩展性。智能手机可以随意安装和卸载应用软件（就像计算机那样），具有独立的操作系统、独立的运行空间，可以由用户自行安装软件、游戏、导航等第三方服务商提供的程序，并可以通过移动通信网络来实现无线网络接入，如图 1-12 所示。

图 1-11　平板电脑

图 1-12　智能手机

智能手机作为一种新型的移动终端，也可以归入微型机一类，但是由于手机要求体积非常小，便于携带，因此它与普通计算机在硬件设计上有很大的不同。

**5. 嵌入式计算机**

嵌入式技术是针对某个特定的应用，如针对网络、通信、音频、视频、工业控制等的“专用”计算机技术。嵌入式计算机一般由嵌入式微处理器、外围硬件设备、嵌入式操作系统以及用户的应用程序 4 部分组成，如图 1-13 所示。

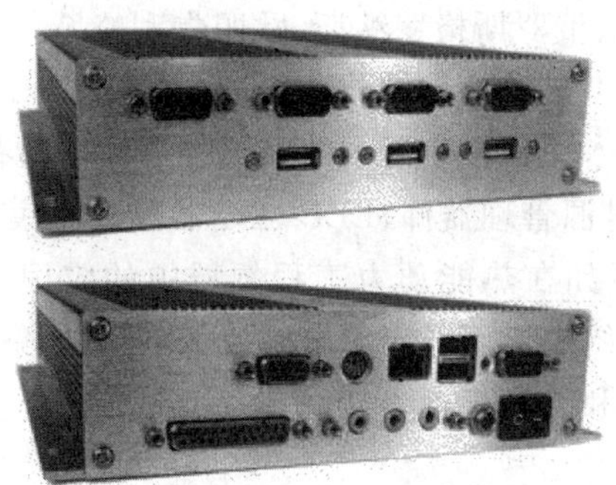

图 1-13　嵌入式计算机

嵌入式计算机在应用数量上远远超过了各种通用计算机，制造工业、过程控制、通信、仪器、仪表、汽车、船舶、航空、航天、军事装备、消费类产品等均是嵌入式计算机的应用领域。

# 1.2 微电子技术

## 1.2.1 集成电路

集成电路(Integrated Circuit,IC)又称微电路(Microcircuit)、微芯片(Microchip)、芯片(Chip),是把一定数量的常用电子元件,如电阻、电容、晶体管等,以及这些元件之间的连线,通过半导体工艺集成在一起的具有特定功能的电路。

单块芯片上所容纳的元件数目称为集成度。一般来说,集成度越高,性能越强大。集成电路按集成度高低的不同可分为如下几种。

(1) 小规模集成电路(Small Scale Integrated circuits,SSI):集成度<100。

(2) 中规模集成电路(Medium Scale Integrated circuits,MSI):100<集成度<1000。

(3) 大规模集成电路(Large Scale Integrated circuits,LSI):1000<集成度<10 万。

(4) 超大规模集成电路(Very Large Scale Integrated circuits,VLSI):10 万<集成度<100 万。

(5) 特大规模集成电路(Ultra Large Scale Integrated circuits,ULSI):100 万<集成度<1 亿。

(6) 极大规模集成电路(Giga Scale Integration circuits,GSI):集成度>1 亿。

不过需要注意的是,对于超大规模以上的集成电路,有时候人们不那么严格地区分超大、特大和极大规模的区别,而是笼统地称为超大规模集成电路。

第四代计算机中的主要部件几乎都和集成电路有关,如 CPU、显卡、主板、内存、声卡、网卡、光驱等,并且最新技术把越来越多的元件集成到一块集成电路板上,使计算机拥有了更多功能,在此基础上产生了许多新型计算机,如掌上电脑、指纹识别电脑、声控计算机等。

集成电路在通信中的应用也非常广泛,如通信卫星、手机、雷达等,尤其是我国自主研发的北斗卫星导航系统就是其中典型的一例。北斗卫星导航系统是我国具有自主知识产权的卫星定位系统,与美国 GPS、俄罗斯格罗纳斯、欧盟伽利略系统并称为全球 4 大卫星导航系统。它的研究成功,打破了卫星定位导航应用市场由国外 GPS 垄断的局面。

除此之外,集成电路技术在日常生活中的其他各个领域都有广泛应用。如在汽车上,微控制器、功率半导体器件、电源管理器件、LED 驱动器等汽车集成电路器件的应用使得汽车能够处于最佳工作状态;再如在热能动力工程领域中的应用,最简单的莫过于温控计,当然,火电厂中的信息管理系统也离不开集成电路技术。总之,集成电路技术的发展使人们的生活越来越美好,越来越便利。

## 1.2.2 摩尔定律

摩尔定律是由 Intel(英特尔)公司创始人之一戈登·摩尔(Gordon Moore)提出来的。其内容为:当价格不变时,集成电路上可容纳的元器件的数目每隔 18~24 个月便会增加一倍,性能也将提升一倍,如图 1-14 所示。这种指数级的增长,促使 20 世纪 70 年代的大型家庭计算机转化成八九十年代更先进的机器,然后又孕育出了高速度的互联网、智能手机,以及现在的车联网、智能冰箱和自动调温器等。

晶体管集成度

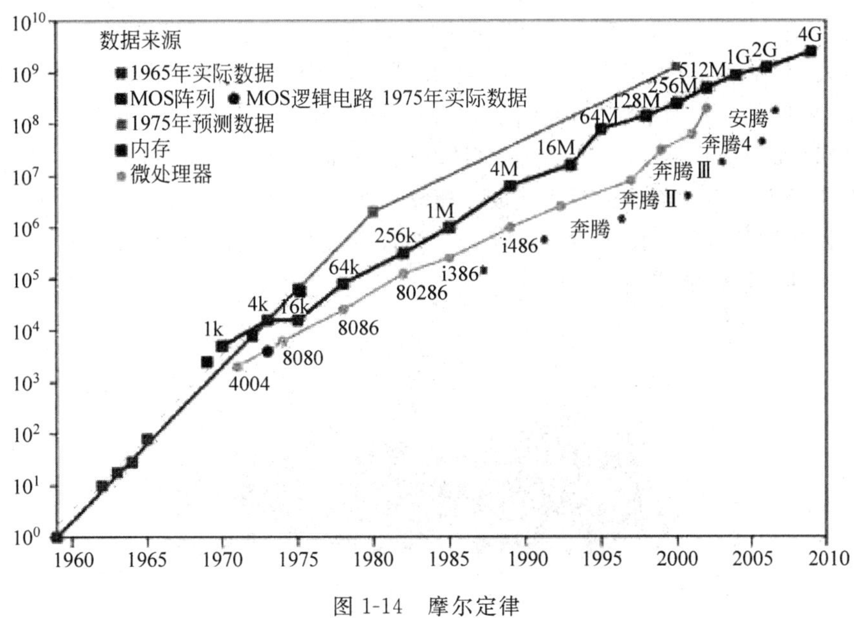


图 1-14　摩尔定律

摩尔定律可以说是整个计算机行业最重要的定律，它其实是一个预言，这个看起来自然而然的进程，实际很大程度上也是人类有意控制的结果。芯片制造商有意按照摩尔定律预测的轨迹发展，软件开发商的新软件产品也日益挑战现有设备的芯片处理能力，消费者需要更新配置更高的设备，设备制造商赶忙去生产可以满足处理要求的下一代芯片……

20 世纪 90 年代以来，半导体行业每两年就会发布一份行业研发规划蓝图，协调成百上千家芯片制造商、供应商跟着摩尔定律走。这份规划蓝图使整个计算机行业跟着摩尔定律按部就班地发展。

但是现在，这种发展轨迹可能要告一段落了。由于同样小的空间里集成越来越多的硅电路，产生的热量也越来越大，这种原本两年处理能力加倍的速度已经慢慢下滑。此外，还逐渐出现了更多、更大的问题，如今顶级的芯片制造商的电路精度已经达到 14nm，比大多数病毒还要小。全球半导体行业研发规划蓝图协会主席保罗・加尔吉尼（Paolo Gargini）表示："到 2020 年，以最快的发展速度来看，我们的芯片线路可以达到 2～3nm 级别，然而在这个级别上只能容纳 10 个原子，这样的设备还能称为一个设备吗？"恐怕不能。到了那样的级别，电子的行为将受限于量子的不确定性，晶体管将变得不可靠。但目前人们仍然无法找到可以替代硅片技术的新材料或新技术。

# 1.3　计算机的组成与工作原理

## 1.3.1　图灵机和冯・诺依曼体系结构

在计算机发展史中，最伟大的发明家要数阿兰・图灵（Alan Turing）和冯・诺依曼（John von Neumann），他们的计算机理论影响了后来的计算机体系结构。

### 1. 图灵机

阿兰·图灵(1912—1954),英国著名数学家、逻辑学家,被称为“计算机科学之父”“人工智能之父”,是计算机逻辑的奠基者,提出了“图灵机”“图灵测试”等重要概念。1937 年,阿兰·图灵发表了他的论文《论可计算数及其在判定问题中的应用》,提出了被后人称为“图灵机”的数学模型。人们为了纪念他在计算机领域的卓越贡献而专门设立了“图灵奖”。

图灵机(如图 1-15 所示)是一种抽象计算模型,由一个控制器、一条可无限延伸的带子和一个在带子上左右移动的读写头组成。概念上如此简单的一个机器,理论上却可以计算任何直观可计算的函数。图灵机作为计算机的理论模型,在有关计算理论和计算复杂性的研究方面得到了广泛的应用。

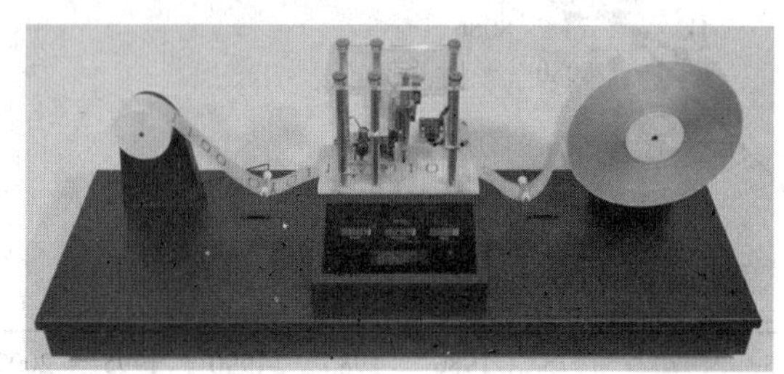

图 1-15　图灵机

### 2. 冯·诺依曼体系结构

冯·诺依曼(1912—1957),布达佩斯大学数学博士,美籍匈牙利数学家,现代计算机、博弈论、核武器和生化武器等领域内的科学全才之一,被后人称为“计算机之父”和“博弈论之父”。在 ENIAC 的研制中期,冯·诺依曼参与了原子弹的研制工作,他带着原子弹研制过程中遇到的大量计算问题加入计算机的研制工作中。

ENIAC 是世界上第一台电子计算机,但是 ENIAC 有两个致命的缺陷:一是采用十进制运算,逻辑元件多,结构复杂,可靠性低;二是没有内部存储器,操纵运算的指令分散存储在许多电路部件内,这些运算部件如同一副积木,解题时必须像搭积木一样用人工把大量运算部件搭配成各种解题的布局,每算一题都要搭配一次,非常麻烦且费时。

1945 年 6 月底,冯·诺依曼执笔写出了 EDVAC 计划草案,提出了在计算机中采用二进制算法和设置内存储器的理论,并明确规定了电子计算机必须由运算器、控制器、存储器、输入设备和输出设备 5 大部分组成的基本结构形式。他认为,计算机采用二进制算法和内存储器后,指令和数据便可以一起存放在存储器中,可以使计算机的结构大大简化,并且为实现运算控制自动化和提高运算速度提供了良好的条件。

EDVAC(如图 1-16 所示)于 1952 年建成,它的运算速度与 ENIAC 相似,而使用的电子管却只有 5900 多个,比 ENIAC 少得多。EDVAC 的诞生,使计算机技术出现了一个新的飞跃。EDVAC 是世界上第一台采用冯·诺依曼体系结构的通用计算机,它奠定了现代电子计算机的基本结构,标志着电子计算机时代的真正开始。

如果说图灵奠定的是计算机的理论基础,那么冯·诺依曼则是将图灵的理论物化成为实际的物理实体,成为计算机体系结构的奠基者。从第一台通用计算机诞生到今天已经过去了将近 70 年,计算机的技术与性能也都发生了巨大的变化,但整个主流体系结构依然是冯·诺依曼体系结构。由于冯·诺依曼对现代计算机技术的突出贡献,因此他被称为“计算

图 1-16 第一台通用计算机 EDVAC

机之父”。

冯·诺依曼的主要贡献是他提出了“存储程序控制”的工作原理。该思想的要点是：程序由二进制指令构成，所有指令都是以操作码和地址码的形式存放在存储器中，以运算器和控制器为中心，顺序执行指令所规定的操作。冯·诺依曼设计思想可以简要地概括为以下4点。

(1) 计算机应包括运算器、存储器、控制器3个核心部件，以及输入设备和输出设备，如图1-17所示。输入设备负责把人工编制的指令以及需要处理的数据输入到存储器中；输出设备负责把存储器里的计算结果输出(显示)。

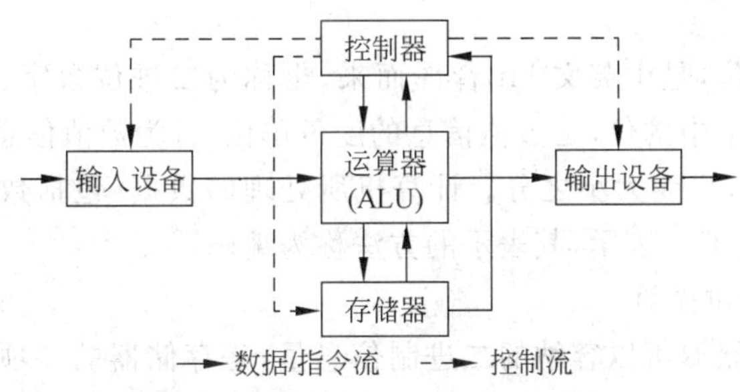


图 1-17 冯·诺依曼体系结构

(2) 计算机的数制采用二进制。

(3) 程序的每条指令一般具有一个操作码和一个地址码。操作码表示运算性质，如加法或者除法；地址码指出操作数在存储器中的位置。

(4) 将编好的程序和原始数据送入存储器，然后启动计算机工作。计算机可以在不需要操作人员干预的情况下，自动逐条取出指令和执行指令，并最终完成整个任务。

计算机问世70多年来，虽然计算机的运算速度、存储容量、应用领域和价格等方面有了翻天覆地的变化，但其基本原理和体系结构没有变，仍属于冯·诺依曼型计算机。

**3. 二进制与比特**

1) 二进制

根据冯·诺依曼设计思想，计算机中的数制采用二进制。那么什么是二进制？为什么要采用二进制？

在日常生活中，人们最熟悉的记数制是十进制。对于十进制数，有 0、1、2、3、4、5、6、7、8、9 共 10 个数码，逢十进一，基数为 10。同样，也有采用非十进制的记数制，例如 7 天为一星期，就是七进制记数制。

计算机的内部采用的是二进制记数制，也就是说，对于计算机只有 0 和 1 两个数码，基数为 2，进位规则是“逢二进一”，借位规则是“借一当二”，计算机也只能识别和处理 0 和 1 符号串组成的代码，这就是二进制。计算机内部采用二进制的原因如下。

(1) 二进制运算规则简单。众所周知，十进制的加法和乘法运算规则的口诀各有 100 条，根据交换率去掉重复项，也各有 55 条，用计算机的电路实现这么多运算规则是很复杂的。而二进制的算术运算规则非常简单，用数字电路很容易实现，这使得运算器的结构大大简化。

(2) 二进制只需用两种状态表示数字，物理上容易实现。二进制所需要的基本符号只要两个，即 0 和 1，可以用 1 表示通电，0 表示断电；或者用 1 表示磁化，0 表示未磁化；再或者用 1 表示凹点，0 表示凸点；也可以用 1 表示放电，0 表示充电等。制造包含两个稳定状态的元器件一般要比制造具有多个稳定状态的元器件容易得多。

(3) 可靠性高。只有两个数字符号在存储、处理和传输的过程中可靠性强，不容易出错。

(4) 用二进制容易实现逻辑运算。计算机不仅需要具备算术运算功能，还应具备逻辑运算功能，二进制的 0、1 可分别用来表示逻辑量真(T)和假(F)，或“是”和“否”，用布尔代数的运算法则很容易实现逻辑运算。

2) 比特

比特是信息量单位，是由英文 bit 音译而来，也称为二进位数字、二进位，或简称为位。同时它也是二进制数字中的位，是数值信息的度量单位，且为数值信息的最小单位。比特只有两种取值，即 0 和 1，且无大小之分。计算机所处理的数据(包括数值、文字、图像、声音、视频等)都可以使用比特来表示，其表示的方法称为编码。

3) 存储容量和单位换算

存储容量是指存储器可以容纳的二进制信息量，是存储器的一项重要指标。比特是数字信息的最小单位，用小写字母 b 表示。由于比特单位太小，用于表示较大的存储容量不太方便，因此人们经常使用一些比比特更大的计量单位。

计算机的内存储器容量通常采用 2 的幂次方作为单位，常用的计量单位有 B(Byte，字节)、KB(千字节)、MB(兆字节)、GB(吉字节、千兆字节)和 TB(太字节、兆兆字节)，其单位换算关系如下。

1B=8b

$1KB=2^{10}B=1024B$

$1MB=2^{20}B=2^{10}KB=1024KB$

$1GB=2^{30}B=2^{20}KB=2^{10}MB=1024MB$

$1TB=2^{40}B=2^{30}KB=2^{20}MB=2^{10}GB=1024GB$

而计算机外存储器则经常使用 10 的幂次方来计算，例如对于计算机硬盘，其换算关系如下。

1B=8b

$1KB=10^3B=1000B$

$1MB=10^6B=10^3KB=1000KB$

$1GB=10^9B=10^6KB=10^3MB=1000MB$

$1TB=10^{12}B=10^9KB=10^6MB=10^3GB=1000GB$

另外，随着人类所处理的数据量越来越大以及大数据技术的发展，比 TB 更大的计量单位还有 PB、EB、ZB、YB、BB 等，其换算关系如下。

1PB(拍字节)=1024TB

1EB(艾字节)=1024PB

1ZB(泽字节)=1024EB

1YB(尧字节)=1024ZB

1BB(千亿亿亿字节)=1024YB

**【例 1.1】** 购买计算机时，商家配置 500GB 的硬盘，实际能使用的硬盘容量为多少？

由于硬盘厂商在生产硬盘时，其容量是按 10 的幂次方来计算的，因此 500GB 硬盘的实际容量为

$$500\times10^9B=500\times10^9/(1024\times1024\times1024)GB\approx465.66GB$$

Windows 操作系统在显示内外存储器容量时，采用的度量单位是以 2 的幂次方来计算的，因此 500GB 的硬盘在操作系统中显示的是 465.66GB，这也是外存储器在系统中变小的原因。

4) 比特的传输

在数字通信和网络技术中，信息的传输实际上就是比特的传输。每秒可传输的二进制代码的位数就表示比特的传输速率。传输速率的常用单位如下。

(1) 比特/秒(b/s)，也称 bps(bits per second)。

(2) 千比特/秒(kb/s)，$1kb/s=10^3b/s=1000b/s$。

(3) 兆比特/秒(Mb/s)，$1Mb/s=10^6b/s=1000kb/s$。

(4) 吉比特/秒(Gb/s)，$1Gb/s=10^9b/s=1000Mb/s$。

(5) 太比特/秒(Tb/s)，$1Tb/s=10^{12}b/s=1000Gb/s$。

## 1.3.2 计算机的硬件结构

根据冯·诺依曼原理，计算机的硬件系统主要由 5 大基本部分组成：运算器、控制器、存储器、输入设备和输出设备。这 5 大部分通过系统总线完成指令所传达的操作，当计算机接受指令后，由控制器指挥，将数据从输入设备传送到存储器中存放，再由控制器将需要参加运算的数据传送到运算器中，由运算器进行处理，处理后的结果由输出设备输出。下面简要介绍计算机的 5 大基本部分。

**1. 运算器**

运算器又称算术逻辑单元(Arithmetic Logic Unit，ALU)。运算器的主要任务是执行各种算术运算和逻辑运算。算术运算是指各种数值运算，如加、减、乘、除等。逻辑运算是进行逻辑判断的非数值运算，如与、或、非、比较、移位等。计算机所完成的全部运算都是在运算器中进行的。根据指令规定的寻址方式，运算器从存储器或寄存器中取得操作数，进行计算后，送回到指令所指定的寄存器中。运算器的核心部件是加法器和若干个寄存器，加法器

用于运算，寄存器用于存储参加运算的各种数据以及运算后的结果。

**2. 控制器**

控制器是对输入的指令进行分析，并统一控制计算机的各个部件完成一定任务的部件。它一般由指令寄存器、状态寄存器、指令译码器、时序电路和控制电路组成。计算机的工作方式是执行程序，程序就是为完成某一任务所编制的特定的指令序列，各种指令操作按一定的时间关系有序安排，控制器产生各种最基本的不可再分的微操作的命令信号，即微命令，以指挥整个计算机有条不紊地工作。当计算机执行程序时，控制器首先从指令寄存器中取得指令的地址，并将下一条指令的地址存入指令寄存器中，然后从存储器中取出指令，由指令译码器对指令进行译码后产生控制信号，用以驱动相应的硬件完成指令操作。简而言之，控制器就是协调指挥计算机各部件工作的部件，它的基本任务就是根据指令的要求，综合有关逻辑条件与时间条件产生相应的微命令。

运算器和控制器是计算机的核心部件，现代计算机通常把运算器、控制器和若干寄存器集中在一块芯片上，这块芯片称为中央处理器(CPU)。微型计算机的 CPU 又称为微处理器。计算机以 CPU 为中心，输入设备和输出设备与存储器之间的数据传输和处理都通过 CPU 来控制执行。

**3. 存储器**

存储器由大量的记忆单元组成，记忆单元是一种具有两个稳定状态的物理器件，可用来表示二进制的 0 和 1，这种物理器件一般由半导体器件或磁性材料等构成。存储器分为内存储器(简称内存或主存)、外存储器(简称外存或辅存)和缓冲存储器(简称缓存)。

内存储器一般由半导体存储器构成，通常装在主板上，主要用来存放计算机正在执行的或经常使用的程序和数据。CPU 可以直接访问内存储器，执行程序时就是从内存储器中读取指令，并且在内存储器中存取数据的。内存储器的特点是存取速度快，但容量有限，大小受到地址总线位数的限制。

外存储器用来存放不经常使用的程序和数据，CPU 不能直接访问它。外存储器属于计算机的外围设备，是为弥补内存储器容量不足而配置的。它的特点是容量大，成本低，但存取速度慢，通常使用 DMA(Direct Memory Access)技术和 IOP(I/O Processor)技术来实现内存储器和外存储器之间的数据直接传送。

缓冲存储器位于内存储器与 CPU 之间，其存取速度非常快，但存储容量更小，一般用来解决存取速度与存储容量之间的矛盾，以提高整个系统的运行速度。

在现代计算机中，存储器系统是一个具有不同容量、不同访问速度的存储设备的层次结构。整个存储器系统包括 CPU 寄存器、缓冲存储器(内部 Cache 和外部 Cache)、内存储器和外存储器(辅助存储器和大容量辅助存储器)，如图 1-18 所示。在存储系统的层次结构中，层次越高，速度越快，但是价格越高；而层次越低，速度越慢，同时价格越低，这样就能做到在性能和价格之间的一个很好的平衡。

**4. 输入设备**

输入设备用来接受用户输入的原始数据和程序，并将它们变为计算机能识别的二进制信息存入内存储器。常用的输入设备有键盘、鼠标、扫描仪、光笔等。

**5. 输出设备**

输出设备用于将内存储器中的由计算机处理的结果转变为人们能接受的形式输出。常

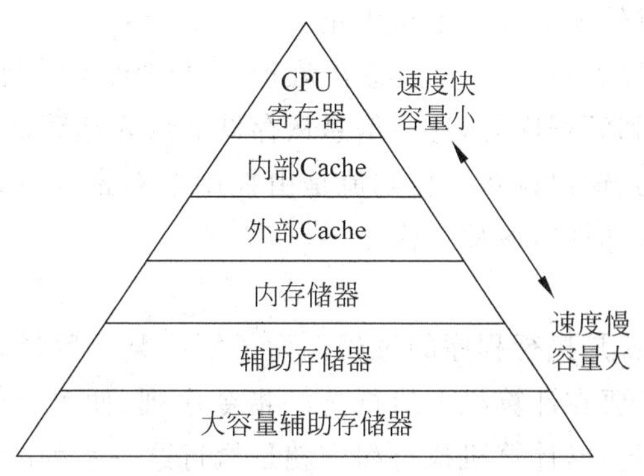

图 1-18　存储系统的层次结构

用的输出设备有显示器、打印机、绘图仪等。

## 1.3.3　计算机的工作原理

**1. 计算机的基本工作原理**

计算机的基本工作原理是存储程序和控制程序。程序与数据都存储在内存储器中，CPU 按照程序编排的顺序，一步一步地取出指令，自动地完成指令规定的操作，这是计算机的基本工作原理，如图 1-19 所示。

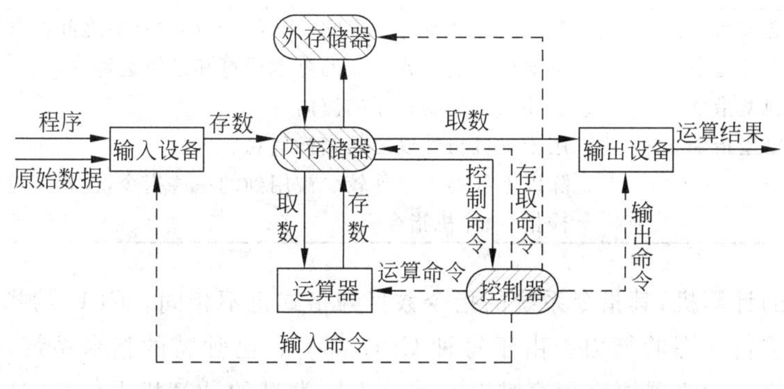

图 1-19　计算机的基本工作原理

具体描述如下。

(1) 将程序和原始数据通过输入设备送入存储器。

(2) 启动运行后，计算机从存储器中取出程序指令送到控制器去识别，分析该指令要做什么事情。

(3) 控制器根据指令的含义发出相应的命令(如加法、减法)，将存储单元中存放的操作数据取出送往运算器进行运算，再把运算结果送回存储器指定的单元。

(4) 当运算任务完成后，就可以根据指令将运算结果通过输出设备输出。

因此，计算机的工作过程实际上就是快速地执行指令的过程。指令执行时，必须先装入计算机内存储器，CPU 负责从内存储器中逐条取出指令，并对指令分析译码，判断该条指令要完成的操作，向各部件发出完成操作的控制信号，从而完成一条指令的执行。总之，计算机的基本工作过程就是不断地重复取指令、分析指令及取数、执行指令等过程，如此周而复始，直到遇到停机指令或外来事件的干预为止。

在计算机执行指令过程中有两种信息在流动：数据流和控制流。数据流包括原始数据、中间结果、结果数据和源程序等，这些信息从存储器读入运算器进行运算，所得的运算结果再存入存储器或传送到输出设备。控制流是由控制器对指令进行分析、解释后向各部件发出的控制命令，指挥各部件协调地工作。

**2. 指令及指令系统**

计算机工作的过程就是执行程序的过程。为了解决某一问题，程序设计人员将一条条指令进行有序的排列，只要在计算机上执行这一指令序列，便可完成预定的任务。因此，程序是一系列有序指令的集合，计算机执行程序就是执行这一系列的有序指令。

指令是一种能被计算机识别并执行的二进制代码，它规定了计算机能完成的某一种操作。一条指令通常由操作码和操作数两部分组成。

(1) 操作码：指明该指令要完成的操作类型或性质，如加、减、取数或输出数据等。

(2) 操作数：指明操作对象的内容或所在的单元地址，大多数情况下操作数是地址码。

通常一台计算机有许多条作用不同的指令，所有指令的集合称为该计算机的指令系统。一般来说，无论是哪一种类型的计算机，都具有表 1-1 所示的指令。

**表 1-1　常用指令**

| 指　　令 | 说　　明 |
|---|---|
| 数据传送型指令 | 实现主存和寄存器之间，或寄存器和寄存器之间的数据传送 |
| 数据处理型指令 | 主要用于定点或浮点的算术运算和逻辑运算 |
| 程序控制型指令 | 主要用于控制程序的流向 |
| 输入输出型指令 | 用于主机与外设之间交换信息 |
| 其他指令 | 除以上各类指令外较少被用到的一些指令，包括字符串操作指令、堆栈指令、停机指令等 |

不同类型的计算机，其指令系统的指令数目与格式也不相同。CPU 的指令系统反映了计算机对数据进行处理的能力。由于每种 CPU 都有自己独特的指令系统，因此在某一类计算机上可以执行的机器语言程序难以在其他不同类型的计算机上使用，这是由于不同类型的 CPU 采用的指令相互不兼容。

通常，同一 CPU 生产厂家在开发新的 CPU 产品时，既会设计增加一些高效的新指令，又同时"向下兼容"，使新的处理器可以正确执行老处理器中的所有指令。"向下兼容"的开发方式使用户在升级计算机硬件的时候不必担心原有的软件会被作废，但这也使得采用"向下兼容"方式开发的 CPU 指令系统越来越庞大和越来越复杂。

根据指令系统设计架构的不同，产生了复杂指令系统计算机(Complex Instruction Set Computing，CISC)和精简指令系统计算机(Reduced Instruction Set Computer，RISC)。

**3. 指令的执行过程**

按照存储程序的原理，计算机在执行程序时必须先将要执行的相关程序和数据放入内存储器中，在执行程序时 CPU 根据当前程序指令寄存器的内容取出指令并执行指令，然后再取出下一条指令并执行，如此循环下去直到程序结束指令时才停止执行。整个工作过程就是不断地取指令和执行指令的过程，最后将运算结果放入指令指定的存储器地址中。指

令执行过程中所涉及的部件主要有程序计数器、指令寄存器、指令译码器、通用寄存器和运算器等，如图1-20所示。

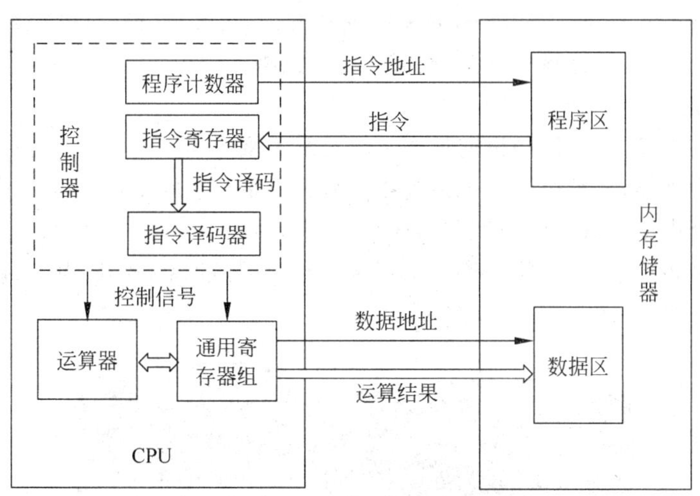


图1-20　与执行指令有关的CPU部件

一条指令的执行过程按时间顺序可分为以下几个步骤。

(1) 取指令。当某个程序开始执行时，控制器根据程序计数器中的内容，向内存储器的相应存储单元发出读请求，内存储器将相应存储单元的指令读取后，通过总线送到指令寄存器中。

(2) 分析指令及取操作数。取出指令后，机器立即进入分析指令及取数阶段，指令译码器可识别和区分不同的指令类型及各种获取操作数的方法。指令译码器根据指令的内容分析出对应的操作类型，并产生相应的控制电信号。如果当前指令中的操作数需要从通用寄存器或内存储器获取，则控制器将先向相关部件发送读数据的请求，取到操作数后，再向相关部件发送完成指令操作相关的控制电信号。由于各种指令功能不同，寻址方式也不同，所以分析指令及取数阶段的操作是不同的，甚至会有很大的区别。

(3) 指令执行。由控制器发出完成该操作所需要的一系列控制信息，相关部件根据控制信号，完成当前指令所要求的操作。

(4) 写回数据及转下条指令。当前指令操作完成后，可能会有运算结果。控制器根据指令中操作结果的存放位置(通用寄存器或内存储器)，向相关部件发送“写数据”的请求，写回结果数据。一条指令执行完毕后，程序计数器加1或将转移地址码送入程序计数器，然后回到步骤(1)，开始执行下一条指令。

## 1.4　PC的组件

人们经常使用的台式机，简单地从外观上看，其硬件包括两部分：主机系统和外围设备(简称外设)。主机是指安装在PC机箱内部的一个整体，包括主板、硬盘、光驱、电源和风扇等。主板上安装了CPU、内存、总线和I/O控制器等。

## 1.4.1 主板

主板(Motherboard 或 Mainboard)又称主机板、系统板、逻辑板、母板或底板等,是构成复杂电子系统(例如电子计算机)的中心或者主电路板。

**1. 主板概述**

主板安装在机箱内,是微型机的最基本也是最重要的部件之一。主板的性能影响着整个微型机系统的性能,在整个微型机系统中扮演着举足轻重的角色。可以说,主板的类型和档次决定着整个微型机系统的类型和档次。

主板一般为矩形电路板,能提供一系列接合点,供处理器、显卡、声卡、硬盘、存储器、外围设备等部件连接,如图 1-21 所示。

图 1-21 主板

主板采用开放式结构,一般提供 6～15 个扩展插槽,供 PC 外围设备的控制卡(适配器)插接。通过更换这些插卡,可以对微型机的相应子系统进行局部升级,使厂家和用户在配置机型方面有更大的灵活性。

**2. 主板的主要芯片**

主板功能的实现,很大程度上依赖于主板上各类芯片的作用。面对主板上密密麻麻的芯片时,大家经常会感到一阵阵的疑惑。这些芯片都是用来干什么的?彼此之间有什么区别?

1) 芯片组

芯片组(Chipset)是主板的核心组成部分,几乎决定了这块主板的功能,进而影响整个计算机系统性能的发挥。芯片组性能的优劣,决定了主板性能的好坏与级别的高低。芯片组通常由北桥和南桥组成,也有些以单片设计,增强其性能。

北桥芯片又称为主桥(Host Bridge),在计算机中起着主导作用。一般来说,芯片组的名称是以北桥芯片的名称来命名的。北桥芯片负责与CPU的联系并控制内存储器、PCI-E数据在北桥内部传输,提供对CPU的类型和主频、系统的前端总线频率、内存储器的类型和最大容量、AGP/PCI-E插槽、ECC纠错等支持,整合型芯片组的北桥芯片还集成了显示核心。

北桥芯片是主板上离CPU最近的芯片,这主要是考虑到北桥芯片与处理器之间的通信最密切,为了提高通信性能而缩短传输距离。北桥芯片的数据处理量非常大,发热量也越来越大,因此北桥芯片都覆盖着散热片,有些主板的北桥芯片还会配合风扇进行散热。

南桥芯片负责I/O总线之间的通信,如PCI总线、USB、LAN、ATA总线、SATA、音频控制器、键盘控制器、实时时钟控制器、高级电源管理等,这些技术一般相对来说比较稳定,所以不同芯片组中可能南桥芯片是一样的,不同的只是北桥芯片。

南桥芯片一般位于主板上离CPU插槽较远的下方、PCI插槽的附近,这种布局是考虑到它所连接的I/O总线较多,离处理器远一点有利于布线。相对于北桥芯片来说,其数据处理量并不算大,所以南桥芯片一般都没有覆盖散热片。南桥芯片不与处理器直接相连,而是通过一定的方式与北桥芯片相连,如图1-22所示。

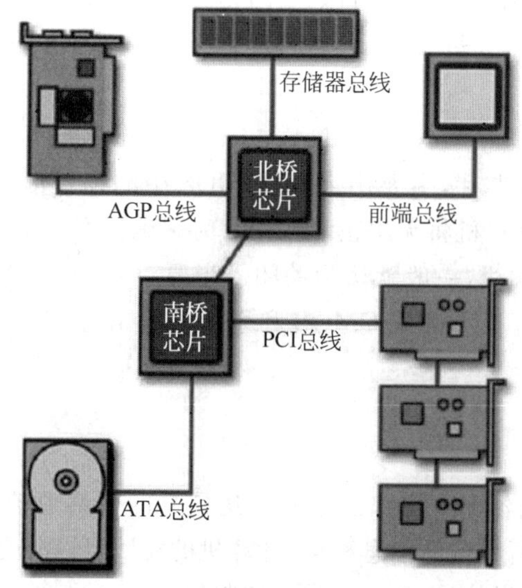


图1-22　芯片组连接示意图

2) BIOS芯片

BIOS(Basic Input Output System,基本输入输出系统)芯片是主板上的一块长方形或正方形芯片,一般是一块32针的双列直插式集成电路,上面印有BIOS字样。既然BIOS称为系统,那它就不只是一个简单的软件或一个硬件设备,而是软硬件结合在一起,把一组重要程序固化在主板上的一个ROM芯片中,人们把这种硬件化的软件称为固件。

早期BIOS使用的ROM都是在工厂里用特殊的方法把内容烧录进去的,用户只能读取而不能修改其中的内容。从奔腾机时代开始,主板一般都使用Flash ROM作为BIOS的存储芯片,能通过特定的写入程序实现BIOS的升级。BIOS中主要包括4种程序。

(1) 加电自检程序。计算机接通电源后,系统将有一个对内部各个设备进行检查的过程,这是由一个称为POST(Power On Self Test)的程序来完成的。完整的POST自检包括CPU、

640kB 基本内存、1MB 以上的扩展内存、ROM、主板、CMOS 存储器、串并口、显示卡、软硬盘子系统及键盘测试。POST 自检中若发现问题，系统将给出提示信息或蜂鸣警告。

(2) 系统启动自举程序。当系统完成 POST 自检后，ROM BIOS 就按照系统 CMOS 设置中保存的启动顺序搜索软硬盘驱动器及 CD-ROM、U 盘、网络服务器等有效的启动驱动器，读入操作系统引导记录，然后将系统控制权交给引导记录，并由引导记录来完成系统的顺序启动。

(3) CMOS 设置程序。CMOS 设置程序只在开机时才可以进行设置。一般在计算机启动时按 F2 键或者 Delete 键进入 CMOS 进行设置，一些特殊机型按 F1、Esc、F12 键等进行设置。CMOS 设置程序主要对计算机的基本输入输出系统进行管理和设置，使系统运行在最好状态下。使用 CMOS 设置程序可以排除系统故障或者诊断系统问题。

(4) 主要 I/O 设备的驱动程序和中断服务程序。操作系统对软硬盘、光驱与键盘、显示器等外围设备的管理建立在 BIOS 的基础之上。基本输入输出的程序决定了主板是否支持某种 I/O 设备，如果 BIOS 中不包含某种 I/O 设备的驱动程序，则系统不支持此 I/O 设备。BIOS 中断服务程序是计算机系统软硬件之间的一个可编程接口，用于程序软件功能与计算机硬件实现的衔接。程序员可以通过对 INT 5、INT 13 等中断的访问直接调用 BIOS 中断服务程序。

3) CMOS 芯片

CMOS(Complementary Metal Oxide Semiconductor，互补金属氧化物半导体)是主板上的一块可读写的 RAM 芯片，主要用来存放 BIOS 中的设置信息以及系统时间日期。如果 CMOS 数据损坏，则计算机将无法正常工作。为了确保 CMOS 数据不被损坏，主板厂商都在主板上设置了开关跳线，一般默认为关闭。当要对 CMOS 数据进行更新时，可将它设置为可改写。为了使计算机不丢失 CMOS 和系统时钟信息，在 CMOS 芯片的附近有一个电池给它持续供电。

**3. 总线和 I/O 接口**

1) 总线

总线(Bus)是计算机各种功能部件之间传送信息的公共通信干线，它是由导线组成的传输线束。按照计算机所传输的信息种类，计算机的总线可以分为数据总线、地址总线和控制总线，分别用来传输数据信号、地址信号和控制信号。

总线是一种内部结构，是 CPU、内存、输入输出设备传递信息的公用通道，主机的各个部件通过总线相连接，外围设备通过相应的接口电路再与总线连接，从而形成了计算机的硬件系统，如图 1-23 所示。微型机是以总线结构来连接各个功能部件的。

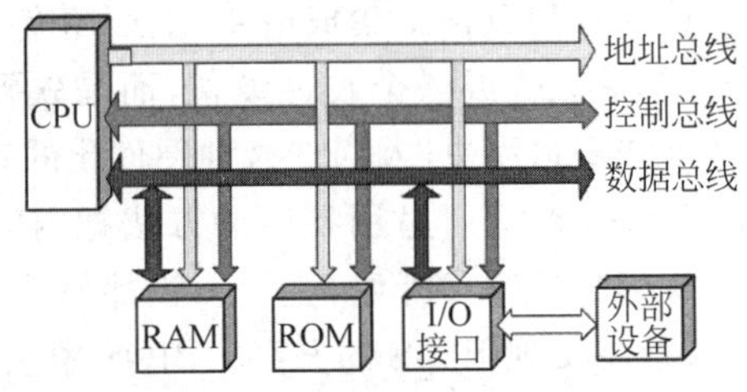


图 1-23　微型机总线结构

总线的主要技术指标有3个：总线位宽、总线工作频率和总线带宽。

(1) 总线位宽。总线位宽是指总线能够传送的二进制数据的位数。例如，32位总线、64位总线等。总线的位宽越宽，数据传输速率越大，总线带宽越宽。

(2) 总线工作频率。总线的工作频率以MHz为单位，工作频率越高，总线工作速度越快，总线带宽越宽。

(3) 总线带宽。总线带宽是指单位时间内总线上传送的数据量，反映了总线数据传送速率。总线带宽、总线位宽和总线工作频率之间的关系是

总线带宽＝总线工作频率×总线位宽×传输次数/8

其中，传送次数是指每个时钟周期的数据传输次数，一般为1。

为了提高计算机的可拓展性，以及部件及设备的通用性，除了片内总线外，各个部件或设备都采用标准化的形式连接到总线上，并按标准化的方式实现总线上的信息传输。而总线的这些标准化的连接形式及操作方式，统称为总线标准。常用的总线标准有PCI总线和PCI-E总线。

① PCI总线。

PCI(Peripheral Component Interconnect)总线是一种同步的独立于处理器的32位或64位局部总线，是一种局部并行总线标准。

PCI总线可在主板上和其他系统总线(如ISA、EISA或MCA)相连接，系统中的高速设备挂接在PCI总线上，而低速设备仍然通过ISA、EISA等这些低速I/O总线支持。

从1992年创立规范到如今，PCI总线已成为了计算机的一种标准总线，广泛用于高档微型机、工作站，以及便携式微型机，主要用于连接显示卡、网卡、声卡。

② PCI-E总线。

PCI-E(PCI-Express)是最新的总线和接口标准，它原来的名称是Intel公司提出的3GIO，意思是第三代I/O接口标准。2002年正式命名为PCI-Express。它采用了目前业内流行的点对点串行连接，比起PCI以及更早期的计算机总线的共享并行架构，每个设备都有自己的专用连接，不需要向整个总线请求带宽，而且可以把数据传输率提高到一个很高的频率，达到PCI所不能提供的高带宽。

根据总线位宽不同，PCI-Express规格允许实现X1、X2、X4、X8、X12、X16和X32通道规格，有非常强的伸缩性，可以满足不同系统设备对数据传输带宽不同的需求。从形式来看，PCI-Express X1和PCI-Express X16已成为PCI-Express的主流规格，芯片组厂商在南桥芯片中添加了对PCI-Express X1的支持，在北桥芯片当中添加了对PCI-Express X16的支持。除去提供极高的数据传输带宽之外，PCI-Express因为采用串行数据包方式传递数据，所以PCI-Express接口每个针脚可以获得比传统I/O标准更多的带宽，这样就可以降低PCI-Express设备的生产成本和体积。另外，PCI-Express也支持高阶电源管理、热插拔、数据同步传输，为优先传输数据进行带宽优化。

在兼容性方面，PCI-Express在软件层面上兼容PCI技术和设备，也就是说驱动程序、操作系统无须推倒重来。PCI-Express可以为带宽渴求型应用分配相应的带宽，大幅提高CPU和图形处理器(GPU)之间的带宽。

2) I/O接口

I/O接口(Input/Output Port)即输入输出接口。每个设备都会有一个专用的I/O地址

来处理自己的输入输出信息。由于计算机的外围设备品种繁多,几乎都采用了机电传动设备,CPU 在与 I/O 设备进行数据交换时存在很多不匹配的问题,因此 CPU 与外围设备之间的数据交换必须通过接口来完成。I/O 接口的功能是实现 CPU 通过系统总线把 I/O 电路和外围设备联系在一起。

I/O 接口是一个电子电路(以 IC 芯片或接口板形式出现),其内有若干专用寄存器和相应的控制逻辑电路构成。它是 CPU 和 I/O 设备之间交换信息的媒介和桥梁。CPU 与外围设备、存储器的连接和数据交换都需要通过接口设备来实现,通常前者称为 I/O 接口,而后者则称为存储器接口。

计算机系统中有很多不同种类的 I/O 设备,其相应的接口电路也各不相同,因此 I/O 接口也很多,下面对一些目前比较常见的接口做具体说明。

(1) SATA。SATA(Serial ATA,串行 ATA)的主要功能是用作主板和大量存储设备(如硬盘及光盘驱动器)之间的数据传输。这是一种完全不同于传统 ATA(也就是并行 ATA)的新型硬盘接口类型,因采用串行方式传输数据而得名。SATA 总线使用嵌入式时钟信号,具备了更强的纠错能力,与以往相比其最大的区别在于能对传输指令(不仅仅是数据)进行检查,如果发现错误会自动矫正,这在很大程度上提高了数据传输的可靠性。串行接口还具有结构简单、支持热插拔的优点。图 1-24 为 SATA 接口。

图 1-24　SATA 接口

(2) USB。USB(Universal Serial Bus,通用串行总线)是由 Intel、Compaq、Digital、IBM、Microsoft、NEC、Northern Telecom 等 7 家世界著名的计算机和通信公司共同推出的一种新型接口标准。它基于通用连接技术,实现外围设备的简单快速连接,达到方便用户、降低成本、扩展 PC 连接外围设备范围的目的。它可以为外围设备提供电源,而不像普通的使用串并口的设备那样需要单独的供电系统。另外,快速是 USB 技术的突出特点之一,而且 USB 还能支持多媒体。图 1-25 为 USB 接口。

最新一代版本是 USB 3.1,传输速度为 10Gb/s,有三段式电压 5V/12V/20V,最大供电为 100W,而且新型 Type C 插型不再分正反面。USB 设备主要具有以下优点。

① 可以热插拔。就是用户在使用外接设备时,不需要关机再开机等动作,而是在计算

图 1-25 USB 接口

机工作时,直接将 USB 插上使用。

② 携带方便。USB 设备大多以小、轻、薄见长,对用户来说,随身携带大量数据时,使用 USB 设备很方便。当然,USB 硬盘是首选。

③ 标准统一。过去常见的设备是 IDE 接口的硬盘、串口的鼠标键盘、并口的打印机扫描仪,有了 USB 之后,这些外围设备统统可以用同样的标准与 PC 连接,这就有了 USB 硬盘、USB 鼠标、USB 打印机等。

④ 可以连接多个设备。USB 在 PC 上往往具有多个接口,可以同时连接几个设备,如果接上一个有 4 个端口的 USB Hub 时,就可以再连上 4 个 USB 设备,以此类推,这样连下去,将家里的设备同时连在一台 PC 上也不会有任何问题(注:最高可连接 127 个设备)。

(3) HDMI。HDMI(High Definition Multimedia Interface,高清晰度多媒体接口)是一种数字化视频或音频接口技术,是适合影像传输的专用型数字化接口,可同时传送音频和影像信号,最高数据传输速率为 18Gb/s(2.0 版),同时无须在信号传送前进行数-模或者模-数转换。

HDMI 可搭配宽带数字内容保护(HDCP),以防止具有著作权的影音内容遭到未经授权的复制。HDMI 所具备的额外空间可应用在日后升级的音视频格式中。因为一个 1080P 的视频和一个 8 声道的音频信号需求少于 0.5Gb/s,因此 HDMI 还有很大余量。

HDMI 不仅可以满足 1080P 的分辨率,还能支持 DVD Audio 等数字音频格式,支持 8 声道 96kHz 或立体声 192kHz 数码音频传送,可以传送无压缩的音频信号及视频信号。HDMI 可用于机顶盒、DVD 播放机、PC、电视游乐器、综合扩大机、数字音响与电视机。HDMI 可以同时传送音频和影像信号。

HDMI 的设备具有即插即用的特点,信号源和显示设备之间会自动进行"协商",自动选择最合适的视频或音频格式。与 DVI 相比,HDMI 接口的体积更小。HDMI/DVI 的线缆长度最佳距离均不超过 8m。只要一条 HDMI 缆线,就可以取代最多 13 条模拟传输线,能有效解决家庭娱乐系统背后连线杂乱纠结的问题。

HDMI 应用非常广泛。

- 高清信号源:蓝光机、高清播放机、PS3、独显电脑、高端监控设备。
- 显示设备:液晶电视、计算机显示器、监控显示设备等。

液晶电视带 HDMI 是目前最为常见的,一般至少有一个,多的有 3~6 个 HDMI。图 1-26为 HDMI。

(4) Lightning 接口。Lightning(闪电)接口是苹果电脑的高速多功能 I/O 接口,两侧都有 8Pin 触点,而且不分正反面,无论怎么插入都可以正常工作,因此不用再担心插反的问题。苹果公司官方宣称 Lightning 接口是一个"全数字"且具有"自适应功能"的接口,它能够根据不同的配件来通过接口传递配件所需的特定信号。Lightning 接口还有一个非常大的优势就是尺寸,它比原来的 30Pin 接口小了 80%。图 1-27 为 Lightning 接口。

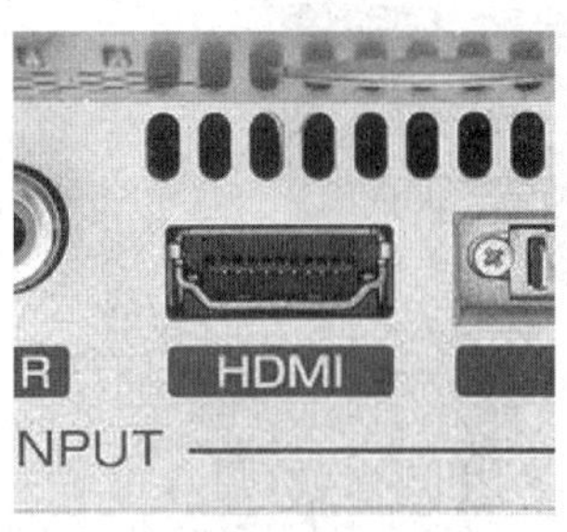


图 1-26　HDMI

图 1-27　Lightning 接口

## 1.4.2　CPU

中央处理器(Central Processing Unit,CPU)是一块超大规模的集成电路,是一台计算机的运算和控制中心。它的功能主要是解释计算机指令以及处理数据。

**1. CPU 的物理结构**

CPU 内部结构大致可以分为运算单元、控制单元、存储单元和时钟等几个主要部分。下面主要介绍运算单元和控制单元。

1) 运算单元

运算器是计算机对数据进行加工处理的中心,它主要由算术逻辑部件(Arithmetic and Logic Unit,ALU)、通用寄存器组和状态寄存器组成。ALU 主要完成对二进制信息的定点算术运算、逻辑运算和各种移位操作,也可执行地址运算和转换。

通用寄存器组是用来保存参加运算的操作数和运算的中间(或最终)结果。状态寄存器在不同的机器中有不同的规定,程序中状态位通常作为转移指令的判断条件。

2) 控制单元

控制器是计算机的控制中心,它决定了计算机运行过程的自动化。它不仅要保证程序的正确执行,而且要能够处理异常事件。控制器一般包括指令控制逻辑、时序控制逻辑、总线控制逻辑、中断控制逻辑等几个部分。

指令控制逻辑完成取指令、分析指令和执行指令的操作。时序控制逻辑为每条指令按时间顺序提供应有的控制信号。时钟脉冲就是最基本的时序信号,是整个机器的时间基准,称为机器的主频。

执行一条指令所需要的时间称为一个指令周期,不同指令的周期有可能不同。一般为了便于控制,根据指令的操作性质和控制性质不同,会把指令周期划分为几个不同的阶段,每个阶段就是一个 CPU 周期。早期 CPU 与内存储器在速度上的差异不大,所以 CPU 周期通常和内存储器存取周期相同,后来随着 CPU 的发展,现在速度上已经比内存储器快多了,于是常常将 CPU 周期定义为内存储器存取周期的几分之一。

总线控制逻辑是为多个功能部件服务的信息通路的控制电路,称为 CPU 总线,是 CPU 对外联系的通道,也称前端总线(Front Side Bus,FSB),用于在 CPU 与高速缓存、主存和北桥(或 MCH)之间传送信息。

中断是指计算机由于异常事件,或者一些随机发生的需要马上处理的事件,引起 CPU 暂时停止现在程序的执行,转向另一个服务程序去处理这一事件,处理完毕再返回原程序的

过程。由机器内部产生的中断称为陷阱(内部中断),由外围设备引起的中断称为外部中断。

**2. CPU 的性能指标**

计算机的性能在很大程度上由 CPU 的性能决定,而 CPU 的性能主要体现在其运行程序的速度上。影响运行速度的性能指标包括 CPU 的字长、主频、缓存等参数。

1) 字长

字长是 CPU 的主要技术指标之一,指的是 CPU 一次能并行处理的二进制数的位数,由微处理器对外数据通路的数据总线条数决定。在其他指标相同时,字长越大,计算机处理数据的速度就越快。字长总是 8 的整数倍,早期的微型机字长一般是 8 和 16,386 以及更高的处理器大多是 32。目前市面上大部分计算机的处理器已达到 64。为了适应不同的要求及协调运算精度和硬件造价间的关系,大多数计算机均可支持变字长运算,即机内可实现半字长、全字长(或单字长)和双倍字长运算。

2) 主频

主频也称时钟频率,单位是兆赫(MHz)或千兆赫(GHz),用来表示 CPU 运算、处理数据的速度。通常,主频越高,CPU 处理数据的速度就越快。

CPU 的主频=外频×倍频系数。

(1) 外频。外频是 CPU 的基准频率,单位也是 MHz。外频是 CPU 与主板之间同步运行的速度。CPU 的外频决定着整块主板的运行速度,而且目前绝大部分计算机系统中外频也是内存与主板之间的同步运行的速度。

(2) 倍频系数。倍频系数是指 CPU 主频与外频之间的相对比例关系。在相同的外频下,倍频越高,CPU 的主频也越高。但实际上,在相同外频的前提下,高倍频的 CPU 本身意义并不大。这是因为 CPU 与系统之间数据传输速度是有限的,一味追求高倍频而得到高主频的 CPU 就会出现明显的“瓶颈”效应,CPU 从系统中得到数据的极限速度不能够满足 CPU 运算的速度。

(3) 前端总线频率:前端总线频率直接影响 CPU 与内存交换数据的速度。数据传输最大带宽取决于所有同时传输的数据的宽度和传输频率,即数据带宽=(总线频率×数据带宽)/8。外频与前端总线频率的区别是:前端总线频率指的是数据传输的速度,外频是 CPU 与主板之间同步运行的速度。

3) 缓存

缓存是一种速度比内存储器更快的存储设备,它用来减少 CPU 因等待慢速设备(如内存)所导致的延迟,进而改善系统的性能。缓存的结构和大小对 CPU 速度的影响非常大。缓存容量增大,可以大幅度提升 CPU 内部读取数据的命中率,而不用再到内存储器或者硬盘上寻找,以此提高系统性能。但是从 CPU 芯片面积和成本的因素来考虑,缓存一般都很小。

L1 Cache(一级高速缓存)是 CPU 的第一层高速缓存,分为数据缓存和指令缓存。内置的一级高速缓存的容量和结构对 CPU 的性能影响较大,不过高速缓存均由静态 RAM 组成,结构较复杂,在 CPU 管芯面积不能太大的情况下,一级高速缓存的容量不可能做得太大。服务器 CPU 的一级高速缓存的容量通常为 32～256KB。

L2 Cache(二级高速缓存)是 CPU 的第二层高速缓存,分内部和外部两种芯片。内部芯片的二级高速缓存运行速度与主频相同,而外部芯片的二级高速缓存则只有主频的一半。二级高速缓存容量也会影响 CPU 的性能,原则是越大越好,以前家庭用 CPU 容量最大的是512KB,笔记本电脑中也可以达到2MB,而服务器和工作站上用CPU的L2高速缓存更高,可以达到8MB以上。

L3 Cache(三级高速缓存)分为两种,早期的是外置的,现在的都是内置的。而它的实际作用是进一步降低内存延迟,同时提升大量数据计算时处理器的性能。降低内存延迟和提升大量数据计算能力对游戏很有帮助。但基本上三级高速缓存对处理器的性能提高显得不是很重要,如配备1MB三级高速缓存的Xeon MP处理器仍然不是Opteron的对手,由此可见,前端总线的增加比缓存的增加能带来更有效的性能提升。

4) CPU扩展指令集

CPU扩展指令集指的是CPU增加的多媒体或者是3D处理指令,这些扩展指令可以提高CPU处理多媒体和3D图形的能力。著名的有MMX(多媒体扩展指令)、SSE(因特网数据流单指令扩展)和3DNow! 指令集。

5) 多线程

多线程(Simultaneous Multithreading,SMT)可通过复制处理器上的结构状态,让同一个处理器上的多个线程同步执行并共享处理器的执行资源,可最大限度地实现宽发射、乱序的超标量处理,提高处理器运算部件的利用率,缓和由于数据相关或Cache未命中带来的访问内存延时。

当没有多个线程可用时,SMT处理器几乎和传统的宽发射超标量处理器一样。SMT最具吸引力的是只需小规模改变处理器核心的设计,几乎不用增加额外的成本就可以显著地提升效能。这对于桌面低端系统来说无疑十分具有吸引力。

6) 多核心

多核心也指单芯片多处理器(Chip Multiprocessors,CMP)。CMP是由美国斯坦福大学提出的,其思想是将大规模并行处理器中的SMP(Symmetric Multi-Processing,对称多处理结构)集成到同一芯片内,各个处理器并行执行不同的进程。这种依靠多个CPU同时并行地运行程序是实现超高速计算的一个重要方向,称为并行处理。

由于CMP结构被划分成多个处理器核来设计,每个核都比较简单,有利于优化设计,因此更有发展前途。但并不是说核心越多,性能就越高,如16核的CPU可能还没有8核的CPU运算速度快,因为核心太多,不能进行合理分配,所以可能导致运算速度减慢。

## 1.4.3 存储器

### 1. 内存储器

内存储器(Memory)简称内存,又称为主存储器,是CPU能直接寻址的存储空间,它的特点是存取速率快。内存是计算机中重要的部件之一,其作用是暂时存放CPU中的运算数据,以及与硬盘等外部存储器交换的数据。只要计算机在运行中,CPU就会把需要运算的数据调到内存中进行运算,当运算完成后CPU再将结果传送出来。由于所有程序的运行都是在内存储器中进行的,因此内存储器的性能对计算机的影响非常大。

早期的计算机内存储器采用磁心存储器,现在一般采用半导体存储单元,包括随机存储器(RAM)和只读存储器(ROM)两大类。

1) 随机存储器

随机存储器(Random Access Memory,RAM)是一种可以随机读写数据的存储器,也称

为读写存储器。RAM有以下两个特点：一是可以读出，也可以写入，读出时并不损坏原来存储的内容，只有写入时才修改原来存储的内容；二是只能用于暂时存放信息，一旦断电，存储内容立即消失，即具有易失性。

RAM通常由MOS型半导体存储器组成，根据其保存数据的机理又可分为动态随机存储器(Dynamic Random Access Memory，DRAM)和静态随机存储器(Static Random Access Memory，SRAM)两大类。

(1) 动态随机存储器。由于DRAM存储单元的结构简单，所用元件少，集成度高，功耗低，目前已成为大容量RAM的主流产品。DRAM利用电容来存储数据，每一位只需要一个晶体管另加一个电容，电容的有电和没电状态分别表示0和1。由于电容不可避免地存在衰减现象，因此电容必须被周期性地刷新(预充电)以保持数据，这是DRAM的一大特点。而且电容的充放电需要一个过程，刷新频率不可能无限提升，这就导致DRAM的频率很容易达到上限，即便有先进工艺的支持也收效甚微。

(2) 静态随机存储器。SRAM用触发器存储数据，接通代表1，断开表示0，并且状态会保持到接收了一个改变信号为止，也就是SRAM不需要刷新。SRAM的特点是存取速度特别快。但同DRAM一样，一旦停机或断电，SRAM也会丢掉信息。由于一个触发器需要4～6个晶体管和其他零件，因此除了价格较贵外，SRAM芯片在外形上也比较大，所以主要用于二级高速缓存。

2) 只读存储器

ROM(Read Only Memory)是只读存储器。顾名思义，它的特点是只能读出原有的内容，不能由用户再写入新内容，一般用来存放专用的固定的程序和数据。

只读存储器是一种非易失性存储器，一旦写入信息后，无须外加电源来保存信息，不会因断电而丢失。目前ROM主要采用可在线改写内容的快擦除ROM(Flash ROM)，如BIOS芯片就是采用了这种存储器。

**2. 外存储器**

外存储器是指除计算机内存及CPU缓存以外的存储器，此类存储器一般断电后仍然能保存数据。外存储器通常是磁性介质、光盘或U盘，像硬盘、软盘、磁带、CD等，通常是由机械部件带动，速度比CPU慢得多。

1) 硬盘

硬盘是计算机中主要的存储媒介之一。硬盘有机械硬盘、固态硬盘、固态混合硬盘。机械硬盘采用磁性碟片来存储，固态硬盘采用闪存颗粒来存储，固态混合硬盘把磁性碟片和闪存集成到一起。

(1) 机械硬盘。机械硬盘即传统的普通硬盘(Hard Disk Drive，HDD)，具有存储容量大、数据传输率高、存储数据可长期保存等特点。最常用的是温切斯特硬盘，简称温盘。它将盘片、磁头、电机驱动设备乃至读写电路等做成一个不可随意拆卸的整体，并密封起来，所以防尘性能好、可靠性高，对环境要求不高。

从结构上看，机械硬盘主要由盘片、磁头、盘片转轴及控制电机、磁头控制器、数据转换器、接口、缓存等几个部分组成。所有的盘片都装在一个旋转轴上，每个盘片之间是平行的，在每个盘片的存储面上有一个磁头，所有的磁头连在一个磁头控制器上，由磁头控制器负责各个磁头的运动。

磁头沿盘片的半径方向运动，加上盘片每分钟几千转的高速旋转，磁头就可以定位在盘片的指定位置上进行数据的读写操作。图 1-28 为机械硬盘结构示意图。

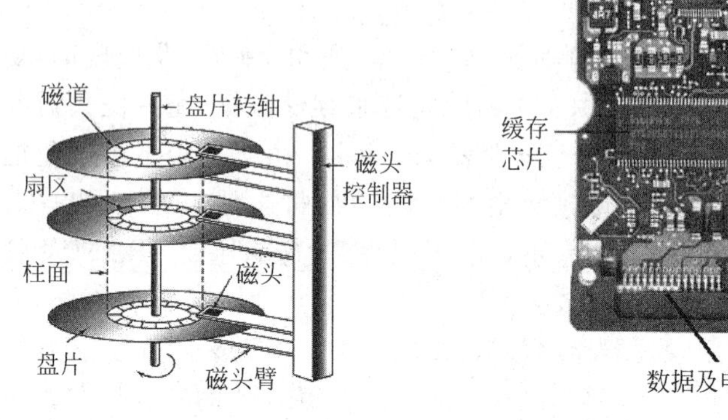


(a) 硬盘的内部结构图

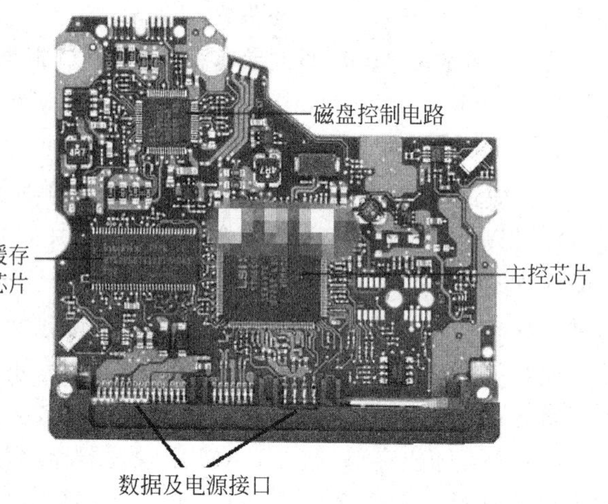


(b) 硬盘背面的控制电路板

图 1-28 机械硬盘结构示意图

一个硬盘通常由多个盘片组成，每个盘片被划分为磁道和扇区。因为扇区的单位太小，因此把它捆在一起，组成一个更大的单位方便进行灵活管理，这就是簇。簇是硬盘存放信息的最小单位。通常连续的若干扇区形成一个簇。簇的大小是可变的，是由操作系统在“高级格式化”时决定的，因此管理也更加灵活。图 1-29 为磁道、扇区和簇。

(2) 固态硬盘。固态硬盘(Solid State Drive，SSD)简称固盘，是用固态电子存储芯片阵列制成的硬盘，由控制单元和存储单元组成。固态硬盘在接口的规范、定义、功能及使用方法上与普通硬盘完全相同，在产品外形和尺寸上也完全与普通硬盘一致，如图 1-30 所示。

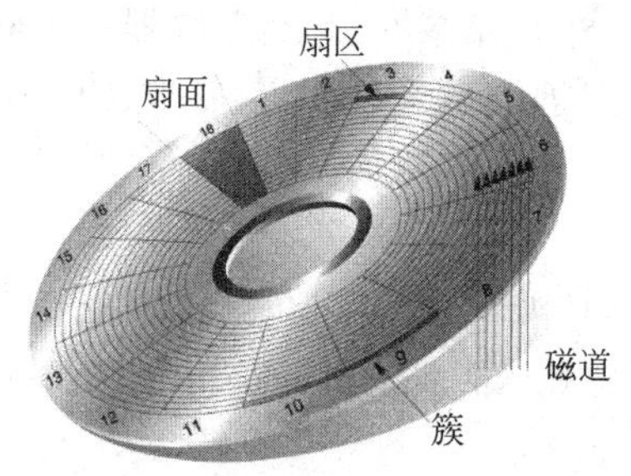


图 1-29 磁道、扇区和簇

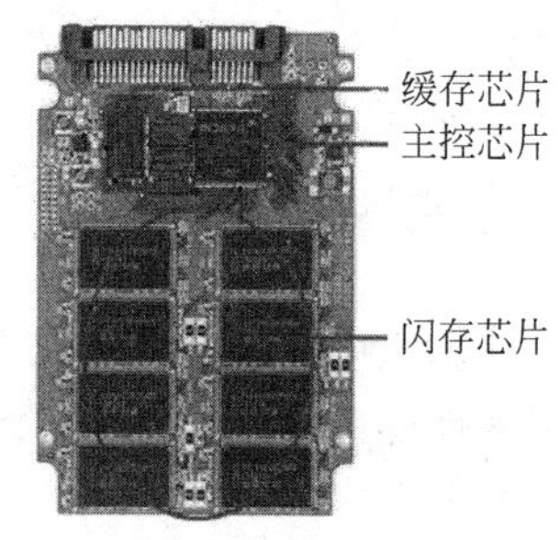


图 1-30 固态硬盘

固态硬盘的存储介质分为两种：一种是闪存；另一种是 DRAM。

基于闪存的固态硬盘是固态硬盘的主要类别，这也是通常所说的 SSD，其内部构造十分简单。固态硬盘内主体其实就是一块 PCB，这块 PCB 上最基本的配件就是主控芯片、缓存芯片(部分低端硬盘无缓存芯片)和用于存储数据的闪存芯片。主控芯片是固态硬盘的大脑，其作用是合理调配数据在各个闪存芯片上的负荷；承担整个数据中转，连接闪存芯片和外部 SATA 接口。不同的主控之间能力相差非常大，在数据处理能力、算法、对闪存芯片的

读取写入控制上会有非常大的不同,直接导致固态硬盘产品在性能上差距高达数十倍。这种固态硬盘的外观可以被制作成多种模样,例如笔记本硬盘、微硬盘、存储卡、U 盘等样式,最大的优点就是可以移动,而且数据保护不受电源控制,能适应各种环境,适合个人用户使用。

基于 DRAM 的固态硬盘采用 DRAM 作为存储介质,应用范围较窄。它仿效传统硬盘的设计,可被绝大部分操作系统的文件系统工具进行卷设置和管理,并提供工业标准的 PCI 和 FC 接口,用于连接主机或者服务器。应用方式可分为 SSD 和 SSD 阵列两种。它是一种高性能的存储器,而且使用寿命很长,美中不足的是需要独立电源来保护数据安全。基于 DRAM 的固态硬盘属于比较非主流的设备。

(3) 固态混合硬盘。固态混合硬盘(Solid State Hybrid Drive,SSHD)是把磁性硬盘和闪存集成到一起的一种硬盘。也就是说,固态混合硬盘是一块基于传统机械硬盘衍生出来的新硬盘,除了机械硬盘必备的碟片、电动机、磁头等,还内置了 NAND 闪存颗粒,这些颗粒将用户经常访问的数据进行存储,有如 SSD 效果的读取性能,如图 1-31 所示。

图 1-31 固态混合硬盘

固态混合硬盘通过增加高速闪存来进行资料预读取,以减少从硬盘读取资料的次数,从而提高性能,还可减少硬盘的读写次数,从而使硬盘耗电量降低,特别是提高笔记本电脑的电池续航能力;另外,因为一般固态混合硬盘仅内置 8GB 的 MLC(Multi-Level Cell,双层单元)闪存,因此成本不会大幅提高。同时固态混合硬盘也采用传统磁性硬盘的设计,没有固态硬盘容量小的不足,所以固态混合硬盘是处于磁性硬盘和固态硬盘中间的一种解决方案。

2) 光盘

光盘(Compact Disc)是将用于记录的薄层涂覆在基体上构成的记录介质。记录薄层有非磁性材料和磁性材料两种,前者构成光盘介质,后者构成磁光盘介质。

光盘利用激光原理进行读写,是迅速发展的一种辅助存储器,可以存放各种文字、声音、图形、图像和动画等多媒体数字信息。

根据光盘结构,光盘主要分为 CD、DVD、蓝光光盘等几种类型,这几种类型的光盘在结构上有所区别,但主要结构是一致的。只读的 CD 光盘和可记录的 CD 光盘在结构上没有区别,它们主要的区别在于材料的应用和某些制造工序不同,DVD 与其类似。

(1) 光盘的特点。

- 存储密度高。存储密度是指记录介质单位长度或单位面积内所能存储的二进制位数。单位长度存储的二进制位数称为位密度,单位面积存储的二进制位数称为面密度。光盘的位密度一般可达 $10^6$ b/m,面密度可达 $1.07\times10^8 \sim 1.08\times10^8$ b/$m^2$。
- 非接触读写方式。硬盘的浮动磁头虽与盘面不接触,但其距离小于亚微米数量级,盘面也存在划伤的危险。在光盘中,信息的写入与读出是通过聚焦激光束完成的,透镜与介质表面的距离为 $1\times10^{-3}\sim2\times10^{-3}$ m，根本没有接触的可能性，所以光盘和激光头的使用寿命都比较长。

- 信息保存时间长。光盘不像磁盘或磁带因环境影响可能导致退磁，硬盘的使用寿命多为 5～10 年，而光盘信息的保存时间在 30 年以上，CD-ROM(一种只读光盘)的寿命预计在 100 年以上。
- 盘面抗污染能力强。激光束可以穿过 $10^{-3}$ m 厚的透明层聚焦，所以光盘的盘面都加有透明保护层，使记录介质处于密封状态。由于记录介质不与外界相接触，因而可以免受外界灰尘或其他有害物质的污染。
- 价格低廉、使用方便。由于光盘可以大量复制，其价格相对较低，一张 CD-ROM 可以存放约 70MB 信息，而且能随意在驱动器中装卸。随着光盘技术的发展，其价格还在大幅度下降。

(2) 光盘的分类。光盘只是一个统称，它分成两类：一类是只读型光盘，包括 CD-Audio、CD-Video、CD-ROM、DVD-Audio、DVD-Video、DVD-ROM、Photo CD 等；另一类是可记录型光盘，包括 CD-R、CD-RW、DVD-R、DVD＋R、DVD＋RW、DVD-RAM、Double Layer DVD＋R 等。下面介绍常用的几种。

- CD-ROM/DVD-ROM。CD-ROM/DVD-ROM 盘片上的信息是由生产厂家预先写入的，用户只能读取盘片上的信息，而不能往盘片上写入信息。它主要用于存放固定不变的数据、计算机软件或多媒体演示节目，如计算机辅助教学课件等。CD-ROM/DVD-ROM 可以大量复制，而且成本非常低廉。
- CD-R/DVD-R。CD-R/DVD-R 在使用前首先要进行格式化，形成格式化信息区和逻辑目录区，并引入 DOS 文件分配表的概念。光盘的根目录下是用户定义的逻辑目录，逻辑目录对应文件管理区，在逻辑目录建立的同时，用户可以对其中的重要文件进行加密，特别适用于数字图像等文档信息的存储和检索。
- CD-RW/DVD-RW。这种光盘像磁盘一样可以任意读写数据，不仅可以读出信息，而且可以擦除原存信息后进行重写。根据光盘记录介质的读、写、擦原理来分类，其主要有相变型光盘 PCD(Phase-Changed Disk)和磁光型光盘(Magnetic Optical Disk，MOD)两种类型。
- Photo CD。Photo CD 又分为印刷照片光盘(Print CD)和显示照片光盘(Portfolio CD)。印刷照片光盘专用于平面设计和印刷行业，显示照片光盘主要用于多媒体制作。

图 1-32 为光盘和光驱。

图 1-32　光盘和光驱

在实际应用中，读取和烧录 CD、DVD、蓝光光盘的激光是不同的。大家都知道，CD 的容量只有 700MB 左右，而 DVD 则可以达到 4.7GB，而蓝光光盘更是可以达到 25GB。它们之间的容量差别与其相关的激光光束的波长密切相关。

3) 移动存储器

移动存储器是便携式的数据存储装置，带有存储介质且自身具有读写介质的功能，不需要或很少需要其他装置等的协助。现代的移动存储器主要有移动硬盘、U 盘和存储卡。

(1) 移动硬盘。

移动硬盘由硬盘和硬盘盒组成。移动硬盘可以提供相当大的存储容量,是一种较具性价比的移动存储产品。移动硬盘一般采用USB接口,数据传输速度快,可以支持热插拔,但要注意USB接口必须确保停止以后才能拔下USB连线,否则处于高速运转的硬盘突然断电可能会导致硬盘损坏。移动硬盘有如下特点。

① 容量大。移动硬盘能在用户可以接受的价格范围内,提供给用户较大的存储容量和不错的便捷性。市场中的主流移动硬盘基本都能提供500GB以上的存储容量,有的甚至高达12TB,可以说是U盘、磁盘等产品的升级版,被大众广泛接受。

② 体积小。移动硬盘(盒)的尺寸分为1.8英寸(1英寸=0.0254米)、2.5英寸和3.5英寸三种。2.5英寸移动硬盘盒使用的是笔记本电脑硬盘,体积小、质量轻,便于携带,一般没有外置电源。3.5英寸的硬盘盒使用的是台式机硬盘,体积较大,便携性相对较差,并且一般都自带外置电源和散热风扇。

③ 速度高。移动硬盘大多采用USB、IEEE 1394或eSATA接口,能提供较高的数据传输速度。不过移动硬盘的数据传输速度在一定程度上受到接口速度的限制,USB 2.0接口传输速率是60MB/s,USB 3.0接口传输速率是625MB/s,IEEE 1394接口传输速率是50～100MB/s。

④ 使用方便。主流的PC基本都配备了USB接口,主板通常可以提供2～8个,一些显示器也会提供USB转接器,USB接口已成为个人电脑中的必备接口。USB设备在大多数版本的Windows操作系统中都不需要预先安装驱动程序,具有真正的即插即用特性,使用起来非常灵活方便。

⑤ 可靠性高。移动硬盘与笔记本电脑硬盘的结构类似,多采用硅氧盘片。这是一种比铝、磁更为坚固耐用的盘片材质,并且具有更大的存储量和更好的可靠性,提高了数据的完整性。另外还具有防震功能,在剧烈震动时盘片自动停止转动并将磁头复位到安全区,以防止损坏盘片。

图1-33为移动硬盘。

(2) U盘。

U盘的全称为USB闪存盘(USB Flash Disk)。它是一种无须物理驱动器的微型高容量移动存储产品,通过USB接口与计算机连接,实现即插即用,如图1-34所示。

图1-33　移动硬盘

图1-34　U盘

U盘的组成很简单,主要由外壳和机芯组成。其中机芯是一块PCB,上面有USB主控芯片、晶振、贴片电阻、电容、Flash(闪存)芯片,以及USB接口和贴片LED(不是所有的U

盘都有)等。

U盘最大的优点是小巧、便于携带、存储容量大、价格便宜、性能可靠。一般的U盘容量有2GB、4GB、8GB、16GB、32GB、64GB,甚至还有128GB、256GB、512GB、1TB等。U盘中无任何机械式装置,抗震性能极强。另外,U盘还具有防潮、防磁、耐高低温等特性,安全可靠性很好。

(3) 存储卡。

存储卡又称为数码存储卡、数字存储卡、储存卡等,是用于手机、数码相机、便携式电脑、MP3和其他数码产品上的独立存储介质,一般是卡片的形态,故称为存储卡。存储卡具有体积小、携带方便、使用简单的优点。同时,大多数存储卡都具有良好的兼容性,便于在不同的数码产品之间交换数据。

存储卡大多使用闪存作为材料,根据形状、体积和接口的不同可分为SD卡、CF卡、MMC卡、XD卡、T-Flash卡、Mini-SD卡等,如图1-35所示。

图1-35 存储卡

## 1.4.4 输入输出设备

输入输出设备是计算机系统的重要组成部分。各类信息通过输入设备输入到计算机中,计算机的处理结果则由输出设备输出。

**1. 输入设备**

输入设备(Input Device)是计算机与用户或其他设备通信的桥梁,是用户和计算机系统之间进行信息交换的主要装置之一。计算机能够接收各种各样的数据,既可以是数值型的数据,也可以是各种非数值型的数据,如图形、图像、声音等都可以通过不同类型的输入设备输入到计算机中,供计算机进行存储、处理和输出。

1) 键盘

键盘是最常用也是最主要的输入设备,通过键盘可以将英文字母、数字、标点符号等输入到计算机中,从而向计算机发出命令、输入数据等。为了适应不同用户的需要,常规键盘具有CapsLock(字母大小写锁定)、NumLock(数字小键盘锁定)、ScrollLock(滚动锁定键)三个指示灯来标识键盘的当前状态。这些指示灯一般位于键盘的右上角。

不管键盘形式如何变化,按键的排列还是基本保持不变,可以分为主键盘区、数字辅助键区、功能键区、控制键区,对于多功能键盘还增添了快捷键区。

键盘的接口有AT接口、PS/2接口和最新的USB接口。目前市场上最炙手可热的无线技术(主要有蓝牙、红外线等)也被应用在键盘上。无线技术的应用使人摆脱键盘线的限制和束缚,可以自由地操作。一般来说,蓝牙在传输距离和安全保密性方面要优于红外线。红外线的传输有效距离为1~2m,而蓝牙的有效距离约为10m。由此可知,无线键盘前途无量。

2) 鼠标

鼠标(Mouse)是计算机的一种输入设备,也是计算机显示系统纵横坐标定位的指示器,

因形似老鼠而得名。使用鼠标是为了使计算机的操作更加简便快捷,代替键盘烦琐的指令。目前常用的光电鼠标是通过检测鼠标器的位移,将位移信号转换为电脉冲信号,再通过程序的处理和转换来控制屏幕上光标的移动。

除此之外,无线鼠标和3D振动鼠标都是比较新颖的鼠标。无线鼠标是利用DRF技术把鼠标在X或Y轴上的移动、按键按下或抬起的信息转换成无线信号并发送给主机。3D振动鼠标具有全方位立体控制能力,同时具有振动功能,即触觉回馈功能。例如玩某些游戏时,当你被敌人击中时,你会感觉到你的鼠标也振动了。

键盘和鼠标如图1-36所示。

3) 扫描仪

扫描仪(Scanner)是利用光电技术和数字处理技术,以扫描方式将图形或图像信息转换为数字信号的装置。

图1-36 键盘和鼠标

扫描仪是一种光、机、电一体化的高科技产品,它是将各种形式的图像信息输入计算机的重要工具,是继键盘和鼠标之后的第三代计算机输入设备。扫描仪具有比键盘和鼠标更强的功能,从最原始的图片、照片、胶片到各类文稿资料都可用扫描仪输入到计算机中,进而实现对这些图像形式的信息的处理、管理、使用、存储和输出等,配合光学字符识别(Optical Character Recognize,OCR)软件还能将扫描的文稿转换成计算机的文本形式。

扫描仪的工作原理如下:扫描仪工作时发出的强光照射在稿件上,没有被吸收的光线将被反射到光学感应器上,光感应器接收到这些信号后,将这些信号传送到模数(A-D)转换器,模数转换器将其转换成计算机能读取的信号,然后通过驱动程序转换成显示器上能看到的正确图像。

待扫描的稿件通常可分为反射稿和透射稿。前者泛指一般的不透明文件,如报刊、杂志等,后者包括幻灯片(正片)或底片(负片)。如果经常需要扫描透射稿,就必须选择具有光罩(光板)功能的扫描仪。图1-37为扫描仪。

4) 数码相机

数码相机(Digital Camera,DC)是集光学、机械、电子于一体的产品,如图1-38所示。它集成了影像信息的转换、存储和传输等部件,具有数字化存取模式、与计算机交互处理和实时拍摄等特点。光线通过镜头或者镜头组进入数码相机,通过数码相机成像元件转化为数字信号,数字信号通过影像运算芯片存储在存储设备中。数码相机的成像元件是CCD或CMOS。该成像元件的特点是光线通过时,能根据光线的不同转化为电子信号。按照用途,数码相机分为单反相机、微单相机、卡片相机、长焦相机和家用相机等。

图1-37 扫描仪

图1-38 数码相机

5）触摸屏

触摸屏(Touch Screen)又称为触控屏、触控面板，是一种可接收触头等输入信号的感应式液晶显示装置。当接触了屏幕上的图形按钮时，屏幕上的触觉反馈系统可根据预先编程的程序驱动各种连接装置，可用以取代机械式的按钮面板，并借由液晶显示画面制造出生动的影音效果。

触摸屏作为一种最新的计算机输入设备，是目前非常简单、方便、自然的一种人机交互方式。它赋予了多媒体以崭新的面貌，是极富吸引力的全新多媒体交互设备，主要应用于公共信息查询、领导办公、工业控制、军事指挥、电子游戏、点歌点菜、多媒体教学、房地产预售等方面。

从技术原理来区别触摸屏，可分为5个基本种类：矢量压力传感技术触摸屏、红外线技术触摸屏、电容技术触摸屏、电阻技术触摸屏、表面声波技术触摸屏。其中，矢量压力传感技术触摸屏已退出历史舞台；红外线技术触摸屏价格低廉，但其外框易碎，容易产生光干扰，曲面情况下会失真；电容技术触摸屏设计构思合理，但其图像失真问题很难得到根本解决；电阻技术触摸屏定位准确，但其价格颇高，且怕刮易损；表面声波技术触摸屏避免了以往触摸屏的各种缺陷，清晰、不容易被损坏，适于各种场合，缺点是如果屏幕表面有水滴和尘土，会使触摸屏变得迟钝，甚至不工作。

6）游戏手柄

游戏手柄也是一种常见的输入部件，通过操纵其按钮等实现对游戏虚拟角色的控制。游戏手柄的标准配置是由任天堂公司确立及实现的，它包括十字键(方向)、ABXY功能键、选择及暂停键(菜单)三种控制按键。随着游戏设备硬件的升级换代，现代游戏手柄又增加了类比摇杆(方向及视角)、扳机键以及HOME菜单键等。图1-39为游戏手柄。

图1-39　游戏手柄

**2. 输出设备**

输出设备(Output Device)是人与计算机交互的一种部件，用于数据的输出。它把各种计算结果数据或信息以数字、字符、图像、声音等形式表现出来。常见的有显示器、打印机、绘图仪、影像输出系统、语音输出系统等。下面主要介绍显示器和打印机。

1）显示器

显示器(Display)又称监视器，是实现人机对话的主要工具。它既可以显示键盘输入的命令或数据，也可以显示计算机数据处理的结果。

常用的显示器主要有两种类型：一种是阴极射线管(Cathode Ray Tube，CRT)显示器，如图1-40所示；另一种是液晶显示器(Liquid Crystal Display，LCD)，如图1-41所示。

图1-40　CRT显示器

图1-41　LCD

显示适配器又称显示控制器，是显示器与主机的接口部件，以硬件插卡的形式插在主机板上，如图 1-42 所示。

显示器必须配合显卡才能正常工作。显卡作为计算机的一个重要组成部分，承担输出显示图形的任务。显卡的基本结构包括图形处理器(Graphic Processing Unit，GPU)、显示存储器(Video RAM，VRAM)、数-模转换器(Digital-to-Analog Converter，DAC)以及相关的接口电路，这些部件决定了计算机在屏幕上的输出，包括屏幕画面显示的速度、颜色，以及分辨率等。

2) 打印机

打印机(Printer)是将计算机的处理结果打印在纸张上的输出设备。人们常把显示器的输出称为软拷贝，把打印机的输出称为硬拷贝。

按照工作机制，打印机可以分为击打式和非击打式两类。其中，击打式分为字模式打印机和点阵式打印机；非击打式分为喷墨打印机、激光打印机、热敏打印机和静电打印机。

(1) 点阵式打印机。点阵式打印机是一种特殊的打印机，和喷墨、激光打印机都存在很大的差异。点阵式打印机的主要部件是打印头，通常所讲的 9 针、16 针和 24 针打印机说的就是打印头上的打印针的数目。图 1-43 为点阵式打印机。

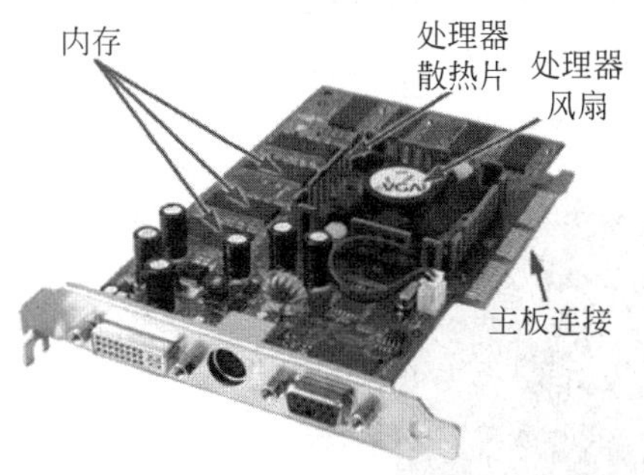


图 1-42　显示适配器

图 1-43　点阵式打印机

点阵式打印机是利用直径为 $2\times10^{-4}\sim3\times10^{-4}$m 的打印针通过打印头中的电磁铁吸合或释放来驱动打印针向前击打色带，将墨点印在打印纸上而完成打印动作，通过对色点排列形式的组合控制，实现对规定字符、汉字和图形的打印。通常点阵式打印机所使用的色带都是单色的，打印速度要比喷墨打印机慢，而且精度较低，噪声也较大，因此点阵式打印机在家用打印机市场上已遭到淘汰。然而点阵式打印机的耗材成本极低，并且能多层套打，因此在银行、证券等领域有着不可替代的地位。

(2) 喷墨打印机。喷墨打印机是在点阵式打印机之后发展起来的，采用非打击的工作方式。它比较突出的优点有体积小、操作简单方便、打印噪声低、使用专用纸张时可以打出和照片相媲美的图片。

喷墨打印机按工作原理可分为固体喷墨打印机和液体喷墨打印机两种。液体喷墨打印机采用液体喷墨方式，液体喷墨方式又可分为气泡式与液体压电式。气泡技术是通过加热喷嘴，使墨水产生气泡，喷到打印介质上。图 1-44 为喷墨打印机。

喷墨打印机在打印图像时，需要进行一系列的繁杂程序。当打印机喷头快速扫过打印纸时，它上面的喷嘴就会喷出无数的小墨滴，从而组成图像中的像素。打印机头上一般有

图 1-44　喷墨打印机

48 个或以上的独立喷嘴喷出各种不同颜色的墨水。不同颜色的墨滴落于同一点上，形成不同的复色。一般来说，喷嘴越多，打印速度越快。

(3) 激光打印机。激光打印机脱胎于 20 世纪 80 年代末的激光照排技术，它是将激光扫描技术和电子照相技术相结合的产物。图 1-45 为激光打印机。其基本工作原理是将计算机传来的二进制数据信息，通过视频控制器转换为视频信号，再由视频接口/控制系统把视频信号转换为激光驱动信号，然后由激光扫描系统产生载有字符信息的激光束，之后扫描到感光体上。感光体与照相机组成电子照相转印系统，把射到感光鼓上的图文影像转印到打印纸上。与其他打印设备相比，激光打印机有打印速度快、成像质量高等优点，但使用成本相对高昂。

图 1-45　激光打印机

打印机的评价指标有打印分辨率、打印速度、打印幅面和打印成本等。

① 打印分辨率。打印机分辨率又称为输出分辨率，是指在打印输出时横向和纵向两个方向上每英寸最多能够打印的点数，通常以“点/英寸”即 dpi 表示。目前，一般激光打印机的分辨率均在 600×600dpi 以上。

打印分辨率的具体数值大小决定了打印效果的好坏，一般情况下激光打印机在纵向和横向两个方向上的输出分辨率几乎是相同的；而喷墨打印机在纵向和横向两个方向上的输出分辨率相差很大。一般情况下我们所说的喷墨打印机分辨率是指横向喷墨表现力。如 800×600dpi，其中 800 表示打印幅面上横向方向显示的点数，600 则表示纵向方向显示的点数。打印分辨率不仅与显示打印幅面的尺寸有关，还要受打印点距和打印尺寸等因素的影响，打印尺寸相同，点距越小，打印分辨率越高。

② 打印速度。评价一台打印机是否优秀，不仅要看打印图像的品质，还要看它是否有良好的打印速度。打印机的打印速度是用每分钟打印多少页纸(PPM)来衡量的，一般分为

彩色文稿打印速度和黑白文稿打印速度。打印速度越快，打印文稿所需时间越短。

打印速度与打印时设定的分辨率有直接的关系，打印分辨率越高，打印速度也就越慢。通常打印速度的测试标准为A4标准打印纸，300dpi分辨率，5%覆盖率。

③ 打印幅面。打印幅面指最大能够支持打印纸张的大小。它的大小是用纸张的规格来标识或是直接用尺寸来标识的，具体有A3、A4、A5等。

④ 打印成本。激光打印机最关键的部件是硒鼓，也就是感光鼓。它不仅决定了打印质量的好坏，还决定了使用者在使用过程中需要花费的金钱多少。根据感光材料的不同，目前可以把硒鼓分为三种：OPC硒鼓（有机光导材料）、Se硒鼓和陶瓷硒鼓。在使用寿命上，OPC硒鼓一般为3000页左右，Se硒鼓为10 000页，陶瓷硒鼓为100 000页。

## 习　　题

**一、判断题**

1. 现代计算机采用的是冯·诺依曼提出的“存储程序控制”思想，科学家们正在研究的生物计算机采用非冯·诺依曼结构。
2. 微型机的性能主要取决于主板。
3. 运算器是进行算术和逻辑运算的部件，通常称为CPU。
4. 任何存储器都有记忆能力，其中的信息不会丢失。
5. 计算机总线由数据总线、地址总线和控制总线组成。
6. 微型机断电后，机器内部的计时系统将停止工作。
7. 通常硬盘安装在主机箱内，因此它属于主存储器。
8. 用屏幕水平方向上显示的点数乘垂直方向上显示的点数来表示显示器清晰度的指标，通常称为分辨率。

**二、选择题**

1. 下列关于集成电路的叙述错误的是________。

   A. 集成电路是将大量晶体管、电阻及互连线等制作在尺寸很小的半导体单晶片上

   B. 现代集成电路使用的半导体材料通常是硅或砷化镓

   C. 集成电路根据它所包含的晶体管数目可分为小规模、中规模、大规模、超大规模和极大规模集成电路

   D. 集成电路按用途可分为通用和专用两大类。微处理器和存储器芯片都属于专用集成电路

2. 计算机内所有的信息都是以________数码形式表示的，其单位是比特(bit)。

   A. 八进制　　B. 十进制　　C. 二进制　　D. 十六进制

3. 微型机硬件系统中最核心的部件是________。

   A. 主板　　B. CPU　　C. 内存储器　　D. I/O设备

4. 计算机中对数据进行加工与处理的部件，通常称为________。

   A. 运算器　　B. 控制器　　C. 显示器　　D. 存储器

5. 微型机中，控制器的基本功能是________。

   A. 实现算术运算和逻辑运算

B. 存储各种控制信息

C. 保持各种控制状态

D. 控制机器各个部件协调一致地工作

6. 指出 CPU 下一次要执行的指令的地址的部件称为________。

A. 程序计数器　　B. 指令寄存器　　C. 目标地址码　　D. 数据码

7. 32 位微型机中进行算术运算和逻辑运算时，可以处理的二进制信息长度是________。

A. 32 位　　B. 16 位

C. 8 位　　D. 以上三种都可以

8. 下面列出的四种存储器中，易失性存储器是________。

A. RAM　　B. ROM　　C. PROM　　D. CD-ROM

9. 微型机中内存储器比外存储器________。

A. 容量大且读写速度快　　B. 容量小但读写速度快

C. 容量大但读写速度慢　　D. 容量小且读写速度慢

10. 配置高速缓冲存储器是为了解决________。

A. 内存与辅助存储器之间速度不匹配问题

B. CPU 与辅助存储器之间速度不匹配问题

C. CPU 与内存储器之间速度不匹配问题

D. 主机与外围设备之间速度不匹配问题

11. 下列各组设备中，全部属于输入设备的一组是________。

A. 键盘、磁盘和打印机　　B. 键盘、扫描仪和鼠标

C. 键盘、鼠标和显示器　　D. 硬盘、打印机和键盘

12. 显示器显示图像的清晰程度，主要取决于显示器的________。

A. 对比度　　B. 亮度　　C. 尺寸　　D. 分辨率

13. 点阵式打印机术语中，24 针是指________。

A. 24×24 点阵　　B. 信号线插头有 24 针

C. 打印头内有 24×24 根针　　D. 打印头内有 24 根针

14. 下面有关计算机的叙述中，正确的是________。

A. 计算机的主机只包括 CPU

B. 计算机程序必须装载到内存储器中才能执行

C. 计算机必须具有硬盘才能工作

D. 计算机键盘上字母键的排列方式是随机的

**三、填空题**

1. 在计算机内部，程序是由指令组成的。大多数情况下，指令由________和操作数地址两部分组成。

2. 一台计算机所具有的各种机器指令的集合称为该计算机的________。

3. 计算机在工作时突然断电，会使存储在________中的数据丢失。

4. 总线是连接计算机各部件的一组公共信号线，由________、________和控制总线组成。

5. 主板中最重要的是________,它是主板的灵魂。

**四、简答题**

1. 计算机可以分为哪些类型?最常用的是哪一类?
2. 简述冯·诺依曼机的工作原理。
3. 电子计算机的发展经历了几个阶段?每一个阶段有什么特点?
4. 什么是集成电路?集成电路按集成度的高低可分为哪几类?
5. 什么是摩尔定律?
6. 存储容量有哪些计量单位?内存容量和外存容量的计量单位有何差别?
7. 计算机硬件由哪几部分组成?各部分的主要功能是什么?
8. 简述计算机指令的执行过程。
9. 主板上安装了哪些主要部件和器件?
10. 什么是芯片组?它与CPU、内存和各种I/O设备的关系是怎样的?
11. BIOS中有哪些基本程序?
12. 评价CPU性能的指标有哪些?
13. 内存储器的半导体存储芯片有哪些类型?它们各自的特点是什么?
14. PC上有哪些主要的I/O接口?
15. 硬盘存储器由哪些部分组成?它是怎样工作的?
16. U盘与存储卡都是什么材质的存储器?

## 阅读材料:未来计算机

从目前计算机的研究情况可以看到,未来计算机将有可能在纳米计算机、光子计算机、量子计算机等研究领域取得重大的突破。

**1. 纳米计算机**

随着硅芯片上集成的晶体管数量越来越接近极限,通电和断电的频率将无法再提高,耗电量也无法再减少,集成电路的性能将越来越不稳定。科学家认为,解决这个问题的途径是研制纳米晶体管,并用这种纳米晶体管来制作纳米计算机。

纳米是长度计量单位($1nm=10^{-9}m$),大约是氢原子直径的10倍。科学家从20世纪60年代开始,把纳米微粒作为研究对象,探索纳米体系的奥秘。研究纳米技术的最终目标是人类按照自己的意志直接操纵单个原子,制造出具有特定功能的产品。

作为在纳米尺度范围内,通过操纵原子、分子、原子团或分子团使其重新排列组合成新物质的技术,纳米技术涉及现代物理学、化学、电子学、建筑学、材料学等领域,受到了各发达国家的高度重视。1989年,IBM公司的科学家实现了用单个原子排列拼写出IBM商标,以后又制造出了世界上最小的算盘,算盘的珠子是用直径还不到1nm的分子做成的;康奈尔大学的研究人员制作的六弦吉他,大小约相当于一个白血球。

将纳米技术应用到芯片生产上,可以降低生产成本。因为它既不需要建设超洁净的生产车间,也不需要昂贵的实验设备和庞大的生产队伍,只要在实验室里将设计好的分子合在一起,就可以造出芯片。而且纳米计算机几乎不需要耗费任何能源,性能要比今天的计算机强许多倍。

目前，纳米计算机的成功研制已有一些鼓舞人心的消息。2013 年 9 月 26 日，斯坦福大学宣布，人类首台基于碳纳米晶体管技术的计算机已成功测试运行。该项实验的成功使人类有望在不远的将来，摆脱当前硅晶体技术以生产新型计算机设备。英国学术杂志《自然》已刊登了斯坦福大学的研究成果。

碳纳米管是由碳原子层以堆叠方式排列所构成的同轴圆管。该种材料具有体积小、传导性强、支持快速开关等特点，因此当被用于晶体管时，其性能和能耗表现要大幅优于传统硅材料。首台纳米计算机实际只包括 178 个碳纳米管，并运行只支持计数和排列等简单功能的操作系统。然而，尽管原型看似简单，却已是人类多年的研究成果。这意味着硅作为计算时代的王者地位或将不保。

不管怎样，计算机设备体积越来越小，价格越来越便宜，性能越来越强大的趋势不会改变，这对广大消费者来说都是利好消息。

**2. 光子计算机**

在过去四十多年里，摩尔定律一直在发挥它的威力，芯片厂商们将产品越做越小，以至于晶体管之间的相互作用会造成严重影响。摩尔定律失效将会出现在 0.2nm 工艺制作芯片的时候，因为那已经是一个原子的直径了。于是工程师们开始关注光子，想利用光子来传输信息。

现有的计算机由电流来传递和处理信息，虽然电场在导线中传播的速度比人们看到的任何运载工具的运动速度都快得多，但是采用电流做运输信息的载体还不能满足更快的要求。不用电子，而用光子做传递信息的载体，就有可能制造出性能更优异的计算机。

使用光子作为信息载体的优势体现在：

(1) 光子不带电荷，也就不存在电磁场，彼此之间不会发生相互干扰。

(2) 电子计算机只能通过一些相互绝缘的导线来传导电子，而光子的传导是可以不需要导线的。

(3) 即使在最佳情况下，电子在固体中的运行速度也远远低于光速。具体来说，电子在导线中的传播速度是 593km/s，而光子的传播速度却达 $3\times10^5$ km/s，这表明光子携带信息传递的速度比电子快得多。

(4) 随着装配密度的不断提高，导体之间的电磁作用会不断增强，散发的热量也在逐渐增加，从而制约了电子计算机的运行速度。而光子计算机不存在这些问题，对使用环境条件的要求比电子计算机低得多。

(5) 光子计算机与电子计算机相比大大降低了电能消耗，减少了机器散发的热量，为光子计算机的微型化和便携化研制提供了便利条件。

要想制造真正的光子计算机，需要解决可以用一条光束来控制另一条光束变化的光学晶体管这一基础元件，目前科学家已经实现了这样的装置，但是所需的条件如温度等仍较为苛刻，尚难以进入实用阶段。

1990 年初，美国贝尔实验室宣布研制出世界上第一台光学计算机。它采用砷化镓光学开关，运算速度达每秒 10 亿次。尽管这台光子计算机与理论上的光子计算机还有一定差距，在功能以及运算速度等方面还赶不上电子计算机，但已显示出强大的生命力。

目前我们使用的主要还是电子计算机，今后一段时间内也仍然要继续发展电子计算机。但是，从发展的潜力来说，显然光子计算机比电子计算机大得多，特别是在对图像处理、目标

识别和人工智能等方面，光子计算机将来发挥的作用远比电子计算机大。

**3. 量子计算机**

目前，传统计算机的发展已经逐渐遇到功耗墙、通信墙等一系列问题，传统计算机的性能增长越来越困难。因此，探索全新物理原理的高性能计算技术的需求应运而生。

量子计算机(Quantum Computer)是一类遵循量子力学规律进行高速数学和逻辑运算、存储及处理量子信息的物理装置。当某个装置处理和计算的是量子信息，运行的是量子算法时，它就是量子计算机。量子计算机的概念源于对可逆计算机的研究，目的是为了解决计算机中的能耗问题。

量子计算是一种基于量子效应的新型计算方式。其基本原理是以量子比特作为信息编码和存储的基本单元，通过大量量子比特的受控演化来完成计算任务。

量子计算机处理速度惊人，比传统计算机快数十亿倍。量子计算机之所以比传统电子计算机具有超强的本领，主要是因为它使用的是可叠加的量子比特。所谓量子比特就是一个具有两个量子态的物理系统，例如光子的两个偏振态、电子的两个自旋态、离子(原子)的两个能级等都可构成量子比特的两个状态。在处理数据时量子比特可以同时处于0和1两个状态，这是由量子叠加特性决定的。而传统的晶体管只有开和关两个状态，一次只能处于0或者1状态。因此，如果要进行海量运算，量子计算机就有了无与伦比的优势。这是由于电子计算机只能按时间顺序来处理数据，而量子计算机能做到超并行运算。

举例来说，1个量子比特同时表示0和1两个状态，$n$个量子比特可同时存储$2^n$个数据，数据量随$n$呈指数增长。与此同时，量子计算机操作一次等效于电子计算机进行$2^n$次操作的效果，一次运算相当于完成$2^n$个数据的并行处理，这就是量子计算机相对于传统计算机的优势。

那么这种科幻级设备的工作原理是什么？量子计算机本身处理的是量子数据，要实现超强的功能就需要有量子。我们要把原子量子化，需要从“囚禁”原子开始。可以说，“囚禁”原子是量子计算机的通用方案。

在原子被“囚禁”之后，就需要降低原子的温度，一般超冷原子的温度需要接近绝对零度。因为原子在常温下的速度高达每秒数百米，只有让原子保持在极低温度状态，才可受控制。此外，量子计算机还致力于控制分子的状态。因为分子在常温下会做不规则的热运动，温度越低，分子运动得越慢，在低温情况下更易受控制，进一步进入量子态。

冷却原子后的下一步是如何保持长时间的量子态，这是当前最大的技术瓶颈。迄今为止，世界上还没有真正意义上的量子计算机。但是，世界各地的许多实验室正在以巨大的热情追寻着这个梦想。

早在2007年，加拿大的D-Wave公司就宣称造出了世界上第一台量子计算机，但D-Wave公司的机器在学术界一直存在争议。2013年，Google公司从D-Wave公司购买了这样一台D-Wave量子计算机(如图1-46所示)，它解决问题时能够比其他任何计算机都快一亿倍。D-Wave量子计算机模拟了一个量子模型，经过数值分析模拟出量子的势场结构；其量子处理器由低温超导体材料制成，利用了量子微观客体之间的相互作用。因此，其体系是量子力学的。但是也有人认为，D-Wave量子计算机并非真正的量子计算机，而是量子退火机，算法和一般意义理解的加、减、乘、除的算法有区别。

如何实现量子计算，方案并不少，问题是在实验上实现对微观量子态的操纵确实太困难

图 1-46　Google 公司的 D-Wave 量子计算机

了。已经提出的方案主要利用了原子和光腔相互作用、冷阱束缚离子、电子或核自旋共振、量子点操纵、超导量子干涉等。很难说哪一种方案更有前景,只是量子点操纵和超导量子干涉更适合集成化和小型化。将来也许现有的方案都派不上用场,最后脱颖而出的是一种全新的设计,而这种新设计又是以某种新材料为基础,就像半导体材料对于电子计算机一样。研究量子计算机的目的不是要用它来取代现有的计算机。量子计算机使计算的概念焕然一新,这是量子计算机与其他计算机如光子计算机和生物计算机等的不同之处。量子计算机的作用远不止是解决一些经典计算机无法解决的问题。

**4. 生物计算机**

生物计算机是人类期望在 21 世纪完成的伟大工程,是计算机世界中最年轻的分支。自从 1983 年美国提出生物计算机的概念以来,各个发达国家都开始研制生物计算机。

生物计算机也称仿生计算机,它的主要原材料是生物工程技术产生的蛋白质分子,并以此作为生物芯片来代替半导体硅片。生物计算机芯片本身还具有并行处理的功能,其运算速度要比当今最新一代的计算机快 10 万倍,能量消耗仅相当于普通计算机的十亿分之一,存储信息的空间仅占百亿亿分之一。生物计算机有很多优点,主要表现在以下几个方面。

(1) 体积小,功效高。生物计算机的面积上可容纳数亿个电路,比目前的电子计算机提高了上百倍。同时,生物计算机已经不再具有计算机的形状,可以隐藏在桌角、墙壁或地板等地方,同时发热和电磁干扰都将大大降低。

(2) 生物计算机具有永久性和很高的可靠性。蛋白质分子可以自我组合,能够新生出微型电路,具有活性,因此生物计算机拥有生物特性。生物计算机不再像电子计算机那样芯片损坏后无法自动修复,生物计算机能够发挥生物调节机能,自动修复受损芯片。因此,生物计算机可靠性非常高,不易损坏,生物计算机芯片具有一定的永久性。

(3) 生物计算机的存储与并行处理。生物计算机是以核酸分子作为数据,以生物酶及生物操作作为信息处理工具的一种新颖的计算机模型。20 世纪 70 年代以来,人们发现脱氧核糖核酸(DNA)处在不同的状态下,可产生有信息和无信息的变化。科学家们发现生物元件可以实现逻辑电路中的 0 与 1、晶体管的导通或截止、电压的高或低、脉冲信号的有或无等。经过特殊培养后制成的生物芯片可作为一种新型高速计算机的集成电路。生物计算

机在存储方面与传统电子计算机相比具有巨大优势。0.001kgDNA存储的信息量可与一万亿张CD相当，存储密度通常是磁盘存储器的1000亿～10000亿倍。更为不可思议的是，DNA还具有在同一时间处理数兆个运算指令的能力。

生物计算机具有超强的并行处理能力，通过一个狭小区域的生物化学反应可以实现逻辑运算，数百亿个DNA分子构成大批DNA计算机并行操作。生物计算机传输数据与通信过程很简单，其并行处理能力可与超级电子计算机相媲美，通过DNA分子碱基不同的排列次序作为计算机的原始数据，对应的酶通过生物化学变化对DNA碱基进行基本操作，能够实现电子计算机的各种功能。

(4) 发热与信号干扰。生物计算机的元件是由有机分子组成的生物化学元件，它们是利用化学反应工作的，只需要很少的能量就可以工作，因此不会像电子计算机那样，工作一段时间后机体会发热，而且生物计算机的电路间也没有信号干扰。

(5) 数据错误率。DNA链的另一个重要性质是双螺旋结构，A碱基与T碱基、C碱基与G碱基形成碱基对。每个DNA序列有一个互补序列。这种互补性使得生物计算机具备独特优势。如果错误发生在DNA某一双螺旋序列中，修改酶能够参考互补序列对错误进行修复。因此，生物计算机自身具备修改错误特性，数据错误率较低。

(6) 与人体组织的结合。生物计算机具有生物活性，能够和人体的组织有机地结合起来，尤其是能够与大脑和神经系统相连。这样，生物计算机就可直接接受大脑的综合指挥，成为人脑的辅助装置或扩充部分，并能由人体细胞吸收营养补充能量，因而不需要外界能源。它将成为能植入人体内帮助人类学习、思考、创造、发明的最理想的伙伴。

虽然生物计算机的优点十分明显，但是它也有自身难以克服的缺点。最主要的便是提取信息困难。一种生物计算机24小时就完成了人类迄今全部的计算量，但从中提取一个信息却花费了1周。这是目前生物计算机没有普及的最主要原因。但这并不影响生物计算机这个存在巨大诱惑的领域的快速发展，随着人类技术的不断进步，这些问题终究会被解决，生物计算机的商业化繁荣终将到来。

# 第2章　计算机软件与信息表示

## 2.1　软件概述

软件是用户与硬件之间的接口，用户主要通过软件与计算机进行交流。只有硬件没有软件的计算机称为裸机。裸机是无法正常工作的。计算机只有在安装了软件之后，才能发挥其强大的功能。

### 2.1.1　程序与软件

在计算机系统中，软件和硬件是两种不同的产品。硬件是有形的物理实体，而软件是无形的，是人们解决信息处理问题的原理、规则与方法的体现，是人类智力活动的成果。在形式上，软件通常以程序、数据和文档的形式存在，需要在计算机上运行来体现它的价值。

在日常生活当中，人们经常把软件和程序互相混淆，不加以严格区分，但是这两个概念是有区别的。程序只是软件的主体部分，指的是指挥计算机做什么和如何做的一组指令或语句序列；数据则是程序的处理对象和处理以后得到的结果（分别称为输入数据和输出数据）。文档是跟程序开发、维护及使用相关的资料，如设计文档、用户手册等。通常，软件都有完整、规范的文档，尤其是商品软件。

如果在不严格的场合下，可以用程序指代软件，因为程序是一个软件的最核心部分，但是只有单独的数据和文档则不能看成是软件。

软件产品通常指的是软件开发厂商交付给用户的一整套完整的程序、数据和文档（包括安装和使用手册等），往往以光盘等存储介质作为载体提供给用户，也可以通过网络下载，经版权所有者许可后使用。

### 2.1.2　软件的分类

按照不同的原则和标准，可以将软件划分为不同的种类。从应用的角度出发，可将软件大致划分为系统软件和应用软件两大类。按照软件权益如何处置来进行分类，可将软件划分为商业软件、共享软件、免费软件和自由软件。

**1. 系统软件和应用软件**

1）系统软件

在计算机系统中，系统软件是必不可少的一类软件，它具有一定的通用性，并不是专为解决某个具体应用而开发的。通常在购买计算机时，计算机供应厂商应当提供给用户一定的基本系统软件，否则计算机将无法工作。具体来说，系统软件主要是指那些为用户有效地使用计算机系统、给应用软件开发与运行提供支持或者为用户管理与使用计算机提供方便的一类软件，主要包括以下四类。

（1）操作系统，例如 Windows、UNIX、Linux 等。

（2）程序设计语言处理系统，例如汇编程序或者编译程序和解释程序等。

（3）数据库管理系统，例如 Oracle、Access 等。

（4）各种服务性程序，例如基本输入输出系统（BIOS）、磁盘清理程序、备份程序等。

一般来说，系统软件与计算机硬件有很强的交互性，能对硬件资源进行统一调度、控制和管理，使得它们可以协调工作。系统软件允许用户和其他软件将计算机当作一个整体而无须顾及底层每个硬件是如何工作的。

2）应用软件

应用软件是指为特定领域开发并为特定目的服务的一类软件。由于计算机的通用性和应用的广泛性，应用软件比系统软件更丰富多样、五花八门。例如，计算机辅助设计/制造软件（CAD/CAM）、智能产品嵌入软件（如汽车油耗控制、仪表盘数字显示、刹车系统），以及人工智能软件（如专家系统、模式识别）等，给传统的产业部门带来了惊人的生产效率和巨大的经济效益。目前的软件市场产品结构中，应用软件占有较大份额，并且还有逐渐增加的趋势。

按照应用软件的开发方式和适用范围，应用软件可以分成通用应用软件和定制应用软件两大类。

（1）通用应用软件。

在现代社会，不论是学习还是工作，不论从事何种职业、处于什么岗位，人们都需要阅读、书写、通信、娱乐和查找信息，有时可能还要做讲演、发消息等。所有这些活动都有相应的软件帮助人们更方便、更有效地进行这些活动。由于这些软件几乎人人都需要使用，所以把它们称为通用应用软件。

通用应用软件还可进一步细分为若干类别，例如文字处理软件、电子表格软件、图形图像软件、网络通信软件、演示软件、媒体播放软件等，如表 2-1 所示。这些软件设计精巧，易学易用，多数用户几乎不经培训就能使用。在普及计算机应用的进程中，它们起到了很大的作用。

**表 2-1 通用应用软件的主要类别和功能**

| 类别 | 功能 | 流行软件举例 |
| --- | --- | --- |
| 文字处理软件 | 文字处理、桌面排版等 | WPS、Word、Acrobat 等 |
| 电子表格软件 | 表格定义、计算和处理等 | Excel 等 |
| 图形图像软件 | 图像处理、几何图形绘制等 | AutoCAD、Photoshop、3ds Max、CorelDRAW 等 |
| 网络通信软件 | 电子邮件、网络文件管理、Web 浏览等 | Outlook Express、FTP、IE 等 |
| 演示软件 | 幻灯片制作等 | PowerPoint 等 |
| 媒体播放软件 | 播放数字音频和视频文件 | Media Player、暴风影音等 |

（2）定制应用软件。

定制应用软件是按照不同领域用户的特定应用要求而专门设计开发的软件，如超市的销售管理和市场预测系统、汽车制造厂的集成制造系统、大学教务管理系统、医院挂号计费系统、酒店客房管理系统等。这类软件专用性强，设计和开发成本相对较高，只有一些机构用户需要购买，因此价格比通用应用软件贵得多。

由于应用软件是在系统软件的基础上开发和运行的，而系统软件又有多种，如果每种应用软件都要提供能在不同系统上运行的版本，将导致开发成本大大增加。目前有一类称为"中间件"(Middleware)的软件，它们作为应用软件与各种系统软件之间使用的标准化编程接口和协议，可以起到承上启下的作用，使应用软件的开发相对独立于计算机硬件和操作系统，并能在不同的系统上运行，实现相同的应用功能。

**2. 商业软件、共享软件、免费软件和自由软件**

软件是一种逻辑产品，它是脑力劳动的结晶，软件产品的生产成本主要体现在软件的开发和研制上。软件的研制工作需要投入大量的、复杂的、高强度的脑力劳动，它的成本相当昂贵。因此软件如同其他产品一样，有获得收益的权利。

1）商业软件

商业软件(Commercial Software)是指被作为商品进行交易的软件，一般售后服务较好，以大型软件居多。直到 2000 年，大多数软件都属于商业软件，用户需要付费才能得到其使用权。除了受版权保护之外，商业软件通常还受到软件许可证(License)的保护。软件许可证是一种法律合同，它确定了用户对软件的使用方式，扩大了版权法给予用户的权利。例如，版权法规定将一个软件复制到其他机器去使用是非法的，但是软件许可证允许用户购买一份软件而同时安装在本单位的若干台计算机上使用，或者允许所安装的一份软件同时被若干个用户使用。

相对于商业软件，可供分享使用的有共享软件、免费软件和自由软件等。

2）共享软件

共享软件(Shareware)是以"先使用后付费"的方式销售的享有版权的软件。根据共享软件作者的授权，用户可以从各种渠道免费得到它的副本，也允许用户复制和散发(但不可修改后散发)。用户总是可以先使用或试用共享软件，认为满意后再向作者付费；如果你认为它不值得花钱买，可以停止使用。这是一种为了节约市场营销费用的有效的软件销售策略。

3）免费软件

顾名思义，免费软件(Freeware)是不需要花钱即可得到使用权的一种软件，它是软件开发商为了推介其主力软件产品，扩大公司的影响，免费向用户发放的软件产品。还有一些是自由软件者开发的免费产品。

4）自由软件

需要注意的是，"自由"和"免费"的英文单词都是 Free，但是自由软件和免费软件是两个不同的概念，并且有不同的英文写法。自由软件(Free Software)不讲究版权，可以自由使用，不受限制，可以对程序进行修改，甚至可以反编译。自由软件具备两个主要特征：一是可以免费使用；二是公开源代码，因此可以认为自由软件等价于开源软件。

自由软件的创始人是理查德·斯塔尔曼(Richard Stallman)，他于 1984 年启动了开发

"类 UNIX 系统"的自由软件工程(名为 GNU),创建了自由软件基金会(FSF),拟定了通用公共许可证(GPL),倡导自由软件的非版权原则。该原则是：用户可共享自由软件,允许随意复制、修改其源代码,允许销售和自由传播,但是对软件源代码的任何修改都必须向所有用户公开,还必须允许此后的用户享有进一步复制和修改的自由。自由软件有利于软件共享和技术创新,它的出现成就了 TCP/IP、Apache 服务器软件和 Linux 操作系统等一大批精品软件的产生。

# 2.2　操作系统

## 2.2.1　操作系统概述

操作系统(Operating System,OS)是管理计算机硬件的程序,它为应用程序提供基础,并且充当计算机硬件和计算机用户之间的中介。引入操作系统的目的是为了用户能够方便、有效地执行程序。操作系统一个比较公认的定义是：操作系统是一直运行在计算机上的程序,通常称为内核,其他程序则是系统程序和应用程序。在现代操作系统设计中,往往把一些与硬件紧密相关的模块、运行频率较高的模块以及一些公用的基本操作安排在靠近硬件的软件层次中,并使它们常驻内存,以提高操作系统的运行效率,这些软件模块就是所谓的操作系统内核。

**1. 操作系统的基本概念**

操作系统是最靠近硬件的一层系统软件,它是对硬件系统的第一次扩充,使得硬件裸机被改造成为一台功能完善的虚拟计算机。从用户的角度看,计算机硬件系统加上操作系统软件后形成的虚拟计算机,使得用户的计算机使用环境更加方便、友好,因此,操作系统是用户和计算机之间的接口。

从应用软件的角度看,没有操作系统,其他软件就无法直接运行在计算机硬件之上,因此,操作系统也是计算机硬件和其他软件的接口,同时,操作系统还扩充了硬件的功能,可以给上层的应用程序提供更多的支持。

总而言之,操作系统是一组管理计算机硬件与软件资源的程序模块,它是计算机系统的内核与基石。操作系统可以管理所有的计算机资源,包括硬件资源、软件资源及数据资源,以使各种资源被更合理、有效地使用,最大限度地发挥各种资源的作用,同时它能为用户提供方便、友好的服务界面,也为其他应用软件提供支持和服务。

**2. 操作系统的作用**

操作系统主要有以下三个方面的作用。

(1) 为计算机中运行的程序分配和管理软硬件资源。

计算机系统的资源可分为硬件资源和软件资源两大类。硬件资源指的是组成计算机的硬件设备,如中央处理器、主存储器、辅助存储器、打印机、显示器、键盘和鼠标等 I/O 设备。软件资源指的是存放于计算机内的各种数据和程序,如文件、程序库、知识库、系统软件和应用软件等。

操作系统根据用户的需求按一定的策略来分配和调度系统的硬件资源和软件资源。一般情况下,计算机中总是有多个程序在同时运行,它们会根据自身程序的需要,要求使用系统中的各种资源，此时操作系统就承担着资源的调度和分配任务，以避免程序之间发生冲突，使所有程序都能正常有序地运行。

操作系统的存储管理负责把内存单元分配给需要内存的程序以便让它执行，在程序执行结束后将它占用的内存单元收回以便再利用。处理器管理(或称处理器调度)是操作系统资源管理功能的另一个重要内容。在一个允许多道程序同时执行的系统里，操作系统会根据一定的策略将处理器交替地分配给等待运行的程序，使各种程序能够有序地运行。操作系统的设备管理功能主要是分配和回收外围设备，以及控制外围设备按用户程序的要求进行操作等。文件管理主要是操作系统向用户提供一个文件系统，通过文件系统向用户提供创建文件、撤销文件、读写文件、打开和关闭文件等功能。

(2) 为用户提供友好的人机界面。

人机界面也称用户接口或人机接口，是计算机系统的重要组成部分。早期的人机界面是字符用户界面(CUI)，需要操作员通过键盘输入字符命令行，操作系统接到命令后立即执行并将结果通过显示器显示出来。目前的人机界面主要形式是图形用户界面(GUI)，它可以让用户通过单击或双击图标来对计算机提出操作要求，并以图形方式返回操作结果。随着模式识别，如语音识别、汉字识别等输入设备的发展，操作员也可以采用类似于自然语言或受限制的自然语言来交互控制计算机执行操作。

(3) 为应用程序的开发和运行提供一个高效率的平台。

没有安装操作系统的裸机是无法工作的，安装了操作系统后的虚拟计算机可以屏蔽物理设备的具体技术细节，以规范、高效的方式(例如系统调用、库函数等)为开发和运行其他系统软件及各种应用程序提供了一个平台。

**3. 操作系统的启动和关闭**

操作系统是一种系统软件，大多驻留在计算机的外存上。从计算机加电开始，一直到操作系统装入内存、获得对计算机系统的控制权，使计算机系统能够正常工作的过程就是计算机的启动。

不管是何种操作系统，启动过程都大致为：加载系统程序→初始化系统环境→加载设备驱动程序→加载服务程序等。简单地说，就是使操作系统中管理资源的内核程序装入内存并投入运行，以便随时为用户服务。反之，关闭过程则为：保存用户设置→关闭服务程序→通知其他联机用户→保存系统运行状态，并正确关闭相关外围设备等。

操作系统的启动和关闭都十分重要，只有正确的启动，操作系统才能处于良好的运行状态，同样，只有正确的关闭，系统信息和用户信息才不会丢失。各种操作系统的具体启动过程是各不相同的，下面以 Windows NT 内核为例，说明操作系统是如何启动的。

(1) 当按下电源开关时，主板上的控制芯片组向 CPU 发出一个 RESET 信号，让 CPU 内部自动恢复到初始状态，当芯片组检测到电源开始稳定供电时，CPU 从地址 FFFF0H 处开始执行指令，这个地址处实际存放的只是一条跳转指令，即跳到 BIOS 中真正的启动代码处。

(2) 运行 BIOS 中的 POST(Power-On Self Test，加电后自检)程序，主要任务是检测系统中一些关键设备(例如内存和显卡等)是否存在和能否正常工作。如果在 POST 过程中发现了一些致命错误，例如没有找到内存或者内存有问题，那么 BIOS 就会发出蜂鸣声来报告错误，声音的长短和次数代表着错误的类型。

(3) 所有硬件检测完毕，若无异常，BIOS 将根据用户指定的启动顺序从软盘、硬盘或光驱启动。

(4) 以从硬盘启动为例，BIOS 将磁盘的第一个物理扇区加载到内存，读取并执行位于硬盘第一个物理扇区的主引导记录(Master Boot Record，MBR)，接着搜索 MBR 中的分区表，查找活动分区(Active Partition)的起始位置，并将活动分区的第一个扇区中的引导扇区——分区引导记录载入到内存。

(5) MBR 查找并初始化 ntldr 文件——NT 内核操作系统的启动器(Windows Loader)，将控制权转交给 ntldr，由 ntldr 继续完成操作系统的启动。

(6) 进入引导阶段后，Windows 依次加载内核、初始化内核，最后用户登录。只有用户成功登录到计算机后，才意味着 Windows 真正引导成功了。

### 2.2.2 操作系统的功能

操作系统管理所有的计算机资源，包括硬件资源、软件资源及数据资源，具体有以下 3 个方面的功能。

**1. 处理器管理**

CPU 是计算机系统中最重要、最宝贵、竞争最激烈的硬件资源，任何程序运行必须占用 CPU。因此，处理器管理实质上是对处理器执行时间的管理，即如何将 CPU 真正合理地分配给每个任务，实现对 CPU 的动态管理。

在单道程序或单任务操作系统中，处理器当前只为一个作业或一个用户所独占，对处理器的管理十分简单。但是为了提高 CPU 的利用率，一般操作系统都采用多道程序设计技术，即多任务处理。如 Windows 系列的操作系统就属于并发多任务的操作系统。从宏观上看，系统中的多个程序是同时并发执行的，但是从微观上看，任一时刻一个处理器仅能执行一道程序，系统中各个程序是交替执行的。当一个程序因等待某一条件而不能运行下去时，处理器管理程序就会把处理器占用权转交给另一个可运行程序；或者，当出现了一个比当前运行的程序更重要的可运行程序时，该重要程序就能抢占对 CPU 的使用权。因此在多道程序或多用户的情况下，需要解决处理器的分配调度策略、分配实施和资源回收等问题，这就是处理器管理功能。

在多道程序环境下，程序的并发执行使得程序的活动不再处于封闭系统中，因此程序这个静态概念已经不能如实反映程序活动的动态特征。为此人们引入了一个新的概念——进程。进程是程序在处理器上的一次执行过程，是系统进行资源分配和调度的一个独立单位。处理器管理又称进程管理，在采用多道程序的操作系统中，任何用户程序在系统中都是以进程的形式存在的，各种软硬件资源也都是以进程为单位进行分配，这些资源包括 CPU 时间、内存空间、I/O 设备、文件等。

进程和程序不同，程序本身不是进程。程序是一个静态的概念，而进程是一个动态的概念。简单讲，进程是一个执行中的程序，两个进程可能对应于同一个程序，它们所执行的代码虽然相同，但是所处理的数据不同，运行中所占用的软硬件资源也不同。

例如，Windows 的记事本程序同时被执行多次时，系统创建了多个进程，而每个记事本进程所打开的文件(即所处理的数据)可能是不同的，被打开文件的大小不同会使每个记事本进程所占用的内存空间大小不同。图 2-1 是 Windows 7 的任务管理器，从中可以看到共有 118 个进程正在运行,其中记事本程序 notepad.exe 被同时运行了 3 次,因而内存中有 3 个这样的进程,它们所占用的内存空间大小是不同的。

图 2-1 Windows 7 的任务管理器

进程执行时的动态特性决定了进程具有多种状态。事实上,运行中的进程至少具有以下 3 种基本状态。

(1) 就绪状态。进程已经获得了除处理器以外的所有资源,一旦获得处理器就可以立即执行。

(2) 运行状态。当一个进程获得必要的资源并正在处理器上运行时,此进程所处的状态为运行状态。

(3) 等待状态。又称阻塞状态或睡眠状态。正在执行的进程,由于发生某事件而暂时无法继续执行(如等待输入输出完成),此时进程所处的状态为等待状态。

进程的状态不断地随着自身的运行和外界条件的变化而发生变化,图 2-2 为进程状态图。

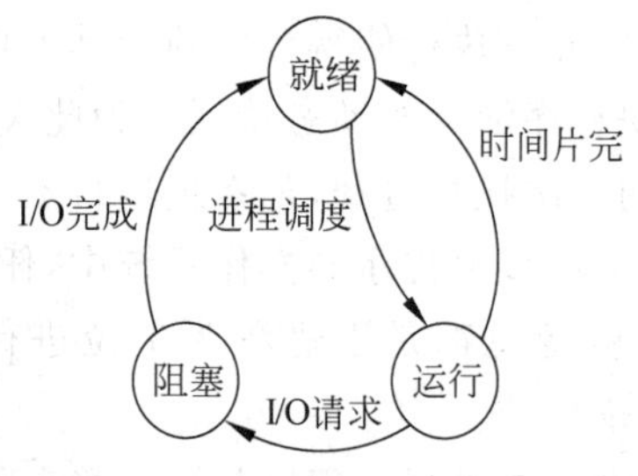


图 2-2 进程状态图

从图中可以看出,进程不能直接从阻塞状态返回运行状态,因为此时系统中可能存在一些优先级高于该进程的就绪进程,并且进程也不能从就绪状态转入阻塞状态,否则将使某些进程可能长期得不到运行。

根据调度策略的不同,将产生不同性质和功能的操作系统,如批处理操作系统、分时操

作系统、实时操作系统、网络操作系统和分布式操作系统等。一般而言，常用的处理器调度算法有如下几种。

(1) 先来先服务(First-Come First-Served,FCFS)调度算法。

(2) 最短作业优先(Shortest Job First,SJF)调度算法。

(3) 时间片轮转(Round Robin,RR)调度算法。

(4) 多级队列(Multiple-Level Queue)调度算法。

(5) 优先级(Priority)调度算法。

(6) 多级反馈队列(Round Robin with Multiple Feedback)调度算法等。

上述讨论的进程一次只能执行一个任务，而现代操作系统又扩展了进程的概念，支持一次执行多个线程。引入线程的目的是为了减少程序并发执行时所付出的时空开销，使操作系统具有更好的并发性。线程是进程内的一个执行单元，是相对独立的一个控制流序列。线程本身不拥有资源，但它可以与同属一个进程的其他线程共享进程拥有的全部资源。Windows 操作系统就是采用了多线程的工作方式，线程是 CPU 的分配单位，其优点是能充分共享资源，减少内存开销，提高并发性和加快切换速度。

**2. 存储管理**

内存是计算机中最重要的一种资源，所有运行的程序都必须装载在内存中才能由 CPU 执行。在多任务操作系统中，如果要执行的程序很大或很多，有可能导致内存消耗殆尽，因此操作系统存储管理的主要任务是实现对内存的分配与回收、内存扩充、地址映射、内存保护与共享等功能。

1) 内存的分配与回收

在多道程序的操作系统中，为了合理地分配和使用存储空间，当用户提出申请存储空间时，存储管理必须根据申请者的要求，按一定的策略分析存储空间的使用情况，找出足够的空闲区域给申请者使用，使不同用户的程序和数据彼此隔离，互不干扰及破坏。若当时可使用的主存不能满足用户的申请时，则让用户程序等待，直至有足够的主存空间。当某个用户程序工作结束时，要及时收回它所占的主存区域，使它们重新成为空闲区域，以便再装入其他程序。

2) 内存扩充

进程只有在所有相关内容装入内存后方能运行，如果内存小于某一个进程所需要的存储空间，该进程是无法运行的。为了解决这一问题，大多数操作系统都采用了虚拟存储技术，即拿出一部分硬盘空间来充当内存使用，如 Windows 家族的“虚拟内存”，Linux 的“交换空间”等，它们将内存和外存结合起来统一管理，形成一个比实际内存容量大得多的虚拟存储器，从而解决内存的扩充问题。

虚拟存储技术的基本原理是基于局部性原理。从时间上看，一般程序中某条指令的执行和下次再次执行，以及一个数据被访问和下次再被访问，多数是集中在一个较短的时间段内的；从空间上看，程序执行时访问的存储单元多数也是集中在一个连续地址的存储空间范围内的。因此一个进程在运行时不必将全部的代码和数据都装入内存，而仅需将当前要执行的那部分代码和数据装入内存，其余部分可以暂时留在磁盘上，当要执行的指令不在内存时，才由操作系统自动将它们从外存调入内存。

虚拟存储技术的关键点是应当如何解决下列问题。

(1) 调度问题：决定哪些程序和数据应被调入主存。

(2) 地址映射问题：在访问主存或辅存时如何把虚拟地址变为主存或辅存的物理地址。此外还要解决主存分配、存储保护与程序再定位等问题。

(3) 替换问题：决定哪些程序和数据应被调出主存。

(4) 更新问题：确保主存与辅存的一致性。

3) 地址映射

虚拟存储技术可以使用户感觉自己好像在使用一个比实际物理内存大得多的内存，这个内存被称为虚拟内存，由于虚拟内存空间和实际物理内存空间不同，进程在使用虚拟内存中的地址时，必须由操作系统协助相关硬件，把虚拟地址转化为真正的物理地址。在现代操作系统中，多个进程可以使用相同的虚拟地址，因为转化的时候可以把各自的虚拟地址映射到不同的物理地址。

用户编制程序时使用的地址是虚拟地址，或者称为逻辑地址，其对应的存储空间是虚地址空间；而计算机物理内存的访问地址则称为物理地址，它是存储单元的真实地址，与处理器和 CPU 连接的地址总线相对应，对应的存储空间是实地址空间。

每个程序的虚地址空间可以大于实地址空间，也可以小于实地址空间。前一种情况是为了扩大存储容量，后一种情况是为了方便地址变换。后者通常出现在多用户或多任务系统中：实地址空间较大，而单个任务并不需要很大的地址空间，较小的虚地址空间则可以缩短指令中地址字段的长度。

程序进行虚拟地址到物理地址转换的过程称为程序的再定位。当程序运行时，由地址变换机构依据当时分配给该程序的物理地址空间把程序的一部分调入物理内存。每次访问主存时，首先判断该虚拟地址所对应的部分是否在物理内存中：如果是，则进行地址转换并用物理地址访问主存；否则，按照某种算法将辅存中的部分程序调度进内存，再按同样的方法访问主存。

调度方式有页式、段式、段页式 3 种。Windows 操作系统属于典型的页式调度方式，在硬盘上有一个特殊的分页文件，它就是虚拟内存所占用的硬盘空间，分页文件的大小是 4KB。在不同操作系统中，分页文件的文件名不一样，例如 Windows 9X 操作系统中分页文件的文件名是 Win386. swp，其默认位置是在 Windows 的安装文件夹中。而在 Windows XP 及之后的 Windows 系列版本中，分页文件的文件名则是 pagefile. sys，它位于系统盘的根目录下，通常情况下是看不到的，必须关闭资源管理器对系统文件的保护功能才能看到这个文件。

在 Windows 7 中，用户可以利用“控制面板”中的“系统和安全”下的“高级系统属性”来查看内存的工作情况，包括总的物理内存大小、可用的物理内存大小、总的虚拟内存大小、可用的虚拟内存的大小等。用户还可以自主管理虚拟内存，通过“更改”按钮改动虚拟内存的设置，如图 2-3 所示。

虚拟存储器的效率是系统性能评价的重要内容，它与主存容量、页面大小、命中率、程序局部性和替换算法等因素有关。如果虚拟内存设置不当，如设置过小，将会影响系统程序的正常运行，设置过大则会导致关机过慢，甚至长达几十分钟。一般应设置为物理内存的 1.5～3 倍。但事实上，严格按照 1.5～3 倍的倍数关系来设置并不科学，应当根据系统的实际情况进行设置。

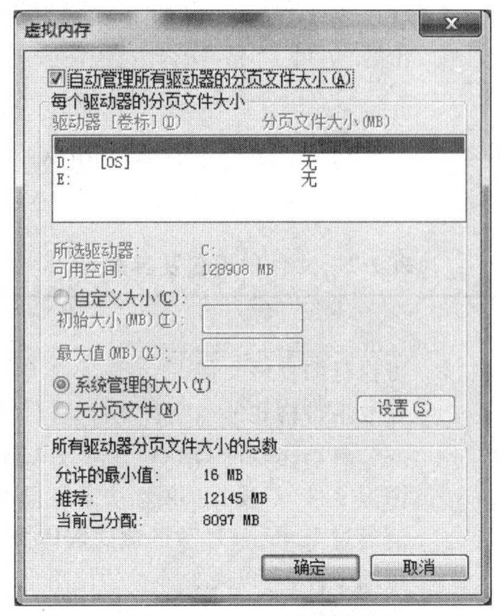


图 2-3 虚拟内存设置

4）内存保护与共享

在多道程序环境下，操作系统提供了内存共享机制，使多道程序能共享内存中的那些可以共享的程序和数据，从而提高了系统的利用率。同时，操作系统还必须保护各进程私有的程序和数据不被其他用户的程序使用和破坏。

**3. 文件管理**

1）文件和文件夹

根据冯·诺依曼体系结构，计算机所使用的程序和数据应当存放在存储器中，存储器又分为内存和外存两类，其中保存在内存中的信息一旦断电就会丢失，而保存在外存上的信息可以永久保存下来。保存在外存上的一组相关信息的集合就是所谓的文件。文件夹就像我们平时工作学习中使用的文件袋一样，起到分类并便于管理的作用。文件通常放在文件夹中，文件夹中除了存放文件外，还可以存放子文件夹，子文件夹中又可以包含文件和下级文件夹。

（1）文件。

在计算机中，任何一个文件都有其文件名，文件名是存取文件的依据。一般来说，文件名由主文件名和文件扩展名构成，形式为：

<主文件名.扩展名>

不同操作系统的文件命名规则有所不同，以常用的 Windows 7 操作系统为例，其文件名的命名规则为：

- 文件名最多可使用 256 个字符。
- 除开头以外，文件名中可以使用空格，也可以使用汉字，但不能有以下符号：
  ? \\ / * “ ＜ ＞ | :
- Windows 7 在显示时保留用户指定名字的大小写形式，但不以大小写区分文件名。例如 Myfile.txt 和 MYFILE.TXT 被视为相同的文件名。

- 文件名中可以有多个分隔符“.”，最后一个分隔符后的字符串用于指定文件类型。例如文件名 Myfile. file1. doc，文件名是 Myfile. file1，扩展名是 doc，表示这是一个 Word 文档。

文件扩展名代表了某种类型的文件，表 2-2 中是 Windows 操作系统中常见的文件扩展名及其含义。

**表 2-2　文件扩展名及其意义**

| 文件类型 | 扩展名 | 说　明 |
|---|---|---|
| 可执行文件 | exe、com | 可执行的程序文件 |
| 文本文件 | txt | 存放不带格式的纯字符文件 |
| Office 文件 | doc、xls、ppt | 办公自动化软件 Office 中 Word、Excel、PowerPoint 创建的文件 |
| 图像文件 | bmp、jpg、gif | 图像文件，不同的扩展名表示不同格式的图像文件 |
| 流媒体文件 | wmv、rm、qt | 能通过 Internet 播放的流式媒体文件，无须下载即可播放 |
| 压缩文件 | zip、rar | 压缩文件，可以减少外存的使用空间 |
| 音频文件 | wav、mp3、mid | 声音文件，不同的扩展名表示不同格式的音频文件 |
| 网页文件 | htm、asp | 不同格式的网页文件 |
| 源程序文件 | c、cpp、bas、asm | 程序设计语言的源程序文件 |

文件属性是一些描述性的信息，它定义了文件的某种独特性质，可以用来帮助查找和整理文件，以便存放和传输。文件属性未包含在文件的实际内容中，而是提供了有关文件的信息。图 2-4 是资源管理器中的文件所显示的文件属性。

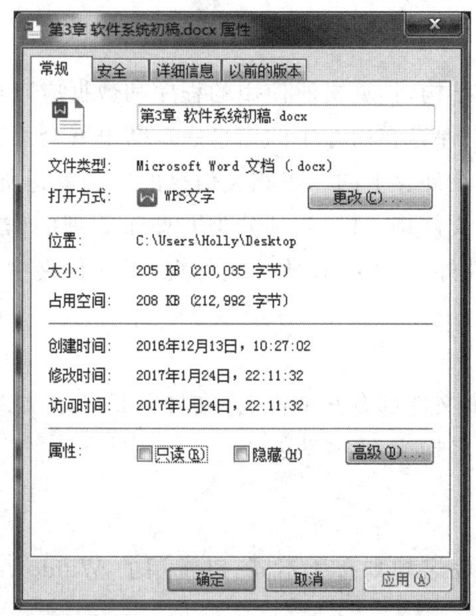


图 2-4　文件属性

Windows 中常见的文件属性有系统属性、隐藏属性、只读属性和归档属性。

- 系统属性。

具有系统属性的文件就是系统文件。在一般情况下，系统文件不能被查看，也不能被删除。系统属性是操作系统对重要文件的一种保护属性，可以防止这些文件被意外损坏。

• 隐藏属性。

在查看文件时，一般情况下，系统不会显示具有隐藏属性的文件，因此这些文件也就不能被删除、复制和更名。但可以将系统设置为显示隐藏文件，此时隐藏的文件和文件夹是浅色的，以表明它们与普通文件不同。

• 只读属性。

对于具有只读属性的文件，可以查看它的名字，它能被应用，也能被复制，但不能被修改和删除。可以将重要文件设置为只读文件，这不会影响它的正常读取，但可以避免意外删除或修改。

• 归档属性。

一个文件被创建之后，系统会自动将其设置成归档属性，这个属性常用于文件的备份。

(2) 文件夹。

• 目录结构。

为了分门别类地有序存放文件，操作系统把文件组织在若干目录(也称文件夹)中。文件夹是组织和管理文件的一种数据结构。每一个文件夹对应一块外存空间，提供了指向对应空间的路径地址，它可以有扩展名，但不具有文件扩展名的作用，也就不像文件那样用扩展名来标识格式。使用文件夹最大的优点是为文件的共享和保护提供了方便。

文件夹一般采用多级层次式结构(树状结构)，在这种结构中每一个磁盘有一个根文件夹，它包含若干文件和文件夹。文件夹不但可以包含文件，也可以包含下一级文件夹，以此类推，就形成了多级文件夹结构，如图 2-5 所示。多级文件夹可以帮助用户把不同类型和不同用途的文件分类存储在不同的文件夹中；在网络环境下，具有相同的访问权限的文件可以放在同一个文件夹中，便于实现网络共享。

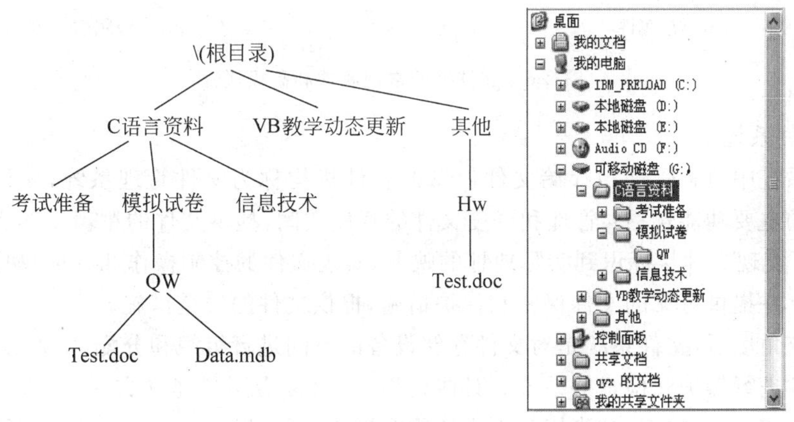


图 2-5 多级文件夹(树状)结构

• 路径。

当访问一个文件时，必须按照目录结构加上路径，以便文件系统找到所需要的文件。在 Windows 操作系统中，文件夹之间的分隔符用“\”表示，同一文件夹中的文件名不能相同，但不同文件夹下的文件可以同名。图 2-5 中存在两个 Test. doc 文件，它们位于不同的文件夹下。表示目录路径的方式有绝对路径和相对路径两种。

绝对路径：表示时需要完整地表示从根目录开始一直到该文件的目录路径。例如

图 2-5中的文件 Data. mdb 的绝对路径是“G:\C 语言资料\模拟试卷\QW\Data. mdb”。

相对路径：表示时只需表示从当前目录开始到该文件之前的目录路径。例如图 2-5 中的当前目录是“C 语言资料”，因此文件 Data. mdb 的相对路径是“模拟试卷\QW\Data. mdb”。

- 文件夹属性。

与文件相似，文件夹也有若干与文件类似的说明信息。文件夹属性除了有存档、只读、隐藏等属性外，在 Windows 中还有压缩、加密和编制索引等。图 2-6 中展示的是文件夹的常规和高级属性。

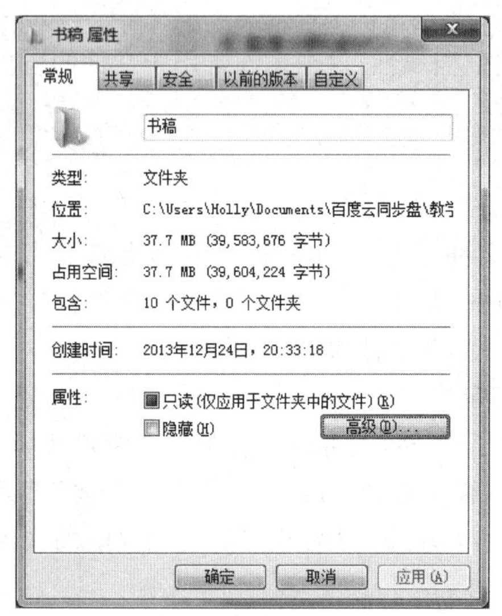


(a) 常规属性

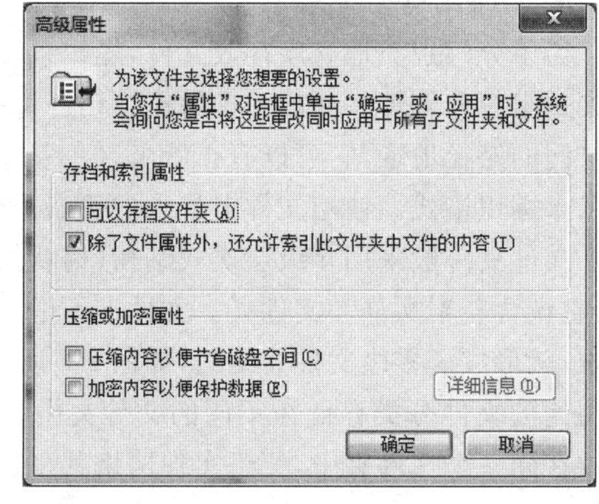


(b) 高级属性

图 2-6　文件夹的常规属性和高级属性

2）文件系统

操作系统中负责管理和存储文件信息的软件机构称为文件管理系统，简称文件系统。文件系统的主要功能包括：管理和调度文件的存储空间，提供文件的逻辑结构、物理结构和存储方法；实现文件从标识到实际地址的映射，实现文件的控制操作和存取操作，实现文件信息的共享并提供可靠的文件保密和保护措施，提供文件的安全措施。

从系统角度看，文件系统是对文件存储设备的空间进行组织和分配，负责文件存储并对存入的文件进行保护和检索的系统。具体地说，它负责为用户建立文件，存入、读出、修改、转储文件，控制文件的存取，当用户不再使用时撤销文件等。

一台计算机往往配置了多种不同类型的辅助存储器，如硬盘、U 盘、CD、DVD 等，由于物理特性的差异，它们的目录结构、扇区大小和空间划分与分配方法都是不一样的，因而需要使用不同的文件系统。例如，早先的硬盘容量很小(2GB 以内)，Windows 使用的是 FAT16 文件系统，后来硬盘容量增大后改用 FAT32 和 NTFS 文件系统，CD-ROM 采用 CDFS 文件系统，DVD 和 CD-RW 采用 UDF 文件系统，闪存出现后则使用 exFAT 文件系统。

此外，不同操作系统使用的文件系统也不一样。例如，UNIX 操作系统使用 UFS 和

UFS2 文件系统,Linux 最早使用 Minix 文件系统,现在流行的则是 EXT2、EXT3 和 EXT4 文件系统。iOS 使用的是 HFSX 文件系统,它是 Mac OS X 上的 HFS+文件系统的改进版。文件系统的实质是操作系统用于明确磁盘或分区上的文件的方法和数据结构。

下面以 Windows 使用的文件系统为例,详细说明几种不同文件系统的区别与应用。

(1) FAT。

FAT(File Allocation Table)是文件分配表。它的意义在于对硬盘分区的管理。我们知道计算机将信息保存在硬盘上称为簇的区域内,簇就是磁盘空间的配置单位。使用的簇越小,保存信息的效率越高。

以前使用的 DOS、Windows 95 都使用 FAT16 文件系统,后来的 Windows 98/2000/XP 等系统均支持 FAT16 文件系统。它最大可以管理到 2GB 的分区,但每个分区最多只能有 65 525 个簇。随着硬盘或分区容量的增大,每个簇所占的空间将越来越大,从而导致硬盘空间的浪费,FAT16 文件系统已不能很好地适应系统的要求。在这种情况下,推出了增强的文件系统 FAT32。同 FAT16 相比,FAT32 主要具有以下特点。

- FAT32 可以支持大到 2TB 的分区。由于采用了更小的簇,FAT32 文件系统可以更有效地保存信息。
- FAT32 文件系统可以重新定位根目录和使用 FAT 的备份副本。另外,FAT32 分区的启动记录被包含在一个含有关键数据的结构中,减少了计算机系统崩溃的可能性。

(2) NTFS。

NTFS 文件系统是一个基于安全性的文件系统,是 Windows NT 所采用的独特的文件系统结构,它是建立在保护文件和目录数据的基础上,同时兼顾节省存储资源、减少磁盘占用量的一种先进的文件系统。NTFS 的特点主要体现在以下几个方面。

- NTFS 可以支持的 MBR 分区最大可以达到 2TB,GPT 分区则无限制。而 FAT32 支持单个文件的大小最大为 2GB。
- NTFS 是一个可恢复的文件系统。在 NTFS 分区上用户很少需要运行磁盘修复程序。NTFS 通过使用标准的事务处理日志和恢复技术来保证分区的一致性。当发生系统失败事件时,NTFS 使用日志文件和检查点信息自动恢复文件系统的一致性。
- NTFS 支持对分区、文件夹和文件的压缩。任何基于 Windows 的应用程序对 NTFS 分区上的压缩文件进行读写时不需要事先由其他程序进行解压缩。当对文件进行读取时,文件将自动进行解压缩;而文件关闭或保存时也会自动对文件进行压缩。
- NTFS 采用了更小的簇,比 FAT32 更有效地管理磁盘空间,最大限度地避免磁盘空间的浪费。
- 在 NTFS 分区上,可以为共享资源、文件夹以及文件设置访问许可权限。与 FAT32 文件系统下对文件夹或文件进行访问相比,安全性要高得多。另外,在采用 NTFS 格式的 Windows 中,应用审核策略可以对文件夹、文件以及活动目录对象进行审核,审核结果记录在安全日志中,可以帮助发现系统可能面临的非法访问,通过采取相应的措施,将安全隐患减到最低。
- 在 NTFS 文件系统下可以进行磁盘配额管理。也就是管理员可以为每个用户能使用的磁盘空间进行配额限制，即用户只能使用最大配额范围内的磁盘空间，避免由于磁盘空间使用的失控造成系统崩溃，提高了系统的安全性。

(3) exFAT。

exFAT 的全称是 Extended File Allocation Table File System，即扩展文件分配表。它是为解决 FAT32 不支持 4GB 及更大的文件而推出的一种适用于闪存的文件系统。对超过 4GB 的 U 盘格式化时默认采用 NTFS 分区，但是这种格式很伤 U 盘，因为 NTFS 分区是采用日志式的文件系统，需要记录详细的读写操作，因此会不断地进行读写，容易造成 U 盘损坏。

(4) ReFS。

ReFS(Resilient File System，弹性文件系统)作为 NTFS 文件系统的继任者，在 Windows 8.1 和 Windows Server 2012 中开始引入，并在 Windows 10 中得以启用。ReFS 与 NTFS 大部分兼容，主要目的是为了保持较高的稳定性，能够支持容错，优化大数据量任务并实施自动更正。

ReFS 的架构被 Microsoft 公司设计为可存储大量数据，而不影响性能的弹性文件系统。ReFS 弹性文件系统有如下特性。

- 数据可用性：Microsoft 公司在设计 ReFS 时就优先考虑了数据的可用性，ReFS 的 alvage 功能可以在卷上实时删除命名空间中损坏的数据，因此可以直接实现联机修复功能。
- 可伸缩性：ReFS 的可伸缩性和扩展性都非常好，非常适用于存储 PB 级甚至更海量的数据，而不影响性能。ReFS 不仅支持 $2^{64}$ b 的卷大小，甚至还支持 $2^{78}$ b 的卷大小(使用 16 KB 簇大小)。此外，ReFS 对单个文件大小和目录中文件个数的支持数分别为 $2^{64}-1$b 和 $2^{64}$ 个。
- 主动纠错能力：ReFS 的数据完整性功能由一个被称为 Scrubber 的完整性扫描程序实现，完整性扫描程序会定期执行卷扫描，从而识别潜在损坏并主动触发损坏数据的修复操作。

Microsoft 公司在 Windows Server 2016 中将该文件系统升级为 ReFS v2 版本。

虽然 ReFS 文件系统相较 NTFS 有如此多的优势，但 Microsoft 公司只是主要在服务端应用中进行推广和普及，主要应用在大规模数据存储方面。在个人使用的 Windows 10 中要启用 ReFS 文件系统，需要在控制面板中将 Windows License Manager Service 服务的启动类型设置为自动，否则用户打开文件时可能会遇到错误提示“文件系统错误－2147416359”。

## 2.2.3 常见操作系统

目前用户在 PC 上使用最多的操作系统是 Windows，Linux 也有一定的踪影，但相对较少。而在服务器领域占主导地位的是 UNIX 和 Linux，其中 UNIX 主要用于大型设备和高端机上，在中小服务器端则是 Linux 的天下。形成这种局面往往与技术优势无关，而仅仅是网络规模效应的作用。下面将分别介绍几种常见的操作系统。

**1. Windows**

Windows 是由美国 Microsoft 公司开发的一种在 PC 上广泛使用的操作系统，支持多任

务处理和图形用户界面。Windows 先后推出了很多不同的版本。

Windows 1.0 是 Windows 系列的第一个产品，于 1985 年开始发行。这是 Microsoft 公司第一次尝试在 PC 操作平台上采用图形用户界面。刚诞生的 Windows 1.0 其实并不是一个真正的操作系统，它只是一个 MS-DOS 系统下的应用程序。此后 Microsoft 公司发布的 Windows 2.0 依然没有获得用户的认同，一直到 Windows 3.0，才真正为 Windows 在桌面 PC 市场上开疆辟土立下了汗马功劳。至此，Microsoft 公司的研究开发才终于进入了良性循环，为后面它在操作系统领域的垄断地位打下了坚实的基础。

1995 年发行的 Windows 95 是一个混合的 16 位/32 位 Windows 系统，其内核版本号为 NT 4.0。它带来了更强大、更稳定、更实用的桌面图形用户界面，同时也结束了桌面操作系统之间的竞争，成为操作系统销售史上最成功的操作系统。Windows 95 开创使用的"开始"按钮以及 PC 桌面和任务栏的风格一直保留在 Windows 8 之前的所有产品中。

在发行适用于 PC 上的 Windows 系列产品的同时，Microsoft 公司也发行了一系列用于服务器和商业的桌面操作系统，这个产品就是 Windows NT 系列。1996 年发布的 Windows NT 4.0 是 NT 系列的一个里程碑，它面向工作站、网络服务器和大型计算机，与通信服务紧密集成，提供文件和打印服务，能运行客户机/服务器应用程序，内置了 Internet/Intranet 功能，安全性达到美国国防部的 C2 标准。

目前在 PC 上使用最广泛的操作系统是 Windows 7，从 2012 年 9 月开始，Windows 7 的占有率就超越了 Windows XP，成为世界上占有率最高的操作系统。Windows 7 实际上是 Windows Vista 的改良版，它在系统启动和程序运行方面比 Windows Vista 有了明显改进。

最新的 Windows 10 是 2015 年 7 月发行的，目标是为所有硬件提供一个统一平台，构建跨平台共享的通用技术，包括从 4in 屏幕的"迷你"手机到 80in 的巨屏计算机，都将统一采用 Windows 10，让这些设备拥有类似的功能。

长期以来，Windows 操作系统垄断了 PC 市场 90%左右的份额，吸引了大量第三方开发者在 Windows 平台上开发应用软件，硬件厂商也都把 Windows 用户作为其主要目标市场，然而 Windows 在可靠性和安全性方面的问题也经常受到用户批评。Windows 系统出现不稳定的情况比其他操作系统多，系统对用户操作的响应变得越来越慢，更容易遭到病毒和木马的攻击。

**2. UNIX**

UNIX 操作系统是美国 AT&T 公司于 1971 年在 PDP-11 上运行的操作系统，具有多用户、多任务的特点，支持多种处理器架构，最早由肯·汤普逊(Ken Thompson)和丹尼斯·里奇(Dennis Ritchie)于 1969 年在 AT&T 的贝尔实验室里进行开发。

早期的 UNIX 是用汇编语言开发的，修改、移植都很不方便，后来丹尼斯·里奇在 B 语言的基础上设计了一种崭新的 C 语言，并重写了 UNIX 的第三版内核。至此，UNIX 系统的修改和移植就变得相当便利，引起了学术界的浓厚兴趣，他们向开发者索取了源代码，因此第五版 UNIX 以"仅用于教育目的"的协议，提供给各个大学作为教学之用，成为当时操作系统课程中的范例教材。

在 UNIX 源代码的基础之上，各大公司对其进行了各种各样的改进和扩展。于是，UNIX 开始广泛流行，成为应用面最广、影响力最大的操作系统，可以应用在从巨型机到普通 PC 等多种不同的平台上。

但是在 20 世纪 80 年代后期，UNIX 开始了商业化。购买 UNIX 非常昂贵，大约需要 5 万美元。目前 UNIX 的商标权由国际开放标准组织（Open Group）所拥有，但是 UNIX 的产品提供商有多个，这是因为 UNIX 系统大多是与硬件配套的，主要有 Sun 公司的 Solaris、IBM 公司的 AIX、HP 公司的 HP-UX，以及 X86 平台的 SCO UNIX 等。目前在电信、金融、油田、移动、证券等行业的关键性应用领域，UNIX 服务器仍处于垄断地位，这些服务器对并行度和可靠性的要求非常高，CPU 数量可达一百多个。尽管 UNIX 仍是个命令行系统，但是可以通过搭建桌面环境，如开源的图形界面 GNOME、KDE、xfce 等，提高它的易用性，因此 UNIX 仍是最受欢迎的服务器操作系统。

**3. Linux**

Linux 是 1991 年左右诞生的，起源于一个学生的简单需求。林纳斯·托瓦兹（Linus Torvalds）是 Linux 的开发者，他在上大学时唯一能买得起的操作系统是 Minix。Minix 是一个类似 UNIX，被广泛用于教学的简单操作系统。Linus 对 Minix 不是很满意，于是他以 UNIX 为原型，按照公开的 UNIX 系统标准 POSIX 重新编写了一个全新的操作系统。需要说明的是，Linux 并没有采用任何 UNIX 源代码，仅仅是设计思想与 UNIX 非常相似。

Linux 1.0 在发布时正式采用了 GPL（General Public License）协议，允许用户可以通过网络或其他途径免费获得此软件，并任意修改其源代码。对于个人用户来说，使用 Linux 基本上是免费的，但是针对企业级应用，不同的 Linux 发行商在基本系统上做了些优化，开发了一些应用程序包与 Linux 捆绑在一起销售，这些产品包括支持服务还是比较贵的。目前商业化的 Linux 有 RedHat Linux、SuSe Linux、slakeware Linux、国内的红旗等，这些不同版本的 Linux 内核是相同的。

与 UNIX 相比，Linux 同时具有字符界面和图形界面。在字符界面用户可以通过键盘输入相应的命令来进行操作。它同时还提供有类似 Windows 图形界面的 X-Window 系统，用户可以使用鼠标对其进行操作。

Linux 可安装在各种计算机硬件设备中，如手机、平板电脑、路由器、视频游戏控制台、台式机、大型机和超级计算机。

**4. Mac OS**

Mac OS 是运行于苹果 Macintosh（简称 Mac）系列计算机上的操作系统，它是首个在商用领域成功的图形用户界面操作系统。苹果公司不但生产 Mac 的大部分硬件，也自行开发 Mac 所用的操作系统，它的许多特点和服务都体现了苹果公司的理念，一般情况下在普通 PC 上无法安装 Mac OS。

Mac OS 可以被分成两个系列：一个是老旧且已不被支持的 Classic Mac OS（系统搭载在 1984 年销售的首部 Mac 及其后代上，终极版本是 Mac OS 9），采用 Mach 作为内核，在 OS 8 以前用 System x. xx 来称呼；另一个是新的 Mac OS X（X 为 10 的罗马数字写法），结合了 BSD UNIX、OpenStep 和 Mac OS 9 的元素。它的最底层基于 UNIX 基础，其代码被称为 Darwin，实行的是部分开放源代码。Mac OS X 界面非常独特，突出了形象的图标和人机对话。另外，疯狂肆虐的计算机病毒几乎都是针对 Windows 的，由于 Mac 的架构与 Windows 不同，所以很少受到病毒的袭击。

**5. 手机操作系统**

随着移动通信技术的飞速发展和移动多媒体时代的到来，手机作为人们必备的移动通信工具，已从简单的通话工具演变成一个移动的个人信息收集和处理平台。智能手机等同于"掌上电脑＋手机"，除了具备普通手机的全部功能外，还具备个人数字助理（Personal Digital Assistant，PDA）的大部分功能。借助于操作系统和丰富的应用软件，智能手机成了一台移动终端。

手机操作系统是用在智能手机上的操作系统，它是智能手机的"灵魂"。智能手机操作系统在嵌入式操作系统基础之上发展而来，除了具备嵌入式操作系统的功能，如进程管理、文件系统、网络协议栈等外，还有针对电池供电系统的电源管理部分、与用户交互的输入/输出部分、对上层应用提供调用接口的嵌入式图形用户界面服务、针对多媒体应用提供底层编解码服务、针对移动通信服务的无线通信核心功能及智能手机的上层应用等。目前主流的手机操作系统可分为两大类：Android 和 iOS。下面介绍两者之间的不同以及 Windows Phone 等其他手机操作系统。

1）Android

Android 的中文名称并没有统一，在中国大陆地区常被称为安卓或安致，这是一种以 Linux 为基础的开源操作系统，主要使用于便携设备。Android 操作系统最初由 Andy Rubin 开发，主要支持手机。2005 年由 Google 公司收购注资后，逐渐扩展到平板电脑及其他领域中。由于 Android 系统是开源的，各式各样的系统都有，版本并不统一。Google 公司开发的 Android 原生系统是外国人研发的，有些操作对于中国人来说不习惯，因此在中国诞生了很多本土化的 Android OS，包括小米的 MIUI、锤子的 Smartisan OS、魅族的 Flyme OS 等，它们都属于经过优化的 Android 系统。

2）iOS

iOS 操作系统是由美国苹果公司开发的手持设备操作系统。原名叫 iPhone OS，2010 年 6 月 7 日 WWWDC 大会上宣布改名为 iOS。iOS 操作系统以 Darwin 为基础，这与苹果台式机使用的 Mac OS X 操作系统一样，属于类 UNIX 的商业操作系统。该操作系统设计精美、操作简单，帮助 iPhone 手机迅速占领了市场。随后在苹果公司的其他产品，如 iPod Touch、iPad 以及 Apple TV 等产品上也都采用了该操作系统。

从目前市场占有率来看，Android 遥遥领先于 iOS，而且这种优势仍在不断增加，这主要得益于 Android 是一种开源系统。目前全球 Android 操作系统份额已超过 80%，达到 81%，而苹果 iOS 操作系统也已经达到 16% 的市场份额，留给其他操作系统的生存空间仅有 3%。

尽管 Android 的用户数远超 iOS，但是对于 Android 和 iOS 究竟哪一个更好，这是一个见仁见智的问题，双方都在进行取长补短，已经很难说谁比谁更为优秀。通常，评价一个手机 OS 的好坏主要是三个要素：UI 界面、系统流畅性和后台的真伪。在 UI 界面上，iOS 的设计风格比较简洁，没有二级 UI 界面，看上去非常整齐，用户使用起来很方便；而 Android 的 UI 设计更开放一些，采用了三级界面，显得更华丽。在系统流畅性方面，通常 iOS 更流畅一些。这是因为 iOS 是一种伪后台，任何第三方程序都不能在后台运行；而 Android 则是真后台，任何程序都可以在后台运行，一直到没有了内存才会关闭，这也是 Android 手机对配置要求较高的原因之一。另外，在 iOS 中用于 UI 的指令权限最高，所以用户的操作能立马得到响应，而 Android 中则是数据处理的指令权限最高。这些因素都导致了 iOS 给人一种更流畅的感觉。

此外,在安全性方面,由于Android系统的开放性特点允许大量开发者对其进行开发,随之而来的一个问题是手机病毒和恶意吸费软件的盛行;与之相反,iOS封闭的系统则在一定程度上能够带来更为安全的保证。

综上所述,iOS是一款优秀的手机操作系统,但是封闭式的开发模式决定了iOS的影响力有限,而Android的开放式开发模式为它带来了大量的用户。

3) Windows Phone等其他手机操作系统

Windows Phone(WP)是Microsoft公司推出的手机操作系统,前身是Windows CE,其实它就是一个在嵌入式系统中使用的精简版Windows 95,图形用户界面相当出色。但是最初Windows CE的发展并不顺利,因为当时PDA市场上最成功的操作系统是Palm,它几乎成了PDA产品的代名词。在这种情况下,Microsoft公司被迫不断地为Windows CE改进,以使它的功能越来越强大。在历经Windows Mobile(2000年)、Windows Phone(2010年)的版本演变后,在2015年1月,Microsoft公司提出了Windows 10将是一个跨平台的系统,无论手机、平板电脑、笔记本电脑、二合一设备、PC,Windows 10都将全部通吃。虽然一切都看起来是那么美好,然而事实是,可升级到Windows 10的手机机型仅仅只有18款,近一半的Windows Phone将永远停留在WP 8.1时代。这预示着Windows Phone这一有名无实的第三大手机操作系统的彻底没落。

与Windows Phone同样命运的还有很多其他手机操作系统,如Symbian(塞班)、Blackberry(黑莓)等,它们都曾经辉煌过,但是现在都慢慢地湮没在了历史长河中。

## 2.3 信息与信息表示

### 2.3.1 信息与信息技术

信息(Information)看不见也摸不着,但是人们却越来越意识到信息的重要性,它的价值甚至远远超过了许多看得见摸得着的东西。如果把人类发展的历史看作一条轨迹,按照一定的目的向前延伸,那么就会发现它是沿着信息不断膨胀的方向前进的。

信息量小、传播效率低的社会,发展速度就会缓慢;而信息量大、传播效率高的社会,发展速度就可以一日千里,一年的发展甚至超过以往的百年。信息的爆炸,使人类社会加速向前迈进,成为推动社会进步的巨大推动力。

**1. 信息的定义**

什么是信息?不同研究者从各自的研究领域出发,给出过不同的定义。

(1) 信息奠基人香农(Shannon)认为“信息是用来消除随机不确定性的东西”,这一定义常被人们看作是经典性定义并加以引用。

(2) 控制论创始人维纳(Norbert Wiener)认为“信息是人们在适应外部世界,并使这种适应反作用于外部世界的过程中,同外部世界进行互相交换的内容和名称”,它也被作为经典性定义加以引用。

(3) 经济管理学家认为“信息是提供决策的有效数据”。

(4) 电子学家、计算机科学家认为“信息是电子线路中传输的信号”。

(5) 我国著名的信息学专家钟义信教授认为“信息是事物存在方式或运动状态的直接或间接的表述”。

(6) 美国信息管理专家霍顿(F. W. Horton)给信息下的定义是:“信息是为了满足用户决策的需要而经过加工处理的数据”。

综上所述,可以把信息理解为是经过加工以后的数据,或者说,信息是数据处理的结果。

**2. 信息技术**

信息技术(Information Technology,IT)是一门新兴技术,也称为现代信息技术。它是以微电子为基础,通过通信技术、计算机技术以及控制技术相结合,研究信息的获取、传输、存储和处理的一种技术。也就是说,信息技术是利用计算机进行信息处理,利用现代电子通信技术从事信息采集、存储、加工、利用以及相关产品制造、技术开发、信息服务的新学科。

具体来讲,信息技术主要包括以下几方面的内容。

(1) 感知与识别技术。

它的作用是扩展人类感觉器官的功能,如遥感、遥测技术等,使人们可以更好地从外部世界获取各种有用信息。信息识别包括文字识别、语音识别和图形识别等,通常采用模式识别的方法。

(2) 通信技术。

它的作用是扩展人类神经传导器官的功能,实现信息快速、可靠、安全地转移。现代通信技术几乎可以不受时间、地点、空间、距离的限制,因而得到了飞速发展和广泛应用。

(3) 计算(处理)与存储技术。

它的作用是扩展人类思维器官的功能,包括记忆系统、联想系统、分析系统、推理系统和决策系统等,担负存储信息、检索信息、加工信息和再生信息(决策)的复杂任务。信息的处理与再生都有赖于现代电子计算机的超凡功能。

(4) 显示与控制技术。

它的作用是扩展人的效应器官功能。显示技术可以更好地表现事物的运动状态,控制技术则能根据输入的指令信息(决策信息)对外部事物的运动状态和方式实施干预。

这四个技术协同工作,共同完成扩展人的智力活动的任务。其中,通信技术和计算(处理)与存储技术是整个信息技术的核心,而感知与识别技术和显示与控制技术是与外部世界的接口。

## 2.3.2　数制与数制转换

**1. 数制**

在第1章中已经介绍过,计算机中使用的数制是二进制,但在人机交流上,二进制有致命的弱点——数字的书写特别长。为了解决这个问题,在计算机的理论和应用中还使用两种辅助的进位制——八进制和十六进制。

无论是十进制、二进制、八进制还是十六进制,其共同之处都是进位记数制。二进制的数码只有0和1两个,基数为2,逢2进1;八进制的基数为8,有0～7共8个数码,逢8进1;十六进制的基数为16,逢16进1,有16个数码,分别为0～9和A、B、C、D、E、F,A、B、C、D、E、F分别代表10、11、12、13、14、15。通常采用在数字的后面加上后缀的方法来区分进制,后缀为B表示二进制数,O或Q表示八进制数,H表示十六进制数,D表示十进制数(十进制数后可不加任何后缀)。除了采用后缀法,还可以采用数字下标来表示数的进制,例如,二进制数 1011.1 可表示为 1011.1B 或者$(1011.1)_2$;八进制数 367.35 可表示为 367.35O、367.35Q 或$(367.35)_8$;十进制数 123.468 可表示为 123.468D、$(123.468)_{10}$或 123.468;十六进制数 2D.7F 可表示为 2D.7FH 或$(2D.7F)_{16}$。

表 2-3 列出了计算机中常用的进位记数制及其记数规则、基数、可用数码和后缀。

**表 2-3 计算机中常用的进位记数制**

| 进位制 | 记数规则 | 基数 | 可用数码 | 后缀 |
|---|---|---|---|---|
| 二进制 | 逢 2 进 1 | 2 | 0,1 | B |
| 八进制 | 逢 8 进 1 | 8 | 0,1,2,3,4,5,6,7 | O 或 Q |
| 十进制 | 逢 10 进 1 | 10 | 0,1,2,3,4,5,6,7,8,9 | D |
| 十六进制 | 逢 16 进 1 | 16 | 0,1,2,3,4,5,6,7,8,9,A,B,C,D,E,F | H |

对于大家熟悉的十进制数,众所周知,数码出现的位置不同,其表示的值也不同。例如,数码 5,出现在百位,表示的就是 500;出现在千位,表示的则是 5000。将处在某一位上的数码所表示的数值的大小称为该位的权,如十进制中的"个""十""百""千"等就是权。任何一种 $R$ 进制数 $N$ 可以写成按其权值展开的多项式之和:

$$\begin{aligned}(N)_R &= a_n a_{n-1}\cdots a_1 a_0 \,.\, a_{-1} a_{-2}\cdots a_{-m} \\ &= a_n \times R^n + a_{n-1} \times R^{n-1} + \cdots + a_1 \times R^1 + a_0 \times R^0 + a_{-1} \times R^{-1} + a_{-2} \times R^{-2} + \cdots + \\ &\quad a_{-m} \times R^{-m} \\ &= \sum_{i=-m}^{n} a_i \times R^i\end{aligned}$$

如十进制数 135.67 按权值展开应为:

$135.67=1\times10^2+3\times10^1+5\times10^0+6\times10^{-1}+7\times10^{-2}$

**2. 不同进制数的相互转换**

熟练掌握不同进制数之间的相互转换,在编写程序和设计数字逻辑电路时很有用,只要学会了二进制与十进制之间的相互转换,与八进制、十六进制之间的转换就相对容易了。

1) $R$ 进制数转换为十进制数

将 $R$ 进制转换为十进制,只需要将各位数码乘以各自的权值再累加,即可得到其对应的十进制数。

**【例 2.1】** 将二进制数 1011.11 转换为十进制数。

**解:**

$$\begin{aligned}(1011.11)_2 &=1\times2^3+0\times2^2+1\times2^1+1\times2^0+1\times2^{-1}+1\times2^{-2} \\ &=8+2+1+0.5+0.25 \\ &=11.75\end{aligned}$$

**【例 2.2】** 将八进制数 37.24 转换为十进制数。

**解:**

$$\begin{aligned}(37.24)_8 &=3\times8^1+7\times8^0+2\times8^{-1}+4\times8^{-2} \\ &=24+7+0.25+0.0625 \\ &=31.3125\end{aligned}$$

**【例 2.3】** 将十六进制数 B4.A 转换为十进制数。

**解:**

$(B4.A)_{16}=11\times16^1+4\times16^0+10\times16^{-1}$

=176+4+0.625

=180.625

2）十进制数转换为 $R$ 进制数

将一个十进制整数转换为 $R$ 进制常用的方法是除 $R$ 取余法。所谓除 $R$ 取余法，就是将一个十进制数除以 $R$，得到一个商和一个余数，并记下这个余数 $r_0$。然后将商作为被除数除以 $R$，得到一个商和一个余数，并记下这个余数 $r_1$。不断重复以上过程，直到商为 0 为止。假设一共除了 $m$ 次，则得到的 $R$ 进制整数从高位到低位为 $r_{m-1}... r_2 r_1 r_0$。

例如，十进制整数 10 转换为二进制的过程为：

10/2=5　　余 0

5/2=2　　余 1

2/2=1　　余 0

1/2=0　　余 1

所以二进制形式为 1010。

将一个十进制小数转换为 $R$ 进制小数常用的方法为乘 $R$ 取整法。所谓乘 $R$ 取整法，就是将十进制的小数乘以 $R$，得到的整数部分作为小数点后第一位。剩余的小数部分再乘以 $R$，得到的整数部分作为小数点后第二位。以此类推，直到剩余小数部分为 0，或达到一定精度为止。

例如，十进制数 0.55 转换为十六进制的过程为：

0.55×16=8.8 ——8

0.8×16=12.8 ——12(C)

0.8×16=12.8 ——12(C)

0.8×16=12.8 ——12(C)

…

由于不能被精确地转换，我们可以只取前 4 位，为 0.8CCC。

一般的十进制数(既包含整数又包含小数)转换为 $R$ 进制数，可分别转换整数和小数部分，然后再连接起来即可。

**【例 2.4】** 将十进制数 130 转换为二进制数。

**解：** 将 $(130)_{10}$ 转换为二进制形式的过程如下。

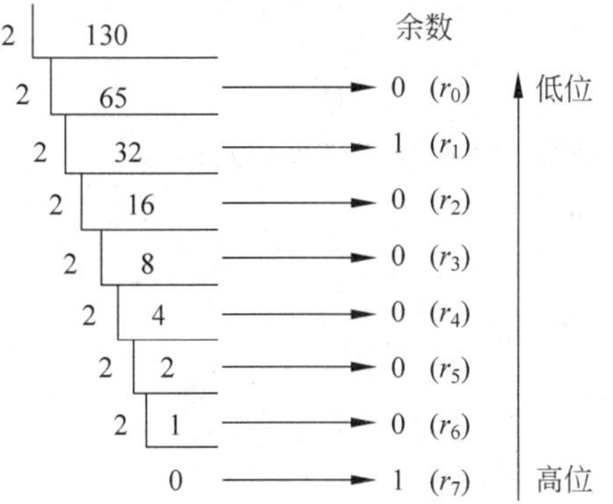


所以 $(130)_{10}=(10000010)_2$。

**【例 2.5】** 将十进制数 130 转换为八进制数。

**解**：将$(130)_{10}$转换为八进制形式的过程如下。

```
8 | 130            余数
8 | 16   ——→  2 ($r_0$)  ↑ 低位
8 | 2    ——→  0 ($r_1$)  |
    0    ——→  2 ($r_2$)  | 高位
```

所以$(130)_{10}=(202)_8$。

**【例 2.6】** 将十进制数 130 转换为十六进制数。

**解**：将$(130)_{10}$转换为十六进制形式的过程如下。

```
16 | 130           余数
16 | 8   ——→  2 ($r_0$)  ↑ 低位
     0   ——→  8 ($r_1$)  | 高位
```

所以$(130)_{10}=(82)_{16}$。

**【例 2.7】** 将十进制数 0.325 转换为二进制数(精确到 4 位小数)。

**解**：将$(0.325)_{10}$转换为二进制形式的过程如下。

```
 0.325
   ×2           取整
[0].650  ——→  0   | 高位
   ×2
[1].300  ——→  1   |
   ×2
[0].600  ——→  0   |
   ×2
[1].200  ——→  1   ↓ 低位
```

所以$(0.325)_{10}\approx(0.0101)_2$。

**【例 2.8】** 将十进制数 0.325 转换为八进制数(精确到 4 位小数)。

**解**：将$(0.325)_{10}$转换为八进制形式的过程如下。

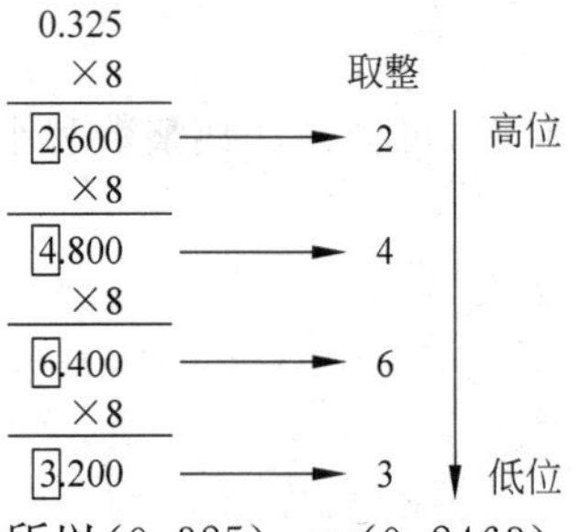


所以$(0.325)_{10}\approx(0.2463)_8$。

**【例 2.9】** 将十进制数 0.325 转换为十六进制数(精确到 4 位小数)。

**解**：将$(0.325)_{10}$转换为十六进制形式的过程如下。

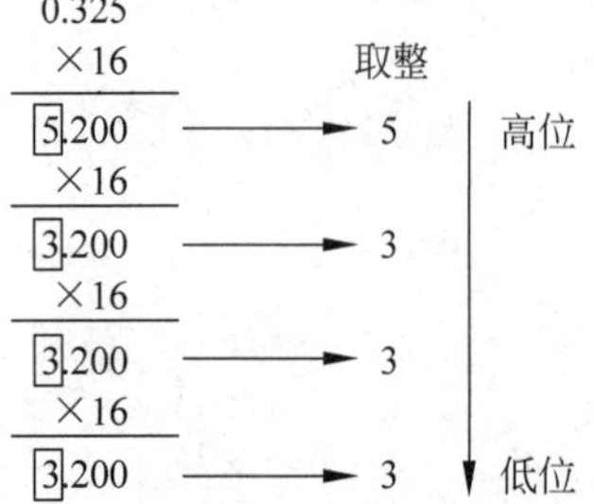

所以$(0.325)_{10} \approx (0.5333)_{16}$。

【例 2.10】 将十进制数 130.325 转换为二进制数(精确到 4 位小数)。

**解**:由例 2.4 和例 2.7 可知$(130.325)_{10} \approx (10000010.0101)_2$。

【例 2.11】 将十进制数 130.325 转换为八进制数(精确到 4 位小数)。

**解**:由例 2.5 和例 2.8 可知$(130.325)_{10} \approx (202.2463)_8$。

【例 2.12】 将十进制数 130.325 转换为十六进制数(精确到 4 位小数)。

**解**:由例 2.6 和例 2.9 可知$(130.325)_{10} \approx (82.5333)_{16}$。

3) 二进制数与八进制数、十六进制数之间的互换

二进制的权值 $2^i$ 与八进制的权值 $8^i$、十六进制的权值 $16^i$ 之间的对应关系为:$8^i = 2^{3i}$,$16^i = 2^{4i}$,也就是说每 3 位二进制数可以表示为 1 位八进制数,每 4 位二进制数可以表示为 1 位十六进制数,如表 2-4 所示。

**表 2-4 不同进制的关系**

| 十进制 | 二进制 | 八进制 | 十六进制 |
| --- | --- | --- | --- |
| 0 | 0000 | 0 | 0 |
| 1 | 0001 | 1 | 1 |
| 2 | 0010 | 2 | 2 |
| 3 | 0011 | 3 | 3 |
| 4 | 0100 | 4 | 4 |
| 5 | 0101 | 5 | 5 |
| 6 | 0110 | 6 | 6 |
| 7 | 0111 | 7 | 7 |
| 8 | 1000 | 10 | 8 |
| 9 | 1001 | 11 | 9 |
| 10 | 1010 | 12 | A |
| 11 | 1011 | 13 | B |
| 12 | 1100 | 14 | C |
| 13 | 1101 | 15 | D |
| 14 | 1110 | 16 | E |
| 15 | 1111 | 17 | F |

将一个二进制数转换为八进制数所用的方法为"取三合一法",即以二进制的小数点为分界点,分别向左(整数部分)、向右(小数部分)每三位分成一组,接着按组将这三位二进制数按权相加,得到的数就是一位八位二进制数,然后按顺序进行排列,小数点的位置不变,得到的数字就是所求的八进制数。如果取到最高或最低位时无法凑足三位,可以在小数点的最左边(整数部分)和最右边(小数部分)添 0,凑足三位。

将一个八进制数转换为二进制数所用的方法为"取一分三法",即将一位八进制数分解成三位二进制数,用三位二进制按权相加去凑这位八进制数,小数点位置照旧。

以此类推,二进制数转换为十六进制数所用的方法为"取四合一法";十六进制数转换为二进制数所用的方法为"取一分四法"。

【例 2.13】 将二进制数 10111010.11011 转换为八进制数。

**解**:将$(10111010.11011)_2$ 转换为八进制形式的过程如下。

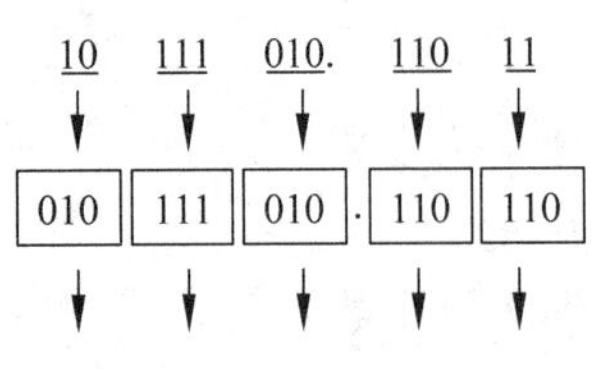


所以$(10111010.11011)_2=(272.66)_8$。

**【例 2.14】** 将二进制数 10111010.1101 转换为十六进制数。

**解**：将$(10111010.1101)_2$转换为十六进制形式的过程如下。

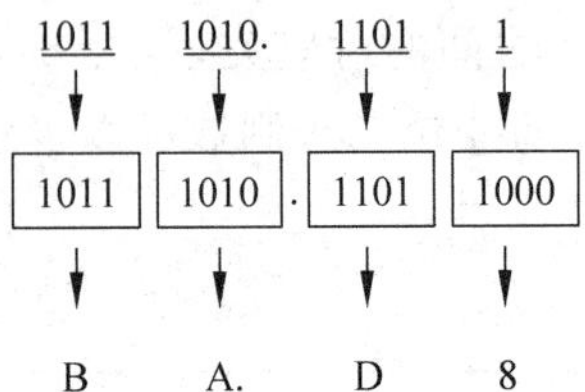


所以$(10111010.11011)_2=(BA.D8)_{16}$。

**【例 2.15】** 将八进制数 376.25 转换为二进制数。

**解**：将$(376.25)_8$转换为二进制形式的过程如下。

3 7 6. 2 5

↓ ↓ ↓ ↓ ↓

011 111 110 . 010 101

所以$(376.25)_8=(11111110.010101)_2$。

**【例 2.16】** 将十六进制数 5F.3C 转换为二进制数。

**解**：将$(5F.3C)_{16}$转换为二进制形式的过程如下。

5 F. 3 C

↓ ↓ ↓ ↓

0101 1111 . 0011 1100

所以$(5F.3C)_{16}=(1011111.001111)_2$。

对于八进制数与十六进制数之间的转换，可以借助二进制数或十进制数，先将要转换的数转换为二进制数或十进制数，然后再转换为所需要的进制数。

### 3. 二进制的运算

二进制的运算有算术运算和逻辑运算两种。

1) 算术运算

二进制的算术运算主要是加法运算和减法运算。与十进制加减法规则类似，二进制加法运算满二进一，减法借一当二，其主要规则如下。

加法：$0+0=0$　　$0+1=1$　　$1+0=1$　　$1+1=0$(向高位进 1)

减法：$0-0=0$　　$1-0=1$　　$1-1=0$　　$0-1=1$(向高位借 1)

2) 逻辑运算

二进制的逻辑运算主要有逻辑与运算(AND)、逻辑或运算(OR)、逻辑非运算(NOT)和逻辑异或运算(XOR)，其运算规则如下。

逻辑与(也称逻辑乘)：$0\wedge0=0$　　$0\wedge1=0$　　$1\wedge0=0$　　$1\wedge1=1$

逻辑或(也称逻辑加)：0∨0=0　　0∨1=1　　1∨0=1　　1∨1=1

逻辑异或：0⊕0=0　　0⊕1=1　　1⊕0=1　　1⊕1=0

逻辑非(也称取反)：0 取反后是 1，1 取反后是 0，即 $\overline{0}=1$，$\overline{1}=0$。

**【例 2.17】**　分别求 10101100＋10011101，10101100－10011101，10101100∧10011101，10101100∨10011101，10101100⊕10011101，$\overline{10101100}$。

**解：**

① 10101100＋10011101

```
      10101100
+     10011101
--------------
     101001001
```

故 10101100＋10011101＝101001001。

② 10101100－10011101

```
      10101100
-     10011101
--------------
      00001111
```

故 10101100－10011101＝00001111。

③ 10101100∧10011101

```
      10101100
∧     10011101
--------------
      10001100
```

故 10101100∧10011101＝10001100。

④ 10101100∨10011101

```
      10101100
∨     10011101
--------------
      10111101
```

故 10101100∨10011101＝10111101。

⑤ 10101100⊕10011101

```
      10101100
⊕     10011101
--------------
      00110001
```

故 10101100⊕10011101＝00110001。

⑥ $\overline{10101100}$＝01010011

## 2.3.3　数值的编码

数值是指通常意义上的数学中的数。数值有正负和大小之分，一般可以将数值分为整数和实数两大类，计算机中整数又可以分为无符号整数(正整数)和有符号整数两类。由于整数不使用小数点，或者小数点始终隐藏在个位数右边，所以整数也被称为定点数，而实数既有整数部分又有小数部分，其小数点不固定，又被称为浮点数。

将各种数值在计算机中表示的形式即编码方式，称为机器数或机器码。机器码的特点是采用二进制数表示。为了区别一般书写表示的数和机器中这些编码表示的数，通常将前者称为真值，后者称为机器码。

**1. 无符号整数的表示**

无符号整数只能表示正整数，且所有位数都用于表示数值大小，其机器码就是将该数直接转换为二进制，不足的位数用 0 补齐。对于一个用 $n$ 位二进位来表示的无符号整数，其可表示的数据范围是 $0\sim2^n-1$。例如，一个 8 位无符号整数的表示范围为 $(00000000)_2\sim(11111111)_2$，即 $0\sim255(2^8-1)$，16 位无符号整数的表示范围为 $0\sim655\ 35(2^{16}-1)$。

例如，对于无符号整数 44，其二进制真值为 101100。由于不足 8 位，前面用 0 补足 8 位，即 00101100 就是其机器码。

**2. 带符号整数的表示**

在计算机中，带符号整数可以采用原码、反码、补码等各种编码方式，这种编码方式就称为码制。

1）原码

由于带符号整数既要能表示正数也要能表示负数，因此就必须让计算机能从其编码中判断出该数是正数还是负数，通常采用的做法是用其编码的最左边 1 位即最高位来表示数值的符号，最高位为 0 表示正号，最高位为 1 表示负号。例如，00101100＝＋44，10101100＝－44。这种表示法称为原码。

对于一个用 $n$ 位原码表示的整数，由于最高位被用来表示正负符号，用来有效表示数值范围的数值位就只有 $n-1$ 位，其表示的数值范围就是 $-2^{n-1}+1\sim2^{n-1}-1$。例如，一个8 位原码的表示范围是 $-127\sim127(-2^7+1\sim2^7-1)$，一个 16 位原码的表示范围是 $-32\ 767\sim32\ 767(-2^{15}+1\sim2^{15}-1)$。

2）反码

对于带符号的正数，其反码就是其本身，和原码相同。负数的反码，其符号位不变，其余各位取反即可。例如：

$(44)_{反}=(44)_{原}=00101100$

$(-44)_{原}=10101100,(-44)_{反}=11010011$

反码的表示范围和原码相同，例如，一个 8 位反码的表示范围是 $-127\sim127(-2^7+1\sim2^7-1)$，一个 16 位反码的表示范围是 $-32\ 767\sim32\ 767(-2^{15}+1\sim2^{15}-1)$。

3）补码

对于带符号的正数，其补码和原码相同。负数的补码，其符号位不变，其余各位是原码的每一位取反后再加 1 得到的结果，实际上就是反码加 1 的结果。例如：

$(44)_{补}=(44)_{反}=(44)_{原}=00101100$

$(-44)_{原}=10101100,(-44)_{反}=11010011,(-44)_{补}=11010100$

在计算机中，对于有符号的整数，其机器码是采用补码表示的。

通过以上内容，可以知道，正数的原码、反码以及补码都是其本身。负数的原码的数值位是其本身，反码是对原码除符号位之外的各位取反，补码则是反码加 1。

需要指出的是，编码仅仅是数的一种表示方式，其真值是不变的，由其中任何一种编码都能求出该数的真值。

**【例 2.18】** 若用一个 8 位二进制数表示一个有符号的整数，则二进制数(10011010)的

真值是多少？

**解**：由于有符号数10011010的最高为1，表示负数，该二进制数10011010就是其补码形式。其反码为补码减1，即10011001，原码为11100110，其真值就是－102。

对于有符号类型的整数，虽然有原码、反码和补码三种形式，最后选择了补码作为机器码，即有符号的整数在计算机中的表示形式是补码。有符号数的原码是最容易计算的，补码的计算过程略微有点复杂，那么为什么要舍易取难，选择补码作为机器码呢？具体来说有下面几点原因。

① 能够统一＋0和－0的表示。

以8位二进制位来表示有符号整数为例，采用原码表示，＋0的二进制表示形式为00000000，而－0的二进制表示形式为10000000；采用反码表示，＋0的二进制表示形式为00000000，而－0的二进制表示形式为11111111；采用补码表示，＋0的二进制表示形式为00000000，而－0的二进制表示形式为11111111＋1＝100000000，因为计算机会进行截断，只取低8位，所以－0的补码表示形式为00000000。

从上面可以看出只有用补码表示，＋0和－0的表示形式才一致。也正因为如此，补码的表示范围比原码和反码表示的范围都要大，用补码能够表示的范围为－128～127，0～127分别用00000000～01111111来表示，而－127～－1则用10000001～11111111来表示，多出的1000 0000则用来表示－128。因此对于任何一个$n$位的二进制数，假如表示带符号的整数，其表示范围为$-2^{n-1}\sim 2^{n-1}-1$。

假如不采用补码表示，那么计算机中需要对＋0和－0区别对待，显然这个对于设计来说要增加难度，而且不符合运算规则。

② 对于有符号整数的运算能够把符号位同数值位一起处理。

由于将最高位作为符号位处理，不具有实际的数值意义，那么如何在进行运算时处理这个符号位？如果单独把符号位进行处理，显然又会增加电子线路的设计难度和CPU指令设计的难度，但是采用补码就能够很好地解决这个问题。下面举例说明。例如，－2＋3＝1，如果采用原码表示（把符号位同数值位一起处理），则10000010＋00000011＝10000101＝$(-5)_{原}$，显然这个结果是错误的。

如果采用反码表示，则11111101＋00000011＝100000000＝00000000＝$(+0)_{反}$，显然这个结果也是错误的。

如果采用补码表示，则11111110＋00000011＝100000001＝0000001＝$(1)_{补}$，结果是正确的。

从上面可以看出，当把符号位同数值位一起进行处理时，只有补码的运算才是正确的。如果不把符号位和数值位一起处理，会给CPU指令的设计带来很大的困难，如果把符号位单独考虑的话，CPU指令还要特意对最高位进行判断，这个对于计算机的最底层实现来说是很困难的。

③ 能够简化运算规则。

对于－2＋3＝1这个例子来说，可以看作是3－2＝1，也即(3)＋(－2)＝1。从上面的运算过程可知，采用补码运算相当于是$(3)_{补}+(-2)_{补}=(1)_{补}$，即可以把减法运算转换为加法运算。这样的好处是在设计电子器件时，只需要设计加法器即可，不需要单独再设计减法器。实际上，在计算机内部，二进制的基本运算是加法运算，乘法运算可以转换为连加来实现，除法运算可以用连减来实现，而减法运算可以转换为加法运算。这样，计算机中的加、减、乘、除运算都可以转换为加法运算，计算机中就不需要设计减法器、乘法器和除法器了，这就大大简化了运算器的设计难度。

总的来说，采用补码主要有以上几点好处，从而使得计算机从硬件设计上更加简单，简化了 CPU 指令的设计。

**3. 浮点数(实数)的表示**

在计算机系统的发展过程中，曾经提出过多种方法来表示实数。典型的如相对于浮点数的定点数。在这种表示方式中，小数点固定位于实数所有数字中间的某个位置。货币的表示就可以使用这种方式，如 99.00 或者 00.99 可以用于表示具有四位精度、小数点后有两位的货币值。由于小数点位置固定，所以可以直接用四位数值来表示相应的数值。还有一种提议的表示方式为有理数表示方式，即用两个整数的比值来表示实数。定点数表示法的缺点在于其形式过于僵硬，固定的小数点位置决定了固定位数的整数部分和小数部分，不利于同时表示特别大的数或者特别小的数。最终，绝大多数现代的计算机系统采纳了所谓的浮点表示法进行表示。这种表示方式利用科学计数法来表示实数，即用一个尾数(尾数有时也称为有效数字，尾数实际上是有效数字的非正式说法)、一个基数、一个指数以及一个表示正负的符号来表示实数。例如，十进制数 123.456 用十进制科学计数法可以表示为：

$1.23456\times10^{2}$，其中 1.2345 为尾数，2 为指数，10 为基数，符号为正。

$12.3456\times10^{1}$，其中 12.345 为尾数，1 为指数，10 为基数，符号为正。

$1234.56\times10^{-1}$，其中 1234.56 为尾数，−1 为指数，10 为基数，符号为正。

$12345.6\times10^{-2}$，其中 12345.6 为尾数，−2 为指数，10 为基数，符号为正。

…

对于二进制数同样也可以用浮点表示法进行表示，例如：

$10101100.011=1.0101100011\times2^{7}$

$10101100.011=0.10101100011\times2^{8}$

$10101100.011=1010110001.1\times2^{-2}$

…

二进制的浮点表示法与十进制的浮点表示法相比，不同之处仅仅在于其基数为 2。

浮点数利用指数达到了浮动小数点的效果，从而可以灵活地表示更大范围的实数。

在计算机中是用有限的连续字节保存浮点数的。早期的浮点数的各个部分表示方法互不相同，相互之间的数据格式也无法兼容。因此，IEEE(美国电气与电子工程师协会)于 1985 年制定了计算机内部浮点数的工业标准——IEEE 754。在 IEEE 754 中，一个浮点数分割为符号域、指数域和尾数域三个域，通过尾数和可以调节的指数(所以称为浮点)表示给定的数值。

浮点数的各部分长度如表 2-5 所示。

**表 2-5　浮点数的各部分长度**

| 精度 | 符号位数 | 指数位数 | 尾数位数 |
|---|---|---|---|
| 单精度 | 1 | 8 | 23 |
| 双精度 | 1 | 11 | 52 |

下面以单精度浮点数为例，做具体说明如下。

(1) 单精度浮点数存储时占 4 个字节，即 32 位。

（2）如果浮点数是正数，符号位为0，否则为1。

（3）尾数用原码表示，且最高位总是1，为了节省空间，1和小数点不存储。

（4）指数是无符号整数，且带有127的偏移量（因为有的浮点数的指数是负值，而无符号整数只能表示正数，因此设置了偏移量）。

**【例2.19】** 假设有一个单精度数（32位）的表示形式如下，请问该数的十进制真值是多少？

| 1 | 10001011 | 10010011000101100000000 |
|---|---|---|

**解**：符号位为1，因此该数为负数。

指数：$(10001011)_2=139$，因为有127的偏移量，因此，指数为139－127＝12。

尾数：将位数前加上1和小数点，即1.10010011000101100000000。

由此可知，该浮点数为：

$$-1.10010011000101100000000\times 2^{12}=-(1100100110001.01100000000)_2$$
$$=-6449.375$$

## 2.3.4 文本的编码

文字信息在计算机中称为文本（Text），文本是计算机中最常见的一种数字媒体。文本由一系列字符（Character）组成，包括字母、数字、标点符号等，每个字符均使用二进制编码表示。由一组特定的字符构成的集合就是字符集。不同的字符集包含的字符数目与内容不同，如西文字符集、中文字符集、日文字符集等。

文本在计算机中的处理过程包括文本准备、文本编辑、文本处理、文本存储与传输、文本展现等。其处理过程如图2-7所示。

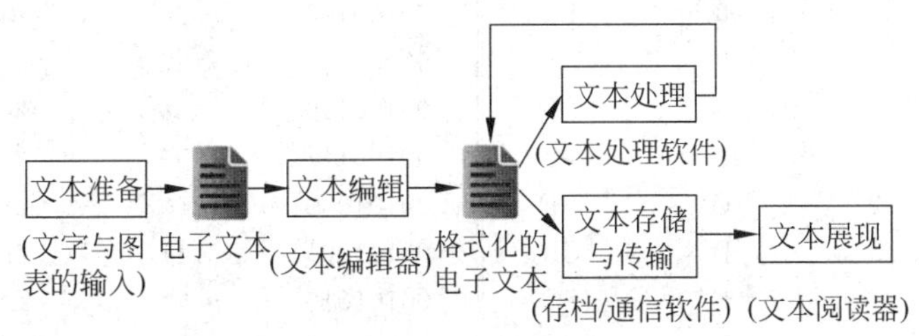


图2-7 文本处理过程

对于文本，要想让计算机能够识别、存储、处理各种文字，首先要对相应的字符集进行编码。字符集中的每个字符都要使用一个唯一的编码（二进位）来表示，而所有的字符编码就构成了该字符集的编码表，简称码表。

**1. 西文字符的编码**

由于计算机发源于美国，所以最早的信息编码也来源于美国。目前使用最广泛的西文字符集码表是美国的ASCII字符编码，简称ASCII码，其全称为American Standard Code for Information Interchange（美国信息交换标准代码），同时它也被国际标准化组织（International Organization for Standardization，ISO）批准为国际标准，称为ISO-646。

ASCII码于1961年提出，用于在不同计算机硬件和软件系统中实现数据传输的标准化，大多数的小型机和全部的个人计算机都使用此码。ASCII 码分为标准 ASCII 码和扩展 ASCII 码。

1）标准 ASCII 码

ASCII 码于 1961 年提出，用于在不同计算机硬件和软件系统中实现数据传输的标准化，大多数的小型机和全部的个人计算机都使用此码。ASCII 码分为标准 ASCII 码和扩展 ASCII 码码。

标准 ASCII 码共有 128 个字符，称为标准 ASCII 字符，其中有 96 个可打印字符，包括常用的字母、数字、标点符号等，另外还有 32 个控制字符。由于只有 128 个字符，所以标准 ASCII 码只使用 7 个二进制位对字符进行编码。虽然标准 ASCII 码是 7 位编码，但由于计算机的基本处理单位为字节（1B=8b），所以仍以一个字节来存放一个 ASCII 字符。每一个字节中多余出来的一位（最高位）在计算机内部通常保持为 0（在数据传输时可用作奇偶校验位），而字节的低 7 位则表示字符的编码值。

表 2-6 为标准 ASCII 码表。

**表 2-6　标准 ASCII 码表**

| 二进制 | 十进制 | 十六进制 | 控制字符 | 二进制 | 十进制 | 十六进制 | 控制字符 |
|---|---|---|---|---|---|---|---|
| 00000000 | 0 | 0 | NUL | 00011100 | 28 | 1C | FS |
| 00000001 | 1 | 1 | SOH | 00011101 | 29 | 1D | GS |
| 00000010 | 2 | 2 | STX | 00011110 | 30 | 1E | RS |
| 00000011 | 3 | 3 | ETX | 00011111 | 31 | 1F | US |
| 00000100 | 4 | 4 | EOT | 00100000 | 32 | 20 | (Space) |
| 00000101 | 5 | 5 | ENQ | 00100001 | 33 | 21 | ! |
| 00000110 | 6 | 6 | ACK | 00100010 | 34 | 22 | " |
| 00000111 | 7 | 7 | BEL | 00100011 | 35 | 23 | # |
| 00001000 | 8 | 8 | BS | 00100100 | 36 | 24 | $ |
| 00001001 | 9 | 9 | HT | 00100101 | 37 | 25 | % |
| 00001010 | 10 | A | LF | 00100110 | 38 | 26 | & |
| 00001011 | 11 | B | VT | 00100111 | 39 | 27 | ' |
| 00001100 | 12 | C | FF | 00101000 | 40 | 28 | ( |
| 00001101 | 13 | D | CR | 00101001 | 41 | 29 | ) |
| 00001110 | 14 | E | SO | 00101010 | 42 | 2A | * |
| 00001111 | 15 | F | SI | 00101011 | 43 | 2B | + |
| 00010000 | 16 | 10 | DLE | 00101100 | 44 | 2C | , |
| 00010001 | 17 | 11 | DCI | 00101101 | 45 | 2D | — |
| 00010010 | 18 | 12 | DC2 | 00101110 | 46 | 2E | . |
| 00010011 | 19 | 13 | DC3 | 00101111 | 47 | 2F | / |
| 00010100 | 20 | 14 | DC4 | 00110000 | 48 | 30 | 0 |
| 00010101 | 21 | 15 | NAK | 00110001 | 49 | 31 | 1 |
| 00010110 | 22 | 16 | SYN | 00110010 | 50 | 32 | 2 |
| 00010111 | 23 | 17 | ETB | 00110011 | 51 | 33 | 3 |
| 00011000 | 24 | 18 | CAN | 00110100 | 52 | 34 | 4 |
| 00011001 | 25 | 19 | EM | 00110101 | 53 | 35 | 5 |
| 00011010 | 26 | 1A | SUB | 00110110 | 54 | 36 | 6 |
| 00011011 | 27 | 1B | ESC | 00110111 | 55 | 37 | 7 |

续表

| 二进制 | 十进制 | 十六进制 | 控制字符 | 二进制 | 十进制 | 十六进制 | 控制字符 |
|---|---|---|---|---|---|---|---|
| 00111000 | 56 | 38 | 8 | 01011100 | 92 | 5C | \ |
| 00111001 | 57 | 39 | 9 | 01011101 | 93 | 5D | ] |
| 00111010 | 58 | 3A | ： | 01011110 | 94 | 5E | ^ |
| 00111011 | 59 | 3B | ； | 01011111 | 95 | 5F | — |
| 00111100 | 60 | 3C | < | 01100000 | 96 | 60 | 、 |
| 00111101 | 61 | 3D | = | 01100001 | 97 | 61 | a |
| 00111110 | 62 | 3E | > | 01100010 | 98 | 62 | b |
| 00111111 | 63 | 3F | ? | 01100011 | 99 | 63 | c |
| 01000000 | 64 | 40 | @ | 01100100 | 100 | 64 | d |
| 01000001 | 65 | 41 | A | 01100101 | 101 | 65 | e |
| 01000010 | 66 | 42 | B | 01100110 | 102 | 66 | f |
| 01000011 | 67 | 43 | C | 01100111 | 103 | 67 | g |
| 01000100 | 68 | 44 | D | 01101000 | 104 | 68 | h |
| 01000101 | 69 | 45 | E | 01101001 | 105 | 69 | i |
| 01000110 | 70 | 46 | F | 01101010 | 106 | 6A | j |
| 01000111 | 71 | 47 | G | 01101011 | 107 | 6B | j |
| 01001000 | 72 | 48 | H | 01101100 | 108 | 6C | l |
| 01001001 | 73 | 49 | I | 01101101 | 109 | 6D | m |
| 01001010 | 74 | 4A | J | 01101110 | 110 | 6E | n |
| 01001011 | 75 | 4B | K | 01101111 | 111 | 6F | o |
| 01001100 | 76 | 4C | L | 01110000 | 112 | 70 | p |
| 01001101 | 77 | 4D | M | 01110001 | 113 | 71 | q |
| 01001110 | 78 | 4E | N | 01110010 | 114 | 72 | r |
| 01001111 | 79 | 4F | O | 01110011 | 115 | 73 | s |
| 01010000 | 80 | 50 | P | 01110100 | 116 | 74 | t |
| 01010001 | 81 | 51 | Q | 01110101 | 117 | 75 | u |
| 01010010 | 82 | 52 | R | 01110110 | 118 | 76 | v |
| 01010011 | 83 | 53 | X | 01110111 | 119 | 77 | w |
| 01010100 | 84 | 54 | T | 01111000 | 120 | 78 | x |
| 01010101 | 85 | 55 | U | 01111001 | 121 | 79 | y |
| 01010110 | 86 | 56 | V | 01111010 | 122 | 7A | z |
| 01010111 | 87 | 57 | W | 01111011 | 123 | 7B | { |
| 01011000 | 88 | 58 | X | 01111100 | 124 | 7C | \| |
| 01011001 | 89 | 59 | Y | 01111101 | 125 | 7D | } |
| 01011010 | 90 | 5A | Z | 01111110 | 126 | 7E | ~ |
| 01011011 | 91 | 5B | [ | 01111111 | 127 | 7F | DEL |

字母和数字的 ASCII 码的记忆是非常简单的。只要记住了一个字母或数字的 ASCII 码(例如记住 A 为 65,0 的 ASCII 码为 48),知道相应的大小写字母之间差 32(同一字母的小写字母的编码值比大写字母的编码值大 32),相应的十六进制值差 20H,且字母的编码值是按字典顺序编码的,就可以推算出其余字母、数字的 ASCII 码。

**【例 2.20】** 已知大写字母 A 的十进制 ASCII 码为 65,十六进制 ASCII 码为 41H,计算小写字母 d 的 ASCII 码(十进制、十六进制)。

**解**:对于同一个字母,其小写字母的十进制编码值比对应的大写字母编码值大 32,十六进制相差 20H。

因此,小写字母 a 的 ASCII 码为 65+32=97,十六进制编码值是 41H+20H=61H。

小写字母 d 的 ASCII 码值比小写字母 a 大 3,所以 d 的 ASCII 码为 97+3=100,其十六进制编码值为 61H+3H=64H。

2) 扩展 ASCII 码

标准 ASCII 码是美国提出的,所以其编码的字符也主要是服务于美国的字符集。但是欧洲很多国家的语言使用的字符是英语中所没有的,因此标准 ASCII 码不能解决欧洲各国的编码问题。为了解决这个问题,同时考虑到标准 ASCII 码只使用了一个字节的低 7 位,借鉴 ASCII 码的编码思想,又创造了 128 个使用 8 位二进制数表示的字符的扩充字符集,这样就可以使用总共 256 种二进制以编码表示更多的字符了。在这 256 个字符集中,从 0~127 的编码与标准 ASCII 码保持兼容,而 128~255 用来表示其他字符。扩充出来的 128 个编码称为扩展 ASCII 码,对应的字符称为扩展 ASCII 字符。由于各个国家的语言不同,所以扩展字符里有各个国家的不同字符,于是人们为不同的语言指定了大量不同的编码表,在这些编码表中,128~255 表示各自不同的字符,其中,国际标准 ISO 8859 得到了广泛的使用。ISO 8859 不是一个标准,而是一系列的标准,由 ISO 8859-1~ISO 8859-16 组成。例如。ISO 8859-1 字符集,就是 Latin-1,收集了西欧常用字符,包括德法两国的字母;ISO 8859-2 字符集,也称为 Latin-2,收集了东欧字符;ISO 8859-3 字符集,也称为 Latin-3,收集了南欧字符;ISO 8859-4 字符集,也称为 Latin-4,收集了北欧字符等。

**2. 中文汉字的编码**

汉字信息处理系统一般包括编码、输入、存储、编辑、输出和传输,其中编码是关键。不解决这个问题,汉字就不能进入计算机。由于计算机在处理任何媒体信息时,首先要将这些信息转换为二进制代码,因此,计算机在处理中文汉字时,也需要将汉字转换为二进制代码,也就是要对汉字进行相应的编码。与西文字符相比,汉字的编码要复杂、困难得多,其原因主要有三点。

(1) 数量庞大:一般认为,汉字总数已超过 6 万个(包括简化字)。

(2) 字形复杂:有古体今体,繁体简体,正体异体;而且笔画相差悬殊。

(3) 存在大量一音多字和一字多音的现象。

在处理汉字的不同环节,需要使用不同的编码方案,例如在输入汉字时使用输入码,存储汉字时使用机内码,显示打印汉字时使用字形码等。汉字信息处理系统模型如 2-8 所示。

1) GB 2312 汉字编码

GB 2312 字符集的中文名为《信息交换用汉字编码字符集》。它是国家标准总局于 1980 年发布的一套国家标准,收入汉字 6763 个,非汉字图形字符 682 个,总计 7445 个字符,这是中国内地普遍使用的简体字字符集。楷体-GB2312、宋体、仿宋-GB2312、华文行楷等市面上绝大多数字体支持显示这个字符集,它也是大多数输入法所采用的字符集。

由于一个字节最多只能表示 $2^8=256$ 种信息,所以使用两个字节联合存储一个汉字,理论上就可以有 256×256=65 536 个不同编码,这对常用汉字来说足够存储了。

在 GB 2312 字符集中把汉字划分为 94 个区,每个区划分成 94 个位,区号和位号分别用

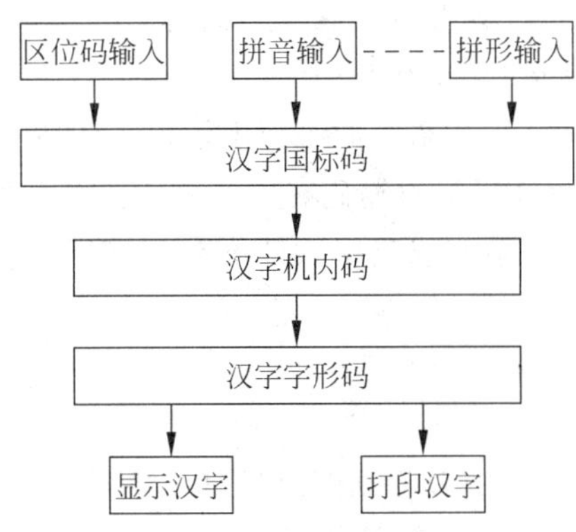


图 2-8 汉字信息处理系统模型

一个字节来存储，这就是汉字的区位码。因为 ASCII 码中的前 32 个字符是控制码，如回车、换行、退格等，为了避开这些控制码，汉字国标码规定，在区位码的两个字节上分别加上 32。又因为计算机的汉字处理系统要保证中西文兼容，当系统中同时存在西文 ASCII 码和汉字国标码时，会产生二义性。例如，两个字节的内容分别为 00110000 和 00100001 时，既可能表示一个汉字“啊”的国标码，也可能表示两个西文“0”和“!”，这就产生了二义性。为此，汉字机内码在相应国标码的每个字节的最高位加上 1，以和 ASCII 码中每个字节的最高位为 0 相区分。因此，汉字机内码＝汉字国标码＋1000000010000000。计算机内部使用的是汉字机内码。

2）GBK 编码

GB 2312 只收入了 6763 个常用简体汉字，在早期经常会遇到一些生僻字无法输入到计算机中的现象。为了解决这个问题，1995 年全国信息技术标准化技术委员会制定并发布了另一个汉字编码标准，即 GBK(汉字内码扩展规范)。GBK 编码是在 GB 2312 基础上的内码扩展规范，使用了双字节编码方案，共收录了 21 003 个汉字(包括繁体字和生僻字)，883 个图形符号。目前中文版的 Windows 操作系统，例如，Windows 2000、Windows XP、Windows 7、Windows 10 等都支持 GBK 编码方案。

3）UCS/Unicode 与 GB 18030 汉字编码

为了实现全球不同国家不同文字的统一编码，国际标准化组织 ISO 制定了一个能覆盖几乎所有语言的编码表，称为 UCS(Universal Character Set)，对应的国际标准为 ISO-10646。UCS 对应的工业标准为 Unicode，它的具体实现(如 UTF-8、UTF-16)已在 Windows、UNIX、Linux 操作系统及许多 Internet 中广泛使用。

为了既能与国际标准接轨，又能保护已有的大量中文信息资源，继 GB 231-2 和 GBK 之后我国政府发布了最重要的汉字编码标准，即国家标准 GB 18030—2000《信息交换用汉字编码字符集基本集的补充》，它是我国计算机系统必须遵循的基础性标准之一。GB 18030 有两个版本：GB 18030—2000 和 GB 18030—2005。

国家标准 GB 18030—2000《信息交换用汉字编码字符集基本集的补充》是由信息产业部和国家质量技术监督局在 2000 年 3 月 17 日联合发布的，并且作为一项国家标准在 2001 年的 1 月正式强制执行。

国家标准 GB 18030—2005《信息技术中文编码字符集》是我国自主研制的以汉字为主

并包含多种我国少数民族(如藏、蒙古、傣、彝、朝鲜、维吾尔族等)文字的超大型中文编码字符集强制性标准,其中收入汉字 70 000 余个。

编码方案繁多,这里不再一一介绍。如果超出了输入法所支持的字符集,就不能录入计算机。有些人利用私人造字区 PUA 的编码,造了一些字体。如果机器没有相应字体的支持,则不能正常显示。如果操作系统或应用软件不支持该字符集,则显示为问号(一个或两个)。在网页上也存在同样的情况。

### 2.3.5 图像的编码

图像(Image)有多种含义,其中最常见的定义是指各种图形和影像的总称,它是人们认识和感知世界的最直观的渠道之一。计算机领域中的图像通常是指数字图像。数字图像又称数码图像或数位图像,是以二维数字组形式表示的图像,其数字单元为像素。数字图像按生成方式大致可分为两类:位图(Bitmap)和矢量图(Vector Graphics)。

位图是指由扫描仪或数码相机等输入设备捕捉到的实际画面所产生的数字图像,也称取样图或点阵图。矢量图又称矢量图像,一般是指通过计算机绘图软件生成的矢量图形。矢量图形文件存储的是描述生成图形的指令,因此不必对图形中的每一点进行数字化处理。这里主要讨论位图的编码。

**1. 图像的获取与数字化**

现实中的图像是一种模拟信号,要想让计算机能处理图像,首先要将模拟图像数字化。将现实世界中景物成像的过程,也就是将模拟图像转换为数字图像的过程,称为图像获取。

1) 数字图像获取设备

数字图像获取设备的功能是将现实世界中的景物输入到计算机内并以数字图像的形式表示。例如数码相机、扫描仪等,可以对景物或图片进行数字化,这时得到的数字图像通常是 2D 图像。此外,还有 3D 扫描仪能获得包括深度信息在内的 3D 景物的信息。

2) 图像的数字化

图像的数字化过程就是将模拟信号进行数字化的过程,其具体处理步骤大致分为 4 步,如图 2-9 所示。

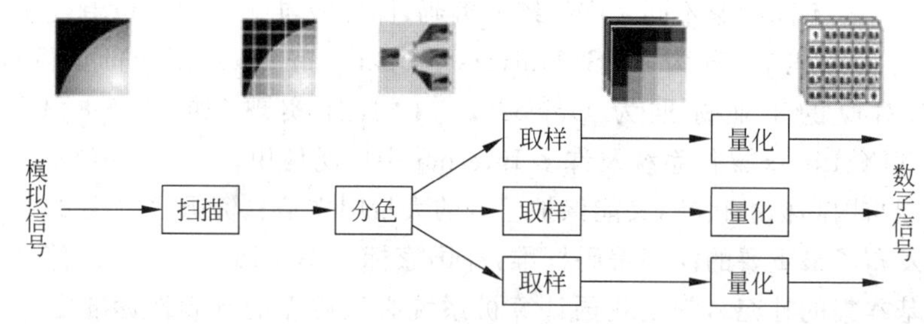


图 2-9 图像的数字化过程

(1) 扫描。

将画面划分为 $m \times n$ 个网格,每个网格即一个取样点,又称像素(Pixel)。这样,一幅模拟图像就转换为 $m \times n$ 个取样点组成的矩阵。

（2）分色。

将彩色图像取样点的颜色通过一种特殊的棱镜分解成 3 个基色，如红、绿、蓝 3 种颜色。如果不是彩色图像，则不必进行分色。

（3）取样。

通过图像传感元件将每个取样点（像素）的每个分量（基色）的亮度值转化为与其成正比的电压值（灰度值）。

（4）量化。

将取样得到的每个分量的电压值进行模-数转换，即把模拟量的电压值使用数字量（一般为 8～12 位正整数）来表示。

**2. 图像的基本参数**

从图像数字化的过程可以看出，一幅取样图像由 $m$（行）×$n$（列）个取样点组成，每个取样点是组成取样图像的基本单位，称为像素。

黑白图像的像素只有一个灰度值（0 或 1），灰度图像的像素是包含灰度级（亮度）的，例如，像素灰度级用 8b 表示时，每个像素的取值就是 256（0～255）种灰度中的一种，通常用 0 表示黑，255 表示白，从 0～255 亮度逐渐增加，如图 2-10 所示。

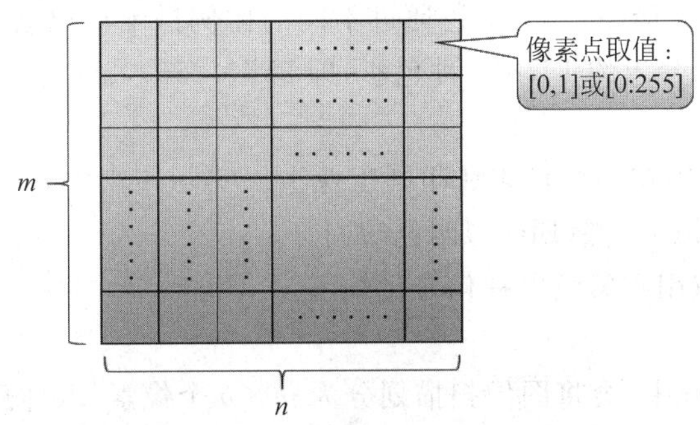


图 2-10　黑白或灰度图像的表示

彩色图像的像素是矢量，它由多个彩色分量组成。以 24 位真彩色图像（3 个彩色分量红、绿、蓝各 8b，每个颜色分量亮度值为 0～255）为例，取图像中的 8×8 像素块，其表示如图 2-11所示。

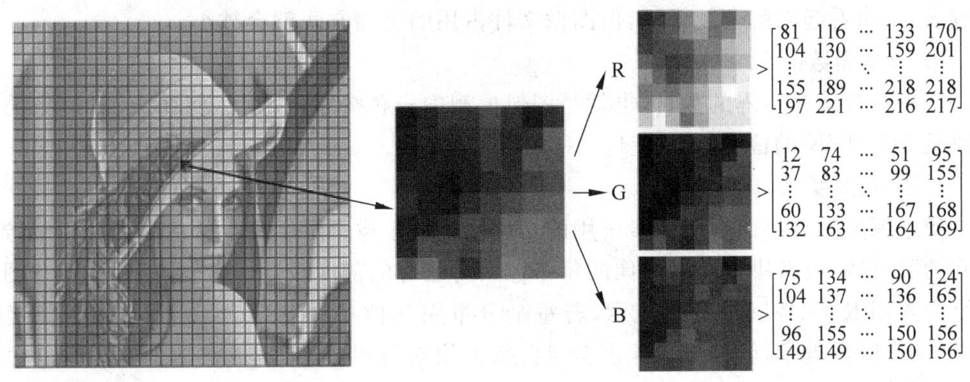


图 2-11　彩色图像的表示

由此可知，取样图像在计算机中的表示方法是：单色或灰色图像用一个矩阵来表示；彩色图像用一组(一般是3个，分别表示红R、绿G、蓝B)矩阵来表示，矩阵行数称为图像的垂直分辨率，列数称为图像的水平分辨率，矩阵中的元素是图像像素颜色分量的亮度值，使用二进制整数表示，一般是8～12位。

描述一幅图像的属性，可以使用不同的参数，主要有颜色模型、图像分辨率、位平面数、像素深度等。

1）颜色模型

图像数字化的过程中，首先要将图像离散成 $m$ 行和 $n$ 列的像素点，然后将每个点用二进制的颜色编码表示。图像中的颜色编码可以使用不同的颜色模型，颜色模型又称颜色空间，是指彩色图像所使用的颜色描述方法。常用的颜色模型有RGB(红、绿、蓝)、CMYK(青蓝、洋红、黄、黑)、YUV(亮度、色度)、HSV(色相、饱和度、色明度)、HIS(色调、色饱和度、亮度)等。从理论上讲这些颜色模型都可以相互转换。

RGB模型也称为加色法混色模型。它是以红(Red)、绿(Green)、蓝(Blue)三色光互相叠加来实现混色的方法，因而适合于显示器等发光体的显示。一般将红、绿、蓝三基色按颜色深浅程度的不同分为0～255共256级，每种颜色可以分别用8位二进制数表示，0表示亮度最弱，255表示亮度最亮，三种颜色通过不同的比例搭配可以表示不同的颜色。256级的RGB色彩总共能组合出约1678万种色彩，即256×256×256=16 777 216，通常也被称为1600万色或千万色。

CMYK模型广泛用在彩色打印和印刷工业上。实际印刷中，一般采用青蓝(Cyan)、洋红(Magenta)、黄(Yellow)、黑(Black)四色印刷。

YUV模型主要应用在彩色电视信号传输上。

2）图像分辨率

在图像数字化过程中，会将图像扫描划分为 $m \times n$ 个像素，取样后的总像素数目就称为图像分辨率。它是表示图像大小的一个参数，一般表示为“水平分辨率×垂直分辨率”的形式，其中，水平分辨率表示图像在水平方向的像素数量，垂直分辨率表示图像在垂直方向的像素数量，例如1024×768、1280×1024等。

需要注意的是，对于一幅相同尺寸的图像，组成该图像的像素数量越多，则图像的分辨率就越高，看起来就会越逼真，相应地，图像文件所占用的存储空间也就越大；相反，像素数量越少，图像看起来就会越粗糙，但图像文件占用的存储空间就会越小。

3）位平面数

位平面数就是矩阵的数目，也就是图像模型中彩色分量的数目，例如RGB模型的位平面数是3，CMYK的位平面数是4。

4）像素深度

像素深度是指存储每个像素所用的二进制位数。像素深度决定彩色图像的每个像素可能有的颜色数，或者决定灰度图像的每个像素可能有的灰度级数。例如，一幅真彩色图像的每个像素用R、G、B三个分量表示，若每个分量用8位二进制数表示，那么一个像素共用24(8+8+8)位表示，就说像素深度为24，每个像素可以是16 777 216($2^{24}$)种颜色中的一种。表示一个像素的位数越多，它能表示的颜色数目就越多，它的像素深度也就越深。

### 3. 图像编码

一幅图像的数据量实际上就是存储该图像所有像素点所需要的数据量，其计算公式为：

图像数据量＝水平分辨率×垂直分辨率×像素深度/8(单位为字节)

表 2-7 列出了不同分辨率和不同像素深度的图像的数据量。

表 2-7 不同格式图像的数据量

| 分辨率 | 数据量 | | |
|---|---|---|---|
| | 8 位(256 色) | 16 位(65536 色) | 24 位(真彩色) |
| 800×600 | 468.75KB | 937.5KB | 1406.25KB |
| 1024×768 | 768KB | 1.5MB | 2.25MB |
| 1280×1024 | 1.25MB | 2.5MB | 3.75MB |

以表 2-7 中 1280×1024 的未经压缩的 24 位真彩色图像为例，其数据量计算方法如下：

图像数据量＝1280×1024×24/8B＝1280×1024×3/(1024×1024)MB＝3.75MB

从表中可以看出，图像在经过数字化后，其数据量是非常巨大的。为了节省图像占用的存储容量、提高图像在网络中的传输速率，对图像进行合理的压缩是十分有必要的。

图像编码与压缩的本质就是对将要处理的图像源数据按照一定的规则进行变换和组合，从而使得可以用尽可能少的符号来表示尽可能多的信息。源图像中常常存在各种各样的冗余：空间冗余、时间冗余、信息熵冗余、结构冗余、知识冗余等，这就使得通过编码来进行压缩成为可能。如果对图像进行压缩后，则一幅图像的数据量为：

图像数据量＝未经压缩前的图像数据量/图像压缩的倍数

**【例 2.21】** 一架数码相机，其 Flash 存储器容量为 40MB，它一次可以连续拍摄像素深度为 16 位(65 536 色)的 1024×1024 的彩色相片 60 张，请计算其图像数据的压缩倍数。

**解**：一幅图像的数据量为 1024×1024×16/(8×1024×1024)MB＝2MB

60 幅图像的数据量为 2×60＝120MB

图像压缩倍数＝120MB/40MB＝3

### 4. 图像编码方法分类

(1) 根据压缩效果，图像编码可以分为有损编码和无损编码。有损编码在编码的过程中把不相干的信息都删除了，只能对原图像进行近似的重建，典型的方法有变换编码、矢量编码等，JPEG 图像格式就是采用的有损压缩；而无损编码的压缩算法中仅仅删除了图像数据中的冗余信息，解压缩时能够精确恢复原图像，典型的方法有行程编码(RLE)、字串表(LZW)编码、哈夫曼(Huffman)编码等，PCX、GIF、BMP、TIFF 等图像格式都采用无损压缩。

(2) 根据编码原理，图像编码可以分为熵编码、预测编码、变换编码和混合编码等。熵编码是一种基于图像信号统计特征的无损编码技术，给概率大的符号一个较小的码长，较小概率的符号较大的码长，使得平均码长尽量小，常见的熵编码有哈夫曼编码、算术编码和行程编码；预测编码基于图像的空间冗余或时间冗余，用相邻的已知像元来预测当前像元的值，然后再对预测误差进行量化和编码，常见的预测编码有差分脉冲编码调制；变换编码利用正交变换将图像从空域映射到另一个域上使得变换后的系数之间相关性降低，其变换并无压缩性，但可以结合其他编码方式进行压缩；混合编码综合了各种编码方式。

### 2.3.6 其他信息的编码

除了以上介绍的数值、文字和图像之外，计算机中所处理的信息主要还包括音频和视频。音频和视频的编码更为复杂，尤其是视频。但是，无论何种信息，要想让计算机能够处理模拟视频，首先要将其转换为二进制数字编码的形式，即信息的数字化。音频、视频的数字化过程一致，即采样-量化-编码，如图 2-12 所示。

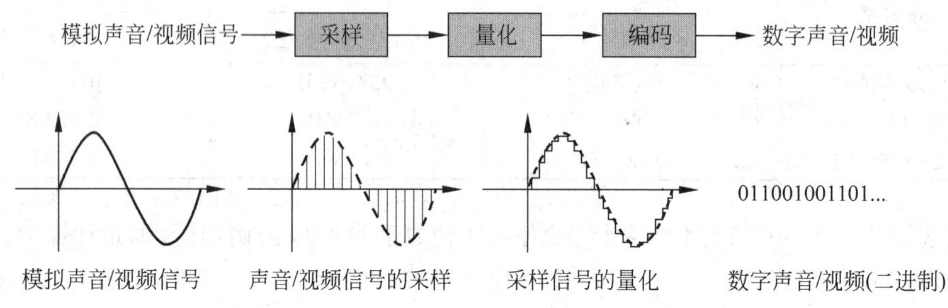


图 2-12 声音/视频信号的数字化过程及示意图

下面以声音信号为例，介绍其数字化过程。

(1) 采样。

声音的采样是指每隔一定时间间隔在声音波形上取一个幅度值，把时间上连续的信号变为时间上离散的信号。采样频率即每秒钟的采样次数。如 44.1kHz 表示将 1s 的声音用 44 100 个采样点的数据表示，采样频率越高，数字化音频的质量就越高，但存储音频的数据量也会越大。

目前，市场上的非专业声卡的最高采样频率为 48kHz，专业声卡可达 96kHz 以上。根据采样定理，采样频率至少是信号频率最高频率的两倍以上才能重新恢复为原来的模拟信号。人耳能听到的最高频率是 20kHz，所以 CD 标准的采样频率通常采用 44.1kHz，低于这个值音质会有所下降，高于这个值人耳难以分辨。

(2) 量化。

量化是将每个采样点的幅度值以数字来存储。量化位数叫采样精度或采样位数，是对模拟声音信号的振幅进行数字化所采用的位数。量化位数一般取 8b 位或 16b 位，量化位数越高，声音保真度越好。量化位数也是一个影响声音质量的重要指标，它决定了表示声音振幅的精度。例如，8 位量化位数表示每个采样值可以用 $2^8$ 即 256 个不同的量化值之一来表示，16 位量化位数则表示每个采样值可以用 $2^{16}$ 即 65 536 个不同的量化值之一来表示。

(3) 编码。

编码是将采样和量化后的数字数据以一定的格式记录下来。目前，编码的方法很多，常用的编码方法是 PCM(Pulse Code Modulation，脉冲编码调制)，其优点是抗干扰能力强，失真小，传输特性稳定；缺点是编码后的数据量比较大。

## 习 题

**一、判断题**

1. 软件必须依附于一定的硬件和软件环境，否则无法正常运行。

2. 自由软件允许用户随意复制、修改其源代码，但不允许销售。

3. Windows 操作系统采用并发多任务方式支持系统中的多个任务的执行，但任何时刻只有一个任务正被 CPU 执行。

4. 带符号的整数，其符号位一般在最低位。

5. 使用原码表示整数 0 时，有 1000…00 和 0000…00 两种表示形式，而在补码表示法中，整数 0 只有一种表示形式。

6. 虽然标准 ASCII 码是 7 位的编码，但由于字节是计算机中最基本的处理单位，故一般仍以一个字节来存放一个 ASCII 字符编码，每个字节中多余出来的一位(最高位)，在计算机内部通常保持为 0。

7. 图像的像素深度决定了一幅图像包含的像素的最大数目。

**二、选择题**

1. 应用软件分为通用应用软件和定制应用软件两类，下列软件中全部属于通用应用软件的是________。

A. WPS、Windows、Word

B. PowerPoint、MSN、UNIX

C. ALGOL、Photoshop、FORTRAN

D. PowerPoint、Photoshop、Word

2. 若某单位的多台计算机需要安装同一软件，则比较经济的做法是购买该软件的________。

A. 多用户许可证　　B. 专利　　C. 著作权　　D. 多个副本

3. 计算机软件操作系统的作用是________。

A. 管理系统资源，控制程序的执行　　B. 实现软硬件功能的转换

C. 把源程序翻译成目标程序　　D. 便于进行数据处理

4. 某些应用(如军事指挥和武器控制系统)要求计算机在规定的时间内完成任务、对外部事件快速做出响应，并具有很高的可靠性和安全性。它们应使用________。

A. 实时操作系统　　B. 分布式操作系统

C. 网络操作系统　　D. 分时操作系统

5. 下列关于操作系统多任务处理与处理器管理的叙述，错误的是________。

A. Windows 操作系统支持多任务处理

B. 分时是指 CPU 时间划分成时间片，轮流为多个任务服务

C. 并行处理操作系统可以让多个处理器同时工作，提高计算机系统的效率

D. 分时处理要求计算机必须配有多个 CPU

6. 虚拟存储器系统能够为用户程序提供一个容量很大的虚拟地址空间，其大小受到________的限制。

A. 内存实际容量大小　　B. 外存容量及 CPU 地址表示范围

C. 交换信息量大小　　D. CPU 时钟频率

7. 根据国际标准化组织(ISO)的定义，信息技术领域中“信息”与“数据”的关系是________。

A. 信息包含数据　　B. 信息是数据的载体

C. 信息是指对人有用的数据　　D. 信息仅指加工后的数值数据

8. 人们通常所说的 IT 领域的 IT 是指________。

A. 集成电路　　B. 信息技术　　C. 人机交互　　D. 控制技术

9. 在某种进制的运算规则下，若 5×8=28，则 6×7=________。

A. 210　　B. 2A　　C. 2B　　D. 52

10. 二进制数 01011010 扩大成 2 倍是________。

A. 10110100　　B. 10101100　　C. 10011100　　D. 10011010

11. 逻辑与运算 11001010∧00001001 的运算结果是________。

A. 00001000　　B. 00001001　　C. 11000001　　D. 11001011

12. 二进制加法运算 10101110+00100101 的结果是________。

A. 00100100　　B. 10001011　　C. 10101111　　D. 11010011

13. 二进制异或逻辑运算的规则是：对应位相同为 0，相异为 1。若用密码 0011 对明文 1001 进行异或加密运算，则加密后的密文是________。

A. 0001　　B. 0100　　C. 1010　　D. 1100

14. 已知 X 的补码为 10011000，则它的原码是________。

A. 01101000　　B. 01100111　　C. 10011000　　D. 11101000

15. 多媒体信息不包括________。

A. 文本、图形　　B. 音频、视频

C. 图像、动画　　D. 光盘、声卡

16. 下列字符中，其 ASCII 编码值最大的是________。

A. 9　　B. D　　C. A　　D. 空格

17. 1KB 的内存空间中最多能存储采用 GB 2312 编码的汉字________个。

A. 128　　B. 256　　C. 512　　D. 1024

18. 数码相机的 CCD 像素越多，所得的数字图像的清晰度越高，如果想拍摄 1600×1200 的相片，那么数码相机的像素数目至少应该有________。

A. 400 万　　B. 300 万　　C. 200 万　　D. 100 万

19. 下列关于图像的说法错误的是________。

A. 图像的数字化过程大体可分为三步：采样、分色、量化

B. 像素是构成图像的基本单位

C. 尺寸大的彩色图片数字化后，其数据量必定大于尺寸小的图片的数据量

D. 黑白图像或灰度图像只有一个位平面

## 三、填空题

1. 计算机软件指的是能指示计算机完成特定任务的、以电子格式存储的程序、________和相关文档的集合。

2. ________软件是买前免费试用的具有版权的软件。

3. Windows 中的文件有四种属性：系统、存档、隐藏和________。

4. 十进制数 215. 25 的八进制表示是________。

5. 假定一个数在机器中占用 8 位，则 −11 的补码是________。

6. 浮点数取值范围的大小由________决定，而浮点数的精度由________决定。

四、简答题

1. 什么是计算机软件？软件与程序有什么关系？

2. 什么是共享软件、自由软件和免费软件？

3. 从功能角度出发，软件分为哪两类？各举一些你用过的软件。

4. 操作系统由哪些部分组成？操作系统内核和操作系统发行版有什么区别？

5. 操作系统的存储管理模块的主要任务是什么？大多采用什么方案来解决？

6. 什么是文件和文件系统？文件系统的功能有哪些？

7. 常用的操作系统有哪些？

8. 什么是信息？信息与数据有什么关系？

9. 什么是信息技术？它主要包括哪些方面？

10. 二进制、八进制、十进制、十六进制之间如何相互转换？

11. 二进制的算术、逻辑运算主要有哪些？它们的运算规则是什么？

12. 什么是 ASCII 码？请查一下 M、m 的 ASCII 码值及大小写字母的 ASCII 码值的关系。

13. GB 2312、GBK、GB 18030 三种汉字编码标准有什么区别和联系？

14. 简述图像数字化的过程。

15. 图像的基本参数有哪些？

# 阅读材料1：软件的发展历史

计算机软件技术发展很快。50年前，计算机只能被高素质的专家使用，今天，计算机的使用非常普遍，甚至小孩都可以灵活操作；40年前，文件不能方便地在两台计算机之间进行交换，甚至在同一台计算机的两个不同的应用程序之间进行交换也很困难，今天，网络在两个平台和应用程序之间提供了无损的文件传输；30年前，多个应用程序不能方便地共享相同的数据，今天，数据库技术使得多个用户、多个应用程序可以互相覆盖地共享数据。了解计算机软件的进化过程，对理解计算机软件在计算机系统中的作用至关重要。

**1. 第一代软件(1946—1953年)**

第一代软件是用机器语言编写的，机器语言是内置在计算机电路中的指令，由0和1组成。例如，计算6+2在某种计算机上的机器语言指令如下：

```
10110000 00000110
00000100 00000010
10100010 01010000
```

第一条指令表示将6送到寄存器AL中；第二条指令表示将2与寄存器AL中的内容相加，结果仍在寄存器AL中；第三条指令表示将AL中的内容送到地址为5的单元中。

不同的计算机使用不同的机器语言，程序员必须记住每条机器语言指令的二进制数字组合，因此，只有少数专业人员能够为计算机编写程序，这就大大限制了计算机的推广和使用。用机器语言进行程序设计不仅枯燥费时，而且容易出错。想一想如何在一页全是0和1的纸上找一个打错的字符！在这个时代的末期出现了汇编语言，它使用助记符(一种辅助记忆方法，采用字母的缩写来表示指令)表示每条机器语言指令，例如，ADD表示加，SUB

表示减，MOV表示移动数据。相对于机器语言，用汇编语言编写程序就容易多了。例如，计算6+2的汇编语言指令如下：

```
MOV AL,6
ADD AL,2
MOV #5,AL
```

由于程序最终在计算机上执行时采用的都是机器语言，所以需要用一种称为汇编器的翻译程序，把用汇编语言编写的程序翻译成机器代码。编写汇编器的程序员简化了他人的程序设计，是最初的系统程序员。

**2. 第二代软件(1954—1964年)**

当硬件变得更强大时，就需要更强大的软件工具使计算机得到更有效的使用。汇编语言向正确的方向前进了一大步，但是程序员还是必须记住很多汇编指令。第二代软件开始使用高级程序设计语言(简称高级语言，相应地，机器语言和汇编语言称为低级语言)编写，高级语言的指令形式类似于自然语言和数学语言(例如，计算6+2的高级语言指令就是6+2)，不仅容易学习，方便编程，还提高了程序的可读性。

IBM公司从1954年开始研究高级语言，同年发明了第一个用于科学与工程计算的FORTRAN语言。1958年，麻省理工学院的约翰·麦卡锡(John McCarthy)发明了第一个用于人工智能的LISP语言。1959年，宾夕法尼亚大学的霍普(Grace Hopper)发明了第一个用于商业应用程序设计的COBOL语言。1964年，达特茅斯学院的约翰·凯梅尼(John G. Kemeny)和托马斯·卡茨(Thomas E. Kurtz)发明了Basic语言。

高级语言的出现产生了在多台计算机上运行同一个程序的模式，每种高级语言都有配套的翻译程序(称为编译器)，编译器可以把高级语言编写的语句翻译成等价的机器指令。系统程序员的角色变得更加明显，系统程序员编写诸如编译器这样的辅助工具。使用这些工具编写应用程序的人，称为应用程序员。随着包围硬件的软件变得越来越复杂，应用程序员离计算机硬件越来越远。那些仅仅使用高级语言编程的人不需要懂得机器语言和汇编语言，这就降低了对应用程序员在硬件及机器指令方面的要求。因此，这个时期有更多的计算机应用领域的人员参与程序设计。

由于高级语言程序需要转换为机器语言程序来执行，因此，高级语言对软硬件资源的消耗就更多，运行效率也较低。由于汇编语言和机器语言可以利用计算机的所有硬件特性并直接控制硬件，同时，汇编语言和机器语言的运行效率较高，因此，在实时控制、实时检测等领域的许多应用程序仍然使用汇编语言和机器语言来编写。

在第一代和第二代软件时期，计算机软件实际上就是规模较小的程序，程序的编写者和使用者往往是同一个(或同一组)人。由于程序规模小，程序编写起来比较容易，也没有什么系统化的方法，对软件的开发过程更没有进行任何管理。这种个体化的软件开发环境使得软件设计往往只是在人们头脑中的一个模糊过程，除了程序清单之外，没有其他文档资料。

**3. 第三代软件(1965—1970年)**

在这个时期，由于用集成电路取代了晶体管，处理器的运算速度得到了大幅度的提高，处理器在等待运算器准备下一个作业时无所事事。因此需要编写一种程序，使所有计算机资源处于计算机的控制中，这种程序就是操作系统。

用作输入输出设备的计算机终端的出现，使用户能够直接访问计算机，而不断发展的系

统软件则使计算机运转得更快。但是,从键盘和屏幕输入输出数据是一个很慢的过程,比在内存中执行指令慢得多,这就出现了如何利用机器越来越强大的能力和速度的问题。解决方法就是分时,即许多用户用各自的终端同时与一台计算机进行通信。控制这一进程的是分时操作系统,它负责组织和安排各个作业。

1967年,塞缪尔(A. L. Samuel)发明了第一个下棋程序,开始了人工智能的研究。1968年,荷兰计算机科学家狄杰斯特拉(Edsgar W. Dijkstra)发表了论文《GOTO语句的害处》,指出调试和修改程序的困难与程序中包含GOTO语句的数量成正比,从此,各种结构化程序设计理念逐渐确立起来。

20世纪60年代以来,计算机用于管理的数据规模更为庞大,应用越来越广泛,同时,多种应用、多种语言互相覆盖地共享数据集合的要求越来越强烈。为解决多用户、多应用共享数据的需求,使数据为尽可能多的应用程序服务,出现了数据库技术,以及统一管理数据的软件系统——数据库管理系统(DBMS)。

随着计算机应用的日益普及,软件数量急剧膨胀,在计算机软件的开发和维护过程中出现了一系列严重问题。例如:在程序运行时发现的问题必须设法改正;用户有了新的需求必须相应地修改程序;硬件或操作系统更新时,通常需要修改程序以适应新的环境。上述种种软件维护工作,以令人吃惊的比例消耗资源,更严重的是,许多程序的个体化特性使得它们最终成为不可维护的,软件危机就这样开始出现了。1968年,北大西洋公约组织的计算机科学家在联邦德国召开国际会议,讨论软件危机问题,在这次会议上正式提出并使用了"软件工程"这个名词。

**4. 第四代软件(1971—1989年)**

20世纪70年代出现了结构化程序设计技术,Pascal语言和Modula-2语言都是采用结构化程序设计规则制定的,Basic这种为第三代计算机设计的语言也被升级为结构化的版本,此外,还出现了灵活且功能强大的C语言。

更好用、更强大的操作系统被开发了出来。为IBM PC开发的PC-DOS和为兼容机开发的MS-DOS都成了微型机的标准操作系统,Mac的操作系统引入了鼠标的概念和单击式的图形界面,彻底改变了人机交互的方式。

20世纪80年代,随着微电子和数字化声像技术的发展,在计算机应用程序中开始使用图像、声音等多媒体信息,出现了多媒体计算机。多媒体技术的发展使计算机的应用进入了一个新阶段。

这个时期出现了多用途的应用程序,这些应用程序面向没有任何计算机经验的用户。典型的应用程序有电子表格软件、文字处理软件和数据库管理软件。Lotus1-2-3是第一个商用电子表格软件,WordPerfect是第一个商用文字处理软件,dBase Ⅲ是第一个实用的数据库管理软件。

**5. 第五代软件(1990年至今)**

第五代软件中有三个著名事件:在计算机软件业具有主导地位的Microsoft公司的崛起、面向对象的程序设计方法的出现以及万维网(World Wide Web)的普及。

在这个时期,Microsoft公司的Windows操作系统在PC市场占有显著优势,尽管WordPerfect仍在继续改进,但Microsoft公司的Word成了最常用的文字处理软件。20世纪90年代中期,Microsoft公司将文字处理软件Word、电子表格软件Excel、数据库管理软件 Access 和其他应用程序绑定在一个程序包中，称为办公自动化软件。

面向对象的程序设计方法最早是在 20 世纪 70 年代开始使用的，当时主要是用在 Smalltalk 语言中。20 世纪 90 年代，面向对象的程序设计逐步代替了结构化程序设计，成为目前最流行的程序设计技术。面向对象程序设计尤其适用于规模较大、具有高度交互性、反映现实世界中动态内容的应用程序。Java、C++、C# 等都是面向对象的程序设计语言。

1990 年，英国研究员提姆·柏纳李（Tim Berners-Lee）创建了一个全球 Internet 文档中心，并创建了一套技术规则和格式化文档的 HTML 语言，以及能让用户访问全世界站点上信息的浏览器，此时的浏览器还很不成熟，只能显示文本。

软件体系结构从集中式的主机模式转变为分布式的客户/服务器（C/S）模式或浏览器/服务器（B/S）模式，专家系统和人工智能软件从实验室走出来而进入实际应用。完善的系统软件、丰富的系统开发工具和商品化的应用程序的大量出现，以及通信技术和计算机网络的飞速发展，使得计算机进入了一个大发展的阶段。

在计算机软件的发展史上，需要注意"计算机用户"这个概念的变化。起初，计算机用户和程序员是一体的，程序员编写程序来解决自己或他人的问题，程序的编写者和使用者是同一个（或同一组）人；在第一代软件末期，编写汇编器等辅助工具的程序员的出现带来了系统程序员和应用程序员的区分，但是，计算机用户仍然是程序员；20 世纪 70 年代早期，应用程序员使用复杂的软件开发工具编写应用程序，这些应用程序由没有计算机背景的从业人员使用，计算机用户不仅包括程序员，还包括使用这些应用软件的非专业人员；随着微型机、计算机游戏、教育软件以及各种界面友好的软件包的出现，许多人成为计算机用户；万维网的出现，使网上冲浪成为一种娱乐方式，更多的人成为计算机用户。今天，计算机用户可以是在学习阅读的学龄前儿童，可以是在下载音乐的青少年，可以是在准备毕业论文的大学生，可以是在制订预算的家庭主妇，可以是在安度晚年的退休人员，……所有使用计算机的人都是计算机用户。

## 阅读材料 2：iOS 和 Android 系统的起源

如今移动操作系统几乎是 iOS 和 Android 平分天下的局面，这两个系统引领了智能手机潮流，智能手机虽然也是一部移动电话，但是它和计算机一样能实现上网、办公、听歌、看电影、进行网络社交活动等，很多人已把手机当作是一部小计算机。那么，iOS 和 Android 系统是如何产生的呢？

这里先普及一下 UNIX、Linux 的常识。

UNIX 操作系统是一个强大的多用户、多任务操作系统，支持多种处理器架构，按照操作系统的分类，属于分时操作系统，最早由 KenThompson、Dennis Ritchie 和 Douglas Mcllroy 于 1969 年在 AT&T 的贝尔实验室开发。目前它的商标权由国际开放标准组织所拥有，只有符合单一 UNIX 规范的 UNIX 系统才能使用 UNIX 这个名称，否则只能称为类 UNIX（UNIX-like）。

Linux 是一套免费使用和自由传播的类 UNIX 操作系统，诞生于 1991 年 10 月 5 日，是一个基于 POSIX 和 UNIX 的多用户、多任务，支持多线程和多 CPU 的操作系统。它能运行主要的 UNIX 工具软件、应用程序和网络协议。它支持 32 位和 64 位硬件。Linux 继承

了UNIX以网络为核心的设计思想，是一个性能稳定的多用户网络操作系统。

Linux有许多不同的版本，但是都使用了Linux内核。Linux安装在各种计算机硬件设备中，如手机、平板电脑、路由器、视频游戏控制台、台式机和大型机等。

严格来讲，Linux这个词本身只表示Linux内核，但实际上人们已经习惯了用Linux来形容整个基于Linux内核，并且使用GNU工程中的各种工具和数据库的操作系统。

**1. Android**

1989年，26岁的Andy Rubin（安迪·鲁宾，以下简称鲁宾）来到了苹果公司。当时，苹果公司基本上是由技术人员把控，管理风格比较随意，各种点子满天飞。鲁宾在苹果公司主要搞研发，苹果公司首款塔式计算机Quadra和历史上第一个软Modem都离不开他的努力。

1990年，苹果公司将手持计算机部门和通信设备部门剥离出来，成立了一个新公司General Magic。两年后，鲁宾加入了这个新公司。在这里，他完全融入"工作就是生活"的工程师文化中。他和其他几位同事在办公室的小隔间上方搭起床，几乎24小时吃住在办公室，夜以继日地开发Magic Cap，这是一款智能手机操作系统和界面。

General Magic公司获得过短暂的成功，1995年公司上市第一天股票就实现了翻番。但是好景不长，Magic Cap的概念太超前了，只有少数几个生产商和通信公司能勉强接受，很快Magic Cap就被市场判了死刑。鲁宾所在的研发部被迫解体。三名苹果公司的元老成立了Artemis研发公司，邀请鲁宾加入。鲁宾又将床搬进办公室，继续夜以继日地追逐自己的梦想。这次，他参与开发的产品是交互式互联网电视WebTV，该产品获得了多项通信专利，拥有了几十万用户，成功实现盈利，年收入超过1亿美元。

1997年，Artemis公司被Microsoft公司收购。鲁宾留在Microsoft公司，默默地探索自己的机器人项目。1999年，鲁宾离开Microsoft公司，在硅谷中心城市帕罗奥图租了一个零售商店做实验室。在这里，鲁宾与他的工程师朋友们经常聚会到深夜，构思开发各种新产品的可能性。他们最终决定制造一款像巧克力条那么大的设备，售价不到10美元。用户可以用来扫描物品，然后把图片上传到网上，在网络平台发掘关于这些物品的信息。但问题是，没有人肯出钱资助。鲁宾和朋友们没有气馁。他们成立了一家名为"危险(Danger)"的公司，进一步完善原来的发明，将无线接收器和转换器加入这一设备，并给它起名Sidekick，把它打造成可上网的智能手机。

2002年初，鲁宾在斯坦福大学给硅谷工程师讲课，其间谈到了Sidekick的研发过程。他的听众中有两个不平凡的人物——Google创始人拉里·佩奇和谢尔盖·布林。这是两人第一次与鲁宾结缘。

鲁宾在斯坦福授课之际，具备手机功能的手提设备已经初具雏形，只是后来数字无线网络的发展给了这一设备以新生而已。受到Sidekick的启发，佩奇很快就有了开发一款谷歌手机和一个移动操作系统平台的想法。正是这样的想法促成他与鲁宾再次结缘。

兜兜转转，鲁宾又回到了研制下一代智能手机的最初想法上。2013年，鲁宾创立了一家面向移动终端的OS开发的创业公司。但是和General Magic公司只向自己的合作公司提供OS不同的是，鲁宾的公司免费向其他公司提供OS和APP开发环境。这家公司正是现在的Android，Android. com是鲁宾拥有多年的一个域名，他把所有的积蓄都倾注在Android项目上。后来这家成立仅22个月的高科技公司被美国的Google公司于2005年8

月收购，而 Android 这一公司名也就只能作为 OS 的名称而保留了下来。现在被称之为“Android 之父”的鲁宾在公司被收购之后留在了 Google 公司，成为 Google 公司工程部副总裁，继续负责 Android 项目。Google 公司于 2007 年 11 月 5 日正式公布这个操作系统。2010 年末，仅正式推出三年的 Android 已经超越称霸十年的诺基亚 Symbian 系统，跃居全球最受欢迎的智能手机平台。再后来，Android 发展之势非常迅猛。

Android 是一个以 Linux 为基础的开放源码操作系统，全世界的优秀工程师理论上都可以为 Android 编写新的软件，将它的发展可能性放大到无限。尽管 Android 是运行于 Linux kernel 之上，但并不是 GNU/Linux。因为在一般 GNU/Linux 里支持的功能，Android 大都没有支持，包括 Cairo、X11、Alsa、FFmpeg、GTK、Pango 及 Glibc 等都被移除掉了。Android 又以 Bionic 取代 Glibc、以 Skia 取代 Cairo，再以 opencore 取代 FFmpeg 等。Android 为了达到商业应用，必须移除被 GNU GPL 授权所约束的部分，例如 Android 将驱动程序移到 Userspace，使得 Linux driver 与 Linux kernel 彻底分开。

Android 的 Linux kernel 控制包括安全（Security）、存储器管理（Memory Management）、程序管理（Process Management）、网络堆栈（Network Stack）、驱动程序模型（Driver Model）等。

**2. iOS**

如果说“Android 之父”是 Magic Cap 的开发者 Andy Rubin，那么能称得上是“iOS 之父”的又是谁呢？实际上苹果公司在推出 Magic Cap 终端的几年前就已经销售一款 Newton 的小型终端。但是遗憾的是，不论是设备还是开发环境当时都非常昂贵，最终没有普及开来。现在的 iPhone iOS 的先祖是苹果的创始人史蒂夫·乔布斯（Steve Jobs，以下简称乔布斯）。

1976 年 4 月 1 日，乔布斯、斯蒂夫·沃兹尼亚克和乔布斯的朋友罗·韦恩签署了一份合同，在自家的车房里成立了一家电脑公司，命名为苹果电脑公司（Apple Computer Inc.），2007 年 1 月 9 日更名为苹果公司。

由于乔布斯经营理念与当时大多数管理人员不同，加上 IBM 公司推出个人电脑，抢占大片市场，总经理和董事们便把这一失败归罪于董事长乔布斯，于 1985 年 4 月经由董事会决议撤销了他的经营权。乔布斯几次想夺回权力均未成功，便在 1985 年 9 月 17 日愤而辞去苹果公司董事长职务。不久，Windows 95 系统诞生，苹果电脑的市场份额一落千丈，几乎处于崩溃的边缘。

乔布斯离开了苹果公司，卖掉自己苹果公司股权之后创建了 NeXT Computer 公司。General Magic 公司正在开发 Magic Cap 的时代，乔布斯的 NeXT Computer 公司开发出了一款叫作 NeXT 的高性能计算机，与此同时开发了一款 NeXTSTEP 的 OS。与 Magic Cap 一样，NeXT 计算机最终在商业上也没有获得成功。但是 NeXT 并没有消失，而是于 1997 年被苹果公司收购作为苹果公司的技术而被保留下来。苹果公司希望通过采用 NeXTSTEP 技术来强化 Mac 的 OS，就这样乔布斯再次回归苹果公司并且担任董事长。

2001 年，苹果公司推出了 Mac OS X，一个基于乔布斯的 NeXTSTEP 的操作系统。它最终整合了 UNIX 的稳定性、可靠性、安全性和 Mac 界面的易用性，并同时以专业人士和消费者为目标市场。Mac OS X 的软件包括了模拟旧系统软件的方法，使它能执行在 Mac OS X 以前编写的软件。通过苹果公司的 Carbon 库，Mac 在 OS X 前开发的软件能相对容易地

配合和利用 Mac OS X 的特色。Mac OS X 后来也作为 iPhone 的 OS 的基础而被采用。

2007 年 1 月 9 日，在 MacWorld 大会上，苹果公司公布了 iOS 系统，该系统最初是设计给 iPhone 使用的，后来陆续套用到 iPod touch、iPad 以及 Apple TV 等产品上。原本这个系统名为 iPhone OS，因为 iPad、iPhone、iPod touch 都使用 iPhone OS，所以在 2010WWDC 大会上宣布改名为 iOS(iOS 为美国 Cisco 公司网络设备操作系统注册商标，苹果改名已获得 Cisco 公司授权)。

iOS 与 Mac OS X 操作系统都是基于 Darwin(苹果的一个开源的系统内核，基于 UNIX)，属于类 UNIX 的商业操作系统。它们之间是有区别的，主要体现在 iOS 是运行在 ARM 构架的设备上的移动操作系统，如 iPhone、iPod touch、iPad 等移动设备，而 Mac OS X 则是运行在 X86/X86-64 构架的硬件上的操作系统，如 MacBook air(笔记本)、MacBook pro(笔记本)、iMac(台式一体机)、Mac mini(微型台式机)等。

# 第3章 计算机网络与信息安全

## 3.1 通信技术

### 3.1.1 通信系统

通信系统是用以完成信息传输过程的技术系统的总称。现代通信系统主要借助电磁波在自由空间的传播或在导引媒体中的传输机理来实现。

**1. 通信系统的基本模型**

通信的基本任务是传递信息,因此通信系统有三个基本要素:信源、信道和信宿。图 3-1 是一个简单的通信系统模型。

图 3-1 简单的通信系统模型

信源是信息的发送端,信道是传输信息的通道,信宿是信息的接收端。信道可以有模拟信道和数字信道,模拟信号经模-数转换后可以在数字信道上传输,数字信号则经调制后也可以在模拟信道上传输。

从概念上讲,信道和电路不同,信道一般是用来表示向某个方向传送数据的媒体,一个信道可以看成是电路的逻辑部件,而一条电路至少包含一条发送信道或一条接收信道。

**2. 通信系统常用性能指标**

一个通信系统的好坏,主要从有效性和可靠性这两个方面来衡量。

对于模拟通信系统来说,有效性是用系统的带宽来衡量的,可靠性则是用信噪比来衡量的。由于计算机通信主要采用的是数字通信系统,因此这里主要介绍数字通信系统的性能指标。

1) 有效性

有效性反映了通信系统传输信息的"速率",即快慢问题,主要由数据传输速率、信道带宽、信道容量来衡量。

(1) 数据传输速率。

数据传输速率是指信道每秒能传输的二进制比特数(bits per second)，记作 b/s。常见的单位还有 Kb/s、Mb/s、Gb/s 等。

与数据传输速率密切相关的是波特率。波特率是指信号每秒变化的次数，它与数据传输速率成正比。单位为波特(baud)。

(2) 信道带宽。

带宽是信道能传输的信号的频率宽度，是信号的最高频率和最低频率之差。带宽在一定程度上体现了信道的传输性能。

信道的最大传输速率与信道带宽存在明确的关系。一般来说，信道的带宽越大，其传输速率也越高。所以人们经常用带宽来表示信道的传输速率，带宽和传输速率几乎成了同义词，但从技术角度来说，这是两个完全不同的概念。

(3) 信道容量。

信道容量是指信道传输信息的最大能力，用单位时间内最多可传输的比特数来表示。信道容量是信道的一个极限参数。

2) 可靠性

可靠性反映了通信系统传输信息的"质量"，即好坏问题，主要由数据传输的误码率、延迟等来衡量。

(1) 误码率。

误码率是指二进制比特流在数据传输系统中被传错的概率，它是衡量通信系统可靠性的重要指标。误码率的计算公式为：

误码率＝接收时出错的比特数/发送的总比特数

数据在通信信道传输中因某种原因出现错误，这是正常且不可避免的，但误码率只要在给定的范围内都是允许的。在计算机网络中，一般要求误码率低于 $10^{-6}$，即百万分之一。

(2) 延迟。

延迟是定量衡量网络特性的重要指标，它可以说明一个网络在计算机之间传输一位数据需要花费多少时间，通常有最大延迟和平均延迟。根据产生延迟的原因不同，延迟又可分为如下几种。

① 传播延迟：由于信号通过电缆或光纤传输时需要时间所致，通常与传播的距离成正比。

② 交换延迟：是网络中电子设备(如集线器、网桥或包交换机)引入的一种延迟。

③ 访问延迟：在大多数局域网中通信介质是共享的，因此访问延迟是指计算机因等待通信介质空闲才能进行通信而产生的延迟。

④ 排队延迟：在交换机的存储转发过程中，交换机将传来的包排成队列，如果队列中已有包，则新到的包需要等候，直到交换机发送完先到的包，这种情况产生的延迟就是排队延迟。

需要说明的是，一个通信系统越高效可靠，显然就越好。但实际上有效性和可靠性是一对矛盾的指标，两者需要一定的折中。就好比汽车在公路上超速行驶，速度高了，但有很大的安全隐患。所以不能撇开可靠性来单纯追求高速度，否则欲速则不达。

### 3.1.2 网络传输介质

传输介质与信道是两个不同范畴的概念。传输介质是指传输信号的物理实体，而信道则着重体现介质的逻辑功能。一个传输介质可能同时提供多个信道，一个信道也可能由多个传输介质级联而成。

常用的传输介质分为有线传输介质和无线传输介质两大类。不同的传输介质，其特性也各不相同，它们不同的特性对网络中数据通信质量和通信速度有较大影响。

**1. 双绞线**

双绞线是一种综合布线工程中最常用的传输介质，由两根具有绝缘保护层的铜导线相互缠绕而成(如图 3-2 所示)，"双绞线"的名字也是由此而来。实际使用时，双绞线是由多对双绞线一起包在一个绝缘电缆套管里。把两根绝缘的铜导线按一定密度互相绞在一起，每一根导线在传输中辐射出来的电波会被另一根导线上发出的电波抵消，有效降低了信号干扰的程度。与其他传输介质相比，双绞线在传输距离、信道宽度和数据传输速率等方面均受到一定限制，但价格较为低廉。

根据有无屏蔽层，双绞线分为屏蔽双绞线(Shielded Twisted Pair，STP)与非屏蔽双绞线(Unshielded Twisted Pair，UTP)。屏蔽双绞线在双绞线与外层绝缘封套之间有一个金属屏蔽层，可减少辐射，防止信息被窃听，也可阻止外部电磁干扰的进入，因此屏蔽双绞线比同类的非屏蔽双绞线具有更高的传输速率。但是非屏蔽双绞线也有自己的优点，主要是直径小、重量轻、易弯曲、易安装、成本低。

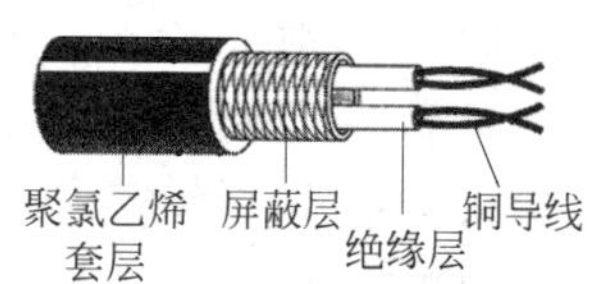


图 3-2　双绞线

双绞线常见的有 3 类线、5 类线和超 5 类线，以及最新的 6 类线，数字越大，线径越粗，版本越新，技术越先进，带宽也越宽，当然价格也越贵。

目前 5 类线是最常用的以太网电缆，传输速率为 100Mb/s，主要用于 100BASE-T 和 10BASE-T 网络。超 5 类线衰减小，串扰少，性能得到很大提高，主要用于千兆位以太网(1000Mb/s)。6 类线的传输频率为 1MHz～250MHz，传输性能远远高于超 5 类标准，最适用于传输速率高于 1Gb/s 的应用。

**2. 同轴电缆**

同轴电缆(Coaxial Cable)是指有两个同心导体，而导体和屏蔽层又共用同一轴心的电缆。同轴电缆由里到外分为四层：中心铜线(单股的实心线或多股绞合线)，塑料绝缘体，网状导电层和电线外皮，如图 3-3 所示。中心铜线和网状导电层形成电流回路，因为中心铜线和网状导电层为同轴关系而得名。

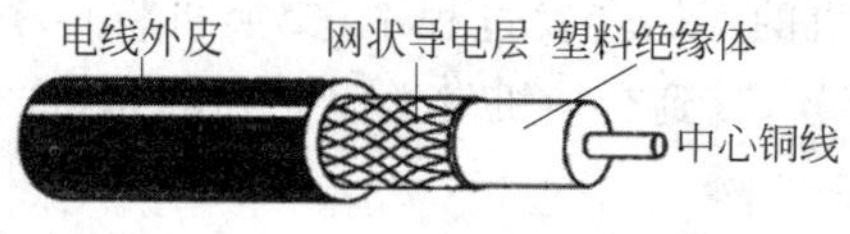


图 3-3　同轴电缆

同轴电缆传输交流电而非直流电，如果使用一般电线传输高频率电流，这种电线就会相当于一根向外发射无线电的天线，这种效应损耗了信号的功率，使得接收到的信号强度减

小。同轴电缆的同轴设计，是为了防止外部电磁波干扰异常信号的传递，让电磁场封闭在内外导体之间，故辐射损耗小，受外界干扰影响小。

同轴电缆的优点是可以在相对长的无中继器的线路上支持高带宽通信，其缺点是：体积大，成本高，不能承受缠结、压力和严重的弯曲，因此在现在的局域网环境中，基本已被双绞线所取代。但同轴电缆的抗干扰性能比双绞线强，当需要连接较多设备而且通信容量相当大时仍然可以选择同轴电缆。

**3. 光纤**

光纤(Fiber)是光导纤维的简写，是一种由玻璃或塑料制成的纤维，可作为光传导的工具。通常，光纤与光缆两个名词会被混淆。多数光纤在使用前必须由几层保护结构包覆，包覆后的缆线即被称为光缆。前香港中文大学校长高锟首先提出光纤可以用于通信传输的设想，因此获得 2009 年诺贝尔物理学奖。

光纤的传输原理是光的全反射，如图 3-4 所示。微细的光纤封装在塑料护套中，使得光纤能够弯曲而不至于断裂。通常，光纤的一端的发射装置使用发光二极管或一束激光将光脉冲传送至光纤，光纤的另一端的接收装置使用光敏元件检测光脉冲。由于光在光导纤维的传导损耗比电在电线传导的损耗低得多，一般用于长距离信息传输。

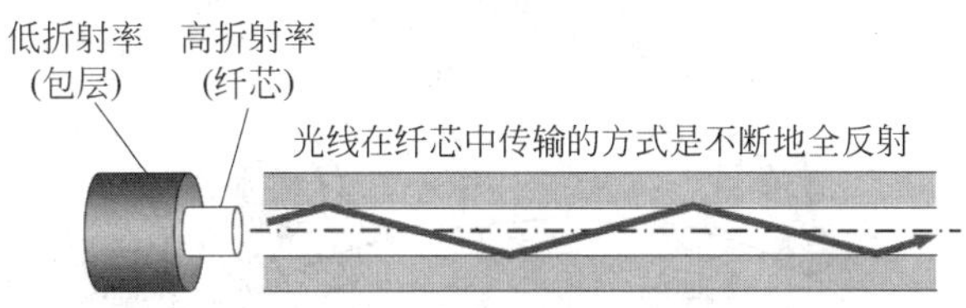


图 3-4　光纤的通信原理

光纤作为宽带接入中一种主流的方式，有通信容量大、中继距离长、保密性能好、适应能力强、体积小、重量轻、原材料来源广、价格低廉等优点，未来在宽带互联网接入的应用中会非常广泛。

**4. 无线介质**

无线通信利用电磁波来传输信息，不需要铺设电缆，非常适合在一些高山、岛屿或临时场地搭建网络。无线介质是指信号通过空间传输，信号不被约束在一个物理导体之内，主要的无线介质包括无线电波、微波和红外线。

无线电波的传播特性与频率(或波长)有关。中波沿地面传播，绕射能力强，适用于广播和海上通信；短波趋于直线传播并受障碍物的影响，但在到达地球大气层的电离层后将被反射回地球表面，由于电离层的不稳定，使得短波信道的通信质量较差。

微波(频率范围为 300MHz～300GHz)通信在数据通信中占有重要地位。由于微波在空间中是直线传播，且穿透电离层而进入宇宙空间，它不像短波那样可以经电离层反射传播到地面上很远的地方。因此，微波通信主要有两种方式：地面微波接力通信和卫星通信。

1) 地面微波接力通信

由于微波是直线传输，而地球表面是曲面，因此其传输距离受到限制，为了实现远距离通信，必须每隔一段距离建立一个中继站。中继站把前一站送来的信号放大后再送到下一站，故称为“接力”，如图 3-5 所示。

微波接力通信可传输电话、电报、图像、数据等信息，传输质量较高，有较大的机动灵活

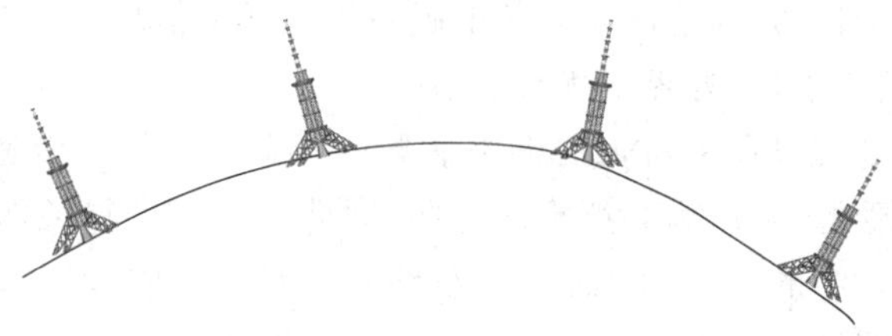

图 3-5 地面微波接力通信

性,抗自然灾害的能力也较强,因而可靠性较高,但隐蔽性和保密性较差。

2) 卫星通信

卫星通信实际上也是一种微波通信,它以卫星作为中继站转发微波信号,在多个地面站之间通信,如图 3-6 所示。按照工作轨道区分,卫星通信系统一般分为三类:低轨道卫星通信系统(如铱星和全球星系统)、中轨道卫星通信系统(如国际海事卫星系统)和高轨道卫星通信系统。高轨道卫星通信系统距地面 35 800km,即同步静止轨道。理论上用三颗高轨道卫星即可以实现全球覆盖。

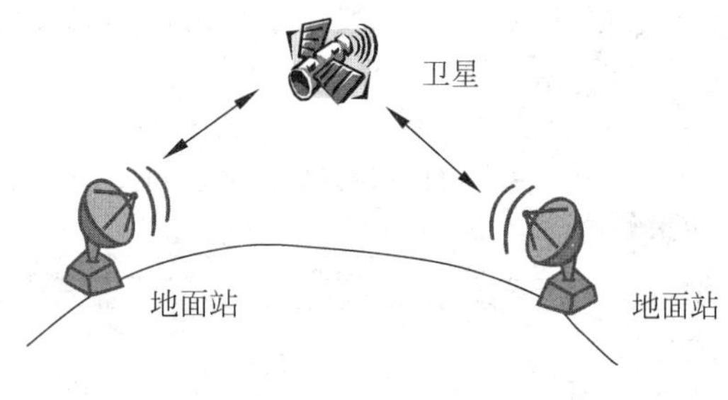


图 3-6 卫星通信

## 3.1.3 网络互联设备

网络互联是指应用合适的技术和设备,将不同地理位置的计算机网络连接起来,从而形成一个范围和规模更大的网络系统,实现更大范围内的资源共享和数据通信。常见的网络互联设备有以下几种。

**1. 中继器**

中继器(Repeater)是工作在物理层的最简单的网络互联设备,可以扩大局域网的传输距离,连接两个以上的网络段,通常用于同一幢楼里的局域网之间的互连,如图 3-7 所示。

由于传输线路中噪声的影响,承载信息的数字信号或模拟信号只能传输有限的距离,中继器的功能是对接收信号进行再生和发送,从而增加信号传输的距离。因此,中继器的主要功能是将传输介质上衰减的电信号进行整形、放大和转发,其本质上是一种数字信号放大器。例如,以太网标准规定单段信号传输电缆的最大长度为 500m,但利用中继器连接 4 段电缆后,以太网中信号传输电缆的最大长度可达 2000m。

**2. 集线器**

集线器的英文名称为 HUB。HUB 是"中心"的意思,集线器的主要功能是对接收到的信号进行再生整形、放大,以扩大网络的传输距离,同时把所有节点集中在以它为中心的节点上。因此,集线器可以说是一种特殊的中继器,又称多端口中继器。它能使多个用户通过

集线器端口用双绞线与网络连接。一个集线器通常有 8 个及以上的连接端口。图 3-8 所示是一个 8 口的集线器。

图 3-7 中继器(网络延长器)

图 3-8 8 口集线器

HUB 集线器是一种物理层共享设备,HUB 本身不能识别 MAC 地址和 IP 地址,当同一局域网内的 A 主机给 B 主机传输数据时,数据包在以 HUB 为架构的网络上是以广播方式传输的,由每一台终端通过验证数据报头的 MAC 地址来确定是否接收。也就是说,在这种工作方式下,同一时刻网络上只能传输一组数据帧的通信,如果发生碰撞还要重试。这种方式就是共享网络带宽。

**3. 网桥**

网桥(Network Bridge)又称桥接器,工作在数据链路层,独立于高层协议,是用来连接两个具有相同操作系统的同域网的设备。网桥的作用是扩展网络的距离,减轻网络的负载。在局域网中每一条通信线路的长度和连接的设备数都是有限的,如果超载就会降低网络的工作性能。对于较大的局域网可以采用网桥将负担过重的网络分成多个网段,每个网段的冲突不会被传播到相邻网段,从而达到减轻网络负担的目的。由网桥隔开的网段仍属于同一局域网。网桥的另一个作用是自动过滤数据包,根据数据包的目的地址决定是否转发该包到其他网段,因此网桥是一种存储转发设备。

网桥可以是专门的硬件设备,也可以由计算机加装的网桥软件来实现。

**4. 交换机**

交换机(Switch)意为"开关",是一种用于电(光)信号转发的网络设备,如图 3-9 所示。它可以为接入交换机的任意两个网络节点提供独享的电信号通路。最常见的交换机是以太网交换机。其他常见的交换机有电话语音交换机、光纤交换机等。

图 3-9 交换机

在计算机网络系统中,交换概念的提出改进了共享工作模式。交换机工作于 OSI 参考模型的第二层,即数据链路层。交换机内部的 CPU 会在每个端口成功连接时,通过将 MAC 地址和端口对应,形成一张 MAC 表。在今后的通信中,发往该 MAC 地址的数据包将仅送往其对应的端口,而不是所有的端口。因此,交换机可以在同一时刻进行多端口之间的数据传输,而且每个端口都可以视为各自独立的,相互通信的双方独自享有全部带宽,从而提高数据传输速率、通信效率和数据传输的安全性。

交换机相比于网桥也具有更好的性能,因此,也逐渐取代了网桥。目前,局域网内主要采用交换机来连接计算机。

**5. 路由器**

路由器(Router)如图 3-10 所示,用于连接多个逻辑上分开的网络。逻辑网络代表一个单独的网络或者一个子网。当数据从一个子网传输到另一个子网时,可通过路由器的路由功能来完成。因此,路由器的基本功能就是进行路径的选择,找到最佳的转发数据路径。路由器具有判断网络地址和选择 IP 路径的功能,它能在多网络互联环境中,建立灵活的连接,可用完全不同的数据分组和介质访问方法连接各种子网,路由器只接受源站或其他路由器的信息,属网络层的一种互联设备。

**6. 网关**

网关(Gateway)又称网间连接器、协议转换器,如图 3-11 所示。网关在网络层以上实现网络互联,是最复杂的网络互联设备,仅用于两个高层协议不同的网络互联,主要作用就是完成传输层及以上的协议转换。大多数网关运行在应用层,可用于广域网和广域网、局域网和广域网的互联。

图 3-10 路由器

图 3-11 网关

网关使用在不同的通信协议、数据格式或语言,甚至体系结构完全不同的两种系统之间,网关就相当于一个翻译器。与网桥只是简单地传达信息不同,网关对收到的信息要重新打包,以适应目的系统的需求。

## 3.1.4 数据交换技术

交换(Switching)是指通信双方使用网络中通信资源的方式,早期主要采用电路交换,现在主要采用分组交换。

**1. 电路交换**

考虑有线电话机的连接情况。2 部电话机只需要 1 对电话线就能够互相连接。5 部电话机两两相连,则需 10 对电话线。很容易推算出,$n$ 部电话机两两相连,需要 $C_n^2=n(n-1)/2$ 对电话线。当电话机数量很大时,这种连接方法需要电话线的数量与电话机数的平方成正比。因此,当电话机的数量增多时,需要使用交换机来完成全网的交换任务,可以大大减少电话线的数量,如图 3-12 所示。理论上,$n$ 部电话机通过交换机连接,只需要 $n$ 条电话线。

图 3-12 电话交换机

电话交换机接收到拨号请求后,会把双方的电话线接通,通话结束后,交换机再断开双方的电话线。这里,"交换"的含义就是转接,即把一条电话线转接到另一条电话线,使它们连通起来。因此,可以把电话交换机看作电话线路的中转站。从通信资源分配的角度看,

"交换"就是按照某种方式动态分配电话线路资源。交换机决定了谁、什么时候可以使用电话线路。电路交换必定是面向连接的,也就是说必定有通信线路直接连接通信的双方。电路交换的三个阶段是建立连接、通信、释放连接。

大型电路交换网络示意如图 3-13 所示。图中 A 和 B 的通话经过了 4 个交换机,通话是在 A 到 B 的连接上进行的。C 和 D 的通话只经过了一个本地交换机,通话是在 C 到 D 的连接上进行的。

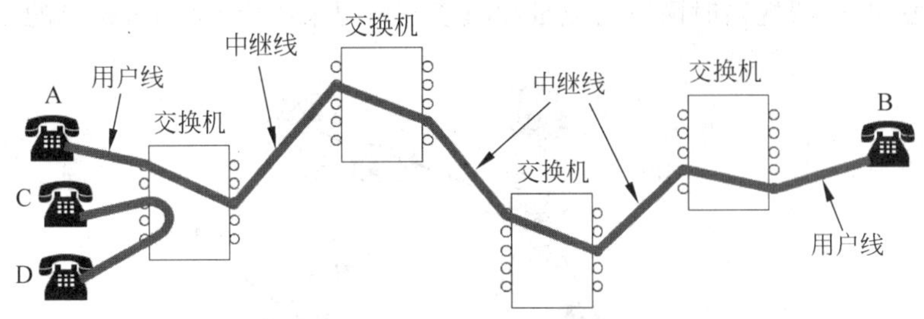


图 3-13 大型电路交换网络示意图

电路交换的缺点是:由于通信双方会临时独占连接上的所有通信线路,因此导致通信线路不能被其他主机所共享。而一般来说,计算机数据具有突发性,如果计算机通信的双方也使用电路交换方式,必然会导致通信线路的利用率很低。

**2. 分组交换**

下面通过一个例子来介绍分组交换。假定发送端主机有一个要发送的报文,而这个报文较长,不便于传输。则可以先把这个较长的报文划分成 3 个较短的、固定长度的数据段。为了便于控制,需要在每一个数据段前面添加"首部",里面含有必不可少的控制信息,分别构成 3 个分组,如图 3-14 所示。

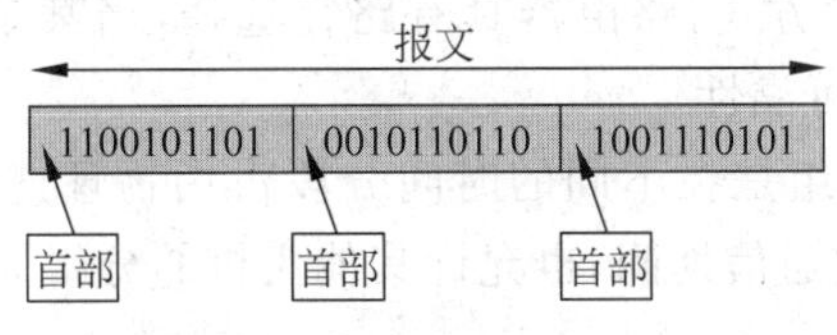


图 3-14 报文拆分为 3 个分组

分组交换方式以分组作为数据传输单元,发送端依次把各分组发送到接收端。每个分组的首部含有目的地址等控制信息。分组交换网中的节点交换机(一般是路由器)根据收到的分组首部中的目的地址等信息,把分组转发到下一个节点交换机。节点交换机使用这种存储-转发的方式进行接力转发,最后分组就能到达目的地。所谓存储-转发,是指分组交换机把接收到的分组放进自己的存储器中排队等候,然后依次根据分组首部中的目的地址选择相应端口转发出去。

接收端主机收到 3 个分组后剥去首部恢复成原始数据段,并把这些数据段拼接为原始报文。这里假定分组在传输过程中没有出现差错,在转发时也没有被丢弃。

目前流行的因特网(Internet)就是采用分组交换的方式传输数据的。因特网由许多网络和路由器组成,路由器负责把这些网络连接起来,形成更大的网络,称为网络互联。路由器的用途是在不同的网络之间转发分组,即进行分组交换。源主机向网络发送分组,路由器对分组进行存储-转发，最后把分组交付目的主机。

在路由器中，输入端口和输出端口之间没有直接连线。路由器采用存储-转发方式处理分组的过程是：①先把从输入端口收到的分组放入存储器暂时存储；②根据分组首部的目的地址查找转发表，找出分组应从哪个输出端口转发；③把分组送到该端口并通过线路传输出去。如图 3-15 所示的分组交换网络示意图中，主机 $H_1$ 的分组既可以通过路由器 A、B、E 到达主机 $H_5$，也可以通过路由器 A、C、E 到达主机 $H_5$。选择哪个端口通过哪条线路把分组转发出去，路由器视当时网络的流量和阻塞等情况来决定，是动态选择的。

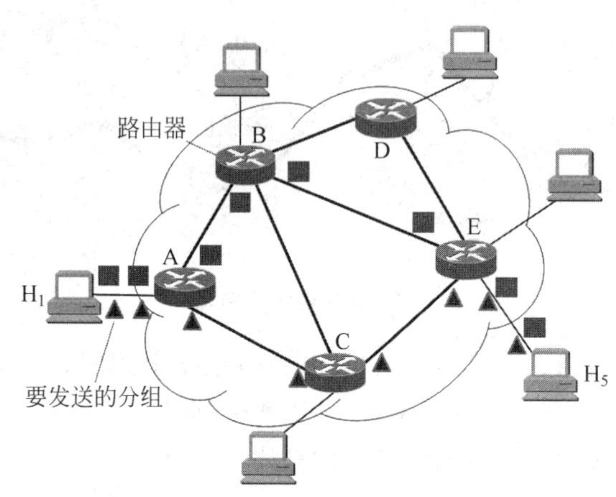


图 3-15　分组交换网络示意图

分组交换与电路交换相比有如下优点。

(1) 分组交换不需要为通信双方预先建立一条专用的物理通信线路，不存在连接的建立时延，用户随时可以发送分组。

(2) 由于采用存储-转发方式，路由器具有路径选择，当某条传输线路故障时可选择其他传输线路，提高了传输的可靠性。

(3) 通信双方的不同分组是在不同的时间分段占用物理连接，而不是在通信期间固定占用整条通信连接。在双方通信期间，也允许其他主机的分组通过，大大提高了通信线路的利用率。

(4) 加速了数据在网络中的传输。分组是逐个传输的，可以使后一个分组的存储操作与前一个分组的转发操作并行，这种流水线方式减少了传输时间。

(5) 分组长度固定，因此路由器缓冲区的大小也固定，简化了路由器中存储器的管理。

(6) 分组较短，出错概率较小，即使出错重发的数据量也少，不仅提高了可靠性，也减少了时延。

分组交换相对电路交换有如下缺点。

(1) 由于数据进入交换节点要经历存储-转发过程，从而引起转发时延(包括接收分组、检验正确性、排队、发送分组等)，实时性较差。

(2) 分组必须携带首部，造成了一定的额外开销。

(3) 可能出现分组失序、丢失或重复，分组到达目的主机时，需要按编号进行排序并连接为报文。

对于计算机使用的数据来看，总体性能上分组交换要优于电路交换。早期曾经主要采

用电路交换，然而现在以及以后将主要采用分组交换，包括因特网采用的也是分组交换。目前采用电路交换方式的有线电话网，正逐渐被因特网所取代。

### 3.1.5 多路复用技术

一般情况下，通信信道的带宽远大于用户所需的带宽，使用多路复用技术可以让多个用户共用同一个信道。共享信道资源可以提高信道利用率，降低通信成本。如图 3-16 所示，$A_1$、$B_1$、$C_1$ 分别与 $A_2$、$B_2$、$C_2$ 通信，使用多路复用技术只需要一个信道，而不使用多路复用技术则需要 3 个信道。

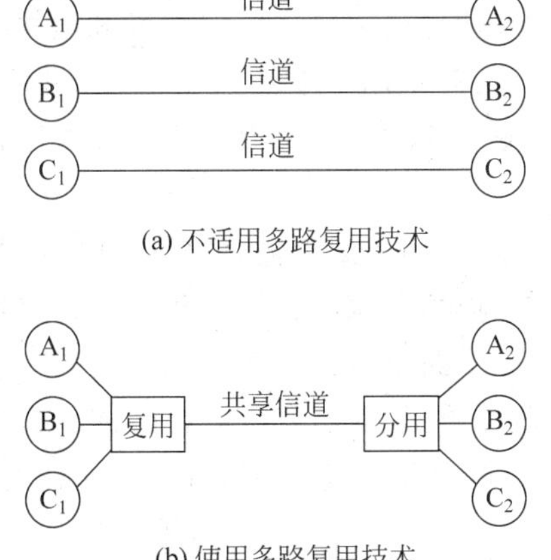


图 3-16 3 对用户同时通信时的信道分配情况

目前信道复用技术主要有频分多路复用、时分多路复用、波分多路复用、码分多路复用、空分多路复用、统计时分多路复用、极化波分多路复用等，下面介绍几种常用的复用技术。

**1. 频分多路复用**

频分多路复用（Frequency Division Multiplexing，FDM）是按频率分割多路信号的方法。即将信道的可用频带分成若干互不交叠的频段，每路信号占据其中一个频段。在接收端用适当的滤波器将多路信号分开，分别进行解调和终端处理。采用频分复用技术时，不同用户在同样的时间占用不同的带宽资源。

**2. 时分多路复用**

时分多路复用（Time Division Multiplexing，TDM）在信道使用时间上进行划分。按一定原则把连续的信道使用时间划分为一个个很小的时间片，把各个时间片分配给不同的通信用户使用。相邻时间片之间没有重叠，一般也无须隔离，以提高信道的利用率。由于划分的时间片一般较小，可以把其想象成把整个物理信道划分成了多个逻辑信道交给各个不同的通信用户使用，相互之间没有任何影响。

**3. 波分多路复用**

波分多路复用（Wavelength Division Multiplexing，WDM）本质是光信号的频分复用。它是将两种或多种不同波长的光载波信号（携带各种信息），在发送端经复用器汇合在一起，耦合到同一根光纤中进行传输的技术；在接收端，经解复用器将各种波长的光载波分离，然后由光接收机做进一步处理以恢复原信号。

# 3.2 计算机网络基础

## 3.2.1 计算机网络概述

**1. 计算机网络的定义**

计算机网络是指将地理位置不同的具有独立功能的多台计算机(主机)及其外围设备,通过通信线路连接起来,在网络操作系统、网络管理软件及网络通信协议的管理和协调下,实现信息传递以及其他网络应用的计算机系统。

对于普通网络使用者来说,计算机网络提供的功能和应用非常多,如即时通信、电子商务、信息检索、网络娱乐等。但是对于网络专业人士来说,网络的功能非常单一:网络中任意一台主机,都可以把数据传输给任意另外一台主机。实现任意两台主机之间的数据传输,是计算机网络要解决的根本问题。

只要实现了任意两台主机之间的数据传输,就可以开发出各种具体的网络应用,如即时通信、资源共享、数据集中处理、均衡负载与相互协作、提高系统的可靠性和可用性、分布式处理、信息检索、办公自动化、电子商务与电子政务、企业信息化、远程教育、网络娱乐、军事指挥自动化等。只要开动脑筋并勇于实践,就可以在因特网提供的数据传输服务的基础上,开发出新的应用。像滴滴打车、美团外卖等,都是近几年才开发出来的新应用。

**2. 计算机网络的功能**

1) 数据通信

数据通信(或数据传输)是计算机网络的基本功能之一。

2) 资源共享

计算机网络的主要目的是资源共享。

3) 进行分布式处理

由于有了网络,许多大型信息处理问题可以借助于分散在网络中的多台计算机协同完成,解决单机无法完成的信息处理任务。特别是分布式数据库管理系统,它使分散存储在网络中不同计算机系统的数据,在使用时好像集中管理一样方便。

4) 提高系统的可靠性和可用性

提高可靠性表现在网络中的计算机可以通过网络彼此互为后备,一旦某台计算机出现故障,它的任务可由网络中其他计算机代为完成,避免了单机情况下可能造成的系统瘫痪。

提高可用性是指网络中的工作负荷是均匀地分配给网络中的每台计算机。当某台计算机的负荷过重时,通过网络和一些应用程序的控制和管理,可以将任务交给网络中其他较空闲的计算机进行处理,从而均衡各台计算机的负载,提高每台计算机的可用性。

**3. 计算机网络工作模式**

计算机网络的工作模式主要有两种:客户/服务器(Client/Server,C/S)模式和对等(Peer to Peer,P2P)模式。

1) 客户/服务器模式

客户/服务器模式简称 C/S 模式,它把客户(Client)端与服务器(Server)端区分开来。每一个客户端软件的实例都可以向一个服务器或应用程序服务器发出请求。

C/S 模式通过不同的途径应用于很多不同类型的应用程序，最常见就是目前因特网上的网页。例如，当你访问苏州大学网站时，你的计算机和网页浏览器就被当作一个客户，同时，存放苏州大学网站的计算机、数据库和应用程序就被当作服务器。当你的网页浏览器向苏州大学网站请求一个指定的网页时，苏州大学的服务器会从指定的地址找到网页或者生成一个网页，再发送回你的浏览器。

C/S 模式是一个逻辑概念，而不是指计算机设备。在 C/S 模式中，请求一方为客户，响应请求一方称为服务器，如果一个服务器在响应客户请求时不能单独完成任务，还可能向其他服务器发出请求，这时，发出请求的服务器就成为另一个服务器的客户。从双方建立联系的方式来看，主动启动通信的应用称为客户，被动等待通信的应用称为服务器。

C/S 模式的应用非常多，例如 Internet 上提供的 WWW、FTP、E-mail 服务等都是采用 C/S 模式进行工作的。

2）对等模式

对等模式通常称为对等网，网络中的各个节点被称为对等体。与传统的 C/S 模式中服务都由几台服务器提供不同的是，在 P2P 网络中，每个节点的地位是对等的，具备客户和服务器双重特性，可以同时作为服务使用者和服务提供者。P2P 网络利用客户端的处理能力，实现了通信与服务器端的无关性，改变了互联网以服务器为中心的状态，重返“非中心化”。P2P 网络的思想打破了互联网中传统的 C/S 结构，令各对等体具有自由、平等通信的能力，体现了互联网自由、平等的本质。

基于 P2P 的应用也非常多，如 QQ 聊天软件、Skype 通信软件等。

### 3.2.2　计算机网络的组成

计算机网络是一个非常复杂的系统。不同的网络其组成也不尽相同，一般将计算机网络分为硬件和软件两个部分。硬件部分主要包括计算机设备、网络传输介质和网络互联设备。软件部分则主要包括网络协议软件、网络操作系统、网络管理软件和网络应用软件等。

**1. 计算机网络硬件系统**

1）计算机设备

网络中的计算机设备包括服务器、工作站、网卡和共享设备等。

(1) 服务器。

服务器通常是一台速度快、存储量大的专用或多用途计算机。它是网络的核心设备，负责网络资源管理和用户服务。在局域网中，服务器对工作站进行管理并提供服务，是局域网系统的核心；在因特网中，服务器之间互通信息，相互提供服务，每台服务器的地位都是同等的。通常服务器需要专门的技术人员对其进行管理和维护，以保证整个网络的正常运行。根据所承担的任务与服务的不同，服务器可分为文件服务器、远程访问服务器、数据库服务器和打印服务器等。

(2) 工作站。

工作站是一台台具有独立处理能力的个人计算机，是用户向服务器申请服务的终端设备。用户可以在工作站上处理日常工作，并随时向服务器索取各种信息及数据，请求服务器提供各种服务，如传输文件、打印文件等。随着家用电器的智能化和网络化，越来越多的家用电器如手机、电视机顶盒、监控报警设备等都可以接入到网络中，它们也是网络的硬件组成部分。

(3) 网卡。

计算机与外界局域网的连接是通过主机箱内插入一块网络接口板(或者是在笔记本电脑中插入一块 PCMCIA 卡)。网络接口板又称为通信适配器或网络适配器(Network Adapter)或网络接口卡(Network Interface Card,NIC),但是更多的人愿意使用更为简单的名称"网卡",如图 3-17 所示。

图 3-17 网卡

网卡上面装有处理器和存储器(包括 RAM 和 ROM)。网卡和局域网之间的通信是通过电缆或双绞线以串行传输方式进行的。而网卡和计算机之间的通信则是通过计算机主板上的 I/O 总线以并行传输方式进行。因此,网卡的一个重要功能就是要进行串行与并行转换。由于网络和计算机总线上的数据传输速率并不相同,因此在网卡中必须装有对数据进行缓存的存储芯片。

在安装网卡时必须将管理网卡的设备驱动程序安装在计算机的操作系统中。这个驱动程序以后就会告诉网卡,应当从存储器的什么位置将局域网传输过来的数据块存储下来。网卡还要能够实现以太网协议。

网卡并不是独立的自治单元,因为网卡本身不带电源而是必须使用所插入的计算机的电源,并受该计算机的控制。因此网卡可看成为一个半自治的单元。当网卡收到一个有差错的帧时,它就将这个帧丢弃而不必通知它所插入的计算机。当网卡收到一个正确的帧时,它就使用中断来通知该计算机并交付给协议栈中的网络层。当计算机要发送一个 IP 数据包时,它就由协议栈向下交给网卡组装成帧后发送到局域网。

随着集成度的不断提高,网卡上的芯片的个数不断地减少,虽然各个厂家生产的网卡种类繁多,但其功能大同小异。

MAC(Media Access Control 或者 Medium Access Control)地址,称为媒体访问控制,或称为物理地址、硬件地址,用来定义网络设备的位置。MAC 地址是由网卡决定的,是固定的,通常是由网卡生产厂家烧入网卡的 EPROM(一种闪存芯片,通常可以通过程序擦写),它存储的是传输数据时真正赖以标识发出数据的计算机和接收数据的主机的地址。

MAC 地址用来表示互联网上每一个站点的标识符,采用十六进制数表示,共 6 个字节(48 位)。其中,前 3 个字节是由 IEEE 的注册管理机构 RA 负责给不同厂家分配的代码(高位 24 位),也称为编制上唯一的标识符(Organizationally Unique Identifier),后 3 个字节(低位 24 位)是各厂家自行指派给生产的适配器接口,称为扩展标识符(唯一性)。一个地址块

可以生成 $2^{24}$ 个不同的地址。MAC 地址实际上就是适配器地址或适配器标识符，形象地说，MAC 地址就如同我们身份证上的身份证号码，具有全球唯一性。

网卡是工作在链路层的网络组件，是局域网中连接计算机和传输介质的接口，不仅能实现与局域网传输介质之间的物理连接和电信号匹配，还涉及帧的发送与接收、帧的封装与拆封、介质访问控制、数据的编码与解码以及数据缓存的功能等。

(4) 共享设备。

共享设备是指为众多用户共享的高速打印机、大容量磁盘等公用设备。

2) 网络传输介质

计算机网络通过通信线路和通信设备把计算机系统连接起来，在各计算机之间建立物理通道，以便传输数据。通信线路就是指传输介质及其连接部件，如 3.1.2 节介绍的双绞线、同轴电缆、光纤等，这里不再重复介绍。

3) 网络互联设备

网络互联设备，如 3.1.3 节介绍的中继器、集线器、网桥、交换机、路由器等，这里不再重复介绍。

**2. 计算机网络软件系统**

计算机网络软件系统是实现网络功能所不可或缺的，根据软件的特性和用途，可以将其分为以下几个大类。

1) 网络协议软件

网络中的计算机要想实现正确的通信，通信双方必须共同遵守一些约定和通信规则，这就是通信协议。连入网络的计算机依靠网络协议实现互相通信，而网络协议是靠具体的网络协议软件的运行支持才能工作。凡是连入计算机网络的服务器和工作站上都运行着相应的网络协议软件。网络协议软件是指用以实现网络协议功能的软件。网络协议软件的种类非常多，不同体系结构的网络系统都有支持自身系统的协议软件，体系结构中不同层次上又有不同的协议软件，对某一协议软件而言，到底把它划分到网络体系结构中的哪一层是由协议软件的功能决定的。所以，对同一协议软件，它在不同体系结构中所隶属的层不一定一样，目前网络中常用的通信协议有 NETBEUI、TCP/IP、IPX/SPX 等。有关通信协议会在 3.2.4 节有更多的介绍。

2) 网络操作系统

网络操作系统(Network Operation System，NOS)是在网络环境下，用户与网络资源之间的接口，是运行在网络硬件基础之上的，为网络用户提供共享资源管理服务、基本通信服务、网络系统安全服务及其他网络服务，实现对网络资源的管理和控制的软件系统。网络操作系统是网络的核心，其他应用软件系统需要网络操作系统的支持才能运行。对网络系统来说，特别是局域网，所有网络功能几乎都是通过网络操作系统来体现的，网络操作系统代表着整个网络的水平。

目前，网络操作系统主要有 Windows、UNIX 和 Linux。随着计算机网络的不断发展，特别是计算机网络互联，以及异质网络的互联技术和应用的发展，网络操作系统开始朝着能支持多种通信协议、多种网络传输协议、多种网络适配器和工作站的方向发展。

3) 网络管理软件

网络管理软件对网络中的大多数参数进行测量与控制，以保证用户安全、可靠、正常地得到网络服务，使网络性能得到优化。

4）网络应用软件

网络应用软件是指为某一应用目的开发的网络软件，如即时通信软件、浏览器、电子邮件程序、网页制作工具软件等。

### 3.2.3 计算机网络的分类

计算机网络的分类方法很多。

- 按传输介质可分为有线网和无线网。
- 按数据交换方式可分为直接交换网、存储转发交换网和混合交换网。
- 按通信传播方式可分为点对点式网和广播式网。
- 按通信速率可分为低速网、中速网和高速网。
- 按使用范围可分为公用网和专用网。
- 按网络覆盖范围可分为广域网、局域网、城域网。
- 按拓扑结构可分为总线型结构、环状结构、星状结构、树状结构、网状结构以及混合结构等。

本书重点介绍两种最常用的分类方式，即按网络覆盖范围和按网络拓扑结构分类。

**1. 按网络覆盖范围划分**

计算机网络按网络的地理覆盖范围可分为广域网、局域网和城域网

1）广域网

广域网（WAN）又称远程网，是在广阔的地理区域内进行数据传输的计算机网络。其作用范围通常为几十到几千公里，可以覆盖一个城市、一个国家甚至全球，形成国际性的计算机网络。

广域网常借用公用电信网络进行通信，数据传输的带宽有限。

广域网的主要特点是地理覆盖范围大、传输速率低、传输误码率高、网络结构复杂。

2）局域网

局域网（LAN）是将较小地理范围内的计算机或外围设备通过高速通信线路连接在一起的通信网络。局域网是最常见、应用最广泛的网络。其作用范围通常为几十米到几千米，常用于组建一个办公室、一幢大楼、一个校园、一个工厂或一个企业的计算机网络。

目前常见的局域网主要有以太网和无线局域网两种。

广域网的主要特点是地理范围比较小、传输速率高、延迟和误码率较小。

3）城域网

城域网（MAN）也称市域网，地理覆盖范围介于 WAN 与 LAN 之间，一般为几千米至几万米。所采用的技术基本上与 LAN 相似，是一种大型的局域网。

城域网主要是在一个城市范围内建立计算机通信网。

城域网技术对通信设备和网络设备的要求比局域网高，在实际应用中被广域网技术取代，没有能够推广使用。

**2. 按网络拓扑结构划分**

计算机网络按拓扑结构可分为总线型结构、环状结构、星状结构、树状结构、网状结构以及混合结构等。

1）总线型结构

总线型结构采用单根数据传输线作为通信介质，所有的站点都通过相应的硬件接口直接连接到通信介质上，而且能被其他所有站点接受，所有节点工作站都通过总线进行信息传输，如图3-18所示。

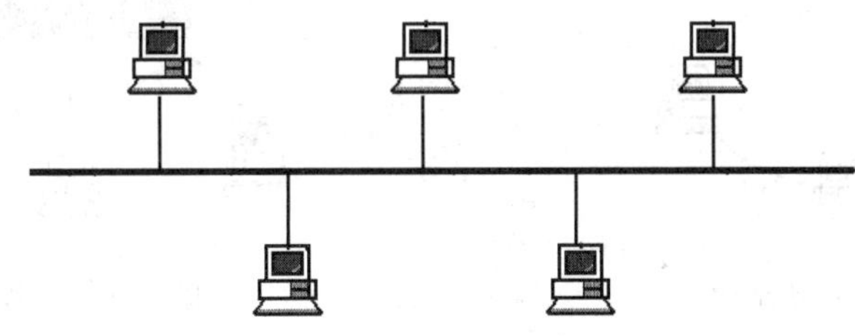

图3-18　总线型结构

总线型结构的网络采用广播方式传输数据，因此，连接到总线上的设备越多，网络发送和接收数据就越慢。

总线型结构的优点如下。

(1) 网络结构简单，节点的插入、删除比较方便，易于网络扩展。

(2) 设备少，造价低，安装和使用方便。

(3) 具有较高的可靠性。单个节点的故障不会涉及整个网络。

总线型结构的缺点如下。

(1) 故障诊断困难。

(2) 故障隔离困难，一旦总线出现故障，将影响整个网络。

(3) 所有的数据传输均使用一条总线，实时性不强。

2）环状结构

环状结构是网络中各节点通过一条首尾相连的通信链路连接起来的闭合环路。

每个节点只能与它相邻的一个或两个节点设备直接通信，如果与其他节点通信，数据需依次经过两个节点之间的每个设备，如图3-19所示。

环状结构有两种类型：单环结构和双环结构。双环结构的可靠性高于单环结构。

环状结构的优点如下。

(1) 各节点不分主从，结构简单。

(2) 两个节点之间只有一条通路，使得路径选择的控制大大简化。

环状结构的缺点如下。

(1) 环路是封闭的，可扩充性较差。

(2) 可靠性差，任何节点或链路出现故障，将危及全网，并且故障检测困难。

3）星状结构

星状结构的每个节点都由一条点对点链路与中心节点(公用中心交换设备，如交换机、集线器等)相连，如图3-20所示。

星状结构中信息的传输是通过中心节点的存储转发技术实现的。一个节点要发送数据，首先需要将数据发送到中心节点，然后由中心节点将数据转发至目的节点。

星状结构的优点如下。

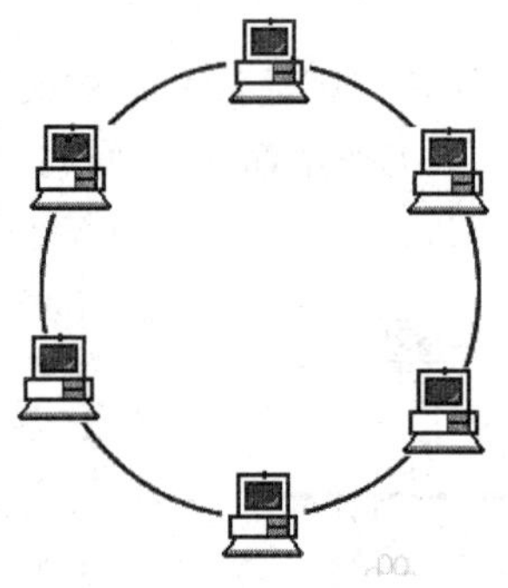

图 3-19　环状结构

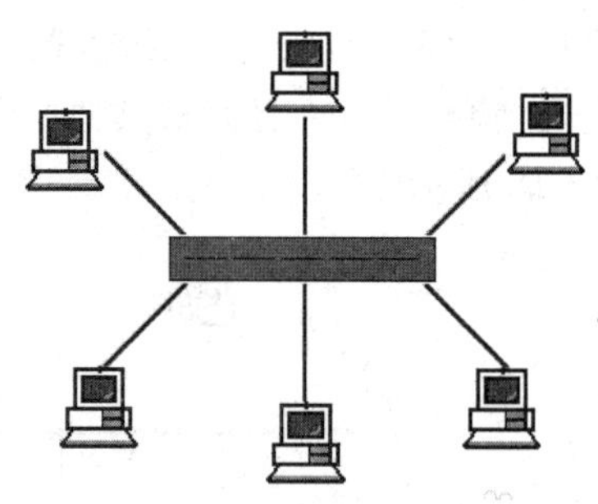

图 3-20　星状结构

(1) 结构简单,增删节点容易,便于控制和管理。

(2) 采用专用通信线路,传输速度快。

星状结构的缺点如下。

(1) 可靠性较低,一旦中心节点出现故障就会导致全网瘫痪。

(2) 网络共享资源能力差,通信线路利用率不高,且线路成本高。

4) 树状结构

树状结构也称星状总线型拓扑结构,是从总线型和星状结构演变来的。网络中的每个节点都连接到一个中央设备如集线器上,但并不是所有节点都直接连接到中央集线器上,大多数节点先连接到一个次集线器,次集线器再与中央集线器连接,如图 3-21 所示。

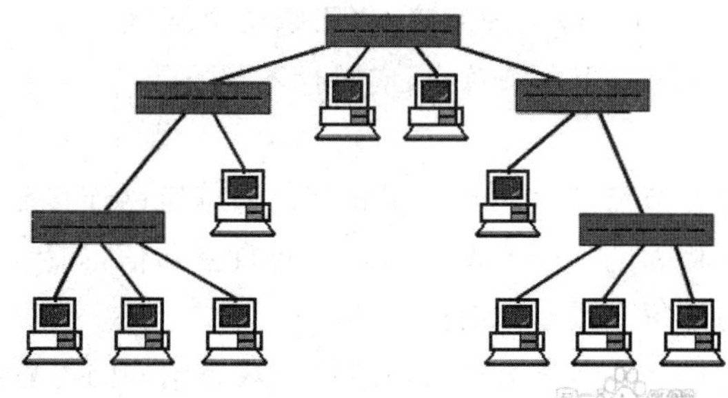

图 3-21　树状结构

树状结构的优点如下。

(1) 易于扩充,增删节点容易。

(2) 通信线路较短,网络成本低。

树状结构的缺点如下。

(1) 可靠性差,除了叶子节点之外的任意一个工作站或链路发生故障都会影响整个网络的正常运行。

(2) 各个节点对根的依赖性太大,如果根发生故障,则全网不能正常工作。

5) 网状结构

网状结构是将各节点与通信链路连成不规则的形状,每个节点至少与其他两个节点相连,如图 3-22 所示。

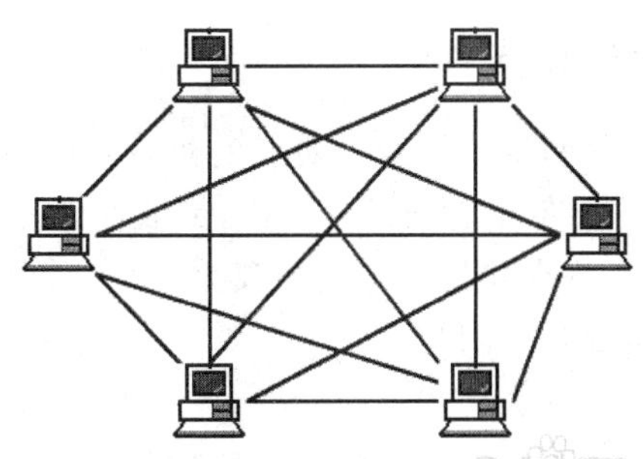

图 3-22　网状结构

大型互联网一般都采用网状结构，如 Internet 的主干网。

网状结构的优点如下。

(1) 可靠性好。

(2) 数据传输有多条路径，所以可以选择最佳路径以减少延时，改善流量分配，提高网络性能。

网状结构的缺点如下。

(1) 结构复杂，不易管理和维护。

(2) 线路成本高，路径选择比较复杂。

6) 混合结构

混合结构是由几种拓扑结构混合而成的。在实际应用的网络中，拓扑结构常常不是单一的，而是混合结构，如图 3-23 所示。

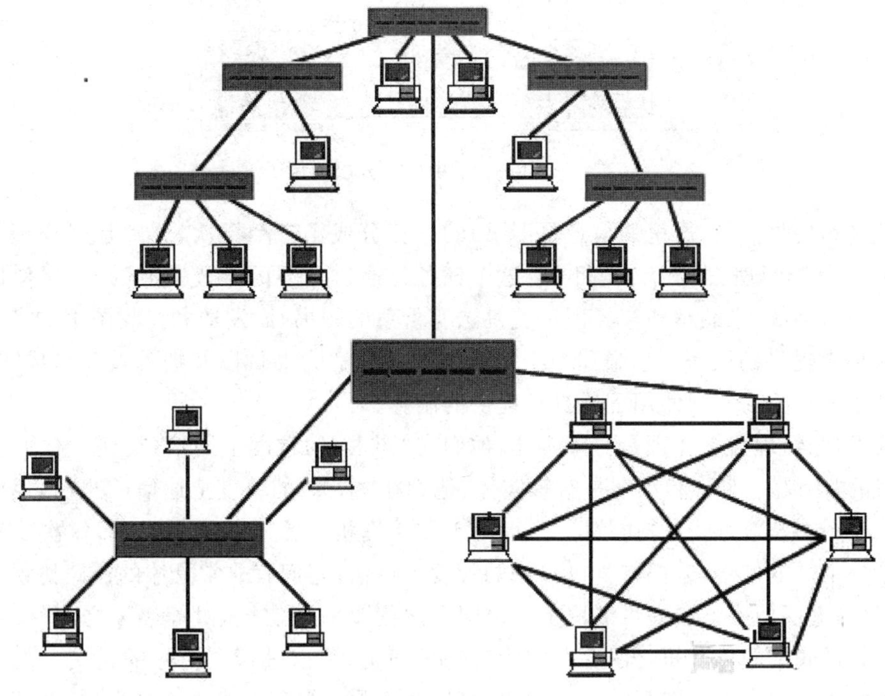

图 3-23　混合结构

### 3.2.4 计算机网络体系结构

计算机网络的体系结构是网络各层及其协议的集合，网络协议依据功能一般采用分层的方式来实现，好处是：结构上各层之间是独立的，灵活性好，易于实现和维护，能促进标准化工作。层数要适当，层数太少会使每一层的协议太过复杂，层数太多又会在描述和综合各层功能的系统工程任务时遇到较多困难。

**1. 通信协议介绍**

相互通信的两个计算机系统必须高度协调才能进行通信工作，它们之间的数据交换必须遵守事先约定好的规则，这些规则明确规定了所交换的数据的格式以及有关的同步问题。

网络协议就是为进行网络中的数据交换而建立的规则、标准或约定，一般包含以下组成要素。

语法：数据与控制信息的结构或格式。

语义：需要发出何种控制信息，完成何种动作以及做出何种响应。

同步：事件实现顺序的详细说明。

这种协调是相当复杂的。分层可将庞大而复杂的问题，转化为若干较小的局部问题，而这些较小的局部问题比较易于研究和处理。下面举一个生活中协议分层的例子。

张经理和李经理是好朋友，他们约定，每周互相分享一本图书给对方。每周张经理负责挑选好图书，而把图书发送的任务交给秘书小张。小张把图书分解为书页，通过传真的方式，一页页传真给李经理的秘书小李，最后由小李装订成册交给李经理。反过来，李经理也是如此(如图 3-24 所示)。

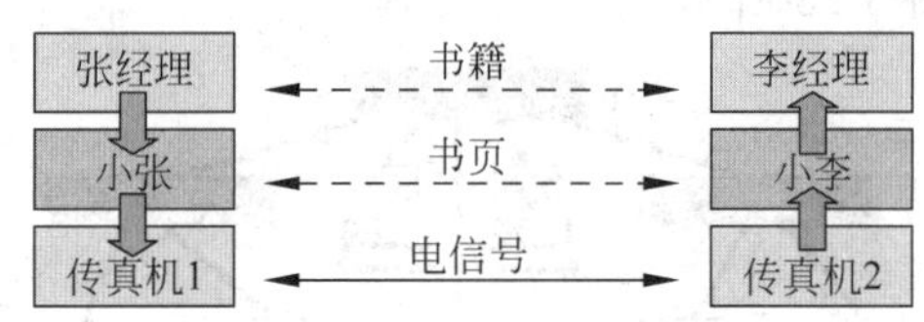


图 3-24 生活中协议分层的例子

发送和接收信息(这里的信息是图书)的任务分成了三个层次，分别是张经理、小张、传真机 1，以及李经理、小李、传真机 2。这个任务是通过分层的方式完成的，上层使用下层提供的服务。例如，张经理和李经理负责挑选有价值的图书，而发送和接收图书的工作使用了小张和小李提供的服务；小张和小李负责把图书分解为书页以及把书页装订成图书，而扫描和打印书页的工作则使用了传真机提供的服务。

这里，张经理和李经理是对等实体，他们在“图书”的粒度上通信(交流)，他们有每周分享图书的“协议”；小张和小李是对等实体，他们在“书页”的粒度上通信(交流)，他们有书页分解以及图书装订方式的“协议”；传真机 1 和传真机 2 是对等实体，它们每次发送或接收的都是一个个电信号，它们在“电信号”的粒度上通信，它们有非常具体的链路协议。这里协议分三层，上层使用下层提供的服务；相同层之间是对等实体，对等实体之间有通信协议。这里只有最底层的传真机之间存在实际的物理通道，可以进行电信号的通信。而上面两层的对等实体之间并没有实际的物理通道，可以认为他们进行的是虚拟通信，但又不能否认他们之间通信的存在。

同理，在计算机通信时，如果主机1的进程A向主机2的进程B通过网络发送文件，如图3-25所示，可以将工作进行如下划分。

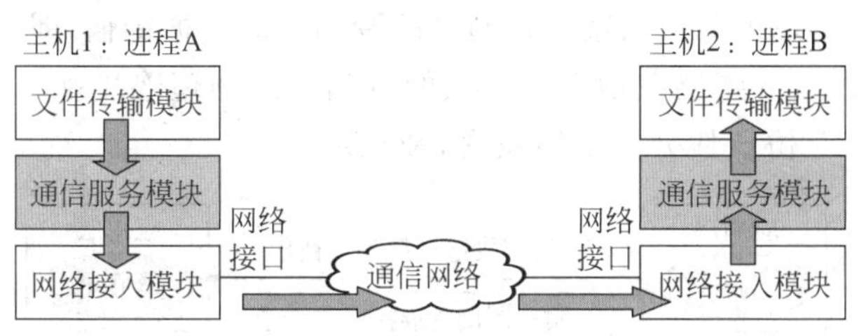


图3-25　协议分层举例

第一层文件传输模块，与双方进程直接相关。如进程A确信进程B已做好接收和存储文件的准备，进程A与进程B协调好一致的文件格式。

第二层通信服务模块，负责文件的发送和接收工作，为上层文件传输模块提供具体的文件传输服务。主机1的通信服务模块接收进程A的文件，并负责文件发送工作。主机2的通信服务模块负责文件接收工作，并把接收到的文件提交给进程B。

第三层网络接入模块，负责做与网络接口有关的细节工作，如规定帧的传输格式、帧的最大长度、通信过程中同步方式等，为上层通信服务模块提供网络接口服务。

**2. 网络体系结构**

计算机网络体系结构就是计算机网络及其部件应完成的功能的精确定义。体系结构是抽象的，而实现则是具体的，是真正可以运行的计算机硬件和软件。具体来说，实现就是在遵循体系结构的前提下，用硬件或软件完成这些功能。

在网络发展初期，各个公司都有自己的网络体系结构，但是随着社会的发展，不同网络体系结构的用户迫切要求能互相交换信息。为了使不同体系结构的计算机网络都能互联，国际标准化组织于1978年提出了“异种机联网标准”的框架结构，这就是著名的开放系统互联基本参考模型(Open Systems Interconnection Reference Model，OSI/RM)，简称为OSI。

OSI得到了国际上的承认，成为其他各种计算机网络体系结构依照的标准，大大地推动了计算机网络的发展。

OSI定义了网络互联的七层框架(自下而上依次是物理层、数据链路层、网络层、传输层、会话层、表示层和应用层)，详细规定了每一层的功能，以实现开放系统环境中的互联性、互操作性和应用的可移植性。只要遵循OSI标准，一个系统就可以和位于世界上任何地方的也遵循同一标准的其他任何系统进行通信。

但是在市场化方面，OSI却失败了。大概有以下几个原因：国际标准化组织的专家们在完成OSI标准时没有商业驱动力；OSI协议的实现过分复杂，且运行效率低；OSI标准的制定周期太长，按OSI标准生产的设备无法及时进入市场；OSI的层次划分不太合理，有些功能在多个层次中重复出现。国际标准OSI并没有得到市场认可，但是非国际标准的TCP/IP获得了最广泛的应用，成为事实上的国际标准。

TCP/IP是四层体系结构，自上而下依次是：应用层、传输层、网络层和网络接口层，但最下面的网络接口层并没有具体内容。因此往往采取折中的办法，即综合OSI和TCP/IP的优点，采用一种有五层协议的体系结构，自上而下依次是应用层、传输层、网络层、数据链路层、物理层。其中应用层在传输层提供的可靠的网络数据传输服务的基础上，实现具体的网络应用如即时通信、电子商务、资源共享等；传输层在网络层提供的任意两台主机都可以传输数据的基础上，增强了端到端数据传输的可靠性；网络层在数据链路层提供的点到点数据传输的基础上，实现了跨节点甚至跨网络的端到端的数据传输，即实现了任意两台主机都可以传输数据；数据链路层在物理层提供的点到点的物理连接基础上，实现了点到点数据传输功能。TCP/IP 协议栈分层结构如图 3-26 所示。

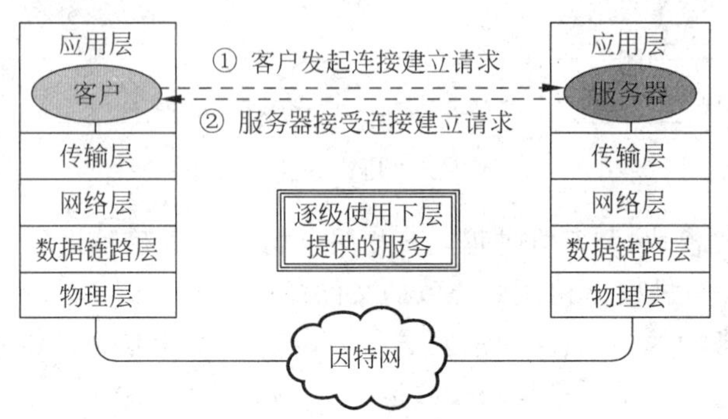


图 3-26　TCP/IP 协议栈分层结构

以下是一些有助于理解上面内容的名词的说明。

**点到点通信**：如果两台主机之间由通信线路直接相连，则这两者之间的通信称为点到点通信。

**端到端**：如果两台主机之间的通信要经过其他站点，则这两者之间的通信称为端到端通信。

**实体**：表示任何可发送或接收信息的硬件或软件进程。

**协议**：控制两个对等实体进行通信的规则的集合。协议是“水平的”，即协议是控制对等实体之间通信的规则。要实现本层协议，还需要使用下层所提供的服务。本层的协议只能看见下层的服务而无法看见下层的协议。协议很复杂，协议必须把所有不利的条件事先都估计到，而不能假定一切都是正常的和非常理想的。看一个计算机网络协议是否正确，不能光看在正常情况下是否正确，而且还必须非常仔细地检查这个协议能否应付各种异常情况。

**服务**：在协议的控制下，两个对等实体间的通信使得本层能够向上一层提供操作。服务是“垂直的”，即服务是由下层向上层通过层间接口提供的。

**服务访问点**：也称接口，是同一系统相邻两层的协议进行交互的地方，下层协议通过服务访问点向上层协议提供服务，或者说，上层协议通过服务访问点使用下层协议提供的服务。

下面是对图 3-26 中各层功能的总结。

物理层：负责用硬件线路和硬件设备连接各主机。

数据链路层：在物理连接的基础上，实现相邻两个主机之间的通信，即实现点到点的数据传输。

网络层：在相邻主机之间能够传输数据的基础上，实现跨站点的通信，即实现端到端的数据传输。一般是靠中间站点转发数据分组来实现的。

传输层：在网络层的基础上，进一步提高端到端数据传输的可靠性。

应用层：在任意两台主机都能可靠传输数据的基础上，开发各种具体应用，解决生产以及生活中的实际问题。

**3. TCP/IP**

TCP/IP(Transmission Control Protocol/Internet Protocol)是 Internet 最基本的协议，也是 Internet 国际互联网络的基础。通常所说的 TCP/IP 是指由 100 多个协议组成的协议系列，其中最重要的是网络层的 IP 和传输层的 TCP。TCP/IP 定义了电子设备如何连入因特网，以及数据如何在它们之间传输的标准。通俗地讲，TCP 负责发现传输的问题，一有问题就发出信号，要求重新传输，直到所有数据安全正确地传输到目的地。而 IP 负责分组与重组数据及给因特网上的每一台设备规定一个地址。

1) IP

IP 又称网络协议，是为网络与网络之间互联而设计的数据包协议，运行于网络层，规定了计算机在因特网上进行通信时应当遵守的规则。任何厂家生产的计算机系统，只要遵守 IP 就可以与因特网互联互通。由于各个厂家生产的网络系统和设备相互之间不能互通，主要原因是传送数据的基本单元(技术上称之为帧)的格式不同。IP 是一套由软件程序组成的协议软件，把各种不同帧统一转换成 IP 数据报(IP Datagram)格式。这种转换是因特网的一个最重要的特点，使各种计算机都能在因特网上实现互通，即具有开放性的特点。

数据报是分组交换的一种形式，IP 把所传送的数据分段打成“包”再传送出去。但是，与传统的连接型分组交换不同，它属于无连接型，是把每个“包”都作为一个独立的报文传送出去，所以称为数据报。IP 在通信开始之前不需要先连接好一条传输路径，各个数据报不一定都通过同一条路径传输，所以称为无连接型。这一特点非常重要，它大大提高了网络的可靠性和安全性。每个数据报都有报头和报文两个部分。报头中的目的地址使不同的数据报不必经过相同的路径也能到达目的主机，并在目的主机重新组合还原成原始数据。这就要求 IP 具有分组打包和集合组装的功能。

IP 中还有一个非常重要的内容，就是给因特网上的每台计算机和其他设备都规定了一个唯一的地址，称为 IP 地址。正是这种唯一的地址，保证了用户在联网的计算机上操作时，能够高效而且方便地从千千万万台计算机中选出自己所需的计算机。

IP 实现的网络层向上提供简单灵活的、无连接的、尽最大努力交付的数据报服务。也就是网络层不提供服务质量的保证。网络在发送数据包时不需要预先建立连接，每一个数据包独立发送与其前后数据包无关。所传输的数据包可能出错丢失和失序重复等，也不保证交付的时限。这种设计的好处是：网络造价大大降低，运行方式灵活方便，能够适应各种应用。而数据传输的可靠性需求可以放在其他层来实现。具体来说，IP 为高层用户提供如下三种服务。

(1) 不可靠的数据投递服务。数据包的投递没有任何品质保证，数据包可能被正确投递，也可能被丢弃。

(2) 面向无连接的传输服务。这种方式不管数据包的传输经过哪些节点，甚至可以不管数据包的起始和终止计算机。数据包的传输可能经过不同的路径，传输过程中有可能丢失，也可能正确传输到目的主机。

(3) 尽最大努力的投递服务。IP 不会随意丢包，除非系统的资源耗尽、接收出现错误或者网络出现故障的情况下才不得不丢弃报文。

IP 数据报的格式如图 3-27 所示。

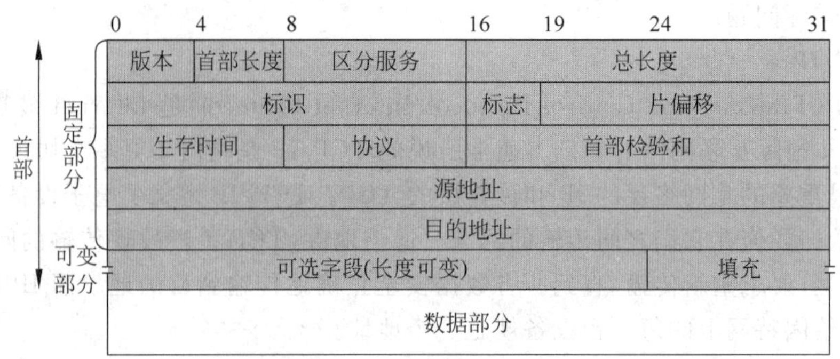


图 3-27 IP 数据报格式

IP 实质上是一种不需要预先建立连接，直接依赖 IP 数据包报头信息决定数据包转发路径的协议。

2）TCP

不同主机的应用层之间经常需要可靠的、像管道一样的连接，但是 IP 层不提供这样的机制，IP 层提供的是不可靠的数据报传递。IP 协议这样做的一个重要原因是尽量提高 IP 数据报的投递效率，但是有些实际应用需要可靠的数据传输服务。

因此传输层 TCP 面临的重要任务是：在下层 IP 提供的不可靠的端到端数据传输服务的基础上，为上层应用程序提供可靠的端到端的数据传输服务。TCP 层位于 IP 层之上，应用层之下。

(1) TCP 报文。

TCP 提供的是一种可靠的数据流服务，采用“带重传的肯定确认”技术来实现传输的可靠性。TCP 还采用一种称为“滑动窗口”的方式进行流量控制，所谓窗口实际表示接收能力，用于限制发送方的发送速度。TCP 对来自应用层的数据添加一些字段后封装成 TCP 报文，也称为报文段，添加的字段信息要能实现上述功能。TCP 把 TCP 数据包交给 IP，由 IP 发送到目的主机。

TCP 报文与 IP 数据报的关系如图 3-28 所示，TCP 将 TCP 报文的数据部分传送到更高层的应用程序，如即时通信系统的服务程序或客户程序。应用程序将信息送回 TCP 层，TCP 层将应用程序的数据打包后，向下传送到 IP 层、设备驱动程序和物理介质，最后到达接收方。

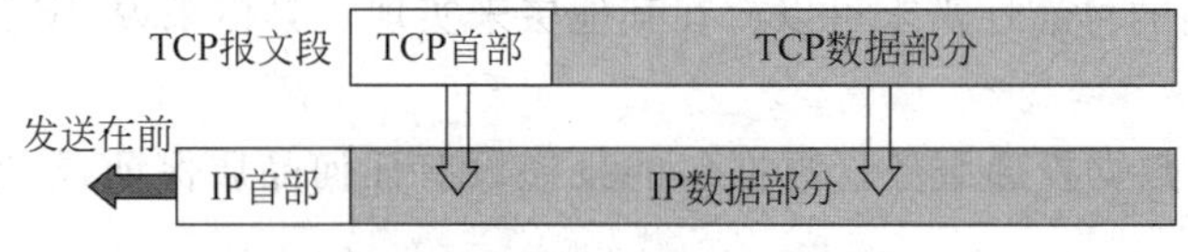


图 3-28 TCP 报文与 IP 数据报的关系

TCP 报文首部格式如图 3-29 所示。

(2) 数据传输可靠性的实现。

TCP 提供一种面向连接的、可靠的字节流服务。面向连接意味着两个使用 TCP 的应用程序在彼此交换数据包之前必须先建立一个 TCP 连接。这一过程与打电话很相似，先拨

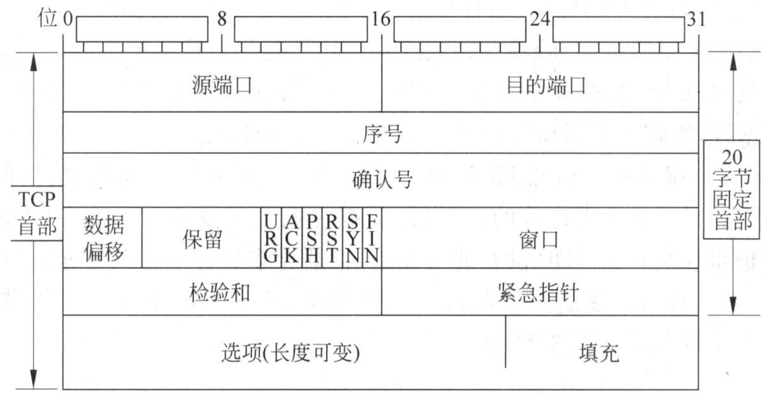


图 3-29 TCP 报文首部格式

号振铃，等待对方摘机说“喂”，然后才说明是谁。在一个 TCP 连接中，仅有两方进行彼此通信。广播和多播不能用于 TCP。TCP 的重要功能之一是确保每个报文段都能到达目的地。位于目的主机的 TCP 对接收到的数据进行确认，并向发送端的 TCP 发送确认信息。使用数据报首部的序列号以及确认号来确认已收到包含在报文段中的数据字节。接收端的 TCP 在发回发送端的数据段中使用确认号，指明接收端期待接收的下一个字节，这个过程称为期待确认。发送端在收到确认消息之前可以传输的数据的大小称为窗口大小，用于管理丢失数据并进行流量控制。

TCP 使用下列方式提供可靠性。

- 应用层的数据被 TCP 分割成最适合发送的数据块。由 TCP 传递给 IP 的信息单位称为报文段。
- 当发送端的 TCP 发出一个报文段后，启动一个定时器，等待目的端确认收到这个报文段。如果不能及时收到一个确认，将重发这个报文段。当接收端的 TCP 收到报文段，将发送一个确认信息。TCP 有延迟确认的功能，若延迟确认功能没有打开，则立即确认。延迟确认功能打开，则由定时器触发确认时间点。
- TCP 保持报文首部和数据的检验和。这是一个端到端的检验和，目的是检测数据在传输过程中的变化。如果接收端的检验和有差错，则丢弃这个报文段并且不确认收到此报文段(希望发送端超时重发)。
- 既然 TCP 报文段作为 IP 数据报来传输，而 IP 数据报的到达可能会失序，因此 TCP 报文段的到达也可能会失序。如果有必要，TCP 对收到的报文段进行重新排序，以正确的顺序交给应用层。
- 既然 IP 数据报会发生重复，接收端 TCP 必须丢弃重复的报文段。
- TCP 还能进行流量控制。因为 TCP 连接的每一方都有固定大小的缓冲存储器，因此接收端只允许对方发送自己缓冲区能够接纳的数据。这能防止发送速度较快的主机导致较慢主机的缓冲区溢出。

3）用户数据报协议

用户数据报协议(User Datagram Protocol，UDP)在网络层 IP 数据报的服务之上只增加了很少一点功能，即端口功能和差错检测功能，这点可以从图 3-30 中 UDP 首部 8 个字节的内容看出来。发送方 UDP 对应用程序交下来的报文,在添加首部后就向下交付给 IP 层。UDP 对应用层交下来的报文,既不合并,也不拆分,而是保留这些报文的边界。应用层交给 UDP 多长的报文,UDP 照样发送,即一次发送一个报文。接收方 UDP 对 IP 层交上来的 UDP 用户数据报,去除首部后就原封不动地交付上层的应用进程,一次交付一个完整的报文,即 UDP 是面向报文的。虽然 UDP 用户数据报只能提供不可靠的交付,但在某些方面有其特殊的优点。UDP 是无连接的,即发送数据之前不需要建立连接。UDP 尽最大努力交付,即不保证可靠交付。UDP 没有拥塞控制,很适合多媒体通信的要求。UDP 支持一对一、一对多、多对一和多对多的交互通信。UDP 的首部开销小,只有 8 个字节。UDP 与应用层以及与 IP 层的关系如图 3-31 所示。

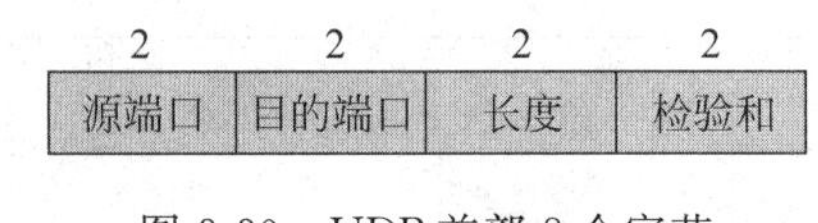


图 3-30　UDP 首部 8 个字节

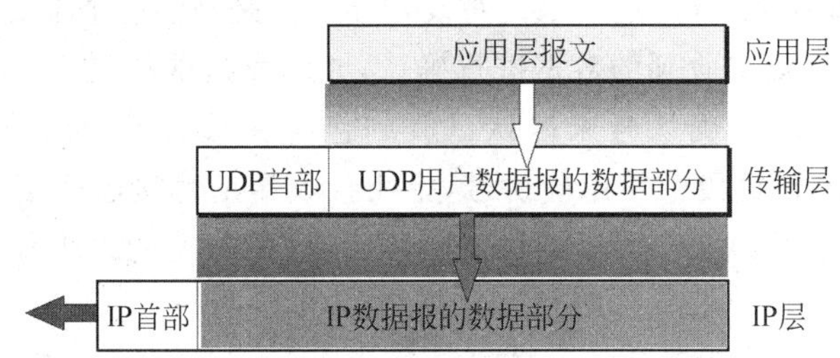


图 3-31　UDP 与应用层以及与 IP 层的关系

# 3.3　局　域　网

## 3.3.1　局域网简介

在较小地理范围内,利用通信线路把若干个主机连接起来,实现彼此之间数据传输和资源共享的系统称为局域网。

局域网的主要特点如下。

(1) 网络覆盖的地理范围比较小,通常不超过 10km。

(2) 信息的传输速率高。

(3) 延迟和误码率较小,误码率一般在 $10^{-10}$～$10^{-8}$。

局域网由服务器、工作站、网卡、传输介质、网络互联设备及共享外围设备等组成。

## 3.3.2　以太网

局域网有很多类型。

- 按照使用的传输介质,局域网可分为有线网和无线网。
- 按照网络中各种设备互联的拓扑结构,可分为总线型结构、环状结构、星状结构、混合结构等。

- 按照传输介质所使用的访问控制方法，可以分为以太网(Ethernet)、FDDI网和令牌环网等。

不同类型的局域网采用不同的MAC地址格式和数据帧格式，使用不同的网卡和协议。

以太网是最早的局域网，也是使用最广泛的局域网，本书主要介绍以太网和无线局域网。

以太网(Ethernet)指的是由美国施乐(Xerox)公司创建并由Xerox、Intel和DEC公司联合开发的基带局域网规范，是当今现有局域网采用的最通用的通信协议标准，也是世界上应用最广泛、最为常见的网络技术。以太网使用CSMA/CD(载波监听多路访问及冲突检测)技术，并以10Mb/s的速率运行在多种类型的电缆上。在不涉及网络协议的具体细节时，很多人将符合IEEE 802.3标准的局域网简称为以太网。IEEE 802.3局域网是一种基带总线局域网，以无源的电缆作为总线传送数据帧，并以历史上曾经认为传播电磁波的以太来命名。严格说来，“以太网”是指符合DIX Ethernet V2标准的局域网，但IEEE 802.3标准与DIX Ethernet V2标准只有很小的差别，也可以将IEEE 802.3局域网简称为以太网。

IEEE 802.3规定了包括物理层的连线、电信号和介质访问层协议的内容。以太网是当前应用最普遍的局域网技术，它很大程度上取代了其他局域网标准，如令牌环、FDDI和ARCNET。历经百兆以太网在上世纪末的飞速发展后，千兆以太网甚至万兆以太网正在国际组织和领导企业的推动下不断拓展应用范围。

**1. 以太网数据帧**

局域网内任何两台主机都是有传输介质直接相连的，或者说这些主机之间都是点到点连接的。在点到点物理连接的基础上，实现点到点数据传输的协议称为数据链路层协议。

数据链路层的基本功能是在物理层提供的物理连接的基础上，实现相邻主机之间的可靠通信，并为网络层提供有效的服务。数据链路层向下与物理层相接，向上与网络层相接。设立数据链路层的目的是将一条原始的、有差错的物理线路变为对网络层无差错的数据链路。为了实现这个目的，数据链路层必须执行链路管理、帧传输、流量控制和差错控制等任务。

实现以太网中两个主机通信的数据链路层协议为IEEE 802.3协议。以太网的数据链路层采用分组交换的方式传输数据，一个分组称为一个数据帧或简称帧，一个帧的结构如图3-32所示。

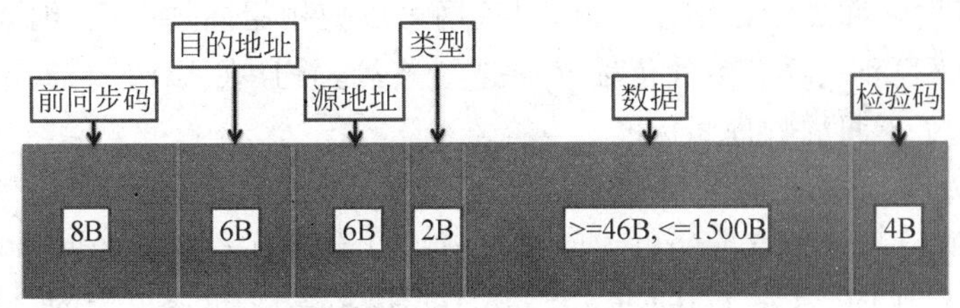


图3-32 以太网数据帧的结构

**2. 载波监听多路访问/冲突检测技术**

在总线型拓扑结构中，每个主机都能独立决定数据帧的发送，对总线介质的访问是随机的，即各主机都可能在任何时刻访问总线。同时，一台主机发送的数据帧，连接在总线上的所有主机都能接收到，因此，以太网是以广播方式发送数据的。若两个或多个主机同时发送数据帧，就会产生冲突，导致所有发送的数据帧都出错。因此，一台主机能否成功发送数据帧，很大程度上取决于判断总线是否空闲的算法，以及两台或多台主机同时发送的数据帧发生冲突后所采取的对策。解决总线争用问题主要采用载波监听多路/冲突检测（Carrier Sense Multiple Access/Collision Detect，CSMA/CD）技术。

载波监听指连接到总线的任何主机在发送数据帧之前，必须对总线介质进行监听，确认其空闲时才可以发送。多路访问指多个主机可以同时访问介质，一个主机发送的数据帧也可以被多个主机接收。载波监听多路访问技术要求发送数据帧的主机先对总线介质进行监听，以确定是否有别的主机在使用总线传输数据。如果总线空闲，则该主机可以发送数据，否则，该主机避让一段时间后再次尝试。

这种控制方式对任何主机都没有预约发送时间，各主机的发送是随机的，必须在网络上争用总线介质，故称之为争用技术。若同一时刻有多个主机向总线介质发送数据帧，则这些数据帧会在总线上互相混淆而遭破坏，称为冲突。为尽量避免由于竞争引起的冲突，每个主机在发送数据帧之前，都要监听传输线上是否有数据帧在发送。

在载波监听多路访问中，由于总线的传播延迟，当两台主机都没有监听到总线上的信号而同时发送数据帧时，仍会发生冲突（其中一台主机的数据帧已经发送，正在总线上传输还没有到达监听的另一台主机）。由于载波监听多路访问算法没有冲突检测功能，即使冲突已发生，仍然要将已经破坏的数据帧发送完，使得总线的利用率降低。

一种载波监听多路访问的改进方案是让主机在传输时继续监听总线介质，一旦检测到冲突，就立即停止发送，并向总线上发一串短的阻塞报文，通知总线上各主机冲突已发生。这样总线容量不致因继续传送已受损的数据帧而浪费，可以提高总线的利用率，这称作载波监听多路访问/冲突检测协议，简写为CSMA/CD协议，已广泛应用于以太网和IEEE 802.3标准中。

CSMA/CD协议控制方式的原理比较简单，技术上容易实现，网络中各主机处于平等地位，不需要集中控制，不提供优先级控制。但在网络负载增大时，处理冲突的时间增加，发送效率急剧下降。

**3. 以太网分类**

1）标准以太网

开始以太网只有10Mb/s的传输速率，使用的是CSMA/CD的访问控制方法。这种早期的10Mb/s以太网称之为标准以太网，以太网可以使用粗同轴电缆、细同轴电缆、非屏蔽双绞线、屏蔽双绞线和光纤等多种传输介质进行连接，并且在IEEE 802.3标准中，为不同的传输介质制定了不同的物理层标准。

2）快速以太网

随着网络的发展，传统标准的以太网技术已难以满足日益增长的网络数据流量速度需求。1995年3月，IEEE宣布了IEEE 802.3u 100BASE—T快速以太网（Fast Ethernet）标准，开始了快速以太网的时代。

快速以太网与原来在100Mb/s带宽下工作的FDDI相比具有许多优点，主要体现在快速以太网技术可以有效地保障用户在布线基础实施上的投资，它支持3、4、5类双绞线以及光纤的连接，能有效地利用现有的设施。快速以太网的不足其实也是以太网技术的不足，那就是快速以太网仍是基于CSMA/CD技术，当网络负载较重时，会造成效率的降低，当然这

可以使用交换技术来弥补。

3）千兆以太网

千兆以太网技术作为最新的高速以太网技术，给用户带来了提高核心网络的有效解决方案，这种解决方案的最大优点是继承了传统以太技术价格便宜的优点。千兆技术仍然是以太技术，它采用了与十兆以太网相同的帧格式、帧结构、网络协议、全/半双工工作方式、流控模式以及布线系统。由于该技术不改变传统以太网的桌面应用、操作系统，因此可与十兆或百兆的以太网很好地配合工作。升级到千兆以太网不必改变网络应用程序、网管部件和网络操作系统，能够最大限度地保护投资。此外，IEEE 标准将支持最大距离为 550m 的多模光纤、最大距离为 70km 的单模光纤和最大距离为 100m 的同轴电缆。千兆以太网填补了 IEEE 802.3 以太网/快速以太网标准的不足。

4）万兆以太网

万兆以太网规范包含在 IEEE 802.3 标准的补充标准 IEEE 802.3ae 中，它扩展了 IEEE 802.3 协议和 MAC 规范，使其支持 10Gb/s 的传输速率。万兆以太网不使用铜线而只使用光纤作为传输介质，也不使用 CSMA/CD 协议。万兆以太网不仅使千兆以太网的数据传输速率提高了 10 倍，其主要的目的是扩展以太网。由于万兆以太网的出现，以太网的工作范围已经从局域网扩大到了城域网和广域网。

## 3.3.3 无线局域网

在无线局域网发明之前，人们要想通过网络进行联络和通信，必须先用物理线缆——铜绞线组建一个电子运行的通路，为了提高效率和速度，后来又发明了光纤。当网络发展到一定规模后，人们又发现，这种有线网络无论组建、拆装还是在原有基础上进行重新布局和改建，都非常困难，且成本和代价也非常高，于是无线局域网的组网方式应运而生。

无线局域网(Wireless Local Area Networks，WLAN)是相当便利的数据传输系统，它是利用射频(Radio Frequency，RF)技术，使用电磁波取代旧式碍手碍脚的双绞铜线(Coaxial)所构成的局域网络，在空中进行通信连接，使得无线局域网络能利用简单的存取架构让用户透过它达到“信息随身化、便利走天下”的理想境界。

主流应用的无线网络分为手机无线网络上网和无线局域网两种方式。手机无线网络上网方式是一种借助移动电话网络接入 Internet 的无线上网方式，只要你所在城市开通了无线上网业务，你在任何一个角落都可以通过手机来上网。无线局域网是以太网与无线通信技术相结合的产物，能提供有线局域网的所有功能，其工作原理也与有线以太网基本相同。但是，无线局域网只是有线网络的扩展和补充，还不能完全脱离有线网络。

无线局域网所采用的协议主要有 IEEE 802.11 和蓝牙等。

下面介绍无线局域网常见的接入设备。

1）无线网卡

无线网卡的作用、功能跟普通计算机网卡一样，是用来连接到局域网上的。它只是一个信号收发的设备，只有在找到互联网的出口时才能实现与互联网的连接，所有无线网卡只能局限在已布有无线局域网的范围内。无线网卡就是不通过有线连接，采用无线信号进行连接的网卡。

无线网卡根据接口不同，主要有 PCMCIA 无线网卡、PCI 无线网卡、MiniPCI 无线网卡、USB 无线网卡、CF/SD 无线网卡几类产品。

2）无线访问接入点

无线访问接入点(Wireless Access Point)是使无线设备(手机等移动设备及笔记本电脑等)用户进入有线网络的接入点，主要用于家庭、大楼内部、校园内部、园区内部以及仓库、工厂等需要无线监控的地方，典型距离覆盖几十米至上百米，也有可以用于远距离传送，主要技术为 IEEE 802.11 系列。大多数无线访问接入点还带有访问接入点客户端模式(AP Client)，可以和其他访问接入点进行无线连接，延展网络的覆盖范围。

3）无线路由器

无线路由器(Wireless Router)可以看成是将无线访问接入点和宽带路由器合二为一的扩展型产品，它不仅具备无线访问接入点的所有功能，如支持 DHCP 客户端、支持 VPN、防火墙、支持 WEP 加密等，而且还包括网络地址转换(NAT)功能，可支持局域网用户的网络连接共享，可实现家庭无线网络中的 Internet 连接共享，实现 ADSL、Cable Modem 和小区宽带的无线共享接入。

# 3.4 Internet

## 3.4.1 Internet 简介

### 1. Internet 的概念

Internet(因特网)并非一个具有独立形态的网络，而是将分布在世界各地的、类型各异的、规模大小不一的、数量众多的计算机网络互联在一起而形成的网络集合体，成为当今最大的和最流行的国际性网络。

Internet 采用 TCP/IP 作为共同的通信协议，将世界范围内许许多多计算机网络连接在一起，用户只要与 Internet 相连，就能主动地利用这些网络资源，还能以各种方式和其他 Internet 用户交流信息。但 Internet 又远远超出一个提供丰富信息服务机构的范畴。它更像一个面对公众的自由的社会团体：一方面有许多人通过 Internet 进行信息交流和资源共享；另一方面又有许多人和机构资源将时间和精力投入到 Internet 中进行开发、运用和服务。Internet 正逐步深入到社会生活的各个角落，成为人们生活中不可缺少的部分。网民对 Internet 的正面作用评价很高，认为 Internet 对工作、学习有很大帮助的网民占 93.1%，尤其是娱乐方面，认为 Internet 丰富了网民娱乐生活的比例高达 94.2%。前 7 类网络应用的使用率按高低排序依次是：网络音乐、即时通信、网络影视、网络新闻、搜索引擎、网络游戏、电子邮件。Internet 除了上述 7 种用途外，还常用于电子政务、网络购物、网上支付、网上银行、网上求职、网络教育等。

### 2. Internet 的起源与发展

Internet 是在美国早期的军用计算机网 ARPANET(阿帕网)的基础上经过不断发展变化而形成的。Internet 的起源主要可分为以下几个阶段。

1）Internet 的雏形阶段

1969 年，美国国防部高级研究计划局(Advance Research Projects Agency，ARPA)开始建立一个命名为 ARPANET 的网络。当时建立这个网络的目的是出于军事需要，计划建

立一个计算机网络，当网络中的一部分被破坏时，其余网络部分会很快建立起新的联系。人们普遍认为这就是 Internet 的雏形。

2) Internet 的发展阶段

美国国家科学基金会(National Science Foundation，NSF)在 1985 开始建立计算机网络 NSFNET。NSF 规划建立 15 个超级计算机中心及国家教育科研网，用于支持科研和教育的全国性规模的 NSFNET，并以此作为基础，实现同其他网络的连接。NSFNET 成为 Internet 上主要用于科研和教育的主干部分，代替了 ARPANET 的骨干地位。1989 年 MILNET(由 ARPANET 分离出来)实现和 NSFNET 连接后，就开始采用 Internet 这个名称。从此，其他部门的计算机网络相继并入 Internet，ARPANET 就宣告解散了。

3) Internet 的商业化阶段

20 世纪 90 年代初，美国政府逐渐将网络的经营权交给私人公司，商业机构开始进入 Internet，使 Internet 开始了商业化的新进程。从 1993 年开始，由美国政府资助的 NSFNET 逐渐被若干个商用的因特网主干网(即服务提供者网络)所替代。用户通过因特网服务提供商(ISP)上网，而 ISP 对用户进行收费。1994 年开始创建了 4 个网络接入点(Network Access Point，NAP)，分别由美国的 4 个电信公司经营。从 1994 年起，因特网逐渐演变成多层次 ISP 结构的网络。1996 年，主干网传输速率为 155Mb/s(OC-3)。1998 年，主干网传输速率为 2.5Gb/s(OC-48)。1995 年，NSFNET 停止运作，Internet 已彻底商业化了。将经营权交由 ISP 也成为后来各个国家 Internet 的商业化模式。

**3. Internet 在我国的发展**

Internet 在我国的发展，大致可以分为两个阶段。

第一个阶段是 1987—1993 年，一些科研机构通过 X.25 实现了与 Internet 的电子邮件转发的连接。

第二阶段是从 1994 年开始的，这一年，中国科技网(CSTNET)首次实现和 Internet 直接连接，同时建立了我国的最高域名服务器，这标志着我国正式接入 Internet。接着又相继建立了中国教育科研网(CERNET)、中国公用计算机互联网(CHINANET)和中国金桥网(GBNET)，从此中国的网络建设进入了大规模发展阶段。

据中国互联网络信息中心(China Internet Networks Information Center，CNNIC)2018 年 1 月 31 日发布的第 41 次《中国互联网络发展状况统计报告》显示：截至 2017 年 12 月底，中国网民数量达到 7.72 亿，互联网普及率达到 55.8%。而在 2000 年，我国上网人数只有 1690 万。

**4. Internet 的接入**

要使用 Internet 上丰富的资源和服务，首先要将用户的计算机连入 Internet。由于用户的环境不同、要求不同，所以采用的接入方式也不同。一般来说，用户都需要通过 ISP 来接入 Internet，国内主要的 ISP 就是中国电信、中国联通和中国移动。ISP 通过租用高速专线，建立必要的服务器和路由器等设备，向用户提供 Internet 信息服务，从中收取服务费。

在计算机网络还不发达的过去，网络接入的传统技术主要是利用电话网的模拟用户线，即采用调制解调器将计算机通过电话线接入 Internet。而在网络向数字化、光纤化和宽带化发展的今天，网络接入技术已是异彩纷呈。当前开展 Internet 接入网业务主要分两大类：一类是利用已有的线路资源；一类是新铺线路建立新的网络。

现有线路资源主要有电话线、有线电视网和电力线，其中电话线接入 Internet 又有 Modem 拨号接入、ISDN 接入和基于电信网用户线的数字用户线(DSL)接入三种方式，电话线和有线电视网的接入线路资源归传统的运营商所拥有，电力线接入是一种新型的正在研究的 Internet 接入方式。

第二类接入方式可通过无线、新铺电缆或光纤等方法实现。无线 Internet 接入方式需要射频转换的硬件，由于成本较高，难以得到大面积推广，目前只能作为有线接入的一种补充。新铺电缆或光纤需要重新布线，利用局域网接入 Internet。

1) 光纤接入

光纤接入指的是终端设备通过光纤连接到局端设备(网通、电信等运营商机房通信设备)。根据光纤深入用户的程度的不同，光纤接入可以分为 FTTB(光纤到楼)、FTTH(光纤到户)、FTTO(光纤到办公室)、FTTC(光纤到路边)、FTTZ(光纤到小区)等，它们统称为 FTTx。FTTx 不是具体的接入技术，而是光纤在接入网中的推进程度或使用策略。

光纤接入能够确保向用户提供 10Mb/s、100Mb/s、1000Mb/s 的高速带宽，可直接汇接到 CHINANET 骨干节点，主要适用于商业集团用户和智能化小区局域网的高速接入 Internet。它的特点是传输容量大，传输质量好，损耗小，中继距离长。

2) DDN 专线接入

DDN(Digital Data Network，数字数据网)是利用数字信道提供半永久性连接电路，以传输数据信号为主的数字传输网络。通过 DDN 节点的交叉连接，在网络内为用户提供一条固定的、由用户独自完全占有的数字电路物理通道。无论用户是否在传送数据，该通道始终为用户独享，除非网管删除此条用户电路。这种方式适合对带宽要求比较高的应用，如企业网站。它的特点也是速率比较高、延时小、传输质量稳定。但是，由于整个链路被企业独占，所以费用很高，因此中小企业较少选择。

3) 电力网接入

电力线通信(PLC)，是指利用电力线传输数据、语音和视频信号的一种通信方式。通过电源插座，可以实现因特网接入、电视节目接收、语音通话、可视电话等多项服务。

电力上网的优势明显，首先是上网方式简单。普通用户只要将电力宽带"猫"插入电源插座，就能立刻上网。其次，上网速度非常快，正常传输速率为 45Mb/s。第三，入户无须破墙打洞。尤其是家庭用户不需要在房间内布线，避免破坏原本的室内美观。

虽然电力上网还处于开始阶段，但它的应用前景非常看好。

4) 无线接入

无线接入是指从交换节点到用户终端之间，部分或全部采用了无线手段。

(1) 无线局域网。

无线局域网(Wireless Local Area Networks，WLAN)是计算机网络与无线通信技术相结合的产物。它不受电缆束缚，可移动，能解决因有线网布线困难等带来的问题，并且组网灵活，扩容方便，与多种网络标准兼容，应用广泛。目前，WLAN 在很多公共场所(学校、酒店、车站、医院等)以及家庭、办公室等随处可见。WLAN 技术也日益成熟，数据传输速率可达 100Mb/s，价格也在逐步下降。

(2) 3G/4G 移动电话接入。

3G 即第三代移动通信技术，是指支持高速数据传输的蜂窝移动通信技术。3G 服务能

够同时传送声音及数据信息。目前3G存在3种标准：CDMA2000(美国标准，中国电信采用)、WCDMA(欧洲标准，中国联通采用)、TD-SCDMA(中国标准，中国移动采用)。

4G即第四代移动通信技术，它集3G与WLAN于一体，包括TD-LTE和FDD-LTE两种制式(中国移动使用TD-LTE制式，中国电信和中国联通使用TD-LTE＋FDD-LTE制式)，能够快速传输数据，以及高质量的音频、视频和图像等，理想状态下网速峰值可达到100Mb/s。

除了以上两种最常用的无线接入Internet方式外，还有很多接入方式，例如数字直播卫星接入技术(DBS接入技术)、固定宽带无线接入(MMDS/LMDS)技术、蓝牙技术等，篇幅所限，这里不一一介绍。

## 3.4.2 IP地址

### 1. IPv4概述

由于不同物理网络在地址编址的方式上不统一给寻址带来极大的不便，在进行网络互联时首先要解决的问题是物理网络地址的统一问题。因特网是在网络层进行互联的，因此要在网络层(IP层)完成地址的统一工作，将不同物理网络的地址统一到具有全球唯一性的IP地址上。IP地址是IP提供的统一地址格式，为互联网上的每一个网络和每一台主机分配一个逻辑地址，以此来屏蔽物理地址的差异。为了保证寻址的正确性，必须确保网络中主机地址的唯一性。

因特网采用一种全局通用的IP地址格式，由“网络号＋主机号”构成。因特网由网络互联而成，网络由主机互联而成，这种地址格式体现了网络的层次结构，便于转发数据包时进行寻址，快速准确地找到目的主机。

目前，全球因特网所采用的协议簇是TCP/IP协议簇。IP是TCP/IP协议簇中网络层的协议，是TCP/IP协议簇的核心协议。最常用的IP版本号是4(现在已扩展的还有IPv6)，简称IPv4，发展至今已经使用了30多年。IP地址是一个32位的二进制数，通常被分割为4组，每组是一个8位二进制数。IP地址通常用“点分十进制”表示成(a.b.c.d)的形式，其中，a、b、c、d都是0～255的十进制整数。例如，点分十进制IP地址100.4.152.61实际上是32位二进制数(01100100.00000100.10011000.00111101)分4段后的十进制写法。

IP地址编址方案将IP地址空间划分为A、B、C、D、E共5类，其中A、B、C是基本类，D、E类作为多播和保留使用，如图3-33所示。

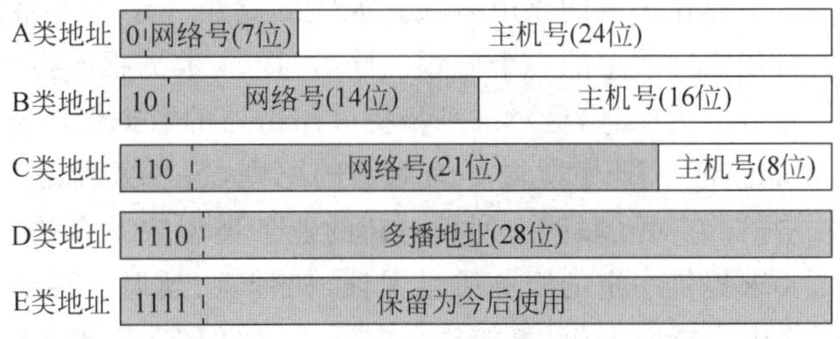


图3-33 IP地址中的网络号和主机号

A类、B类、C类是主类地址，即基本地址；D类和E类是次类地址，D类称为多播地址，E类尚未使用。由0开头的是A类地址，第2～8位为网络号，第9到第32位为主机号，用于拥有大量主机的超大型网络，全球只有126(即$2^8-2$，去除网络号全为0和全为1的特殊地址)个网络，可以获得A类地址，每个网络中最多可以有16 777 214(即$2^{24}-2$，去除主机号全为0和全为1的特殊地址)个；由10开头的是B类地址，第3～16位为网络号，第17～32位为主机号，适用于规模适中的网络。由110开头的是C类地址，第4～24位为网络号，第25～32位为主机号，适用于主机数量不超过254台的小型网络。

所有的IP地址都由国际组织InterNIC(负责美国及其他地区)、ENIC(负责欧洲地区)、APNIC(负责亚太地区)按级别负责统一分配，目的是为了保证网络地址的全球唯一性，机构用户在申请入网时可以获取相应的IP地址。我国申请IP地址要通过APNIC，APNIC的总部设在日本东京大学。申请时要考虑申请哪一类的IP地址，然后向国内的代理机构提出。主机地址由各个网络的管理员统一分配。因此，网络地址的唯一性与网络内主机地址的唯一性确保了IP地址的全球唯一性。

IP地址的特点如下。

(1) IP地址分等级，由网络号和主机号两个等级组成。这样的好处是IP地址管理机构在分配IP地址的时候只分配网络号，剩下的主机号由各单位自行分配。路由器仅根据目的主机所连接的网络号来转发分组，减少了路由表占用的存储空间以及路由器查询路由表的时间。

(2) 如果一个主机连接到两个不同的网络，则必须有两个相应的IP地址，称为多宿主机。一个路由器至少连接到两个网络，因此一个路由器至少有两个不同的IP地址。

(3) 一个网络是指具有相同网络号的一群主机的集合。因此，用转发器或者网桥连接起来的若干个局域网仍然为一个网络。具有不同网络号的局域网必须使用路由器互联。

(4) 在IP地址中，所有分配到网络号的网络都是平等的。

IPv4作为最常用的IP地址，除了拥有IP地址的特点外，还有如下不足之处。

(1) 有限的地址空间。IPv4中每一个网络接口由长度为32位的IP地址标识，这决定了IPv4的地址空间为$2^{32}$，理论上大约可以容纳4 294 967 296个主机，这一地址空间难以满足未来移动设备和消费类电子设备对IP地址的巨大需求量，全球IPv4地址数已于2011年2月分配完毕。

(2) 路由选择效率不高。IPv4的地址由网络和主机地址两部分构成，以支持层次型的路由结构。子网和CIDR的引入提高了路由层次结构的灵活性。但由于历史的原因，IPv4地址的层次结构缺乏统一的分配和管理，并且多数IP地址空间的拓扑结构只有两层或者三层，这导致主干路由器中存在大量的路由表项。庞大的路由表增加了路由查找和存储的开销，成为目前影响提高互联网效率的一个瓶颈。同时，IPv4数据报的报头长度不固定，因此难以利用硬件提取、分析路由信息，这对进一步提高路由器的数据传输速率也是不利的。

(3) 缺乏服务质量保证。IPv4遵循尽力而为的原则，这一方面是一个优点，因为它使IPv4简单高效；另一方面它对互联网上涌现的新的业务类型缺乏有效的支持，如实时和多媒体应用，这些应用要求提供一定的服务质量保证，如带宽、延迟和抖动。研究人员提出了新的协议在IPv4网络中支持以上应用，如执行资源预留的RSVP和支持实时传输的RTP/RTCP。这些协议同样提高了规划、构造IP网络的成本和复杂性。

(4) 地址分配不便。IPv4是采用手工配置的方法来给用户分配地址，这不仅增加了管理和规划的复杂程度，而且不利于为那些需要IP移动性的用户提供更好的服务。

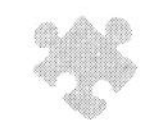

**2. 静态 IP 地址和动态 IP 地址**

静态 IP 地址又称为固定 IP 地址。静态 IP 地址是长期固定分配给一台计算机使用的 IP 地址，也就是说机器的 IP 地址保持不变。一般是特殊的服务器才拥有静态 IP 地址。现在获得静态 IP 的方式比较昂贵，可以通过主机托管、申请专线等方式来获得。

动态 IP 地址和静态 IP 地址相对应。对于大多数上网的用户，由于其上网时间和空间的离散性，为每个用户分配一个固定的 IP 地址（静态 IP 地址）是非常不可取的，这将造成 IP 地址资源的极大浪费。因此为了节省 IP 资源，通过电话拨号、ADSL 虚拟拨号等方式上网的机器是不分配固定 IP 地址的，而是自动获得一个由 ISP 动态临时分配的 IP 地址，该地址当然不是任意的，而是该 ISP 申请的网络 ID 和主机 ID 的合法区间中的某个地址。用户任意两次连接时的 IP 地址很可能不同，但是在每次连接时间内 IP 地址不变。尽管这不影响您访问互联网，但是您的朋友、商业伙伴（他们可能这时也在互联网上）却不能直接访问您的机器。因为，他们不知道您的计算机的 IP 地址。这就像每个人都有一部电话，但电话号码每天都在改变。

**3. IPv6**

由于互联网的蓬勃发展，过去几十年网络规模呈几何级增长，IP 地址的需求量越来越大，地址空间的不足已经妨碍了互联网的进一步发展。当初设计 IP 地址时，IPv4 只有 43 亿个地址，没有考虑到因特网能发展如此迅速，IPv4 势必枯竭，这给 Internet 的发展提出了新的挑战。以国内为例，据中国互联网网络信息中心 CNNIC 发布的《第 41 次中国互联网络发展状况统计报告》显示：截至 2017 年 12 月底，中国网民 7.72 亿，而我国分配到的 IP 地址只有 3.37 亿。虽然动态 IP 地址分配机制最大化利用了 IP 地址空间，但是供需的矛盾无法满足持续增长的网民需求。为了扩大地址范围，拟通过新版本的 IP 即 IPv6 重新定义地址空间，IPv6 采用 128 位地址长度。在 IPv6 的设计过程中除了一劳永逸地解决了地址短缺问题以外，还考虑了在 IPv4 中没有解决好的其他问题。

20 世纪 90 年代初，IETF（Internet 工程任务组）认识到解决 IPv4 问题的唯一办法就是设计一个新版本来取代 IPv4，于是成立了名为 IPng（IP next generation）的工作组，主要的工作是定义过渡的协议确保当前 IP 版本和新的 IP 版本长期的兼容性，并支持当前使用的和正在出现的基于 IP 的应用程序。

IPng 工作组的工作开始于 1991 年，先后研究了几个草案，最后提出了 IPv6。IPv6 继承了 IPv4 的端到端和尽力而为的基本思想，其设计目标就是要解决 IPv4 存在的问题，并取代 IPv4 成为下一代互联网的主导协议。为实现这一目标，IPv6 具有以下特征。

(1) 128 位地址空间。IPv6 的地址长度由 IPv4 的 32 位扩展到 128 位。IPv6 地址的无限充足意味着在人类世界，每件物品都能分到一个独立的 IP 地址。也正是这个原因，IPv6 技术的运用，将会让信息时代从人机对话，进入到机器与机器互联的时代，让物联网成为现实，所有的家具、电视、相机、手机、电脑、汽车……全部都可以纳入，成为互联网的一部分。另一个值得考虑的因素是地址分配。IPv4 时代互联网地址分配的教训使人们意识到即使有 128 位的地址空间，一个良好的分配方案仍然非常关键。因此，有理由相信在 IPv6 时代 lP 地址可能会得到更充分地利用。

(2) 改进的路由结构。IPv6 采用类似 CIDR 的地址聚类机制层次的地址结构。为支持更多的地址层次，网络前缀可以分成多个层次的网络，其中包括 13 比特的 TLA-ID（顶级聚类标识)、24 比特的 NLA-ID(次级聚类标识)和 16 比特的 SLA-ID(网点级聚类标识)。一般来说,IPv6 的管理机构对 TLA 的分配进行严格管理,只将其分配给大型骨干网的 ISP,然后骨干网 ISP 再可以灵活地为各个地区中小 ISP 分配 NLA,而用户从中小 ISP 获得地址。这样不仅可以定义非常灵活的地址层次结构,同时,同一层次上的多个网络在上层路由器中表示为一个统一的网络前缀,这样可以显著减少路由器必须维护的路由表项。

同时,IPv6 采用固定长度的基本报头,简化了路由器的操作,降低了路由器处理分组的开销。在基本报头之后还可以附加不同类型的扩展报头,为定义可选项以及新功能提供了灵活性。

(3) 实现 IP 层网络安全。IPv6 要求强制实施因特网安全协议(Internet Protocol Security,IPSec),并已将其标准化。IPSec 在 IP 层可实现数据源验证、数据完整性验证、数据加密、抗重播保护等功能;支持验证头(Authentication Header,AH)协议、封装安全性载荷(Encapsulating Security Payload,ESP)协议和密钥交换(Internet Key Exchange,IKE)协议,这三种协议将是未来 Internet 的安全标准。另外,病毒和蠕虫是最让人头疼的网络攻击。但这种传播方式在 IPv6 的网络中就不再适用了,因为 IPv6 的地址空间实在是太大了,如果这些病毒或者蠕虫还想通过扫描地址段的方式来找到有可乘之机的其他主机,犹如大海捞针。在 IPv6 的世界中,按照 IP 地址段进行网络侦查是不可能了。

(4) 无状态自动配置。IPv6 通过邻居发现机制能为主机自动配置接口地址和默认路由器信息,使得从互联网到最终用户之间的连接不经过用户干预就能够快速建立起来。

IPv6 高效的互联网引擎引人注目的是,IPv6 增加了许多新的特性,其中包括服务质量保证、自动配置、支持移动性、多点寻址、安全性。另外 IPv6 在移动 IP 等方面也有明显改进。

基于以上新的特征和改进,IPv6 为互联网换上一个简捷、高效的引擎,不仅可以解决 IPv4 目前的地址短缺难题,而且可以使国际互联网摆脱日益复杂、难以管理和控制的局面,变得更加稳定、可靠、高效和安全。

IPv6 的以上特性同时为移动网络提供了广阔的前景。目前移动通信正在试图从基于电路交换提供语音服务向基于 IP 提供数据、语音、视频等多种服务转变,IPv4 很难对此提供有效的支持:移动设备入网需要大量的 IP 地址,移动设备的全球漫游问题也必须由附加的移动 IPv4 加以支持。IPv6 的地址空间、移动性的支持、服务质量保证机制、安全性和其他灵活性很好地满足了移动网络的需求。

IPv6 的另一个重要应用就是网络实名制下的互联网身份证。目前基于 IPv4 的网络之所以难以实现网络实名制,一个重要原因就是因为 IP 资源的共用,所以不同的人在不同的时间段共用一个 IP,IP 和上网用户无法实现一一对应。但 IPv6 可以直接给该用户分配一个固定 IP 地址,这样实际上就实现了实名制。

### 3.4.3 常用 Internet 服务

#### 1. 域名服务

因特网上的节点都可以用 IP 地址来唯一标识,并且可以通过 IP 地址来访问。但即使将 32 位二进制 IP 地址写成 4 个 0～255 的十进制数形式,也依然不太容易记忆。因此,人

们发明了域名(Domain Name,DN),域名可将一个 IP 地址关联到一组有意义的字符上去,当用户访问一个网站的时候,既可以输入该网站的 IP 地址,也可以输入其域名。对访问而言,两者是等价的。例如,某个网站 Web 服务器的 IP 地址是 207.46.230.229,其对应的域名是 www.abc.com,不管用户在浏览器中输入的是 207.46.230.229 还是 www.abc.com,都可以访问相同的 Web 网站。域名服务是互联网提供的一种服务,域名系统会及时把用户输入的域名转换成相应的 IP 地址,然后用户的主机通过 IP 地址访问网络中的站点。

1) 名字空间的层次结构

名字空间是指所有可能名字的集合。域名系统的名字空间是层次结构的,类似 Windows 的文件名。可以把域名系统的名字空间看作是一个树状结构,域名系统不区分树内节点和叶子节点,统称为节点,不同节点可以使用相同的标记。所有节点的标记只能由 3 类字符组成:26 个英文字母(a～z)、10 个阿拉伯数字(0～9)和英文连词号(-),并且标记的长度不得超过 22 个字符。一个节点的域名是由从该节点到根的所有节点的标记连接组成的,中间以点号分隔。最上层节点的域名称为顶级域名(Top-Level Domain,TLD),第二层节点的域名称为二级域名,以此类推。名字空间的层次结构如图 3-34 所示。

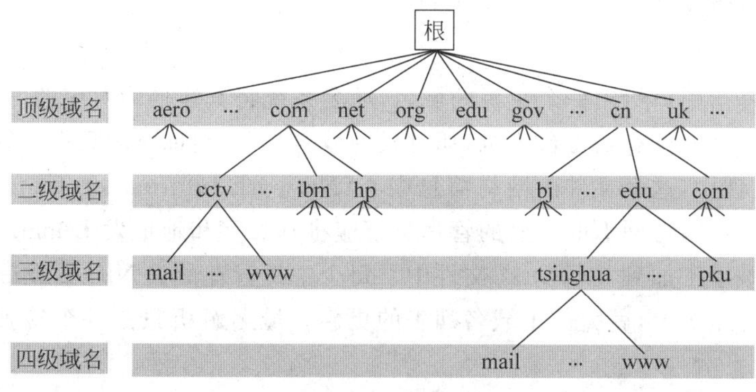


图 3-34 名字空间的层次结构

域名由因特网域名与地址管理机构(Internet Corporation for Assigned Names and Numbers,ICANN)管理,这是为承担域名系统管理、IP 地址分配、协议参数配置,以及主服务器系统管理等职能设立的非营利机构。ICANN 为不同的国家或地区设置了相应的顶级域名,这些域名通常由两个英文字母组成。例如,.uk 代表英国;.fr 代表法国;.jp 代表日本。因为 Internet 是从美国发起的,所以美国的区域名(us)通常被省略。中国的顶级域名是.cn,.cn 下的域名由中国互联网络信息中心(China Internet Network Information Center,CNNIC)进行管理。

除了代表各个国家顶级域名之外,ICANN 最初还定义了 7 个顶级的类别域名,分别是.com、.top、.edu、.gov、.mil、.net、.org。其中.com、.top 用于企业,.edu 用于教育机构,.gov 用于政府机构,.mil 用于军事部门,.net 用于互联网络及信息中心等,.org 用于非营利性组织。随着因特网的发展,ICANN 又增加了两大类共 7 个顶级类别域名,分别是.aero、.biz、coop、.info、.museum、.name、.pro。其中,.aero、.coop、.museum 是 3 个面向特定行业或群体的顶级域名:.aero 代表航空运输业,.coop 代表协作组织,.museum 代表博物馆;.biz、.info、.name、.pro 是 4 个面向通用的顶级域名:.biz 表示商务,.name 表示个人,.pro 表示会计师、律师、医师等,.info 没有特定指向。

CNNIC 是经国家主管部门批准,于 1997 年 6 月 3 日组建的管理和服务机构,行使国家互联网络信息中心的职责。CNNIC 规定.cn 域下不能申请二级域名,三级域名的长度不得超过 20 个字符,并且对名称还做了下列限制。

(1) 注册含有 CHINA、CHINESE、CN 和 NATIONAL 等字样的域名要经国家有关部门(指部级以上单位)正式批准。

(2) 公众知晓的其他国家或者地区名称、外国地名和国际组织名称不得使用。

(3) 县级以上(含县级)行政区划名称的全称或者缩写的使用要得到相关县级以上(含县级)人民政府正式批准。

(4) 行业名称或者商品的通用名称不得使用。

(5) 他人已在中国注册过的企业名称或者商标名称不得使用。

(6) 对国家、社会或者公共利益有损害的名称不得使用。

(7) 经国家有关部门(指部级以上单位)正式批准和相关县级以上(含县级)人民政府正式批准,是指相关机构要出具书面文件表示同意。如要申请 beijing.com.cn 域名,则需要提供北京市人民政府的批文。

2) 域名解析

域名解析是指用户给出一个主机的域名,域名系统将其转换为对应的 IP 地址并返回给用户。早期因特网上仅有数百台主机,那时候的域名与 IP 地址对应只需要简单地记录在一个 hosts.txt 文件中,这个文件由网络信息中心(Network Information Center,NIC)负责维护。任何想添加到因特网上的主机的管理员都应将其名字和地址发 E-mail 给 NIC,这个对应的记录就会被手工加到 hosts.txt 文件中。每个主机管理员去 NIC 下载最新的 hosts.txt 文件放到自己的主机上,就完成了域名列表的更新。域名解析只是一个检查本机文件的本地过程。

随着因特网上主机数量的膨胀,原有的方式已经无法满足要求。现有域名系统于 20 世纪 80 年代开始投入使用。域名系统采用层次结构的名字空间,并且原来庞大的对应表被分解为不相交的、分布在因特网中的子表,这些子表称为资源文件。

上面说明了域名系统名字空间的层次结构,下面来具体看一下这一结构是如何同域名系统的域名服务器(Domain Name Server,DNS)结合来实现域名解析的。

首先,根据域名空间的层次结构将其按子树划分为不同的区域,每个区域看作是负责层次结构中这一部分节点的可管理的权力实体。例如,整个域的顶层区域由 ICANN 负责管理,一些国家域名及其下属的那些节点又构成了各自的区域,像.cn 域就由 CNNIC 负责管理。而.cn 域下又被划分为一些更小的区域,例如.suda.edu.cn 由苏州大学网络中心负责管理。

其次,每个区域必须有对应的域名服务器,每个区域中包含的信息存储在域名服务器上。域名服务器在接到用户发出的请求后查询自身的资源记录集合,返回用户想要得到的最终答案,或者当自身的资源记录集合中查不到所需要的答案时,返回指向另外一个域名服务器的指针,用户将继续向那个域名服务器发出请求。因此,域名服务器不需要记录所有下属域名和主机的信息,对于其中的一些子域,知道子域的域名服务器也同样可以。

根域名服务器知道所有顶级域名的域名服务器,第二层的域名服务器类似地存放各个

第三层域名服务器的指针。每个域名服务器都有根域名服务器的地址记录。一个需要域名解析的用户先将该解析请求发往本地的域名服务器。如果本地的域名服务器能够解析，则直接得到结果，否则本地的域名服务器将向根域名服务器发送请求。依据根域名服务器返回的指针再查询下一层的域名服务器，以此类推，最后得到要解析域名的 IP 地址。

DNS 域名服务器一般会把数据复制到几个域名服务器中备份，其中的一个是主域名服务器，其他的是辅助域名服务器。当主域名服务器出故障时，辅助域名服务器可以保证 DNS 的查询工作不会中断。主域名服务器定期把数据复制到辅助域名服务器中，而更改数据只能在主域名服务器中进行，这样能保证数据的一致性。

每个域名服务器都维护一个高速缓存，存放最近用过的名字以及从何处获得名字映射信息的记录。这使因特网上的 DNS 查询请求和回答报文的数量大为减少，可大大减轻根域名服务器的负荷。为了保持高速缓存中的内容正确，域名服务器应为每项内容设置计时器，并处理超过合理时间的项(例如，每个项目只存放两天)。增加此时间值可减少网络开销，而减少此时间值可提高域名转换的准确性。

3) 域名反解

域名反解(也称逆向域名解析)与域名解析正好相反，是指用户给出一个 IP 地址，域名系统找出其对应的域名并返回给用户。这也是利用 DNS 来实现的。由于在域名系统中，一个 IP 地址可以对应多个域名，因此从 IP 出发去找域名，理论上应该遍历整个域名树，但这在 Internet 上是不现实的。

为了完成逆向域名解析，系统提供了一个特别域，该特别域称为逆向解析域 in-addr. arpa。这样欲解析的 IP 地址就会被表达成一种像域名一样的可显示串形式，后缀以逆向解析域域名 in-addr. arpa 结尾。例如一个 IP 地址 218. 30. 103. 170，其逆向域名表达方式为 170. 103. 30. 218. in-addr. arpa。两种表达方式中 IP 地址部分顺序恰好相反，因为域名结构是自底向上(从子域到域)，而 IP 地址结构是自顶向下(从网络到主机)的。实质上逆向域名解析是将 IP 地址表达成一个域名，是以地址作为索引的域名空间，这样逆向解析的很大部分可以纳入正向解析中。

**2. FTP 文件传输**

网络环境中的一项基本应用就是将文件从一台计算机中复制到另一台可能相距很远的计算机中。初看起来，在两个主机之间传送文件是很简单的事情。其实这往往非常困难，原因是众多的计算机厂商研制出的文件系统多达数百种，且差别很大。网络环境下复制文件的复杂性包括：

(1) 计算机存储数据的格式不同。

(2) 文件的目录结构和文件命名的规定不同。

(3) 对于相同的文件存取功能，操作系统使用的命令不同。

(4) 访问控制方法不同。

文件传输协议(File Transfer Protocol，FTP)是 TCP/IP 的一种具体应用。FTP 提供交互式的访问，允许客户指明文件的类型与格式，并允许文件具有存取权限。FTP 屏蔽了各计算机系统的细节，因而适合于在异构网络中任意计算机之间传输文件。

FTP 使用 TCP 可靠的数据传输服务，为用户提供文件传输的一些基本服务。FTP 的主要目的是减少或消除在不同操作系统下处理文件的不兼容性。FTP 使用 C/S 模式，一个

FTP 服务器进程可同时为多个客户进程提供服务。FTP 的服务器进程由两大部分组成：一部分是控制进程，负责接收新的请求；另一部分是有若干个数据传送进程，负责处理单个请求。

控制连接在整个会话期间一直保持打开，FTP 客户发出的传输请求通过控制连接发送给服务器端的控制进程，但控制连接不用来传输文件。实际用于传输文件的是数据连接。服务器端的控制进程在接收到 FTP 客户发送来的文件传输请求后就创建数据传输进程和数据连接，用来连接客户端和服务器端的数据传输进程。数据传输进程实际完成文件的传输，在传输完毕后关闭数据传输连接并结束运行。FTP 使用的两个 TCP 连接如图 3-35 所示。

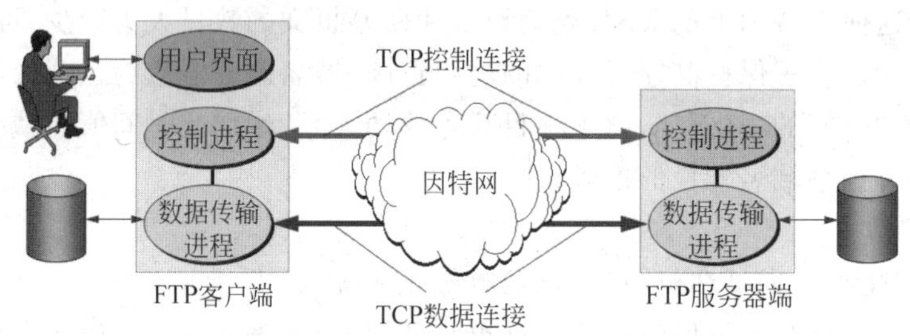


图 3-35　FTP 使用的两个 TCP 连接

**3. 万维网与 HTTP**

万维网（World Wide Web，WWW），常简称 Web。Web 程序分为 Web 客户程序和 Web 服务器程序。万维网是一个由许多互相链接的超文本组成的系统，通过互联网访问。在这个系统中，每个可以访问的对象统一称为资源，并且由一个全局统一资源标识符（Uniform Resource Locator，URL）标识。这些资源使用超文本传输协议（Hypertext Transfer Protocol，HTTP）传送给用户，用户通过单击链接就能获得资源。万维网并不等同于互联网，万维网只是互联网提供的服务之一，是靠着互联网运行的一项服务。

万维网以 C/S 模式工作。浏览器是用户计算机上的客户程序，万维网文档所驻留的计算机则运行服务器程序，因此这台计算机也称为万维网服务器（Web 服务器）。客户程序向服务器程序发出请求，服务器程序向客户程序送回客户所要的 Web 文档。客户程序在主窗口上显示出的一个 Web 文档称为一个页面。

万维网是一个分布式超媒体系统，是超文本系统的扩充。一个超文本由多个信息源链接组成，超文本中的一个链接称为一个超链接。利用超链接可使用户找到另一些文档，这些文档可以位于世界上任何一个连接在因特网上的超文本系统中。超文本是万维网的基础。超媒体文本与超文本的区别是文档内容不同。超文本文档仅包含文本信息，而超媒体文档还包含其他表示方式的信息，如图形、图像、声音、动画，视频等。用户通过超链接能非常方便地从因特网上的一个站点访问另一个站点，从而主动按需获取丰富的信息。

1）统一资源定位符

统一资源定位符（URL）是对可以从因特网上访问的资源的位置和访问方法的一种简洁表示。URL 给资源的位置提供了一种抽象的识别方法，并用这种方法给资源定位。只要能够对资源定位，系统就可以对资源进行各种操作，如存取、更新、替换和查找其属性。URL 相当于文件名在网络范围的扩展。因此 URL 是与因特网相连的机器上的任何可访

问对象的一个指针。

URL的一般形式是：<协议>://<主机>:<端口号>/<路径>

协议，如ftp表示文件传输协议，http表示超文本传输协议，news表示新闻等；冒号和两个斜线是规定的格式；<主机>是存放资源的主机，即在因特网中的主机域名；端口号以冒号与前面的主机隔开，用于区分主机中的不同应用，如果有默认端口号可省略；<路径>指明资源在主机中的存储路径，若省略<路径>项，则指的是主机上的主页。另外，URL中对字符的大写或小写没有要求。如，http://news.ifeng.com/listpage/jhy/125/xwjhylist.shtml，表示该URL的协议是http，说明使用http可以获取该资源；资源所在的主机域名是news.ifeng.com；资源在主机上的路径是/listpage/jhy/125/；资源名称是xwjhylist.shtml。这个URL详细给出了拥有该资源的主机在网络中的位置、资源在主机中的位置，以及获取该资源的方法。

2）HTTP

为了使超文本的链接能够高效率地完成，需要用HTTP来传送一切必需的信息。从层次的角度看，HTTP是面向事务的(Transaction-oriented)应用层协议，是万维网上能够可靠地交换文件(包括文本、声音、图像等多媒体文件)的重要基础。

当用户单击超链接http://news.ifeng.com/listpage/jhy/125/xwjhylist.shtml后发生了如下事件(如图3-36所示)。

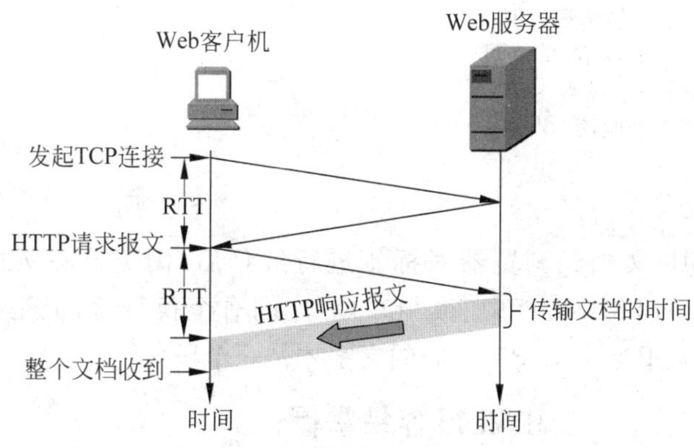


图3-36　请求Web文档的过程

(1) 浏览器分析超链接指向页面的URL。

(2) 浏览器向DNS请求解析news.ifeng.com的IP地址。

(3) 域名系统DNS解析出ifeng网服务器的IP地址。

(4) 浏览器与IP地址的服务器建立TCP连接。

(5) 浏览器使用HTTP发出取该服务器上文件的命令：

```
GET  /jhy/125/xwjhylist.shtml
```

(6) 服务器使用HTTP给出响应，并使用HTTP把/jhy/125目录下的文件xwjhylist.shtml发给浏览器。

(7) 释放TCP连接。

(8) 浏览器在页面内显示该文件的所有文本及其他资源。

万维网站点使用 Cookie 来跟踪用户。Cookie 表示在 Web 服务器和客户机之间传递的状态信息。使用 Cookie 的网站服务器为用户产生一个唯一的识别码，利用此识别码，网站就能跟踪该用户在本网站的活动。

3）Web 文档

（1）静态文档。

超文本标记语言（HTML）定义了许多用于排版的命令，这些命令称为标签。HTML 把各种标签嵌入到万维网页面中，构成 HTML 文档。HTML 文档是一种可以用任何文本编辑器创建的 ASCII 码文件。仅当 HTML 文档是以 html 或 htm 为扩展名时，浏览器才对此文档内的各种标签进行解释。如果 HTML 文档改以 txt 为其扩展名，则 HTML 解释程序不对标签进行解释，因而浏览器页面内看见的是包含标签的文本文件。浏览器从服务器读取 HTML 文档后，按照 HTML 文档中的各种标签，根据浏览器使用的显示器的尺寸和分辨率大小，重新进行排版并显示出页面。

HTML 文档中标签的用法示例：

```
<HTML>
<HEAD>
      <TITLE>一个 HTML 的例子</TITLE>
</HEAD>
<BODY>
      <H1>HTML 很容易掌握</H1>
      <P>这是第一个段落.虽然很
      短,但它仍是一个段落.</P>
      <P>这是第二个段落.</P>
</BODY>
</HTML>
```

上面这段 HTML 文档经浏览器对标签进行解释后，浏览器在页面内显示的内容如图 3-37 所示。注意，HTML 文档中“很”和“短”之间有个换行符，但是浏览器并不对其换行，因为浏览器认可＜P＞与＜/P＞之间的文字才是一个段落。

**HTML很容易掌握**

这是第一个段落。虽然很 短，但它仍是一个段落。

这是第二个段落。

图 3-37　浏览器显示的页面

（2）动态文档。

静态文档是指文档创作完毕后存放在 Web 服务器中，用户浏览的过程中，文档内容不会改变。动态文档是指文档内容是在浏览器访问服务器时才由服务器上的程序临时动态创建的。动态文档和静态文档的差别在服务器端，即文档内容的生成方法不同，从浏览器的角度看，这两种文档没有区别。

与静态文档相比，动态文档需要 Web 服务器在功能上进行如下扩充。

- 增加处理程序，能根据浏览器发来的数据动态创建文档。
- 增加一个机制，使 Web 服务器能把浏览器发来的数据传送给这个处理程序，并且 Web 服务器能够解释这个处理程序的输出，并向浏览器返回 HTML 文档。

(3) 活动文档。

当浏览器请求一个活动文档时，服务器返回一段程序副本在浏览器端运行。活动文档程序可与用户直接交互，并可连续地改变屏幕的显示。活动文档技术不需要服务器的连续更新，对网络带宽的要求也不会太高。由美国 Sun 公司开发的 Java 语言是一项用于创建和运行活动文档的技术。在 Java 技术中，使用小应用程序描述活动文档。例如，用户从 Web 服务器下载嵌入了 Java 小应用程序的 HTML 文档后，在浏览器的屏幕上单击某个图像，就能看到动画效果，或在下拉式菜单中单击某个项目，就能看到计算结果。Java 技术是活动文档技术的一部分。

4) 浏览器的主要组成部分

浏览器有一组客户、一组解释程序，以及管理这些客户和解释程序的控制程序。控制程序是浏览器的核心部件，负责解释鼠标的单击和键盘的输入，并调用有关组件来执行用户指定的操作。例如，当用户单击一个超链接时，控制程序调用一个客户从文档所在的远程服务器上取回该文档，并调用解释程序向用户显示该文档。HTML 解释程序是必不可少的，其他解释程序是可选的。解释程序把 HTML 格式转换为适合用户显示器的命令来处理版面细节。许多浏览器还包含 FTP 客户程序，用来获取文件的传送服务。一些浏览器也包含电子邮件客户程序，使浏览器能够发送和接收电子邮件。

浏览器取回的每一个页面副本都放入本地磁盘的缓存中。当用户单击某个超链接时，浏览器首先检查磁盘的缓存。若缓存中保存了该项，浏览器就直接从缓存中得到该项副本而不必从网络获取，这样能明显改善浏览器的运行特性。但缓存要占用磁盘大量的空间，而浏览器性能的改善只有在用户再次查看缓存中的页面时才会体现。因此许多浏览器允许用户调整缓存策略。

5) 万维网的信息检索系统

万维网中用来搜索资源的系统称为搜索引擎。通常说的搜索引擎是指收集了万维网上几十亿到几百亿个网页并对网页中的每一个词(即关键词)进行索引，建立索引数据库的全文搜索引擎。当用户查找某个关键词时，所有包含了该关键词的网页都将作为搜索结果，经过复杂的算法进行排序后，这些结果按照与搜索关键词相关度的高低依次排列，输出给用户。全文检索搜索引擎是一种技术型的检索工具，其工作原理是通过搜索软件到各网站收集信息，然后按照一定的规则建立一个很大的在线数据库供用户查询，数据库的内容每隔一定的时间就要更新。用户在查询时输入关键词，搜索引擎从已经建立的索引数据库中进行查询，而不是实时地在因特网上检索信息。

一个搜索引擎系统一般由搜索器、索引器、检索器和用户接口四个部分组成。搜索器的功能是在互联网中漫游，发现和搜集信息。索引器的功能是理解搜索器搜索到的信息，从中抽取出索引项，用于表示文档以及生成文档库的索引表。检索器的功能是根据用户的查询，在索引库中快速检索出文档，并进行文档与查询相关度的评价，根据相关度的高低对输出结果进行排序，并实现某种用户相关性反馈机制。用户接口的作用是输入用户查询、输出查询结果、提供用户相关性反馈机制。

分类目录搜索引擎并不采集网站的任何信息，而是利用各网站向搜索引擎提交网站信息时填写的关键词和网站描述等信息，经过人工审核编辑后，把符合登录条件的网站信息输入到分类目录数据库中，供网上用户查询。分类目录搜索也称为分类网站搜索。

**4. 电子邮件**

电子邮件(E-mail)是因特网上使用最多的和最受用户欢迎的一种应用。电子邮件程序把邮件发送到收件人使用的邮件服务器,并放在其中的收件人邮箱中,收件人可随时上网到自己使用的邮件服务器上进行读取。电子邮件不仅使用方便,而且还具有传递迅速和费用低廉的优点。现在电子邮件不仅可传送文字信息,还可附上声音和图像。

1) 电子邮件协议简介

发送邮件的协议是简单邮件传输协议(Simple Mail Transfer Protocol,SMTP);读取邮件的协议是邮局协议版本3(Post Office Protocol Version 3,POP3)和Internet邮件访问协议(Internet Mail Access Protocol,IMAP)。多用途互联网邮件扩展类型(Multipurpose Internet Mail Extensions,MIME)在邮件首部中说明了邮件的数据类型(如文本、声音、图像、视像等),使用MIME可在邮件中同时传送多种类型的数据。用户代理(User Agent,UA)是用户与电子邮件系统的接口,是电子邮件客户端软件。用户代理的功能是撰写、显示、处理邮件。邮件服务器的功能是发送和接收邮件,同时还要向发信人报告邮件传送的情况(已发送、被拒绝、丢失等)。邮件服务器需要使用发送和读取两个不同的协议,按照C/S模式工作。应当注意的是,一个邮件服务器既可以作为客户,也可以作为服务器。例如,当邮件服务器A向另一个邮件服务器B发送邮件时,邮件服务器A就作为SMTP客户,而B是SMTP服务器。当邮件服务器A从另一个邮件服务器B接收邮件时,邮件服务器A就作为SMTP服务器,而B是SMTP客户。

发送和接收电子邮件的几个重要步骤如下。

(1) 发件人调用PC中的“用户代理”程序撰写和编辑要发送的邮件。

(2) 发件人的“用户代理”把邮件用SMTP协议发给发送方邮件服务器。

(3) SMTP服务器把邮件临时存放在邮件缓存队列中,等待发送。

(4) 发送方邮件服务器的SMTP客户进程与接收方邮件服务器的SMTP服务进程建立TCP连接,然后把邮件缓存队列中的邮件依次发送出去。

(5) 接收方邮件服务器中的SMTP服务进程收到邮件后,把邮件放入收件人的邮箱中,等待收件人进行读取。

请注意(4)和(5),发送邮件分两步:第一步发件人把邮件发送到自己的SMTP服务器;第二步自己的SMTP服务器把邮件发送到收件人的SMTP服务器。

(6) 收件人打算收信时,运行PC中的“用户代理”,使用POP3(或IMAP),从自己的邮件服务器上读取发送给自己的邮件。注意,POP3客户和POP3服务器之间的通信是由POP3客户发起的。

2) 电子邮件的组成

电子邮件由信封和内容两部分组成。电子邮件的传输程序根据邮件信封上的信息传送邮件。用户从自己的邮箱中读取邮件时才能见到邮件的内容。在邮件的信封上,最重要的就是收件人的地址。

电子邮件地址的格式是:

收件人邮箱名@邮箱所在主机的域名

符号@读作at,表示“在”的意思。例如,电子邮件地址zhangsan@suda.edu.cn,其中suda.edu.cn是邮箱所在的主机域名,在全世界必须是唯一的;而收件人邮箱名zhangsan

在该域名范围内是唯一的，用于标识该域名上的用户。

3）SMTP

SMTP 规定了两个相互通信的 SMTP 进程之间应如何交换信息。由于 SMTP 使用 C/S 模式，因此负责发送邮件的 SMTP 进程是 SMTP 客户，负责接收邮件的 SMTP 进程是 SMTP 服务器。SMTP 规定了 14 条命令和 21 种应答信息。每条命令用 4 个字母组成，而每一种应答信息一般只有一行信息，由一个 3 位数字的代码开始，后面附上（也可不附上）很简单的文字说明。

SMTP 通信的三个阶段如下。

（1）建立连接。在发送主机的 SMTP 客户和接收主机的 SMTP 服务器之间建立 TCP 连接。SMTP 不使用中间邮件服务器。

（2）传送邮件。

（3）释放连接。邮件发送完毕后，SMTP 应释放 TCP 连接。

4）邮件读取协议 POP3 和 IMAP

POP 是一个非常简单、功能有限的邮件读取协议，现在使用的是第三个版本 POP3。POP3 也使用 C/S 模式工作。在接收邮件的用户计算机中必须运行 POP3 客户程序，而在用户所连接的邮件服务器中则运行 POP3 服务器程序。

IMAP 也是按 C/S 模式工作的，现在较新的是版本 4，即 IMAP4。通过 IMAP4，用户在自己的计算机上就可以操纵邮件服务器中的邮箱，就像在本地操纵一样。因此 IMAP4 是一个联机协议。当用户计算机上的 IMAP4 客户程序打开 IMAP4 服务器的邮箱时，用户就可看到邮件的首部。若用户需要打开某个邮件，则该邮件才传到用户的计算机上。

5）POP3 与 IMAP4 的区别

POP3 允许电子邮件客户端下载服务器上的邮件，但只是在客户端操作邮件（如移动邮件、标记已读等），用户的操作不会反馈到服务器上。如通过客户端收取了邮箱中的 3 封邮件并移动到其他文件夹，邮箱服务器上的这些邮件是没有同时被移动的。

而 IMAP4 以 Web 方式提供了客户端与邮件服务器端的双向通信，客户端的操作都会反馈到服务器上，对邮件进行的操作，服务器上的邮件也会做相应的动作。但是同时 IMAP4 也像 POP3 那样提供了方便的邮件下载服务，让用户能进行离线阅读。IMAP4 提供的摘要浏览功能可以在阅读完所有的邮件到达时间、主题、发件人、大小等信息后才做出是否下载的决定。此外，IMAP 更好地支持了从多个不同设备中随时访问邮件。

注意，不要将邮件读取协议 POP3 或 IMAP4 与邮件传送协议 SMTP 弄混。发信人的"用户代理"程序向源邮件服务器发送邮件，以及源邮件服务器向目的邮件服务器发送邮件，使用的都是 SMTP。而 POP3 或 IMAP4 则是用户从目的邮件服务器上读取邮件所使用的协议。

## 3.4.4 移动互联网

### 1. 移动互联网概述

在我国互联网的发展过程中，PC 互联网已日趋饱和，移动互联网却呈现井喷式发展。据 CNNIC 第 41 次调查报告显示，截至 2017 年 12 月底，中国网民数量为 7.72 亿，其中手机网民规模达 7.53 亿人，占比达 97.5%。伴随着移动终端价格的下降及 WIFI 的广泛铺设，移动网民越来越多。

移动互联网是指移动通信终端与互联网相结合成为一体，是用户使用手机、PDA、平板电脑或其他无线终端设备，通过2G、3G(WCDMA、CDMA2000、TD-SCDMA)、4G(TD-LTE、FDD-LTE)或者WLAN等移动网络，在移动状态下随时、随地访问Internet以获取信息，使用商务、娱乐等各种网络服务。相对传统互联网而言，移动互联网强调可以随时随地并且可以在高速移动的状态中接入互联网并使用应用服务。

移动互联网是互联网技术、平台、商业模式和应用与移动通信技术结合并实践的活动的总称，它包括移动互联网终端设备、移动通信网络、移动互联网应用和移动互联网相关技术四个部分。移动通信网络无须连接各终端、节点所需的网络，通过无线电波将网络信号覆盖延伸到每个角落，让用户能随时随地接入所需的移动应用服务。移动互联网终端是指通过无线通信技术接入互联网的终端设备。

**2. 移动互联网特征**

手机是移动互联网时代的主要终端载体，根据手机及手机应用的特点，移动互联网主要有以下特征。

(1) 随时随地的特征。手机是随身携带的物品，因而具备随时随地的特性。

(2) 个人化、私密性。每部手机都归属到一个人，包括手机号码，手机终端的应用基本上都是私人来使用的，相对于PC用户，更具有个人化、私密性的特点。

(3) 地理位置特征。不管是通过基站定位、GPS定位还是混合定位，手机终端可以获取使用者的位置，可以根据不同的位置提供个性化的服务。

(4) 真实关系特征。手机上的通讯录用户关系是最真实的社会关系，随着手机应用从娱乐化转向实用化，基于通讯录的各种应用也将成为移动互联网新的增长点，在确保各种隐私保护之后的联网，将会产生更多的创新型应用。

(5) 终端多样化。众多的手机操作系统、分辨率、处理器，造就了形形色色的终端，一个优秀的产品要想覆盖更多的用户，就需要更多考虑终端兼容。

移动互联网的这些特征是其区别于传统互联网的关键所在，也是移动互联网产生新产品、新应用、新商业模式的源泉。每个特征都可以延伸出新的应用，也可能有新的机会。总之，移动互联网继承了桌面互联网的开放协作的特征，又继承了移动网的实时性、隐私性、便携性、准确性、可定位的特点。

**3. 移动通信技术**

1) 第一代移动通信技术

第一代移动通信技术(1G)是指最初的模拟、仅限语音的蜂窝电话标准，制定于20世纪80年代。第一代移动通信主要采用的是模拟技术和频分多址(FDMA)技术。由于受到传输带宽的限制，不能进行移动通信的长途漫游，只能是一种区域性的移动通信系统。第一代移动通信有很多不足之处，如容量有限、制式太多、互不兼容、保密性差、通话质量不高、不能提供数据业务和不能提供自动漫游等。

中国的第一代模拟移动通信系统从中国电信1987年11月开始运营模拟移动电话业务到2001年12月底中国移动关闭模拟移动通信网，1G系统在中国的应用长达14年，用户数最高曾达到660万。如今，1G时代那像砖头一样的手持终端——大哥大，已经成为很多人的回忆。

2）第二代移动通信技术

自20世纪90年代以来，以数字技术为主体的第二代移动通信技术（2G）得到了极大的发展，短短的10年，其用户就超过了10亿。在中国，以GSM为主，CDMA为辅的第二代移动通信系统只用了10年的时间，就发展了近2.8亿用户，并超过固定电话用户数，成为世界上最大的移动经营网络。

与第一代模拟蜂窝移动通信相比，第二代移动通信系统具有保密性强、频谱利用率高、能提供丰富的业务、标准化程度高等特点，使得移动通信得到了空前的发展，从过去的对于传统电信的补充地位，已跃居通信的主导地位。

据IDG新闻社的报道，全球诸多GSM网络运营商已经将2017年确定为关闭GSM网络的年份。在中国市场，中国移动和中国联通运营着全世界最大的两个GSM网络，国内尚有大量的老年人和学生用户使用基于GSM的非智能手机，截至目前，中国移动和中国联通公司均未出台有关将关闭GSM网络的政策或消息。

3）第三代移动通信技术

第三代移动通信技术（3G）即国际电信联盟（ITU）定义的IMT-2000（International Mobile Telecommunication-2000），是相对第一代模拟制式和第二代GSM、CDMA等数字制式而言的。一般地讲，3G是指将无线通信与国际互联网等多媒体通信结合的新一代移动通信系统。它能够处理图像、音乐、视频流等多种媒体形式，提供包括网页浏览、电话会议、电子商务等多种信息服务，无线网络必须能够支持不同的数据传输速率。3G下行速度峰值理论可达3.6Mb/s（一说2.8Mb/s），上行速度峰值也可达384kb/s。

目前，国际上最具代表性的3G标准有三种，它们分别是TD-SCDMA、WCDMA和CDMA2000，均采用CDMA技术。其中TD-SCDMA属于时分双工（TDD）模式，是由中国提出的3G标准，目前中国移动采用此技术；而WCDMA和CDMA2000属于频分双工（FDD）模式，其中中国联通使用的是WCDMA技术，中国电信则使用的是CDMA2000。

4）第四代移动通信技术

第四代移动通信技术（4G）包括TD-LTE和FDD-LTE两种制式（严格意义上来讲，LTE只是3.9G，尽管被宣传为4G无线标准，但它其实并未被3GPP认可为国际电信联盟所描述的下一代无线通信标准IMT-Advanced，因此在严格意义上还未达到4G的标准。只有升级版的LTE Advanced才满足国际电信联盟对4G的要求）。

4G是集3G与WLAN于一体，并能够快速传输数据，以及高质量的音频、视频和图像等。4G能够以100Mb/s以上的速度下载，并能够满足几乎所有用户对于无线服务的要求。此外，4G可以在DSL和有线电视调制解调器没有覆盖的地方部署，然后再扩展到整个地区。很明显，4G有着不可比拟的优越性。

5）第五代移动通信技术

第五代移动通信技术（5G）是4G之后的延伸，正在研究中。目前还没有任何电信公司或标准制定组织（像3GPP、WiMAX论坛及ITU-R）在公开场合或官方文件中提到5G。

2016年11月，在乌镇举办的第三届世界互联网大会上，美国高通公司带来的可以实现“万物互联”的5G技术原型入选15项“黑科技”——世界互联网领先成果。高通公司的5G向千兆移动网络和人工智能迈进。

2017年1月17日，工信部发布《信息通信行业发展规划（2016—2020年）》（工信部规

〔2016〕424 号），将在“十三五”期间积极开展 5G 标准研究，构建 5G 商用网络，推动 5G 支撑移动互联网、物联网应用融合创新发展，为 5G 启动商用服务奠定基础。2017 年，华为公司在 5G 技术研发方面保持领先优势，体现出较强的设备成熟度，从电信产业的追随者转型为技术创新的引领者。这将增加中国在 5G 网络标准制定的影响力，提高与外国专利持有人谈判时的议价能力，降低电信设备制造商、芯片公司和电信设备供应链相关公司的成本。预计 2020 年 5G 商用，开启万物互联和人机深度交互的新时代。

# 3.5 信息安全

## 3.5.1 信息安全概述

Internet 是信息社会的一个重要方面，Internet 强调了开放性和共享性，但它所采用的 TCP/IP 等技术的安全性是很脆弱的，本身并不提供高度的安全保护，所以需要另外采取措施对信息进行保护。

计算机网络上的通信有可能面临以下四种威胁。

（1）截获：从网络上窃听他人的通信内容。

（2）中断：有意中断他人在网络上的通信。

（3）篡改：故意篡改网络上传送的报文。

（4）伪造：伪造信息在网络上传送。

截获信息的攻击称为被动攻击，而篡改和伪造信息以及中断用户通信的攻击称为主动攻击。四种威胁如图 3-38 所示。

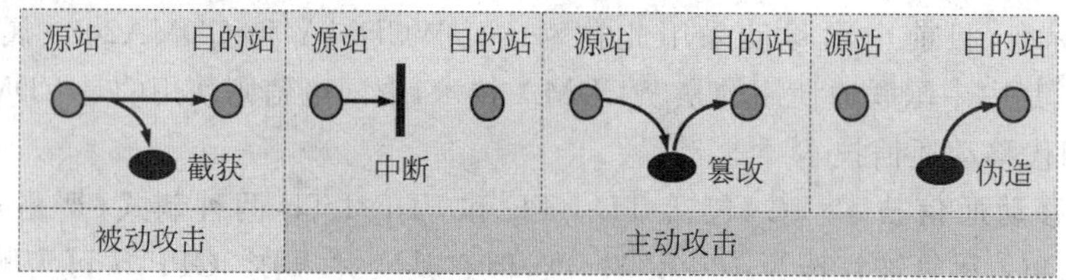


图 3-38 网络通信面临的四种威胁

在被动攻击中，攻击者只是观察和分析某一个协议数据单元而不干扰信息流。主动攻击是指攻击者对某个连接中通过的协议数据单元进行各种处理，如更改报文流、拒绝报文服务、伪造连接初始化等。一般计算机网络通信安全有以下几个目标：①防止析出报文内容；②防止通信量分析；③检测更改报文流；④检测拒绝报文服务；⑤检测伪造初始化连接。

## 3.5.2 数据加密技术

数据加密技术是计算机通信和数据存储中对数据采取的一种安全措施，即使数据被别有用心的人获得，也无法了解其真实意思。数据加密的技术核心是密码学。对一段数据进行加密是通过加密算法用密钥对数据进行处理。算法可以是公开的知识，但密钥是保密的，或者至少有一部分是保密的。使用者可以简单地修改密钥，就达到改变加密过程和加密结果的目的。

**1. 对称密钥密码体制**

密码编码学是密码体制的设计学,而密码分析学则是在未知密钥的情况下从密文推演出明文或密钥的技术。密码编码学与密码分析学合起来即为密码学。如果不论截取者获得了多少密文,在密文中都没有足够的信息来唯一地确定出对应的明文,则这一密码体制称为无条件安全的,或称为理论上是不可破的。如果密码体制中的密码不能被可使用的计算资源破译,则这一密码体制称为在计算上是安全的。

常规密钥密码体制是指加密密钥与解密密钥相同的密码体制。这种加密体制又称为对称密钥密码体制。数据加密标准(Data Encryption Standard,DES)属于常规密钥密码体制,是一种分组密码。DES在加密前,先对整个明文进行分组,每一个组的长度为64位。然后对每个64位二进制数据进行加密处理,产生一组64位密文数据。最后将各组密文串接起来,即得出整个的密文。使用的密钥也是64位(实际密钥长度为56位,有8位用于奇偶校验)。DES的保密性仅取决于对密钥的保密,而算法是公开的。尽管人们在破译DES方面取得了许多进展,但至今仍未能找到比穷举搜索密钥更有效的方法。DES是世界上第一个公认的实用密码算法标准,曾对密码学的发展做出了重大贡献。

目前较为严重的问题是DES的密钥太短,已经能被现代计算机“暴力”破解。另外一个问题是加密、解密使用同样的密钥,由发送者和接收者保存,分别在加密和解密时使用。采用这种方法的主要问题是密钥的生成、注入、存储、管理、分发等很复杂,特别是随着用户的增加,密钥的需求量成倍增加。在网络通信中,大量密钥的分配是一个难以解决的问题。例如,若系统中有 $n$ 个用户,其中每两个用户之间需要建立密码通信,则系统中每个用户须掌握 $n-1$ 个密钥,系统中所需的密钥总数为 $n*(n-1)/2$ 个。一个系统中如果有较多的用户,庞大数量的密钥生成、管理、分发是一个难处理的问题。

**2. 公钥密码体制**

公钥密码体制使用互不相同的加密密钥与解密密钥,是一种“由已知加密密钥推导出解密密钥在计算上是不可行的”的密码体制。公钥密码体制的产生主要是两个原因,一个是由于常规密钥密码体制的密钥分配问题;另一个是数字签名的需求。

现有最著名的公钥密码体制是RSA体制。RSA体制基于数论中大数分解问题,由美国三位科学家Rivest、Shamir和Adleman于1976年提出并在1978年正式发表。R、S、A分别是三人姓氏的首字母。

在公钥密码体制中,加密密钥(即公钥)PK是公开信息,而解密密钥(即私钥或秘钥)SK是需要保密的。加密算法 $E$ 和解密算法 $D$ 也都是公开的。虽然秘钥SK是由公钥PK决定的,却不能根据PK计算出SK。任何加密方法的安全性取决于密钥的长度,以及攻破密文所需的计算量。在这方面,公钥密码体制并不比传统加密体制更加优越。

目前由于公钥加密算法的计算开销较大,在可见的将来还看不出要放弃传统的加密方法。公钥还需要密钥分配协议,具体的分配过程并不比采用传统加密方法更简单。

公钥密码体制的运算过程如下。

发送者A用B的公钥 $PK_B$ 对明文 $X$ 加密($E$ 运算)生成密文 $Y$ 后,接收者B用自己的私钥 $SK_B$ 解密($D$ 运算),即可恢复出明文:

$$D_{SK_B}(Y) = D_{SK_B}(E_{PK_B}(X)) = X$$

解密密钥是接收者专用的密钥,对其他人都保密。

加密密钥是公开的，但不能用它来解密，即

$$D_{PK_B}(E_{PK_B}(X)) \neq X$$

加密和解密的运算可以对调，即

$$E_{PK_B}(D_{SK_B}(X)) = D_{SK_B}(E_{PK_B}(X)) = X$$

在计算机上很容易地生成成对的 PK 和 SK，但从已知的 PK 却不可能推导出 SK，即从 PK 到 SK 是“计算上不可能的”。

**3. 密钥分配**

密钥管理包括密钥的产生、分配、注入、验证和使用，这里只讨论密钥的分配。密钥分配是密钥管理中最大的问题，密钥必须通过最安全的通路进行分配。目前常用的对称密钥分配方式是设立密钥分配中心(Key Distribution Center，KDC)，通过 KDC 来分配密钥。KDC 是大家都信任的机构，其任务就是给需要进行秘密通信的用户临时分配一个会话密钥(仅使用一次)。用户 A 和 B 都是 KDC 的登记用户，并已经在 KDC 的服务器上安装了各自和 KDC 进行通信的主密钥 $K_A$ 和 $K_B$，然后 A 和 B 从 KDC 临时获取双方会话密钥。

非对称公钥的分配需要一个值得信赖的机构——认证中心(Certification Authority，CA)。申请实体(人或机器)首先向认证中心申请一对非对称公钥，认证中心将一对非对称公钥与申请实体绑定并给其颁发证书。证书里有该实体的公钥及标识信息，而私钥由申请实体保存并保密，需要时用私钥对报文进行加密或者解密。认证中心对其颁发的证书进行了数字签名，以证实该证书确实由可信的认证中心发出。任何其他用户也都可以从可信渠道获得某个实体的公钥，即公钥是公开的。

### 3.5.3 PKI 安全技术

PKI(Public Key Infrastructure，公钥基础设施)是一种遵循标准的利用公钥加密技术为电子商务的开展提供一套安全基础平台的技术和规范。

**1. PKI 简介**

随着 Internet 的普及，人们通过因特网进行沟通越来越多，相应地通过网络进行商务活动即电子商务也得到了广泛的发展。电子商务为我国企业开拓国际国内市场、利用好国内外各种资源提供了一个千载难逢的良机。电子商务对企业来说真正体现了平等竞争、高效率、低成本、高质量的优势，能让企业在激烈的市场竞争中把握商机、脱颖而出。发达国家已经把电子商务作为 21 世纪国家经济的增长重点，我国的有关部门也正在大力推进我国企业发展电子商务。然而随着电子商务的飞速发展也相应地引发一些 Internet 的安全问题。

概括起来，进行电子交易的互联网用户所面临的安全问题如下。

(1) 保密性。如何保证电子商务中涉及的大量保密信息在公开网络的传输过程中不被窃取。

(2) 完整性。如何保证电子商务中所传输的交易信息不被中途篡改及通过重复发送进行虚假交易。

(3) 身份认证与授权。在电子商务的交易过程中，如何对双方进行认证，以保证交易双方身份的正确性。

(4) 抗抵赖。在电子商务的交易完成后，如何保证交易的任何一方无法否认已发生的交易。

这些安全问题将在很大程度上限制电子商务的进一步发展，因此如何保证 Internet 上信息传输的安全，已成为发展电子商务的重要环节。

为解决这些 Internet 的安全问题，世界各国对其进行了多年的研究，初步形成了一套完整的 Internet 安全解决方案，即时下被广泛采用的 PKI 技术。PKI 技术采用证书管理公钥，通过第三方的可信任机构——认证中心，把用户的公钥和用户的其他标识信息(如名称、E-mail、身份证号等)捆绑在一起，在 Internet 上验证用户的身份。眼下，通用的办法是采用基于 PKI 结构结合数字证书，通过把要传输的数字信息进行加密，保证信息传输的保密性、完整性，签名保证身份的真实性和抗抵赖。

PKI 的应用非常广，例如在网上金融、网上银行、网上证券、电子商务、电子政务等领域都提供了安全服务功能。

**2. 基本组成**

PKI 是提供公钥加密和数字签名服务的系统或平台，目的是为了管理密钥和证书。一个机构通过采用 PKI 框架管理密钥和证书可以建立一个安全的网络环境。PKI 主要包括四个部分：X. 509 格式的证书(X. 509 V3)和证书废止列表 CRL(X. 509 V2)、CA 操作协议、CA 管理协议、CA 政策制定。一个典型、完整、有效的 PKI 应用系统至少应具有以下五个部分。

(1) CA。CA 是 PKI 的核心，CA 负责管理 PKI 结构下的所有用户(包括各种应用程序)的证书，把用户的公钥和用户的其他信息捆绑在一起，在网上验证用户的身份，还要负责用户证书的黑名单登记和黑名单发布，后面有 CA 的详细描述。

(2) X. 500 目录服务器。X. 500 目录服务器用于发布用户的证书和黑名单信息，用户可通过标准的 LDAP 查询自己或其他人的证书和下载黑名单信息。

(3) 具有高强度密码算法(SSL)的安全 WWW 服务器。SSL(Secure Socket Layer)协议最初由 Netscape 公司发展，现已成为网络用来鉴别网站和网页浏览者身份，以及在浏览器使用者及网页服务器之间进行加密通信的全球化标准。

(4) Web(安全通信平台)。Web 有 Web Client 端和 Web Server 端两部分，分别安装在客户端和服务器端，通过具有高强度密码算法的 SSL 协议保证客户端和服务器端数据的机密性、完整性、身份验证。

(5) 自开发安全应用系统。自开发安全应用系统是指各行业自开发的各种具体应用系统，例如银行、证券的应用系统等。完整的 PKI 包括认证政策的制定(包括遵循的技术标准、各 CA 之间的上下级或同级关系、安全策略、安全程度、服务对象、管理原则和框架等)，认证规则，运作制度的制定，所涉及的各方法律关系内容以及技术的实现等。

### 3.5.4 数字签名技术

数字签名要实现的功能是平常手写签名要实现的功能的扩展。平常在书面文件上签名的作用主要有三点：一是因为签名者对自己的签名难以否认，从而确定了文件已被自己签署这一事实，即签名者不可否认；二是因为签名不易被别人模仿，使接收者能够确认文件的确来自签名者而不是他人伪造，即接收者能够对文件的来源进行鉴别；三是签名所在纸张的完整性，能够确认文件的完整性，中间没有遗漏和修改，即确认文件的完整性。

采用数字签名，也能完成如下功能。

(1) 签名者无法否认信息是由自己发送的，即不可否认性。

(2) 确认信息是由签名者发送的，即接收者能够进行报文鉴别。

(3) 确认信息自签名后到收到为止，未被修改过，即能确认报文的完整性。

现在已有多种实现数字签名的方法，其中采用公钥的算法最容易实现。举例：A 要发送一个报文 $X$ 给 B，A 只要用自己的私钥对报文 $X$ 加密成 $D_{SK_A}(X)$，即实现了对报文 $X$ 的数字签名。B 收到加密后的 $D_{SK_A}(X)$后，用 A 的公钥对 $D_{SK_A}(X)$解密，即可恢复出报文 $X$，如图 3-39 所示。

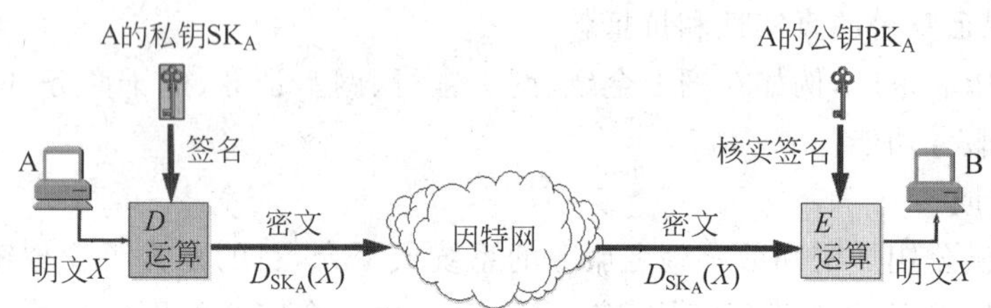


图 3-39　数字签名的实现

若 A 要抵赖曾发送报文给 B，B 可将明文 $X$ 和对应的密文 $D_{SK_A}(X)$出示给公立机构，公立机构很容易用 A 的公钥去证实 $X$ 确实由 A 发送给 B，因为只有 A 的私钥才能把 $X$ 加密成 $D_{SK_A}(X)$，而只有 A 才拥有自己的私钥——A 不可否认。

因为除 A 外其他人都没有 A 的私钥，所以除 A 外其他人都不能生成密文 $D_{SK_A}(X)$，因此 B 相信报文 $X$ 是 A 而不是别人发送的——B 能进行报文鉴别。

如果密文 $X'$在传输过程中被人篡改(包括被 B 篡改)，则 B 无法用 A 的公钥对密文进行解密——确认报文的完整性。

### 3.5.5　身份鉴别技术

身份鉴别也称为身份认证。身份认证技术是在计算机网络中确认操作者身份的过程而产生的有效解决方法。计算机网络世界中一切信息包括用户的身份信息都是用一组特定的数据来表示的，计算机只能识别用户的数字身份，所有对用户的授权也是针对用户数字身份的授权。如何保证以数字身份进行操作的操作者就是这个数字身份合法拥有者，也就是说保证操作者的物理身份与数字身份相对应，身份认证技术就是为了解决这个问题。作为防护网络资产的第一道关口，身份认证有着举足轻重的作用。

在真实世界中，对用户的身份认证的基本方法可以分为三种。

(1) 基于信息秘密的身份认证。根据你所知道的信息来证明你的身份。

(2) 基于信任物体的身份认证。根据你所拥有的东西来证明你的身份。

(3) 基于生物特征的身份认证。直接根据独一无二的身体特征来证明你的身份，如指纹、面貌等。

在网络世界中的手段与真实世界中一致，为了达到更高的身份认证安全性，某些场景会将上面三种挑选两种混合使用，即所谓的双因素认证。

下面介绍几种常见的身份认证技术。

**1. 基于口令的身份认证技术**

用户的密码是由用户自己设定的。在网络登录时输入正确的密码，计算机认为操作者

是合法用户。实际上，由于许多用户为了防止忘记密码，经常采用诸如生日、电话号码等容易被猜测的字符串作为密码，或者把密码抄在纸上放在一个自认为安全的地方，这样很容易造成密码泄漏。如果密码是静态的数据，在验证或传输过程中可能会被木马程序截获。因此，静态密码机制无论是使用还是部署都非常简单，但从安全性上讲，用户名/密码方式是一种不安全的身份认证方式。

目前智能手机的功能越来越强大，里面包含了很多私人信息，我们在使用手机时，为了保护信息安全，通常会为手机设置密码，由于密码是存储在手机内部，我们称之为本地密码认证。与之相对的是远程密码认证，例如我们在登录电子邮箱时，电子邮箱的密码是存储在邮箱服务器中，我们在本地输入的密码需要发送给远端的邮箱服务器，只有和服务器中的密码一致，我们才被允许登录电子邮箱。为了防止攻击者采用离线字典攻击的方式破解密码，我们通常都会设置在尝试登录失败达到一定次数后锁定账号，在一段时间内阻止攻击者继续尝试登录。另外，还可以通过动态口令的方式，每个动态口令只能使用一次，以手机短信的方式发送动态口令，以加强安全性。动态口令在网银、网游、电子政务等应用领域被广泛运用。

**2. 数字签名**

数字签名又称电子加密，可以区分真实数据与伪造、被篡改过的数据。这对于网络数据传输，特别是电子商务是极其重要的，一般要采用一种称为摘要的技术。摘要技术主要是采用 HASH(哈希)函数提供了这样一个计算过程：输入一个长度不固定的字符串，返回一个固定长度的字符串(又称 HASH 值)，将一段长的报文通过函数变换，转换为一段定长的报文，即摘要。身份识别是用户向系统出示自己身份证明的过程，主要使用约定口令、智能卡和用户指纹、视网膜和声音等生理特征。数字证明机制提供了利用公开密钥进行验证的方法。

**3. 生物识别**

生物识别是通过可测量的身体或行为等生物特征进行身份认证的一种技术。使用传感器或者扫描仪来读取生物的特征信息，将读取的信息和用户在数据库中的特征信息比对，如果一致则通过认证。

生物特征是指唯一的可以测量或可自动识别和验证的生理特征或行为方式。生物特征分为身体特征和行为特征两类。身体特征包括声纹、指纹、掌形、视网膜、虹膜、人体气味、脸形、血管纹理和 DNA 等；行为特征包括签名、语音、行走步态等。目前部分学者将视网膜识别、虹膜识别和指纹识别等归为高级生物识别技术；将掌形识别、脸形识别、语音识别和签名识别等归为次级生物识别技术；将血管纹理识别、人体气味识别、DNA 识别等归为“深奥的”生物识别技术。

目前我们接触最多的是指纹识别技术，应用的领域有门禁系统、微信支付等。我们日常使用的部分手机和笔记本电脑已具有指纹识别功能，在使用这些设备前，无须输入密码，只要将手指在扫描器上轻轻一按就能进入设备的操作界面，非常方便，而且别人很难复制。

生物特征识别的安全隐患在于一旦生物特征信息在数据库存储或网络传输中被盗取，攻击者就可以执行某种身份欺骗攻击，并且攻击对象会涉及所有使用生物特征信息的设备。

## 3.5.6 防火墙

防火墙是由软件、硬件构成的系统，是一种特殊编程的路由器，用来在两个网络之间实施接入控制策略。接入控制策略是由使用防火墙的单位自行制订的，以最适合本单位的需要。防火墙内的网络称为可信赖的网络，而将外部的因特网称为不可信赖的网络。防火墙可用来解决内联网和外联网的安全问题。防火墙在互联网络中的位置如图 3-40 所示。

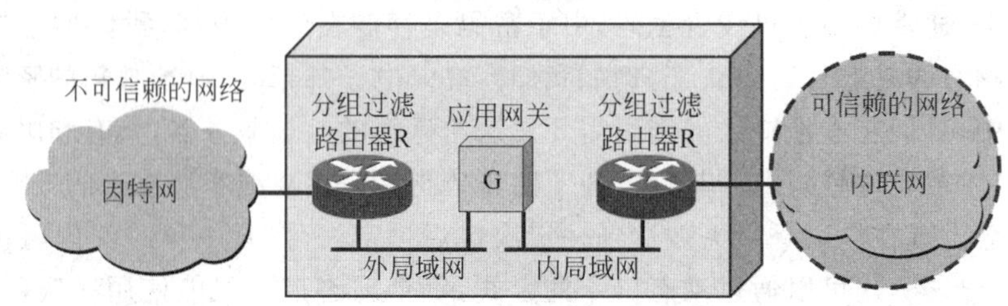


图 3-40　防火墙在互联网络中的位置

防火墙的功能有两个：阻止和允许。阻止就是阻止某种类型的通信量通过防火墙（从外部网络到内部网络，或反过来）。允许的功能与阻止恰好相反。防火墙必须能够识别通信量的各种类型。不过在大多数情况下防火墙的主要功能是阻止。

防火墙技术一般分为两类。

（1）网络级防火墙。用来防止整个网络出现外来的非法入侵。属于这类的有分组过滤和授权服务器。前者检查所有流入本网络的信息，然后拒绝不符合事先制订好的一套准则的数据；后者则是检查用户的登录是否合法，合法用户的信息流都是允许的。

（2）应用级防火墙。从应用程序层级进行接入控制。通常使用应用网关或代理服务器来区分各种应用。例如，防火墙只允许访问万维网的应用通过，而阻止 FTP 应用的通过。

## 3.5.7 计算机病毒及其防治

### 1. 计算机病毒的基本概念

提起计算机病毒，相信大家都不会陌生。使用过计算的（甚至是没有接触过计算机的）人都听说过，大部分用户甚至对计算机病毒有切肤之痛。

计算机病毒的概念在 1983 年由 Fred Cohen 首次提出，他认为“计算机病毒是一个能感染其他程序的程序，它靠篡改其他程序，并把自身的副本嵌入其他程序而实现病毒的感染。”

Ed Skoudis 则认为：“计算机病毒是一种能自我复制的代码，通过将自身嵌入其他程序进行感染，而感染过程需要人工干预才能完成。”

《中华人民共和国计算机信息系统安全保护条例》中明确定义，病毒指“编制者在计算机程序中插入的破坏计算机功能或者破坏数据，影响计算机使用并且能够自我复制的一组计算机指令或者程序代码”。

计算机病毒与医学上的“病毒”不同，计算机病毒不是天然存在的，是人利用计算机软件和硬件所固有的脆弱性编制的一组指令集或程序代码。它能潜伏在计算机的存储介质（或程序）里，条件满足时即被激活，通过修改其他程序的方法将自己的副本或者可能演化的形式放入其他程序中，从而感染其他程序，对计算机资源进行破坏。所谓的病毒是人为造成

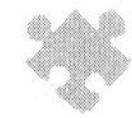

的，对其他用户的危害性很大。

**2. 计算机病毒的特征**

1）繁殖性

计算机病毒可以像生物病毒一样进行繁殖，当正常程序运行时，它也进行自身复制，是否具有繁殖、感染的特征是判断某段程序为计算机病毒的首要条件。

2）破坏性

计算机中病毒后，可能会导致正常的程序无法运行，使得计算机内的文件被删除或受到不同程度的损坏，破坏引导扇区及BIOS和硬件环境。

3）传染性

计算机病毒的传染性是指计算机病毒通过修改别的程序将自身的副本或其变体传染到其他无毒的对象上，这些对象可以是一个程序也可以是系统中的某一个部件。

4）潜伏性

计算机病毒的潜伏性是指计算机病毒可以依附于其他媒体寄生的能力，侵入后的病毒潜伏到条件成熟才发作，会使计算机变慢。

5）隐蔽性

计算机病毒具有很强的隐蔽性，通过病毒软件只可以检查出来少数病毒，有些计算机病毒时隐时现、变化无常，这类病毒处理起来非常困难。

6）可触发性

编制计算机病毒的人，一般都为病毒程序设定了一些触发条件，例如，系统时钟的某个时间或日期、系统运行了某些程序等。一旦条件满足，计算机病毒就会“发作”，使系统遭到破坏。

**3. 计算机病毒的防范**

1）病毒征兆

(1) 屏幕上出现不应有的特殊字符或图像、字符无规则变化或发现字符、图像等脱落、静止、滚动、雪花、跳动、小球亮点、莫名其妙的信息提示等。

(2) 发出尖叫、蜂鸣音或非正常奏乐等。

(3) 经常无故死机，随机地发生重新启动或无法正常启动、运行速度明显下降、内存空间变小、磁盘驱动器以及其他设备无缘无故地变成无效设备等现象。

(4) 磁盘标号被自动改写，出现异常文件，出现固定的坏扇区，可用磁盘空间变小，文件无故变大，失踪或被改乱，可执行文件(exe)变得无法运行等。

(5) 打印异常。打印速度明显降低、不能打印、不能打印汉字与图形等，或打印时出现乱码。

(6) 收到来历不明的电子邮件、自动链接到陌生的网站、自动发送电子邮件等。

(7) 有特殊文件自动生成。

(8) 程序或数据神秘地消失了，文件名不能辨认等。

2）计算机病毒的预防

(1) 安装杀毒软件并及时更新病毒数据库。

(2) 注意对系统文件、可执行文件和数据写保护。

(3) 不使用来历不明的程序或数据。

(4) 不轻易打开来历不明的电子邮件。

(5) 使用新的计算机系统或软件时，先杀毒后使用。

(6) 及时修补操作系统及其捆绑软件的漏洞。

(7) 备份系统和参数，建立系统的应急计划等。

## 习　　题

**一、判断题**

1. 每块以太网卡都有一个全球唯一的 MAC 地址，MAC 地址由 6 个字节组成。

2. 在广域网中，连接在网络中的主机发生故障不会影响整个网络通信，但若一台节点交换机发生故障，那么整个网络将陷入瘫痪。

3. Internet 中的各个网站的 IP 地址不能相同，但域名可以相同。

4. IE 浏览器在支持 FTP 的功能方面，只能进入匿名式的 FTP，无法上传。

5. 防火墙是一种维护网络安全的软件或硬件设备，位于它维护的子网(内网)和它所连接的网络(外网)之间，能防止来自外网的攻击。

6. 通信系统的基本任务是传递信息，至少需由信源、信宿和信息三个要素组成。

7. 常见的数据交换方式有电路交换、报文交换及分组交换等，因特网采用的交换方式是电路交换方式。

8. 日常生活中经常用“10M 的宽带”描述上网速度，这里所说的 10M 是指 $1.25\times 2^{20}$ B/s。

**二、选择题**

1. 数据通信系统的数据传输速率指单位时间内传输的二进制位数据的数目，下面________一般不用作它的计量单位。

A. KB/s　　B. Kb/s　　C. Mb/s　　D. Gb/s

2. 无论有线通信还是无线通信，为了实现信号的远距离传输，通常使用载波技术对信号进行处理，这种技术称为________。

A. 多路复用　　B. 调制解调　　C. 分组交换　　D. 路由选择

3. 我国的 4G 移动通信标准都使用了 CDMA 多路复用技术。CDMA 的准确名称是________。

A. 码分多路寻址　　B. 时分多路复用

C. 波分多路复用　　D. 频分多路复用

4. 下列关于光纤通信特点的叙述，错误的是________。

A. 适合远距离通信　　B. 是无中继通信

C. 传输损耗小、通信容量大　　D. 保密性强

5. 微波是一种具有极高频率的电磁波，在空气中的传播速度接近________。

A. 光速　　B. 低音速　　C. 声速　　D. 超音速

6. 下列地址中________是不符合标准的 IPv4 地址，或是内部的专用地址。

A. 256.160.170.11　　B. 202.119.224.10

C. 202.195.14.3　　D. 172.16.2.1

7. 在 Internet 的 IPv4 网络地址分类中,B 类 IP 地址的每个网络可容纳________台主机。

A. 254　　B. 65 534　　C. 65 万　　D. 1678 万

8. 计算机系统安全是当前计算机界的热门话题。实现计算机系统安全的核心是________。

A. 硬件系统的安全性　　B. 操作系统的安全性

C. 语言处理系统的安全性　　D. 应用软件的安全性

9. 在以太局域网中,每个节点把要传输的数据封装成数据帧。这样来自多个节点的不同的数据帧就可以时分多路复用的方式共享传输介质,这些被传输的数据帧能正确地被目的主机所接收,其中一个重要原因是因为数据帧的帧头部封装了目的主机的________。

A. IP 地址　　B. MAC 地址　　C. 计算机名　　D. 域名地址

10. 为了确保跨越网络的计算机能正确地交换数据,它们必须遵循一组共同的规则和约定,这些规则和约定称为________。

A. 网络操作系统　　B. 网络通信软件　　C. OSI 参考模型　　D. 通信协议

11. 将一个部门中的多台计算机组建成局域网可以实现资源共享。下列有关局域网的叙述,错误的是________。

A. 局域网必须采用 TCP/IP 进行通信

B. 局域网一般采用专用的通信线路

C. 局域网可以采用的工作模式主要有对等模式和 C/S 模式

D. 构建以太局域网时,需要使用集线器或交换机等网络设备,一般不需要路由器

12. 下列关于无线局域网的叙述,正确的是________。

A. 由于不使用有线通信,无线局域网绝对安全

B. 无线局域网的传播介质是高压电

C. 无线局域网的安装和使用的便捷性吸引了很多用户

D. 无线局域网在空气中传输数据,速度不限

13. 下列关于 Internet 中主机、IP 地址和域名的叙述,错误的是________。

A. 一台主机只能有一个 IP 地址,与 IP 地址对应的域名也只能有一个

B. 除美国以外,其他国家(地区)一般采用国家代码作为第 1 级(最高)域名

C. 域名必须以字母或数字开头和结尾,整个域名长度不得超过 255 个字符

D. 主机从一个网络移动到另一个网络时,其 IP 地址必须更换,但域名可以不变

**三、填空题**

1. 现代通信技术的主要特征是以数字技术为基础,以________为核心。

2. 通信中使用的传输介质分为有线介质和无线介质,有线介质有电话线、________、同轴电缆和光纤等,无线介质有无线电波、微波、红外线和激光等。

3. 数据传输过程中出错比特数占被传输比特总数的比率称为________,它是衡量数据通信系统性能的一项重要指标。

4. Internet 的主机域名和 IP 地址之间的一对一映射关系是通过________服务器来实现的。

5. 国际标准化组织(ISO)定义的开放系统互连(OSI)参考模型含有________层。

6. IP 地址分为 A、B、C、D、E 五类。某 IP 地址二进制表示的最高 3 位为 110，则此 IP 地址为________类地址。

7. TCP/IP 中的 IP 相当于 OSI/RM 中的________层。

8. 计算机网络中，互联的各种数据终端设备是按________相互通信的。

9. 网络互联的实质是把相同或异构的局域网与局域网、局域网与广域网、广域网与广域网连接起来，实现这种连接起关键作用的设备是________。

**四、简答题**

1. 通信系统的基本模型有哪三个要素？
2. 传输介质与信道有什么区别与联系？常用的传输介质有哪些？
3. 有哪些常用的交换技术？目前计算机通信主要采用的是哪一种？
4. 什么是多路复用技术？通信系统中为什么要使用多路复用技术？
5. 为什么要将计算机连成网络？
6. 计算机网络提供了哪些功能？你利用网络主要做什么事情？
7. 网络体系结构为什么要分层？
8. OSI/RM 和 TCP/IP 有什么区别和联系？Internet 采用的是什么体系结构？
9. 传统以太网采用的是什么拓扑结构？
10. 以太网的 MAC 地址是什么？网卡有哪些类型和功能？
11. 交换机和集线器的区别是什么？
12. 网络互联层采用的主要是什么协议？
13. IP 主要规定了哪些任务？
14. IPv4 的地址格式是怎样的？
15. 路由器的主要功能是什么？
16. 传输层主要负责什么任务？
17. 传输层的协议主要有哪些？它们的主要区别是什么？
18. 域名和 IP 地址有什么关系？DNS 是如何进行域名解析的？
19. 什么是网站和网页？什么是 URL？什么是 HTTP？
20. 电子邮件由哪几部分组成？它是如何工作的？采用了哪些协议？
21. FTP 采用的是什么工作模式？
22. 下一代因特网有什么特点？
23. IPv4 和 IPv6 有什么区别？
24. 什么是移动互联网？
25. 什么是数据加密？主要有哪些加密体制？它们的主要区别是什么？
26. 什么是数字签名？你在哪些应用中用过数字签名？
27. 防火墙的主要作用是什么？

## 阅读材料：计算机网络的发展历史

计算机网络已经历了由单一网络向互联网发展的过程。1997 年，在美国拉斯维加斯的全球计算机技术博览会上，Microsoft 公司总裁比尔·盖茨先生发表了著名的演说。他在演

说中强调的“网络才是计算机”的精辟论点充分体现出信息社会中计算机网络的重要地位。计算机网络技术的发展越来越成为当今世界高新技术发展的核心之一，而它的发展历程曲曲折折，绵延至今。计算机网络的发展分为以下几个阶段。

**第一阶段　诞生阶段(计算机终端网络)**

20世纪60年代中期之前的第一代计算机网络是以单个计算机为中心的远程联机系统。其典型应用是由一台计算机和全美国范围内2000多个终端组成的飞机订票系统。终端是一台计算机的外围设备(包括显示器和键盘)，无CPU和内存。随着远程终端的增多，在主机前增加了前端机(FEP)。当时，人们把计算机网络定义为“以传输信息为目的而连接起来，实现远程信息处理或进一步达到资源共享的系统”，但这样的通信系统已具备网络的雏形。早期的计算机为了提高资源利用率，采用批处理的工作方式。为适应终端与计算机的连接，出现了多重线路控制器。

**第二阶段　形成阶段(计算机通信网络)**

20世纪60年代中期至20世纪70年代中期的第二代计算机网络是以多个主机通过通信线路互联起来，为用户提供服务，兴起于20世纪60年代后期，典型的代表是美国国防部高级研究计划局协助开发的ARPANET。此时主机之间不是直接用线路相连，而是由接口报文处理机(IMP)转接后互联的。IMP和它们之间互联的通信线路一起负责主机间的通信任务，构成了通信子网。通信子网互联的主机负责运行程序，提供资源共享，组成资源子网。这个时期，网络概念为“以能够相互共享资源为目的互联起来的具有独立功能的计算机集合体”，此时形成了计算机网络的基本概念。

ARPANET是以通信子网为中心的典型代表。在ARPANET中，负责通信控制处理的CCP称为接口报文处理机(IMP或称节点机)，以存储转发方式传送分组的通信子网称为分组交换网。

**第三阶段　互联互通阶段(开放式的标准化计算机网络)**

20世纪70年代末期至20世纪90年代的第三代计算机网络是具有统一的网络体系结构并遵守国际标准的开放式和标准化的网络。ARPANET兴起后，计算机网络发展迅猛，各大计算机公司相继推出自己的网络体系结构及实现这些结构的软硬件产品。由于没有统一的标准，不同厂商的产品之间互联很困难，人们迫切需要一种开放的标准化实用网络环境，这样应运而生了两种国际通用的最重要的体系结构，即TCP/IP体系结构和国际标准化组织的OSI体系结构。

**第四阶段　高速网络技术阶段(新一代计算机网络)**

20世纪90年代至今的第四代计算机网络(注：第三阶段与第四阶段有重叠，这是因为网络发展是慢慢演变，不是突变的)，由于局域网技术发展成熟，出现了光纤及高速网络技术、多媒体网络、智能网络，整个网络就像一个对用户透明的大的计算机系统，发展为以Internet为代表的互联网。而其中Internet(因特网)的发展也分三个阶段。

**1. 从单一的APRANET发展为互联网**

1969年，创建的第一个分组交换网ARPANET只是一个单个的分组交换网(不是互联网)。20世纪70年代中期，ARPA开始研究多种网络互联的技术，这导致互联网的出现。1983年，ARPANET分解成两个：一个是实验研究用的科研网ARPANET(人们常把1983年作为因特网的诞生之日)；另一个是军用的MILNET。1990年，ARPANET正式宣布关闭，实验完成。

**2. 建成三级结构的因特网**

1985 年，NSF 建立了国家科学基金网 NSFNET。它是一个三级计算机网络，分为主干网、地区网和校园网。1991 年，美国政府决定将因特网的主干网转交给私人公司来经营，并开始对接入因特网的单位收费。1993 年因特网主干网的速率提高到 45Mb/s。

**3. 建立多层次 ISP 结构的因特网**

从 1993 年开始，由美国政府资助的 NSFNET 逐渐被若干个商用的因特网主干网(即服务提供者网络)所替代。用户通过因特网提供者 ISP 上网。1994 年开始创建了四个网络接入点 NAP(Network Access Point)，分别由四个电信公司经营。自 1994 年起，因特网逐渐演变成多层次 ISP 结构的网络。1996 年，主干网传输速率为 155Mb/s(OC-3)。1998 年，主干网传输速率为 2.5Gb/s(OC-48)。

# 第4章 计算机新技术

## 4.1 大 数 据

### 4.1.1 大数据的概念及特点

**1. 大数据的概念**

大数据(Big Data)是指无法用现有的软件工具提取、存储、搜索、共享、分析和处理的海量的、复杂的数据集合。

从人类文明开始到2003年,人类总共产生5EB(1EB=1024PB,1PB=1024TB)左右的数据。而在2012年一年全球数据量上升至2.7ZB(1ZB=1024EB),相当于2003年之前产生的所有数据的500倍之多。全球90%的数据都是在过去两年中生成的,到2020年全球数据使用量将大概需要376亿个1TB的硬盘进行存储。根据著名咨询机构IDC(Internet Data Center)估测,人类社会产生的数据一直都在以每年50%的速度增长,也就是说每两年就增加一倍,这被称为大数据摩尔定律。这意味着,人类在最近两年产生的数据量相当于之前产生的全部数据量之和。同时,很多数据,如照片、视频、音频、社交媒体评论、网站评述等都是非结构化数据,这意味着数据无法存储在预定义的结构化表格中;相反,它往往由形式自由的文本、日期、数字和事实组成,某些数据源生成数据极快,甚至来不及等分析后再进行存储,这也是IT部门无法单纯依靠传统数据处理方式或工具来存储、管理、处理和分析大数据的原因。

最早提出大数据时代到来的是全球知名咨询公司麦肯锡,麦肯锡称:"数据,已经渗透到当今每一个行业和业务职能领域,成为重要的生产因素。人们对于海量数据的挖掘和运用,预示着新一波生产率增长和消费者盈余浪潮的到来。"大数据在物理学、生物学、环境生态学等领域以及军事、金融、通信等行业存在已有时日,因为近年来互联网和信息行业的发展而引起人们关注。当今时代已经被称为大数据时代。麦肯锡提出:"大数据是指其大小超出了典型数据库软件的采集、存储、管理和分析等能力的数据集。""大数据"这一概念首先是指信息或数据量的巨大。此外,大数据时代意味着数据的处理和分析等能力将得到前所未有的提升。不同行业、不同领域的数据之间的交换和相互利用也变得十分频繁。

维克托·迈尔·舍恩伯格作为最早洞见大数据时代发展趋势的数据科学家，在《大数据时代》一书中指出：大数据时代最大的转变就是放弃对因果关系的渴求，而取而代之关注相关关系。也就是说，只需要知道“是什么”，而不需要知道“为什么”。大数据时代的思维变革对数据要求更多(即不是随机样本，而是所有数据)、更杂(即不是精确性，而是混杂性)。

大数据时代的出现，与很多因素相关。除了政府机构、媒体、企业等提供了更多的数据外，用户数据、社会化媒体平台、移动终端的地理信息、物联网技术的发展等，也使信息的数量急剧增长。

**2. 大数据的特点**

业界通常用 4 个 V 即 Volume、Variety、Value、Velocity 来概括大数据的特征。

(1) 数据体量巨大(Volume)。

截至目前，人类所有印刷材料的数据量是 200PB，而历史上全人类说过的所有话的数据量大约是 5EB。当前，典型个人计算机硬盘的容量为 TB 量级，而一些大企业的数据量已经接近 EB 量级。

(2) 数据类型繁多(Variety)。

根据类型的多样性，人们把数据分为结构化数据和非结构化数据。相对于以往便于存储的以文本为主的结构化数据，目前非结构化数据越来越多，包括网络日志、音频、视频、图片、地理位置等，这些多类型的数据对数据的处理能力提出了更高要求。

(3) 价值密度低(Value)。

价值密度的高低与数据总量的大小成反比。以视频为例，一部 1h 的视频，在连续不间断的监控中，有用数据可能仅有一两秒。如何通过强大的机器算法更迅速完成数据价值的“提纯”是目前大数据背景下亟待解决的难题。

(4) 处理速度快(Velocity)。

这是大数据区分于传统数据挖掘的最显著特征。根据互联网数据中心的“数字宇宙”的报告，预计到 2020 年，全球数据使用量将达到 35.2ZB。在如此海量的数据面前，处理数据的效率就是企业的生命。

### 4.1.2 大数据的关键技术

大数据处理的关键技术主要包括数据的采集技术、数据集成与处理技术、大数据存储及管理技术、大数据的分析与挖掘。

**1. 数据的采集技术**

数据的采集是指利用多个数据库来接收发自客户端(Web、App 或传感器形式等)的各种类型的结构化、半结构化的数据，并允许用户通过这些数据来进行简单的查询和处理工作。

**2. 数据集成与处理技术**

数据的集成就是将各个分散的数据库采集来的数据集成到一个集中的大型分布式数据库，或者分布式存储集群中，以便对数据进行集中处理。

该阶段的挑战主要是集成的数据量大，每秒的集成数据量一般会达到百兆，甚至千兆。

**3. 大数据存储及管理技术**

数据的海量化和快增长特征是大数据对存储技术提出的首要挑战。为适应大数据环境

下爆发式增长的数据量，大数据采用由成千上万台廉价 PC 来存储数据的方案，以降低成本，同时提供高扩展性。

考虑到系统由大量廉价易损的硬件组成，为了保证文件整体的可靠性，大数据通常对同一份数据在不同节点上存储多份副本，同时，为了保障海量数据的读写能力，大数据借助分布式存储架构提供高吞吐量的数据访问能力。

**4. 大数据的分析与挖掘**

数据分析与挖掘是大数据处理流程中最为关键的步骤。

在人类全部数字化数据中，仅有非常小的一部分(约占数据量的 1%)数值型数据得到了深入分析和挖掘(如回归、分类、聚类)，大型互联网企业对网页索引、社交数据等半结构化数据进行了浅层分析(如排序)。占总量近 60%的语音、图片、视频等非结构化数据还难以进行有效的分析。

# 4.2 云 计 算

## 4.2.1 云计算概述

**1. 云计算的产生**

Google 公司首席执行官埃里克·施密特在 1993 年就预言："当网络的速度与微处理器一样快时，计算机就会虚拟化并通过网络传播。"在 20 世纪 90 年代，SUN 公司也提出了"网络就是计算机"的营销口号。当时提出这个预言式口号时，埃里克·施密特用了一个不同的术语来称呼万维计算机，称它是"云中的计算机"。可见 Google 公司在 2006 年提出"云计算"这个概念并不是偶然，"云"的思想早已存在。

当高高在上的大型计算机时代过去、个人计算机时代产生，再然后随着万维网和 Web2.0 的产生，人类进入了前所未有的信息爆炸时代。面对这样的一个时代，摩尔定律也束手无策，无论是技术上还是经济上都没办法依靠硬件解决信息无限增长的趋势。面对如何低成本、高效快速地解决无限增长的信息的存储和计算这一问题，"云计算"也就应运而生。"云计算"这个概念的直接起源来自戴尔公司的数据中心解决方案、亚马逊公司的 EC2 产品和 Google-IBM 的分布式计算项目。戴尔公司是从企业层次提出云计算的。亚马逊公司于 2006 年 3 月推出的 EC2 产品是现在公认的最早的云计算产品，当时被命名为 Elastic Computing Cloud，即弹性计算云。但是亚马逊公司由于自身影响力有限，难以使云计算这个概念普及起来，其真正普及则是在 2006 年 8 月 9 日，Google 公司首席执行官埃里克·施密特在搜索引擎大会上提出"云计算"(Cloud Computing)的概念。2007 年 10 月，Google 公司与 IBM 公司开始在美国大学校园内推行关于云计算的计划，通过该计划期望能减少分布式计算在学术探索中所用各项资源的百分比，参与的高校有卡内基梅隆大学、斯坦福大学等。

**2. 云计算的概念**

云计算是整合了集群计算、网格计算、虚拟化、并行处理和分布式计算的新一代信息技术，它是基于互联网的相关服务的增加、使用和交付模式，通常涉及通过互联网来提供动态易扩展且经常是虚拟化的资源。

对云计算的定义有多种说法，如下所示。

美国国家标准与技术研究院(NIST)定义：云计算是一种按使用量付费的模式，这种模式提供可用的、便捷的、按需的网络访问，进入可配置的计算资源共享池(资源包括网络、服务器、存储、应用软件、服务等)，这些资源能够被快速提供，只需投入很少的管理工作，或与服务供应商进行很少的交互。

IBM公司在其技术白皮书中指出：云计算描述了一个系统平台或一类应用程序，该平台可以根据用户的需求动态部署、配置等；云计算是一种可以通过互联网进行访问的可以扩展的应用程序。

进入云计算时代，就好比是从古老的单台发电机模式转向了电厂集中供电模式，计算资源可以像普通的水、电和煤气一样作为一种商品流通，随用随取，按需付费，唯一不同于传统资源的是，云计算是通过互联网进行传输的。

云计算不仅能使企业用户受益，同时也能使个人用户受益。首先，在用户体验方面，对个人用户来说，在云计算时代会出现越来越多的基于互联网的服务，这些服务丰富多样、功能强大、随时随地接入，无须购买、下载和安装任何客户端，只需要使用浏览器就能轻松访问，也无须为软件的升级和病毒的感染操心。对企业用户而言，则可以利用云技术优化其现有的IT服务，使现有的IT服务更可靠、更自动化，更可以将企业的IT服务整体迁移到云上，使企业卸下维护IT服务的重担，从而更专注于其主营业务。此外，云计算更是可以帮助用户节省成本，个人利用云计算可以免去购买昂贵的硬件设施或者不断升级计算机配置，而企业用户则可以省去一大笔IT基础设施的购买成本和维护成本。

**3. 云计算的特点**

云计算具有如下特点。

(1) 超大规模。云计算通常需要数量众多的服务器等设备作为基础设施，例如Google公司拥有100多万台服务器，亚马逊、IBM和Microsoft等公司的云计算也都有数十万台服务器。

(2) 虚拟化。虚拟化是云计算的底层技术之一。用户所请求的资源都是来自云端，而非某些固定的有形实体。

(3) 高可靠性。云计算中心在软硬件层面采用了诸如数据多副本容错、心跳检测和计算节点同构可互换等措施来保障服务的高可靠性，使用云计算比使用本地计算更加可靠。

(4) 伸缩性。云计算的设计架构可以使得计算机节点在无须停止服务的情况下随时加入或退出整个集群，从而实现了伸缩性。

(5) 按需服务。“云”相当于一个庞大的资源池，用户根据自己的需要使用资源，并像水、电一样按照使用量计费。

(6) 多租户。云计算采用多租户技术，使得大量租户能够共享同一堆栈的软硬件资源，每个租户按需使用资源并且不影响其他用户。

(7) 规模化经济。由于云计算通常拥有较大规模，云计算服务提供商可使用多种资源调度技术来提高系统资源利用率，从而能够降低使用成本，实现规模化经济。

**4. 云计算基本原理**

云计算的基本原理是把计算任务部署在超大规模的数据中心，而不是本地的计算机或远程服务器上，用户根据需求访问数据中心，云计算自动将资源分配到所需的应用上。云计

算常用的服务方式是：用户利用多种终端设备（如PC、笔记本电脑、智能手机或者其他智能终端）连接到网络，通过客户端界面连接到“云”；“云”端接受请求后对数据中心的资源进行优化及调度，通过网络为“端”提供服务。“端”即客户端，指的是用户接入“云”的终端设备，可以是PC、笔记本电脑、手机或其他能够完成信息交互的设备；“云”指的是在云计算基地把大量的计算机和服务器连在一起形成的基础设施中心、平台和应用服务器等。云计算的服务类型包括软件和硬件基础设施、平台运行环境和应用。

### 4.2.2 云计算的分类

关于云计算的分类，主要有两种：按服务模式和按部署模式。

**1. 按服务模式分类**

从云计算的服务模式看，云计算架构自底向上主要分为基础设施即服务（IaaS）、平台即服务（PaaS）和软件即服务（SaaS）三种，如图4-1所示，它们分别为客户提供构建云计算的基础设施、云计算操作系统、云计算环境下的软件和应用服务。

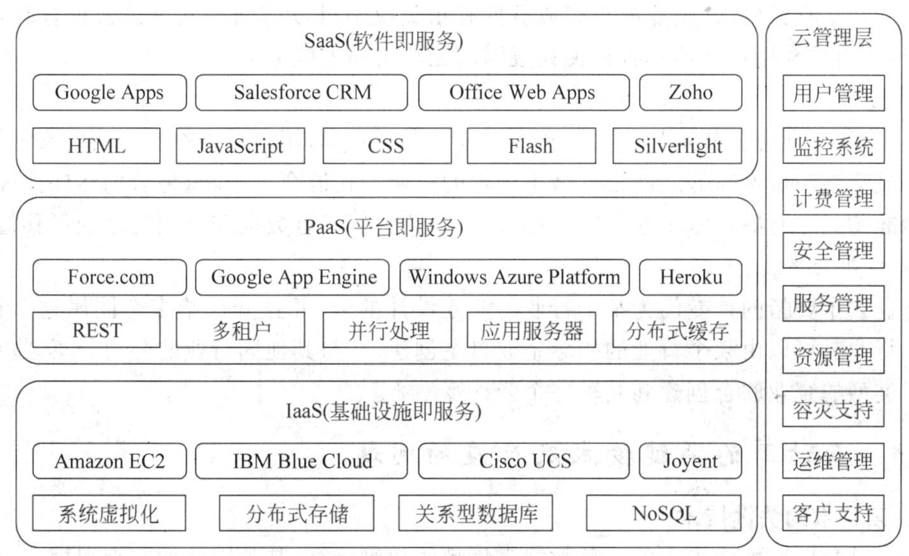


图4-1 云计算架构图

(1) IaaS将硬件设备等基础资源封装成服务供用户使用。在IaaS环境中，用户相当于在使用裸机和磁盘，既可以让它运行在Windows系统中，也可以让它运行在Linux系统中。IaaS的最大优势在于它允许用户动态申请或释放节点，按使用量计费。而IaaS是由公众共享的，因而具有更高的资源使用效率。

(2) PaaS提供用户应用程序的运行环境，典型的如Google App Engine。PaaS自身负责资源的动态扩展和容错管理，用户应用程序不必过多考虑节点间的配合问题。但与此同时，用户的自主权降低，必须使用特定的编程环境并遵照特定的编程模型，只适用于解决某些特定的计算问题。

(3) SaaS针对性更强，它将某些特定应用软件功能封装成服务。SaaS既不像PaaS一样提供计算或存储资源类型的服务，也不像IaaS一样提供运行用户自定义应用程序的环境，它只提供某些专门用途的服务供应用调用。

**2. 按部署模式分类**

云计算在很大程度上是从作为内部解决方案的私有云发展而来的。数据中心最早探索的应用包括虚拟、动态、实时分享等特点的技术，是以满足内部的应用需求为目的，随着技术发展和商业需求才逐步考虑对外租售计算能力形成公共云。因此，从部署模式来看，云计算主要分为公共云、私有云、混合云和行业云四种形态。

1）公共云

公共云也称外部云。这种模式的特点是：由外部或者第三方提供商采用细粒度（细粒度直观地说就是划分出很多对象）、自服务的方式在 Internet 上通过网络应用程序或者 Web 服务动态提供资源，而这些外部或者第三方提供商基于细粒度和效用计算方式分享资源和费用。

2）私有云

私有云的云基础设施由一个单一的组织部署和独占使用，适用于多个用户。私有云对数据、安全性和服务质量的控制较为有效，相应地，企业必须购买、建造以及管理自己的云计算环境。在私有云内部，企业或组织成员拥有相关权限可以访问并共享该云计算环境所提供的资源，而外部用户则不具有相关权限因而无法访问该服务。

3）混合云

顾名思义，混合云就是将公共云和私有云结合到一起，用户可以在私有云的私密性和公共云的灵活性与价格高低之间自己做出一定的权衡。在混合云中，每种云仍然保持独立，但是用标准的或专有的技术将它们组合起来，可以让它们具有数据和应用程序的可移植性。

4）行业云

行业云主要指的是专门为某个行业的业务设计的云，并且开放给多个同属这个行业的企业。行业云可以由某个行业的领导企业自主创建，并与其他同行业的公司分享，也可以由多个同类型的企业联合创建和共享一个云计算中心。

### 4.2.3 云计算的关键技术及存在的问题

**1. 云技术的关键技术**

云计算是以数据为中心的一种数据密集型的超级计算，其关键技术有编程模式、虚拟化技术、海量数据存储和管理技术和云计算平台管理技术。

1）编程模式

为了高效地利用云计算的资源，使用户能更轻松地享受云计算带来的服务，云计算的编程模型必须保证后台复杂的并行执行和任务调度向用户和编程人员透明，云计算中的编程模式也应该尽量方便简单。Google 公司开发的 MapReduce 编程模式是如今最流行的云计算编程模式，MapReduce 的思想是通过 Map 函数将任务进行分解并分配，通过 Reduce 函数将结果归约汇总输出，后来的 Hadoop 是 MapReduce 的开源实现，目前已经得到 Yahoo、Facebook 和 IBM 等公司的支持。

2）虚拟化技术

虚拟化是实现云计算重要的技术设施。虚拟化是一种调配计算资源的方法，它将系统的不同层面，如硬件、软件、数据、网络、存储等一一隔离开，从而打破了数据中心、服务器存储、网络、数据和应用中的物理设备之间的划分，实现了架构动态化，并达到集中管理和动态

使用物理资源及虚拟资源，以提高系统结构的弹性和灵活性、降低成本、改进服务、减少管理风险等目的。

3）海量数据存储和管理技术

云计算的一大优势就是能够快速、高效地处理海量数据。在数据爆炸的当今时代，这点至关重要。为了保证数据的可靠性，云计算通常会采用分布式数据存储技术，将数据存储在不同的物理设备中。目前，云计算的数据存储技术主要有 Google 公司的非开源 GFS（Google File System）和 Hadoop 团队开发的开源 HDFS（Hadoop Distributed File System）。

云计算系统需要对大数据集进行处理、分析，向用户提供高效的服务，因此数据管理技术也必须能够对大量数据进行高效的管理。现在的数据管理技术中，Google 公司的 BigTable 数据管理技术和 Hadoop 团队开发的开源数据管理模块 Hbase 是业界比较典型的大规模数据管理技术。BigTable 是非关系型的数据库，是一个分布式的、持久化存储的多维度排序 Map[①]。Hbase 不同于一般的关系数据库，它是一个适合于非结构化数据存储的数据库。另一个不同是 Hbase 是基于列的而不是基于行的模式。作为高可靠性分布式存储系统，Hbase 在性能和可伸缩方面都有比较好的表现。利用 Hbase 技术可在廉价 PC 服务器上搭建起大规模结构化存储集群。

4）云计算平台管理技术

采用了分布式存储技术存储数据，云计算自然也要引入分布式资源管理技术。在多点并发执行环境中，分布式资源管理系统是保证系统状态正确性的关键技术。系统状态需要在多个节点之间同步，并且在单个节点出现故障时，系统需要有效的机制保证其他节点不受影响。而分布式资源管理系统恰恰是这样的技术，它是保证系统状态的关键。Google 公司的 Chubby 是最著名的分布式资源管理系统。

**2. 云计算存在的问题**

（1）数据隐私问题。

如何保证存放在云服务提供商的数据隐私不被非法利用，不仅需要技术的改进，也需要法律的进一步完善。

（2）数据安全性。

有些数据是企业的商业机密，数据的安全性关系到企业的生存和发展。云计算数据的安全性问题解决不了会影响云计算在企业中的应用。

（3）用户的使用习惯。

如何改变用户的使用习惯，使用户适应网络化的软硬件应用是长期而且艰巨的挑战。

（4）网络传输问题。

云计算服务依赖网络，网速低且不稳定，使云应用的性能不高。云计算的普及依赖网络技术的发展。

（5）缺乏统一的技术标准。

云计算的美好前景让传统 IT 厂商纷纷向云计算方向转型。但是由于缺乏统一的技术标准，尤其是接口标准，各厂商在开发各自产品和服务的过程中各自为政，这为将来不同服

① Map 是一个抽象的数据类型，由一个 Key 的集合和一个值的集合组成，每一个 Key 对应一个值。

务之间的互联互通带来严峻挑战。

(6) 能耗问题。

如今有成千上万的云数据中心遍布全球。云数据中心有成千上万个服务器,这些服务器可以说是每周 7d、每天 24h 不停运转,维持这些巨大的服务器的运转以及为其降温都将耗费大量的能源。据统计,如果将全球的数据中心整体看成一个"国家"的话,那么它的总耗电量将在世界国家中排名第 15 位。在云计算的发展中,如何缓解能耗问题,使云计算朝"绿色云"的方向发展,是急需解决的一个问题。

# 4.3 人工智能

## 4.3.1 什么是人工智能

人工智能(Artificial Intelligence,AI)是计算机学科的一个分支,近三十年来获得了迅速的发展,在很多学科领域都有广泛的应用,并取得了丰硕的成果。人工智能的定义可以分为两部分,即"人工"和"智能"。"人工"比较好理解,争议不大。关于什么是"智能",问题比较多。人唯一了解的智能是人本身的智能,但是我们对自身智能的理解非常有限,所以很难定义什么是"人工"制造的"智能"。

目前人工智能领域分强人工智能和弱人工智能两个流派。强人工智能观点认为有可能制造出真正能推理(Reasoning)和解决问题(Problem Solving)的智能机器,并且这样的机器是有知觉的,有自我意识。而弱人工智能观点认为不可能制造出能真正推理和解决问题的智能机器,这些机器只不过看起来像是智能的,但是并不真正拥有智能,也不会有自主意识。主流科研集中在弱人工智能,并且这一研究领域已经取得了可观的成就;而强人工智能的研究则处于停滞不前的状态。

关于什么是人工智能,一个比较流行的定义是由约翰·麦卡锡(John McCarthy)提出的:"人工智能就是要让机器的行为看起来就像是人所表现出来的智能行为一样。"

尼尔逊教授则对人工智能下了这样一个定义:"人工智能是关于知识的学科——怎样表示知识以及怎样获得知识并使用知识的科学。"

而美国麻省理工学院的温斯顿教授认为:"人工智能就是研究如何使计算机去做过去只有人才能做的智能工作。"

这些说法反映了人工智能学科的基本思想和内容:即人工智能是研究人类智能活动的规律、构造具有一定智能的人工系统,研究如何让计算机去完成以往需要人的智力才能胜任的工作,也就是研究如何应用计算机的软硬件来模拟人类某些智能行为的基本理论、方法和技术。

## 4.3.2 AI的研究途径

由于对人工智能本质的理解不同,形成了人工智能的多种不同的研究途径,且没有统一的原理或范式指导人工智能研究。在许多问题上研究者都存在争论。人工智能就其本质而言,是对人的思维的模拟。对人的思维模拟有两条道路:一是结构模拟,即仿照人脑的结构机制,制造出"类人脑"的机器;二是功能模拟,即暂时撇开人脑的内部结构,而从功能上进

行模拟。

1）大脑模拟

20 世纪 40 年代到 20 世纪 50 年代，许多研究者探索神经病学、信息理论及控制论之间的联系，甚至有些还造出了使用电子网络构造的初步智能。但是到 20 世纪 60 年代，大部分人都已经放弃了这个方法，尽管在 80 年代又有人再次提出这些原理。

2）符号处理

20 世纪 50 年代数字计算机研制成功，研究者开始探索人类智能是否能简化成符号来进行处理。20 世纪 60 年代到 20 世纪 70 年代的研究者相信符号方法最终可以成功创造强人工智能的机器。

认知模拟经济学家赫伯特·西蒙和艾伦·纽厄尔研究人类解决问题的能力，并尝试将其形式化，为人工智能的基本原理打下了基础。他们使用心理学实验的结果开发模拟人类解决问题方法的程序。该方法一直在卡内基梅隆大学沿袭下来，并在 20 世纪 80 年代发展到高峰。

而约翰·麦卡锡认为机器不需要模拟人类的思想，应尝试找到抽象推理和解决问题的本质。他在斯坦福大学的实验室致力于使用形式化逻辑解决多种问题，包括知识表示、智能规划和机器学习。

斯坦福大学的研究者主张不存在简单和通用的原理能够达到所有的智能行为。因为他们发现要解决计算机视觉和自然语言处理的困难问题，需要专门的方案，几乎每次都要编写一个复杂的程序。

在 20 世纪 70 年代出现了大容量内存计算机，研究者开始把知识构造成应用软件。这场“知识革命”促成了专家系统的开发与实现，这是第一个成功的人工智能软件形式。人们意识到原来许多简单的人工智能软件可能需要大量的知识。

3）子符号法

20 世纪 80 年代符号人工智能停滞不前，很多人认为符号系统永远不可能模仿人类所有的认知过程，特别是感知、机器人、机器学习和模式识别。研究者开始关注子符号方法解决特定的人工智能问题。他们专注于机器人移动和求生等基本的工程问题，提出在人工智能中使用控制理论。20 世纪 80 年代，大卫·鲁姆哈特(David Rumelhart)等再次提出神经网络和连接主义。其他的子符号方法，如模糊控制和进化计算，都属于计算智能学科的研究范畴。

4）统计学法

20 世纪 90 年代，人工智能研究发展出使用复杂的数学工具来解决特定的分支问题。这些工具是真正的科学方法，结果是可测量和可验证的。不过有人批评这些技术太专注于特定的问题，没有考虑长远的强人工智能目标。

5）集成方法

研究人工智能时人们常用到的一个术语 Agent(代理)是指能感知环境并作出行动以达到目标的系统。最简单的智能 Agent 是那些可以解决特定问题的程序。一个解决特定问题的 Agent 可以使用任何可行的方法，有些 Agent 用符号方法和逻辑方法，有些则是用子符号神经网络或其他新的方法。Agent 体系结构和认知体系结构研究者设计了一些系统来处理多 Agent 系统中智能 Agent 之间的相互作用。包含符号和子符号部分的系统被称为混合智能系统,对这种系统的研究就是人工智能系统的集成。

### 4.3.3 AI 的研究领域

在人工智能学科中,按照所研究的课题、研究的途径和采用的技术,它所包括的研究领域有模式识别、问题求解、自然语言理解、自动定理证明、机器视觉、自动程序设计、专家系统、机器学习、机器人等。本节将介绍这些领域所涉及的一些基本概念和基本原理。

**1. 模式识别**

模式识别(Pattern Recognition)是人工智能最早研究的领域之一。它是利用计算机对物体、图像、语音、字符等信息模式进行自动识别的科学。

1) 模式识别的过程

模式识别过程一般包括对待识别事物进行样本采集、信息的数字化、数据特征的提取、特征空间的压缩以及提供识别准则等,如图 4-2 所示。

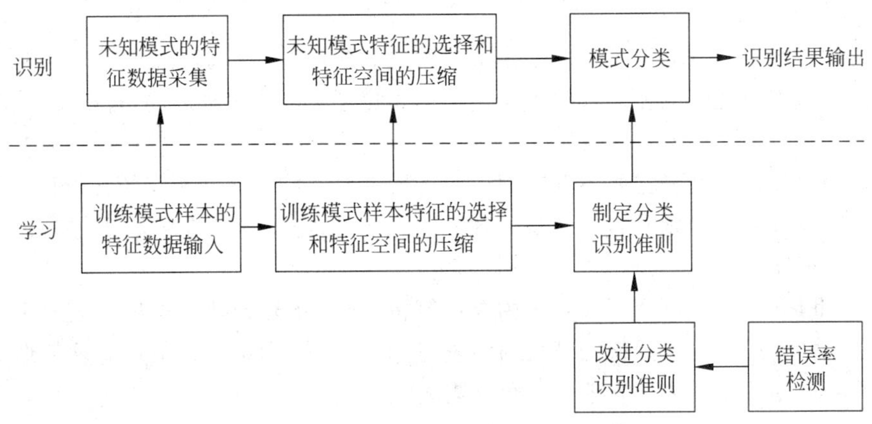


图 4-2 模式识别的过程

图 4-2 中虚线下方是学习过程,上方是识别过程。在学习过程中,首先将已知的模式样本数字化后送入计算机,然后对这些数据进行分析,去掉那些对分类无效或可能引起混淆的特征数据,尽量保留对分类判别有效的特征数值,这个过程称为特征选择。有时,还得采用某种变换技术,得到数量比原来少的综合性特征,这一过程称为特征空间压缩或者特征提取。接着按设定的分类判别的数学模型进行分类,并将分类结果与已知类别的输入模式进行对比,不断修改,制定错误率最小的识别准则。

2) 模式识别的分类

模式识别常用的方法有统计决策法与句法方法、监督分类与无监督分类法、参数与非参数法等。

(1) 统计决策法与句法方法。

统计决策法是利用概率统计的方法进行模式识别。它首先对已知样本模式进行学习,通过样本特征建立判别函数。当给定某一待分类模式特征后,根据落在特征超平面上判别函数的哪一侧来判断它是属于哪个类型。

句法方法也称为结构法。它把模式分解为若干个简单元素,然后用特殊文法规则描述这些元素之间的结构关系。不同的模式对应着不同的结构。句法方法适合于结构明显、噪

声较少的模式识别，如文字、染色体、指纹等的识别。

(2) 监督分类与非监督分类。

所谓的分类问题就是把特征空间分割成对应于不同类别的互不相容的区域，每一个区域对应一个特定的模式类，不同类别间的界面用判别函数来描述。

监督分类和无监督分类的主要差别在于各实验样本所属的类别是否预先已知。一般说来，监督分类往往需要提供大量已知类别的样本，但在实际问题中，这是存在一定困难的，因此研究无监督分类就显得十分必要。

无监督分类又称聚类分析。聚类是将数据分类到不同的类或者簇中，同一个簇中的对象有很大的相似性，而不同簇间的对象有很大的相异性。聚类分析是一种探索性的分析，在分类过程中，人们不必事先给出一个分类标准，聚类分析能够从样本数据出发，自动进行分类。因此聚类分析所使用方法的不同，常常会得到不同的结论。

(3) 参数与非参数法。

参数法又称参数估计法。它是当模式样本的类概率密度函数的形式已知，或者从提供的作为设计分类器用的训练样本能估计出类概率密度函数的近似表达式的情况下使用的一种模式识别方法。参数估计中最常用的方法是最大贝叶斯估计和最大似然估计。

如果样本的数目太少，难以估计出概率密度函数，这时就要使用非参数估计法。非参数估计方法常用的有 $k$-最近邻判定规则。其基本思想是直接按 $k$ 个最近邻样本的不同类别分布，将未知类别的特征向量分类。

**2. 问题求解**

问题求解(Problem Solving)是指通过搜索的方法寻找问题求解操作的一个合适序列，以满足问题的要求。问题求解的基本方法有状态空间法和问题归纳法。一般情况下，问题求解程序由三个部分组成。

(1) 数据库。数据库中包含与具体任务有关的信息，这些信息描述了问题的状态和约束条件。

(2) 操作规则。数据库中的知识是叙述性知识，而操作规则是过程性知识。操作规则由条件和动作两部分组成，条件给定了操作适应性的先决条件，动作描述了由于操作而引起的状态中某些分量的变化。

(3) 控制策略。控制策略确定了求解过程中应采用哪一条适用规则，适用规则指从规则集合中选择出的最有希望导致目标状态的操作。

问题求解的状态空间法通常是一种搜索技术。常见的搜索策略有深度优先法、广度优先法、爬山法、回溯策略、图搜索策略、启发式搜索策略、与或图搜索和博弈树搜索等。

**3. 自然语言理解**

自然语言理解(Natural Language Understanding)俗称人机对话，是计算机科学领域与人工智能领域中的一个重要方向。它研究用电子计算机模拟人的语言交际过程，使计算机能理解和运用人类社会的自然语言如汉语、英语等，实现人机之间的自然语言通信，以代替人的部分脑力劳动，包括查询资料、解答问题、摘录文献、汇编资料以及一切有关自然语言信息的加工处理。

语言是人类区别其他动物的本质特性。人类的逻辑思维以语言为形式，人类的绝大部分知识也是以语言文字的形式记载和流传下来的。因而，它也是人工智能的一个重要部分。

自然语言处理大体包括了自然语言理解和自然语言生成两个部分。历史上对自然语言理解研究得较多,而对自然语言生成研究得较少。但这种状况近年来已有所改变。

无论实现自然语言理解,还是自然语言生成,都远不如人们原来想象得那么简单,而是十分困难的。造成困难的根本原因是自然语言文本和对话的各个层次上广泛存在的各种各样的歧义性或多义性。消除歧义需要大量的知识和推理,这给基于语言学的方法、基于知识的方法带来了巨大的困难。

自然语言理解目前已经取得了一定的成果,分为语音理解和书面理解两个方面。

(1) 语音理解。用口语语音输入,使计算机“听懂”语音信号,用文字或语音合成输出应答。其方法是先在计算机里储存某些单词的声学模式,用它来匹配输入的语音信号(称为语音识别)。这只是一个初步的基础,还不能达到语音理解的目的。20 世纪 70 年代中期以后有所突破,建立了一些实验系统,能够理解连续语音的内容,但是仅限于少数简单的语句。

(2) 书面理解。用文字输入,使计算机“看懂”文字符号,也用文字输出应答。这方面的进展较快,目前已能在一定的词汇、句型和主题范围内查询资料、解答问题、阅读故事、解释语句等,有的系统已付诸应用。书面理解的基本方法是:在计算机里储存一定的词汇、句法规则、语义规则、推理规则和主题知识。语句输入后,计算机从左到右逐词扫描,根据词典辨认每个单词的词义和用法;根据句法规则确定短语和句子的组合;根据语义规则和推理规则获取输入句的含义;查询知识库,根据主题知识和语句生成规则组织应答输出。目前已建成的书面理解系统应用了各种不同的语法理论和分析方法,如生成语法、系统语法、格语法、语义语法等,都取得了一定的成效。

**4. 自动定理证明**

自动定理证明(Automatic Theorem Proving)是人工智能研究领域中的一个非常重要的课题,其任务是对数学中提出的定理或猜想寻找一种证明或反证的方法。许多非数学领域的问题,如医疗诊断、信息检索、规划制订和难题求解等,都可以像定理证明问题那样进行形式化,从而转化为一个定理证明问题。

自动定理证明的方法通常有以下几种。

(1) 自动演绎法。

自动演绎法是自动定理证明最早使用的一种方法。纽厄尔(Newell)、肖(Shaw)和西蒙(Simon)使用一个称为“逻辑机器”的程序,证明了罗素、怀德海所著《数学原理》中的许多定理。该程序采用“正向链”推理方法,其基本思想是依据推理规则,从前提出发向后推理,可得出多个定理,如果待证明的定理在其中,则定理得证。

吉勒洛特(Gelernter)等人提出了一个称为“几何机器”的程序,能够做一些中学的几何题,速度与学生相当。该程序采用“反向链”推理方法,其基本思想是从目标出发向前推理,依靠公式产生新的子目标,这些子目标逻辑蕴含了最终目标。

(2) 决策过程法。

决策过程是指判断一个理论中某个公式的有效性。依沃(Eevvo)等人提出了使用集合理论的决策过程;尼尔逊等人提出了带有不解释函数符号的等式理论决策过程;我国著名的数学家、计算机科学家吴文俊教授提出了关于平面几何和微分几何定理的机器证明方法。

吴文俊方法的基本思想是:首先将几何问题代数化,通过引入坐标,把有关的假设和求证部分用代数关系式表述,然后处理表示代数关系的多项式,把判定多项式中的坐标逐个消

去，如果消去后结果为零，那么定理得证，否则再进一步检查。这个方法已在计算机上证明了不少难度相当高的几何问题，被认为是当时定理证明和决策中最好的一种方法。

(3) 定理证明器。

定理证明器是研究一切可判定问题的证明方法。它的基础是鲁滨逊(Robinson)提出的归结原理。用归结原理形式化的逻辑里，没有公理，只有一条使用合一替换的推导规则，这样一个简洁的逻辑系统是谓词演算的一个完备系统。也就是说，任意一个恒真的一阶公式，在鲁滨逊的逻辑系统中都是可证的。

归结原理的成功吸引了许多研究者投入到对归结原理的改进中。每种改进都有自己的优点，出现了如超归结、换名归结、锁归结、线性归结等各种改进方法。

**5. 机器视觉**

机器视觉(Machine Vision)是人工智能正在快速发展的一个分支。机器视觉系统最基本的特点就是提高生产的灵活性和自动化程度。在一些不适合人工作业的危险工作环境或者人眼视觉难以满足要求的场合，常用机器视觉来替代人眼视觉。同时，在大批量重复性工业生产过程中，用机器视觉检测方法可以大大提高生产的效率和自动化程度。

机器视觉的研究是从20世纪60年代中期关于理解多面体组成的积木世界研究开始的。当时运用的预处理、边缘检测、轮廓线构成、对象建模、匹配等技术，后来一直在机器视觉中应用。用边缘检测技术来确定轮廓线，用区域分析技术将图像划分为由灰度相近的像素组成的区域，这些技术统称为图像分割。其目的在于用轮廓线和区域对所分析的图像进行描述，以便对机内存储的模型进行比较匹配。

20世纪70年代，机器视觉形成了几个重要的研究分支：①目标制导的图像处理；②图像处理和分析的并行算法；③从二维图像提取三维信息；④序列图像分析和运动参量求值；⑤视觉知识的表示；⑥视觉系统的知识库等。

由于机器视觉系统可以快速获取大量信息，而且易于自动处理，也易于同设计信息以及加工控制信息集成，因此，在现代自动化生产过程中，人们将机器视觉系统广泛地用于工况监视、成品检验和质量控制等领域。

例如，汽车车身检测系统是机器视觉系统用于工业检测中的一个较为典型的例子。英国ROVER汽车公司应用检测系统以每40s检测一个车身的速度，检测三种类型的车身关键部分的尺寸，如车身整体外形、门、玻璃窗口等，测量精度为±0.1mm。实践证明，该系统是成功的。

再如，智能交通管理系统通过在交通要道放置摄像头，当有违章车辆(如闯红灯)时，摄像头将车辆的牌照拍摄下来，传输给中央管理系统，系统利用图像处理技术，对拍摄的图片进行分析，提取出车牌号，存储在数据库中，供管理人员进行检索。

此外还有自动光学检查、人脸识别、无人驾驶汽车、产品质量等级分类、印刷品质量自动化检测、文字识别、纹理识别、追踪定位等机器视觉图像识别的应用。可以预期的是，随着机器视觉技术自身的成熟和发展，它将在现代和未来制造企业中得到越来越广泛的应用。

**6. 自动程序设计**

自动程序设计(Automatic Programming)是采用自动化手段进行程序设计的技术和过程。其目的是提高软件生产率和软件产品质量。由于编制和调试程序是一件费时费力的烦琐工作，为了摆脱这种状况，就要从软件开发技术方面寻找出路。可以说，人工智能是解决自动程序设计方面问题的一个良好方案。

从技术来看，自动程序设计的实现途径可归结为演绎综合、程序转换、实例推广以及过程实现等四种。

(1) 演绎综合。其理论基础是数学定理的构造式证明可等价于程序推导。对要生成的程序，用户给出它的输入输出数据必须满足的条件，条件以某种形式语言（如谓词演算）陈述。对于所有这些满足条件的输入，要求定理证明程序证明存在一个满足输出条件的输出，从该证明中析取出所欲生成的程序。这一途径的优点是理论基础坚实，但迄今为止只析取出一些较小的样例，较难用于较大规模的程序。

(2) 程序转换。将一个规格说明或程序转换成另一个功能等价的规格说明或程序。从抽象级别的异同来看，它可分为纵向转换与横向转换。前者是由抽象级别较高的规格说明或程序转换成与之功能等价的抽象级别较低的规格说明或程序；后者是在相同抽象级别上的规格说明或程序间的功能等价转换。

(3) 实例推广。借助反映程序行为的实例来构造程序。一般有两种方法：一种是输入输出对法，借助于给出的一组输入输出对，逐步导出适用于一类问题的程序；另一种是部分程序轨迹法，通过所给实例的运行轨迹，逐步导出程序。这一途径的思想比较先进，为用户所称道，但欲归纳出一定规模的程序，难度颇大。

(4) 过程实现。在对应规格说明中的各个成分，其转换目标的相应成分明确，而且相应的转换映射也明确，该映射可借助过程来实现。这一途径的实现效率较高，难点在于从非算法性成分到算法性成分的转换。因此，采用这一途径的系统一般自动化程度不高，很难实现从功能规格说明到可执行的程序代码的自动转换。

自动程序设计所涉及的基本问题与定理证明和机器学习有关，它是软件工程和人工智能相结合的产物。

**7. 专家系统**

专家系统(Expert System)是一个具有大量的专门知识与经验的程序系统，它应用人工智能技术和计算机技术，根据某领域一个或多个专家提供的知识和经验，进行推理和判断，模拟人类专家的决策过程，以便解决那些需要人类专家处理的复杂问题。简而言之，专家系统是一种模拟人类专家解决领域问题的计算机程序系统。

专家系统通常由知识库、推理机、人机交互界面、综合数据库、解释器、知识获取六个部分构成，其结构如图 4-3 所示。

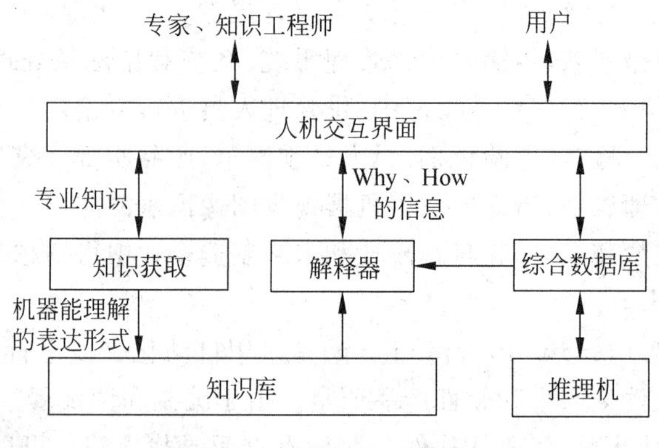


图 4-3 专家系统结构图

(1) 知识库用于存放专家提供的知识。知识库是专家系统质量是否优越的关键所在，知识库中知识的质量和数量决定着专家系统的质量水平。一般来说，专家系统中的知识库与专家系统程序是相互独立的，用户可以通过改变、完善知识库中的知识内容来提高专家系统的性能。

(2) 推理机针对当前问题的条件或已知信息，反复匹配知识库中的规则，获得新的结论，以得到问题求解结果。推理机就如同专家解决问题的思维方式，知识库是通过推理机来实现其价值的。

(3) 人机交互界面是系统与用户进行交流时的界面。通过该界面，用户输入基本信息、回答系统提出的相关问题，并输出推理结果及相关的解释等。

(4) 综合数据库专门用于存储推理过程中所需的原始数据、中间结果和最终结论，往往是作为暂时的存储区。

(5) 解释器能够根据用户的提问，对结论、求解过程做出说明，因而使专家系统更具有人情味。

(6) 知识获取是专家系统知识库是否优越的关键，也是专家系统设计的“瓶颈”问题。通过知识获取，可以扩充和修改知识库中的内容，也可以实现自动学习功能。

下面介绍几个著名的专家系统。

Dendral 系统根据质谱仪所产生的数据，不仅可以推断出确定的分子结构，而且还可以说明未知分子的谱分析。据说该系统已经达到化学博士的水平。

Mycin 是第一个功能较全的医疗诊断专家系统。该系统可以在不知道原始病原体的情况下，判断如何用抗生素来处理败血病患者。只要输入患者的症状、病史和化验结果，系统就可以根据专家知识和输入的资料判断是什么病菌引起的感染，并提出治疗方案。

Siri 是一个通过辨识语音作业的专家系统，由苹果公司收购并且推广到自家产品内作为个人秘书功能使用。

**8. 机器学习**

机器学习(Machine Learning)专门研究计算机怎样模拟或实现人类的学习行为，以获取新的知识或技能，重新组织已有的知识结构使之不断改善自身的性能。它是人工智能的核心，是使计算机具有智能的根本途径，其应用遍及人工智能的各个领域。对机器学习的讨论和机器学习研究的进展，将促使人工智能和整个科学技术的进一步发展。

这里所说的机器，指的是计算机。机器能否像人类一样具有学习能力？1959 年美国的塞缪尔(Samuel)设计了一个下棋程序，这个程序具有学习能力，它可以在多次对弈中改善自己的棋艺。4 年后，这个程序战胜了设计者本人。又过了 3 年，这个程序战胜了美国一个保持 8 年之久的常胜不败的冠军。这个程序向人们展示了机器学习的能力，提出了许多令人深思的社会问题与哲学问题。

机器的能力是否能超过人，很多持否定意见的人的一个主要论据是：机器是人造的，其性能和动作完全是由设计者规定的，因此无论如何其能力也不会超过设计者本人。这种意见对不具备学习能力的机器来说的确是对的，可是对具备学习能力的机器就值得考虑了，因为这种机器的能力在应用中不断地提高，过一段时间之后，设计者本人也不知它的能力会到何种水平。

目前，常用的机器学习方法主要有以下几种。

(1) 决策树学习。根据数据属性，采用树状结构建立决策模型。常用来解决分类和回归问题。

(2) 关联规则学习。它是一种用来在大型数据库中发现变量之间的有趣联系的方法。

(3) 人工神经网络。人工神经网络简称神经网络，计算结构是由相互连接的人工神经元所构成，通过不同的连接方法来传递信息和计算。它们在输入和输出之间模拟复杂关系，找到数据中的关系，或者在观测变量中从不知道的节点捕获统计学结构。

(4) 深度学习。深度学习由人工神经网络中的多个隐藏层组成。这种方法试图去模拟人脑的过程。成功的应用主要在计算机视觉和语音识别领域。

(5) 支持向量机。它是关于监督学习在分类和回归上的应用。给出训练样本的数据集，可以用来预测一个新的样本是否进入一个类别或者是另一个。

(6) 贝叶斯网络。通过有向无环图代表了一系列的随机变量和它们的条件独立性。例如，一个贝叶斯网络代表着疾病和症状可能的关系。给出症状，网络就可以计算疾病出现的可能性。

(7) 强化学习。强化学习关心 Agent① 如何在一个环境中采取行动，从而最大化长期回报。强化学习算法尝试去寻找一些策略，映射 Agent 在当前状态中应该采取的行动。

(8) 相似度量学习。学习器被给予了很多对相似或者不相似的例子。它需要去学习一个相似的函数，以预测一个新的对象是否相似。

(9) 遗传算法。它是一种启发式搜索算法，模仿自然选择的过程，使用一些遗传和变异来生成新的基因，以找到好的情况解决问题。

(10) 基于规则的机器学习。学习器的定义特征是一组关系规则的标识和利用，这些规则集合了系统所捕获的知识。这与其他机器学习器形成鲜明对比，它们通常会识别出一种特殊的模型，这种模型可以普遍应用于任何实例，以便做出预测。

**9. 机器人**

机器人(Robot)是整合了控制论、机械电子、计算机、材料和仿生学的产物，在工业、医学、农业、建筑业甚至军事等领域中均有重要用途。中国科学家对机器人的定义是："机器人是一种自动化的机器，这种机器具备一些与人或生物相似的智能能力，如感知能力、规划能力、动作能力和协同能力，是一种具有高度灵活性的自动化机器。"

机器人一般由执行机构、驱动装置、检测装置、控制系统等组成。

(1) 执行机构。即机器人本体，包括基座、腰部、臂部、腕部、手部和行走部等。

(2) 驱动装置。驱动装置是驱使执行机构运动的机构，主要是电力驱动装置，如步进电机、伺服电机等，它按照控制系统发出的指令信号，借助于动力元件使机器人进行动作。

(3) 检测装置。实时检测机器人的运动及工作情况，根据需要反馈给控制系统，与设定信息进行比较后，对执行机构进行调整，以保证机器人的动作符合预定的要求。

(4) 控制系统。根据控制方式控制系统可以分为两种类型：一种是集中式控制，即机器人的全部控制由一台微型机完成；另一种是分散式控制，即采用多台微型机来分担机器人的控制，主机常用于负责系统的管理、通信、运动学和动力学计算，并向下级微机发送指令

---

① Agent 是一个具有自主性、社会能力和反应特征的计算机软、硬件系统，具有自治性、社会能力、反应性和主动性。

信息；下级从机在各关节分别对应一个 CPU，进行插补运算和伺服控制处理，实现给定的运动，并向主机反馈信息。

从应用环境出发，机器人分为工业机器人和特种机器人两大类。工业机器人是面向工业领域的多关节机械手或多自由度机器人，占到了机器人应用的 95%。而特种机器人则是除工业机器人之外的用于非制造业并服务于人类的各种先进机器人，包括服务机器人、水下机器人、娱乐机器人、军用机器人、农业机器人、机器人化机器等，可以帮助人们做手术、采摘水果、剪枝、巷道掘进、侦查、排雷等。

只要人能想得到的，就可以利用机器人去实现。并且随着人们对机器人技术智能化本质认识的加深，机器人的功能和智能程度大大增强。目前机器人已从外观上脱离了最初的仿人型机器人和工业机器人所具有的形状，更加符合各种不同应用领域的特殊要求，为机器人技术开辟出更加广阔的发展空间。

### 4.3.4 AI 的进展

2017 年是人工智能技术多点突破、全面开花的一年，我们几乎每天都能听到关于人工智能的最新消息。从“互联网＋”走向“人工智能＋”，风口之上的人工智能正在创造新的神话。在巨头涌入、政策助推等多方因素的影响下，人工智能在 2017 年释放出了巨大的能量。

首先人形机器人除了在外形上更像人类，它们的动作也更加灵活了，甚至连身体机能都在向人类靠近。美国机器人公司波士顿动力的机器人 Atlas 拥有立体视觉、距离感应等能力，不仅能规避障碍物，跌倒了能自己爬起来，还在去年 11 月学会了后空翻。东京大学的人形机器人 Kengoro 和 Kenshire 完全按照人类肌肉骨骼系统搭建，通过水循环系统还能表现运动后“流汗”的反应。

2017 年 10 月，机器人索菲娅(见图 4-4)作为小组成员参加了联合国会议，还被授予了沙特阿拉伯公民身份，成为史上首个获得公民身份的机器人。索菲娅外形使用硅胶打造仿生皮肤，质感与人类皮肤非常相似，她可以模仿人的面部表情和情绪，通过语音和人脸识别技术，能理解语言并与人类进行对话。在过去的一年里，索菲娅尝试融入人类社会，有了自己的推特账号，作客脱口秀节目，登上时尚杂志的封面。

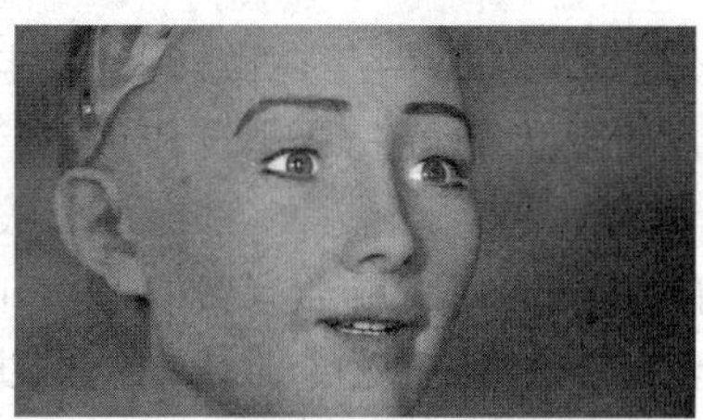

图 4-4　机器人索菲娅

AI 在棋牌、医疗、推理能力等方面也超越人类，学会了驾驶无人机、帮助科学家进行量子力学实验设计等。2017 年 1 月 30 日，宾夕法尼亚州匹兹堡 Rivers 赌场，耗时 20 天的得克萨斯州扑克人机大战尘埃落定。卡耐基梅隆大学开发的 AI 程序 Libratus 击败人类顶级职业玩家，赢取了 20 万美元的奖金。尽管之前 Google 公司旗下 DeepMind 的 AlphaGo 在与李世石的 5 番围棋大战以及在网络上跟顶级围棋选手的 60 番围棋大战中出尽了风头。

但相对而言得克萨斯州扑克对于 AI 是更大的挑战，因为 AI 只能看到游戏的部分信息，游戏并不存在单一的最优下法。

围棋方面，在 5 月 AlphaGo 以 3:0 击败柯洁后，谷歌公司的 DeepMind 并没有停下脚步，10 月，AlphaGo Zero 用更低的处理能力发现了此前人类和机器从来没有想到的战术，而且在三天之后就击败了它的“前辈”； 12 月，AlphaGo Zero 再次进化，通用棋类算法 AlphaZero 问世。

2017 年 5 月，“谷歌大脑”(Google Brain)的研究人员宣布研发出自动人工智能 AutoML，该人工智能可以产生自己的子 AI 系统。这个新生成的“孩子”名为 NASNet，可以实时地在视频中识别目标，正确率达到 82.7%，比之前公布的同类 AI 产品的结果高 1.2%，系统效率高出 4%。

无人驾驶也已成为世界性的前沿科技，Google、百度、特斯拉等科技巨头新贵纷纷布局于此。在 2016 年 11 月 16 日，18 辆百度无人车在乌镇运营体验，是百度首次在开放城市道路情况下，实现全程无人工干预的 L4 级无人驾驶技术。AI 使用大量的服务器和数据来拟合人类的驾驶能力，这个系统比人类驾驶员的水平都更高。安全性之外，智能化的无人车可以实时将交通状况、行驶情况回传，交通指挥中心将根据大数据进行交通调度，可以更好地解决拥堵问题。

2017 年 1 月，斯坦福大学的研究人员开发出了基于深度学习算法的皮肤癌诊断系统，使得识别皮肤癌的准确率与专业的人类医生相当。成果论文被英国《自然》杂志采用刊登。这一成果是采用深度卷积神经网络，通过大量训练发展出模式识别的 AI，使计算机学会分析图片并诊断疾病。使用这一技术，有望制造出家用便携皮肤癌扫描仪，造福广大患者。

AI 技术快速发展，也和其他强大的技术一样，是一柄双刃剑。AI 既能造福人类，也能被罪犯所利用。恶意使用 AI，不仅会威胁到人们的财产和隐私，还可能带来生命威胁。

AI 还会导致工人大量失业，当机器配上 AI，人类被代替的趋势就会愈演愈烈。特斯拉公司自动化工厂被曝光，整个工厂只有 150 个机器人，从原材料加工到成品组装，所有的生产流程都由 150 台机器人完成，在车间内根本看不到人的身影。不仅仅是特斯拉公司，很多传统意义上需要大量人力的行业，已经开始逐步引入机器人，不仅成本大大降低，而且效率也大幅提高了。

麦肯锡全球研究院发布报告称，到 2030 年，机器人将抢走 4 亿～8 亿人的饭碗，相当于当前全球劳动力总量的 1/5，风险最大的行业是建筑和采矿、工厂产品生产、办公室助理和销售人员。智能化、无人化是大势所趋，无论是谁，都会面临被机器人抢饭碗的境地，但这并不代表我们就会饿死。因为有了新的科技，就会有新的工作，同样需要人去完成。但关键在于，我们是否有毅力、有意愿改变自己，跟上这个时代潮流的步伐。这个世界从来不会辜负努力的人!

## 4.4 物 联 网

### 4.4.1 物联网概述

#### 1. 物联网的概念

随着信息领域及相关学科的发展，相关领域的科研工作者分别从不同的方面对物联网

进行了较为深入的研究，物联网的概念也随之有了深刻的改变，但是至今仍没有提出个权威、完整和精确的物联网定义。

物联网(Internet of Things,IOT)是新一代信息技术的重要组成部分，也是信息化时代的重要发展阶段。物联网的概念最初是由美国麻省理工学院在1999年提出的：即通过射频识别(RFID)、红外感应器、全球定位系统、激光扫描器、气体感应器等信息传感设备，按约定的协议，把任何物品与互联网连接起来，进行信息交换和通信，以实现智能化识别、定位、跟踪、监控和管理的一种网络。

中国物联网校企联盟将物联网定义为：当下几乎所有技术与计算机、互联网技术的结合，实现物体与物体之间、环境以及状态信息实时的共享以及智能化的收集、传递、处理、执行。从广义上说，当下涉及信息技术的应用，都可以纳入物联网的范畴。

国际电信联盟(ITU)发布的ITU互联网报告对物联网做了如下定义：通过二维码识读设备、射频识别装置、红外感应器、全球定位系统和激光扫描器等信息传感设备，按约定的协议，把任何物品与互联网相连接，进行信息交换和通信，以实现智能化识别、定位、跟踪、监控和管理的一种网络。

简单地说，物联网就是物物相连的互联网，包含三层意思。

其一，物联网的核心和基础仍然是互联网，是在互联网基础上延伸和扩展的网络。

其二，其用户端延伸和扩展到了任何物品与物品之间，进行信息交换和通信，也就是物物相息。

其三，物联网具有智能属性，可进行智能控制、自动监测与自动操作。

根据国际电信联盟的定义，物联网主要解决人与物品(Human to Thing,H2T)、人与人(Human to Human,H2H)、物品与物品(Thing to Thing,T2T)之间的连接。但是与传统互联网不同的是，H2T是指人利用通用装置与物品之间的连接，从而使得物品连接更加的简化，而H2H是指人与人之间不依赖于PC而进行的互联。因为互联网并没有考虑到对于任何物品连接的问题，故我们使用物联网来解决这个传统意义上的问题。物联网顾名思义就是连接物品的网络。许多学者讨论物联网时，经常会引入一个M2M的概念，可以解释成人到人(Man to Man)、人到机器(Man to Machine)、机器到机器(Machine to Machine)。从本质上而言，人与机器、机器与机器的交互，大部分是为了实现人与人之间的信息交互。

**2. 物联网的基本特征**

和传统的互联网相比，物联网有其鲜明的特征。

(1) 它是各种感知技术的广泛应用。

物联网部署了海量的多种类型的传感器，每个传感器都是一个信息源，不同类别的传感器所捕获的信息内容和信息格式不同。传感器获得的数据具有实时性，按一定的频率周期性地采集环境信息，不断更新数据。

(2) 它是一种建立在互联网上的泛型网络。

物联网技术的重要基础和核心仍是互联网，通过各种有线和无线网络融合，将物体的信息实时准确地传递出去。在物联网上的传感器定时采集的信息传输需要网络，由于信息量巨大，形成了海量的信息，在传输过程中，为了保障数据的正确性和及时性，必须适应各种异构网络协议。

（3）智能处理。

物联网不仅仅提供了传感器的链接，其本身也具有智能处理的能力，能够对物体实施智能控制。物联网将传感器和智能处理相结合，利用云计算、模式识别等各种智能技术，扩充其应用领域，从传感器获得的海量信息中分析、加工和处理出有意义的数据，以适应不同用户的不同需求，发现新的应用领域和应用模式。

### 4.4.2 物联网的关键技术

ITU在物联网报告中重点描述了物联网的四个关键性应用技术：标签事物的RFID技术、感知事物的传感器技术、思考事物的智能技术、微缩事物的纳米技术。目前，国内物联网技术的关注热点主要集中在传感器、RFID、嵌入式系统技术等领域。物联网技术涉及多个领域，这些技术在不同的行业往往具有不同的应用需求和技术形态。物联网的技术构成主要包括感知与标识技术、网络与通信技术、嵌入式系统技术等。

**1. 感知与标识技术**

感知和标识技术是物联网的基础，负责采集物理世界中发生的物理事件和数据，实现外部世界信息的感知和识别，包括传感器技术、RFID技术以及无线传感器网络技术等。传感器技术利用传感器和多跳自组织传感器网络，协作感知、采集网络覆盖区域中被感知对象的信息。传感器技术依附于敏感机理、敏感材料、工艺设备和计测技术，对基础技术和综合技术要求非常高。目前，传感器技术在被检测量类型和精度、稳定性和可靠性、低成本和低功耗方面还没有达到规模应用水平，是物联网产业化发展的重要瓶颈之一。识别技术涵盖物体识别、位置识别和地理识别，对物理世界的识别是实现全面感知的基础。物联网标识技术是以二维码、RFID标识为基础的，对象标识体系是物联网的一个重要技术点。从应用需求的角度，识别技术首先要解决的是对象的全局标识问题，需要研究物联网的标准化物体标识体系，进一步融合及适当兼容现有的各种传感器和标识方法，并支持现有的和未来的识别方案。

**2. 网络与通信技术**

网络是物联网信息传递和服务支撑的基础设施，通过泛在的互联功能，实现感知信息高可靠性、高安全性传输。物联网的网络技术涵盖泛在接入和骨干传输等多个层面的内容。以互联网协议版本6（IPv6）为核心的下一代网络，为物联网的发展创造了良好的基础网络条件。以传感器网络为代表的末梢网络在规模化应用后，面临与骨干网络的接入问题，并且其网络技术需要与骨干网络进行充分协同，这些都将面临新的挑战，需要研究固定、无线和移动网及Ad-hoc网技术、自治计算与联网技术等。物联网需要综合各种有线和无线的通信技术，其中近距离无线通信技术将是物联网的研究重点。由于物联网终端一般使用工业科学医疗（ISM）频段进行通信（免许可证的2.4GHz ISM频段全世界都可通用），频段内包括大量的物联网设备以及现有的无线保真（WiFi）、超宽带（UWB）、ZigBee、蓝牙等设备，频谱空间将极其拥挤，制约物联网的实际大规模应用。为提升频谱资源的利用率，让更多物联网业务能实现空间并存，需切实提高物联网规模化应用的频谱保障能力，保证异种物联网的共存，并实现其互联互通互操作。

**3. 嵌入式系统技术**

嵌入式系统技术是综合了计算机软硬件、传感器技术、集成电路技术、电子应用技术于

一体的复杂技术。经过几十年的演变,以嵌入式系统为特征的智能终端产品随处可见,小到人们身边的MP3,大到航天航空的卫星系统。嵌入式系统正在改变着人们的生活,推动着工业生产以及国防工业的发展。

如果把物联网用人体做一个简单比喻,传感器相当于人的眼睛、鼻子、皮肤等感官,网络就是神经系统,用来传递信息,嵌入式系统则是人的大脑,在接收到信息后要进行分类处理。这个例子很形象地描述了传感器、嵌入式系统在物联网中的位置与作用。

### 4.4.3 物联网的应用

物联网用途广泛,遍及智能交通、环境保护、政府工作、公共安全、平安家居、智能消防、工业监测、环境监测、路灯照明管控、水系监测、食品溯源、敌情侦查和情报搜集等多个领域。

1) 物联网传感器产品已率先在上海浦东国际机场防入侵系统中得到应用

系统铺设了3万多个传感节点,覆盖了地面、栅栏和低空探测,可以防止人员的翻越、偷渡、恐怖袭击等攻击性入侵。上海世博会也与中科院无锡高新微纳传感网工程技术研发中心签下订单,购买1500万元的防入侵微纳传感网产品。

2) 首家手机物联网落户广州

将移动终端与电子商务相结合的模式,让消费者可以与商家进行便捷的互动交流,随时随地体验品牌品质,传播分享信息,实现互联网向物联网的从容过渡,缔造出一种全新的零接触、高透明、无风险的市场模式。手机物联网购物其实就是闪购。广州闪购通过手机扫描条形码、二维码等方式,可以进行购物、比价、鉴别产品等功能。

这种智能手机和电子商务的结合,是手机物联网的其中一项重要功能,手机物联网应用正伴随着电子商务大规模兴起。

3) 与门禁系统的结合

一个完整的门禁系统由读卡器、控制器、电锁、出门开关、门磁、电源、处理中心这几个模块组成,无线物联网门禁将门点的设备简化到了极致:一把电池供电的锁具。除了门上面要开孔装锁外,门的四周不需要任何辅助设备。整个系统简洁明了,大幅缩短施工工期,也能降低后期维护。无线物联网门禁系统的安全与可靠首要体现在以下两个方面:无线数据通信的安全性和传输数据的安稳性。

4) 与云计算的结合

物联网的智能处理依靠先进的信息处理技术,如云计算、模式识别等技术。云计算可以从两个方面促进物联网和智慧地球的实现:首先,云计算是实现物联网的核心;其次,云计算促进物联网和互联网的智能融合。

5) 与移动互联结合

物联网的应用在与移动互联相结合后,发挥了巨大的作用。智能家居使得物联网的应用更加生活化,具有网络远程控制、遥控器控制、触摸开关控制、自动报警和自动定时等功能,普通电工即可安装,变更扩展和维护非常容易,开关面板颜色多样,图案个性化,给每一个家庭带来不一样的生活体验。

6) 与交通指挥中心的结合

物联网在交通指挥中心已得到很好的应用,物联网智能控制系统可以调度交通指挥中心的大屏幕、窗帘、灯光、摄像头、DVD、电视机、电视机顶盒、电视电话会议;也可以调度马路上的摄像头图像到交通指挥中心，同时也可以控制摄像头的转动。物联网智能控制系统可以通过无线网络与多个交通指挥中心分级控制，或联网控制。还可以显示机房温度湿度、远程控制需要控制的各种设备的开关电源。

7）物联网助力食品溯源、肉类源头追溯系统

从2003年开始，中国已开始将先进的RFID技术运用于现代化的动物养殖加工企业，开发出了RFID实时生产监控管理系统。该系统能够实时监控生产的全过程，自动、实时、准确地采集主要生产工序与卫生检验、检疫等关键环节的有关数据，较好地满足质量监管要求，过去市场上常出现的肉质问题得到了妥善的解决。此外，政府监管部门可以通过该系统有效地监控产品质量安全，及时追踪、追溯问题产品的源头及流向，规范肉食品企业的生产操作过程，从而有效地提高肉食品的质量安全。

## 4.5 虚拟现实技术与增强现实技术

### 4.5.1 虚拟现实技术概述

**1. 虚拟现实技术概念**

虚拟现实(Virtual Reality,VR)技术也被称为灵境技术，是一种可以创建和体验虚拟世界的计算机仿真系统。它利用计算机生成一种模拟环境，是一种多源信息融合的、交互式的三维动态视景和实体行为的系统仿真，可以使用户沉浸到该环境中。

虚拟现实技术是仿真技术的一个重要方向，是仿真技术与计算机图形学、人机接口技术、多媒体技术、传感技术、网络技术等多种技术的集合，是一门富有挑战性的前沿技术和研究领域。虚拟现实技术主要包括模拟环境、感知、自然技能和传感设备等方面。模拟环境是由计算机生成的、实时动态的三维立体逼真图像。感知是指理想的虚拟现实应该具有一切人所具有的感知。除计算机图形技术所生成的视觉感知外，还有听觉、触觉、力觉、运动等感知，甚至还包括嗅觉和味觉等，也称为多感知。自然技能是指由计算机来处理与参与者的动作(人的头部转动，眼睛、手势或其他人体行的)相适应的数据，并对用户的输入做出实时响应，并分别反馈到用户的五官。传感设备是指三维交互设备。

**2. 虚拟现实技术的特征**

1）多感知性

除一般计算机所具有的视觉感知外，还有听觉感知、触觉感知、运动感知，甚至还包括味觉、嗅觉感知等，使用户感觉像是被虚拟世界包围。目前相对成熟的主要是视觉沉浸技术、听觉沉浸技术、触觉沉浸技术，而有关味觉和嗅觉的感知技术正在研究之中，目前还不成熟。

2）存在感

存在感指用户感到作为主角存在于模拟环境中的真实程度。理想的模拟环境应该达到使用户难辨真假的程度。

3）交互性

交互性指交互的自然性和实时性，用来表示参与者通过专门的输入输出设备(如数据手套、力反馈装置等)，用人类的自然技能实现对模拟环境的考察与操作的程度。

4）自主性

自主性指虚拟环境中的物体依据现实世界物理运动定律动作的程度。

## 4.5.2 虚拟现实技术基础及硬件设备

**1. 虚拟现实技术基础**

虚拟现实是多种技术的综合，包括实时三维计算机图形技术、立体显示技术、声音、触觉反馈、语音输入输出技术等。下面对这些技术分别加以说明。

1）实时三维计算机图形

相比较而言，利用计算机模型产生图形图像并不是一件太难的事情。如果有足够准确的模型，又有足够的时间，就可以生成不同光照条件下各种物体的精确图像，但是这里的关键是实时。例如在飞行模拟系统中，图像的刷新相当重要，同时对图像质量的要求也很高，再加上非常复杂的虚拟环境，问题就变得相当困难。

2）立体显示

人看周围的世界时，由于两只眼睛的位置不同，得到的图像略有不同，这些图像在脑子里融合起来，就形成了一个关于周围世界的整体景象，这个景象中包括了距离远近的信息。当然，距离信息也可以通过其他方法获得，例如眼睛焦距的远近、物体大小的比较等。

在 VR 系统中，双目立体视觉起了很大作用。用户的两只眼睛看到的不同图像是分别产生的，显示在不同的显示器上。有的系统采用单个显示器，但用户带上特殊的眼镜后，一只眼睛只能看到奇数帧图像，另一只眼睛只能看到偶数帧图像，奇、偶帧之间的不同（也就是视差）就产生了立体感。

用户（头、眼）的跟踪：在人造环境中，每个物体相对于系统的坐标系都有一个位置与姿态，而用户也是如此。用户看到的景象是由用户的位置和头（眼）的方向来确定的。

跟踪头部运动的虚拟现实头套：在传统的计算机图形技术中，视场的改变是通过鼠标或键盘来实现的，用户的视觉系统和运动感知系统是分离的，而利用头部跟踪来改变图像的视角，用户的视觉系统和运动感知系统之间就可以联系起来，感觉更逼真。另一个优点是，用户不仅可以通过双目立体视觉去认识环境，而且可以通过头部的运动去观察环境。

在用户与计算机的交互中，键盘和鼠标是目前最常用的工具，但对于三维空间来说，它们都不太适合。在三维空间中因为有六个自由度，我们很难找出比较直观的办法把鼠标的平面运动映射成三维空间的任意运动。现在，已经有一些设备可以提供六个自由度，如 3Space 数字化仪和 SpaceBall 空间球等。另外一些性能比较优异的设备是数据手套和数据衣。

3）声音

人能够很好地判定声源的方向。在水平方向上，我们靠声音的相位差及强度的差别来确定声音的方向，因为声音到达两只耳朵的时间或距离有所不同。常见的立体声效果就是靠左右耳听到在不同位置录制的声音来实现的，所以会有一种方向感。现实生活里，当头部转动时，听到的声音的方向就会改变。但目前在 VR 系统中，声音的方向与用户头部的运动无关。

4）感觉反馈

在一个 VR 系统中，用户可以看到一个虚拟的杯子。你可以设法去抓住它，但是你的手没有真正接触杯子的感觉,并有可能穿过虚拟杯子的“表面”,而这在现实生活中是不可能的。解决这一问题的常用装置是在手套内层安装一些可以振动的触点来模拟触觉。

5) 语音输入输出

在 VR 系统中,语音的输入输出也很重要。这就要求虚拟环境能听懂人的语言,并能与人实时交互。而让计算机识别人的语音是相当困难的,因为语音信号和自然语言信号有其“多边性”和复杂性。例如,连续语音中词与词之间没有明显的停顿,同一词、同一字的发音受前后词、字的影响,不仅不同人说同一词会有所不同,就是同一人发音也会受到心理、生理和环境的影响而有所不同。

使用人的自然语言作为计算机输入目前有两个问题:首先是效率问题,为便于计算机理解,输入的语音可能会相当啰唆;其次是正确性问题,计算机理解语音的方法是对比匹配,而没有人的智能。

**2. 虚拟现实技术硬件设备**

1) 数据手套

数据手套(Data Glove,如图 4-5 所示)是美国 VPL 公司推出的一种传感手套,它已成为一种被广泛使用的输入传感设备,它是一种穿戴在用户手上,作为一只虚拟的手用于虚拟现实系统进行交互,可以在虚拟世界中进行物体抓取、移动、装配、操作、控制,并把手指和手掌伸屈时的各种姿势转换成数字信号传送给计算机。

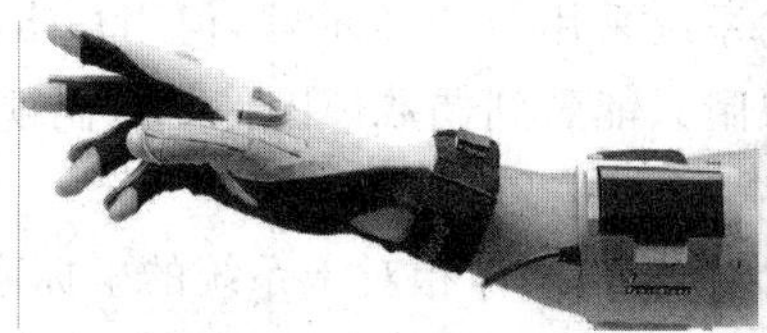
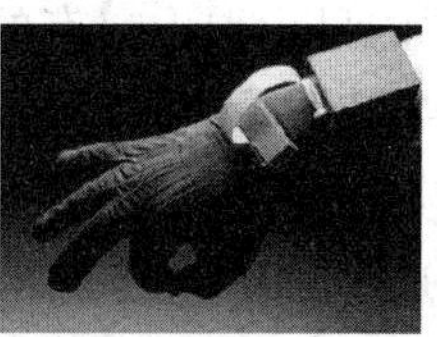

图 4-5 数据手套

2) 三维控制器

三维控制器包括三维鼠标(3D Mouse)和力矩球(Space Ball),如图 4-6 所示,普通鼠标只能感受在平面的运动,而三维鼠标可以让用户感受到在三维空间中的运动,其工作原理是在鼠标内部装有超声波或电磁发射器,利用配套的接收设备可检测到鼠标在空间中的位置与方向。力矩球通常被安装在固定平台上,用户可以通过手的扭动、挤压、来回摇摆等来实现相应的操作。它是采用发光二极管和光接收器,通过安装在球中心的几个张力器来测量手施加的力,力矩球既简单又耐用,而且可以操纵物体。

3) 人体运动捕捉设备

人体运动捕捉的目的是把真实的人体动作完全附加到虚拟场景中的一个虚拟角色上,让虚拟角色表现出真实人物的动作效果。从应用角度来看,运动捕捉设备主要有表情捕捉和肢体捕捉两类;从实时性来看,运动抽捉设备可以分为实时捕捉和非实时捕捉。

人体运动捕捉设备(如图 4-7 所示)一般由传感器、信号捕捉设备、数据传输设备和数据处理设备四部分组成。根据传感器信号类型的不同,可以将运动捕捉设备分为机械式、声学式、电磁式和光学式四种类型。

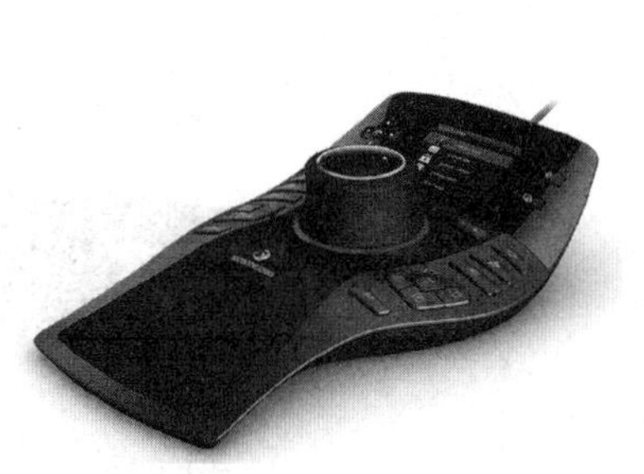

图 4-6 三维控制器

图 4-7 人体运动捕捉设备

4）头盔显示器

头盔显示器（Head Mounted Display，HMD，如图 4-8 所示）即头显，是虚拟现实应用中的 3D VR 图形显示与观察设备，可单独与主机相连以接收来自主机的 3D VR 图形信号。其使用方式为头戴式，辅以三个自由度的空间跟踪定位器，可进行 VR 输出效果观察，同时观察者可做空间上的自由移动，如自由行走、旋转等，沉浸感较强。在 VR 效果的观察设备中，头盔显示器的沉浸感优于显示器的虚拟现实观察效果；在投影式虚拟现实系统中，头盔显示器作为系统功能和设备的一种补充和辅助。

图 4-8 头盔显示器

5）触觉/力觉反馈设备

在虚拟现实中，接触感的作用一般包括两个方面：一方面，用户在探索虚拟环境时，利用接触感来识别所探索的对象及其位置和方向；另一方面，用户需要利用接触感去操纵和移动虚拟物体以完成某种任务。按照信息的不同来源，接触感可以分为触觉反馈和力觉反馈两类，而触觉反馈是力觉反馈的基础和前提。

目前，常见的触觉反馈设备有充气式、震动式、温度式，常见的力觉反馈设备包括力反馈鼠标、力反馈手柄、力反馈手臂、力反馈手套等。图 4-9 所示是触觉/力觉反馈设备。

6）其他辅助设备

在虚拟现实技术的硬件设备中，常见的还有三维扫描仪和三维打印机等。三维扫描仪是一种快速获取真实物体的立体信息，并将其转化为虚拟模型的仪器。它一般通过点扫描方式获取真实物体表面上的一系列点集，通过对这些点集的插补便可形成物体的表面外形。三维打印机则是根据三维虚拟模型自动制作真实物体的仪器，其基本原理就是让软件程序将三维模型分解成若干个横断面,硬件设备使用树脂或石膏粉等材料将这些横断面一层一层地沉淀、堆积,最终形成真实物体。图 4-10 所示是三维扫描仪。

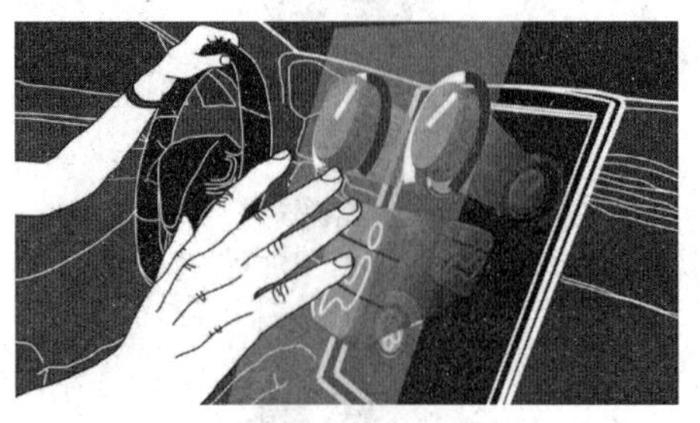

图 4-9　触觉/力觉反馈设备

图 4-10　三维扫描仪

## 4.5.3　增强现实技术概述

**1. 增强现实的概念**

增强现实技术(Augmented Reality,AR)是在虚拟现实技术的基础上发展起来的新兴研究领域,综合了计算机图形学、光电成像、融合显示、多传感器、图像处理、计算机视觉等多门学科,是一种利用计算机产生的附加信息对真实世界的景象增强或扩张的技术。

增强现实技术将真实世界信息和虚拟世界信息“无缝”地集成,把原本在现实世界的一定时间、空间范围内很难体验到的实体信息(视觉信息、声音、味道、触觉等),通过计算机等科学技术,模拟仿真后再叠加,将虚拟的信息应用到真实世界,被人类感官所感知,从而达到超越现实的感官体验。

增强现实技术不仅展现了真实世界的信息,而且将虚拟的信息同时显示出来,两种信息相互补充、叠加。在视觉化的增强现实中,用户利用头盔显示器,把真实世界与计算机图形多重合成在一起,便可以看到真实的世界围绕着它。

增强现实技术包含了多媒体、三维建模、实时视频显示及控制、多传感器融合、实时跟踪及注册、场景融合等新技术与新手段。

增强现实系统也是虚拟现实系统的一种,也被称作增强式虚拟现实系统。虚拟现实致力于完全打造沉浸式虚拟环境,而增强现实则是将虚拟信息融入真实世界。

**2. 增强现实技术的特点**

AR 技术具有三个突出的特点。

(1) 真实世界和虚拟的信息集成。

增强现实技术不同于虚拟现实技术,它没有完全取代现实环境,相反它比较依赖现实世界,它的存在就是为现实服务的。AR 将虚拟信息应用到真实世界中,两者叠加成一个画面,不仅展现了真实世界的信息,而且将虚拟的信息同时显示出来,两种信息相互补充、叠加。

(2) 具有实时交互性。

实时交互是指用户能够通过现实世界的信息比较及时地得到相应的反馈信息。因为增强现实需要迅速识别现实世界的事物,在设备中进行迅速合成,并通过传感技术将混合信息传达给用户,这样才能实现所见即能所知的效果。

(3) 在三维尺度空间中增添定位虚拟物体。

增强现实中需要通过实时跟踪摄像机位置,实时计算出摄像机影像位置及角度,定位出虚拟图像与真实场景中的注册位置,以实现虚拟世界与真实世界更自然地融合。增强现实必须经过三维注册才能识别,它不是对任何一个物体都能实现增强的。

## 4.5.4 虚拟现实技术和增强现实技术的应用

### 1. 虚拟现实技术的应用

除了大家熟悉的看电影和玩游戏之外,虚拟现实技术还能被运用于生活中的各行各业,下面列举一些虚拟现实技术的典型应用。

1) 医疗

虚拟现实在医学方面的应用具有十分重要的现实意义。在虚拟环境中,建立虚拟的人体模型,借助于跟踪球、头戴式显示器、感觉手套,可以学习了解人体内部各器官结构,对虚拟的人体模型进行手术等(如图 4-11 所示)。

图 4-11 虚拟现实技术在医学领域的应用

虚拟现实技术在医学中的应用是非常有前景的,学员在进行手术学学习之前,可以通过虚拟现实制作的模拟手术系统进行预习,这样,在进行实际操作时有的放矢,教学效果相比预习文字描述的步骤要深刻得多,将大大减少失误造成的实验动物和标本的浪费。

例如,在学习诊断学时,心脏的心音听诊是个难点,这时可以让学员通过虚拟现实系统,在虚拟的病人身上,直接看到心脏内部的结构,将心音的录音与心脏实际的工作过程相关联,使学员可以以三维的方式,从各个角度观看心瓣膜工作状态与心音产生的关系,这种学习的直观程度,即使在真实病人的身上,配合彩色超声也很难达到。

临床上,80%的手术失误是人为因素引起的,所以手术训练极其重要。医生可在虚拟手术系统上观察专家手术过程,也可重复练习。虚拟手术使得手术培训的时间大为缩短,同时减少了对昂贵的实验对象的需求。由于虚拟手术系统可为操作者提供一个极具真实感和沉浸感的训练环境,力反馈绘制算法能够制造很好的临场感,所以训练过程与真实情况几乎一致,尤其是能够获得在实际手术中的手感。计算机还能够给出一次手术练习的评价。在虚拟环境中进行手术,不会发生严重的意外,能够提高医生的协作能力。外科医生在真正动手术之前,通过虚拟现实技术的帮助,能在显示器上重复地模拟手术,移动人体内的器官,寻找最佳手术方案并提高熟练度。另外,在远距离遥控外科手术、复杂手术的计划安排、手术过程的信息指导、手术后果预测及改善残疾人生活状况,乃至新药研制等方面,虚拟现实技术都能发挥十分重要的作用。

2）游戏、艺术、教育

游戏领域：丰富的感觉能力与三维显示环境使得虚拟现实成为理想的视频游戏工具，虚拟现实在该方面发展最为迅猛。对于游戏的开发，角色扮演类、动作类、冒险解谜类、竞速赛车类的游戏（如图 4-12 所示），其先进的图像引擎丝毫不亚于目前的主流游戏引擎的图像表现效果，而且整合配套的动力学和 AI 系统更给游戏的开发提供了便利。目前已投入市场商业运营，显示出了很好的前景。

图 4-12　虚拟现实技术在游戏中的应用

艺术领域：虚拟现实所具有的临场参与感与交互能力可以将静态的艺术（如油画、雕刻等）转化为动态的，可以使观赏者更好地欣赏作者的艺术思想。另外，虚拟现实提高了艺术表现能力。同时，各种大型的文艺演出效果，也可能通过虚拟现实技术进行效果模拟。

教育领域：主要是发挥其互动性和表现力，用于立体几何、物理、化学等相关课件的模拟制作，解释一些复杂而抽象的概念，如量子物理等。在相关专业的培训机构，虚拟现实技术能够为学员提供更多的辅助，如虚拟驾驶、各种交通规则的模拟，特种器械模拟操作、模拟装备等。

3）应急演练

对于具有一定危险性的行业（如消防、电力、石油、矿产等）来说，定期执行应急演练是传统并有效的防患方式，但投入成本高，使得其不可能频繁地执行。在军事与航天工业中，模拟训练一直是一个重要课题。这些都为虚拟现实提供了广阔的应用前景。虚拟现实为应急演练或模拟训练提供了一种全新的模式，将事故现场模拟到虚拟场景中去，人为制造各种事故情况，组织参演人员做出正确响应。这样的演练大大降低了投入成本，提高了时效，从而保证了人们面对事故灾难时的应对技能，并且可以打破空间的限制，方便组织各地人员参演。图 4-13 所示为虚拟现实技术在军事演练中的应用。

4）城市规划、地理交通

虚拟现实技术对于政府在城市规划的工作中起到了举足轻重的作用（如图 4-14 所示）。用虚拟现实技术不仅能十分直观地表现虚拟的城市环境，而且能很好地模拟飓风、火灾、水灾、地震等自然灾害的突发情况，排水系统、供电系统、道路交通、沟渠湖泊等也都一目了然。

除了以上提到的几个典型应用外，虚拟现实技术还有着广泛的应用，几乎涉及各行各业。例如在娱乐、室内设计、房地产开发、工业仿真、文物古迹、Web 3D、道路桥梁、地理、船舶制造、汽车仿真、轨道交通、数字地球、康复训练、能源等领域都有着丰富的应用。

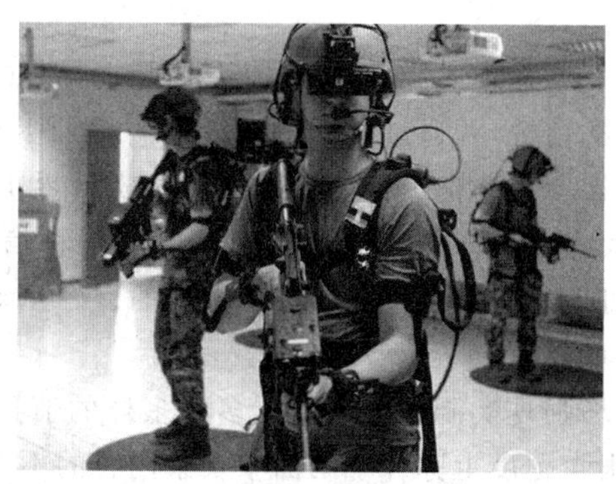

图 4-13 虚拟现实技术在军事演练中的应用

图 4-14 虚拟现实技术在城市规划中的应用

**2. 增强现实技术的应用**

增强现实技术不仅在与虚拟现实技术有相类似的应用领域,如在尖端武器、飞行器的研制与开发,数据模型的可视化、虚拟训练,娱乐与艺术等领域具有广泛的应用,而且由于其具有能够对真实环境进行增强显示输出的特性,在医疗研究与解剖训练、精密仪器制造和维修、军用飞机导航、工程设计和远程机器人控制等领域,具有比虚拟现实技术更加明显的优势。下面介绍几个典型的增强现实技术的应用。

1) 医疗辅助

在最新的增强现实技术应用下,医生可以准确断定手术的位置,降低手术的风险,可以更好地提高手术的成功率。尤其是一些对手术刀操作有精确需求的外科手术,就更需要这样的辅助型设备了。

最声名远播的是 Microsoft 公司的 HoloLens 全息眼镜(如图 4-15 所示),医学研究人员可通过它查看人体器官、肌肉组织、人体骨骼的结构。例如,一个脊柱外科手术,增强现实技术的应用可以让一个螺丝更容易、更快、更安全地插入到脊椎。

图 4-15 HoloLens 全息眼镜

2）电视、电影节目

在电视制作领域所说的增强现实制作技术，主要还是视觉化的增强现实技术，是基于实时跟踪摄像机所拍摄影像的位置，并通过计算机系统实时叠加上相应的视频、音频、图文信息等。这种技术可以在电视屏幕上把虚拟信息叠加到现实世界上，通过普通电视屏幕不仅展现了真实世界的信息，而且将虚拟的信息同时显示出来，两种信息相互补充、叠加，甚至通过精心的节目创意设计，可以实现真实世界同虚拟世界的良好互动效果，让观众在电视屏幕面前难辨虚拟世界和真实世界。

以虚拟植入为主体的增强现实制作可以完成多种多样的节目需求，无论是在艺术效果上还是功能结构上，且在很大程度上弥补了画面中实景内容的不充分，丰富有效画面。在大量的节目需求和技术投入之下，虚拟植入已经被广泛地使用在了录播或直播节目当中，甚至和 LED 大屏幕一样成为大小晚会和专题节目的标准配置。图 4-16 所示为 2017 年央视春晚节目《清风》，其中应用了大量虚拟植入技术。

图 4-16　增强现实技术在电视节目中的应用

3）广告营销

增强现实技术在广告营销中的应用非常多，而且创新了广告表现手法，视觉效果和艺术上的提升能够吸引客户，从而获得更高的广告效益。例如，可以通过增强现实技术，消费者可以将想要选购的商品先叠加在真实的环境中进行试看，再决定是否购买。其中较具有代表性的有宜家推出的 App——家居指南，如果用户有纸质版的家居指南，可以直接扫描对应的家具，没有的也可以先进入选择某款家具，选中后摄像头会自动打开并呈现出现实画面，而被选择的家具也会被叠加到现实画面中，以供用户购买时进行参考，如图 4-17 所示。

图 4-17　“家居指南”增强现实效果图

# 习　题

**一、判断题**

1. 所谓云计算就是一种计算平台或者应用模式。
2. 可以简单地认为云计算是因资源的闲置而产生的。
3. 云计算服务可信性依赖于计算平台的安全性。
4. 大数据技术和云计算技术是两门完全不相关的技术。
5. 人工智能就是要让机器的行为看起来就像是人所表现出来的智能行为一样。

**二、选择题**

1. SaaS是________的简称。

   A. 软件即服务　　B. 平台即服务
   C. 基础设施即服务　　D. 硬件即服务

2. 云计算里面临的一个很大的问题，就是________。

   A. 服务器　　B. 存储　　C. 计算　　D. 节能

3. 大数据应用需依托的新技术有________。

   A. 大规模存储与计算　　B. 数据分析处理
   C. 智能化　　D. 三个选项都是

4. 大数据最显著的特征是________。

   A. 数据规模大　　B. 数据类型多样
   C. 数据处理速度快　　D. 数据价值密度高

5. 首次提出人工智能是在________年。

   A. 1946　　B. 1960　　C. 1916　　D. 1956

6. 人工智能应用研究的两个最重要最广泛领域为________。

   A. 专家系统、自动规划　　B. 专家系统、机器学习
   C. 机器学习、智能控制　　D. 机器学习、自然语言理解

7. 2017年5月，谷歌的________以3∶0击败围棋高手柯洁。

   A. 深蓝　　B. 蓝天　　C. AlphaGo　　D. 索菲娅

**三、填空题**

1. 大数据的4V特征分别是________、________、________、________。
2. 目前人工智能对人的思维模拟主要有两条道路，即________和________。
3. 虚拟现实技术主要包括模拟环境、________、自然技能和传感设备等方面。

**四、简答题**

1. 什么是大数据？有什么特点和作用？
2. 什么是云计算？
3. 物联网的定义是什么？有什么特征？主要应用在哪些方面？
4. 人工智能的应用有哪些？
5. 什么是虚拟现实技术？什么是增强现实技术？二者有什么联系和区别？

# 阅读材料 1：人工智能的应用——AlphaGo

阿尔法狗(AlphaGo)是第一个击败人类职业围棋选手、第一个战胜围棋世界冠军的人工智能程序，由 Google 公司旗下 DeepMind 公司戴密斯·哈萨比斯领衔的团队开发。

2016 年 3 月，AlphaGo 与围棋世界冠军、职业九段棋手李世石进行围棋人机大战，以 4∶1 的总比分获胜；2016 年末 2017 年初，该程序在中国棋类网站上以“大师”(Master)为注册账号与中、日、韩数十位围棋高手进行快棋对决，连续 60 局无一败绩；2017 年 5 月，在中国乌镇围棋峰会上，它与排名世界第一的世界围棋冠军柯洁对战，以 3∶0 的总比分获胜。围棋界公认 AlphaGo 的棋力已经超过人类职业围棋顶尖水平，在 GoRatings 网站公布的世界职业围棋排名中，其等级分曾超过排名人类第一的棋手柯洁。

2017 年 5 月 27 日，在柯洁与 AlphaGo 的人机大战之后，DeepMind 团队宣布 AlphaGo 将不再参加围棋比赛。

2017 年 10 月 18 日，DeepMind 团队公布了最强版 AlphaGo，代号 AlphaGo Zero。同年 12 月，AlphaGo Zero 再次进化，通用棋类算法 AlphaZero 问世。

**1. 旧版原理**

1) 深度学习

AlphaGo 是一款围棋人工智能程序。其主要工作原理是“深度学习”。“深度学习”是指多层的人工神经网络和训练它的方法。一层神经网络会把大量矩阵数字作为输入，通过非线性激活方法取权重，再产生另一个数据集合作为输出。这就像生物神经大脑的工作机理一样，通过合适的矩阵数量，多层组织链接在一起，形成神经网络“大脑”进行精准复杂的处理，就像人们识别物体、标注图片一样。

AlphaGo 用到了很多新技术，如神经网络、深度学习、蒙特卡洛树搜索法等，使其实力有了实质性飞跃。美国 Facebook(脸书)公司“黑暗森林”围棋软件的开发者田渊栋在网上发表分析文章说，AlphaGo 系统主要由几个部分组成：①策略网络(Policy Network)，给定当前局面，预测并采样下一步的走棋；②快速走子(Fast Rollout)，目标和策略网络一样，但在适当牺牲走棋质量的条件下，速度要比策略网络快 1000 倍；③价值网络(Value Network)，给定当前局面，估计是白胜概率大还是黑胜概率大；④蒙特卡洛树搜索(Monte Carlo Tree Search)，把以上这三个部分连起来，形成一个完整的系统。

2) 两个大脑

AlphaGo 是通过两个不同神经网络“大脑”合作来改进下棋。这些“大脑”是多层神经网络，与那些使用 Google 网站的图片搜索引擎识别图片在结构上是相似的。它们从多层启发式二维过滤器开始，去处理围棋棋盘的定位，就像图片分类器网络处理图片一样。经过过滤，13 个完全连接的神经网络层产生对它们看到的局面的判断。这些层能够做分类和逻辑推理。

(1) 第一大脑：落子选择器(Move Picker)。

AlphaGo 第一个神经网络大脑是“监督学习的策略网络”——观察棋盘布局企图找到最佳的下一步。事实上，它预测每一个合法下一步的最大概率，那么最终猜测的就是概率最高的。这可以理解成“落子选择器”。

（2）第二大脑：棋局评估器(Position Evaluator)。

棋局评估器是 AlphaGo 的第二个大脑，相对于落子选择器它不是去猜测具体的下一步，而是在给定棋子位置情况下，预测每一个棋手赢棋的概率。棋局评估器就是一个“价值网络”，它通过整体局面判断来辅助落子选择器。这个判断仅仅是大概的，但对于分析速度提高很有帮助。通过分析归类潜在的未来局面的“好”与“坏”，AlphaGo 能够决定是否通过特殊变种去深入分析。如果局面评估器说这个特殊变种不行，那么 AI 就跳过分析。

这些网络通过反复训练来检查结果，再去校对调整参数，让下次执行得更好。这个处理器有大量的随机性元素，所以人们是不可能精确知道网络是如何“思考”的，但进行更多的训练后能让它进化到更好。

3）操作过程

AlphaGo 为了应对围棋的复杂性，结合了监督学习和强化学习的优势。它通过训练形成一个策略网络，将棋盘上的局势作为输入信息，并对所有可行的落子位置生成一个概率分布。然后，训练出一个价值网络对自我对弈进行预测，以－1（对手的绝对胜利）到 1（AlphaGo 的绝对胜利）的标准，预测所有可行落子位置的结果。这两个网络自身都十分强大，而 AlphaGo 将这两种网络整合进基于概率的蒙特卡洛树搜索中，实现了它真正的优势。新版的 AlphaGo 产生大量自我对弈棋局，为下一代版本提供了训练数据，此过程循环往复。

在获取棋局信息后，AlphaGo 会根据策略网络探索哪个位置同时具备高潜在价值和高可能性，进而决定最佳落子位置。在分配的搜索时间结束时，模拟过程中被系统最频繁考察的位置将成为 AlphaGo 的最终选择。在经过先期的全盘探索和过程中对最佳落子的不断揣摩后，AlphaGo 的搜索算法就能在其计算能力之上加入近似人类的直觉判断。

2017 年 1 月，Google 公司旗下 DeepMind 的 CEO 哈萨比斯在德国慕尼黑 DLD（数字、生活、设计）创新大会上宣布推出真正 2.0 版本的 AlphaGo。其特点是摈弃了人类棋谱，只靠深度学习的方式成长起来，挑战围棋的极限。

**2. 新版原理**

1）自学成才

AlphaGo 此前的版本，结合了数百万人类围棋专家的棋谱，以及强化学习和监督学习进行了自我训练。AlphaGo Zero 的能力则在这个基础上有了质的提升。其最大的区别是，它不再需要人类数据。也就是说，它一开始就没有接触过人类棋谱。研发团队只是让它自由随意地在棋盘上下棋，然后进行自我博弈。

“这些技术细节强于此前版本的原因是，我们不再受到人类知识的限制，它可以向围棋领域里最高的选手——AlphaGo 自身学习。”AlphaGo 团队负责人大卫·席尔瓦（Dave Sliver）说。

据大卫·席尔瓦介绍，AlphaGo Zero 使用新的强化学习方法，让自己变成了老师。系统一开始甚至并不知道什么是围棋，只是从单一神经网络开始，通过神经网络强大的搜索算法，进行了自我对弈。

随着自我对弈的增加，神经网络逐渐调整，提升预测下一步的能力，最终赢得比赛。更为厉害的是，随着训练的深入，DeepMind 团队发现，AlphaGo Zero 还独立发现了游戏规则，并走出了新策略，为围棋这项古老游戏带来了新的见解。

2）一个大脑

AlphaGo Zero 仅用了单一的神经网络。在此前的版本中，AlphaGo 用到了策略网络来选择下一步棋的走法，以及使用价值网络来预测每一步棋后的赢家。而在新的版本中，这两个神经网络合二为一，从而让它能得到更高效的训练和评估。

3）神经网络

AlphaGo Zero 并不使用快速、随机的走子方法。在此前的版本中，AlphaGo 用的是快速走子方法，来预测哪个玩家会从当前的局面中赢得比赛。相反，新版本依靠的是其高质量的神经网络来评估下棋的局势。

**3. 旧版战绩**

1）对战机器

研究者让 AlphaGo 和其他的围棋人工智能机器人进行了较量，在总计 495 局中只输了一局，胜率是 99.8%。它甚至尝试了让 4 子对阵 3 个先进的人工智能机器人 CrazyStone、Zen 和 Pachi，胜率分别是 77%、86%和 99%。

2017 年 5 月 26 日，中国乌镇围棋峰会举行人机配对赛。对战双方为古力/AlphaGo 组合和连笑/AlphaGo 组合。最终连笑/AlphaGo 组合逆转获得胜利。

2）对战人类

2016 年 1 月 27 日，国际顶尖期刊《自然》封面文章报道，Google 公司研究者开发的名为 AlphaGo 的人工智能机器人，在没有任何让子的情况下，以 5:0 完胜欧洲围棋冠军、职业二段选手樊麾。在围棋人工智能领域，实现了一次史无前例的突破。计算机程序能在不让子的情况下，在完整的围棋竞技中击败专业选手，这是第一次。

2016 年 3 月 9 日到 15 日，AlphaGo 挑战世界围棋冠军李世石的围棋人机大战 5 番棋在韩国首尔举行。比赛采用中国围棋规则，最终阿尔法围棋以 4∶1 的总比分取得了胜利。

2016 年 12 月 29 日晚起到 2017 年 1 月 4 日晚，AlphaGo 在弈城围棋网和野狐围棋网以 Master 为注册名，依次对战数十位人类顶尖围棋高手，取得 60 胜 0 负的辉煌战绩。

2017 年 5 月 23 日到 27 日，在中国乌镇围棋峰会上，AlphaGo 以 3∶0 的总比分战胜排名世界第一的世界围棋冠军柯洁。在这次围棋峰会期间的 2017 年 5 月 26 日，AlphaGo 还战胜了由陈耀烨、唐韦星、周睿羊、时越、芈昱廷 5 位世界冠军组成的围棋团队。

**4. 新版战绩**

经过短短 3 天的自我训练，AlphaGo Zero 就强势打败了此前战胜李世石的旧版 AlphaGo，战绩是 100:0。经过 40 天的自我训练，AlphaGo Zero 又打败了 AlphaGo Master 版本。Master 曾击败过世界顶尖的围棋选手，甚至包括世界排名第一的柯洁。

**5. 版本介绍**

据公布的题为《在没有人类知识条件下掌握围棋游戏》的论文介绍，开发公司将 AlphaGo 的发展分为 4 个阶段，也就是 4 个版本。第 1 个是战胜樊麾时的版本，第 2 个是 2016 年战胜李世石的版本，第 3 个是在围棋对弈平台名为 Master(大师)的版本，其在与人类顶尖棋手的较量中取得 60 胜 0 负的骄人战绩，而最新版的 AlphaGo 开始学习围棋 3 天后便以 100∶0 横扫了第 2 版本的 AlphaGo，学习 40 天后又战胜了在人类高手看来不可企及的第 3 个版本 AlphaGo。

**6. 设计团队**

戴密斯·哈萨比斯(Demis Hassabis),人工智能企业家,Google 公司旗下 DeepMind 公司创始人,人称"AlphaGo 之父"。4 岁开始下国际象棋,8 岁自学编程,13 岁获得国际象棋大师称号。17 岁进入剑桥大学攻读计算机科学专业。在大学里,他开始学习围棋。2005 年进入伦敦大学攻读神经科学博士,选择大脑中的海马体作为研究对象。两年后,他证明了 5 位因为海马体受伤而患上健忘症的病人,在畅想未来时也会面临障碍,并凭这项研究入选《科学》杂志的"年度突破奖"。2011 年创办 DeepMind 公司(后被 Google 公司收购),以"解决智能"为公司的终极目标。

大卫·席尔瓦(David Silver),剑桥大学计算机科学学士、硕士,加拿大阿尔伯塔大学计算机科学博士,伦敦大学讲师,Google 公司旗下 DeepMind 研究员,AlphaGo 的主要设计者之一。

除上述人员之外,AlphaGo 设计团队的核心人员还有黄士杰(Aja Huang)、施恩·莱格(Shane Legg)和穆斯塔法·苏莱曼(Mustafa Suleyman)等。

2017 年 10 月 18 日,DeepMind 团队在世界顶级科学杂志——《自然》发表论文,公布了最强版 AlphaGo,代号 AlphaGo Zero。它的独门秘籍是"自学成才",而且是从一张白纸开始,零基础学习,在短短 3 天内成为顶级高手。

**7. 发展方向**

AlphaGo 能否代表智能计算发展方向还有争议,但比较一致的观点是,它象征着计算机技术已进入人工智能的新信息技术时代(新 IT 时代),其特征就是大数据、大计算、大决策三位一体。它的智慧正在接近人类。

DeepMind 首席执行官(CEO)戴密斯·哈萨比斯宣布"要将 AlphaGo 和医疗、机器人等进行结合"。因为它是人工智能,会自己学习,只要给它资料就可以移植。为实现该计划,哈萨比斯 2016 年初在英国的初创公司巴比伦投资了 2500 万美元。巴比伦正在开发医生或患者说出症状后,在互联网上搜索医疗信息、寻找诊断和处方的人工智能 App(应用程序)。如果 AlphaGo 和巴比伦结合,诊断的准确度将得到划时代性提高。

AlphaGo 将进一步探索医疗领域,利用人工智能技术攻克现代医学中存在的种种难题。在医疗资源的现状下,人工智能的深度学习已经展现出了潜力,可以为医生提供辅助工具。

Google 公司研发 AlphaGo,只是为了对付人类棋手吗?实际上,这从来不是 AlphaGo 的目的,开发公司只是通过围棋来试探它的能力,而研发这一人工智能的最终目的是为了推动社会变革、改变人类命运。

AlphaGo 之父哈萨比斯表示:"如果我们通过人工智能可以在蛋白质折叠或设计新材料等问题上取得进展,那么它就有潜力推动人们理解生命,并以积极的方式影响我们的生活。"据悉,目前他们正积极与英国医疗机构和电力能源部门合作,以此提高看病效率和能源效率。

## 阅读材料 2:物联网、云计算、大数据和人工智能之间的关系

物联网、云计算、大数据、人工智能是近几年科技、产业界的热门话题。它们之间到底是

什么关系呢？

**1. 物联网**

物联网是互联网的应用拓展，与其说物联网是网络，不如说物联网是业务和应用。因此，应用创新是物联网发展的核心，以用户体验为核心的创新是物联网发展的灵魂。

以图4-18为例，物联网大致分为以下几个层级：感知层、网络层、应用层。

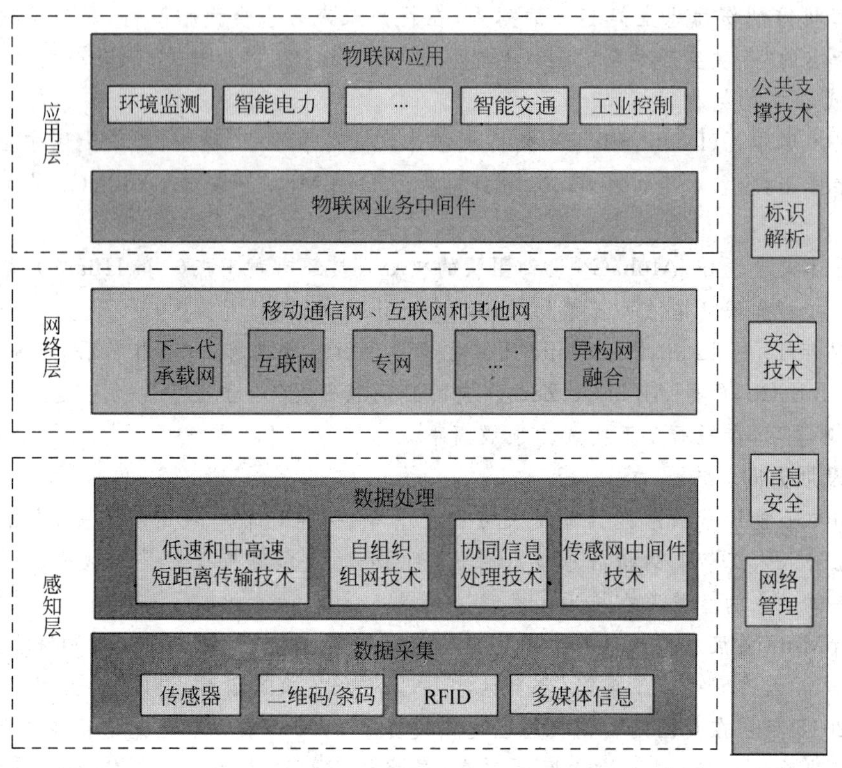


图4-18 物联网体系结构图

感知层相当于人的感官和神经末梢，用来感知和采集应用环境中的各种数据，包括温度、湿度、速度、位置、震动、压力、流量、气体等各种各样的传感器。灵敏度和精度高、功耗低、可以无线传输是对传感层的要求。

网络层相当于人的神经系统，用来传输数据，包括各种各样的无线通信技术和标准，如Zigbee、BLE、WiFi、NFC、RFID、LTE等。低功耗、广域覆盖、更多连接是无线网络的发展方向。目前新的通信技术和标准NB-IoT、LoRa、eLTE-IoT都是往这个方向努力。未来的5G会取代目前很多的无线通信技术。

应用层相当于人的大脑指示和反应，通过指令反向控制输出，如设备管理、环境监测、工业控制等。

**2. 云计算**

云计算相当于人的大脑，是物联网的神经中枢。云计算是基于互联网的相关服务的增加、使用和交付模式，通常涉及通过互联网来提供动态易扩展且经常是虚拟化的资源。目前很多物联网的服务器部署在云端，通过云计算提供应用层的各项服务。云计算可以认为包括以下几个层次的服务：基础设施即服务(IaaS)、平台即服务(PaaS)和软件即服务(SaaS)。

IaaS：消费者通过 Internet 可以从完善的计算机基础设施获得服务，例如硬件服务器租用。

PaaS：实际上是指将软件研发的平台作为一种服务，以 SaaS 的模式提交给用户。因此，PaaS 也是 SaaS 模式的一种应用。但是，PaaS 的出现可以加快 SaaS 的发展，尤其是加快 SaaS 应用的开发速度，例如软件的个性化定制开发。

SaaS：是一种通过 Internet 提供软件的模式，用户无须购买软件，而是向提供商租用基于 Web 的软件来管理企业经营活动。

亚马逊是最早意识到服务价值的公司，它把服务于公司内部的基础设施、平台、技术，成熟后推向市场，为社会提供各项服务，也因此成为全球云计算市场的领头羊。

**3. 大数据**

大数据相当于人的大脑从小学到大学记忆和存储的海量知识，这些知识只有通过消化、吸收、再造才能创造出更大的价值。麦肯锡全球研究所给出的定义是：一种规模大到在获取、存储、管理、分析方面大大超出了传统数据库软件工具能力范围的数据集合，具有海量的数据规模、快速的数据流转、多样的数据类型和价值密度低四大特征。大数据技术的战略意义不在于掌握庞大的数据信息，而在于对这些含有意义的数据进行专业化处理。换而言之，如果把大数据比作一种产业，那么这种产业实现盈利的关键在于提高对数据的"加工能力"，通过"加工"实现数据的"增值"。

从技术上看，大数据与云计算的关系就像一枚硬币的正反面一样密不可分。大数据必然无法用单台的计算机进行处理，必须采用分布式架构。它的特色在于对海量数据进行分布式数据挖掘。但它必须依托云计算的分布式处理、分布式数据库和云存储、虚拟化技术。

**4. 人工智能**

人工智能是研究、开发用于模拟、延伸和扩展人的智能的理论、方法、技术及应用系统的一门新的技术科学。人工智能是计算机科学的一个分支，它企图了解智能的实质，并生产出一种新的能以人类智能相似的方式做出反应的智能机器。该领域的研究包括机器人、语言识别、图像识别、自然语言处理和专家系统等。人工智能离不开大数据，更是基于云计算平台完成深度学习进化。

**总结**

物联网和互联网是用来产生数据并将所有事物和信息联系起来，为何要联系起来呢？因为将事物和信息联系起来后，数据才有了关联，数据有了关联才能产生更大的价值。例如一辆车的位置数据没有太大价值，但几千辆车的位置数据关联起来，就可以用来判断路面拥堵情况，也可以用于交通调度。

物联网和互联网产生大量的数据，这些数据肯定要找一个地方集中存储和处理，这就必须要有云计算。如果没有云计算，一台冰箱产生的数据都要独立部署一台后台服务器来接收，成本和便利性无法让人接受。云计算的作用就在于将海量数据集中存储和处理。

海量数据上传到云计算平台后，自然而然地就需要对数据进行深入分析和挖掘，这就是大数据的目的。将几千辆车的位置信息综合起来分析出某条路的拥堵状况；将某个城市几百万人的健康状况综合分析，也许就可以得出某个工厂周围某种疾病的发病率比较高的结论。这些都是大数据做的事情。

大数据是基于海量数据进行分析从而发现一些隐藏的规律、现象、原理等，而人工智能

在大数据的基础上更进一步，人工智能会分析数据，然后根据分析结果做出行动，例如无人驾驶、自动医学诊断等。

图 4-19 所示为物联网、云计算、大数据和人工智能的层次结构图。

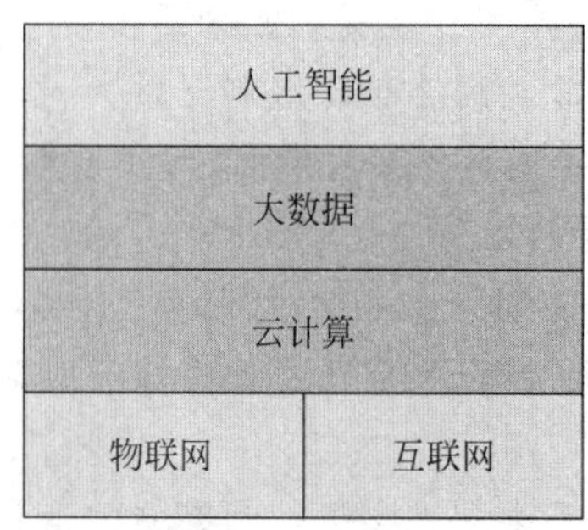


图 4-19　物联网、云计算、大数据和人工智能的层次结构

人工智能之所以历经这么多年后才于近年大红大紫，原因归根于 2006 年出现的人工智能关键技术——深度学习，人工智能至此才有了实用价值，而深度学习正是在云计算和大数据日趋成熟的背景下才取得的实质性进展。李彦宏曾在 2016 年 5 月的大数据产业峰会上指出，2006 年之所以是人工智能的一个拐点，因为数据量越来越大，计算能力越来越强，过去不实用的，到 2006 年逐步进入了实用阶段。这意味着，在通往人工智能的路上，有两个不可或缺的角色：大数据、云计算，而海量数据又由物联网、互联网产生，对于人工智能而言，物联网其实肩负了一个至关重要的任务：数据收集。

未来可以预见的是，云计算、大数据技术将在助力人工智能发展层面意义深远，而反之，人工智能的迅猛发展、海量数据的积累，也将会为云计算、大数据带来的可能性。

# 第5章　Windows操作系统

## 5.1　Windows 操作系统简介

Windows 是美国 Microsoft 公司研发的一套操作系统，又称视窗操作系统，它问世于 1985 年，起初仅仅是 Microsoft-DOS 模拟环境，后续的系统版本由于不断地更新升级，使得用户界面更直观，操作简单易用，成为目前个人计算机上使用最普遍的操作系统。

Windows 采用了图形用户界面（GUI），比以前 DOS 需要输入指令使用的方式更为人性化。它是一种多任务、多用户的操作系统，具有丰富的应用程序，支持网络和多媒体技术，硬件支持良好。

### 5.1.1　Windows 7 的配置要求

**1. Windows 7 的最低配置**

要求 CPU 为 1GHz 32 位或 64 位处理器；内存为 1GB（基于 32 位）或 2GB（基于 64 位）；硬盘为 16GB（基于 32 位）或 20GB（基于 64 位）；显卡支持 DirectX 9（WDDM1.1 或更高版本的驱动程序）。

**2. Windows 7 的推荐配置**

要求 CPU 为 2GHz 32 位或 64 位处理器；内存为 2G DDR 及以上；硬盘为 40GB 以上；显卡支持 DirectX 10（WDDM1.1 或更高版本的驱动程序）。

### 5.1.2　Windows 7 的桌面管理

**1. 桌面**

Windows 7 的工作界面也称桌面，包括桌面图标、快捷图标、桌面背景、“开始”按钮、任务栏等，如图 5-1 所示。

**2. 桌面图标**

桌面图标主要包括系统图标和快捷图标两类。

图 5-1　Windows 7 的桌面

1）系统图标

系统图标是操作系统自带的图标，如“计算机”、“回收站”等。可以根据需要添加系统图标，操作步骤如下。

(1) 在桌面空白处右击，在弹出的快捷菜单中选择“个性化”命令。

(2) 打开“个性化”窗口，如图 5-2 所示。单击左侧窗格中的“更改桌面图标”超链接。

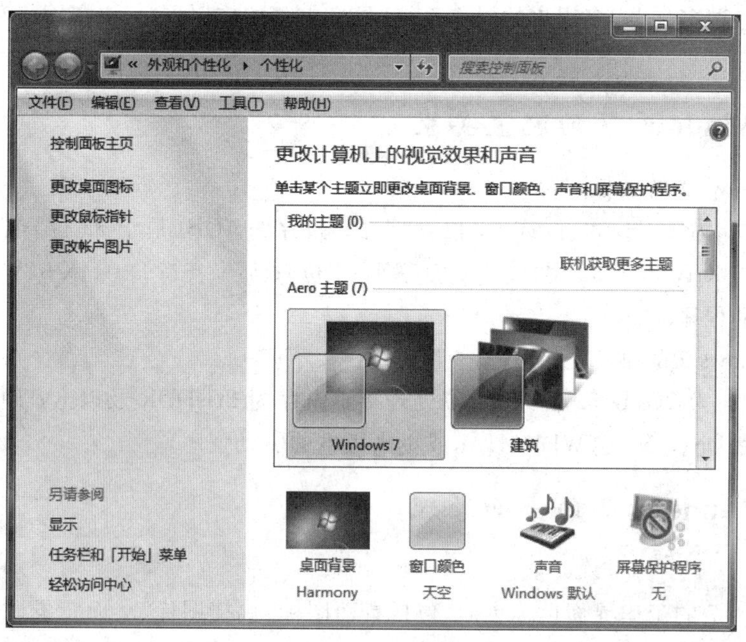


图 5-2　“个性化”窗口

(3) 打开“桌面图标设置”对话框，如图 5-3 所示。勾选需要添加图标的复选框，单击“确定”按钮。

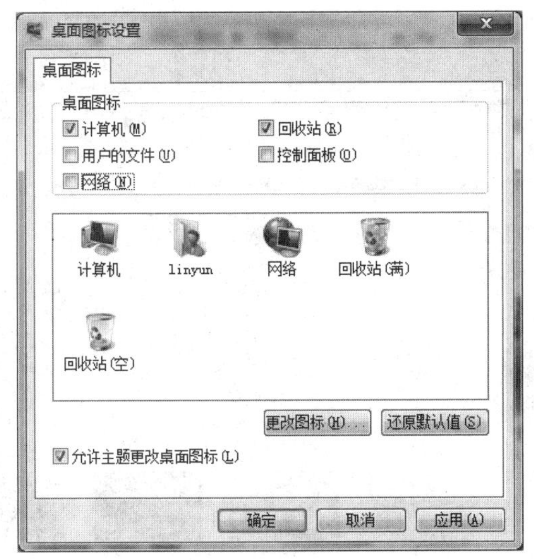


图 5-3 “桌面图标设置”对话框

(4) 如果想更改图标的图案,可以在“桌面图标设置”对话框勾选需要更换图标的复选框,单击“更改图标(H)”按钮,在打开的“更改图标”对话框中选中一个图案,单击“确定”按钮。

2) 快捷图标

快捷图标是应用程序或者文件(夹)的快速链接,主要特征是图标的左下角有一个小箭头标记,双击图标可以打开相应的应用程序或文件(夹)。

在桌面添加快捷图标的方法是:选中目标文件或者程序,右击,在弹出的快捷菜单中选择“发送到”→“桌面快捷方式”命令,就可以将快捷图标添加到桌面。

3) 设置桌面图标的显示方式

默认情况下,桌面图标排列在桌面左侧。用户可以根据个人爱好改变图标的显示方式及排列顺序。方法是:在桌面空白处右击,在弹出的快捷菜单中选择“查看”和“排序方式”命令,选择相应选项修改桌面图标的显示方式。

**3. 桌面背景**

Windows 7 提供了丰富的桌面背景图片,用户可以根据个人喜好进行设置。步骤如下。

(1) 在桌面空白处右击,在弹出的快捷菜单中选择“个性化”命令,打开“个性化”窗口,如图 5-2 所示,单击下方的“桌面背景”超链接,打开“桌面背景”窗口,如图 5-4 所示。

(2) 在列表中选择相应的背景图片,或者单击“浏览”按钮选择其他图片作为背景,单击“保存修改”按钮。

除了可以设置背景,单击“个性化”窗口下方的“窗口颜色”“声音”“屏幕保护程序”超链接,还可以分别设置窗口的颜色、声音和屏幕保护程序,使得桌面更具个人风格。

Windows 7 提供了很多实用和有趣的小工具,如日历,天气等。将小工具添加到桌面的操作步骤如下。

(1) 在桌面空白处右击,在弹出的快捷菜单中选择“小工具”命令,打开“小工具库”窗口,如图 5-5 所示。

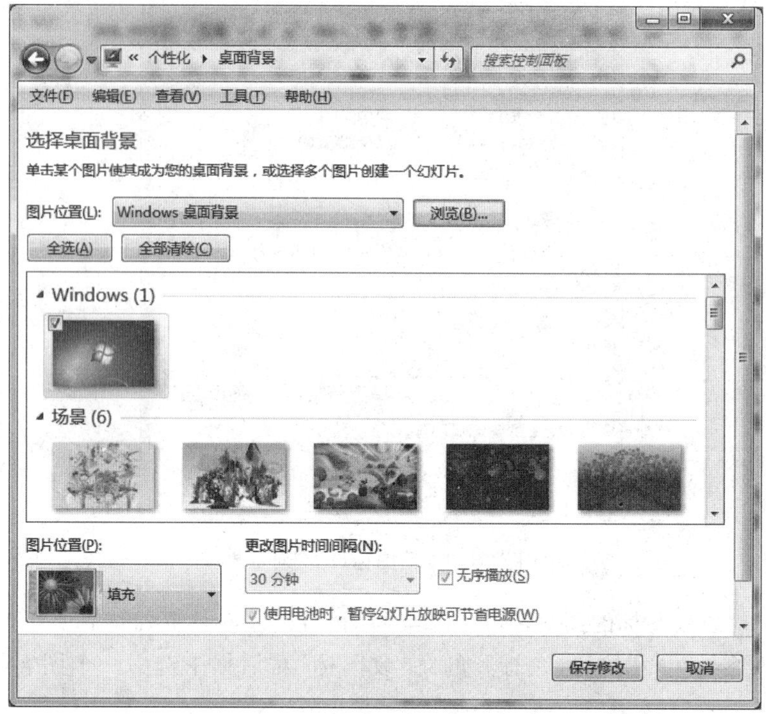


图 5-4 “桌面背景”窗口

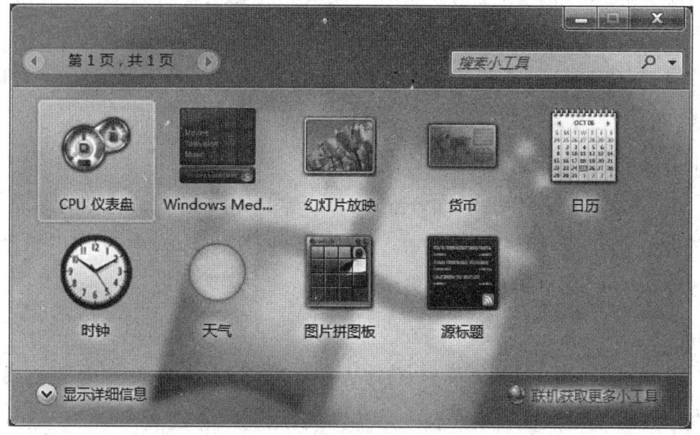


图 5-5 “小工具库”窗口

(2) 双击小工具，可以在桌面添加相应图标。

**4. 任务栏**

Windows 7 的任务栏包括“开始”按钮、快速启动区、语言区和系统托盘等几部分，如图 5-6 所示。

1) “开始”按钮

单击“开始”按钮，打开“开始”菜单(如图 5-7 所示)，包括固定程序列表、常用程序列表、所有程序、搜索框、系统程序和“关机”按钮区等组成部分。

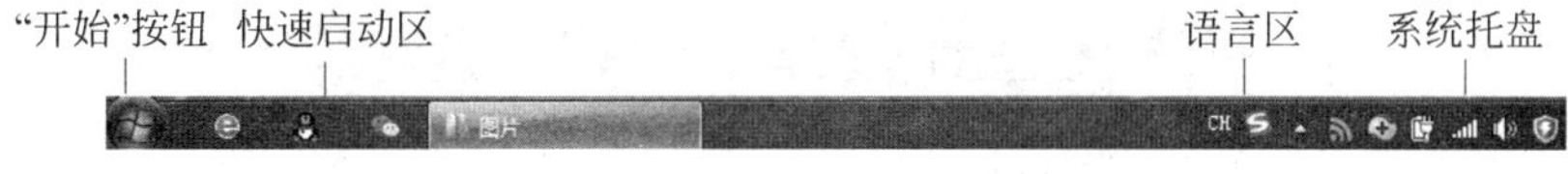


图 5-6　任务栏

图 5-7　"开始"菜单

- 所有程序：系统安装的所有应用程序按组排列在其级联菜单中。
- 搜索框：在其中输入文件名可以搜索指定的文件(夹)、程序、共享邮件等。

2) 快速启动区

快速启动区用于快速启动应用程序。拖曳要添加的应用程序图标到快速启动区，即可将其添加到快速启动区。删除则可指向相应图标，右击，在弹出的快捷菜单中选择"将此程序从任务栏解锁"命令。

3) 语言区

语言区显示当前的输入法。按 Ctrl＋Space 快捷键可在中英文之间切换，按 Ctrl＋Shift 快捷键则在不同的中文输入法之间切换。

4) 系统托盘

系统托盘又称任务栏托盘，通常情况下显示后台应用程序、时间和日期管理程序图标，以及 Windows 的一些突发事件等。

5) 任务栏的个性化设置

任务栏默认在屏幕底部，可以将任务栏移动到桌面的左侧、右侧或顶部。在任务栏空白处右击，在弹出的快捷菜单中选择"属性"命令，打开"任务栏和「开始」菜单属性"对话框，如图 5-8 所示。在"任务栏外观"中可以设置任务栏在屏幕上的位置、自动隐藏任务栏等。

**5. 常用快捷键**

在 Windows 系统的使用中，使用快捷键能使得操作事半功倍。常用快捷键如表 5-1 所示。

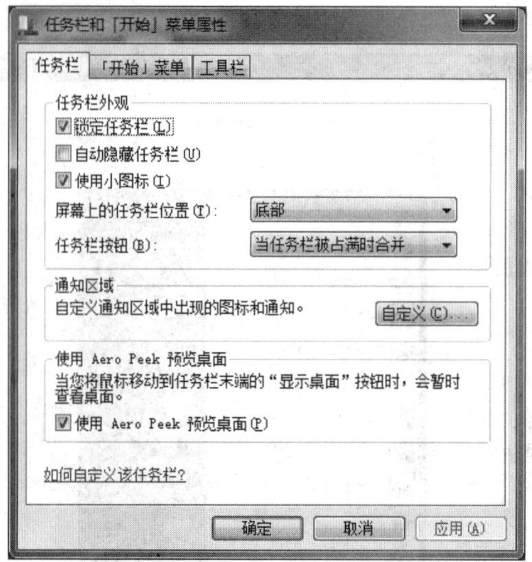


图 5-8 "任务栏和「开始」菜单属性"对话框

**表 5-1 常用快捷键**

| 常用快捷键 | 功　能 | 常用快捷键 | 功　能 |
|---|---|---|---|
| F1 | 打开"帮助"窗口 | F3 | 进入搜索状态 |
| F2 | 重命名选中的对象 | F5 | 刷新资源管理器窗口 |
| Print Screen | 复制当前屏幕图像到剪贴板 | Alt+ Print Screen | 复制当前窗口到剪贴板 |
| Ctrl+Space | 中/英文输入法间切换 | Ctrl+Shift | 所有输入法间切换 |
| Shift+Space | 全角/半角间切换 | Ctrl+. | 全角/半角标点转换 |
| Ctrl+A | 选中当前文件夹中的所有对象 | Ctrl+C | 将选中的对象复制到剪贴板 |
| Ctrl+V | 从剪贴板上粘贴最近一次剪切或复制的对象 | Ctrl+X | 将选中的对象剪切到剪贴板 |
| Ctrl+Z | 撤销最近一次操作 | Ctrl+Esc | 打开"开始"菜单 |
| Win | 打开或关闭"开始"菜单 | Win+D | 显示桌面 |
| Win+E | 打开"计算机"窗口 | Win+F | 打开"搜索"窗格 |

# 5.2 文件管理

文件管理是操作系统的一项重要功能。借助 Windows 资源管理器，可以实现创建、复制、移动、删除、重命名、查找文件和文件夹等操作，界面如图 5-9 所示。

Windows 资源管理器的工作窗口分为左、右两个窗格。左窗格称为导航窗格，显示资源管理器全部的目录结构，从上到下分别为"收藏夹""库""计算机""网络"等分组，每组又有子分支，形成一个树形目录结构。右窗格显示的是左窗格中被选中的对象所包含的内容。

启动 Windows 资源管理器的常用方法有以下几种。

方法一：右击任务栏上的"开始"按钮，在弹出的快捷菜单中选择"打开 Windows 资源管理器"命令。

方法二：双击桌面上的"计算机"图标。

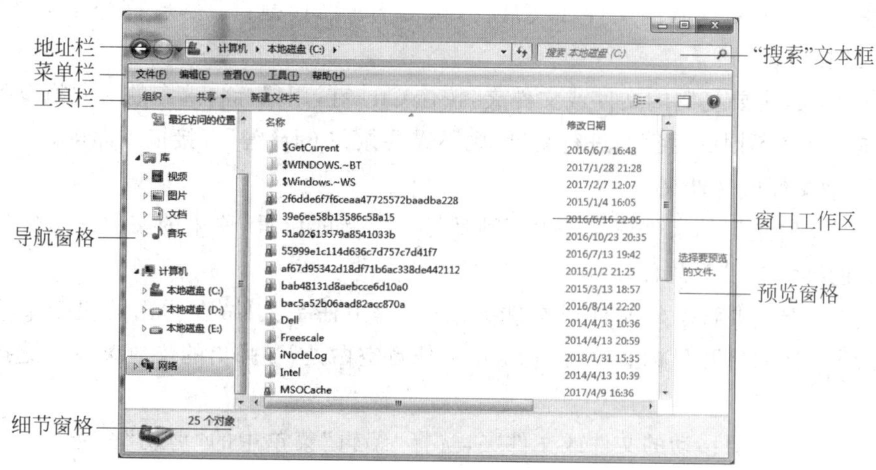


图 5-9 Windows 资源管理器的界面

方法三：选择"开始"→"所有程序"→"附件"→"Windows 资源管理器"命令。

方法四：按快捷键 Win+E。

## 5.2.1 管理文件和文件夹

**1. 创建文件夹**

方法一：单击资源管理器窗口工具栏中的"新建文件夹"命令。

方法二：右击资源管理器右窗格空白处，在弹出的快捷菜单中选择"新建"→"文件夹"命令。

**2. 选定文件或文件夹**

在操作文件或文件夹之前，首先要选定它们。

(1) 选定单个文件或文件夹：单击要选定的对象即可。

(2) 选定多个连续的文件或文件夹：先单击第一个文件或文件夹，按住 Shift 键，再单击最后一个文件或文件夹，然后松开 Shift 键。

(3) 选定多个不连续的文件或文件夹：先单击第一个文件或文件夹，按住 Ctrl 键，再依次单击要选定的其他文件或文件夹，选取结束后，松开 Ctrl 键。

(4) 选定所有文件或文件夹：选择"编辑"菜单中的"全选"命令，或者按 Ctrl+A 快捷键。

(5) 取消选定：在窗口空白处单击即可。

**3. 复制文件或文件夹**

复制是指将选定的文件或文件夹复制到另一个新的位置，原来的文件或文件夹保持不变。常见的操作有以下几种。

方法一：选定要复制的文件或文件夹，右击其中任一文件，在弹出的快捷菜单中选择"复制"命令；然后打开目标文件夹，右击窗口任意空白处，在弹出的快捷菜单中选择"粘贴"命令。

方法二：选定要复制的文件或文件夹，选择"编辑"菜单中的"复制"命令；然后打开目标文件夹，选择"编辑"菜单中的"粘贴"命令。

方法三：选定要复制的文件或文件夹，按 Ctrl＋C 快捷键；然后打开目标文件夹，按 Ctrl＋V 快捷键。

方法四：选定要复制的文件或文件夹，按住 Ctrl 键，用鼠标将选定的对象拖曳到目标文件夹。如果是在不同的盘符间进行复制，则不需要按住 Ctrl 键，直接拖曳即可。

**4. 移动文件或文件夹**

移动是指将选定的文件或文件夹移动到另一个新的位置，原来的文件或文件夹不复存在。常见的操作有以下几种。

方法一：选定要移动的文件或文件夹，右击其中任一文件，在弹出的快捷菜单中选择"剪切"命令；然后打开目标文件夹，右击窗口任意空白处，在弹出的快捷菜单中选择"粘贴"命令。

方法二：选定要移动的文件或文件夹，选择"编辑"菜单中的"剪切"命令；然后打开目标文件夹，选择"编辑"菜单中的"粘贴"命令。

方法三：选定要移动的文件或文件夹，按 Ctrl＋X 快捷键，然后打开目标文件夹，按 Ctrl＋V 快捷键。

方法四：选定要移动的文件或文件夹，按住 Shift 键；用鼠标将选定的对象拖曳到目标文件夹。

**5. 删除文件或文件夹**

删除包括临时删除和永久删除。临时删除是将文件或文件夹移动到"回收站"中，在"回收站"中还可以通过"还原"操作解除删除操作；永久删除是指将文件或文件夹彻底删除，不能被恢复。

1）临时删除

方法一：选定要删除的文件或文件夹，选择"组织"工具栏中的"删除"命令。

方法二：选定要删除的文件或文件夹，按 Delete 键。

方法三：选定要删除的文件或文件夹，右击，在弹出的快捷菜单中选择"删除"命令。

方法四：直接将要删除的文件或文件夹拖曳至"回收站"。

2）永久删除

操作方法：选定要删除的文件或文件夹，按住 Shift 键不放，再按 Delete 键。

**6. 重命名文件或文件夹**

方法一：选定要重命名的文件或文件夹，再次单击该文件或文件夹，然后输入新的文件名。

方法二：选定要重命名的文件或文件夹，选择"组织"工具栏中的"重命名"命令。

方法三：选定要重命名的文件或文件夹，右击，在弹出的快捷菜单中选择"重命名"命令。

**7. 创建文件或文件夹的快捷方式**

快捷方式图标左下角带有一个弧形箭头，创建快捷方式的步骤是：右击要创建快捷方式的文件或文件夹，在弹出的快捷菜单中选择"创建快捷方式"命令。如果要在桌面创建快捷方式，选择文件或文件夹，右击，在弹出的快捷菜单中选择"发送到"→"桌面快捷方式"命令。

### 5.2.2 查找文件和文件夹

如果要快速查找所需要的文件或文件夹，可以使用资源管理器的查找功能。

**1. 文件通配符**

在查找文件时，如果忘记了部分文件名，可以使用文件通配符"?"和"*"提高查找效率。其中，"?"代表任意一个字符，"*"代表任意多个字符。

例如，有文件 win. txt、win. doc、wan. txt、Windows. txt，则 w? n. txt 可以代表 win. txt、wan. txt，w *. txt 可以代表 win. txt、wan. txt、Windows. txt，w *. * 可以代表 win. txt、win. doc、wan. txt、Windows. txt。

**2. 查找文件或文件夹**

在资源管理器的"地址栏"选择要搜索的盘符或文件夹，在右边的"搜索"文本框中输入要查找的文件名，系统将自动搜索，并将搜索结果显示出来。图 5-10(a)所示是搜索 D 盘中文件名为 a. txt 的文件，图 5-10(b)所示是搜索 C 盘中所有扩展名为 bmp 的图像文件。

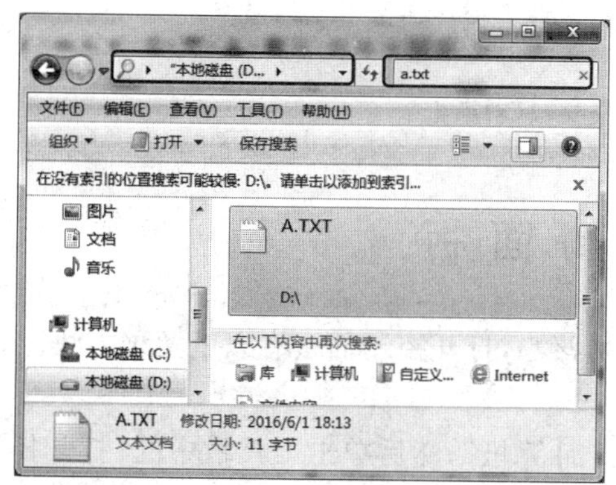


(a) 指定文件名搜索

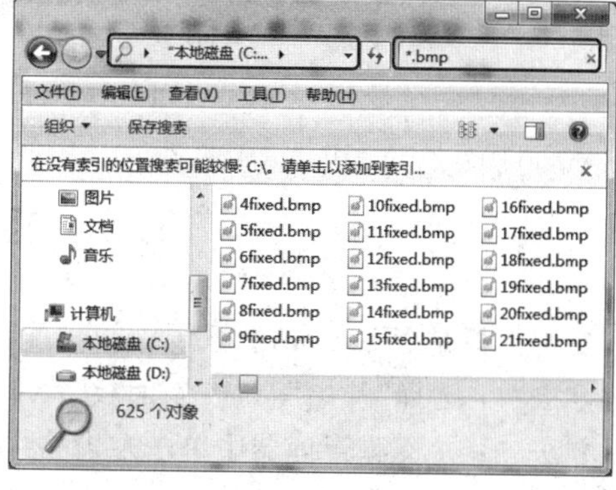


(b) 使用通配符搜索文件

图 5-10 搜索文件

### 5.2.3 改变文件和文件夹的显示方式

**1. 改变文件或文件夹的显示方式**

文件和文件夹的显示方式有以下几种：超大图标、大图标、中等图标、小图标、列表、详细信息、平铺和内容。单击"窗口"工具栏中"更改您的视图"图标 的下拉箭头，选择相应的显示方式即可。

**2. 改变文件或文件夹的排列方式**

在资源管理器中，根据查看文件的需要，可以按文件名的字母顺序、文件建立的日期等方式来排列文件，方法是：选择"查看"菜单中的"排序方式"命令，然后选择按名称、日期、类型、大小或标记进行递增或递减排序。

**3. 设置"文件夹选项"属性**

一般文件夹是按系统默认设置的方式显示，可以根据需要设置"文件夹选项"属性。例如不显示文件的扩展名的方法是：单击"工具"菜单中的"文件夹选项"命令，打开"文件夹选项"对话框，单击"查看"选项卡，在"高级设置"中勾选"隐藏已知文件类型的扩展名"复选框，单击“确定”按钮，如图 5-11 所示。

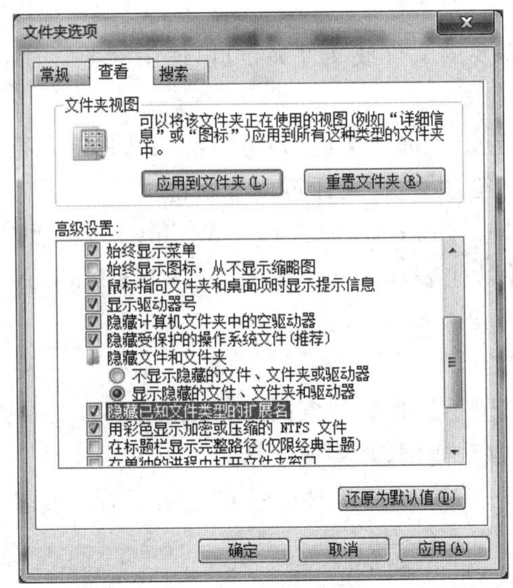


图 5-11 “文件夹选项”对话框

# 5.3 控制面板

控制面板是 Windows 7 系统维护和配置的核心，打开控制面板有以下两种方法。

方法一：选择“开始”→“控制面板”命令。

方法二：在资源管理器中单击左窗格中的“计算机”，然后单击工具栏中的“打开控制面板”按钮。

控制面板可以有多种显示方式，默认按类别显示，窗口如图 5-12 所示，包括“系统和安全”“用户账号和家庭安全”“网络和 Internet”等八大类别。单击窗口右上角的 查看方式: 类别 ▾ ，可以“小图标”“大图标”等显示方式查看控制面板。

## 5.3.1 系统

将控制面板的查看方式切换成“小图标”，单击“系统”命令，打开如图 5-13 所示的窗口，显示当前系统的基本信息，包括操作系统版本、CPU、内存等信息。

单击左边的“设备管理器”超链接，打开“设备管理器”窗口，如图 5-14 所示，可以查看计算机中所有的硬件设备的信息。

单击图 5-13 右下角的“更改设置”超链接，打开“系统属性”对话框，在“计算机名”选项卡下，可以修改计算机描述及网络 ID，如图 5-15 所示。

## 5.3.2 用户账户管理

当多人使用同一台计算机时，为了提高系统的安全性，可以为每人设置一个账户，每个账户分别设置不同的权限。Windows 7 中有三种账户类型：管理员、标准用户和来宾用户。

(1) 管理员：拥有全部的管理权限，可以创建、更改和删除账户等高级管理操作。

图 5-12　“控制面板”窗口

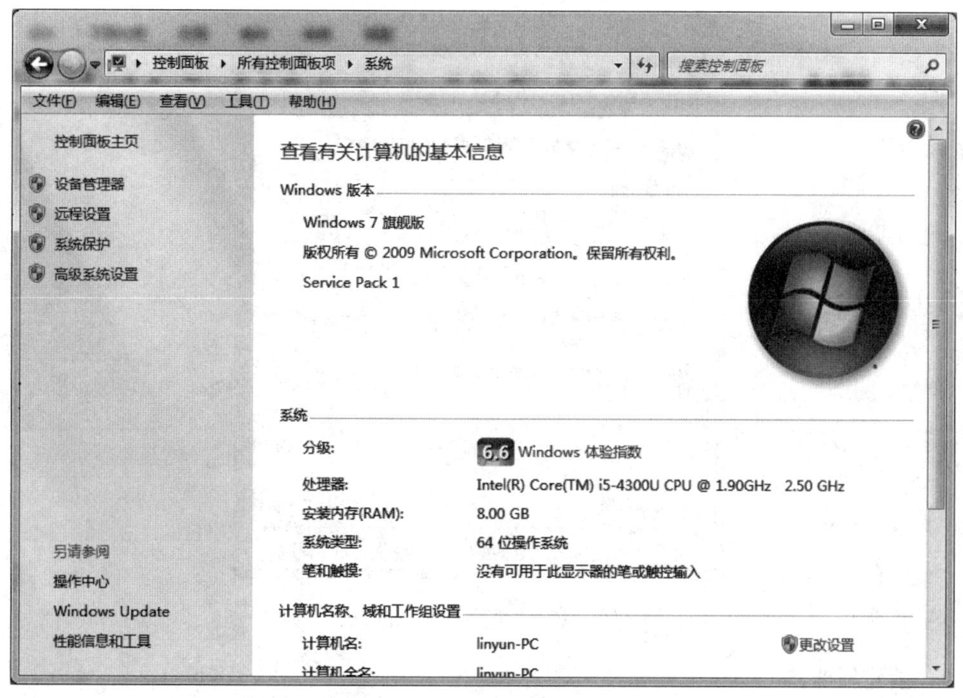


图 5-13　控制面板—系统

(2) 标准用户：也称受限用户，可以使用大多数软件以及不影响其他用户或计算机安全的系统设置。

(3) 来宾用户：用于远程登录的网上用户访问，系统默认状态下，该账户不被启用。

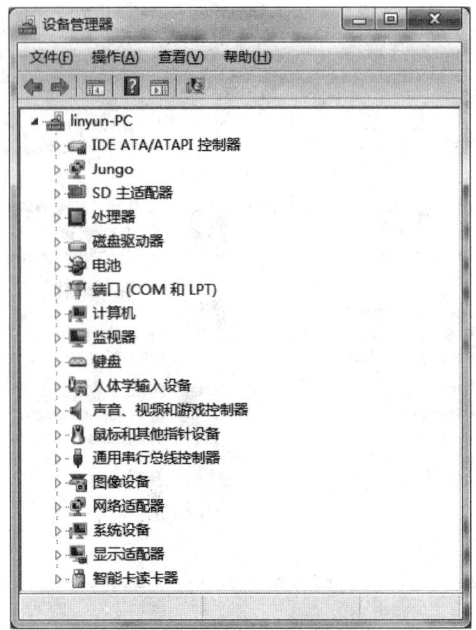


图 5-14 “设备管理器”窗口

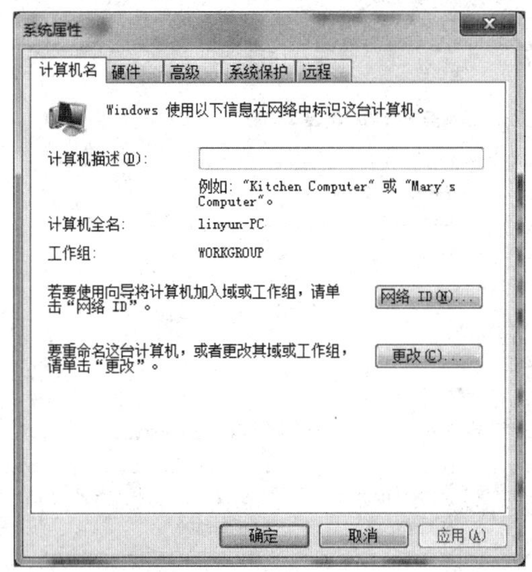


图 5-15 “系统属性”对话框

**1. 创建新账户**

打开控制面板，在查看方式为“类别”状态下(见图 5-12)，单击“用户账户和家庭安全”中的“添加或删除用户账户”命令，在打开的窗口中单击“创建一个新账户”超链接，在打开的窗口中输入用户名，选择用户类型，单击“创建账户”按钮。

**2. 账户管理**

单击账户名，打开“更改账户”窗口，单击“更换账户名称”“创建密码”“更改图片”等超链接完成相应修改，如图 5-16 所示。

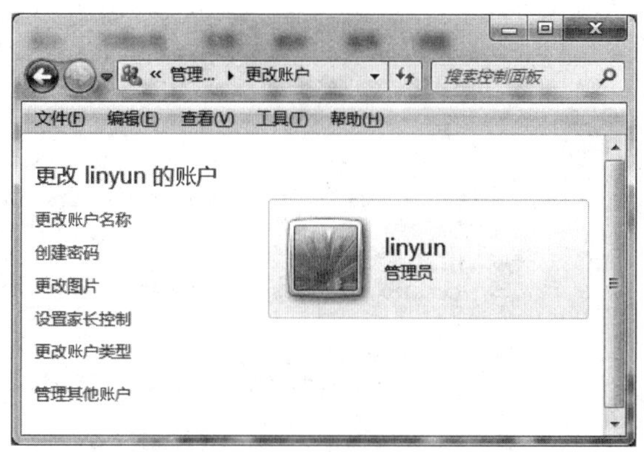


图 5-16 管理账户

## 5.3.3 设置 Internet 属性

在"小图标"查看方式下,单击控制面板中的"Internet 选项"超链接,打开"Internet 属性"对话框,如图 5-17 所示。单击"常规"选项卡,可以设置浏览器的主页,删除及设置浏览历史记录;单击"安全"选项卡可以进行安全设置,单击"高级"选项卡进行高级参数设置。

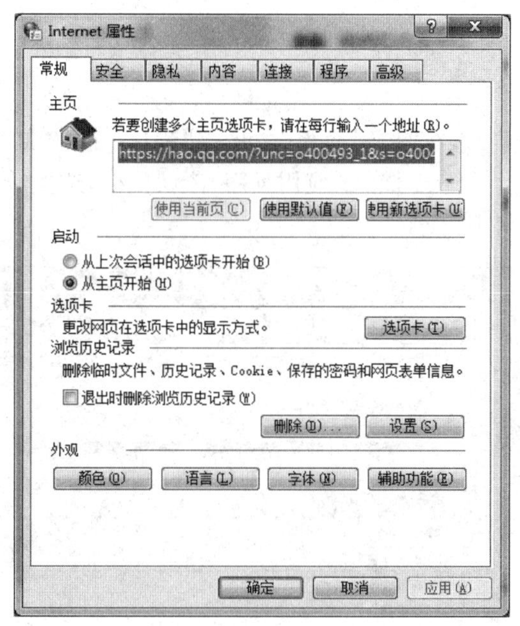


图 5-17 "Internet 属性"对话框

## 5.3.4 外观和个性化

单击控制面板中的"外观和个性化"超链接,打开"外观和个性化"窗口。窗口中提供了更改主题、更改桌面背景、更改半透明窗口颜色、更改声音效果以及更改屏幕保护程序等个性化内容设置,还具有调整屏幕分辨率、自定义任务栏上的图标、更改「开始」菜单上的图片、更改字体设置等功能,如图 5-18 所示。

图 5-18 “外观和个性化”窗口

## 5.3.5 卸载应用程序

当应用程序不再需要时，在“控制面板”中单击“程序”下的“卸载程序”超链接，打开如图 5-19 所示窗口，显示出系统已安装的应用程序，滚动鼠标，选择需要卸载的程序，单击“卸载”按钮，根据提示完成卸载。

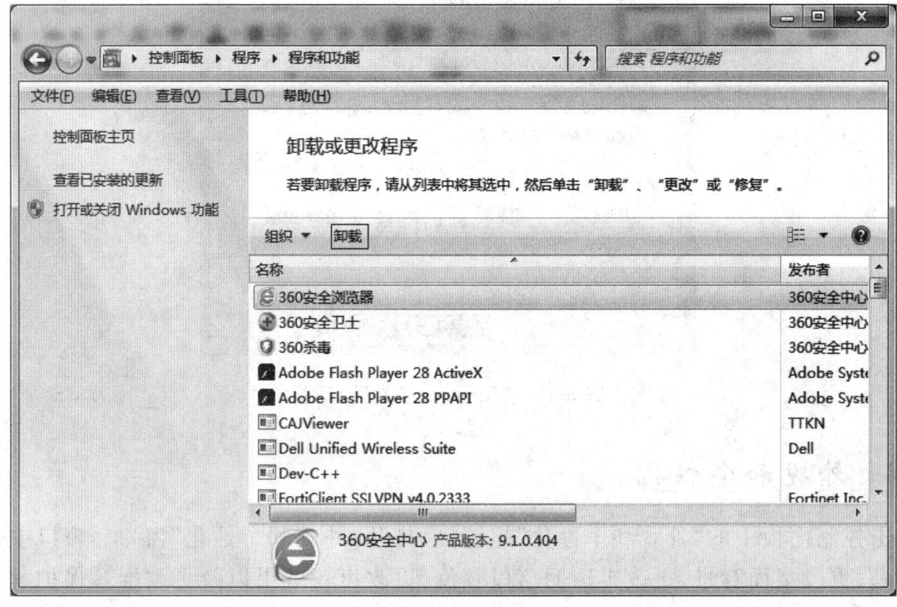


图 5-19 卸载程序

# 5.4　常用附件

## 5.4.1　记事本

记事本是一个简单的纯文本编辑器，使用它可以方便地记录日常事务，其默认扩展名为txt。它功能简单，只能输入文字、设置文字大小，不能进行段落的格式编排，不能插入图片、表格等对象，但占用空间小，运行速度快。

启动记事本的方法是：选择“开始”→“所有程序”→“附件”→“记事本”命令，界面如图5-20所示。

## 5.4.2　写字板

与记事本相比，写字板功能更加丰富，可以进行格式编排，如设置字体、字形、字号、段落缩进、插入图片等，格式可以保存为txt格式、rtf格式、doc格式。

启动写字板的方法是：选择“开始”→“所有程序”→“附件”→“写字板”命令，界面如图5-21所示。

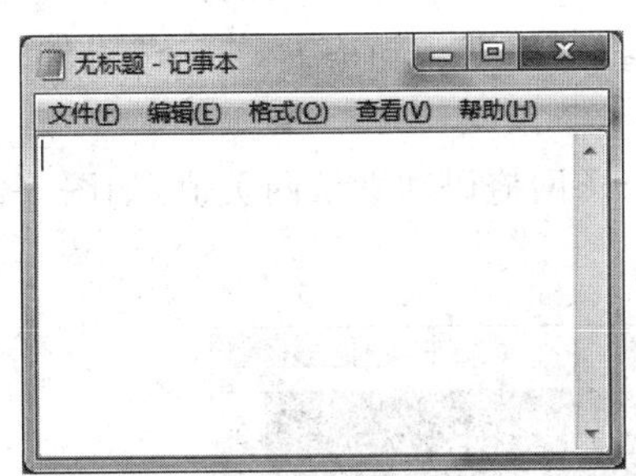


图5-20　记事本

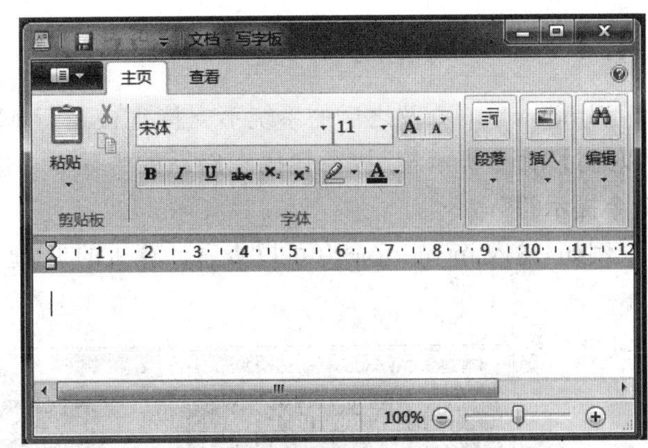


图5-21　写字板

## 5.4.3　画图

画图是Windows自带的一个绘图软件，可以绘制直线、矩形、箭头等简单图形，可以对图片进行剪裁、复制、移动、旋转等操作，同时还提供了工具箱(包括铅笔、颜料桶、刷子、橡皮擦等工具)，图片的保存格式可以为bmp、jpg、png等。

启动画图程序的方法是：选择“开始”→“所有程序”→“附件”→“画图”命令，界面如图5-22所示。

(1) 绘制圆或正方形时，单击“椭圆形”或“矩形”按钮，再按住Shift键，拖动鼠标即可。

(2) 如果要保存整个屏幕图片，按PrintScreen键，将整个屏幕复制到剪贴板上，再按Ctrl+V快捷键将剪贴板中的内容复制到画图中。

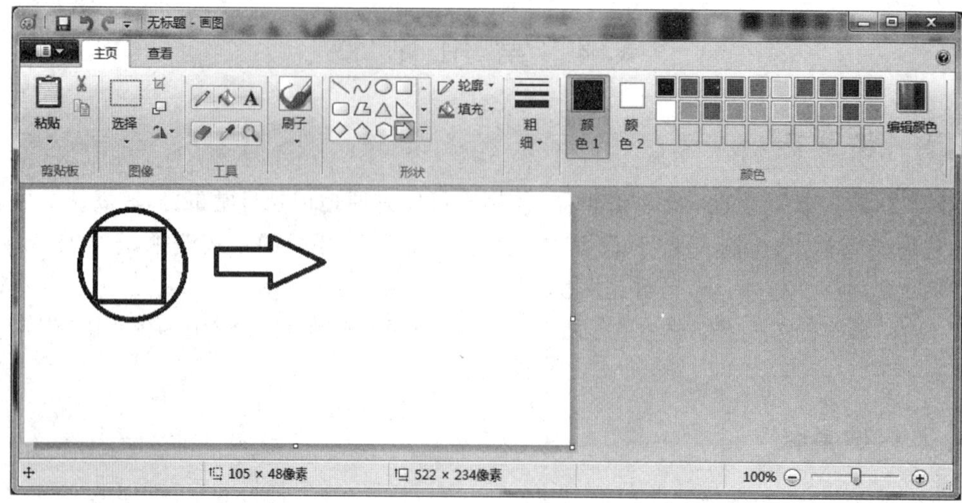


图 5-22　画图

(3) 如果要保存当前活动窗口图片，按住 Alt+PrintScreen 快捷键，将当前活动窗口中的内容复制到剪贴板上，再按 Ctrl+V 快捷键将剪贴板中的内容复制到画图中。

### 5.4.4　命令提示符

Windows 2000 及之后的系统不支持直接运行 MS-DOS 程序，如果要执行 DOS 命令，可以通过"命令提示符"执行代码。启动的方法是：选择"开始"→"所有程序"→"附件"→"命令提示符"命令。

例如，输入 ipconfig 命令可以查看计算机的 IP 地址、子网掩码和默认网关值，如图 5-23 所示。

图 5-23　命令提示符

### 5.4.5 截图工具

SnippingTool是Windows 7操作系统自带的截图软件，比大部分截图软件方便、简洁。选择“开始”→“所有程序”→“附件”→“截图工具”命令可以启动它。如果附件中没有，则在“开始”菜单中的“搜索程序和文件”框中输入SnippingTool，搜索到后打开，界面如图5-24所示。先选择截图类型，单击“新建”右边的下三角按钮，桌面变淡，选择截图类型，如图5-25所示，进入截图状态，拖动鼠标选择截图对象，截图之后会弹出编辑器，可以进行一些简单的编辑操作。

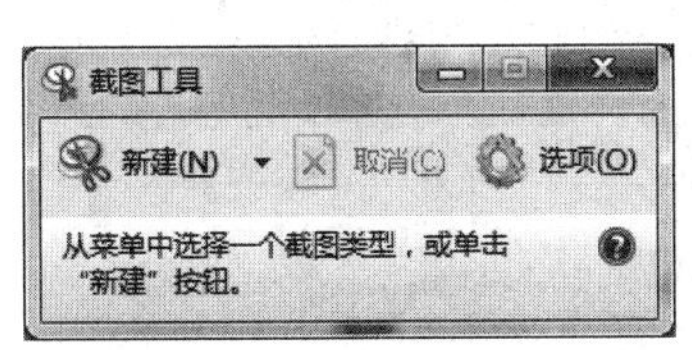


图5-24 截图工具Snipping Tool界面

图5-25 选择截图类型

### 5.4.6 系统工具

Windows自带了多种系统工具，如磁盘清理、磁盘碎片整理程序、系统还原、系统信息等。启动的方法是：选择“开始”→“所有程序”→“附件”→“系统工具”命令。

**1. 磁盘清理**

磁盘清理主要用于删除计算机中的临时文件、Internet缓存文件以及其他不需要的文件，从而释放出更多的磁盘空间。如果要查看磁盘的情况，在资源管理器中右击磁盘图标，在弹出的快捷菜单中选择“属性”命令，打开“磁盘属性”对话框，在“常规”选项卡下，显示该磁盘的类型、文件系统、空间大小、卷标信息等常规属性，如图5-26所示。

单击“系统工具”下的“磁盘清理”，在打开的对话框中选择要清理的驱动器，单击“确定”按钮，如图5-27所示，或者在图5-26所示的对话框中单击“磁盘清理”按钮。

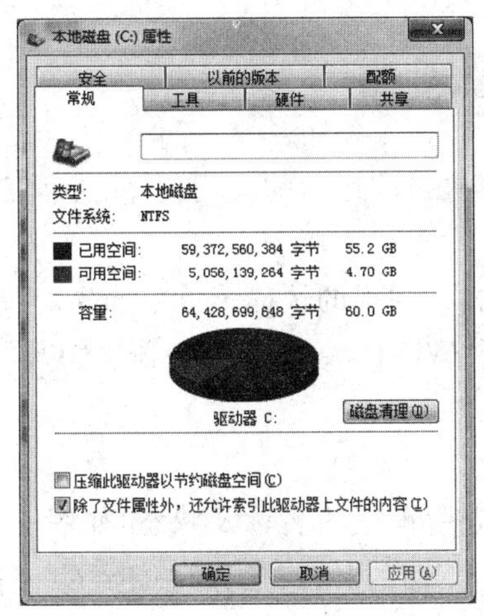


图5-26 “磁盘属性”对话框

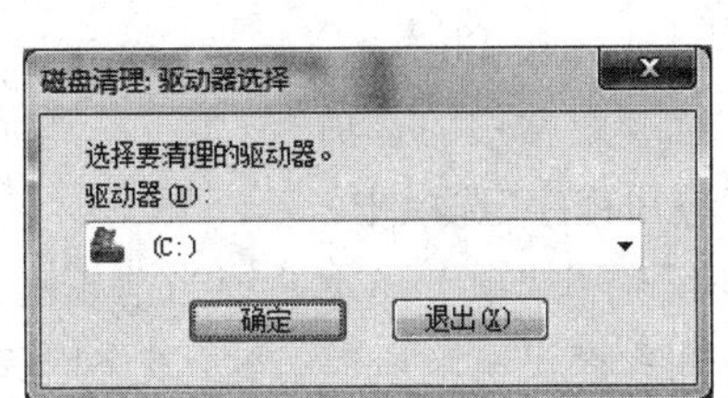


图5-27 磁盘清理

**2. 磁盘碎片整理程序**

由于频繁地存储、删除操作，磁盘上的空间会变得零零碎碎，导致磁盘的存取效率降低，磁盘碎片整理程序的功能就是合并碎片文件，提高运行速度。操作方法是单击“系统工具”下的“磁盘碎片整理程序”。

**3. 系统还原**

系统还原是将计算机的操作系统状态还原至以前某个时间节点。该功能可以帮助用户解决计算机运行缓慢或者停止响应的问题。

**4. 系统信息**

系统信息显示系统摘要，包括硬件资源、组件、软件环境。界面如图 5-28 所示。

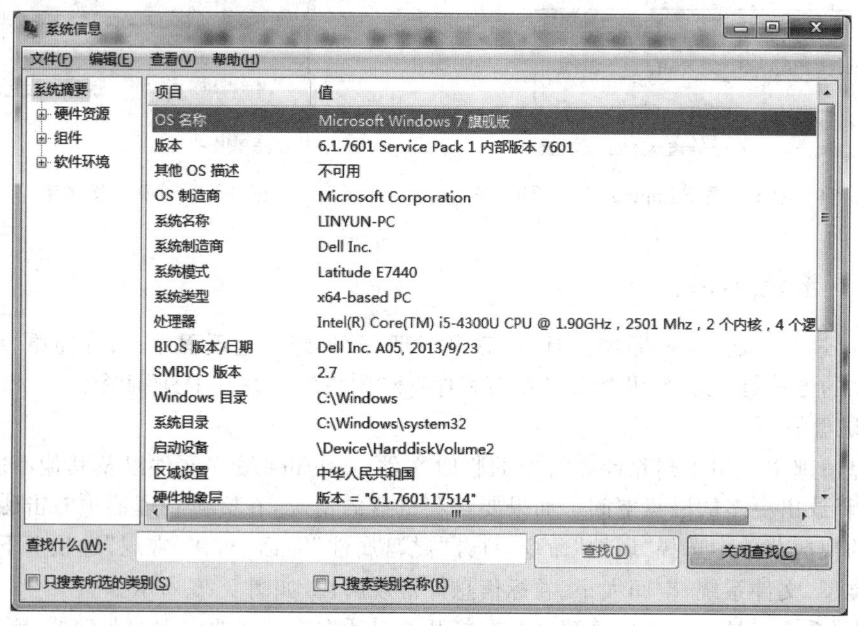


图 5-28 系统信息

## 5.5 任务管理器

利用 Windows 7 的任务管理器，可以查看计算机当前运行的应用程序、进程信息、计算机性能，并且可以结束任务、进程。

启动任务管理器的方法：在任务栏空白处右击，在弹出的快捷菜单中选择“启动任务管理器”命令，或者按 Shift＋Ctrl＋Esc 快捷键，打开“Windows 任务管理器”窗口，如图 5-29 所示。下面介绍常用的选项卡。

**1. “应用程序”选项卡**

“应用程序”选项卡显示系统当前正在运行的应用程序的名称及状态，如图 5-29 所示。当某个应用程序没有响应时，选择该应用程序，单击下面的“结束任务”按钮结束该程序。

**2. “进程”选项卡**

“进程”选项卡显示计算机所有用户当前正在运行的应用程序进程、CPU、内存等的使

用率等信息，如图 5-30 所示。单击“结束进程”按钮可以结束选中的进程。

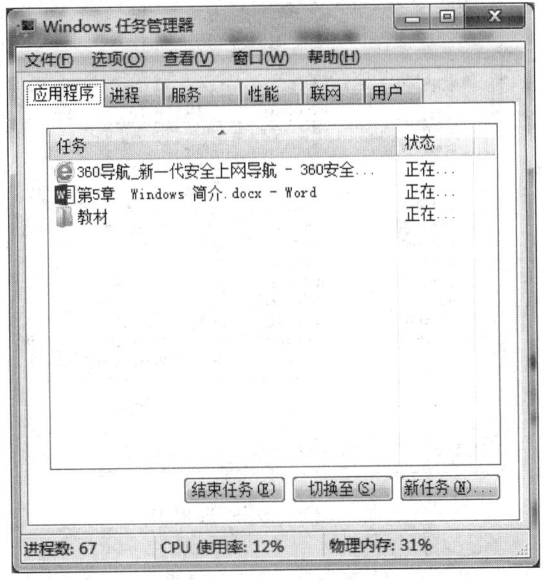


图 5-29 “应用程序”选项卡

Windows 任务管理器

文件(F) 选项(O) 查看(V) 帮助(H)

应用程序 进程 服务 性能 联网 用户

| 映像名称 | 用户名 | CPU | 内存(... | 描述 |
| --- | --- | --- | --- | --- |
| 360leakfix... | linyun | 00 | 3,164 K | 360安全... |
| 360rp.exe | linyun | 00 | 33,032 K | 360杀毒... |
| 360sd.exe | linyun | 00 | 1,348 K | 360杀毒... |
| 360sdupd.e... | linyun | 00 | 404 K | 360杀毒... |
| 360se.exe *32 | linyun | 01 | 57,100 K | 360安全... |
| 360se.exe *32 | linyun | 00 | 11,552 K | 360安全... |
| 360se.exe *32 | linyun | 09 | 44,960 K | 360安全... |
| 360se.exe *32 | linyun | 00 | 22,704 K | 360安全... |
| 360tray.ex... | linyun | 03 | 52,072 K | 360安全... |
| AWiC.exe | linyun | 00 | 6,648 K | Qualcom... |
| AWiCDiag.exe | linyun | 00 | 1,232 K | Qualcom... |
| AWiCMgr.exe | linyun | 00 | 4,692 K | Qualcom... |
| BingSvc.ex... | linyun | 00 | 656 K | Microso... |
| CCBCertifi... | linyun | 00 | 532 K | CCBCert... |

显示所有用户的进程(S) 结束进程(E)

进程数: 68 CPU 使用率: 13% 物理内存: 31%

图 5-30 “进程”选项卡

**3. “服务”选项卡**

“服务”选项卡显示系统当前运行的服务，如图 5-31 所示。可以根据需要启动或停止某些服务，选中服务名，右击，在弹出的快捷菜单中选择“启动服务”或“停止服务”命令。

**4. “性能”选项卡**

“性能”选项卡显示当前系统的 CPU 使用率和内存等信息，如图 5-32 所示。

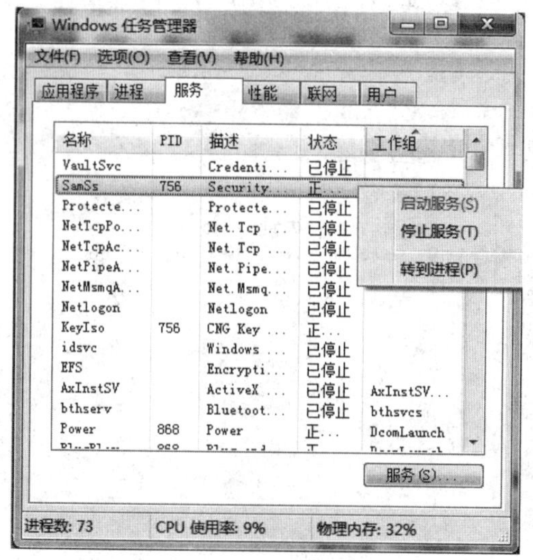


图 5-31 “服务”选项卡

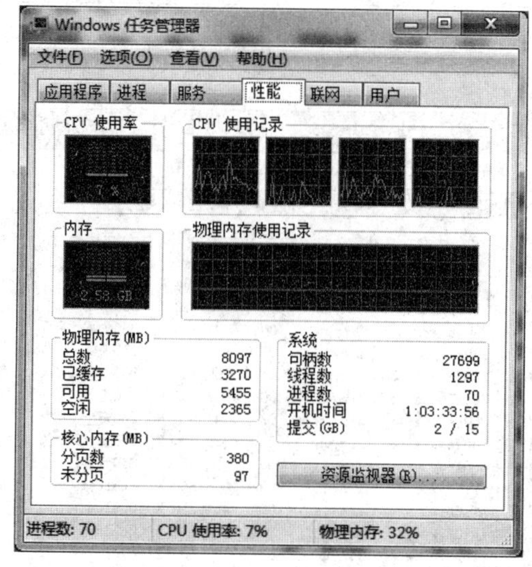


图 5-32 “性能”选项卡

## 5.6 注 册 表

注册表是 Windows 操作系统中的一个核心数据库，存放着各种参数，直接控制着 Windows 的启动、硬件驱动程序的装载以及一些 Windows 应用程序的运行，从而在整个系统中起着核心作用。用户可以通过注册表编辑器查看、编辑或修改注册表信息。操作注册表有可能造成系统故障，若对 Windows 注册表不熟悉，建议尽量不要随意操作注册表。

**1. 启动注册表**

在“开始”菜单的“搜索程序和文件”框中输入 regedit，按 Enter 键，打开“注册表编辑器”窗口，如图 5-33 所示。

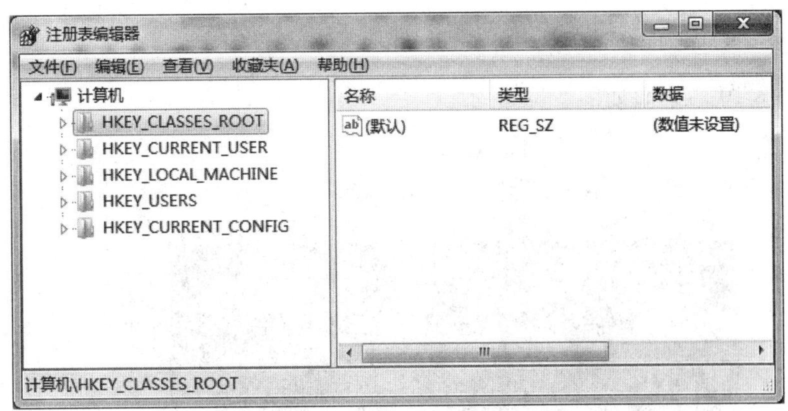


图 5-33 注册表编辑器

注册表由键(也称主键或项)、子键(子项)和值项构成。一个键就是分支中的一个文件夹,而子键就是这个文件夹当中的子文件夹,子键同样也是一个键。一个值项则是一个键的当前定义,由名称、数据类型以及分配的值组成。一个键可以有一个或多个值,每个值的名称各不相同,如果一个值的名称为空,则该值取该键的默认值。"注册表编辑器"窗口的左窗格中显示注册表项,由 5 个基本项组成,单击前面的▷,可以打开相应子项。右窗格中显示选中的某个注册表项的值项。其中各注册表项功能如下。

(1) HKEY_CLASSES_ROOT:存储资源管理器正常启动的信息。

(2) HKEY_CURRENT_USER:存储当前用户的配置信息,包括用户文件夹、屏幕颜色、控制面板等配置信息。

(3) HKEY_LOCAL_MACHINE:存储计算机中针对任何用户的配置信息。

(4) HKEY_USERS:存储计算机中所有用户的配置文件的信息。

(5) HKEY_CURRENT_CONFIG:存储本地计算机在系统启动时所用的硬件配置文件信息。

**2. 修改注册表**

用户可以修改注册表项或值项。

1) 修改注册表项

打开"注册表编辑器"窗口,在左窗格找到要修改的注册表项,右击,在弹出的快捷菜单中选择相应命令进行重命名、删除、新建等操作。

2) 修改注册表值项

打开"注册表编辑器"窗口,在右窗格找到要修改的注册表值项,右击,在弹出的快捷菜单中选择相应命令进行修改、删除等操作。

## 5.7 Windows 10 简介

Windows 10 是 Microsoft 公司首个跨平台操作系统,可支持 PC、平板电脑、智能手机、游戏主机等多类装置。

## 5.7.1 桌面和“开始”菜单

Windows 10 的桌面如图 5-34 所示。

图 5-34 Windows 10 桌面

**1. “开始”按钮**

Windows 10 恢复了被 Windows 8 去掉的“开始”菜单，而且还有熟悉的导航栏和个性化的动态磁贴。另外，高度、宽度都是可以调节的。

右击“开始”按钮，弹出的快捷菜单如图 5-35 所示，比 Windows 7 增加了许多内容，包括传统控制面板中的一些常用的系统设置功能，这样更利于用户快速使用各种功能。

**2. 程序和文件列表**

这里按字母顺序列出计算机中安装的所有程序和文件。

**3. 最近常用列表**

自动为用户显示近期经常使用的应用程序。

**4. 个性化磁贴**

可以直接将常用程序、文件和文件夹拖放到这里并重命名，方便快速访问。操作方法是：在左边的“程序和文件列表”栏选择需要添加的对象，按住鼠标将其拖曳到个性化磁贴面板的指定位置即可。可以拖曳磁贴，调整它在个性化磁贴面板上的位置。

磁贴的大小可以根据需要进行调整，操作方法是：选择要调整大小的磁贴，右击，弹出快捷菜单，如图 5-36 所示，选择“调整大小”命令，在弹出的级联子菜单中选择“小”“中”“宽”等选项。

如果要取消磁贴，在磁贴快捷菜单中选择“从开始屏幕取消固定”命令。

**5. 动态磁贴**

与 Windows Phone 和 Windows 8 类似，图标会显示实时的动态信息流，如天气、新闻、社交网络通知、邮件等。

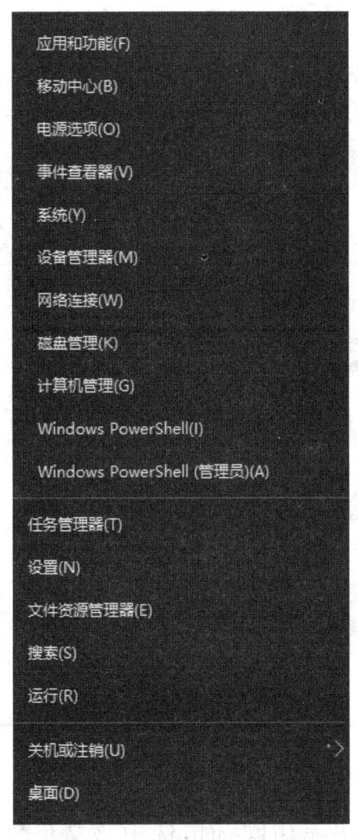


图 5-35 “开始”按钮快捷菜单

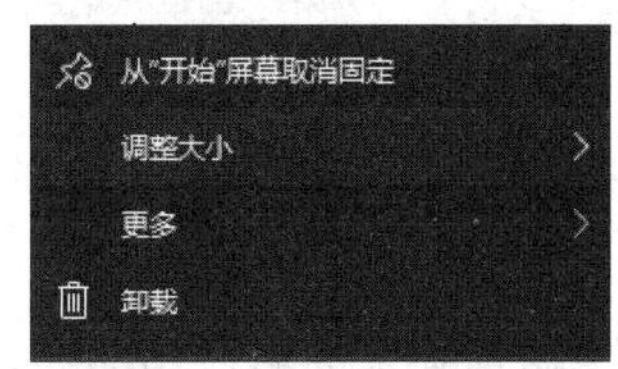


图 5-36 磁贴快捷菜单

**6. 搜索栏和语音助手**

在这里输入文件名、应用程序名或其他内容，能够迅速获得本地和网络搜索结果。除了文本搜索以外，单击右侧的话筒图标还能进行语音搜索。

**7. 任务视图按钮**

这是 Windows 10 中加入的新图标，紧贴在搜索框右边。单击它就能看到所有的活动窗口，即使某些窗口被最小化也能看见。可以在这些窗口中选择想要运行的程序。

Windows 10 的新浏览器被命令为 Microsoft Edge，Edge 浏览器更快、更安全、更省电。

Windows 10 系统默认的桌面壁纸名为 Hero(英雄)，该壁纸整体与老版相一致，但设计更加简洁，颜色更蓝，并且去掉了老版中的烟雾效果。

**8. 任务托盘**

它与之前 Windows 系统的任务托盘很像，不过加入了“活动中心”功能，可以查看通知和进行简单的控制操作。

## 5.7.2 文件资源管理器

Windows 10 的文件资源管理器更加智能化，界面如图 5-37 所示。

左边的导航窗格默认显示“快速访问”、OneDrive、“此电脑”和“网络”四个模块。“快速访问”相当于收藏夹，可以快速访问指定文件夹。OneDrive 是 Microsoft 公司推出的云存储服务，与百度云、360 云盘、微云等功能类似。“此电脑”相当于 Windows 7 中“我的电脑”。

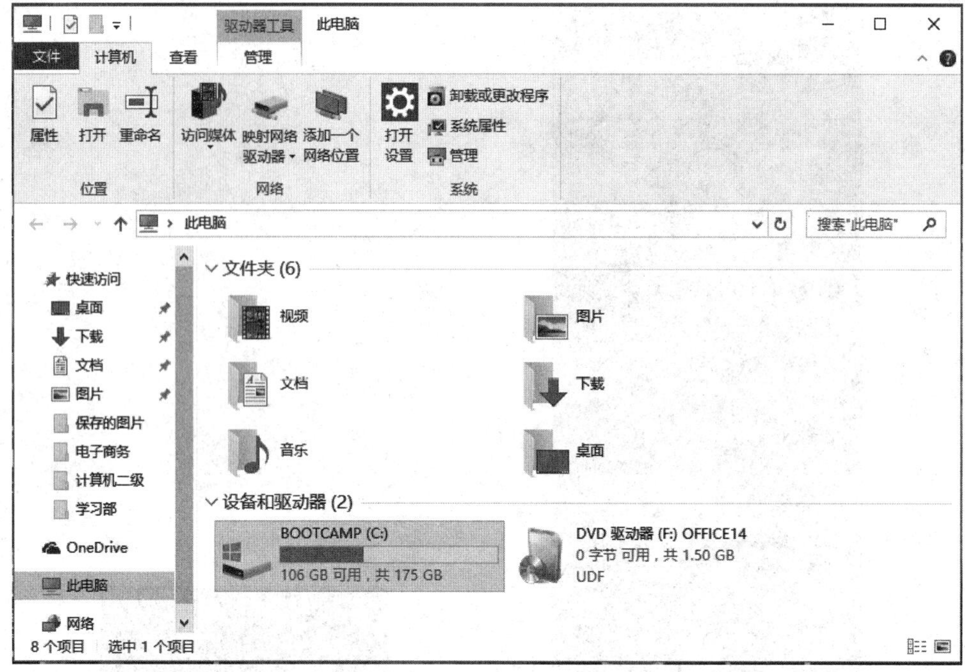


图 5-37 文件资源管理器

当我们希望把某个经常使用的文件夹添加到“快速访问”时，选中该文件夹，右击，在弹出的快捷菜单中选择“固定到快速访问”命令即可。

打开文件资源管理器时，可以设置默认打开“快速访问”或“此电脑”，方法是：选择“文件”→“更改文件夹和搜索选项”命令，在打开的对话框中单击“常规”选项卡，在“打开文件资源管理器时打开”选择“此电脑”或“快速访问”项。

## 习　题

### 一、判断题

1. 在桌面上可以为同一个 Windows 应用程序建立多个快捷方式。
2. 在 Windows 中，后台程序是指被前台程序完全覆盖了的程序。
3. Windows 7 的“开始”菜单不能进行自定义。
4. 在 Windows 中，用户可以对磁盘进行快速格式化，但是被格式化的磁盘必须是以前做过格式化的磁盘。
5. Windows 的磁盘扫描程序是用于检查并恢复磁盘错误的。

### 二、选择题

1. 在 Windows 中的桌面是指________。

　A. 电脑台　　　　B. 活动窗口

　C. 资源管理器窗口　　　　D. 窗口、图标、对话框所在的屏幕

2. 在 Windows 中，有些文件的内容比较多，即使窗口最大化也无法在屏幕上完全显示出来，此时可利用窗口的________来阅读文件内容。

A. 窗口边框　　B. 控制菜单

C. 滚动条　　D. "最大化"按钮

3. Windows 系统安装完毕并启动后，由系统安排在桌面上的图标是________。

A. 资源管理器　　B. 回收站　　C. 记事本　　D. 控制面板

4. 在 Windows 中，下列叙述中正确的是________。

A. 回收站与剪贴板一样，是内存中的一块区域

B. 只有对当前活动窗口才能移动、改变窗口大小

C. 一旦屏幕保护开始，原来在屏幕上的活动窗口就关闭了

D. 桌面上的图标，不能按用户的意愿重新排列

5. 在 Windows 中，下列叙述中正确的是________。

A. 当用户为应用程序创建了快捷方式时，就是将应用程序增加一个备份

B. 关闭一个窗口就是将该窗口正在运行的程序转入后台运行

C. 桌面上的图标完全可以按用户的意愿重新排列

D. 一个应用程序窗口只能显示一个文档窗口

6. 在同一张硬盘分区上，Windows ________。

A. 允许同一文件的文件同名，也允许不同文件夹中的文件同名

B. 不允许同一文件夹的文件以及不同文件夹中的文件同名

C. 允许同一文件夹中的文件同名，不允许不同文件夹中的文件同名

D. 不允许同一文件夹中的文件同名，允许不同文件夹中的文件同名

7. 在 Windows 的网络方式中欲打开其他计算机中的文档时，地址的完整格式是________。

A. \计算机名\路径名\文档名　　B. 文档名\路径名\计算机名

C. \计算机名\路径名 文档名　　D. \计算机 名路径名 文档名

**三、填空题**

1. 在安装 Windows 7 的最低配置中，内存的基本要求是________ GB 及以上，硬盘的基本要求是________ GB 以上可用空间。

2. Windows 7 是由________公司开发，具有革命性变化的操作系统。

3. 在 Windows 操作系统中，Ctrl＋C 是________命令的快捷键，Ctrl＋X 是________命令的快捷键，Ctrl＋V 是________命令的快捷键。

# 第6章 文字处理软件Word 2010

## 6.1 Word 2010 概述

### 6.1.1 文字处理软件概述

文字处理软件是应用广泛的一种办公软件,一般用于文字的录入、存储、编辑、排版和打印等任务。文字处理软件的发展和文字处理的电子化是信息社会发展的标志之一。在国内广泛使用的中文文字处理软件主要是 Microsoft 公司的 Word 和金山公司的 WPS。其他的产品,如 Latex、Indesign、Publisher 等也都能实现差不多的功能,但这些不同软件的侧重点不同。

在当今中国,Microsoft Word 几乎是文字处理软件的代名词,然而在 DOS 盛行的年代,WPS 在中国可以说是文字处理软件的绝对王者。但是 Microsoft 公司在面向中国推出 Microsoft Office 前,与金山公司达成了协议,允许双方可以互相读取对方的文件,正是这一纸协议成为 WPS 由盛到衰的转折点。2001 年,WPS 更名为 WPS Office,从单模块的文字处理软件升级为以文字处理、电子表格、演示文稿制作、电子邮件和网页制作等一系列产品为核心的多模块组件式产品,又重新焕发了青春。与 Microsoft Office 相比,WPS Office 具有内存占用低、运行速度快、体积小巧、全面兼容 Microsoft Office 格式的独特优势。它强大的插件平台支持、免费提供海量在线存储空间及文档模板、支持阅读和输出 PDF 文件等特点,使得 WPS 移动版已在 Android 平台的应用排行榜上领先于 Microsoft 公司等竞争对手,居同类应用之首。

Latex 适合于生成科技文献。一般来说,它的格式比较规范、整齐,不会出现 Word 中一个图片或公式无缘无故错位等奇怪问题,但上手比较困难,需要一定的编程基础,而且功能比较单一。Latex 中对文字的处理就像是程序中的变量一样。

Indesign 是专业的排版软件,适合用来对书籍、杂志进行排版,有很多针对专业排版的特殊功能。Indesign 中的文字更像是一张图片或其他设计元素,对待文字更偏重设计,而不是处理。

Publisher 是 Microsoft 公司的业余排版软件,它有一些专业排版功能;但文字处理功能

比 Word 弱，操作与 Word 类似，上手很容易。不想学习 Indesign 的人可以考虑用 Publisher 来排版杂志等印刷品。或者如果一篇文章中图文混排的工作很多，也可以考虑使用这款软件。

虽然上述软件都具有文字处理功能，但是综合其功能、易用性，以及在国内市场上的占有率等方面考虑，文字处理软件的首选仍然是 Microsoft Word。

### 6.1.2　Word 2010 的主要功能

Word 2010 的功能非常强大，可以处理日常的办公文档，如排版、处理数据、建立表格，还可以通过其他软件发传真、E-mail 等，足以满足普通人的大多数日常办公需求。Word 的主要功能与特点可以概括如下。

(1) 所见即所得。用户用 Word 编制的文档，打印效果在屏幕上一目了然。

(2) 直观的操作界面。Word 软件界面友好，提供有丰富的工具，很容易利用鼠标完成选择、排版等操作。

(3) 多媒体混排。利用 Word 可以编辑文字、图形、图像，可以插入声音、动画等其他软件制作的信息，还可以用 Word 提供的绘图工具绘制图形、编辑艺术字、数学公式等，满足用户的各种文档处理要求。

(4) 强大的制表功能。Word 不仅可以制表，也可以对表格中的数据自动计算，以及对表格进行各种修饰，并且可以在 Word 文档中直接插入电子表格。用 Word 制作表格，轻松又美观，快捷而方便。

(5) 强大的打印功能。Word 提供了打印预览功能，对打印机参数具有强大的支持性和配置性，使用户能精确地打印排版内容。

### 6.1.3　Word 2010 的工作界面

启动 Word 2010 后将自动创建一个空白文档，出现如图 6-1 所示的工作界面。Word 2010 的工作界面主要由快速访问工具栏、标题栏、功能选项卡、功能区、窗口操作按钮、“文件”选项卡、状态栏、视图切换区和比例缩放区、文本编辑区、滚动条等组成。下面介绍常用的部分。

(1) 快速访问工具栏。快速访问工具栏内都是用户频繁使用的命令按钮，默认情况下，显示“保存”“撤销”和“恢复”三个按钮，具体按钮可以根据用户的需要自行定义。

(2) 标题栏。标题栏显示应用程序的名称和正在编辑的文件名，其右侧是一组窗口操作按钮，包括“最小化”“最大化/还原”和“关闭”按钮。

(3) 功能选项卡。Word 2010 取消了传统的菜单，取而代之的是多个选项卡，每个选项卡代表一组核心任务，并按功能不同分成若干个组，如“开始”选项卡下有“剪贴板”组、“字体”组、“段落”组、“样式”组等。

(4) 功能区。功能选项卡与功能区是对应的关系，单击某个选项卡即可展开相应的功能区。在功能区中有多个自适应窗口大小的工具栏，每个工具栏为用户提供了相应的组，每个组中包含不同的命令、按钮和列表框等，如图 6-2 所示。有的组右下角会显示一个“对话框扩展”按钮，单击该按钮将打开相关的对话框或任务窗格。

(5) “文件”选项卡。“文件”选项卡用于对文档执行操作。单击“文件”选项卡，左侧将

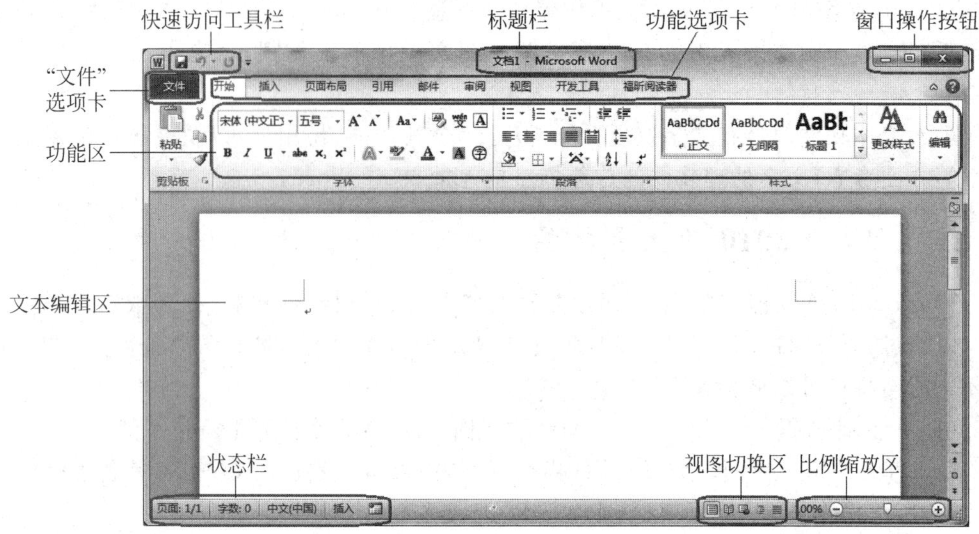


图 6-1 Word 2010 工作界面

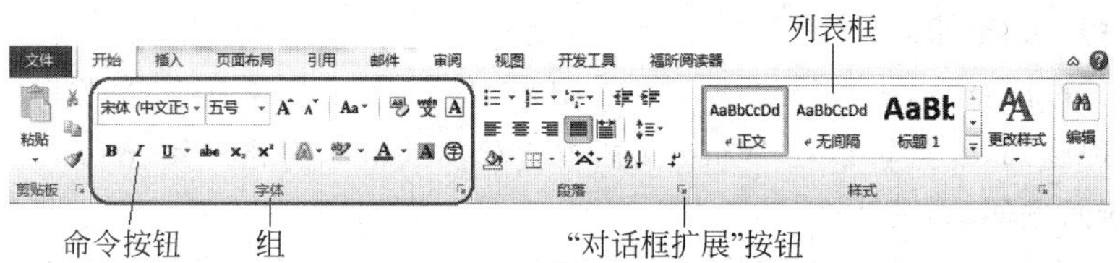


图 6-2 功能区

出现类似早期版本的"文件"菜单组，包括"保存""另存为""打开""关闭""信息""新建""打印"等命令，选择不同的命令将在右侧的预览窗格中显示不同的内容，如图 6-3 所示。

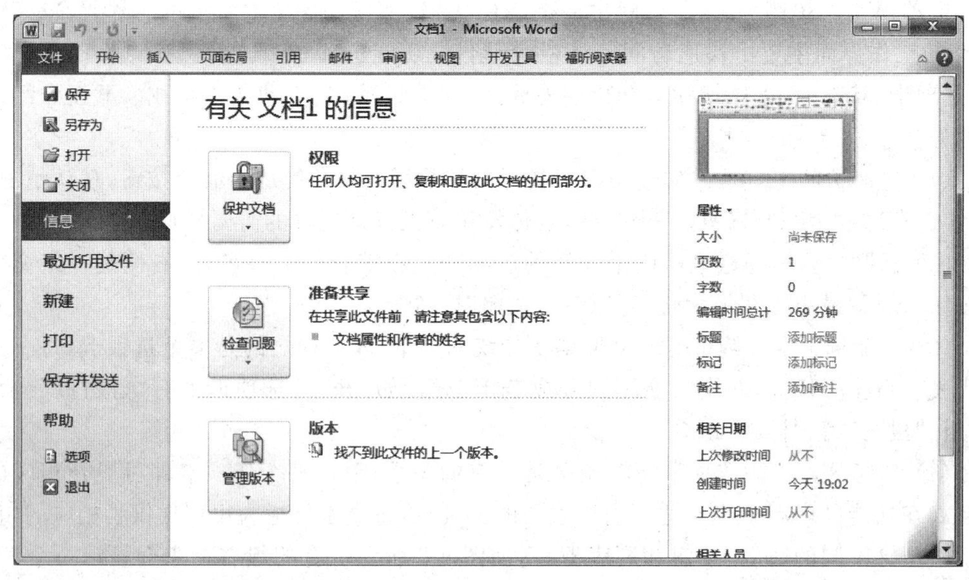


图 6-3 "文件"选项卡

(6) 状态栏。状态栏位于窗口最底端的左侧，用来显示当前文档的页面、字数、拼音语法检查、语言状态等信息。

(7) 视图切换区和比例缩放区。视图切换区和比例缩放区位于状态栏的右侧。单击视图切换区的视图按钮可切换视图模式。单击当前显示比例按钮 100% 可打开"显示比例"对话框调整显示比例。单击按钮⊖、按钮⊕或拖动滑块也可以调节页面显示比例，方便用户查看文档内容。

(8) 文本编辑区。文本编辑区用于输入和编辑文本的区域。文档编辑区中的一个不断闪烁的竖线即文本插入点，又称光标，用于指示文本的输入位置。在文档编辑区的右侧和底部有垂直和水平滚动条，当编辑区不能完全显示所有的文档内容时，可拖动滚动条中的滑块或单击滚动条两端的三角按钮使内容显示出来。

# 6.2　文 档 操 作

## 6.2.1　新建文档

默认情况下，启动 Word 将自动建立一个名为"文档 1"的空白文档。如果在 Word 已经启动之后，还要再新建文档，可以单击"文件"选项卡下的"新建"命令。除空白文档外，Word 提供了很多模板帮助用户提高工作效率，如博客文章、书法字帖、名片、信封、备忘录、日程安排等。

## 6.2.2　打开文档

**1. 直接打开 Word 文档**

一般来说，在资源管理器中找到文档后双击文档的图标即可启动 Word 并打开该文档。但是如果在计算机中同时安装了其他文字处理软件，如 WPS，则有可能双击图标将默认用 WPS 打开文件。如果用户希望使用 Word 打开文档，只需右击文档图标，在弹出的快捷菜单中选择"打开方式"→Microsoft Word 命令即可。

**2. 打开最近使用过的 Word 文档**

单击"文件"选项卡，默认展开的是"最近所用文件"选项，右侧的预览窗格中显示的是最近使用过的文件，如图 6-4 所示，单击所需的文件可打开该文件。

**3. 使用"打开"对话框打开 Word 文档**

单击"文件"选项卡下的"打开"命令，或者按 Ctrl+O 快捷键，均可打开如图 6-5 所示的"打开"对话框。

对于文件来说，三个重要因素是文件名、文件类型和路径。因此在"打开"对话框的左侧可修改文件的搜索路径，右上方的文件列表中是该路径下的所有文件。需要注意的是，Word 默认的打开文件类型是所有 Word 文档类型，包括 docx、docm、dotx、dotm 等。如果用户想打开 txt 或 wps 等其他格式的文件，需要在文件类型下拉列表框中选择需要的文件类型，或者选择"所有文件(*.*)"。

图 6-4　最近所用文件

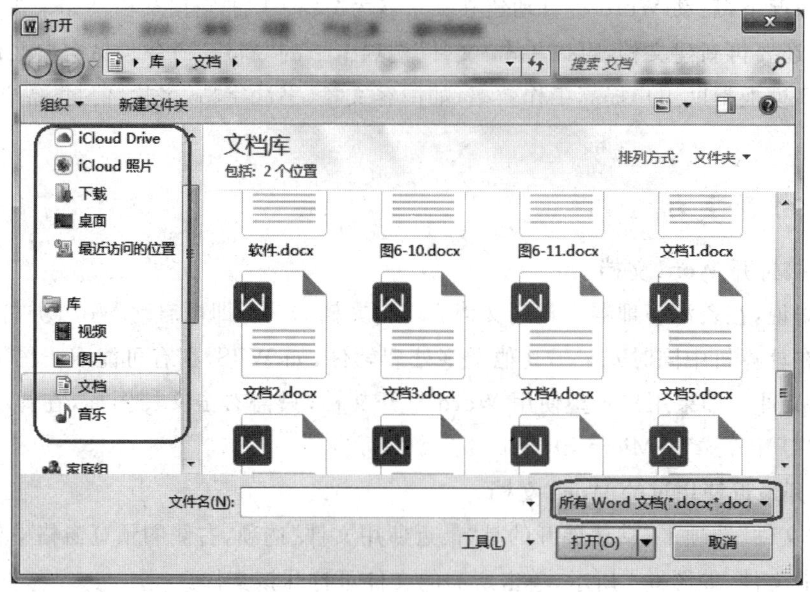


图 6-5　使用"打开"对话框打开文件

## 6.2.3　保存和关闭文档

### 1. 主动保存

在文档的编辑过程中，为了防止数据丢失应及时保存文件。保存文件的方法主要有以下几种。

(1) 以原文件名保存。单击"文件"选项卡下的"保存"命令或快速访问工具栏上的"保存"按钮，如果保存的是新文档，将打开如图 6-6 所示的"另存为"对话框。

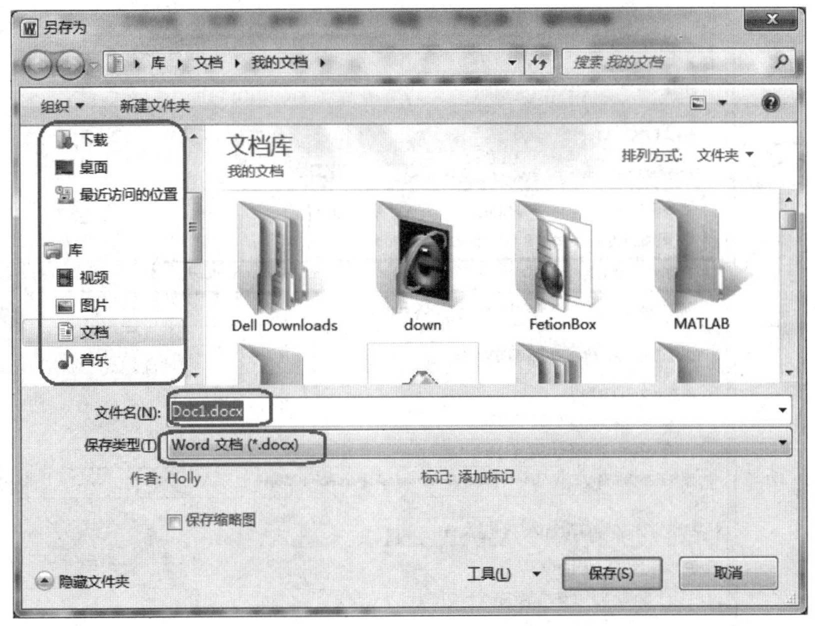


图 6-6 “另存为”对话框

(2) 换名保存。单击“文件”选项卡下的“另存为”命令，也将打开如图 6-6 所示的“另存为”对话框。在该对话框左侧可以选择保存位置，在“文件名”文本框中可输入新文件名，“保存类型”用于选择要保存的文件类型，然后单击“保存”按钮即可换名保存。

**2. 文档的自动保存**

除用户主动保存外，也可以让系统自动定时保存。单击“文件”选项卡下的“选项”命令，在如图 6-7 所示的“Word 选项”对话框中，勾选“保存”选项中的“保存自动恢复信息时间间隔”复选框并指定一个时间间隔(一般为 5～10min)。

设置自动保存以后，一旦由于意外断电或死机等原因造成 Word 非正常退出，则可以通过最近一次自动保存的文件尽可能挽回损失。具体方法是根据图 6-7 中显示的自动恢复文件位置，在资源管理器中找到该文件夹，里面的 asd 文件就是自动保存的文档。将该文档复制到其他位置并改扩展名为 docx，就能恢复文档内容。

**3. 关闭文档**

完成文档编辑以后，需要关闭文档。常用的方法主要有以下几种。

(1) 单击标题栏右侧的“关闭”按钮 ☒ 。

(2) 单击“文件”选项卡下的“关闭”命令。

(3) 单击“文件”选项卡下的“退出”命令。

“关闭”与“退出”的区别是前者仅关闭一个文档，而后者则关闭所有文档并退出 Word。

### 6.2.4 合并文档

编辑 Word 文档时，有时需要将多个其他文件中的内容合并到当前文档中。合并文档的方法主要有以下几种。

(1) 利用插入“对象”。将光标定位到插入点，单击“插入”选项卡“文本”组中的“对象”

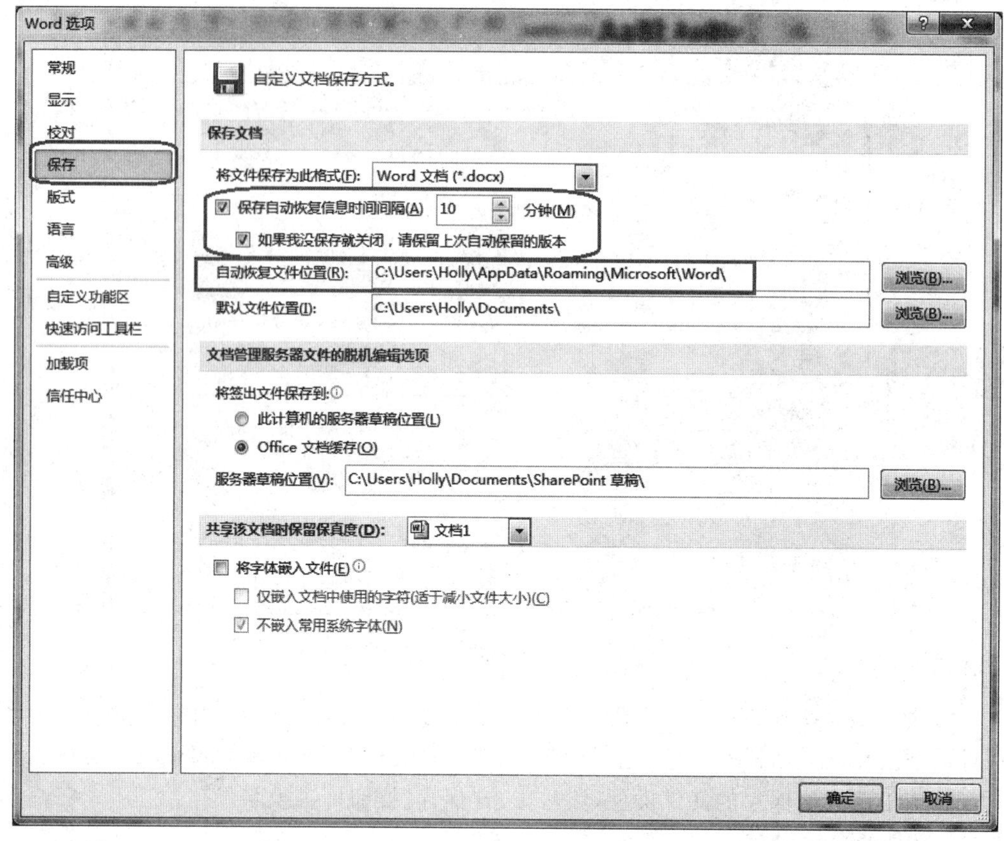


图 6-7　设置自动保存的间隔时间

按钮右侧的按钮 ▼ ，选择“文件中的文字”命令，将打开如图 6-8 所示的“插入文件”对话框，选取需要的文件后单击“插入”按钮。如果要插入的不是 Word 文档，需要更改文件类型。

(2) 利用剪贴板。打开要插入的文件，选中所有要插入的内容，利用剪贴板复制内容，然后打开被编辑的文档，粘贴内容即可。

### 6.2.5　保护文档

为了避免文档的内容被他人随意修改，用户可以将文档保护起来。Word 2010 提供了多种保护措施，如设置打开或修改密码、设为只读文件、对文件加密、设置不同人员的权限以及添加数字签名等方式。

保护文档的方法是在“文件”选项卡的“信息”选项中选择“保护文档”，然后选择“用密码进行加密”命令，如图 6-9 所示，即可为文档设置密码或其他保护措施。

此外，在“常规选项”对话框中也可以设置密码。单击“工具”按钮右侧的按钮 ▼ ，选择“常规选项”命令，可打开如图 6-10 所示的“常规选项”对话框。在其中可以设置打开密码、修改密码，以及只读打开属性等。

如果之后想要解除密码，与设置密码的操作步骤一样，只需在设置密码的地方删除密码即可。

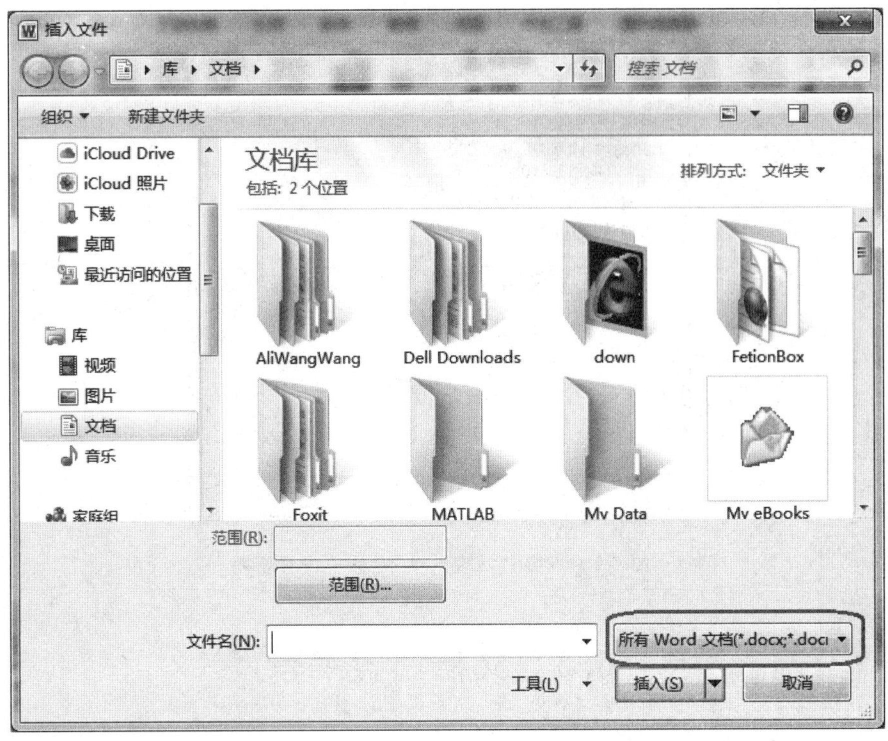


图 6-8　利用插入“对象”合并文档

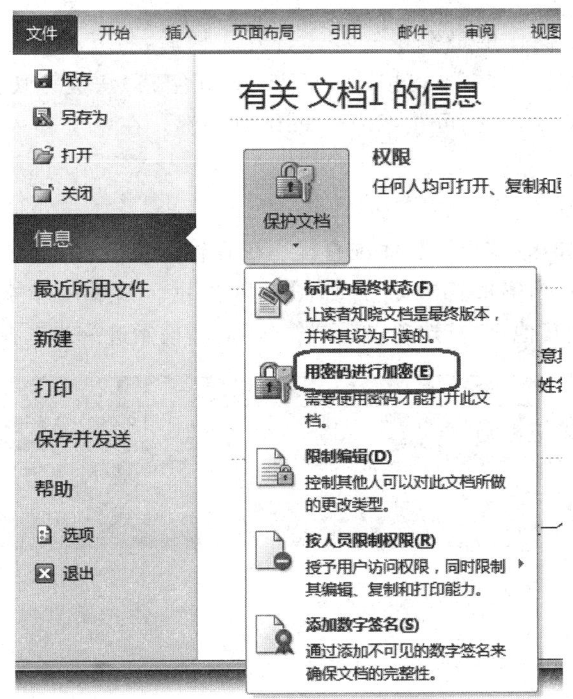


图 6-9　保护文档

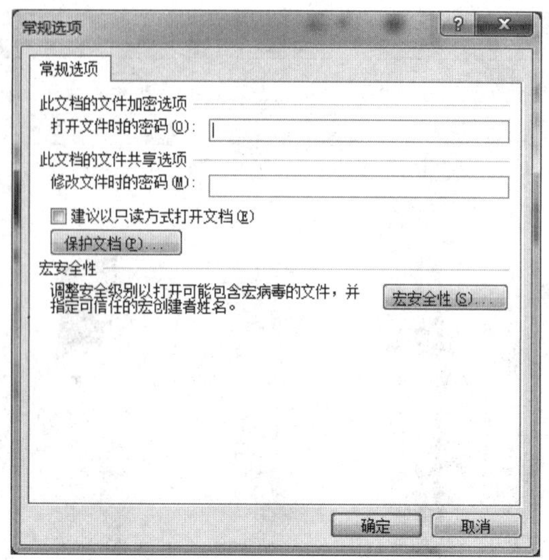


图 6-10　利用“常规选项”对话框设置密码

# 6.3　文档内容编辑

## 6.3.1　输入文本

**1. 输入文字**

输入文字是文档操作的最基本一步。打开文档后，将光标定位到插入点，直接用键盘录入文字。在录入过程中，可以按 Ctrl+Space(即空格)快捷键切换中英文输入法。如果要切换不同的中文输入法，可按 Ctrl+Shift 快捷键。在中文输入法中切换中英文字符可按 Shift 键。

**2. 插入特殊符号**

有些特殊符号，如“√”“÷”等，无法直接用键盘输入，可以单击“插入”选项卡“符号”组中的“符号”按钮，选择所需的符号即可，如图 6-11 所示。如果在符号列表中未找到需要的符号，可单击下方的“其他符号”选项，打开“符号”对话框做进一步选择。

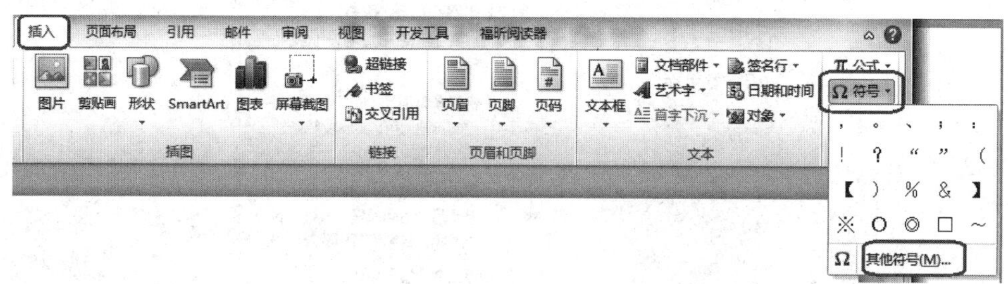


图 6-11　插入符号

另外，某些特殊符号，如希腊字母、标点符号、数学符号等，也可以利用中文输入法的软键盘进行输入。

**3. 插入日期和时间**

单击“插入”选项卡“文本”组中的“日期和时间”按钮，打开“日期和时间”对话框，选择一种格式，单击“确定”按钮。

**4. 插入与改写状态切换**

Word 有插入和改写两种编辑状态。用户可以观察状态栏上的状态指示以确定当前状态。在“插入”状态下，新输入的内容会把原有内容往后移，文字出现在插入点之后。而在“改写”状态下，新输入的内容将覆盖原有内容。切换“插入”与“改写”状态可按 Insert 键。

## 6.3.2 编辑文本

编辑文本主要有选定文本、移动文本、复制文本、粘贴文本、撤销与恢复文本等。

**1. 选定文本**

选定文本可以使用鼠标，也可以使用键盘。

1）使用鼠标

用鼠标选定文本的方法如表 6-1 所示。

**表 6-1 使用鼠标选定文本的方法**

| 被选对象 | 操作方法 |
|---|---|
| 一个词 | 双击该词的任意位置 |
| 连续的几个字、词 | 从待选文本的起始位置拖曳至尾部，释放鼠标 |
| 一行 | 在该行行首文本选定区单击 |
| 连续多行 | 在起始行和终止行左侧的行首文本选定区拖曳鼠标 |
| 一个段落 | 方法一：在该段落的任意位置快速三击鼠标 |
| | 方法二：在该段落左侧的文本选定区快速双击鼠标 |
| 连续多个段落 | 选中一个段落后，继续拖曳鼠标至其他段落后再释放鼠标 |
| 连续较长的文本 | 单击待选文本的起始位置，然后在结束位置按住 Shift 键并单击 |
| 一块矩形区域文本 | 按住 Alt 键的同时拖曳鼠标 |
| 整篇文档 | 在文档左侧文本选定区任意位置快速三击鼠标 |
| 不连续的多个区域 | 按前述方法选定一个区域后，按住 Ctrl 键继续选择其他区域 |
| 取消选定 | 在选定的区域之外单击 |

2）使用键盘

用键盘选定文本的方法如表 6-2 所示。

**表 6-2 使用键盘选定文本的方法**

| 快捷键 | 选定范围 |
|---|---|
| Shift+↑ | 从当前光标处到上一行文本 |
| Shift+↓ | 从当前光标处到下一行文本 |
| Shift+← | 当前光标处左边的文本 |
| Shift+→ | 当前光标处右边的文本 |
| Ctrl+A | 整个文档 |
| Ctrl+Shift+Home | 从当前光标处到文档首部的文本 |
| Ctrl+Shift+End | 从当前光标处到文档结尾处的文本 |
| Shift+Home | 从当前光标处到所在行首的文本 |
| Shift+End | 从当前光标处到所在行尾的文本 |

**2. 移动文本**

常用的移动文本的操作方法有以下几种。

(1) 鼠标拖曳。选定要移动的文本,按住鼠标左键拖曳至目标位置。

(2) 使用功能区按钮。选定要移动的文本,单击“开始”选项卡“剪贴板”组中的“剪切”按钮,然后将光标定位到目标位置,单击“剪贴板”组中的“粘贴”按钮。

(3) 使用快捷菜单。选定要移动的文本,右击,在弹出的快捷菜单中选择“剪切”命令,然后定位光标到目标位置,右击,在弹出的快捷菜单中选择“粘贴选项”中的某个适当按钮。

(4) 使用快捷键。选定要移动的文本,按 Ctrl+X 快捷键,再将光标定位到目标位置,按 Ctrl+V 快捷键。

**3. 复制文本**

常用的复制文本的操作方法有以下几种。

(1) 鼠标拖曳。选定要复制的文本,按住 Ctrl 键的同时拖曳鼠标到目标位置。

(2) 使用功能区按钮。选定要复制的文本,单击“开始”选项卡“剪贴板”组中的“复制”按钮,然后将光标定位到目标位置,单击“剪贴板”组中的“粘贴”按钮。

(3) 使用快捷菜单。选定要复制的文本,右击,在弹出的快捷菜单中选择“复制”命令,然后将光标定位到目标位置,右击,在弹出的快捷菜单中选择“粘贴选项”中的某个适当按钮。

(4) 使用快捷键。选定要复制的文本,按 Ctrl+C 快捷键,再将光标定位到目标位置,按 Ctrl+V 快捷键。

**4. 粘贴文本**

在 Word 2010 中,粘贴文本有多种使用方式,根据剪贴板中内容的不同,粘贴文本可选的方式也不同。使用粘贴功能粘贴文件的操作方法如下。

(1) 单击“开始”选项卡“剪贴板”组中的“粘贴”按钮,出现如图 6-12 所示的粘贴选项(选项有多有少,取决于复制或剪切的内容)。

(2) 在需要粘贴的位置右击,弹出的快捷菜单中有不同的粘贴选项。

若选择图 6-12 中的“选择性粘贴”命令,将打开“选择性粘贴”对话框,如图 6-13 所示。“选择性粘贴”对话框中的组件说明如表 6-3 所示。用户可以根据不同的需要选择不同的粘贴形式。

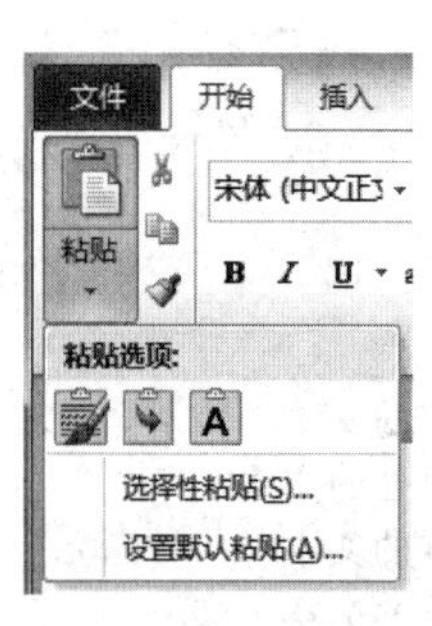


图 6-12　粘贴选项

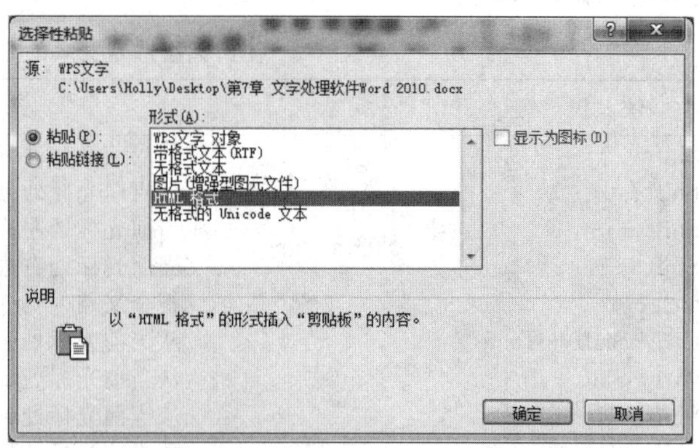


图 6-13　“选择性粘贴”对话框

表 6-3 “选择性粘贴”对话框中的组件说明

| 组　件 | 说　明 |
|---|---|
| 粘贴 | 被粘贴内容嵌入当前文档后立即断开与源文件的联系 |
| 粘贴链接 | 被粘贴内容嵌入当前文档的同时仍保持与源文件的联系，即源文件中的任何改动都会反映到当前文档中 |
| 形式 | 供用户选择被粘贴对象以什么形式插入到当前文档中 |

**5. 撤销与恢复文本**

在文本编辑过程中，如果对前面的操作不满意，可以在关闭文件前撤销几乎所有已做的操作。与撤销操作对应的是恢复操作。

(1) 撤销。单击快速访问工具栏中的“撤销”按钮 。如果需要撤销多步，则单击“撤销”按钮右侧的按钮 ，扩展撤销的操作列表，选择某个操作即可撤销该操作及之后的所有操作。

(2) 重复与恢复。在快速工具栏上还有一个“重复/恢复”按钮，该按钮会随当前操作状态的不同而自动变换。做除撤销操作以外的各种操作时，该按钮是“重复”按钮 ，此时单击该按钮可以对选中的文字或当前光标处重复做最后执行的操作。若已进行过撤销操作，则该按钮变为“恢复”按钮 ，单击此按钮可恢复最近一次撤销的操作。

## 6.3.3 查找替换

Word 的查找替换功能不仅可以快速定位内容，也可以批量修改文章中的内容。

**1. 查找文本**

在长文档中找某个字、词、句子或段落，单靠眼睛去搜寻就如同大海捞针一样，且容易有遗漏。利用查找替换功能则可以轻松找到需要的内容。

1) 简单查找

在“开始”选项卡下单击如图 6-14 所示的“查找”按钮，可出现“导航”窗格，在“搜索文档”文本框中输入需查找的字或词，全文范围内的被查找文本即以高亮方式显示，如图 6-15 所示。

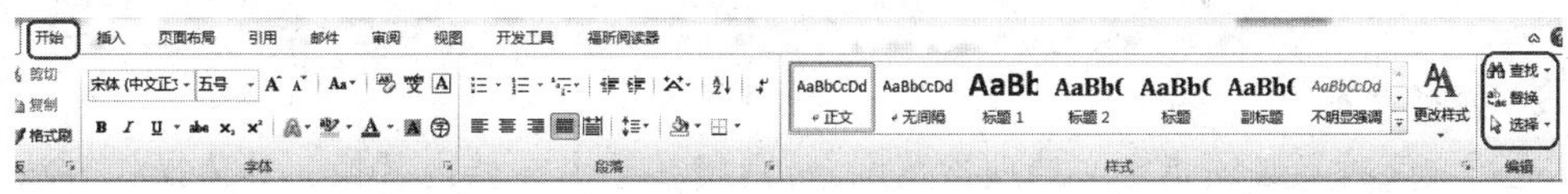


图 6-14 “查找”按钮

输入新的文本或编辑格式可以取消查找文本的高亮显示状态，或者单击“搜索文档”文本框右侧的“结束搜索”按钮 也可以取消高亮状态。

2) 高级查找

单击“查找”按钮右侧的按钮 ，在下拉菜单中选择“高级查找”命令，将打开如图 6-16(a) 所示的“查找和替换”对话框，单击“更多”按钮可扩展搜索选项，如图 6-16(b) 所示。

如果要查找的是具有一定格式的文字，可单击“格式”按钮，对查找的文字限定字体、字号、颜色等格式。

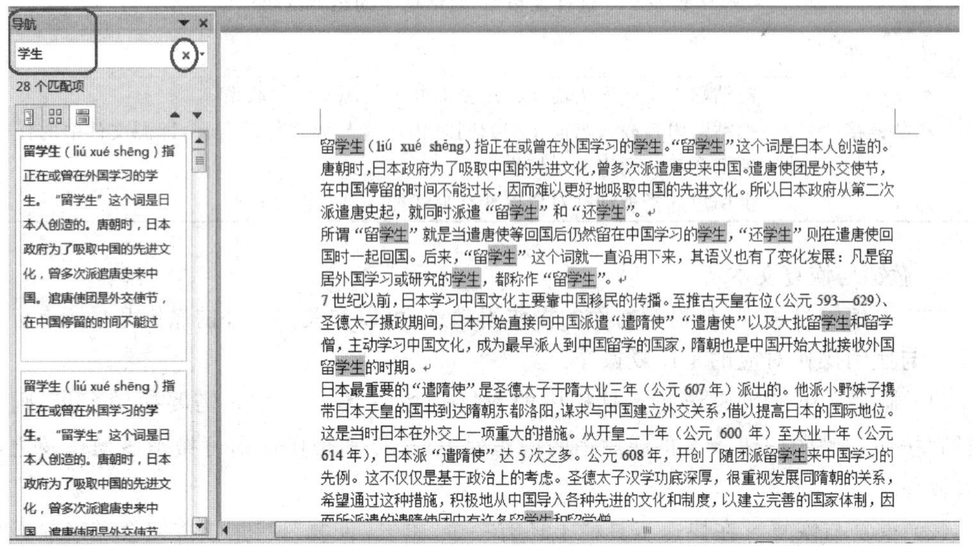


图 6-15　简单查找

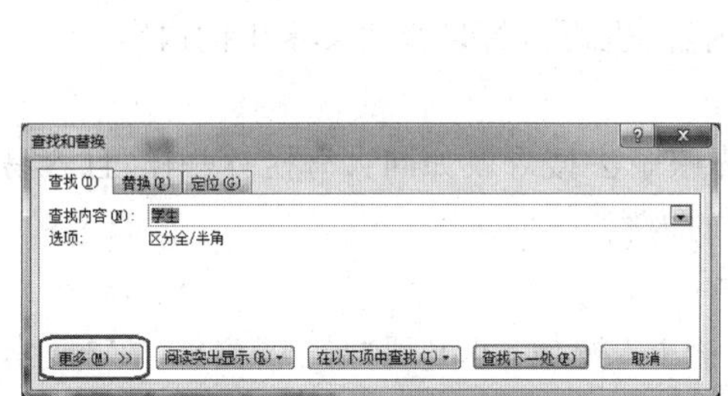


(a)"查找和替换"对话框的常规视图

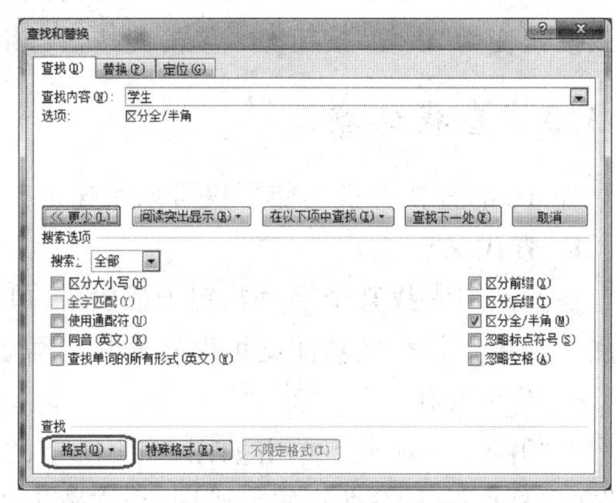


(b)"查找和替换"对话框的高级视图

图 6-16　高级查找

**2. 替换文本**

进行文字替换必须指定文档搜索范围，否则将在整个文档内替换。具体操作方法是在图 6-16 中单击"替换"选项卡，打开"查找和替换"对话框。该对话框其实与查找所用的对话框是同一个对话框中的两个不同选项卡。

与查找一样，单击"更多"按钮可扩展对话框以进行高级替换。需要注意的是，"查找内容"和"替换为"的文本都可以设置格式，如果要设置"查找内容"的格式，那么光标一定要置于"查找内容"文本框中。反之，如果设置"替换为"的格式，则必须将光标置于"替换为"文本框。所设置的格式都将在其下方有说明。图 6-17 所示的例子中是"替换为"的文字设置有格式。

要取消所设的格式，将光标置于需取消格式的文本框中，单击"不限定格式"按钮即可。

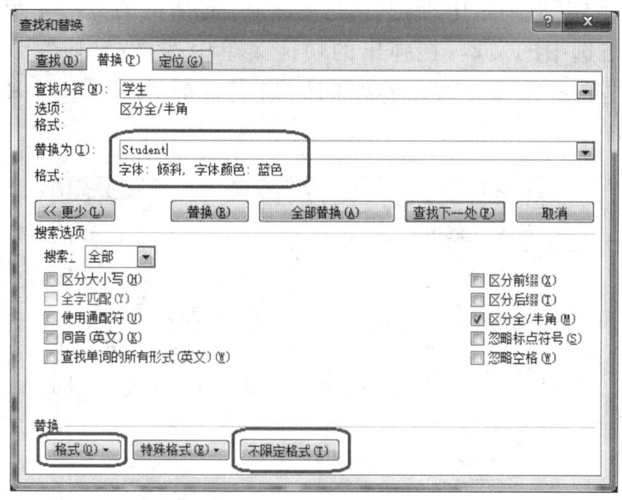


图 6-17　高级替换

**3. 定位**

定位是快速转移插入点的一种有效手段。一般来说,定位的常用方法主要有以下几种。

(1) 使用键盘。使用键盘上的四个方向键来定位,这种方法适合于小范围内的移动。

(2) 使用鼠标。用鼠标直接单击要插入的位置。

(3) 使用定位对话框。单击"查找"按钮右侧的按钮 ▼,在下拉菜单中选择"转到"命令,打开如图 6-18 所示的对话框,在"定位"选项卡下根据页、节、行或批注等进行定位。

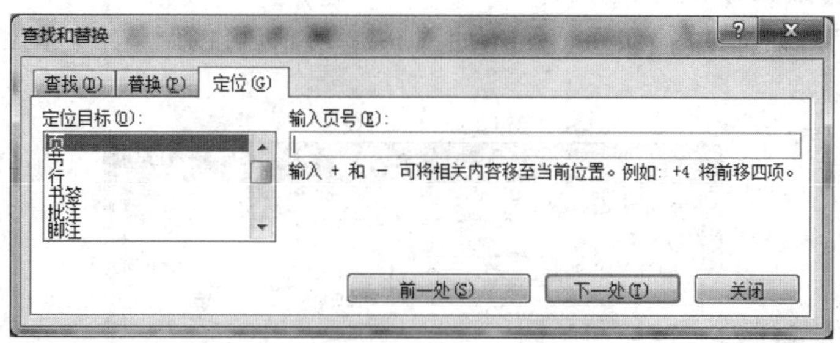


图 6-18　定位

# 6.4　文档格式设置

## 6.4.1　字符格式

**1. 设置字体**

Word 具有丰富的字体、字号、颜色、特殊效果、动态效果等来为文档增色。Word 2010 中设置字体格式的方法主要有以下几种。

(1) 使用"开始"选项卡下的"字体"组。在"字体"组中可以设置文本的常见格式,如字体、字号、颜色等。

(2) 利用"字体"对话框。"字体"组中的按钮只能对字符进行常规设置。如果要有更丰富的设置，可以在“字体”对话框中进行。打开“字体”对话框的方法是单击“字体”组中的扩展按钮，或者右击选中的文本，在弹出的快捷菜单中选择“字体”命令。常见的字体、字形、字号、字体颜色、下画线等都可以在“字体”对话框的“字体”选项卡下设置，如图 6-19 所示。

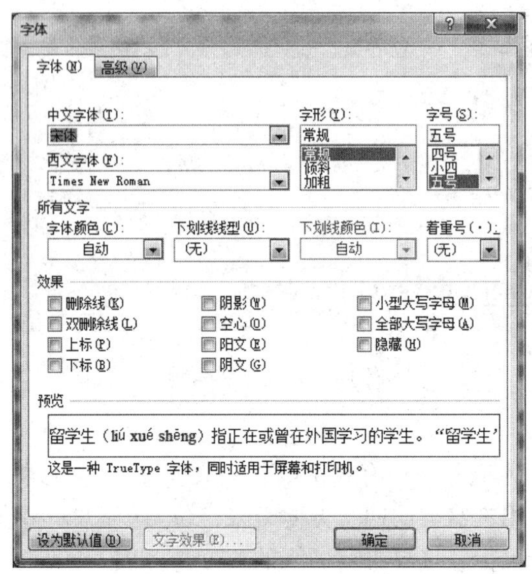


图 6-19　“字体”对话框的“字体”选项卡

**2. 设置字符缩放、间距和位置**

单击“字体”对话框的“高级”选项卡，如图 6-20 所示，可以调节字符的缩放比例，设置字符的间距、位置。

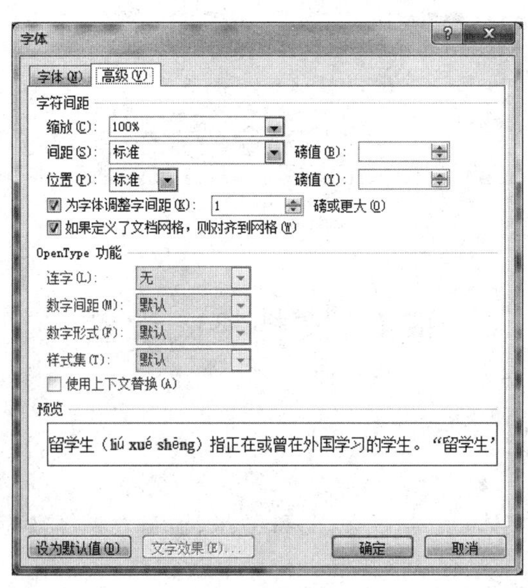


图 6-20　“字体”对话框的“高级”选项卡

缩放：用于按文字当前尺寸的百分比横向扩展或压缩文字。

间距：用于加大或缩小字符间的距离，有标准、加宽、紧缩三种设置。

位置：用于将文字相对于基准点提高或降低指定的磅值，有标准、提升、降低三种设置。

**3. 设置文本效果**

文本效果是指为文本添加阴影、映像和发光等元素。单击“开始”选项卡“字体”组中的“文本效果”按钮 ，即可在下拉菜单中进行相关的设置。

## 6.4.2 段落格式

Word 中的段落是文字、图形、对象或其他项目等的集合，段落以回车符作为段落之间的分隔符。段落的排版主要包括设置段落的对齐方式、缩进量、行间距和段间距等。进行段落格式设置时，如果只对一个段落进行操作，只需将光标定位到段落中即可。如果对多个段落操作，则应先选定段落，然后再对这些段落进行排版。

设置段落格式的方法主要有两种：使用“开始”选项卡“段落”组中的按钮，或者使用如图 6-21 所示的“段落”对话框。

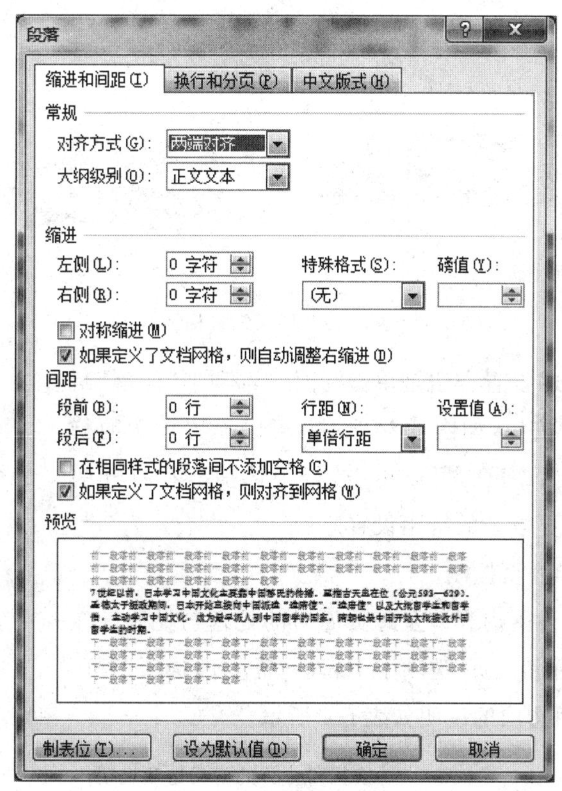


图 6-21 “段落”对话框的“缩进和间距”选项卡

**1. 对齐方式、缩进、间距**

“段落”组中的对齐按钮 分别是左对齐、居中对齐、右对齐、两端对齐和分散对齐，它们的对齐效果如图 6-22 所示。

缩进主要指左侧和右侧的缩进量，也可以设置特殊缩进格式，包括首行缩进和悬挂缩进，它们的显示效果如图 6-23 所示。

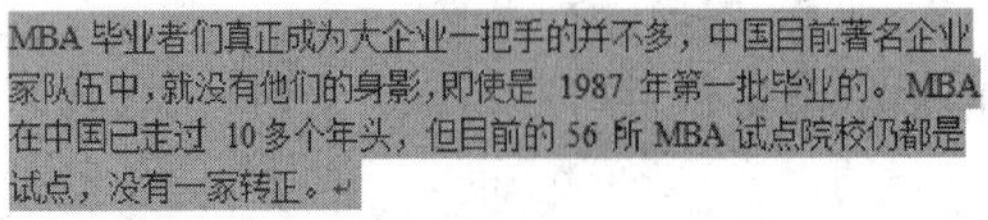

MBA 毕业者们真正成为大企业一把手的并不多，中国目前著名企业
家队伍中，就没有他们的身影，即使是 1987 年第一批毕业的。MBA
在中国已走过 10 多个年头，但目前的 56 所 MBA 试点院校仍都是
试点，没有一家转正。

(a) 左对齐

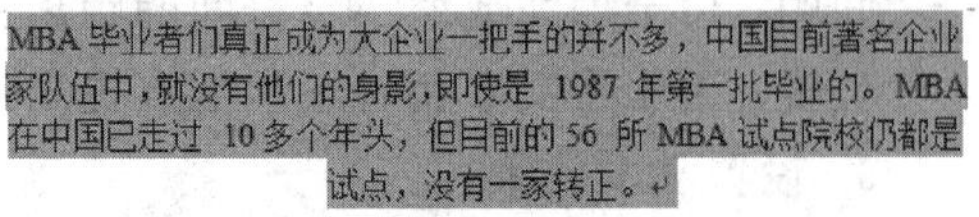

MBA 毕业者们真正成为大企业一把手的并不多，中国目前著名企业
家队伍中，就没有他们的身影，即使是 1987 年第一批毕业的。MBA
在中国已走过 10 多个年头，但目前的 56 所 MBA 试点院校仍都是
试点，没有一家转正。

(b) 居中对齐

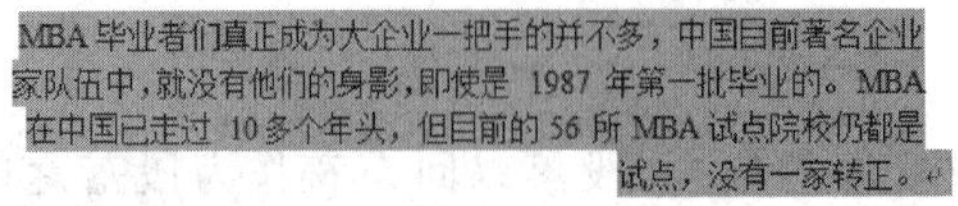

MBA 毕业者们真正成为大企业一把手的并不多，中国目前著名企业
家队伍中，就没有他们的身影，即使是 1987 年第一批毕业的。MBA
在中国已走过 10 多个年头，但目前的 56 所 MBA 试点院校仍都是
试点，没有一家转正。

(c) 右对齐

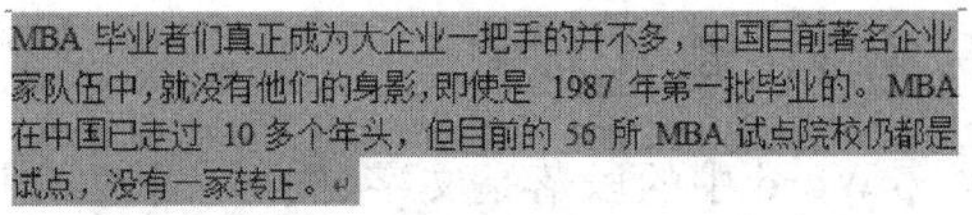

MBA 毕业者们真正成为大企业一把手的并不多，中国目前著名企业
家队伍中，就没有他们的身影，即使是 1987 年第一批毕业的。MBA
在中国已走过 10 多个年头，但目前的 56 所 MBA 试点院校仍都是
试点，没有一家转正。

(d) 两端对齐

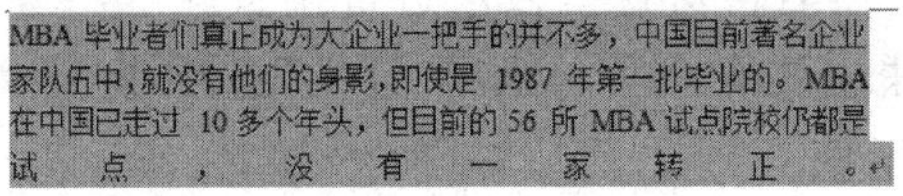

MBA 毕业者们真正成为大企业一把手的并不多，中国目前著名企业
家队伍中，就没有他们的身影，即使是 1987 年第一批毕业的。MBA
在中国已走过 10 多个年头，但目前的 56 所 MBA 试点院校仍都是
试 点 ， 没 有 一 家 转 正 。

(e) 分散对齐

图 6-22 段落对齐方式

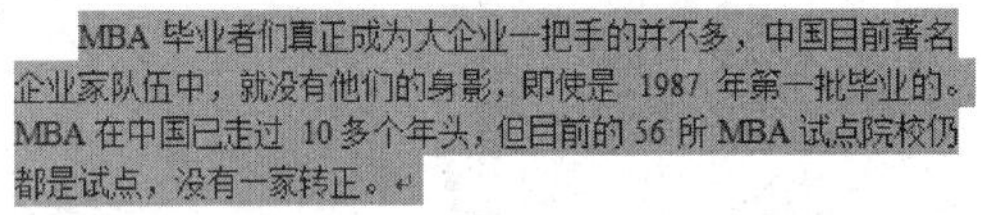

MBA 毕业者们真正成为大企业一把手的并不多，中国目前著名
企业家队伍中，就没有他们的身影，即使是 1987 年第一批毕业的。
MBA 在中国已走过 10 多个年头，但目前的 56 所 MBA 试点院校仍
都是试点，没有一家转正。

(a) 首行缩进

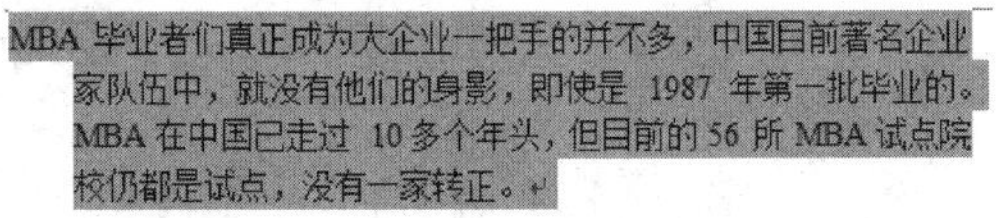

MBA 毕业者们真正成为大企业一把手的并不多，中国目前著名企业
家队伍中，就没有他们的身影，即使是 1987 年第一批毕业的。
MBA 在中国已走过 10 多个年头，但目前的 56 所 MBA 试点院
校仍都是试点，没有一家转正。

(b) 悬挂缩进

图 6-23 特殊缩进格式

行间距和段间距的设置方法是单击“开始”选项卡“段落”组中的“行和段落间距”按钮，如图 6-24 所示，可以设置预设的行距。如果对预设行距不满意，可以单击“行距选项”，在打开的“段落”对话框中进行更复杂的行距设置。

1.0
1.15
1.5
2.0
2.5
3.0
行距选项...
增加段前间距(B)
增加段后间距(A)

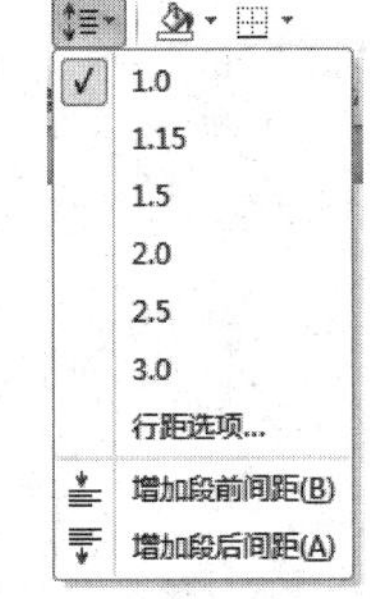

图 6-24 “行和段落间距”按钮

**2. 段落的换行和分页控制**

换行和分页是指段落内容涉及跨页面时的处理与控制。在“段落”对话框的“换行和分页”选项卡下，勾选需要的选项即可，如图 6-25 所示。常用选项的说明如表 6-4 所示。

**表 6-4 换行和分页的常用选项说明**

| 选　　项 | 说　　明 |
|---|---|
| 孤行控制 | 使段落最后一行文本不单独显示在下一页的顶部，或段落首行文本不单独显示在上一页的底部 |
| 与下段同页 | 防止在选定段落及其后继段落之间产生分页符 |
| 段中不分页 | 防止在选定段落中产生分页符。如果碰到分页符，Word 将自动将整段移到下一页 |
| 段前分页 | 在段落前插入分页符。 |

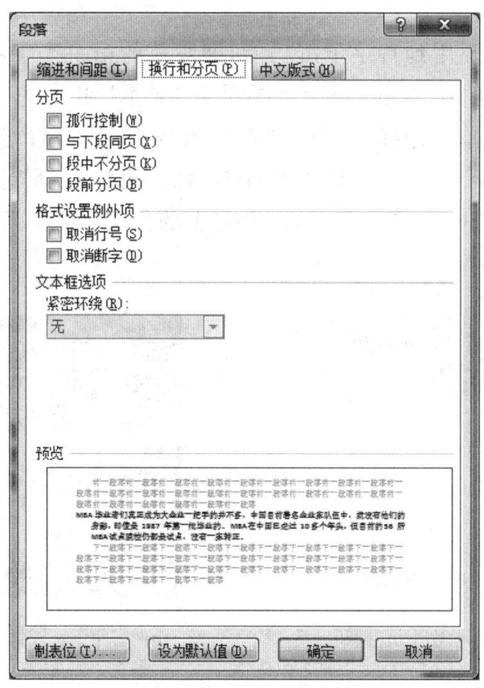


图 6-25　“换行和分页”选项卡

### 3. 设置中文版式

在“段落”对话框中，打开如图 6-26 所示的“中文版式”选项卡，可按中文习惯设置换行和调整字符间距。

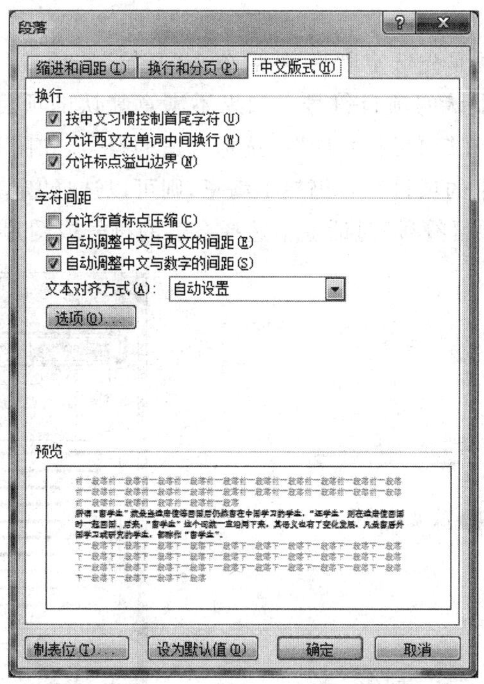


图 6-26　“中文版式”选项卡

**4. 首字下沉**

在文档排版时，有时要用到首字下沉功能，即段落的第一个字特别大。设置方法是选中段落或将光标定位到段落中，单击“插入”选项卡“文本”组中的“首字下沉”按钮，弹出如图 6-27(a)所示的下拉菜单。选择“下沉”则首字默认下沉 3 行；选择“悬挂”则首字单独出现在文档左侧并占据 3 行。如果对默认设置不满意，可以选择“首字下沉选项”，在打开的“首字下沉”对话框中做进一步的设置，如指定首字的位置、字体、下沉行数等，如图 6-27(b)所示。

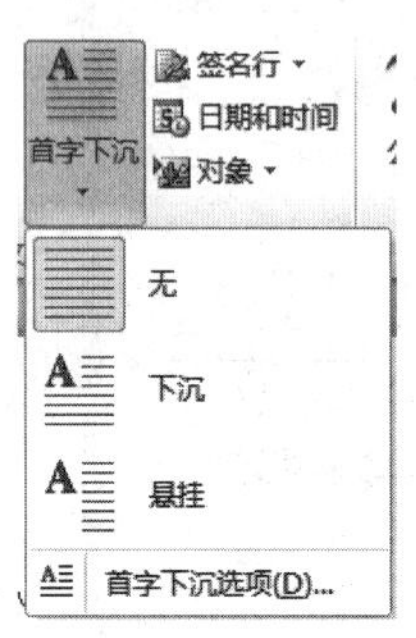


(a)“首字下沉”按钮

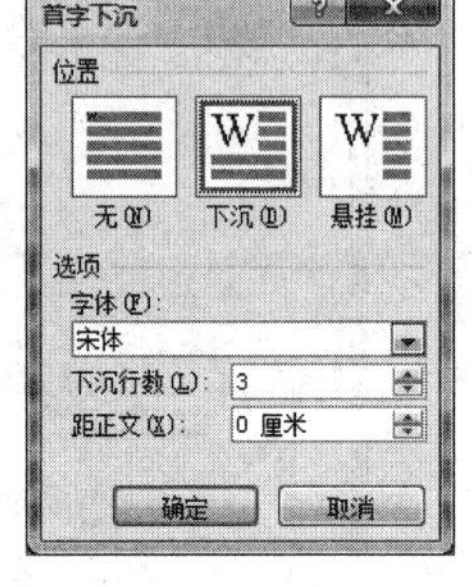


(b)“首字下沉”对话框

图 6-27 设置首字下沉

取消首字下沉只需选择“无”即可。

**5. 项目符号与编号**

项目符号和编号是指位于段落左侧的符号或编号，如●、■、◆等符号，或 1、2、3 等编号。合理使用项目符号和编号可以使文档层次更分明、条理更清晰、内容更醒目。

1) 项目符号

添加项目符号的方法是先选定段落，然后单击“开始”选项卡“段落”组中的“项目符号”按钮☰▾，将在段首添加默认的项目符号。如果不满意默认的项目符号，可以单击“项目符号”按钮右侧的按钮 ▾，在“项目符号库”中选择合适的符号，如图 6-28 所示。

如果对项目符号库中的项目符号仍然不满意，则可以选择“定义新项目符号”命令，在如图 6-29 所示的“定义新项目符号”对话框中选择合适的符号或图片添加为项目符号。

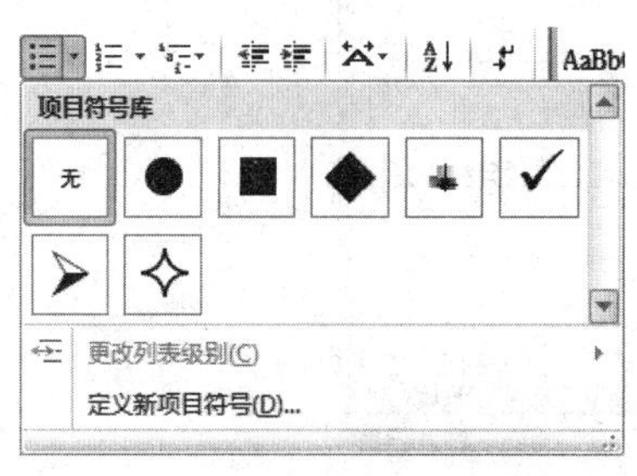


图 6-28 “项目符号库”面板

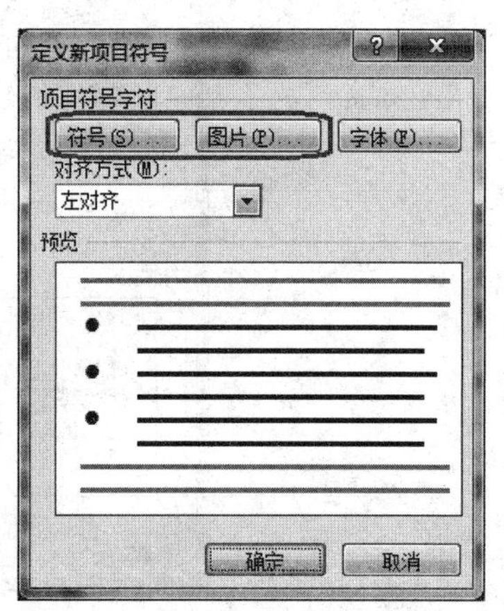


图 6-29 “定义新项目符号”对话框

此外,在"定义新项目符号"对话框中可以设置项目符号的字体、对齐方式等属性。

2) 编号

添加编号的方法与添加项目符号类似,只是单击的是"开始"选项卡"段落"组中的"编号"按钮,段首添加的编号默认是数字"1.""2."……

与项目符号一样,编号的形式可以通过单击"编号"按钮右侧的按钮来更改。如果对列表中提供的编号形式不满意,可以选择"定义新编号格式"命令,在打开的"定义新编号格式"对话框中进行更多的设置,包括编号样式、编号格式、对齐方式、字体等属性。

3) 多级编号

多级编号在某些场合(如编写书籍、试卷等)非常有用,可以清晰地表明各项内容之间的层次关系。设置多级编号的方法是选定段落后,单击"开始"选项卡"段落"组中的"多级列表"按钮,结果如图 6-30 所示,选择需要的编号。

图 6-30 "多级列表"按钮的下拉菜单

使用多级编号时,输完某一级中某个编号后的内容后,按 Enter 键即自动进入同级的下一个编号,再按 Tab 键可降为下一级编号,要返回上一级继续编号,可按 Shift+Tab 快捷键。

如果"列表库"中没有满意的编号,可以选择"定义新的多级列表"命令,打开如图 6-31 所示的对话框,在该对话框中可指定编号的格式、样式、对齐方式、缩进量等属性。

### 6.4.3 边框和底纹

为了突出显示文档的某些内容,可以为它们添加边框和底纹。Word 有丰富的边框和底纹效果,在设置时一定要注意作用域的选择。作用域指的是格式的应用范围。边框和底纹的作用域可以是文字、段落、页面、节和表格等范围。

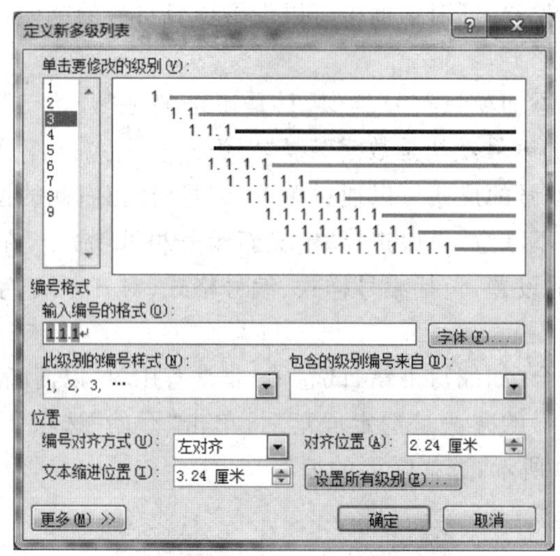


图 6-31 “定义新多级列表”对话框

**1. 边框**

边框的设置方法是单击“开始”选项卡“段落”组中的“边框”按钮 ，该按钮的形状可能会随上次所做选择的不同而变化，一般默认为下框线。如果默认框线与自己需要的不符，可以单击右侧的按钮 ，如图 6-32(a)所示，在下拉菜单中选择“边框和底纹”命令，打开如图 6-32(b)所示的对话框，用户可以选择需要的边框类型，并对框线的样式、颜色、宽度等做设置。需要注意的是，边框应用于段落和文字是两种截然不同的效果，如图 6-33 所示。

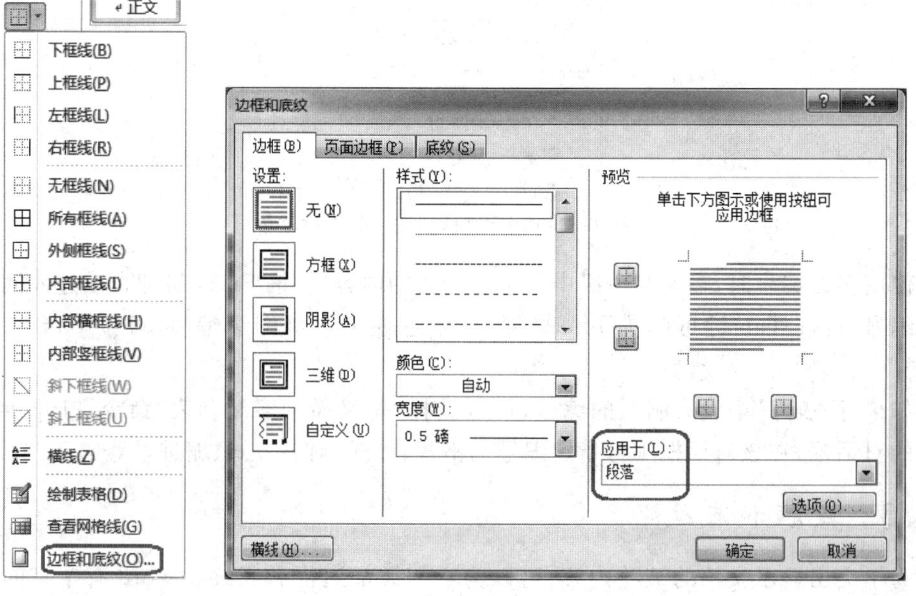


(a) “边框”按钮下拉菜单

(b) “边框和底纹”对话框的“边框”选项卡

图 6-32 设置边框

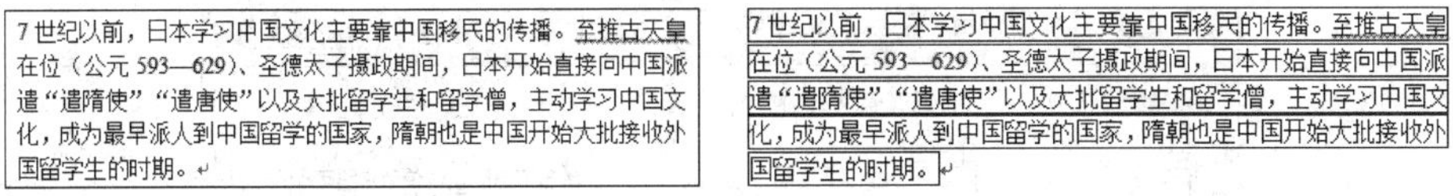

7世纪以前，日本学习中国文化主要靠中国移民的传播。至推古天皇在位（公元593—629）、圣德太子摄政期间，日本开始直接向中国派遣“遣隋使”“遣唐使”以及大批留学生和留学僧，主动学习中国文化，成为最早派人到中国留学的国家，隋朝也是中国开始大批接收外国留学生的时期。

(a) 应用于段落的边框效果

7世纪以前，日本学习中国文化主要靠中国移民的传播。至推古天皇在位（公元593—629）、圣德太子摄政期间，日本开始直接向中国派遣“遣隋使”“遣唐使”以及大批留学生和留学僧，主动学习中国文化，成为最早派人到中国留学的国家，隋朝也是中国开始大批接收外国留学生的时期。

(b) 应用于文字的边框效果

图 6-33　不同应用范围的边框效果

设置边框作用于文字的另一种方法是单击“开始”选项卡下“字体”组中的“字符边框”按钮A。

**2. 底纹**

底纹的设置方法是单击“边框和底纹”对话框中的“底纹”选项卡，如图6-34所示。其中“填充”用于设置底纹颜色，“图案”中的“样式”用于设置不同深浅比例的纯色或带图案底纹。当有图案时，可以设置图案的颜色。

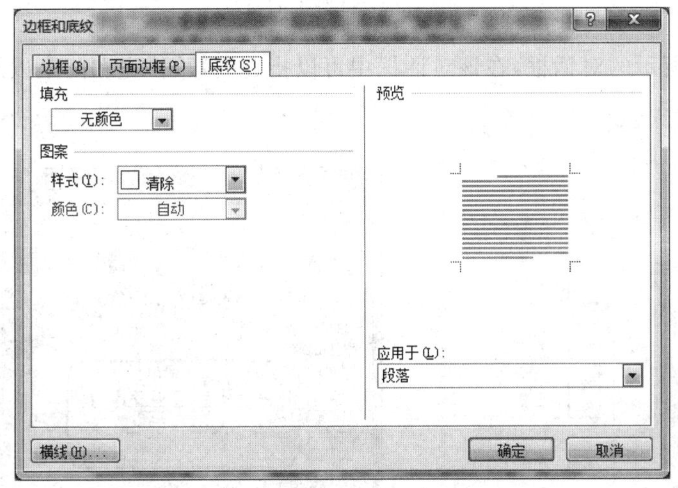


图 6-34　“边框和底纹”对话框的“底纹”选项卡

**3. 页面边框**

单击“边框和底纹”对话框中的“页面边框”选项卡（如图6-35所示），或者在“页面布局”选项卡下单击“页面边框”按钮，均可以打开“页面边框”选项卡。

与文档的边框和底纹类似，设置页面边框时也需要注意边框的作用域。Word默认的页面边框作用于整篇文档，也就是文档的每一页都采用同一种页面边框。但是Word还允许一个文档中设置多种不同的页面设置，前提是建立多个不同的节。节是与页面设置有关的一个单位，同一个节中的页面将采用同一种页面设置。Word文档默认只有一个节。

## 6.4.4　分栏

默认情况下文档只有一栏，为了满足特殊的排版需要，或者使文档布局更美观，有时候需要将文档分为多栏显示。

设置分栏的方法是单击“页面布局”选项卡“页面设置”组中的“分栏”按钮，如图6-36(a)所示，选择需要的分栏方式。如果对预置的分栏方式不满意，可以选择“更多分栏”命令，打

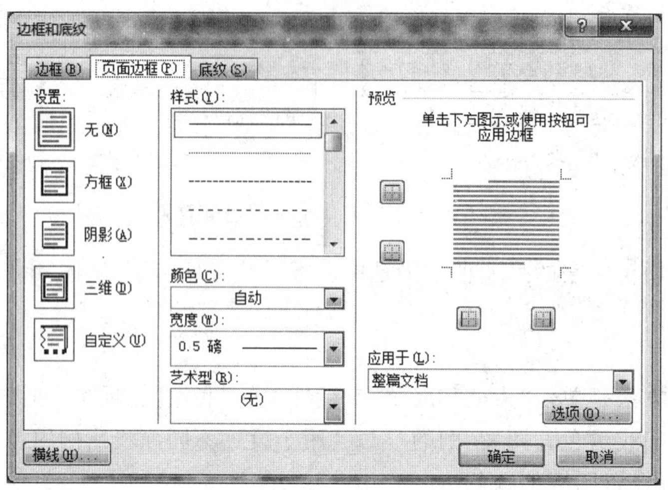


图 6-35　设置页面边框

开如图 6-36(b)所示的对话框,在该对话框中可以指定栏数、栏宽和间距以及分隔线等。

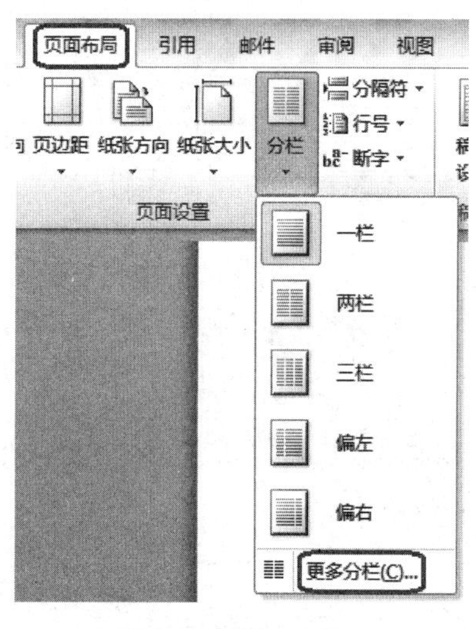


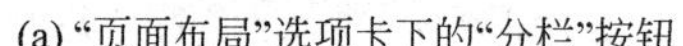
(a)“页面布局”选项卡下的“分栏”按钮

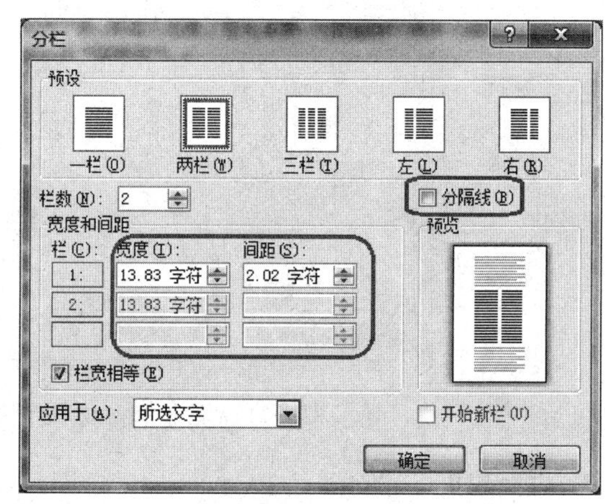


(b)“分栏”对话框

图 6-36　设置分栏方式

需要说明的是,有时当设置分栏的内容在文档尾部,可能会发现分栏效果未能如我们所愿以多栏形式填满整个页面,而是偏在左边。出现这种情况是因为在选择文本的时候包含了文档的最后一个段落标记,而 Word 认为文档最后的段落标记意味着后面还有内容没有填完,因此在右边留了空间等待用户填满。

解决此问题的方法是选择文本时不要包含最后的段落标记,或者在选择文本前在文末添加一个空段,选择文本时不选中那个空段即可。

### 6.4.5　页面格式与打印输出

Word 文档经常需要打印出来,用户可以设置页面的纸张大小和方向、页边距、页面的

字数和行数、页面的版式布局、页面颜色、页眉页脚和页码等，这些设置会影响文档的打印效果。

**1. 页面设置**

Word 中的页面设置可以通过“页面布局”选项卡“页面设置”组中的按钮或“页面设置”对话框来完成，单击“页面设置”组右下角的按钮 可以打开“页面设置”对话框。“页面设置”对话框如图 6-37 所示。

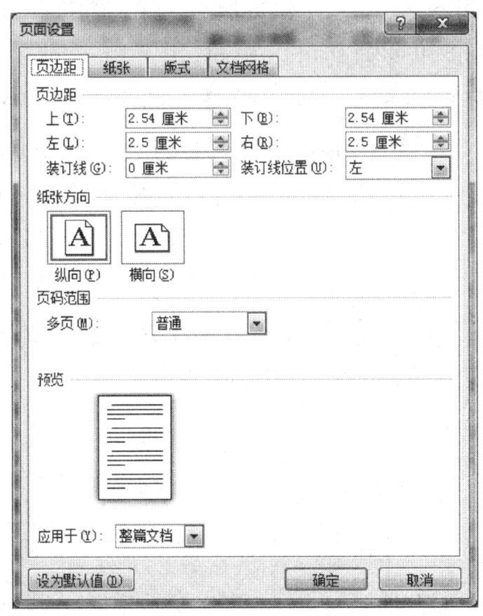


(a) “页边距”选项卡

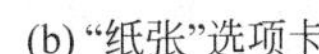

(b) “纸张”选项卡

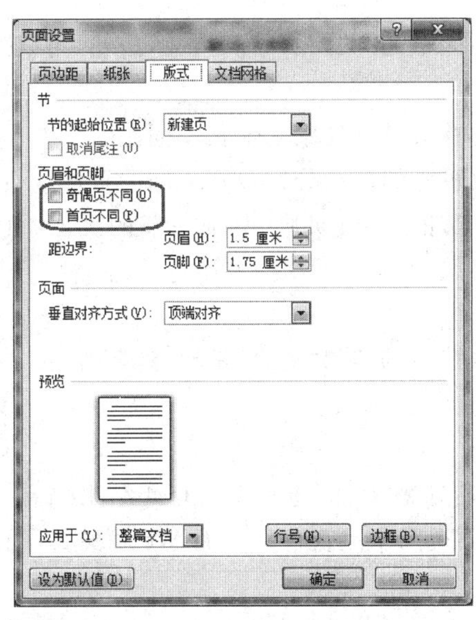


(c) “版式”选项卡

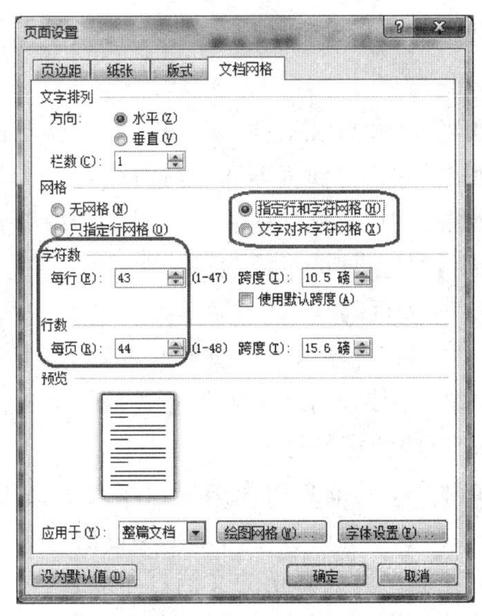


(d) “文档网格”选项卡

图 6-37　页面设置

(1)“页边距”选项卡用于设置版面的上、下、左、右页边距和纸张方向。

(2)“纸张”选项卡用于设置纸张大小。

(3)“版式”选项卡主要用于控制页眉和页脚的显示属性。

(4)“文档网格”选项卡用于设置文字排列的方向、栏数和每行字数及每页行数。

**2. 页眉和页脚**

页眉和页脚分别位于文档的顶部和底部,通常用于添加说明性文字或美化版面,可以包括页码、日期、文档标题、文档名、作者名等文字和图表。页眉和页脚的排版单位是节,在同一个节中页眉和页脚的设置相同,不同节中的页眉和页脚则可以相同,也可以不同。

在正常的文档编辑状态下,如果文档包含有页眉和页脚,一般页眉和页脚区显示为灰色,表示此时无法编辑页眉和页脚,只能编辑正文部分。如果双击灰色的页眉或页脚区域,页眉和页脚将显示为正常颜色,而正文部分则变为灰色,此时可以编辑页眉和页脚,但是不能编辑正文。

如果文档还没有建立页眉和页脚,则插入页眉和页脚的方法是单击“插入”选项卡“页眉和页脚”组中的“页眉”或“页脚”按钮,在“页眉”或“页脚”的下拉列表框中选择需要的页眉或页脚样式,进入页眉或页脚的编辑状态,此时功能区出现“页眉和页脚工具”选项卡,如图 6-38 所示。

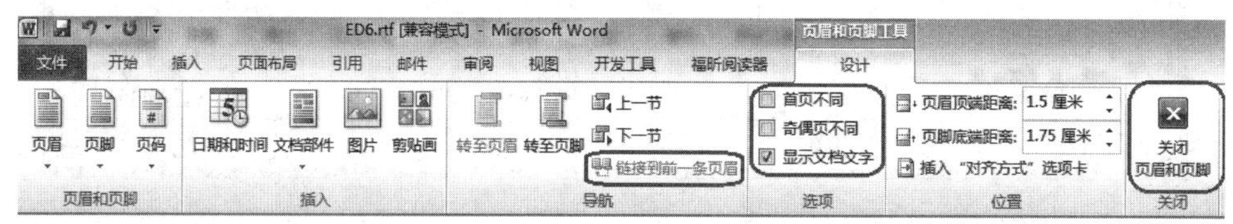


图 6-38 “页眉和页脚工具”选项卡

编辑完页眉和页脚后,单击“页眉和页脚工具”中的“关闭页眉和页脚”按钮,可以返回正文编辑状态。

如果勾选“首页不同”复选框,可以将节内的首页设置为跟其他页不同。

如果勾选“奇偶页不同”复选框,可以为奇数页和偶数页分别设置不同的页眉或页脚。

如果选中“链接到前一条页眉(页脚)”,则本节的页眉(页脚)和前一节的页眉(页脚)相同,否则就是不同的页眉(页脚)。

**3. 插入页码**

在“插入”选项卡下,“页眉和页脚”组中除了有“页眉”和“页脚”按钮外,还有一个“页码”按钮,单击该按钮可插入各种样式及位置的页码。

**4. 打印预览与打印**

虽然 Word 的页面视图比较接近于真实的打印效果,但与真正的打印结果仍有一定的差异,如页眉和页脚打印出来是黑色的,但在页面视图中是灰色的。而 Word 的打印预览功能可以让用户看到真正的文档打印效果。

快速访问工具栏中提供了“页面预览和打印”按钮,默认情况下该按钮是不可见的,单击“快速访问工具栏”右侧的按钮,在下拉菜单中选择“打印预览和打印”命令,即可在快速访问工具栏中显示“打印预览和打印”按钮。单击该按钮,Word 界面将切换到打印设置模式,如图 6-39 所示。在界面的右侧是打印预览效果,中间是打印参数设置,可以选择打

印机、打印份数、打印范围等选项。

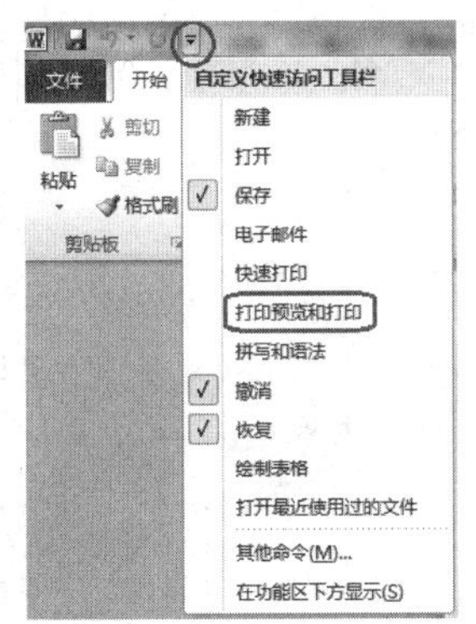


(a) 显示“打印预览和打印”按钮

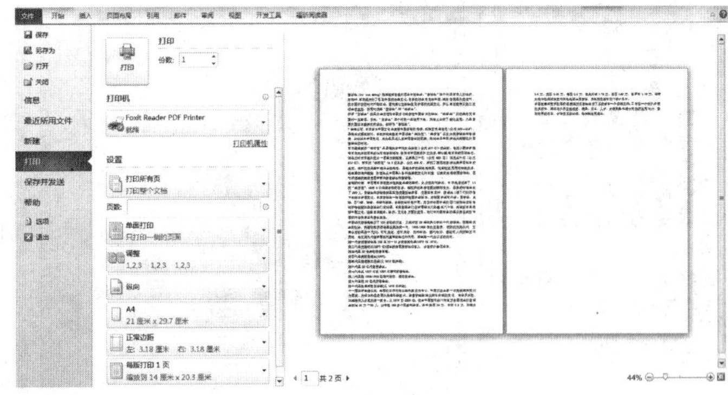


(b) 打印设置模式

图 6-39　打印预览和打印

打印完以后，单击“开始”选项卡，或其他任意的选项卡，均能返回到文档编辑状态。

### 6.4.6　其他格式

**1. 脚注和尾注**

脚注和尾注用于为文档中的文本提供解释、批注以及相关的参考资料。脚注一般位于页面的底部，可以作为文档某处内容的注释；尾注一般位于文档的末尾，列出引文的出处等。

脚注和尾注由两个关联的部分组成，包括注释引用标记和对应的注释文本。Word 自动为脚注和尾注编号，可以使用单一编号方案，也可以在每一节使用不同的编号方案。在文档或节中插入了第一个脚注或尾注后，后面的脚注和尾注将自动按指定的格式顺序编号。

插入脚注和尾注的方法是单击“引用”选项卡“脚注”组中的“插入脚注”或“插入尾注”按钮，光标将直接转到脚注或尾注的注文处，等待用户输入注文内容。想做更多的设置可以单击“脚注”组右下角的按钮，打开如图 6-40 所示的对话框，在对话框中可以指定脚注或尾注的位置和格式，以及应用范围等。

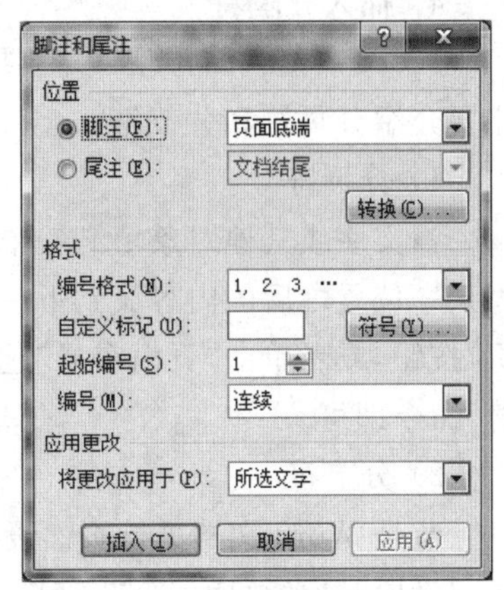


图 6-40　“脚注和尾注”对话框

**2. 页面背景**

页面背景可以是某种颜色、图案或图片。设置页面背景色的操作方法是单击“页面布局”选项卡“页面背景”组中的“页面颜色”按钮，在下拉颜色面板中选择一种心仪的颜色。若是对所列的颜色不满意，可以选择“其他颜色”命令，打开“颜色”对话框，选择其中的某种标准色或自定义颜色。除颜色外，还可以为页面指定渐变、纹理、图案和图片等。方法是单击“页面颜色”下拉菜单中的“填充效果”命令，在打开的“填充效果”对话框中进行设置，如图 6-41 所示。

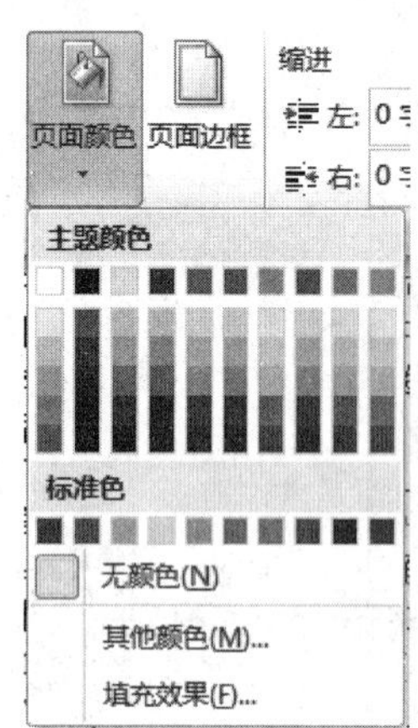


(a)“页面颜色”按钮

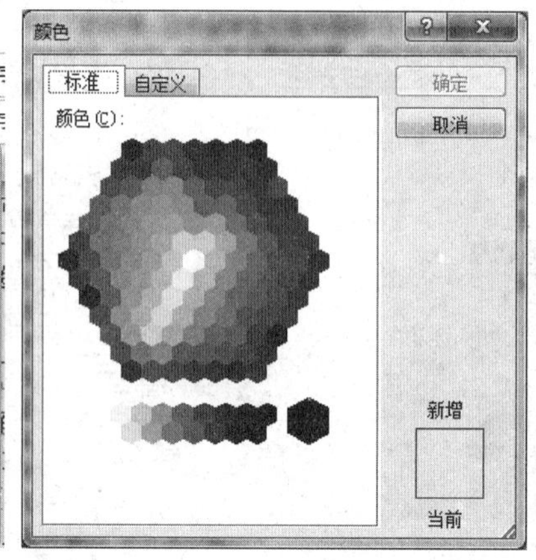


(b)“颜色”对话框

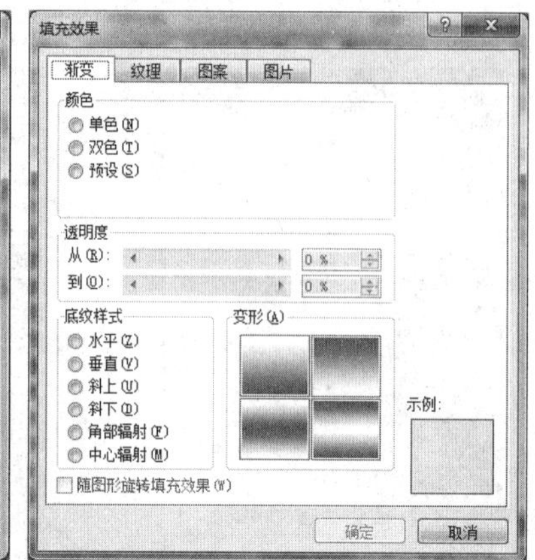


(c)“填充效果”对话框

图 6-41　设置页面背景色

**3. 添加水印**

通过添加水印，可以在 Word 文档中添加半透明的标志，如“机密”“严禁复制”等文字，或者公司标志。水印既可以是文字，也可以是图片。在 Word 2010 中内置了多种水印样式。

添加水印的方法是单击“页面布局”选项卡“页面背景”组中的“水印”按钮，弹出如图 6-42(a)所示的“水印”面板，单击列表中的水印样式即可把该水印添加到文档中。但是多数情况下这些预置的水印都不符合我们的需要，因此必须对水印有更多的控制。选择“自定义水印”命令，打开如图 6-42(b)所示的对话框，在该对话框中可以设置水印的文字内容和字体格式，以及指定图片作为水印。

**4. 插入分隔符**

Word 2010 中的分隔符主要指分页符、分栏符、自动换行符和各种形式的分节符。下面主要介绍分页符和分节符。

1）分页符

当文字或其他对象填满一个页面时，Word 会自动分页。但有时用户需要强制分页，即将某一位置之后的内容放到下一页。强制分页的方法是单击“插入”选项卡“页”组中的“分页”按钮，或者单击“页面布局”选项卡“页面设置”组中的“分隔符”按钮，选择其中的“分页符”命令即可。

2）分节符

节是 Word 文档进行页面设置的基本单位。当需要为 Word 文档的不同部分做不同的页面设置时，必须插入分节符将文档分成多个节。插入分节符的方式是单击“页面布局”选项卡“页面设置”组中的“分隔符”按钮，选择需要的分节符。分节符的类型共有四种，分别是下一页、连续、奇数页和偶数页。

自动分页、插入分页符或下一页分节符的显示效果都能使文档分页，有时为了能清楚地了解究竟是什么原因产生了分页，需要将隐藏的分隔符显示出来。Word 默认的显示方式是隐藏编辑标记，将隐藏切换为显示的操作方法是单击“开始”选项卡“段落”组中的“显示/

(a)“水印”面板

(b)“水印”对话框

图 6-42　添加水印

隐藏编辑标记”按钮。该按钮是一个切换按钮，当按钮显示为时是“隐藏编辑标记”，显示为时是“显示编辑标记”，分页符或分节符在这两种状态下的显示效果如 6-43 所示。

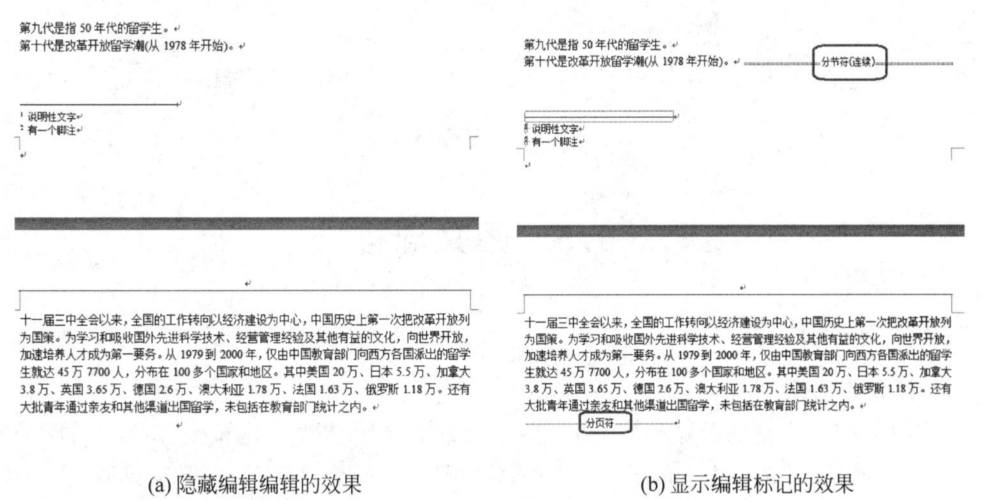


(a) 隐藏编辑编辑的效果　　　(b) 显示编辑标记的效果

图 6-43　隐藏和显示编辑标记的显示效果

## 6.4.7　格式的复制与清除

要在文档的不同位置使用相同的段落或文字格式，可以使用“格式刷”按钮来复制格式。操作方法是选定带源格式的文本，然后单击或双击“格式刷”按钮，可以看到鼠标指针变为刷子形状，表示此时正处于复制格式状态，接着选择目标文本，就可以看到目标文本的格式变为与源文本的格式一模一样了。

在复制源格式时如果采用的是单击“格式刷”按钮，只可以复制格式一次，复制完以后鼠标指针就自动变回常态，如果采取的是双击“格式刷”按钮，则可以复制格式多次，只需继续选择其他目标文本即可。要停止复制格式，需再次单击“格式刷”按钮，将鼠标指针变回常态。

如果对设置的格式不满意，要清除已设置的格式，可以在选中文本后，单击“开始”选项卡“样式”组右下角的按钮，打开“样式”窗格，选择“全部清除”命令，如图 6-44(a)所示。也可以单击样式列表右下方的按钮，将列表框扩展为如图 6-44(b)所示，选择其中的“清除格式”命令。

(a)“样式”窗格中的“全部清除”

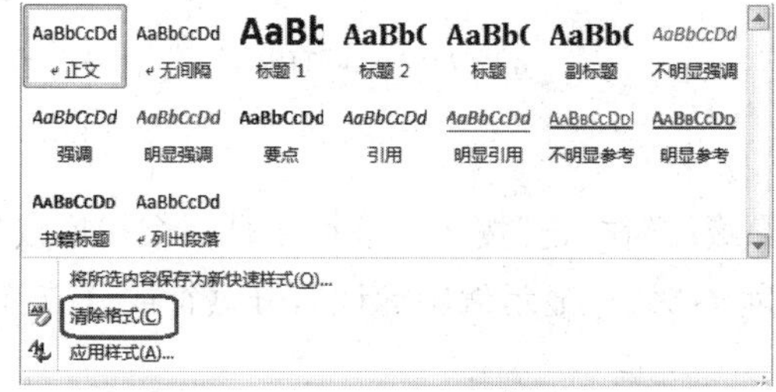


(b)扩展的“样式”组

图 6-44　清除格式

# 6.5　图文混排

## 6.5.1　插入图片

### 1. 插入剪贴画

Word 自带有丰富的剪贴画库，插入剪贴画的方法是将光标定位到要插入剪贴画的位置，然后单击“插入”选项卡“插图”组中的“剪贴画”按钮。在随后打开的“剪贴画”窗格中，输入搜索文字，如“动物”“建筑物”等关键词，将出现搜索到的剪贴画，如图 6-45 所示，单击图片即可插入剪贴画。

### 2. 插入来自文件的图片

单击“插入”选项卡“插图”组中的“图片”按钮，打开如图 6-46 所示的“插入图片”对话框，在左侧可以修改文件搜索路径，右侧显示搜索到的文件，选中文件后单击“插入”按钮可

插入图片。

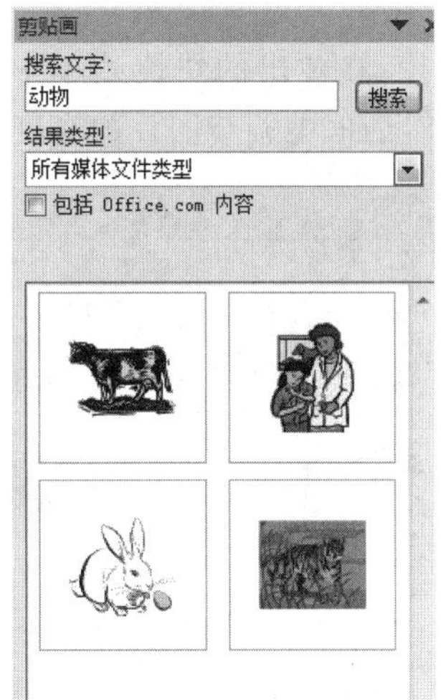


图 6-45 “剪贴画”窗格

图 6-46 “插入图片”对话框

## 6.5.2 设置图片格式

图片的格式包括大小、边框、版式等属性。当选中图片后，功能区将自动添加“图片工具”。图片的格式设置均可以在“图片工具”的“格式”选项卡下进行。

**1. 调整图片大小**

(1) 使用鼠标。选定要调整大小的图片，图片边框上将出现 8 个控点。按住鼠标左键拖动任意一个控点均可调整大小。如果按住 Ctrl 的同时拖动控点，图片将以其中心为参照点成比例缩放。

(2) 使用“图片工具”。在“图片工具”的“大小”组中,单击“高度”或“宽度”框右侧的按钮,可改变图片的大小。

(3) 使用快捷菜单。右击图片,在弹出的快捷菜单中选择“大小和位置”命令,打开如图 6-47 所示的“布局”对话框,在对话框中调节图片的高度和宽度即可。

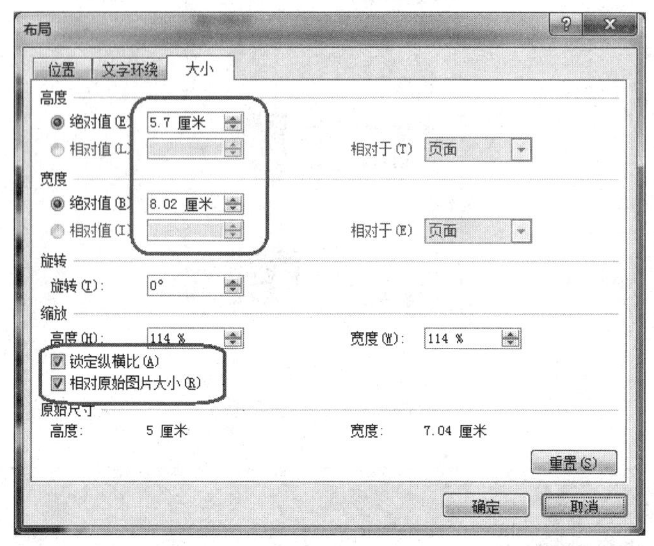


图 6-47　利用“布局”对话框调整图片大小

Word 默认图片为“锁定纵横比”,即图片的长宽比与原始图片保持一致。如果取消勾选该复选框,则可以对图片做拉伸或压缩处理。

**2. 裁剪图片**

裁剪图片是指截取图片的部分区域。操作方法是选定图片后,单击“图片工具”中的“裁剪”按钮,如图 6-48 所示,选择需要的裁剪命令。

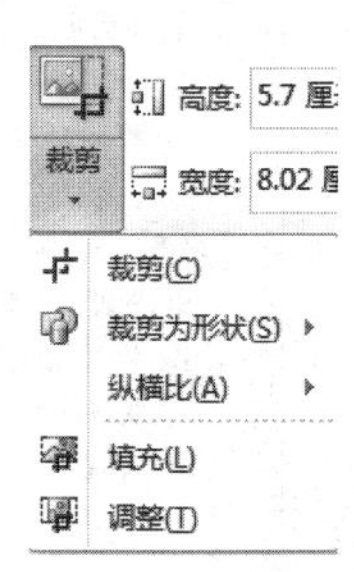


图 6-48　“裁剪”按钮下拉菜单

裁剪:使图片的边框上出现 8 个小圈控点和 8 个线条控点,拖动小圈控点能按比例伸缩图片,拖动线条控点能保持图片比例裁掉相应部分。

裁剪为形状:用某种形状裁剪图片。

纵横比:按比例裁剪图片。

填充和调整:是自动适应图片的裁剪方式。

**3. 设置图片的环绕方式**

(1) 使用功能区按钮。单击“图片工具”中的“自动换行”按钮,在下拉菜单中选择一种环绕方式,如图 6-49(a)所示。

(2) 使用“布局”对话框。单击“自动换行”按钮,在下拉菜单中选择“其他布局选项”命令,打开“布局”对话框,如图 6-49(b)所示,在“文字环绕”选项卡下选择合适的环绕方式。

**4. 图片处理**

Word 2010 新增了一系列图片处理功能,可以完成一些专业图片处理软件才能进行的图片处理,如图片的柔化和锐化、调整图片亮度和对比度、修改图片的颜色、添加艺术字效果

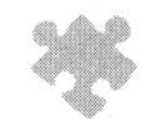

(a)“自动换行”按钮下拉菜单

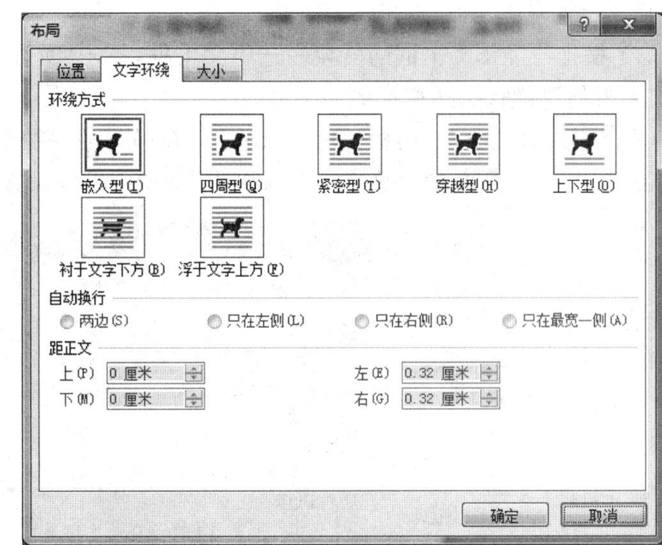


(b)“布局”对话框中的“文字环绕”选项卡

图 6-49 设置环绕方式

等。图片处理功能集中在“图片工具”的“调整”组和“图片样式”组中。图片处理功能说明如表 6-5 所示。

**表 6-5 图片处理功能说明**

| 功　能 | 说　明 |
|---|---|
| 删除背景 | 用于突出或强调图片的主题 |
| 更正 | 柔化和锐化图片、调整图片的亮度和对比度 |
| 颜色 | 调整颜色饱和度、修改色调、重新为图片着色 |
| 艺术效果 | 为图片添加艺术效果，使图片具有水墨画、铅笔画等艺术效果 |
| 图片样式 | 不同的样式会使图片具有不一样的形状、边框和效果 |
| 图片边框 | 设置图片边框 |
| 图片效果 | 设置图片的立体效果 |
| 图片版式 | 不同的版式以不同的方式为图片配置文本 |

## 6.5.3 文本框

**1. 插入文本框**

文本框是可以存放文本和图形的容器，默认情况下文本框是浮于文字上方的。文本框分为横排文本框和竖排文本框两种，两者可以相互转换。

插入文本框的方法是单击“插入”选项卡“文本”组中的“文本框”按钮，打开“文本框”下拉菜单，单击所需的文本框即可在当前插入点插入一个文本框。也可以单击“绘制文本框”或“绘制竖排文本框”，然后按住鼠标左键拖出一个矩形。

**2. 编辑文本框**

文本框本身属于一种特殊的图形对象，图形的常用格式如位置、大小、环绕方式的设置与图片的设置基本类似，这里不再赘述。

(1) 横排与竖排文本框的转换。选中文本框，单击“页面布局”选项卡“页面设置”组中的“文字方向”按钮，选择相反的文字方向。

(2) 设置框内文字的边距。右击文本框，在弹出的快捷菜单中选择“设置形状格式”命令，打开如图 6-50 所示的对话框，在“文本框”选项中可以设置内部边距。

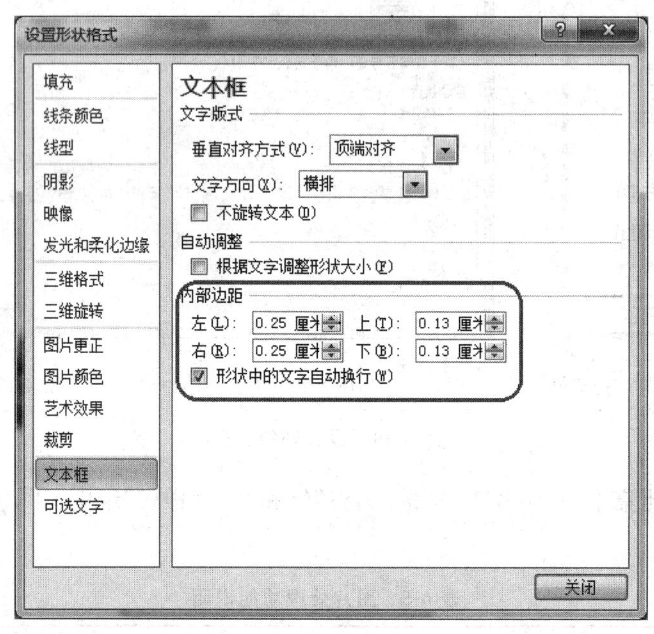


图 6-50 “设置形状格式”对话框的“文本框”选项

(3) 文本框内的图片。在文本框中插入的图片只能是嵌入式的，无法跟文本框中的文字进行图文混排，但是文本框整体可以作为一个对象在文档中进行图文混排。

**3. 文本框的链接**

文本框的链接是把两个以上的文本框链接在一起构成一个整体，如果文字在上一个文本框中排满了，会自动流到下一个文本框中。

创建相互链接的文本框的方法是首先选中第一个文本框，在“绘图工具”中单击“创建链接”按钮，如图 6-51 所示，此时鼠标指针变为茶壶形状，将鼠标移至需链接的文本框处释放鼠标，即完成了两个文本框的链接。

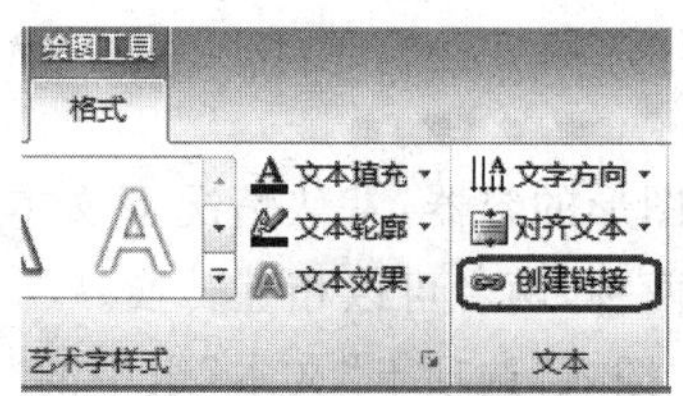


图 6-51 “绘图工具”中的“创建链接”按钮

在链接成功以后，“创建链接”按钮即变为“断开链接”按钮，需要中断两个文本框的链接时单击“断开链接”按钮即可。

## 6.5.4 艺术字

在 Word 2003 版本中，艺术字是指将文字字体进行变形、填充，使文字具有美观有趣、醒目张扬等特性，是一种有图案或装饰意味的字体变形，而正文中的普通文字不能变形和填充。但在 Word 2010 版本中，正文文字也能进行变形、填充，加阴影和发光效果，而艺术字退化成了文本框。

**1. 插入艺术字**

(1) 使用文本框作为艺术字。首先插入一个文本框，输入需要的文字，然后选中文本框中的文字，单击“开始”选项卡“字体”组中的“文本效果”按钮，在下拉列表框中选择需要的文字样式，如图 6-52(a)所示。

(2) 使用“艺术字”按钮。单击“插入”选项卡“文本”组中的“艺术字”按钮，在“艺术字样式”下拉菜单中选择需要的类型，如图 6-52(b)所示。删除“请在此放置您的文字”后输入需要的文字。

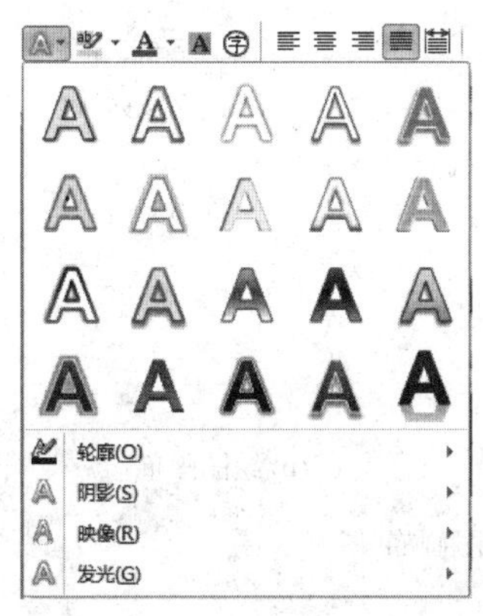


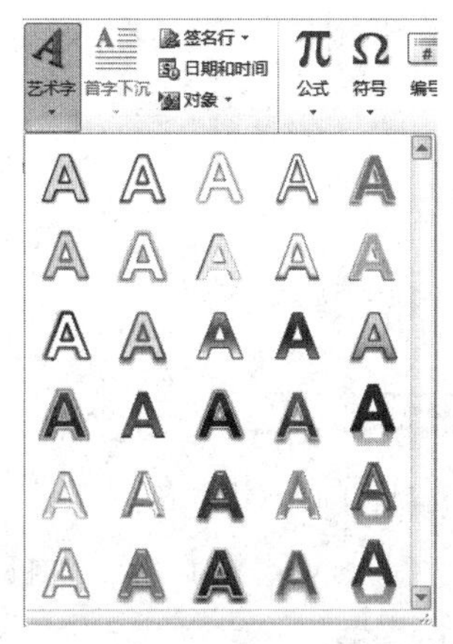


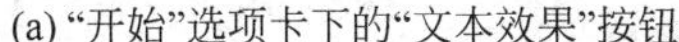
(a)“开始”选项卡下的“文本效果”按钮　(b)“插入”选项卡下的“艺术字”按钮

图 6-52 插入艺术字

**2. 修改艺术字格式**

插入后的艺术字就是文本框，因此修改文字格式主要有下列方法。

(1) 使用“开始”选项卡“字体”组中的各个按钮。

(2) 使用“文本效果”中的样式和命令。

(3) 使用“绘图工具”中“艺术字样式”组中的各个按钮。

## 6.5.5 绘制图形

**1. 插入绘图画布**

绘图画布是文档中的一个特殊区域，可用来绘制和管理多个图像对象，其意义相当于一个“图形容器”。绘图画布内可以放置自选图形、文本框、图片、艺术字等多种不同的图形。将图形绘制在绘图画布内，画布中的对象就有了一个绝对位置，这样它们可作为一个整体移动和调整大小，可以避免文本中断或分页时出现的图形异常，也可以对整个绘图画布设置文字环绕方式，或对其中的单个图形对象进行格式化操作。因此建议在绘制复杂图形时首先建立绘图画布。

创建绘图画布的方法是单击“插入”选项卡“插图”组中的“形状”按钮，在下拉菜单中选择“新建绘图画布”，如图 6-53(a)所示，即可插入一个如图 6-53(b)所示的绘图画布。在绘图画布边框线的 4 个角上或边框线中心处拖动鼠标可调整绘图画布的大小，拖动边框线的其余部分可移动绘图画布的位置。

(a)“插入”选项卡下的“形状”按钮

(b) 绘图画布

图 6-53　插入绘图画布

**2. 绘制自选图形**

单击如图 6-53(a)所示的“形状”按钮中提供的各种形状，在绘图画布上拖动鼠标可在绘图画布中创建图形。如果拖动鼠标的同时按住 Shift 键则创建的是规则图形，如正圆、正方形等。

1）设置图形格式

“绘图工具”选项卡“形状样式”组中的“形状填充”和“形状轮廓”按钮可用于设置图形的填充颜色和边框线。

2）图形中插入文字

在绘制的图形中插入文字可以右击要插入文字的自选图形，在弹出的快捷菜单中选择“添加文本”命令，然后在出现光标的位置处输入文字。图形中的文本可以跟在文档其他地方的文本一样设置字符和段落格式。

3）选定图形对象

选定单个对象：可用鼠标单击对象。如果要选定的对象被其他对象遮挡了，可先单击任意一个对象，然后按 Tab 键或 Shift＋Tab 快捷键，Word 将按照创建对象的先后次序，正向或反向依次切换对象，直到找到所需的对象为止。

选定多个对象：按住 Shift 或 Ctrl 键，用鼠标分别单击所需的对象。

4）对象的叠放次序

插入多个对象时可能产生部分位置的重叠，位于下层的对象可能被上层对象遮挡。要改变对象的叠放次序，可以选中对象，单击“绘图工具”中的“上移一层”或“下移一层”按钮，如图 6-54 所示。

图 6-54 绘图工具

5）组合对象

绘制的分立图形都是独立个体，可以被移动和放大缩小。为了防止破坏画好的图形，可以将相关的图形组合起来构成一个整体。

组合图形的方法是选中要组合在一起的多个图形对象，单击“绘图工具”中的“组合”按钮，或者右击，在弹出的快捷菜单中选择“组合”→“组合”命令。选择“取消组合”命令可以取消掉已经组合在一起的图形关系。

### 6.5.6 公式

在科技论文中，经常需要输入一些数学公式或数学表达式，Word 可以方便地插入和编辑公式。

插入数学公式的方法是单击“插入”选项卡“符号”组中的“公式”按钮，在下拉菜单中选择内置的某种公式模板。但多数情况下模板不符合我们的需要，因此选择“插入新公式”命令，可以从头编写公式内容。

无论插入的是内置公式还是新公式，选中公式即进入公式编辑状态，此时功能区中动态出现公式工具的“设计”选项卡。根据公式的内容，选择一种结构，如分数、上下标、根式等模板，在相应位置输入数字和符号即可。

需要说明的是，在以前的版本中，Word 使用的是 Microsoft Equation 3.0，Word 2010 中仍支持以前用 Microsoft Equation 建立的公式。对于使用公式较多的用户，建议用户安装第三方公式编辑器 MathType，它可以跟 Word 无缝结合，能够方便地输入公式。

## 6.6 表　　格

### 6.6.1 创建表格

表格是一种组织文字和数据的常用方式，使用表格可以清晰地表达要传达的信息，在科学研究及数据分析中经常需要使用各种表格。

创建表格的方法主要有以下几种。

(1) 利用“表格”网格。单击“插入”选项卡“表格”组中的“表格”按钮，根据需要的行列数在下拉菜单中拖动鼠标可创建表格，如图 6-55 所示。

(2) 利用“插入表格”对话框。单击“表格”按钮后选择“插入表格”命令，则打开如图 6-56 所示的对话框，按图中所示调整表格尺寸并选择自动调整方式，单击“确定”按钮后可建立表格。

图 6-55 “表格”按钮下拉菜单

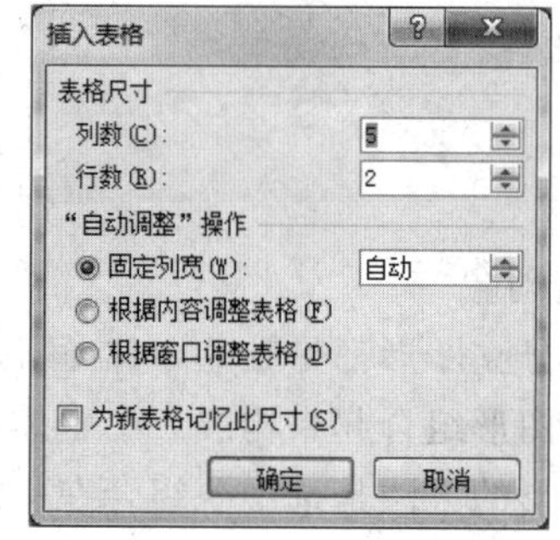


图 6-56 “插入表格”对话框

(3) 手工绘制表格。当需要创建不规则表格时，可使用“绘制表格”命令来绘制表格。单击“表格”按钮并选择“绘制表格”命令，鼠标指针将变成铅笔形状，在需要绘制表格的地方拖动鼠标即可绘制表格。

(4) 创建快速表格。单击“表格”按钮，选择“快速表格”命令，在级联菜单中选择所需的表格样式，即可在文档中创建带默认格式与数据的表格。通常快速表格需要修改与编辑后方可使用。

## 6.6.2 编辑表格

### 1. 选定表格

选定表格或表格中部分内容的方法如下。

(1) 选定整个表格。将鼠标指针移至表格任意位置，表格左上角将出现⊞，单击该标记可选定整个表格。

(2) 选择行。将鼠标指针移至表格所在行的左侧，即文档选定区，鼠标指针将变成一个指向右上方的空心箭头，单击可选定该行。如果要选定的是连续多行，则在左边选定区上下拖动鼠标。

(3) 选择列。将鼠标指针移至表格所在列的上方，鼠标指针将变成一个向下垂直的黑色实心箭头，单击即可选定该列。如果选定的是连续多列，则在表格上方左右拖动鼠标。

(4) 选择单元格。将鼠标指针移至待选定单元格的左边线，鼠标指针即变成一个指向右上方的实心箭头，单击可选定该单元格。

(5) 选择不连续区域。在选定一个区域后，继续按住 Ctrl 键选择下一个区域。

(6) 选定单元格中的内容。与正文的选定方法相同。

**2. 插入行、列、单元格**

1）利用表格工具

将鼠标定位到表格中，功能区动态出现“表格工具”，在“布局”选项卡的“行和列”组中有多个插入行或列的按钮，如图 6-57(a)所示。如果单击该组右下角的按钮，将打开“插入单元格”对话框，如图 6-57(b)所示，在该对话框中同样可以插入行、列、单元格。

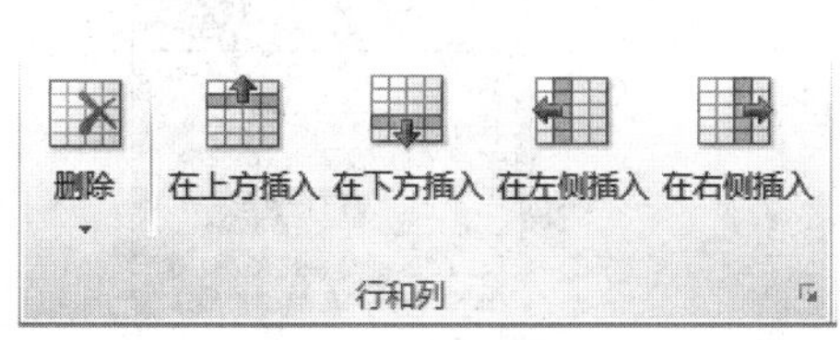


(a) 表格工具“布局”选项卡下的“行和列”组

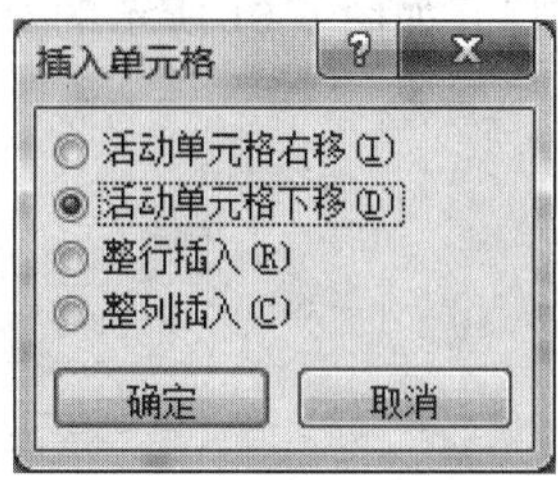


(b)“插入单元格”对话框

图 6-57 利用表格工具插入行、列、单元格

2）利用快捷菜单

在表格的插入点或选定区域右击，在弹出的快捷菜单中选择“插入”命令，将弹出级联菜单，选择某种方式可插入行、列或单元格。若选择“插入单元格”命令，将打开“插入单元格”对话框，可插入行、列、单元格。

需说明的是，如果在插入行或列前选定的是多行或多列，则插入的行数和列数与选定的行数或列数相同。

**3. 删除行、列、单元格和表格**

1）利用表格工具

选定要删除的行、列或单元格后，单击“表格工具”的“布局”选项卡“行和列”组中的“删除”按钮，在下拉菜单中选择某种方式删除，如图 6-58 所示。

2）利用快捷菜单

选定要删除的行或列后，右击，在弹出的快捷菜单中选择“删除行”或“删除列”命令。如果选定的是单元格，或者仅仅将鼠标定位在单元格中，则右击后快捷菜单中出现的是“删除单元格”命令，选择该命令，会打开如图 6-59 所示的对话框，利用该对话框可删除行、列、单元格。

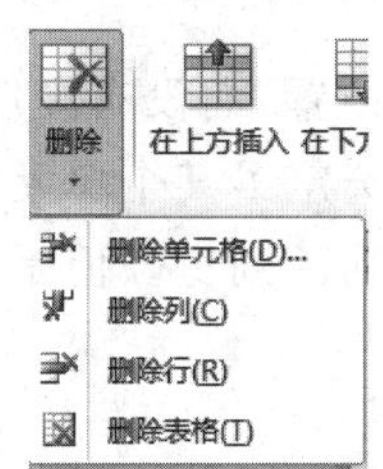


图 6-58 “删除”按钮下拉菜单

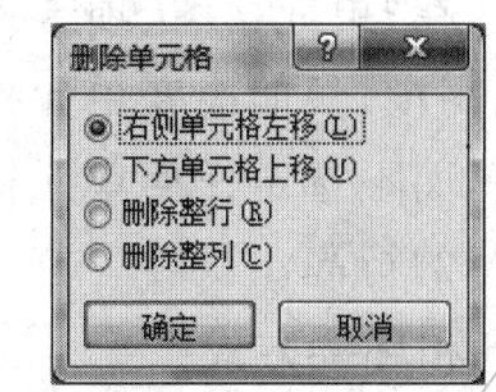


图 6-59 “删除单元格”对话框

**4. 合并与拆分单元格和表格**

1）利用表格工具

选定要合并或拆分的单元格后，单击“表格工具”的“布局”选项卡“合并”组中的相应按

钮，如图 6-60 所示，可以合并单元格和拆分单元格或表格。

2）利用快捷菜单

合并单元格：选定待合并的单元格区域，右击，在弹出的快捷菜单中选择“合并单元格”命令。

拆分单元格：选定待拆分的单元格区域，右击，在弹出的快捷菜单中选择“拆分单元格”命令，打开如图 6-61 所示的对话框，设定行数和列数后单击“确定”按钮。

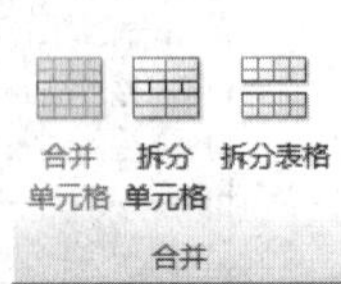


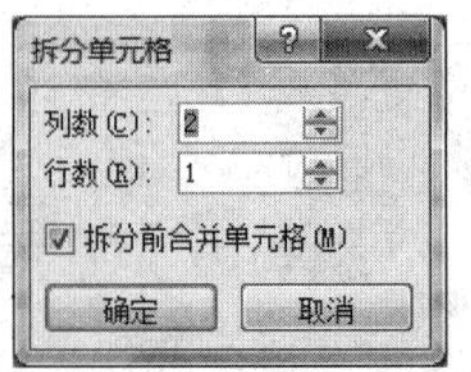


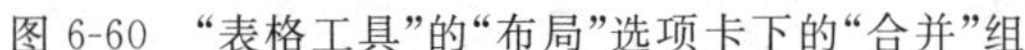
图 6-60 “表格工具”的“布局”选项卡下的“合并”组

图 6-61 “拆分单元格”对话框

## 6.6.3 修饰表格

**1. 自动套用表格样式**

Word 2010 提供了多种表格样式，以满足各种不同类型表格的需要。将鼠标置于表格内部，在“表格工具”的“设计”选项卡下可以看到“表格样式”组中有很多表格样式，单击需要的某一个表格样式，表格即自动套用该表格样式。预置的表格样式有自己的行高、列宽、边框和底纹及对齐方式等，用户可通过下面的方法修改表格的各种属性。

**2. 设置行高和列宽**

(1) 通过鼠标拖动。将鼠标移至表格的边框线上，鼠标指针将变为带双向箭头，此时拖动鼠标可改变行高或列宽。

(2) 使用“表格工具”。当光标位于表格中时，功能区将出现“表格工具”，单击“布局”选项卡，在“单元格大小”组中可调整行高和列宽。

(3) 使用“表格属性”对话框。单击“表格工具”的“布局”选项卡中“单元格大小”组右下角的按钮 ，或者右击表格的单元格区域，在弹出的快捷菜单中选择“表格属性”命令，打开如图 6-62 所示的对话框，在“行”选项卡、“列”选项卡和“单元格”选项卡下可分别设置行高和列宽。

需要注意的是，在“单元格”选项卡下只提供了宽度设置，而没有高度设置。也就是说，不能改变单元格的高度，只能改变单元格的宽度。因此选定了某个单元格后拖动鼠标可以改变单元格的列宽，而不选定任何单元格则改变的是整列的列宽。但是无论是否选定单元格，都只能改变整行的行高。

**3. 表格的对齐和环绕方式**

在“表格属性”对话框的“表格”选项卡下，可以指定整个表格的对齐方式和文字环绕方式，如图 6-62(d)所示。

**4. 表格的边框和底纹**

Word 2010 的默认边框线是 0.5 磅黑色单实线，用户可以为表格设置不同类型的边框和底纹。设置边框和底纹的方法是选中表格后右击，在弹出的快捷菜单中选择“边框和底

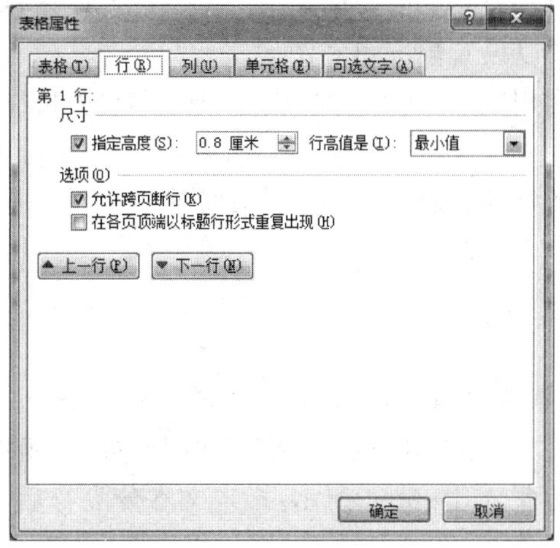


(a)“行”选项卡

表格属性
表格(T)　行(R)　列(U)　单元格(E)　可选文字(A)
第 3 列:
字号
指定宽度(W): 2.9 厘米　度量单位(M): 厘米
前一列(P)　后一列(N)
确定　取消

(b)“列”选项卡

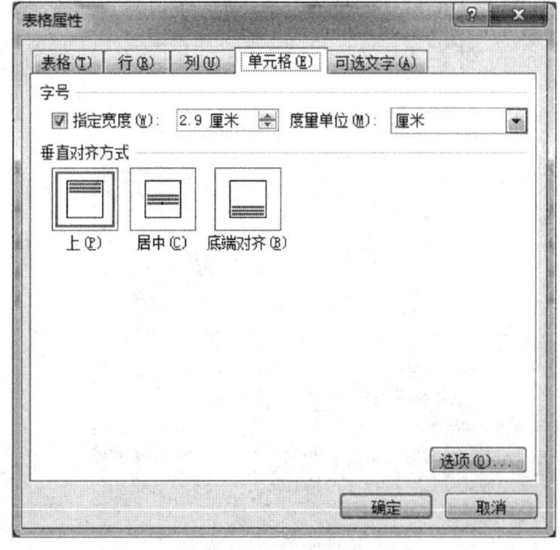


(c)“单元格”选项卡

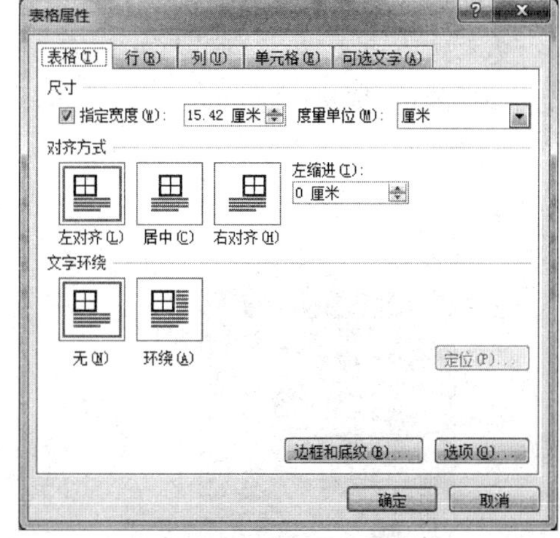


(d)“表格”选项卡

图 6-62　“表格属性”对话框

纹”命令，打开如图 6-63 所示的“边框和底纹”对话框。

(a)“边框”选项卡

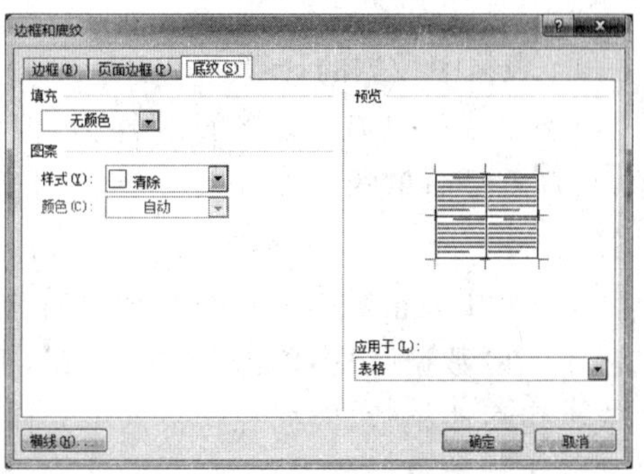


(b)“底纹”选项卡

图 6-63　“边框和底纹”对话框

在“边框”选项卡下先选择合适的线形、颜色和宽度，再单击“预览”区的各个按钮，可设置表格的上、下及中间框线。“底纹”选项卡则可以设置填充色和图案。

除了使用“边框和底纹”对话框外，也可以利用“表格工具”的“设计”选项卡“表格样式”组中的“边框”和“底纹”按钮进行设置。

还可以利用“绘制表格”工具，在选定线形和粗细、颜色以后，直接在原有边框线上拖曳，也可以改变或设置边框线。

### 6.6.4 表格与文本的转换

Word 提供了表格转换功能，可以将表格转换为文本，也可以将文本转换为表格。

(1) 表格转换成文本。选中整张表格，单击“表格工具”的“布局”选项卡“数据”组中的“转换为文本”按钮，打开“表格转换成文本”对话框，如图 6-64 所示，指定文本分隔符后单击“确定”按钮可将表格转换成文本。

(2) 文本转换成表格。首先要为表格的数据项间设置统一的分隔符，如逗号、空格、制表位等，然后选中所有要设定为表格的数据，单击“插入”选项卡“表格”组中的“表格”按钮，选择“文本转换成表格”命令，打开如图 6-65 所示的对话框，指定表格的尺寸和文本分隔位置后单击“确定”按钮即可。

图 6-64 “表格转换成文本”对话框

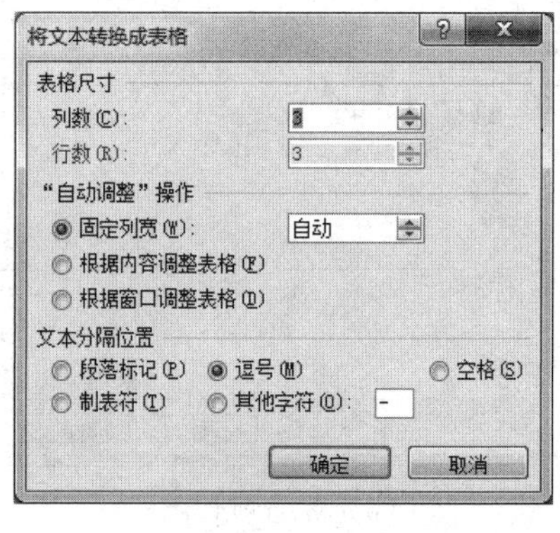


图 6-65 “将文本转换成表格”对话框

### 6.6.5 管理表格数据

**1. 表格中数据的计算**

Word 表格具有一定的计算能力，但是相对专门的电子表格软件 Excel 来说功能较简单，只具有最简单的一些统计功能。对于复杂计算，建议使用 Excel 而不是 Word 来完成计算。

Word 中表格数据的计算方法是首先定位要计算的单元格，单击“表格工具”的“布局”选项卡，在“数据”组中单击“公式”按钮，打开如图 6-66 所示的对话框，通过“粘贴函数”下拉列表框可更改函数，数据源将根据单元格的位置自动选择 ABOVE 或 LEFT，用户也可以在公式文本框中直接输入公式。单击“确定”按钮后单元格中即出现了计算结果。

Word 中带函数或公式的数据其实是一个域，域有自己的域代码和域结果。当表格中数据使用的公式与源数据相同时，可以复制数据，此时复制的域连同域代码和域结果都与源

图 6-66 “公式”对话框

数据相同，必须更新域才能得到正确结果。更新域的方法是单击域，当域区域变为灰色时，右击，在弹出的快捷菜单中选择“更新域”命令就能得到正确的域结果。

**2. 表格的排序**

表格排序可以将表格中的行按指定的方式重新调整顺序。操作时将光标置于要排序的表格中，单击“表格工具”的“布局”选项卡“数据”组中的“排序”按钮，将打开如图 6-67 所示的“排序”对话框，指定主要关键字及其升降序形式，有必要的话还可以指定次要关键字和第三关键字，单击“确定”按钮后可对表格中的数据排序。

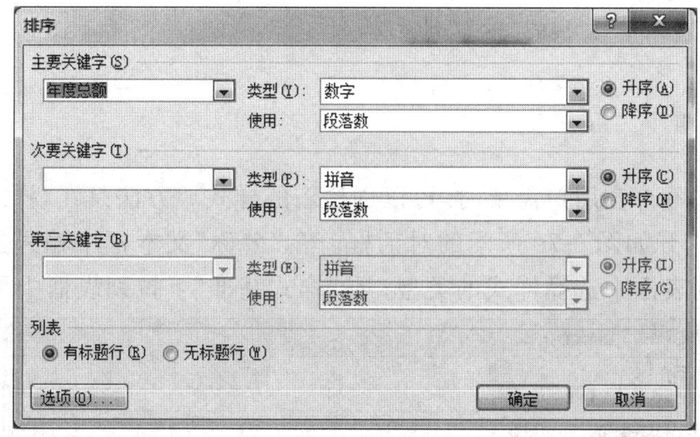


图 6-67 “排序”对话框

# 6.7 高级编排

## 6.7.1 样式

样式是一套预先设置好的文本格式，利用它可以快速地对文本进行格式化。样式分为内置样式和自定义样式两种。

**1. 内置样式**

Word 内置了很多样式，用户选中文本或段落后，直接单击样式就可以使用样式所定义的格式。样式集是在“开始”选项卡的“样式”组中，单击“样式”列表框右下角的按钮，可展开“样式”列表框，如图 6-68 所示。

如果单击“样式”组右下角的按钮，将打开“样式”窗格，如图 6-69 所示。

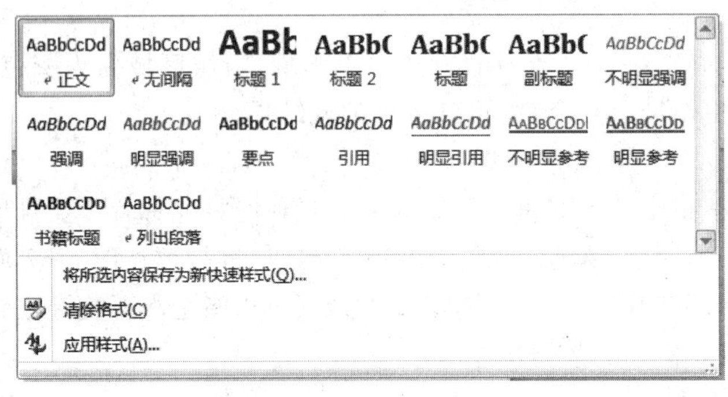


图 6-68　扩展的“样式”列表框

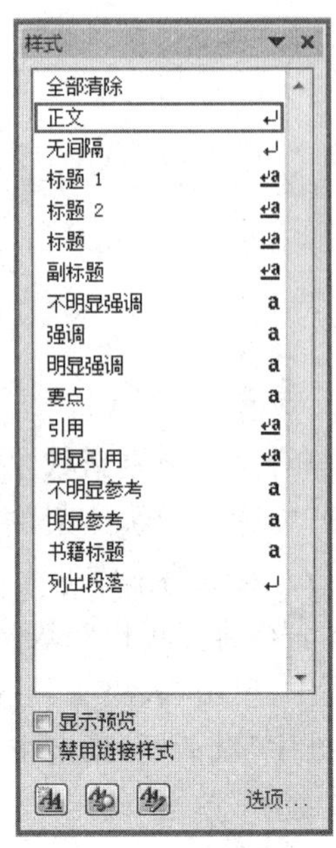


图 6-69　“样式”窗格

**2. 自定义样式**

1）创建新样式

当内置的样式不符合用户需要时，可以创建新的样式。方法是在“样式”窗格中单击“新建样式”按钮，打开如图 6-70 所示的对话框。在“名称”文本框中输入新样式的名称；在“样式类型”下拉列表框中选择样式的类型；在“样式基准”下拉列表框中可选择一种样式作

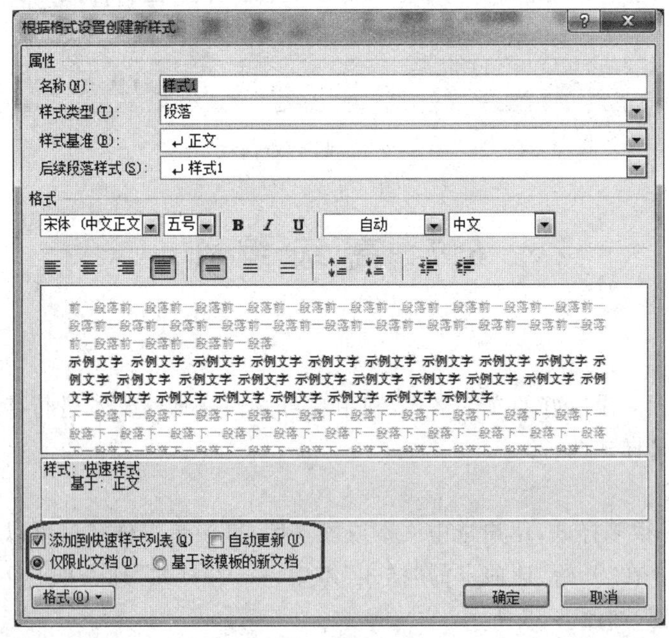


图 6-70　“根据格式设置创建新样式”对话框

为基准，默认显示的是“正文”样式；在“后续段落样式”下拉列表框中可指定后续段落样式，后续段落是指应用该样式的段落下一段的默认样式；在“格式”栏可对字体、段落、对齐方式等进行设置，也可以单击“格式”按钮进行设置。设定完成后，可以在“样式”列表框中看到新样式的名称。

2）修改样式

对已有的样式进行修改，可以在“样式”窗格中右击需要更改的样式，在弹出的快捷菜单中选择“修改”命令，打开“修改样式”对话框，该对话框的用法与新建样式类似，按照要求更改格式即可。

3）删除样式

在“样式”窗格中，右击需删除的样式，在弹出的快捷菜单中选择“从快速样式库中删除”命令，可删除指定样式。

## 6.7.2　长文档编辑

**1. 视图模式**

Word 2010 中提供了多种视图模式供用户选择，这些视图包括页面视图、阅读版式视图、Web 版式视图、大纲视图和草稿。

（1）页面视图是用于文字输入、编辑和格式设置的最主要的视图模式，也是最接近实际打印效果的一种视图模式。在页面视图中可以看到页眉、页脚、图形、分栏、页边距等元素。

（2）阅读版式视图为满足用户的自然阅读习惯，隐藏了不必要的元素，如“文件”选项卡、功能区等，Word 窗口被分隔为两个尽可能大的页面以便阅读。

（3）Web 版式视图以网页形式显示 Word 文档，这种视图适用于创建网页和发送电子邮件。

（4）大纲视图主要用于 Word 文档标题层级结构的显示，可方便地折叠和展开各种层级的文档。大纲视图简化了文本格式效果，适用于长文档的快速浏览和设置。

（5）草稿取消了页边距、分栏、页眉页脚和图片等元素，仅显示标题和正文，是最节省计算机资源的视图方式。

切换视图模式可以在“视图”选项卡下选择需要的文档视图模式，也可以在窗口右下角的视图切换区中单击相应的视图按钮。

**2. 文档结构**

书籍是最常见的一种长文档，一般由封面、目录、标题、正文、辅文（前言、后记、引文、注文、附录、索引、参考文献）等组成。

Word 可以根据文档的大纲级别自动生成目录。大纲级别分标题和正文，只有正文是无法生成目录的，因为目录编制的依据是标题。标题可以带序号，如书稿的各个章节，也可以不带序号，如前言、附录、参考文献等。

1）调整大纲级别

大纲级别也属于一种段落格式，Word 默认的大纲级别是正文。调整大纲级别的方法有如下几种。

方法一：在“段落”对话框中设置。按照设置段落格式的方法打开“段落”对话框，在“缩进和间距”选项卡下，选择合适的“大纲级别”，如图 6-71 所示。

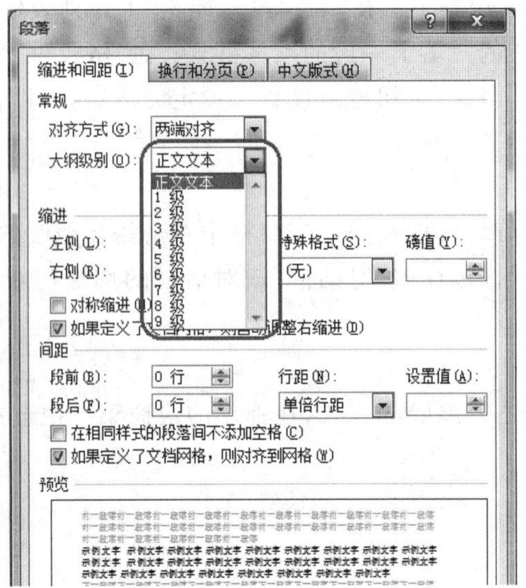


图 6-71　在“段落”对话框中设置大纲级别

方法二：利用“样式”设置大纲级别。Word 内置的样式本身已含有大纲级别的信息。

方法三：利用“多级列表”设置带自动序号的大纲级别。多级编号是基于大纲级别的，单击“开始”选项卡“段落”组中的“多级列表”按钮，在下拉菜单中选择“定义新的多级列表”命令，打开如图 6-72 所示的对话框。

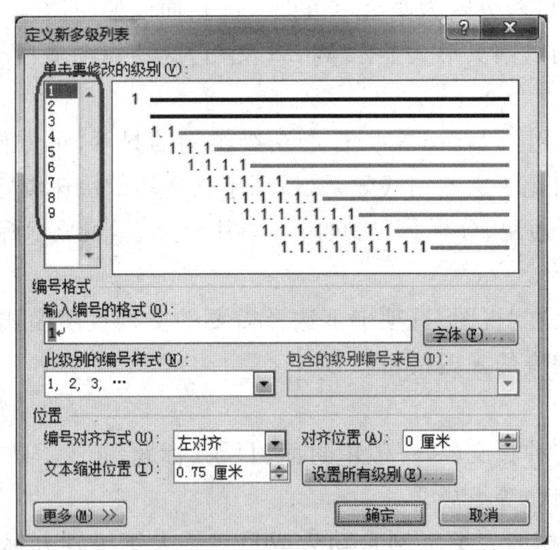


图 6-72　利用多级列表设置大纲级别

方法四：利用“大纲视图”。将视图模式切换到“大纲视图”，功能区将出现“大纲”选项卡，单击 和 按钮可升降级标题级别，单击 和 按钮可升到最高级和降到最低级。也可以在“显示级别”下拉列表框中直接设置大纲级别。

2）“导航”窗格

长文档编辑时可以使用大纲视图，但是大纲视图与实际打印效果相差较大，图文混排时

较为不便。为了在其他视图中也能方便地管理长文档，Word 提供了“导航”窗格，允许用户在各种视图模式下快速地查看与搜寻长文档中的内容。

打开“导航”窗格的方法是在“视图”选项卡的“显示”组中勾选“导航窗格”复选框，使得文档分成左右两部分，左边窗格显示文档导航，右边窗格显示对应的文档内容，如图 6-73 所示。单击左侧“导航”窗格中的标题可快速定位内容。

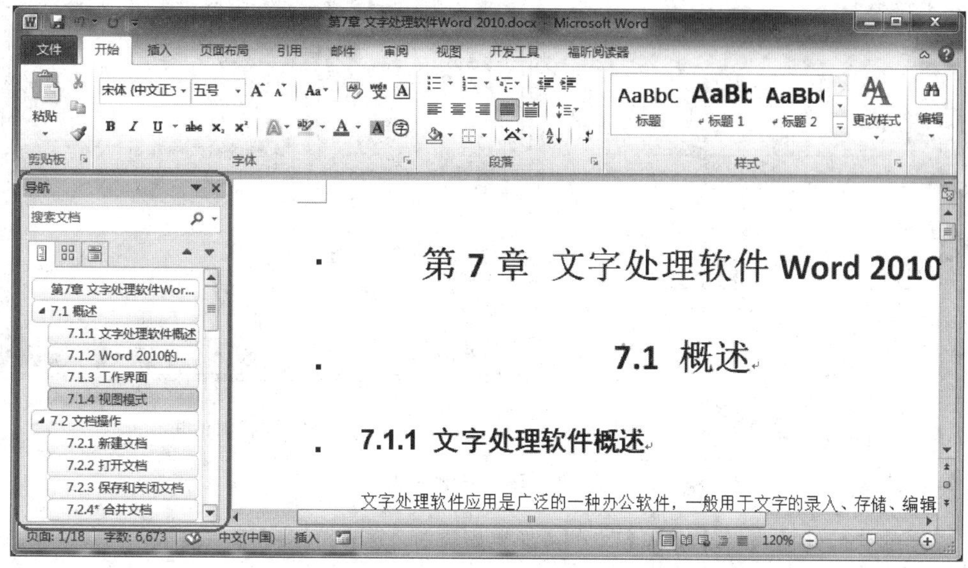


图 6-73 文档与“导航”窗格

### 3. 编制目录

1）插入目录

将光标定位到需插入目录的位置，单击“引用”选项卡“目录”组中的“目录”按钮，打开如图 6-74(a)所示的下拉菜单，在其中选择一种适合的目录。

(1) 手动目录：需用户输入目录条目的文字和页码。

(2) 自动目录：根据预置的目录样式按标题级别自动生成目录条目和页码。

(3) 自定义目录：允许通过设置不同参数来控制生成自动目录的条目和页码。

插入自定义目录的方法是选择“插入目录”命令，打开如图 6-74(b)所示的对话框。在该对话框中可控制目录显示的级别和制表符前导符。单击“修改”按钮可修改目录的样式。

2）更新目录

Word 中的目录是一种域，当文档内容变化时，必须手动更新目录。更新目录的方法是单击“引用”选项卡下的“更新目录”按钮，或者右击目录，在弹出的快捷菜单中选择“更新域”命令，打开如图 6-75 所示的对话框，选择一种更新方式后单击“确定”按钮。

3）页码控制

书籍的正文页码一般从第 1 页开始，如果把目录放在正文之前，那么正文页码就不再是从第 1 页开始。采用下述方法可以解决把目录插在正文之前又不影响正文页码设置的问题。操作步骤如下。

(1) 在正文前插入一行，将这个空行的样式设置为“正文”格式。

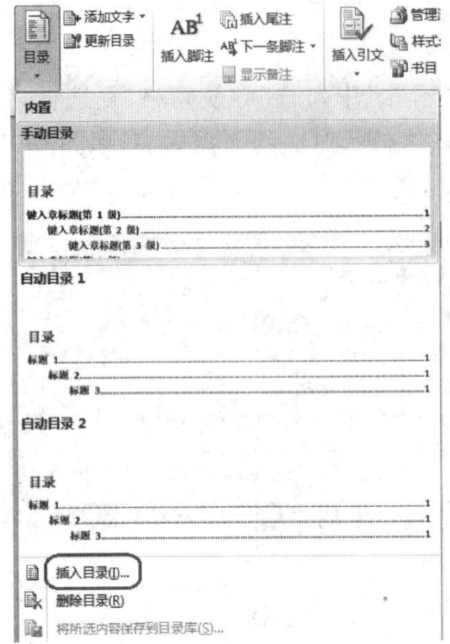


(a)“目录”下拉菜单

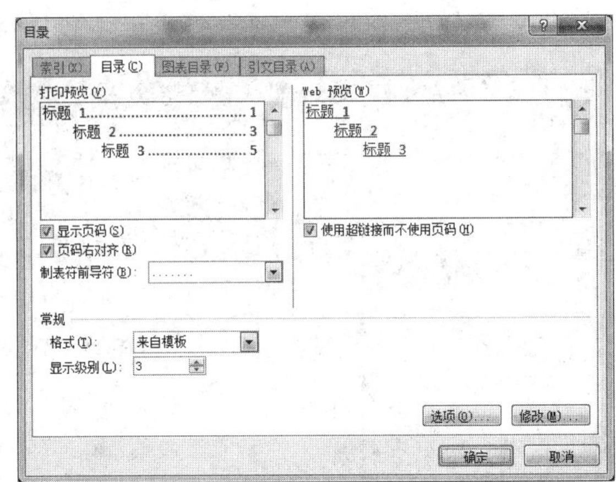


(b)“目录”对话框

图 6-74　编制目录

(2) 在空行处插入一个分隔符，分隔符类型选择“分节符”→“下一页”。

(3) 在正文第 1 页单击“插入”选项卡“页眉和页脚”组中的“页码”按钮，选择“设置页码格式”命令，在打开的“页码格式”对话框中设置“页码编号”为“起始页码”，并设置为 1。

**4. 插入题注**

书籍中经常有大量的图片、表格和公式，这些图片、表格或公式都有自己的编号和说明，如“图 1”“表 1-1”等。如果采用手工编号，那么在文档内容和顺序调整以后，编号就会产生混乱。为了更好地管理图片和表格的编号及说明，可以为这些图片或表格插入题注。题注是自动编号的，且能随插入或删除题注而自动更新编号。

插入题注的方法是先选中图片或表格，然后单击“引用”选项卡“题注”组中的“插入题注”按钮，或者右击，在弹出的快捷菜单中选择“插入题注”命令，打开如图 6-76 所示的对话框，在对话框中可以设置标签、位置。Word 默认的标签是 Figure、Equation 和 Table，用户可以单击“新建标签”按钮，添加自定义的标签。

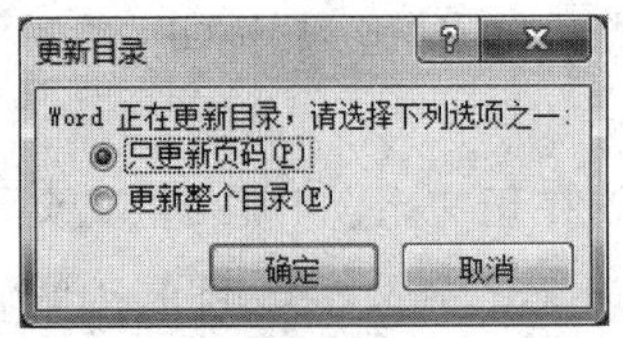


图 6-75　“更新目录”对话框

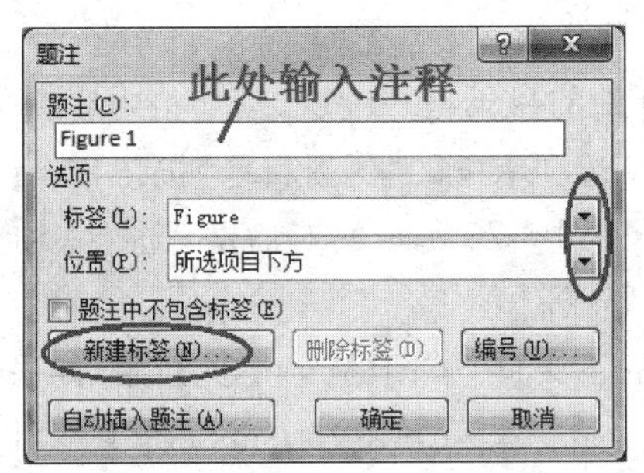


图 6-76　“题注”对话框

**5. 插入封面**

封面对于书籍来说是重要的,要求它能尽可能地吸引眼球。Word 中预置了一些封面模板,可以帮助用户快速创建封面。插入封面的方法是单击“插入”选项卡“页”组中的“封面”按钮,在下拉列表框中选择需要的封面版式。

## 6.7.3 审阅文档

日常工作中,某些文件需要在不同人员之间传阅、修改,如导师给学生改论文,可以将修改意见作为批注插入文档中,也可以直接在论文上修改。为了清晰地看出哪些地方有改动,可以使用修订功能以不同的颜色突出显示不同审阅者修订的内容,作者也可以决定接受还是拒绝修订。

**1. 使用批注**

1) 添加批注

选择要插入批注的文字,单击“审阅”选项卡“批注”组中的“新建批注”按钮,在批注框中输入批注内容。单击批注框外的任意位置可退出编辑状态,完成批注的添加。

2) 查看批注

在“审阅”选项卡下单击“上一条”或“下一条”按钮,可使光标在批注间跳转,方便查看和编辑文档中的所有批注。

3) 删除批注

要快速删除单个批注,可右击该批注,在弹出的快捷菜单中选择“删除批注”命令。或者将光标置于批注中,单击“审阅”选项卡“批注”组中的“删除”按钮。若单击“删除”按钮右侧的按钮 ▾ ,可选择删除光标所在的批注还是全部批注。

**2. 修订文档**

单击“审阅”选项卡“修订”组中的“修订”按钮,进入文档修订状态。这时对文档的所有修订都会突出显示,例如,输入的文字下出现下画线,被删除的文字以删除线标识,如图 6-77 所示。

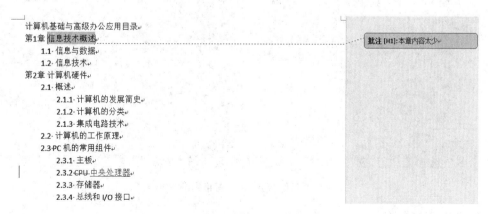

图 6-77 修订状态下的文档

退出修订状态可再次单击“修订”按钮。退出修订状态不会删除已被跟踪的更改。

### 3. 接受或拒绝修订

当审阅完文档后,文档作者可以选择接受或拒绝每一处修订。若接受修订,修订内容将替换原有内容,并转为正常状态。若拒绝修订,则修订内容将被删除,并恢复原有内容。

接受某处修订时可将光标置于修订位置处,单击"审阅"选项卡"更改"组中的"接受"按钮下方的 ▾ ,在下拉菜单中选择"接受修订"命令。若选择的是"接受对文档的所有修订"命令,则一次性接受所有修订。

拒绝修订的操作方法类似,将光标置于修订位置处,单击"审阅"选项卡"更改"组中的"拒绝"按钮下的按钮 ▾ ,在下拉菜单中选择"拒绝修订"命令。选择"拒绝对文档的所有修订"命令可以一次性拒绝所有修订。

## 6.7.4 邮件合并

在日常工作中经常有这种情况:处理的文件主要内容基本相同,只是具体数据有变化,如制作多份请柬、邀请函等。针对这种有大量重复内容的应用,可以利用 Word 的邮件合并功能快速生成文档。邮件合并涉及两个文档:主文档和数据源文件。

(1) 主文档包含了内容固定不变的文档主体部分,例如请柬的主体文字部分。创建方法与普通文档类似,可以对字体、段落、页面等进行格式设置。

(2) 数据源文件是保存不同信息的文档,如请柬的邀请人员名单。数据源文件的格式有多种,如 Access 数据库中的表、Excel 工作表,或者 Word 文档中的表格数据等。

邮件合并最常用、最简便的方法是使用邮件合并向导。单击"邮件"选项卡"开始邮件合并"组中的"开始邮件合并"按钮,在下拉菜单中选择"邮件合并分步向导"命令,弹出如图 6-78 所示的"邮件合并"窗格。向导共有以下 6 步。

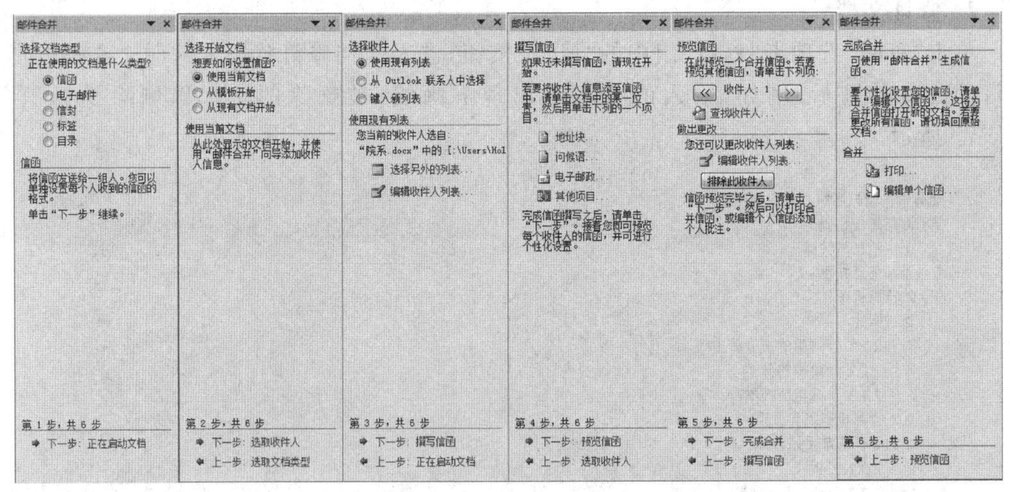


图 6-78 "邮件合并向导"窗格中的 6 步向导

第 1 步:选择文档类型。一般默认选择"信函"。

第 2 步:选择开始文档。即选择哪个文件作为主文档。

第 3 步:选择收件人。选择数据源文件,单击"使用现有列表"下方的"浏览"按钮,可打开"选取数据源"对话框选取已有的数据源文件。"键入新列表"需单击"创建"按钮,可打开

“新建地址列表”对话框供用户按默认的字段名建立数据，如图 6-79(a)所示。也可以单击“自定义列”按钮，打开“自定义地址列表”对话框创建用户自己的字段名，如图 6-79(b)所示。

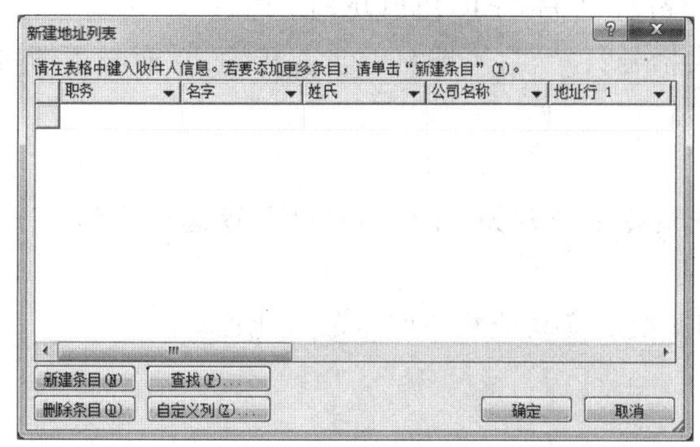


(a)“新建地址列表”对话框

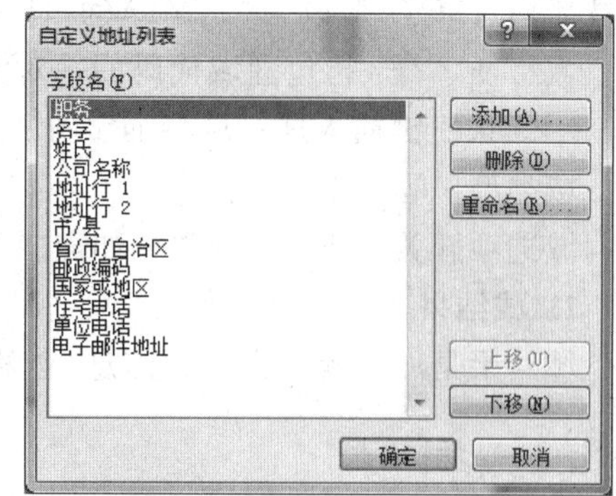


(b)“自定义地址列表”对话框

图 6-79　设置数据源的字段

第 4 步：撰写信函。需要把数据源中的多个字段分别插入到主文档中的合适位置。单击“其他项目”可选取数据源中的字段名插入当前光标处。

第 5 步：预览信函。单击 « 或 » 按钮可向前或向后查看不同数据的显示效果。单击“排除此收件人”按钮可令最终生成的文档中不包含当前收件人。

第 6 步：完成合并。“打印”指打印合并后的文档。“编辑单个信函”是将合并后的文档保存到一个文件中。

此外，“邮件”选项卡下提供了多个按钮，功能与邮件合并向导中的步骤对应。

- “开始邮件合并”按钮对应邮件合并向导的第 1 步。
- “选择收件人”按钮对应邮件合并向导的第 2 步。
- “编辑收件人列表”按钮对应邮件合并向导的第 3 步。
- “编写和插入域”组对应邮件合并向导的第 4 步。
- “预览结果”组对应邮件合并向导的第 5 步。
- “完成并合并”按钮对应邮件合并向导的第 6 步。

# 6.8　域

## 6.8.1　什么是域

域是 Word 中的一种特殊命令，属于文档中的变量。当用鼠标单击域时，可看到域带有灰色的底纹。使用域可实现许多复杂的工作。例如：自动编页码，图表的题注、脚注、尾注的号码；按不同格式插入日期和时间；通过链接与引用在活动文档中插入其他文档的部分或整体；自动创建目录、关键词索引、图表目录；插入文档属性信息；实现邮件的自动合并与打印；执行加、减等数学运算；创建数学公式；调整文字位置等。若能熟练使用域，可增强排版的灵活性，减少许多烦琐的重复操作，提高工作效率。

域有域代码和域结果两种形式。

**1. 域代码**

域代码是由域特征字符、域类型、域选项开关等组成的字符串。例如当前时间域的域代码被切换过来了，应改为{TIME\@"H时m分"\ * MERGEFORMAT}。

域特征字符：指包围域代码的一对大括号"{}"，它不能从键盘直接输入，而必须通过按Ctrl+F9快捷键插入这对域特征字符。

域类型：是域的名称。

域选项开关：是规定域类型如何工作的指令或开关，在域中可触发特定的操作。

**2. 域结果**

域结果是域代码所代表的信息，会随文档的变动或相应因素的变化而更新。

## 6.8.2 插入域

单击"插入"选项卡"文本"组中的"文档部件"按钮，在下拉列表中选择"域"命令，将打开如图6-80所示的对话框。根据域类别选择域名，会在右侧出现相应的域属性和域选项，选择需要的选项后，单击"确定"按钮即可插入域。

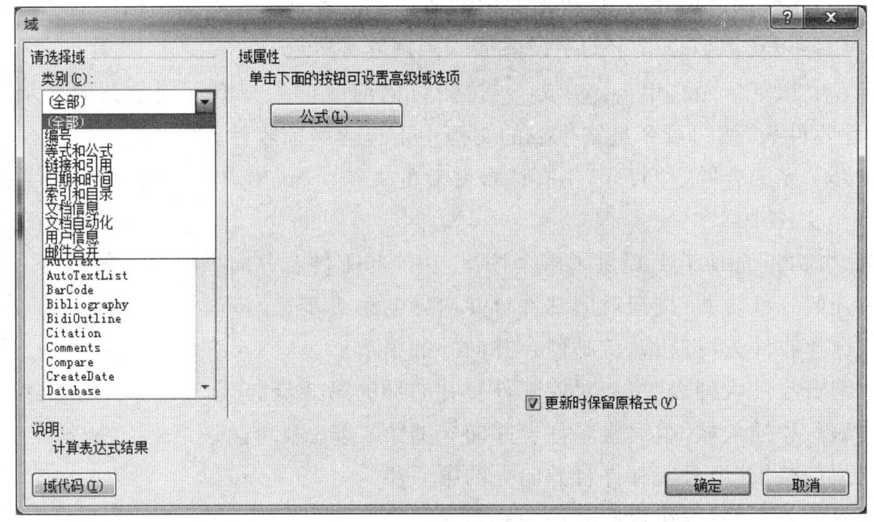


图 6-80 "域"对话框

## 6.8.3 域操作

**1. 更新域**

当域没有显示最新信息时，可采取相应措施进行更新，以获得新的域结果。操作方法是选中需要更新的域，按F9键，或者右击，在弹出的快捷菜单中选择"更新域"命令。

另外，用户也可以在"Word选项"对话框中，将"显示"选项中的"打印选项"设置为"打印前更新域"，可以使Word在每次打印前都自动更新文档中的所有域。

**2. 切换域代码**

(1) 切换单个域代码。单击需要切换域代码的域，按Shift+F9快捷键，或者右击，在弹出的快捷菜单中选择"切换域代码"命令。

(2) 切换文档中所有域代码。按 Alt+F9 快捷键即可。

**3. 锁定/解锁域**

(1) 锁定域。锁定域可以防止域结果被修改。操作方法是单击需要锁定的域,按 Ctrl+F11 快捷键。

(2) 解锁域。解除锁定以后可以重新对域进行更新。操作方法是单击需要解除锁定的域,按 Ctrl+Shift+F11 快捷键。

**4. 解除域的链接**

解除域的链接之后域结果将变为常规文本,即失去了域的所有功能,以后它将再也无法更新。操作方法是选中需解除域链接的域,按 Ctrl+Shift+F9 快捷键可解除域的链接。

# 6.9　宏

## 6.9.1　什么是宏

宏(Macro)是一个批量处理的操作命令,可以把一系列菜单选项和操作指令集成在一起,由计算机自动完成特定的操作。如果在 Word 中需要反复执行某项任务,可以使用宏提高工作效率。例如网页中的内容复制粘贴到 Word 文档中以后,可能存在不少空行,有的行距又很大,手工去除空行、改行距、进行页面设置都比较麻烦。创建一个宏以后,只需要按一下设定的快捷键,一切工作就自动完成了。

宏的本质是一个小型的 VBA 程序,程序代码由 Office 软件自动生成。除了本章介绍的 Word 可以使用宏,其他软件如 Excel、PowerPoint 以及 Access 等都可以使用宏。VBA 是 Visual Basic for Applications 的缩写,是 Microsoft Office 提供的一种编程语言。VBA 是 VB 的子集,是基于 Visual Basic 发展而来的,它们具有相似的语言结构,但两者又不完全相同。VB 有自己独立的开发环境,主要用于创建标准的应用程序,而使用 VBA 无须安装 VB 开发环境,它只寄生于已有的应用程序(如 Word、Excel)中。

Office 提供了两种方法创建宏:宏录制器和 Visual Basic 编辑器。用宏录制器录制的一系列键盘和鼠标动作都会被自动转译成 VBA 代码,在 Visual Basic 编辑器中可以查看和修改这些 VBA 代码。使用 Visual Basic 编辑器可以创建更灵活、功能更强大的宏,可以包含无法录制的一些 VBA 指令。但是 VBA 的学习涉及 VB 语法、算法知识等,需要有大量的时间积累,因此本书只介绍录制宏。

## 6.9.2　“开发工具”选项卡

在 Word 的工作界面中很多跟宏及 VBA 有关的命令都是在“开发工具”选项卡下,“开发工具”选项卡一般默认为隐藏,因此有时需要把“开发工具”选项卡显示出来。

显示“开发工具”选项卡的方法是单击“文件”选项卡下的“选项”命令,打开“Word 选项”对话框,选择“自定义功能区”选项,勾选“开发工具”复选框,单击“确定”按钮以后即增加了如图 6-81 所示的“开发工具”选项卡。

## 6.9.3　录制宏

当需要在 Word 中反复执行同一组操作时,可以通过录制宏来提高工作效率。例如,假

图 6-81 “开发工具”选项卡

设需要对多篇文档进行格式化，中文使用一种字体，英文使用另一种字体，而且中英文还要全部统一修改为另一种字号。如果使用普通方法，一篇一篇的文档挨个去完成以上操作，不仅费时费力，而且容易出错。但是如果使用宏，每篇文档只需单击一次即可完成，而且大大减少了出错率。下面用一个实例说明录制宏的方法。

**【例 6-1】** 准备一个含有文字的 Word 文档，将全部文字设置中文字体为微软雅黑，英文字体为 Consolas，并将所有文字的字号修改为 11 号。

操作步骤如下。

第 1 步：在 Word 中打开文档，启用录制宏命令。

在 Word 中启用录制宏的常用方法有两种：一种方法是在“视图”选项卡下单击“宏”按钮下方的按钮 ▾，在下拉菜单中选择“录制宏”命令；另一种方法是在“开发工具”选项卡下单击“录制宏”按钮，如图 6-82 所示。

图 6-82 利用“开发工具”选项卡录制宏

第 2 步：为宏指定名称、添加方式以及应用范围。

单击“录制宏”按钮后，打开“录制宏”对话框，如图 6-83 所示。Word 默认的宏名为“宏 1”“宏 2”……，这样的名字不便于以后再次使用时了解该宏的作用，建议给宏名取一个有意义的名字。宏名可以是汉字、字母、数字的组合，要求第一个字符必须是汉字或字母。若设置的宏名与 Word 中已有的某个内置命令相同，则此新建宏的功能将代替同名的内置命令功能。

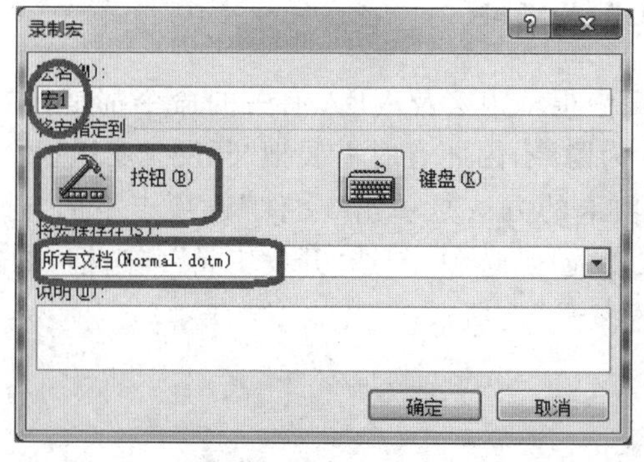

图 6-83 “录制宏”对话框

宏的位置可以指定到按钮，也可以指定到键盘。若指定到按钮，则打开如图 6-84 所示的对话框，单击“添加”按钮可以将新建的宏指定到快速访问工具栏中。如果单击“修改”按钮，还可以指定按钮的图标。单击“确定”按钮以后，即可在快速访问工具栏中出现指定的图标。

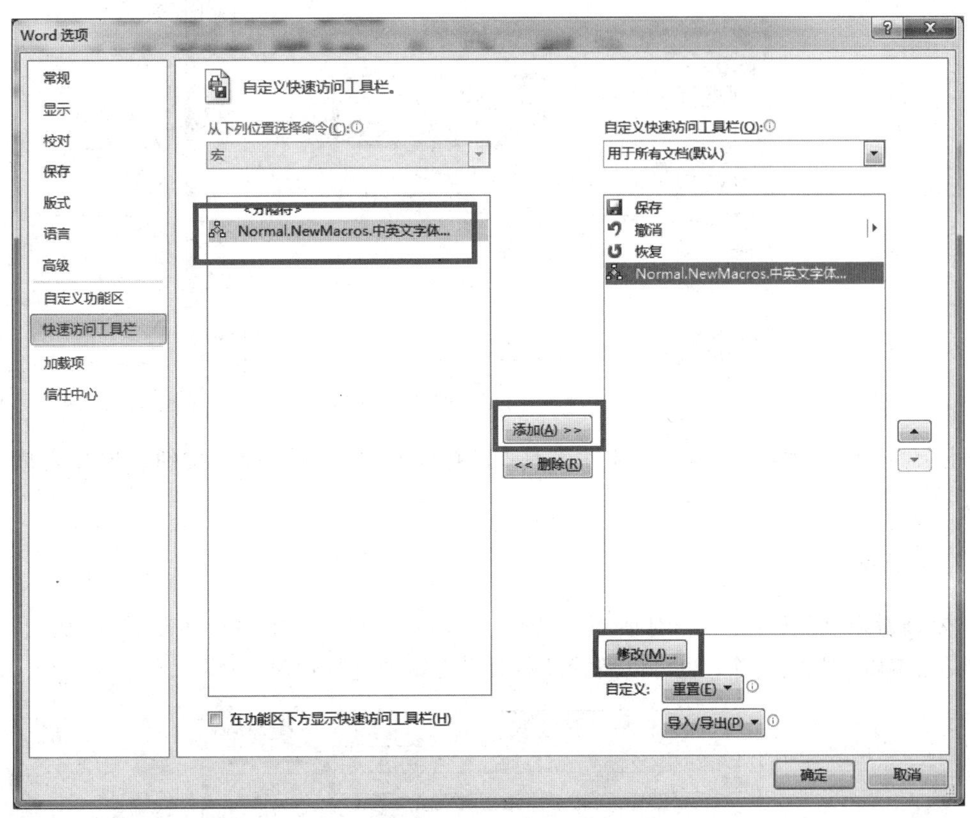


图 6-84 宏指定到按钮

指定到按钮是比较推荐的一种做法，因为更直观。但是频繁使用鼠标操作按钮相对来说较费时间，不如使用快捷键便捷，因此指定到键盘为宏设置一个快捷键也是较常见的做法。

若选择将宏指定到键盘，则打开“自定义键盘”对话框，将光标定位到“请按新快捷键”文本框中，输入希望设置的快捷键，如图 6-85 所示。需注意，单独一个字母是不可以使用的，必须与 Ctrl、Alt 或 Shift 中的一个、两个或三个组合在一起使用。应尽量不使用 Word 已经使用的快捷键。如果一定要使用，就失去了快捷键的原有功能。另外，指定的快捷键最好要方便记忆，有一定的规律性。

第 3 步：录制具体的操作。

录制开始后，鼠标的形状会变成 的模样，以提示我们正在录制宏。在录制宏时可以像正常操作文档一样，但是尽量不要有多余的操作动作。在本例中，就是先全选文字，然后修改字体为微软雅黑，再修改字体为 Consolas（目的是使其中的英文变为 Consolas，因为 Consolas 只对英文起作用，中文仍然是微软雅黑），接着将所有文字的字号修改为 11 号。

操作完成后，再次回到“视图”菜单，单击“宏”按钮下面的按钮 ，在下拉菜单中单击

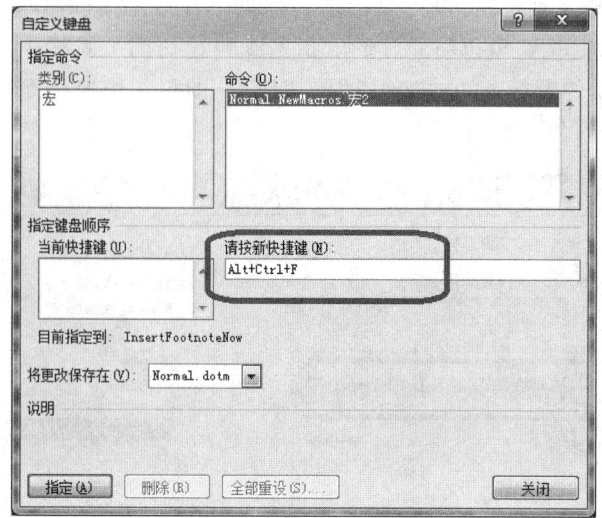


图 6-85 “自定义键盘”对话框

“停止录制”按钮。也可以单击“开发工具”选项卡下的“停止录制”按钮。这样宏就录制好了。

### 6.9.4 管理宏

要查看宏,可以打开“宏”对话框,如图 6-86 所示。可以对宏进行各种管理,如运行、单步执行、编辑、创建、删除;也可以用管理器对宏方案项进行管理。

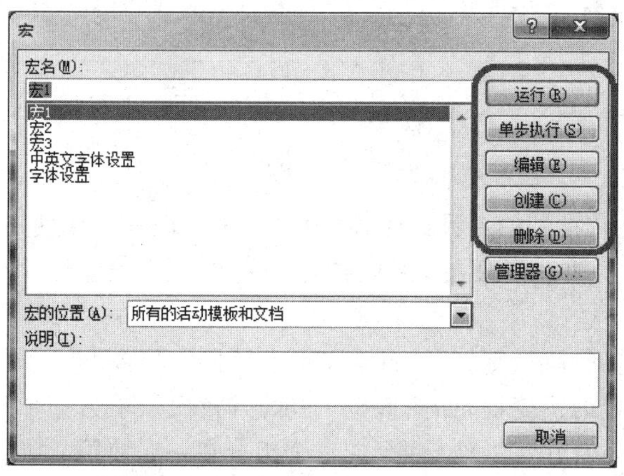


图 6-86 在“宏”对话框中管理宏

(1) 运行:一次性执行完宏。

(2) 单步执行:将打开 Visual Basic 调试器,通过按 F8 键逐条语句执行。

(3) 编辑:将打开 Visual Basic 编辑器,允许修改宏代码。

(4) 创建:新创建的宏会替换掉原有的宏。

(5) 删除:在删除前要求确认是否删除。

查看宏的方法有多种,第一种方法是单击“开发工具”选项卡下的“宏”按钮,或者单击

“视图”选项卡“宏”组中的“宏”按钮(注意应单击按钮的上部,不要单击下方的按钮 ▾ )。另外还可以使用 Alt+F8 快捷键。

### 6.9.5 运行宏

运行宏的最简单方法就是单击指定到快速访问工具栏中的宏命令按钮,或者使用为宏指定的快捷键。

另一种运行宏的方式是在“宏”对话框中选择要运行的宏,单击“运行”按钮。

### 6.9.6 保存宏

宏依附于 Word 文档文件而存在,指定宏保存的位置也就是指定宏依附于谁。在录制宏时可以设置录制好的宏保存的位置,宏保存位置的不同决定了宏的适用范围。如果创建的宏只需要在当前文档中使用,可以选择指定文档;如果需要在所有文件中都可以调用录制的宏,则需将宏保存在 Normal.dotm 文件中。这个文件的位置一般是 C:\Documents and Settings\Administrator\Application Data\Microsoft\Templates,其位置也可能根据用户名和系统位置而有不同。

在 Word 2003 及更早的版本中,Word 文档的扩展名是 doc,模板文件扩展名是 dot,这两种文件都可以使用宏。在 20 世纪 90 年代中后期,宏病毒一度成为最流行的计算机病毒类型之一。宏病毒就是用宏代码编写的。为了避免感染宏病毒,Word 2010 的文档扩展名更改为 docx 和 docm,模板文件的扩展名也相应更改为 dotx 和 dotm。这些文件对宏的处理方式不同,具体见表 6-6。

**表 6-6 Word 中的不同文件扩展名**

| 扩 展 名 | 描 述 |
|---|---|
| docx、dotx | 绝对不可能含有宏 |
| docm、dotm | 有可能含有宏 |
| doc、dot | Word 2003 之前的版本,可能含有宏 |

### 6.9.7 宏安全性

在打开包含宏命令的 Word 文档时,可能会在功能区的下方弹出一条如图 6-87 所示的“安全警告”。用户单击“启用内容”按钮可以运行文档中的宏。若单击右侧的“关闭”按钮,则无法运行文档中的宏,但可见宏名和查看宏代码。

图 6-87 宏安全警告

如果用户非常信任各种来源的 VBA 代码,可以单击“开发工具”选项卡下的“宏安全性”按钮,打开“信任中心”对话框,如图 6-88 所示,在“宏设置”中选择“启用所有宏”单选按钮,并勾选“信任对 VBA 工程对象模型的访问”复选框。

不过启用了所有宏以后就失去了一道防护宏病毒的天然屏障,不建议用户取消宏病毒防护功能。

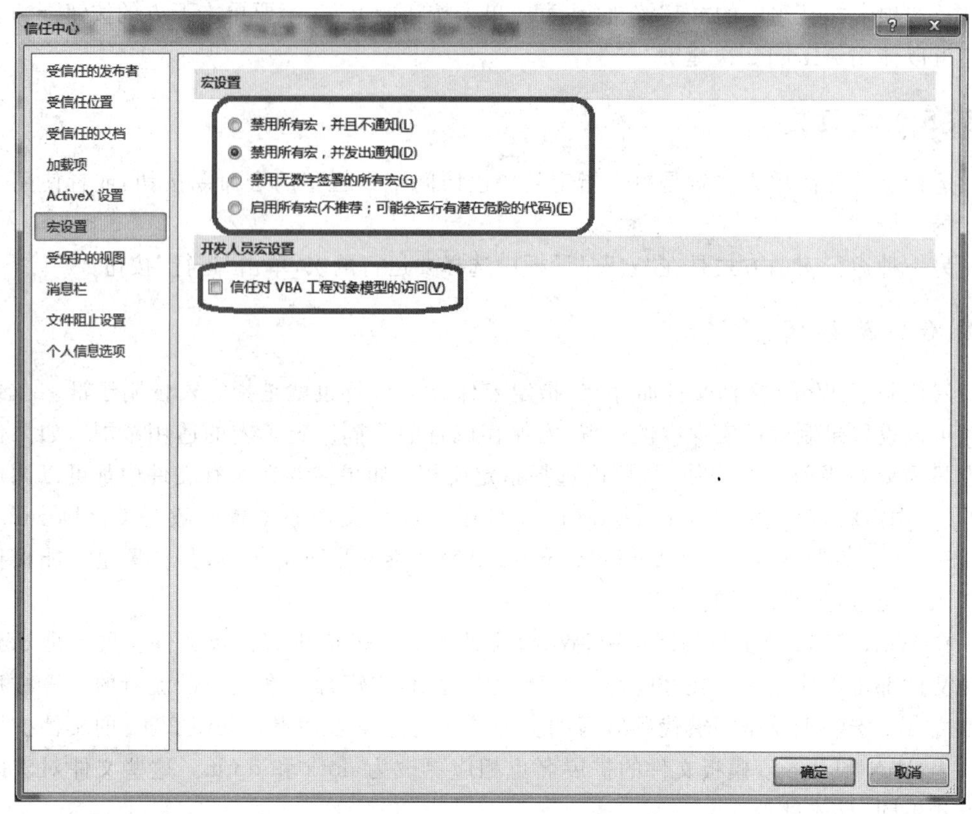


图 6-88 “信任中心”对话框

# 习　　题

## 一、判断题

1. 分散对齐和两端对齐的唯一区别是在最后一行。
2. 我们可以把图片放置在 Word 的页眉中。
3. 英文标点状态下，不能从键盘上输入“、”。
4. 要删除分节符，必须转到普通视图才能进行。
5. “查找”命令只能查找字符串，不能查找格式。
6. 在插入页码时，页码的范围只能从 1 开始。
7. 目录生成后会独占一页，正文内容会自动从下一页开始。
8. 在 Word 2010 中可以插入表格，而且可以对表格进行绘制、擦除、合并，以及拆分单元格、插入和删除行列等操作。

## 二、选择题

1. Word 中，如果要精确地设置段落缩进量，应该使用________操作。

A. “页面布局”→“页面设置”　　B. “视图”→“标尺”

C. “开始”→“样式”　　D. “开始”→“段落”

2. Word 2010 中，选定一行文本的技巧方法是________。

A. 将鼠标箭头置于目标处，单击
B. 将鼠标箭头置于此行的选定栏并出现选定光标单击
C. 用鼠标在此行的选定栏双击
D. 用鼠标三击此行

3. Word 中查找的快捷键是________。
A. Ctrl+H　B. Ctrl+F　C. Ctrl+G　D. Ctrl+A

4. Word 中，精确的设置“制表位”的操作是________。
A. “插入”→“制表位”　B. “开始”→“段落”→“制表位”
C. “格式”→“段落”　D. “格式”→“文字方向”

5. Word 中，以下有关“项目符号”的说法错误的是________。
A. 项目符号可以是英文字母　B. 项目符号可以改变格式
C. #、& 不可以定义为项目符号　D. 项目符号可以自动顺序生成

6. 在 Word 2010 中，按“格式刷”按钮可以进行________操作。
A. 复制文本的格式　B. 保存文本
C. 复制文本　D. 其他三种都不对

7. 在 Word 2010 中，打印文档可以在________选项卡中操作。
A. “开始”　B. “插入”　C. “视图”　D. “引用”

8. 对于 Word 2010 的“拆分表格”功能，正确的说法是________。
A. 只能把表格拆分为左右两部分　B. 只能把表格拆分为上下部分
C. 可以自己设定拆成的行列数　D. 只能把表格拆分成列

9. 关于 Word 的文本框，________说法是正确的。
A. Word 2010 中提供了横排和竖排两种类型的文本框
B. 在文本框中不可以插入图片
C. 在文本框中不可以使用项目符号
D. 通过改变文本框的文字方向不可以实现横排和竖排的转换

10. 在 Word 2010 中，如果要隐藏文档中的标尺，可以通过“________”选项卡来实现。
A. 插入　B. 编辑　C. 视图　D. 文件

11. 在 Word 2010 中插入手动分页符，其操作正确的是________。
A. “页面布局”→“分隔符”→“分页符”
B. “插入”→“页码”
C. 按 Alt+Enter 快捷键
D. 按 Shift+Enter 快捷键

12. 在 Word 2010 中使用________快捷键，可以将光标快速移至文档尾部。
A. Ctrl+Shift+A　B. Shift+Home　C. Ctrl+A　D. Ctrl+End

13. 在 Word 2010 中，要改变一些字符的字体和大小，首先应________。
A. 选中字符
B. 在字符右侧单击
C. 单击工具栏中的“字体”图标
D. 单击“开始”选项卡下的“字体”命令

14. 一般情况下,如果忘记了 Word 文件的打开权限密码,则________。

A. 可以以只读方式打开

B. 可以以副本方式打开

C. 可以通过属性对话框,将其密码取消

D. 无法打开

15. 在 Word 2010 中使用 Ctrl+B 快捷键后,字体发生的变化是________。

A. 上标　　B. 底线　　C. 斜体　　D. 加粗

16. 在 Word 2010 中,用于将所选段落的首行除外的其他行向版心的位置进行缩进的是________。

A. 左缩进　　B. 右缩进　　C. 首行缩进　　D. 悬挂缩进

17. 在 Word 中,默认的视图方式是________。

A. 普通视图　　B. 页面视图　　C. 大纲视图　　D. Web 版式视图

18. 在 Word 2010 中,若想建立新文档,可以使用的快捷键是________。

A. Ctrl+N　　B. Alt+N

C. Shift+N　　D. Ctrl+Alt+N

**三、填空题**

1. 在 Word 2010 中,想对文档进行字数统计,可以通过________选项卡来实现。

2. 在 Word 2010 中,给图片或图像插入题注是选择________选项卡中的命令。

3. 在“插入”选项卡的“符号”组中,可以插入________和符号、编号等。

4. 在 Word 2010 中进行邮件合并,除需要主文档外,还需要已制作好的________支持。

# 第7章 电子表格软件Excel 2010

## 7.1 Excel 2010 概述

Microsoft Excel 是 Microsoft 公司出品的 Office 系列办公软件中的一个组件，本章介绍的版本为 2010。Excel 是一款优秀的电子表格软件，可以方便地对数据进行组织和分析，并把数据用各种统计图形象地表示出来。日常工作中常见的值班表、计划表、人员信息表、产品登记表等都可以利用 Excel 2010 来制作。

### 7.1.1 基本概念

**1. 工作簿**

工作簿是一个 Excel 文件(其扩展名为 xlsx)。一个工作簿可以包含有多张工作表，它像一个文件夹，把相关的表格或图表存在一起，以方便处理。启动 Excel 后，会自动创建一个名为 Book1 的工作簿。

**2. 工作表**

工作簿中有若干由水平方向的行与垂直方向的列构成的表格，称为工作表，用于存储数据、处理数据。

一个工作簿中可以包含很多张工作表，新建一个工作簿则默认有 3 张工作表，名称分别为 Sheet1、Sheet2、Sheet3。用户在同一时间只能对一张工作表进行操作，正处于操作状态的工作表称为当前工作表。

**3. 单元格**

工作表的每个行与列交叉形成的小格，称为单元格，它是 Excel 的基本元素。可以在单元格中输入数字、文字、日期、公式等数据。

每个单元格都有一个地址，由行号与列标组成。其中行号为数字 1～1 048 576，列标为字母 A～Z、AA～ZZ、AAA～XFD。例如，G3 表示是第 3 行第 7 列的单元格地址。

### 7.1.2 主要功能

Excel 2010 主要具有以下几个功能。

(1) 快捷地制作各种报表，输入和编辑数据，也可导入其他格式的外部数据。

(2) 对报表进行修饰和美化，如设置边框和底纹、设置单元格的背景色、插入图片、艺术字等。

(3) 提供了丰富的函数，如数学和三角函数、日期函数、文本函数、查找与引用函数、逻辑函数等，以便快速解决各种数据计算问题。

(4) 对数据列表中的数据进行分析和管理，如排序、筛选、分类汇总、合并计算等。

(5) 根据需要生成各种类型的图表，将数据的变化以图形方式直观、形象地呈现出来。

(6) 对于大数据量的数据列表，通过数据透视表和数据透视图，可以根据需要建立一个交叉列表，通过更改行、列标签来生成相应的统计数据。

(7) 使用模拟运算表，查看一个计算公式中某些参数的值的变化对计算结果的影响，也称为灵敏度分析。

(8) 通过录制宏将一些需要重复的操作记录下来，如创建报表、对报表进行格式设置以及一些数据的处理与分析等，在需要时执行宏来重复这些操作，达到节约工作时间的目的。

(9) 提供了 VBA 的编程功能，可以通过代码来控制 Excel 的很多操作，如工作簿和工作表的新建、保存等。

## 7.1.3 界面组成

通过“开始”菜单启动 Excel 2010 后，系统将自动打开一个默认名为“工作簿 1”的新工作簿，工作界面如图 7-1 所示，主要由快速访问工具栏、标题栏、功能区、编辑栏、单元格、工作表和状态栏等部分组成。其中快速访问工具栏、标题栏、功能区和状态栏的作用与 Word 中类似，不再赘述。以下主要介绍编辑栏、工作表和工作表标签。

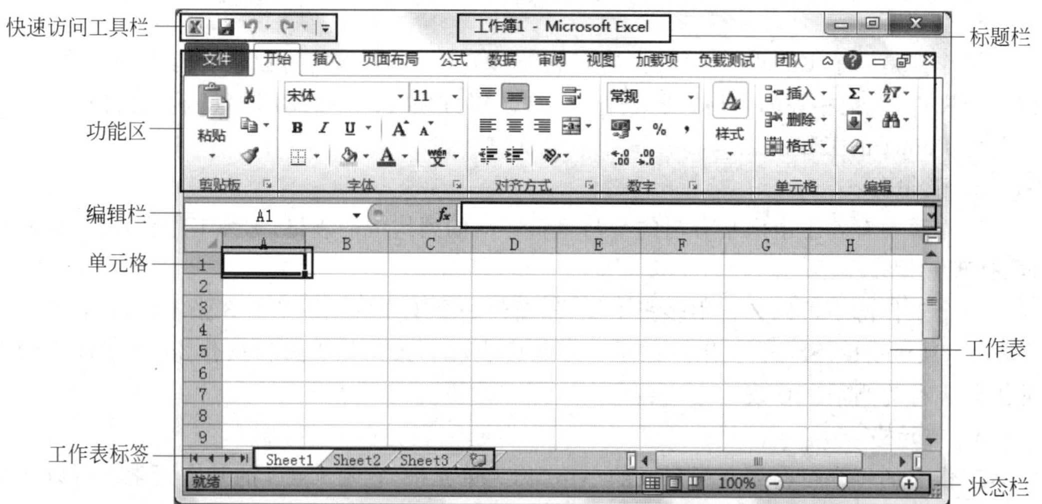


图 7-1 Excel 2010 工作界面

### 1. 编辑栏

编辑栏主要用于显示、输入和修改活动单元格中的数据或公式。当在工作表的某个单元格中输入数据时，编辑栏会同步显示输入的内容。

**2. 工作表**

工作表位于工作簿窗口的中央区域，由行号、列标和网格线构成。每张工作表由1 048 576行和16 384列组成，行与列的相交处构成一个单元格，单元格是工作表的基本编辑单位，用于显示或编辑工作表中的数据。

**3. 工作表标签**

工作表标签位于工作簿窗口的左下角，显示的是工作表的名称，单击不同的工作表标签可在工作表间进行切换。

# 7.2　基本操作

Excel中的对象分工作簿、工作表和单元格。工作簿就是Excel文档，因此对工作簿的操作就是文档的操作，包括创建、打开、保存与关闭工作簿，用户可以借鉴Word中文档操作的方法。下面主要介绍工作表与单元格的基本操作。

## 7.2.1　工作表操作

**1. 选择工作表**

在Excel中，要对工作表进行重命名、删除、移动或复制等操作前，首先得选择工作表。

1）选择单个工作表

单击工作簿底部相应的工作表标签。

2）选择连续的多个工作表

首先单击第一个工作表标签，然后按下Shift键并单击最后一个工作表标签。松开Shift键后，这两个工作表之间的所有工作表标签背景都变为白色，表示它们都已被选中。

3）选择不连续的多个工作表

首先单击第一个工作表标签，然后按下Ctrl键并一一单击所需的工作表标签。

当同时选择了多个工作表时，标题栏上将出现“工作组”字样。单击任意一个工作表标签可取消工作组，标题栏的“工作组”字样也同时消失。

**2. 重命名工作表**

新建的工作表默认以Sheet1、Sheet2、Sheet3、……的方式命名，为了便于管理，有时需将其改为有意义的名字。重命名工作表的方法如下。

方法一：双击要重命名的工作表标签，使得工作表标签文字呈黑底白字显示，此时可以输入新的名字，输入完成后按Enter键。

方法二：右击要重命名的工作表标签，在弹出的快捷菜单中选择“重命名”命令。

方法三：单击“开始”选项卡“单元格”组中的“格式”按钮，在下拉菜单中选择“重命名工作表”命令。

**3. 插入新工作表**

Excel允许一次插入一张或多张工作表。插入工作表有以下三种方法。

方法一：单击工作表标签右侧的“插入工作表”按钮，新插入的工作表自动成为当前工作表，并有一个默认的名字。

方法二：右击工作表标签，在弹出的快捷菜单中选择“插入”命令，在打开的对话框中选择“常用”选项卡，单击“工作表”图标，再单击“确定”按钮。

方法三：单击“开始”选项卡“单元格”组中的“插入”按钮，在下拉菜单中选择“插入工作表”命令。

**4. 删除工作表**

当不需要工作簿中的工作表时，可将其删除。删除工作表的方法如下。

方法一：先选择要删除的工作表，然后单击“开始”选项卡“单元格”组中的“删除”按钮，在下拉菜单中选择“删除工作表”命令。

方法二：先选择要删除的工作表，然后右击其中任意一个工作表标签，在弹出的快捷菜单中选择“删除”命令。

删除工作表时，若工作表中包含数据，会出现提示对话框，单击对话框中的“删除”按钮可将选择的一个或多个工作表同时删除。工作表删除后将被永久删除，不能恢复。

**5. 移动或复制工作表**

1）使用菜单

选中要移动或复制的工作表，单击“开始”选项卡“单元格”组中的“格式”按钮，在下拉菜单中选择“移动或复制工作表”命令，或右击选中的工作表标签，在弹出的快捷菜单中选择“移动或复制”命令，都将会出现如图 7-2 所示的对话框。在该对话框中选择好目标工作簿，再选择工作表要移动或复制的位置，并根据需要选择是否建立副本，最后单击“确定”按钮即可。“建立副本”即为复制工作表，否则为移动工作表。

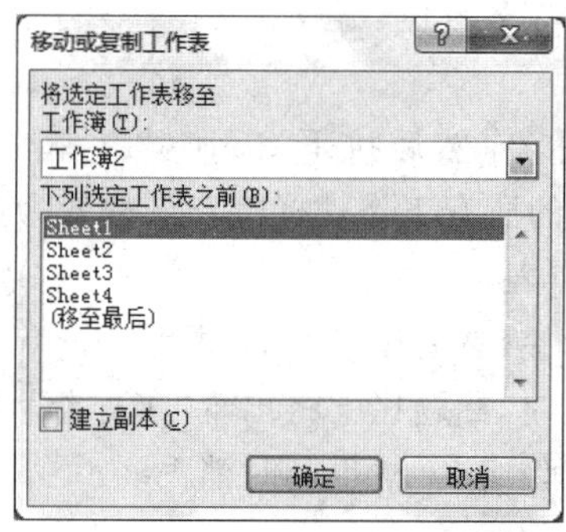


图 7-2 “移动或复制工作表”对话框

2）使用鼠标拖动

使用鼠标拖动实现移动或复制工作表的方法是首先打开目标工作簿，选中要移动或复制的工作表，按住鼠标左键沿着标签栏拖动鼠标，当小黑三角形移到目标位置时，释放鼠标左键即可移动工作表。若是复制工作表，则在拖动过程中按住 Ctrl 键。

需要注意的是，在不同工作簿间移动或复制工作表时，必须保证源工作簿和目标工作簿均可见。这可以通过单击“视图”选项卡“窗口”组中的“全部重排”按钮，在打开的“重排窗口”对话框中设置窗口的排列方式来实现。

**6. 拆分工作表**

当工作表中的数据比较多，并且需要比较工作表中不同部分数据时，可以对工作表进行拆分，以使屏幕能同时显示工作表的不同部分，方便用户对较大的表格进行数据比较。

1）水平拆分工作表

用鼠标向下拖动行拆分线（在垂直滚动条的顶端）至适当位置后释放鼠标，或单击要进行水平拆分的行号，然后单击“视图”选项卡“窗口”组中的“拆分”按钮，工作表将被拆分成上、下两部分。

2）垂直拆分工作表

用鼠标向左拖动列拆分线（在水平滚动条的右端）至适当位置释放鼠标，或单击要进行垂直拆分的列号，单击“视图”选项卡“窗口”组中的“拆分”按钮，工作表将被拆分成左、右两部分。

3）同时进行水平、垂直拆分工作表

单击工作表中某单元格，单击“视图”选项卡“窗口”组中的“拆分”按钮，工作表将被拆分成上、下、左、右四部分。

4）取消拆分

在工作表处于拆分状态时，再次单击“视图”选项卡“窗口”组中的“拆分”按钮，将同时取消水平拆分和垂直拆分的效果。

**7. 冻结工作表窗格**

单击“视图”选项卡“窗口”组中的“冻结窗格”按钮，将打开如图 7-3 所示的下拉菜单，选择需要冻结的内容即可。若选择“冻结拆分窗格”命令，则将在选中的单元格的上面和左边出现两条细实线，细实线的上面和左边部分单元格区域不再随着滚动条的滚动而移动。

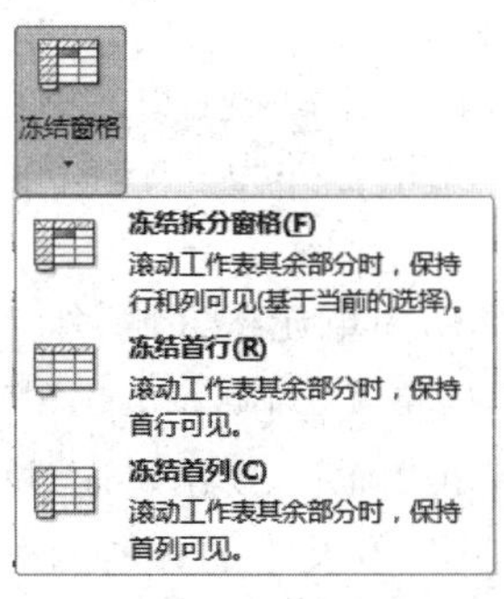


图 7-3 “冻结窗格”按钮

若需要取消冻结，则再次单击“冻结窗格”按钮，在下拉菜单中选择“取消冻结窗格”命令即可。

## 7.2.2 单元格、行、列基本操作

**1. 选择单元格**

单元格是存放输入数据或公式的区域。在对单元格进行编辑操作之前，首先要选择一个或多个单元格。

(1) 选择单个单元格。用鼠标直接单击所要选择的单元格，选中的单元格将以黑色边框显示。

(2) 选择连续的单元格。在要选择区域的第一个单元格上按下鼠标左键并拖动鼠标，到适当位置后释放鼠标。鼠标划过的连续的矩形区域即为选中的单元格区域。或者先单击

要选择区域的第一个单元格，然后按下 Shift 键的同时单击最后一个单元格，此时两次单击之间的连续多个单元格即为选中的单元格区域。

(3) 选择不连续的单元格。单击任意一个要选择的单元格，然后按住 Ctrl 键继续单击其他需要选择的单元格。

(4) 选择一行或一列。单击所要选择行的行号或列的列标。

(5) 选择连续的多行(列)。选中第一行(列)后，按住鼠标左键并拖至要选择的最后一行(列)。或者选中第一行(列)后，按住 Shift 键再选中最后一行(列)。

(6) 选择不连续的多行(列)。选中第一行(列)，然后按住 Ctrl 键的同时一一选中其他需要选择的行(列)。

(7) 全选。按 Ctrl＋A 快捷键或者单击工作表左上角的全选按钮。

**2. 合并与取消单元格合并**

1) 合并单元格

合并单元格是指将相邻的两个或多个水平或垂直单元格区域合并为一个单元格。区域左上角单元格的名称和内容自动成为合并后的单元格的名称和内容，区域中其他单元格的内容将被删除。合并单元格的方法如下。

方法一：先选中要进行合并操作的单元格区域，单击“开始”选项卡“对齐方式”组中的“合并后居中”按钮或其右侧的按钮 合并后居中 。各合并按钮功能如下。

合并后居中：将选中的所有单元格合并为一个单元格，且合并后的单元格的内容默认为水平居中、垂直居中显示。

跨越合并：将所选单元格的每行合并到一个更大的单元格。

合并单元格：将选中的所有单元格合并为一个单元格，且保留合并前左上角单元格的对齐方式。

方法二：先选中要进行合并操作的单元格区域，然后单击“开始”选项卡“对齐方式”组右下角的按钮 ，打开“设置单元格格式”对话框，如图 7-4 所示。单击对话框的“对齐”选项卡，勾选“合并单元格”复选框，单击“确定”按钮。通过此对话框，可同时设置合并后的单元格内容的水平对齐、垂直对齐方式以及文本的方向。

2) 取消合并单元格

取消合并单元格的方法如下。

方法一：选中已经合并的单元格，单击“开始”选项卡“对齐方式”组中的“合并后居中”按钮，或单击“合并后居中”按钮右侧的按钮，在下拉菜单中选择“取消单元格合并”命令。

方法二：选中已经合并的单元格，单击“开始”选项卡“对齐方式”组右下角的按钮 ，打开“设置单元格格式”对话框。单击对话框的“对齐”选项卡，取消勾选“合并单元格”复选框，单击“确定”按钮。

**3. 插入单元格、行与列**

当在工作表中插入单元格、行或列后，原有的单元格将发生移动。

1) 插入单元格

首先选择要插入单元格的位置，然后单击“开始”选项卡“单元格”组中的“插入”按钮，在下拉菜单中选择“插入单元格”命令，或右击要插入单元格的位置，在弹出的快捷菜单中选择“插入”命令，将会打开“插入”对话框，选择一种插入方式后，单击“确定”按钮。

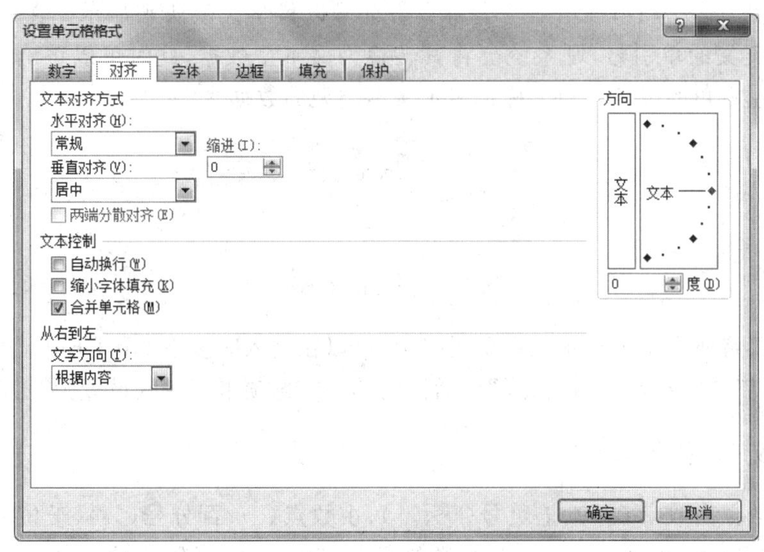


图 7-4 “设置单元格格式”对话框

2）插入行或列

单击某单元格，然后单击“开始”选项卡“单元格”组中的“插入”按钮，在下拉菜单中选择“插入工作表行”或“插入工作表列”命令，将在该单元格的上方插入一行或左侧插入一列。也可以通过插入单元格的方法，选择“整行”或“整列”插入方式插入行或列。

**4. 删除单元格、行与列**

先选中要删除的单元格、行或列，然后单击“开始”选项卡“单元格”组中的“删除”按钮，选择“删除单元格”“删除工作表行”或“删除工作表列”命令；或者右击要删除的一个单元格，在弹出的快捷菜单中选择“删除”命令，在打开的“删除”对话框中选择一种删除方式后，单击“确定”按钮。

# 7.3　输入和导入数据

Excel 中的数据类型有文本型、数值型、日期型、时间型和逻辑型。

## 7.3.1　输入文本型数据

文本型也称字符型，由汉字、字母、空格、数字、标点符号等字符组成。例如，“学生成绩表”“SCORE”“A3001”等都是文本型的数据。

文本的输入比较简单，一般的文本直接输入即可。文本数据默认的对齐方式为左对齐。Excel 中文本的最大长度为 32 767 个字符，当输入的文本超过了单元格的宽度时，系统会自动将文本依次显示在右边相邻的单元格中，但内容仍然存储在当前单元格中。如果相邻的单元格中有数据存在，则本单元格中超出部分的文本不显示。

对于由纯数字组成的文本，例如学号、手机号、身份证号码、邮政编码等，在输入时应该在数字前加一个英文的单引号作为纯数字文本的前导符。例如，在如图 7-5 所示的工作表中，如果在 A1 单元格直接输入一个身份证号码，此时由于系统默认为数值型数据，而身份证号码的长度为 18 位数，该单元格会将身份证号以科学计数法来显示。在 A2 单元格中，先输入一个英文的单引号，则系统会将其转换为文本型数据，此时可以正确显示身份证号码。单元格左上角的绿色三角形标记表示文本类型的数据。

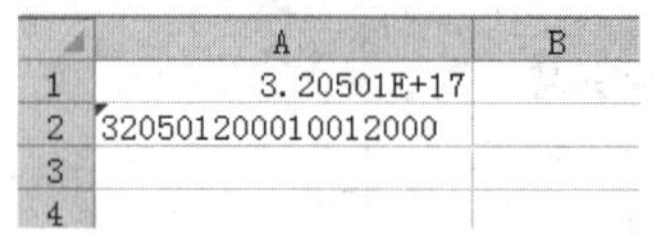

|   | A | B |
|---|---|---|
| 1 | 3.20501E+17 | |
| 2 | 320501200010012000 | |
| 3 | | |
| 4 | | |

图 7-5　身份证号码输入

如果想要将所有文本显示在本单元格中，可以在输入时按下 Alt＋Enter 快捷键在单元格内换行，或者在“设置单元格格式”对话框的“对齐”选项卡下将其设置为“自动换行”。

## 7.3.2　数值型数据

数值型数据由数字 0～9、正负号（＋、－）、小数点（.）、百分号（%）、千位分隔符（,）、货币符号（￥或＄）、指数符号（E 或 e）、分数符号（/）等组成。例如，123.456、＄200,345.678、1.4E－5、12/3 等都是有效的数值型数据。数值数据默认的对齐方式为右对齐。

数值型数据输入时主要注意负数、分数的输入方法。

**1. 负数的输入**

可以直接输入负号及数字，另外还可以用圆括号来进行负数的输入，如输入“(100)”就相当于“－100”。

**2. 分数的输入**

输入一个分数$\frac{2}{3}$的方法为先输入一个 0，然后输入一个空格，再输入 2/3，即“0 2/3”。若不输入 0 与空格而直接输入 2/3，系统会显示为“2 月 3 日”。

## 7.3.3　日期与时间型数据

Excel 中将日期型数据存储为整数，范围为 1～2 958 465，对应的日期为 1900 年 1 月 1 日～9999 年 12 月 31 日。负数不能对应日期，在单元格中显示＃＃＃＃＃＃＃＃。

Excel 将时间型数据存储为小数，0 对应 0 时，1/24 对应 1 时，1/12 对应 2 时。如 1.5 对应于 1900 年 1 月 1 日 12：00。

日期与时间的输入要遵循一定的格式，否则系统会把输入的数据当作文本来处理。日期的一般格式为“年-月-日”或“月-日”或“日-月”。如果日期中没有给定年份，则系统默认使用当前的年份（以计算机系统的时间为准）。若输入的年份为两位整数时，如输入的年份在 30～99 时，默认情况下，系统会在输入的两位年份前面自动加上 19，而年份为 00～29 时，系统自动加上 20。

时间的一般格式为“时：分：秒”，如果要同时输入日期与时间，需要在日期与时间之间输入一个空格。可以按 24 小时制输入时间，也可以按 12 小时制输入时间，系统默认为 24 小时制。

日期与时间型数据默认的对齐方式为右对齐，按下“Ctrl＋；”快捷键可以输入当前系统日期；按下“Ctrl＋Shift＋；”快捷键可以输入当前系统时间。

## 7.3.4 逻辑型数据

逻辑型数据只有两个值：TRUE 与 FALSE，分别表示“真”与“假”。一般情况下，不会直接在单元格中输入逻辑型数据。逻辑型数据通常与 IF 函数结合使用，具体参见后面的函数章节。

## 7.3.5 快速输入数据

在输入大量重复或具有一定规律的数据时，为了节省输入时间，提高工作效率，Excel 2010 提供了多种快速输入方法。

**1. 使用填充柄**

填充柄是位于当前选中单元格右下角的小黑方块。当鼠标移动到填充柄上时，鼠标指针由空心十字形变为实心十字形。此时，若按下鼠标左键拖动填充柄，则可在连续的单元格中填充相同或有规律的数据。使用填充柄可以在相邻的单元格中进行快速的数据填充。

1）填充相同的数据

首先在第一个单元格中输入数据，然后向上、下、左或右拖动填充柄即可。

2）填充等差序列

首先在第一个单元格中输入序列的第一个数值，然后在第二个单元格中输入序列的第二个数值，将这两个单元格选中，拖动右下角的填充柄进行填充即可。

3）填充等比序列

等比序列的填充不能直接使用填充柄，必须使用菜单填充。输入好第一个数据后，选择“开始”选项卡“编辑”组中的“填充”按钮，在下拉菜单中选择“系列”命令，打开“序列”对话框，如图 7-6 所示，选择类型为“等比序列”，输入步长值和终止值，单击“确定”按钮即可。

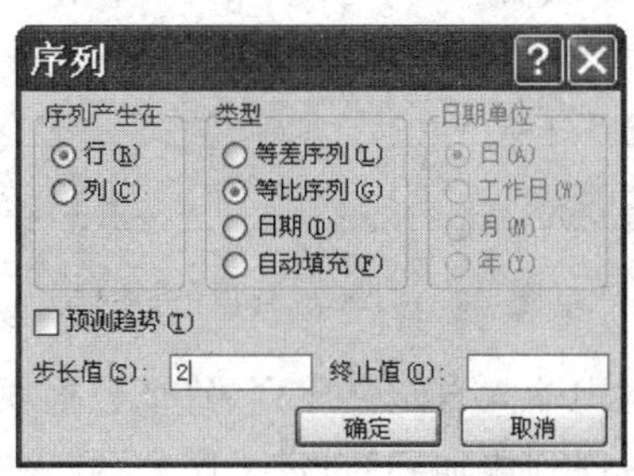


图 7-6　“序列”对话框

4）填充自定义序列

Excel 中内置了一些自定义序列，如“星期日，星期一，星期二…”“甲，乙，丙，丁…”“Sunday，Monday，Tuesday…”等。这些序列可以直接用填充柄来生成，例如，在如图 7-7 所示的工作表中，在 A1 单元格中输入“星期日”后，B1：G1 是使用填充柄填充的效果，A3：G3 是按住 Ctrl 键再使用填充柄填充的效果，即全部填充为“星期日”。

若要填充用户个人需要的序列，如赵、钱、孙、李、周、吴、郑、王，则需要首先将该序列添加到系统的自定义序列中，具体操作步骤如下。

| | A | B | C | D | E | F | G |
|---|---|---|---|---|---|---|---|
| 1 | 星期日 | 星期一 | 星期二 | 星期三 | 星期四 | 星期五 | 星期六 |
| 2 | | | | | | | |
| 3 | 星期日 | 星期日 | 星期日 | 星期日 | 星期日 | 星期日 | 星期日 |

图 7-7　填充自定义序列

(1) 选择“文件”选项卡下的“选项”命令，打开“Excel 选项”对话框。

(2) 在左栏选择“高级”命令，如图 7-8 所示。在右栏单击“常规”项下的“编辑自定义列表”按钮，打开如图 7-9 所示的“自定义序列”对话框。

图 7-8　“Excel 选项”对话框

(3) 在“输入序列”列表框中输入自定义序列，每个数据项一行，或用英文逗号分隔。

(4) 单击“添加”按钮将该序列添加到“自定义序列”列表中。

(5) 单击“确定”按钮关闭对话框，继续关闭“Excel 选项”对话框。

(6) 选中 A1 单元格，输入“赵”，拖动 A1 单元格的填充柄即可。

在添加自定义序列时，也可以单击图 7-9 对话框中的按钮，选择指定单元格区域的内容后单击“导入”按钮。对于用户添加的自定义序列，选中后可单击“删除”按钮将其从系统中删除。

**2. 在不相邻的单元格中输入相同的数据**

选定需要数据的区域(可以连续，也可以不连续)，输入数据后按下 Ctrl+Enter 快捷键即可以在所有选中的单元格中填充相同的数据。

图 7-9　"自定义序列"对话框

**3. 在多张工作表中同时输入相同内容**

Excel 中可以同时在多个工作表的相同区域输入相同内容，方法是同时选中几张工作表，然后输入内容。经此操作后，被选中的工作表的相同区域中便会有相同的内容。

需要注意的是，在完成多张工作表中输入相同内容的工作后，一定要单击任意一张工作表标签，来取消工作表的多选状态。

## 7.3.6　导入外部数据

要将其他文档(如 Word 文档、PowerPoint 文档、网页、文本文件、Access 数据库、XML 文件等)中的数据转换到 Excel 工作表中，通常有两种方法：一种方法是使用剪贴板；另一种方法是使用 Excel 的数据导入功能。

使用剪贴板的方法操作比较简单，在此不再赘述。

使用数据导入功能可以将文本文件、网页、Access 数据库等文件中的数据导入到 Excel 工作表中。在"数据"选项卡的"获取外部数据"组中提供了不同的按钮来导入相应的数据，如图 7-10 所示。

**1. 从文本文件导入**

图 7-10　"获取外部数据"组

从文本文件中导入数据的操作步骤如下。

(1) 单击"数据"选项卡"获取外部数据"组中的"自文本"按钮，打开"导入文本文件"对话框。

(2) 选择要导入数据的文本文件后单击"打开"按钮，在"文本导入向导"的第 1 步会自动判断数据中是否具有分隔符，单击"下一步"按钮。

(3) 在"文本导入向导"的第 2 步，设置分隔数据所包含的分隔符号。设置完成后，单击"下一步"按钮。

(4) 在"文本导入向导"的第 3 步，设置每列的数据类型，一般情况下可以使用系统识别的默认类型。设置完成后，单击“完成”按钮。

(5) 在“导入数据”对话框设置数据的存放位置，单击“确定”按钮。

**2. 从网站导入**

从网站中导入数据的操作步骤如下。

(1) 打开需要导入的网站，将其 URL 地址复制到剪贴板。

(2) 单击“数据”选项卡“获取外部数据”组中的“自网站”按钮，打开“新建 Web 查询”对话框。

(3) 将 URL 地址粘贴到对话框中的“地址”栏后，单击“转到”按钮，对话框下方显示需要导入数据的网页。

(4) 在网页的左侧有若干箭头按钮，单击某个箭头按钮后，箭头符号变为，此时，网站中相应的区域被选中，该区域的内容即为导入 Excel 的数据，如图 7-11 所示。

(5) 单击“导入”按钮，设置数据的存放位置，单击“确定”按钮即可。

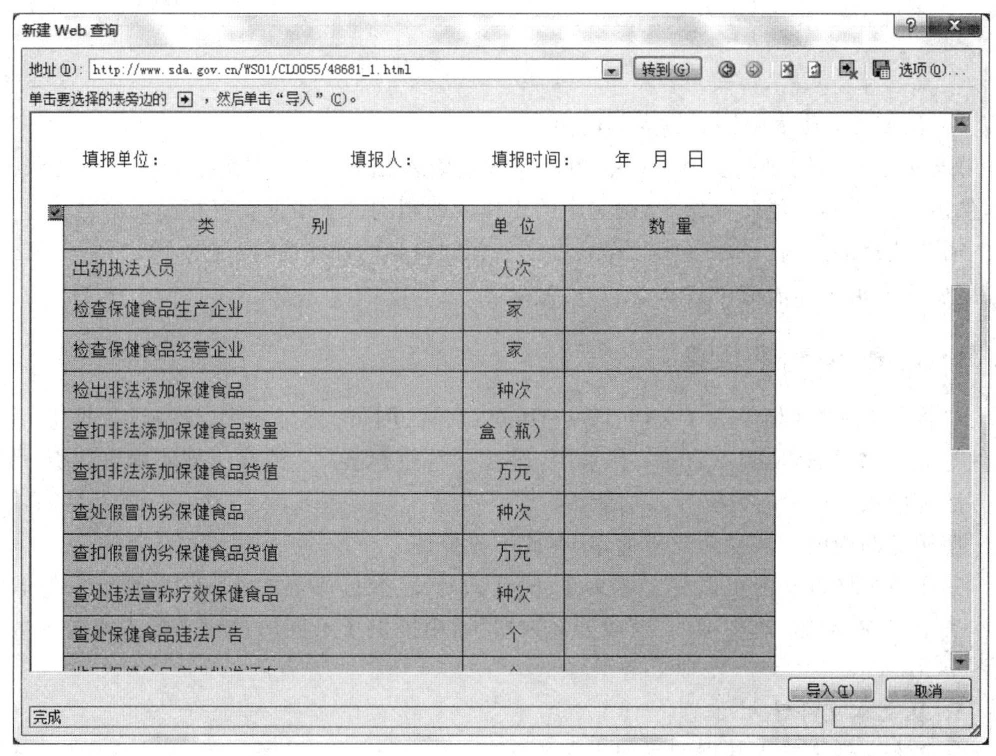


图 7-11 “新建 Web 查询”对话框

**3. 从 Access 导入**

从 Access 中导入数据的操作步骤如下。

(1) 单击“数据”选项卡“获取外部数据”组中的“自 Access”按钮，打开“选择表格”对话框，如图 7-12(a)所示。

(2) 选择需要导入的表名称，单击“确定”按钮。

(3) 打开如图 7-12(b)所示的“导入数据”对话框，设置数据的显示方式和数据的放置位置后，单击“确定”按钮。

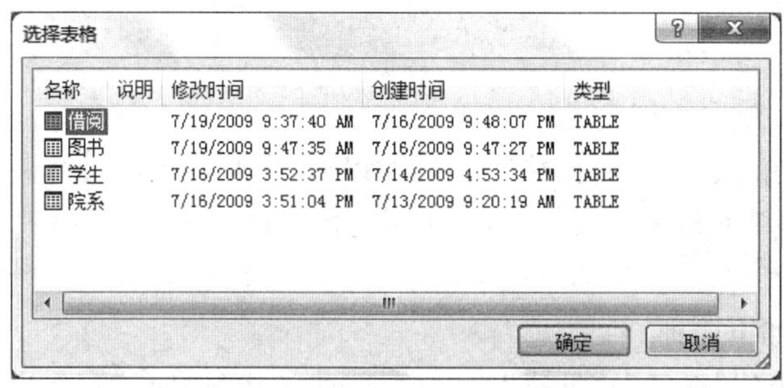

(a)“选择表格”对话框

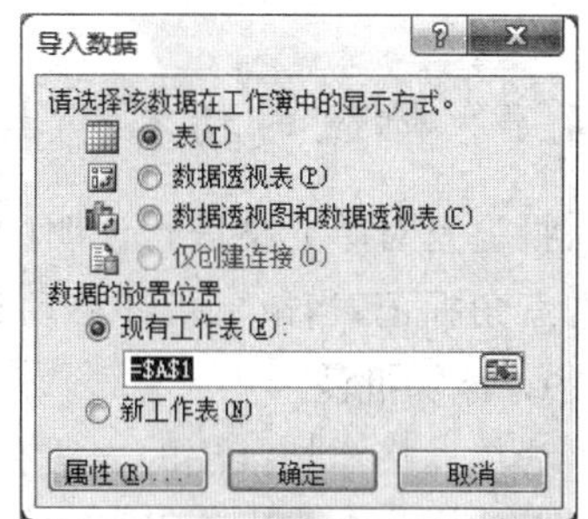

(b)“导入数据”对话框

图 7-12 从 Access 导入数据

## 7.4 编辑和整理数据

对于已经输入好的表格数据,用户经常需要对其进行一些编辑和整理操作,如查找数据、添加批注等。

### 7.4.1 数据的查找和替换

Excel 2010 提供了强大的查找和替换功能,可以通过单击“开始”选项卡“编辑”组中的“查找和选择”按钮,打开下拉菜单,选择适当的功能。

**1. 查找和替换**

Excel 中的查找和替换功能与 Word 中类似,打开“查找和替换”对话框后,“查找”选项卡用于查找指定的数据;“替换”选项卡可以将现有数据快速替换为其他数据。

**2. 转到**

打开“定位”对话框,在“引用位置”文本框中输入一个地址,该地址可以是本工作表,也可以是其他工作表,在输入时需要按照以下格式进行:

[工作簿名称]工作表名称!单元格地址

输入好引用位置后,单击“确定”按钮即可选中指定的单元格。

**3. 定位条件**

打开“定位条件”对话框,在该对话框中可以设置各种筛选条件,如选择“批注”,则 Excel 会将所有含有批注的单元格同时选中。

### 7.4.2 操作的撤销和恢复

在编辑工作表时,出现各种操作错误在所难免。使用 Excel 的撤销功能可以撤销最近一次或多次的操作结果,而恢复功能则可以将撤销的操作再次恢复。

Excel 2010 中的“撤销”和“恢复”按钮在快速访问工具栏中,若快速访问工具栏中未显示,则单击快速访问工具栏最右侧的“自定义快速访问工具栏”按钮,在下拉菜单中选择需要的快速访问工具即可。“撤销”按钮用于撤销操作,“恢复”按钮用于恢复操作。

### 7.4.3 批注的插入

批注是对单元格进行说明的信息。一个单元格有了批注以后,在其右上角会有一个红色的三角标记,当鼠标指针移动到单元格上时,会自动显示所设置的批注内容。

**1. 添加批注**

为单元格添加批注的方法有如下两种。

方法一:选中单元格,单击“审阅”选项卡“批注”组中的“新建批注”按钮,在出现的批注区域中输入批注内容。

方法二:右击单元格,在弹出的快捷菜单中选择“插入批注”命令,然后在出现的批注区域中输入批注内容。

**2. 编辑批注**

若要修改批注,方法有如下两种。

方法一:选中有批注的单元格,单击“审阅”选项卡“批注”组中的“编辑批注”按钮,打开批注框,编辑其中的内容即可。

方法二:右击单元格,在弹出的快捷菜单中选择“编辑批注”命令,此时打开批注框,编辑其中的内容即可。

**3. 删除批注**

删除批注有以下几种方法。

方法一:选中有批注的单元格,单击“审阅”选项卡“批注”组中的“删除”按钮。

方法二:右击有批注的单元格,在弹出的快捷菜单中选择“删除批注”命令。

方法三:选中有批注的单元格,单击“审阅”选项卡“批注”组里中的“编辑批注”按钮,然后单击批注框的边框,选中批注框,按下 Delete 键删除批注。

## 7.5 格式化工作表

为了使表格中的数据更加美观,通常在完成数据的录入工作后,都会进行工作表内容的格式化,如设置字体格式、对齐方式等。

### 7.5.1 套用表格格式

为了迅速建立适合于不同专业需求的工作表,Excel 2010 预制了 60 种外观精美的表格格式。具体操作步骤如下。

(1) 选中需要设置格式的表格区域。

(2) 单击“开始”选项卡“样式”组中的“套用表格格式”按钮,在下拉菜单中选择合适的表格格式。

(3) 在打开的“套用表格格式”对话框中确认引用范围后,单击“确定”按钮。

(4) 单击“设计”选项卡“工具”组中的“转换为区域”按钮,打开“是否将表格转换为普通区域”对话框,单击“确定”按钮,将表格转换成普通数据表。

### 7.5.2　设置字体格式

设置单元格内容的字体、字形、字号以及颜色等格式可以利用“开始”选项卡的“字体”组进行设置，也可以单击“字体”组右下角的按钮，打开“设置单元格格式”对话框，在“字体”选项卡下对字体格式进行设置。

### 7.5.3　设置数字格式

Excel 中提供的数据类型有常规、数字、货币、会计专用、短日期、长日期、时间、百分比、分数、科学记数等。设置数字格式只是更改单元格中数值的显示形式，并不影响其实际值，具体操作步骤如下。

(1) 选择要设置数字格式的单元格区域。

(2) 单击“开始”选项卡“数字”组中的“常规”下拉按钮，如图 7-13(a)所示，在打开的下拉列表中选择要设置的数值类型，如“数字”类型、“百分比”类型、“货币”类型等，如图 7-13(b)所示。

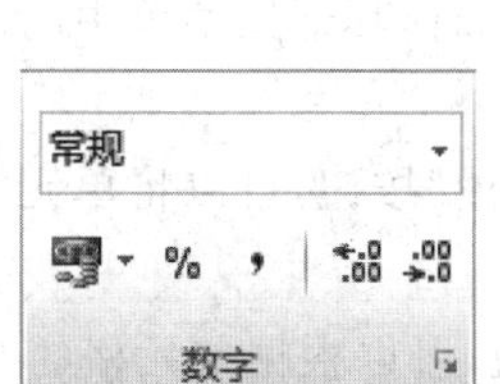


(a)“常规”选项

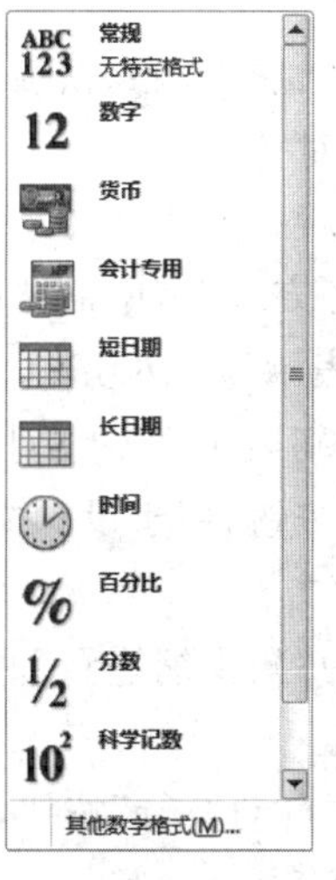


(b)“数字”选项下拉列表

图 7-13　“数字”组

在“数字”组中还提供了“会计数字格式”按钮、“百分比样式”按钮、“千位分隔样式”按钮、“增加小数位数”按钮、“减少小数位数”按钮。单击以上格式按钮，可快速设置数字的格式。

需要对数字的格式进行进一步设置时，可以单击“数字”组右下角的按钮，也可选择如图 7-13(b)所示列表中的最后一项“其他数字格式”，均可打开如图 7-14 所示的“设置单元格格式”对话框的“数字”选项卡。对话框中将根据选择的数字类型给出对应的详细设置，如选择“数值”类型，可以设置小数位数、负数形式等信息。

### 7.5.4　设置对齐方式

对齐是指单元格内容相对于单元格上下左右的位置，分为水平对齐和垂直对齐。水平

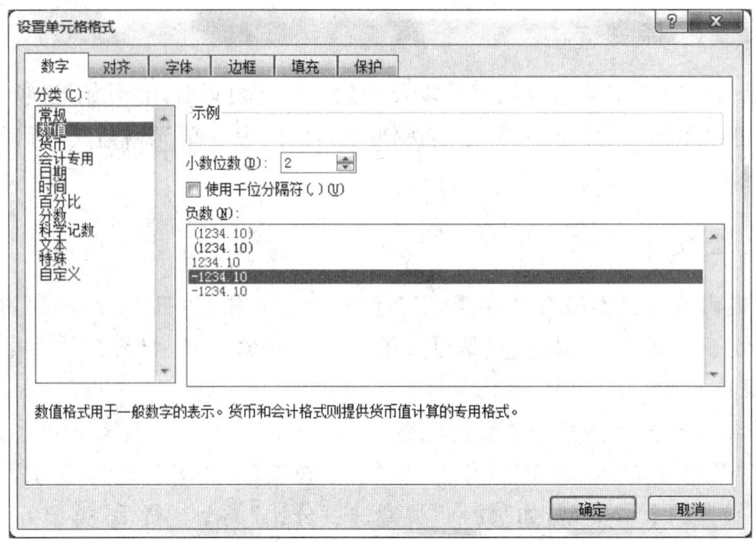

图 7-14 “数字”选项卡

对齐方式有常规、靠左、居中、靠右、填充、两端对齐、跨列居中。垂直对齐方式有靠上、居中、靠下、两端对齐、分散对齐。

设置单元格内容对齐方式和文字方向的方法是选择要设置对齐方式的单元格区域，单击“开始”选项卡“对齐方式”组中需要的对齐按钮。

- 分别表示顶端对齐、垂直居中和底端对齐。
- 分别表示文本左对齐、居中和文本右对齐。
- 为“方向”按钮，用于设置文字的方向，选择其下拉菜单中的旋转方向即可改变单元格中的文字方向。
- 分别为“减少缩进量”和“增加缩进量”按钮，可以将单元格中的文字减少缩进或增加缩进。
- 自动换行 为“自动换行”按钮，单击该按钮，可以根据单元格的宽度多行显示单元格中的所有内容。
- 合并后居中 的下拉菜单中分别有如下几个功能（需要注意的是，进行单元格合并时，若不止一个单元格中有内容，则系统只保留选中区域左上角单元格的内容）。
    - 为“合并后居中”按钮，可以将多个单元格合并，并使内容水平居中。
    - 为“跨越合并”按钮，仅将同一行中的多个单元格合并，保留原有的对齐方式。
    - 为“合并单元格”按钮，可以将若干连续的单元格合并。
    - 为“取消单元格合并”按钮，取消上述的各种合并方式所合并的单元格。

若需要对单元格的对齐方式进行更为详细的设置，则单击“对齐方式”组右下角的按钮，打开“设置单元格格式”对话框的“对齐”选项卡，如图 7-15 所示，根据需要设置即可。

对话框右侧的文本方向是指单元格内容在单元格中显示时偏离水平线的角度，默认为水平方向。

图 7-16 所示的示例中，单元格 A1 中的内容“课程表”的对齐方式为 A1:F1 的“合并后居中”，而单元格 B1 中的内容“2018 年春学期”则是从 B1:F1 的“跨列居中”。请注意这两种

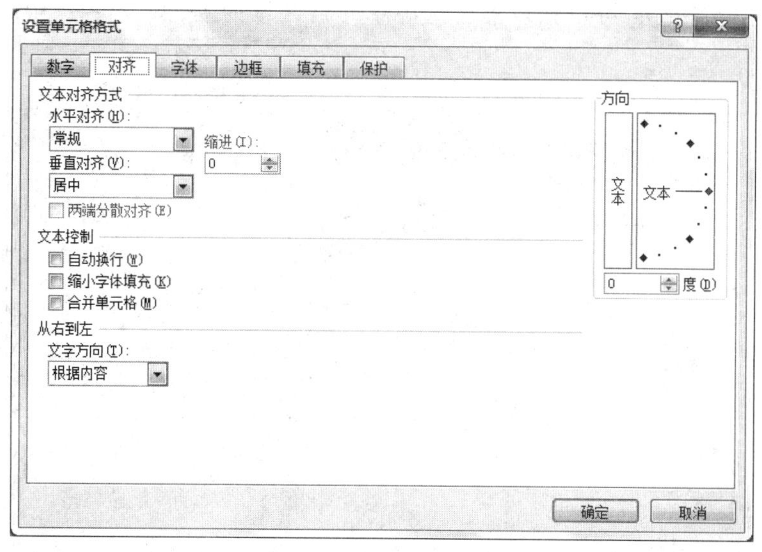


图 7-15　“对齐”选项卡

居中方式的区别，“合并后居中”将所有的单元格先合并然后再居中，而“跨列居中”则不会合并单元格，图中 B2 仍为单独的单元格。

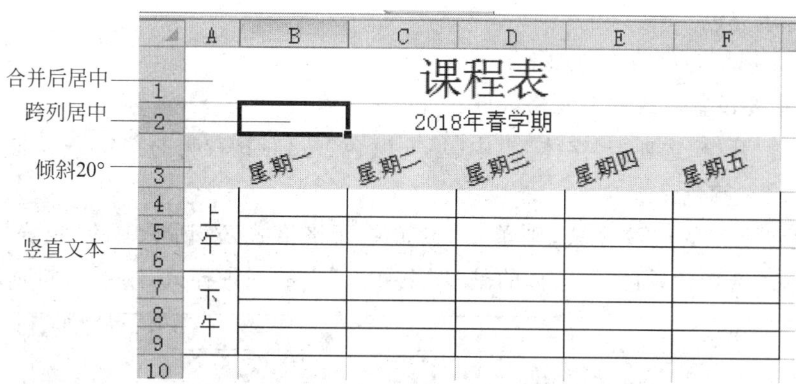


图 7-16　对齐方式示例

## 7.5.5　设置边框和填充色

### 1. 设置边框

设置单元格边框的步骤如下。

(1) 选择要设置边框的单元格区域。

(2) 单击“开始”选项卡“字体”组中“下框线”按钮 右侧的按钮 ▼，在下拉菜单中选择需要的边框样式。

若要设置更多的边框样式，则单击“设置单元格格式”对话框中的“边框”选项卡，如图 7-17 所示。在线条“样式”框中选择线型，在“颜色”下拉列表中选择线条颜色(默认为黑色)，单击“预置”区域中的“外边框”或“内部”按钮，将选择的线型应用到外边框或内部边框，同时“预览”区域中可看到应用的效果。若单击“无”按钮，则可取消设置的边框效果。单击

“边框”区中的八个按钮，可单独设置所选中单元格区域的上、下、左、右、中间以及斜线的样式。

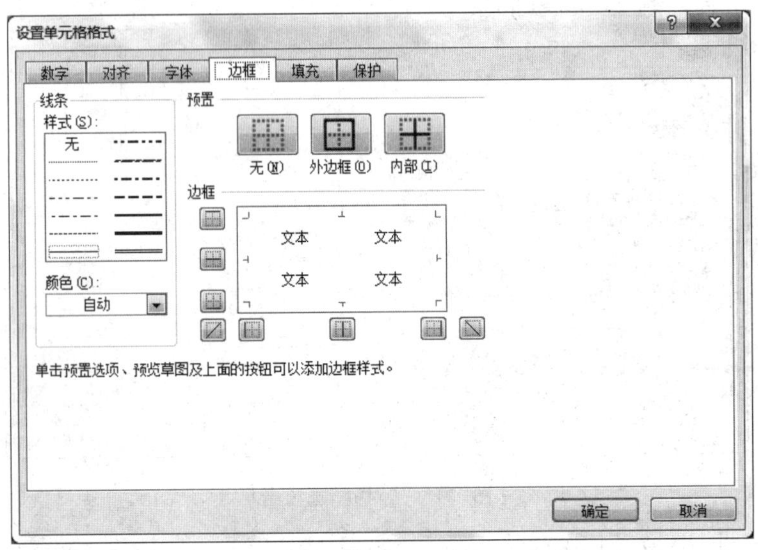


图 7-17 “边框”选项卡

**2. 设置填充色**

设置单元格填充色的步骤如下。

(1) 选择要设置底纹的单元格区域。

(2) 单击“开始”选项卡“字体”组中“填充颜色”按钮右侧的按钮，在下拉菜单中选择需要的填充颜色。

若要设置更多的底纹样式，则单击“设置单元格格式”对话框中的“填充”选项卡，如图 7-18 所示。选择背景色，若选择的是“图案样式”中的一种样式，则可以同时设置背景色

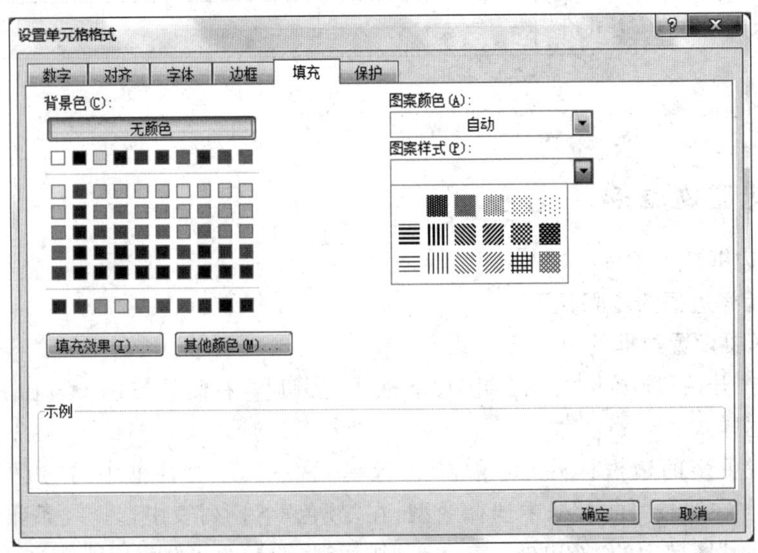


图 7-18 “填充”选项卡

和图案颜色，在“示例”区域可以显示预览效果。

## 7.5.6 设置行、列格式

默认情况下，Excel 工作表中所有行的行高和所有列的列宽都是相等的。当在单元格中输入较多数据时，经常会出现内容显示不完整的情况（只有在编辑栏中才能看到完整数据），此时就需要适当调整单元格的行高和列宽。对于有些行或列，当不需要查看时，还可将它们隐藏起来。

**1. 设置行高或列宽**

设置单元格的行高或列宽有两种方法：一种是使用鼠标直接拖动；另一种是利用菜单。

通过鼠标直接拖动设置行高或列宽的操作方法是：将鼠标指针移到某行行号的下框线或某列列标的右框线处，当鼠标指针变为✚或✚时，按下鼠标左键进行上下或左右移动（在行标或列标处会显示当前行高或列宽的具体数值，且工作表中有一根横向或纵向的虚线），到合适位置后释放鼠标即可。

利用菜单设置行高的方法是选择要设置行高的若干行，选择“开始”选项卡“单元格”组中的“格式”按钮▦，在下拉菜单中选择“行高”命令，打开“行高”对话框。在“行高”文本框中输入行高值，如 15、20 等，单击“确定”按钮。

若在下拉菜单中选择“自动调整行高”命令，则不会打开“行高”对话框，而是系统自动调整各行的行高，以使单元格内容全部显示出来。

利用菜单设置列宽的操作步骤与设置行高的步骤类似，首先选择要设置列宽的若干列，单击“开始”选项卡“单元格”组中的“格式”按钮▦，在下拉菜单中选择“列宽”命令，打开“列宽”对话框。在“列宽”文本框中输入列宽值，如 25、30 等，单击“确定”按钮。

**2. 行或列的隐藏与取消**

若要将若干行或列隐藏起来，方法如下。

方法一：将要隐藏的若干行的行高或列的列宽设置为数值 0。

方法二：单击“开始”选项卡“单元格”组中的“格式”按钮▦，在下拉菜单中选择“隐藏和取消隐藏”命令，在子菜单中选择“隐藏行”或“隐藏列”命令。

方法三：选择好需要隐藏的若干行或若干列，在行标或列标上右击，在弹出的快捷菜单中选择“隐藏”命令。

若要将隐藏的若干行或列重新显示出来，方法如下。

方法一：将鼠标指针移到隐藏行下方的行框线或隐藏列右边的列框线附近，当鼠标指针变为✚，按下鼠标左键向下或向右拖动即可。

方法二：选中包含隐藏行或隐藏列在内的若干行或列，如第 3 行被隐藏，则选中第 2～4 行。单击“开始”选项卡“单元格”组中的“格式”按钮▦，在下拉菜单中选择“隐藏和取消隐藏”命令，在子菜单中选择“取消隐藏行”或“取消隐藏列”命令。

方法三：选中包含隐藏行或隐藏列在内的若干行或列，在行标或列标上右击，在弹出的快捷菜单中选择“取消隐藏”命令。

### 7.5.7 格式的复制和删除

**1. 格式的复制**

与 Word 相同，在 Excel 中同样也提供了格式刷的功能，单击“开始”选项卡的“格式刷”按钮 格式刷，可以将相同的格式复制到其他单元格区域中。单击“格式刷”按钮可以复制一次格式，双击“格式刷”按钮可以将复制好的格式多次应用到新的单元格中。

**2. 删除单元格的格式**

若需要一次性删除单元格的所有格式，有以下两种方法。

方法一：单击“开始”选项卡“编辑”组中的“清除”按钮，在下拉菜单中选择“清除格式”命令。

方法二：选中一个未编辑过的空白单元格，单击“格式刷”按钮，然后拖动鼠标去选中要删除格式的单元格区域。

## 7.6 公式和函数

Excel 最突出的特点就是可以使用公式进行数据处理。公式可以由运算符、常量、单元格引用以及函数组成。函数是一些预定义的特殊算式，可以用来执行数据处理任务，如数据计算、分析等。

### 7.6.1 运算符

Excel 中常用的运算符有数值运算符、字符运算符和关系运算符。

**1. 数值运算符**

数值运算符的运算对象主要是数值类型的数据，主要有＋、－、*、/和^；由数值运算符、数值类型的数据以及相关函数组成的数值表达式，返回结果为数值类型。

**2. 字符运算符**

字符运算符的运算对象为文本类型的数据，只有一种连接运算符“&”，连接运算的结果类型仍然为文本类型。文本类型的常量在连接运算时需要加上双引号，但纯数字文本外的引号可以省略。例如，“123”&“456”与 123&456 的结果都为文本 123456。

**3. 关系运算符**

关系运算符运算的对象是两个相同类型的数据。关系运算符包括＝、＜＞、＞、＞＝、＜、＜＝。关系表达式的运算结果为逻辑型，即其值只能是 TRUE 或 FALSE。

文本数据的大小约定为：汉字比字母大；字母比数字大；字母 A 最小，Z 最大；同一个字母大小写相等；汉字以对应的拼音字母大小顺序为准；数字 0 最小，9 最大。

数值数据的大小与数学中的约定相同。逻辑型数据中的 TRUE 比 FALSE 大。日期时间的大小以转换为数值后的大小为准。

### 7.6.2 公式的使用

在输入公式时，必须以“＝”开头。普通公式在输入完成后直接按下 Enter 键，或用鼠标单击公式编辑栏上的按钮 即可。例如，输入“＝A1＋B2”。

**1. 创建和编辑公式**

创建公式时，可以先单击单元格，然后直接输入公式，或者先单击单元格，再单击编辑栏，然后输入公式。公式输入结束后，单击编辑栏左侧的"输入"按钮✔或直接按Enter键。

所有公式必须以"＝"开头，后面跟运算符、常量、单元格引用、函数名等。对于单元格引用，可以由键盘输入，也可以用鼠标单击要引用的单元格。对于公式中的函数，可以直接输入函数名及其参数，也可以单击"插入函数"按钮fx，在打开的对话框中选择函数名及函数参数。在输入的过程中，若要取消，则单击"取消"按钮×。

若发现输入的公式有误，可单击含有公式的单元格，然后在编辑栏中修改，修改完毕单击"输入"按钮✔或按Enter键即可。

**2. 使用公式时常见的错误代码**

在单元格中输入公式后，若不能正确地计算出结果，将会在单元格中显示错误信息，这些错误信息以代码的形式出现。了解这些错误代码的含义，有助于更快地找到错误原因。常见错误代码及其含义如表7-1所示。

**表7-1　常见错误代码及其含义**

| 错误代码 | 含　义 |
|---|---|
| ######## | 单元格中的数据太长或结果太大，导致单元格列宽不够显示所有数据 |
| #DIV/0! | 除数为0 |
| #VALUE! | 使用了错误的引用 |
| #REF! | 公式引用的单元格被删除了 |
| #N/A | 用于执行计算的信息不存在 |
| #NUM! | 提供的函数参数无效 |
| #NAME? | 使用了不能识别的文本 |

## 7.6.3　公式中单元格的引用方式

在公式中经常要用到工作表中的单元格或单元格区域，用于指明公式中处理的数据所处的位置。在公式中不但可以引用同一工作表中的单元格，也可以引用不同工作表中的单元格以及不同工作簿中的单元格。

单元格的引用有三种方法：相对引用、绝对引用和混合引用。默认情况下，Excel使用相对引用。

**1. 引用运算符**

在引用单元格区域时，可能用到引用运算符"："与"，"。

若有单元格区域A1:C4，则表示以A1单元格与C4单元格为顶点的一个矩形区域。若有单元格区域A1,C4，则表示只有A1单元格与C4单元格的区域。

引用运算符除了冒号与逗号之外，还有空格运算符。空格运算符的含义是求前后两个单元格区域的交集，即既包含在第一个区域中也包含在第二个区域中的单元格区域。若两个单元格区域无重叠区域，则公式将返回"#NULL!"的错误。

**2. 引用方式**

1）相对引用

直接给出列标与行号的引用方法为相对引用，如A1、C5等。

2）绝对引用

在列标与行号的前面加符号＄的引用方法为绝对引用，如＄A＄2、＄C＄5等。

3）混合引用

有时希望公式中的单元格地址一部分固定不变，另一部分随目标单元格的变化而自动变化，这时可以使用混合引用。混合引用有两种：行绝对列相对，如A＄1；行相对列绝对，如＄A1。

**3. 不同的引用方式对公式的影响**

公式中使用的单元格地址的引用方式不同，虽然不会影响当前单元格的计算结果，但是在复制该单元格的公式到其他单元格时，则会产生完全不同的结果。

1）相对引用对公式的作用

使用相对引用的单元格地址在公式发生复制和移动时，其单元格地址也会发生相对的变化。图7-19所示的示例中，计算第6行“总计”时，可以使用相对引用。

| | A | B | C | D | E | F |
|---|---|---|---|---|---|---|
| 1 | 销售地区 | 交换机 | 电话机 | 传真机 | 电脑 | 各地区电脑销量占全国比例 |
| 2 | 华东地区 | 100 | 50 | 80 | 77 | |
| 3 | 华南地区 | 200 | 67 | 100 | 68 | |
| 4 | 西北地区 | 75 | 40 | 30 | 43 | |
| 5 | 华北地区 | 34 | 20 | 18 | 30 | |
| 6 | 总计 | | | | | |

图7-19　相对引用及绝对引用示例

具体操作步骤如下。

（1）选中B6单元格，单击“开始”选项卡“编辑”组中的“自动求和”按钮**Σ 自动求和** ▾。

（2）Excel自动生成求和函数，虚线框中的单元格区域为求和的区域，确认求和区域正确后，单击Enter键或编辑栏上的“输入”按钮 ✓ 。此时B6单元格的编辑栏上显示的公式为“＝SUM(B2:B5)”，公式中对单元格的引用方式为相对引用。

（3）将鼠标移至B6单元格右下角的填充柄上，当指针变为实心的十字形时，拖动鼠标至E6单元格。选中E6单元格后，会发现编辑栏中显示的公式为“＝SUM(E2:E5)”。说明在公式发生移动和复制时，公式中相对引用的单元格地址也会随之一起相对变化。

2）绝对引用对公式的作用

使用绝对引用的单元格地址在公式发生复制和移动时，均保持不变。在上例中，计算F列比例时，应该使用绝对引用，具体操作步骤如下。

（1）选中F2单元格，在编辑栏中手工输入“＝”，再使用鼠标选中E2单元格，接着再手工输入“/”，再使用鼠标选中E6单元格，此时编辑栏中显示的公式为“＝E2/E6”。

（2）选中编辑栏中公式中的E6，按一下键盘上的F4快捷键，将该单元格地址的引用方式更改为绝对引用，也可以手工修改单元格地址的引用方式，此时编辑栏中显示的公式为“＝E2/＄E＄6”。

（3）单击Enter键或编辑栏上的“输入”按钮 ✓ 。

（4）拖动F2单元格的填充柄至F5，此时选中F5单元格后，在编辑栏中显示的公式为“＝E5/＄E＄6”。说明在公式发生移动和复制时，公式中绝对应用的单元格地址是绝对不变的。

若不修改引用方式，直接使用填充柄来填充公式，则在 F3:F5 区域中会提示“#DIV/0!”的错误代码。因为选中 F3 单元格后，在编辑栏中显示公式为“=E3/E7”，而 E7 单元格是空白单元格，因此 Excel 会给出除数为 0 的错误。

3）混合引用对公式的作用

使用混合引用的单元格地址，在公式发生复制和移动时，若列标前有 $ 符号，则列标绝对不变行号相对变化，若行号前有 $ 符号，则行号绝对不变列标相对变化。

**4. 不同工作表中单元格的引用**

同一工作簿不同工作表间的单元格引用格式为：

工作表名![$]列标[$]行号

例如，在工作表 Sheet1 的 A1 单元格中计算工作表 Sheet2 的 A1 与 A2 单元格之和的方法为：选定工作表 Sheet1 工作表的 A1 单元格，输入公式“=Sheet2! A1+Sheet2! A2”后按下 Enter 键。

更简单的操作方法是在输入公式中“=”后，用鼠标单击 Sheet2 的工作表标签，切换到 Sheet2 工作表中。用鼠标单击 A1 单元格，然后再输入“+”，再单击 A2 单元格，最后按下 Enter 键。

不同工作表中单元格引用的应用很广，一定要熟练这种操作。

**5. 不同工作簿中单元格的引用**

不同工作簿间的单元格引用格式为：

[工作簿文件名]工作表名![$]列标[$]行号

例如，在当前工作表中 A1 单元格统计工作簿“招生统计.xlsx”中的 A1 和 A2 单元格数值和的步骤如下。

(1) 选中当前工作表中的 A1 单元格，输入“=”。

(2) 单击任务栏上“招生统计”工作簿任务按钮。

(3) 单击 A1 单元格后输入“+”，再单击“招生统计”工作簿中的 A2 单元格，最后按下 Enter 键。

此时，在当前工作表中 A1 单元格的公式为“[招生统计.xlsx]Sheet1! $A$1+[招生统计.xlsx]Sheet1! $A$2”。

引用不同工作簿中的单元格时，默认是用绝对引用，也可以在编辑栏中选定公式中单元格引用部分，然后按 F4 快捷键进行切换。

### 7.6.4 函数的使用

Excel 函数是预先定义好的表达式。每个函数包括函数名和参数，一般形式为：

函数名(参数列表)

其中，函数名决定了函数的功能和用途，函数名的大小写等价；函数参数提供了函数执行相关操作的数据来源或依据。一个函数可以使用多个参数，参数与参数之间使用英文逗号进行分隔。参数可以是常量、逻辑值、数组、错误值或单元格引用，甚至可以是另一个或几个函数。

输入函数有两种方法。

(1) 手工输入。

在编辑栏中采用手工输入函数，前提是用户必须熟悉函数名的拼写、函数参数的类型、次序以及含义。

(2) 使用函数向导。

为方便用户输入函数，Excel 提供了函数向导功能，打开“插入函数”对话框的方法是单击编辑栏上的“插入函数”按钮 $f_x$，或者单击“公式”选项卡下的“插入函数”按钮 $f_x$。

以上两种方法均会打开如图 7-20(a)所示的“插入函数”对话框。在该对话框的“或选择类别”下拉列表中选择所需要的函数类型，单击“选择函数”列表框中所需要的函数名，然后单击“确定”按钮，打开“函数参数”对话框，如图 7-20(b)所示。由于函数不同，函数的参数个数不同，类型也不同，因此“函数参数”对话框内容也有所不同(个别函数没有参数，故不会打开“函数参数”对话框)。分别输入各个参数后，单击“确定”按钮即可。

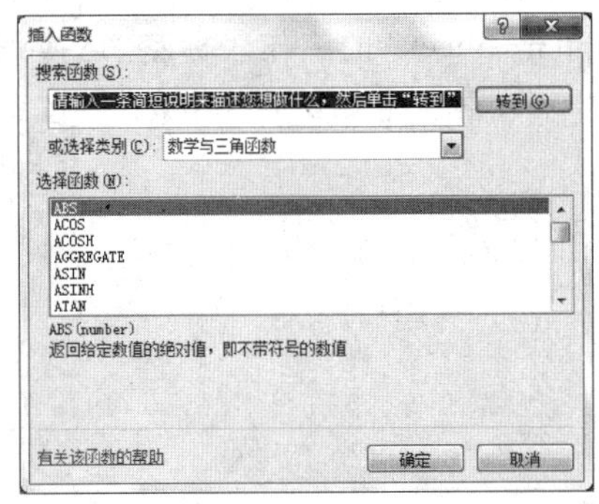


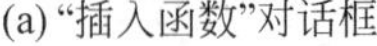
(a)“插入函数”对话框

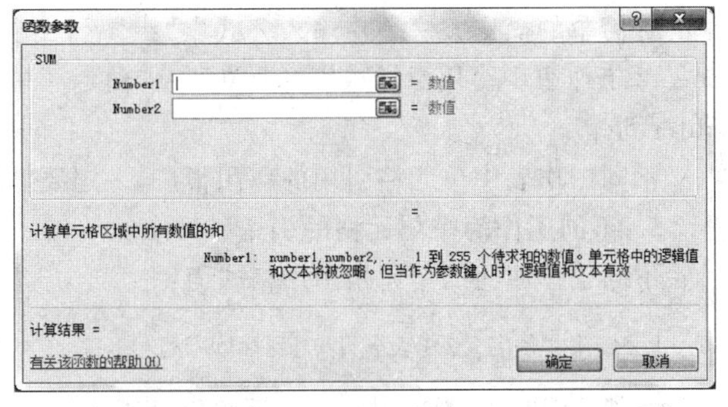


(b)“函数参数”对话框

图 7-20 插入函数

除此以外，Excel 2010 将不同类别的函数封装成了不同的按钮，放置在“公式”选项卡的“函数库”组中。用户可以单击不同类别的函数按钮，在下拉菜单中选择需要的函数，打开对应的函数对话框设置函数参数即可。

## 7.6.5 常用函数

**1. SUM**

格式：SUM(参数 1,参数 2,…)

功能：求各参数之和。

**2. AVERAGE**

格式：AVERAGE(参数 1,参数 2,…)

功能：求各参数的平均值。

**3. MAX**

格式：MAX(参数 1,参数 2,…)

功能：求若干参数中最大值。

**4. MIN**

格式：MIN(参数 1,参数 2,…)

功能：求若干参数中最小值。

**5. COUNT**

格式：COUNT(参数 1,参数 2,…)

功能：统计参数中数值数据的个数,非数值数据与空单元格不计算在内。

**6. COUNTIF**

格式：COUNTIF(条件区域,条件)

功能：统计条件区域中,满足指定条件单元格的个数。

例如,统计如图 7-21 所示某班成绩表中各等级的人数及比例,结果以百分比样式显示,保留一位小数。具体操作步骤如下。

| | A | B | C | D | E | F | G |
|---|---|---|---|---|---|---|---|
| 1 | 学号 | 姓名 | 分数 | 等级 | 等级 | 人数 | 比例 |
| 2 | 02051101 | 赵江一 | 88 | 良好 | 优秀 | | |
| 3 | 02051102 | 万春 | 67 | 及格 | 良好 | | |
| 4 | 02051103 | 李俊 | 48 | 不及格 | 中等 | | |
| 5 | 02051104 | 石建飞 | 85 | 良好 | 及格 | | |
| 6 | 02051105 | 李小梅 | 70 | 中等 | 不及格 | | |
| 7 | 02051106 | 祝燕飞 | 75 | 中等 | | | |
| 8 | 02051107 | 周天添 | 92 | 优秀 | | | |
| 9 | 02051108 | 伍军 | 63 | 及格 | | | |
| 10 | 02051109 | 付云霞 | 76 | 中等 | | | |
| 11 | 02051110 | 费通 | 79 | 中等 | | | |
| 12 | 02051111 | 李立扬 | 73 | 中等 | | | |
| 13 | 02051112 | 钱明明 | 85 | 良好 | | | |
| 14 | 02051113 | 程坚强 | 78 | 中等 | | | |
| 15 | 02051114 | 叶明放 | 86 | 良好 | | | |
| 16 | 02051115 | 黄永抗 | 63 | 及格 | | | |

图 7-21 某班成绩表

(1) 选中 F2 单元格,单击“公式”选项卡“函数库”组中的“其他函数”按钮,在下拉菜单中选择“统计”命令,在子菜单中选择 COUNTIF 命令,打开 COUNTIF 函数的“函数参数”对话框。

(2) 按如图 7-22 所示设置“函数参数”对话框中的参数。

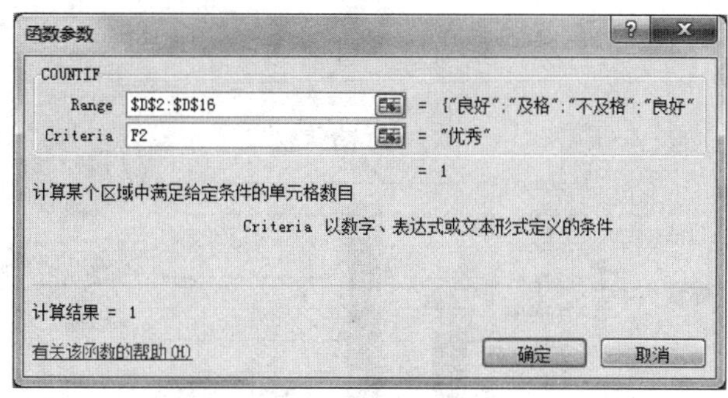


图 7-22 “函数参数”对话框

(3) 单击“确定”按钮,关闭“函数参数”对话框,此时 F2 单元格中的公式为“=COUNTIF($D$2:$D$16,F2)”。

(4) 拖动 F2 单元格的填充柄到 F6 单元格。

(5) 选中 G2 单元格,输入公式“=F2/SUM($F$2:$F$6)”后按下 Enter 键。

(6) 选中 G2 单元格,单击“开始”选项卡“数字”组中的“百分比样式”按钮 %,再单击“增加小数位数”按钮 ,设置数据显示一位小数。

(7) 拖动 G2 单元格的填充柄到 G6 单元格。

**7. IF**

格式:IF(条件,表达式 1,表达式 2)

功能:若条件成立则返回表达式 1 的结果,否则返回表达式 2 的结果。

**8. INT**

格式:INT(数值表达式)

功能:返回不大于数值表达式的最大整数,即向下取整。

**9. ABS**

格式:ABS(数值表达式)

功能:返回数值表达式的绝对值。

**10. ROUND**

格式:ROUND(数值表达式,n)

功能:对数值表达式四舍五入,返回精确到小数点第 n 位的结果。n>0 表示保留 n 位小数;n=0 表示只保留整数部分;n<0 表示从整数部分从右到左的第 n 位上四舍五入。

# 7.7 图表操作

图表是对数据的图形化,可以使数据更为直观,方便用户进行数据的比较和预测。

## 7.7.1 插入图表

**1. 图表的组成要素**

Excel 的图表由许多图表项组成,包括图表标题、水平轴、垂直轴、图例、数据系列、网格线等,如图 7-23 所示。

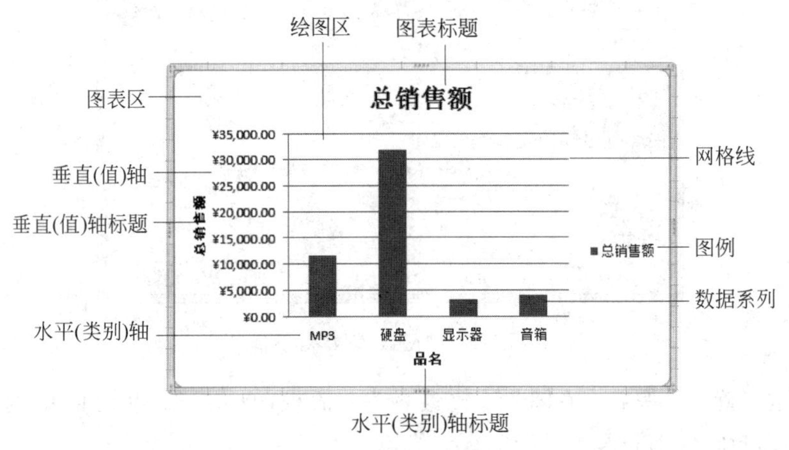


图 7-23 图表的组成要素

(1) 图表标题描述图表的名称，默认在图表的顶端。

(2) 坐标轴分为水平(类别)轴与垂直(值)轴，每个坐标轴都有轴标题。

(3) 图例包含图表中相应的数据系列的名称和数据系列在图中的颜色。

(4) 绘图区为以坐标轴为界的图形绘制区域。

(5) 数据系列为工作表中选定区域的一行或一列数据。

(6) 网格线为从坐标轴刻度延伸出来并贯穿整个绘图区的线条。

**2. 创建图表**

根据工作表中已有的数据列表创建图表有三种方法。

方法一：使用快捷键。选中要创建图表的源数据区域(若只是单击数据列表中的一个单元格，则系统自动将紧邻该单元格的包含数据的所有单元格作为源数据区域)。按 F11 快捷键，即可基于默认图表类型(柱形图)，迅速创建一张新工作表，用来显示建立的图表(即图表与源数据不在同一个工作表中)；或者使用 Alt+F1 快捷键，在当前工作表中创建一个基于默认图表类型(柱形图)的图表。

方法二：使用“插入”选项卡的按钮。选中要创建图表的源数据区域，单击“插入”选项卡“图表”组中需要的图表按钮。在打开的子类型中，选择需要的图表类型，“柱形图”的子类型如图 7-24(a)所示，即可在当前工作表中快速创建一个嵌入式图表。也可以单击右下角的按钮，打开如图 7-24(b)所示的“插入图表”对话框，在该对话框中选择合适的图表类型后，单击“确定”按钮。

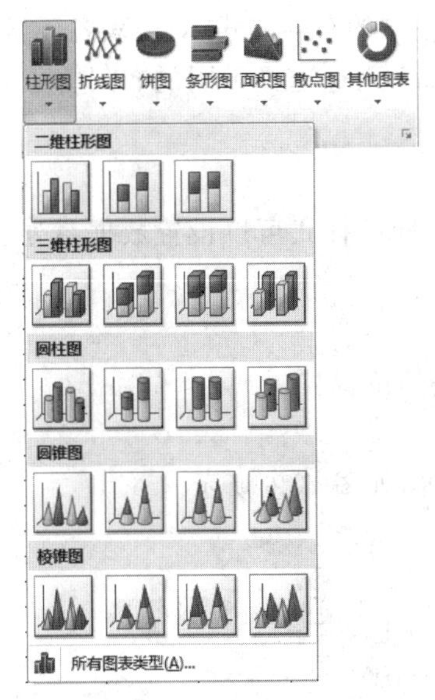


(a) “柱形图”的子类型

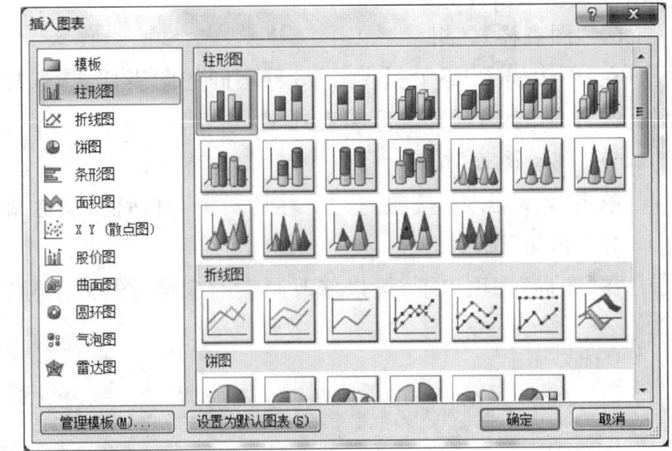


(b) “插入图表”对话框

图 7-24　插入图表

## 7.7.2　图表的编辑和美化

图表创建好之后，对图表中的各个元素进行必要的修改与装饰，可使图表更美观。选中制作好的图表，Excel 的功能区中增加了“图表工具”，包括“设计”“布局”和“格式”三个选项卡，提供了对图表的布局、类型、格式等方面的设置。

**1. “设计”选项卡**

在“设计”选项卡下，可以更改图表类型、图表数据源、图表布局、图表区格式和图表位置等，如图 7-25 所示。

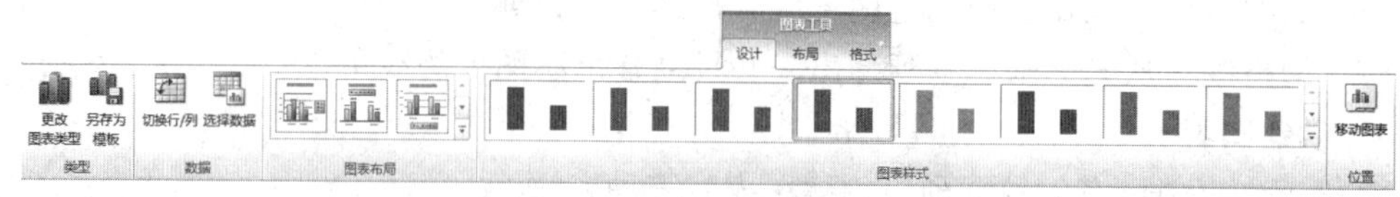


图 7-25 “图表工具”的“设计”选项卡

1）“更改图表类型”按钮

单击“类型”组中的“更改图表类型”按钮，将打开“更改图表类型”对话框，该对话框与图 7-24(b)的“插入图表”对话框一致，选择需要的图表类型即可。

2）“切换行/列”按钮

单击“切换行/列”按钮可以将图表中的水平(类别)轴与图例进行切换。

3）“选择数据”按钮

单击“选择数据”按钮，可以打开“选择数据源”对话框，在该对话框的“图表数据区域”中可以重新选择生成图表的数据源。

4）“图表布局”组

在“图表布局”组中根据不同的图表类型，提供了若干种不同的布局方式，对图表各元素如图表标题、图例、坐标轴、数据系列、网格线等进行了预定义。通过选择不同的布局方式，可以设置图表的外观。

5）“图表样式”组

在“图表样式”组中提供了 48 种不同的图表样式，选择不同的样式可以设置数据系列、图表区背景、绘图区背景等图表外观。

6）“移动图表”按钮

单击“移动图表”按钮，打开“移动图表”对话框，设置图表的位置。

**2. “布局”选项卡**

在“布局”选项卡下，可以修改图表的标题、图例、坐标轴等，如图 7-26 所示。

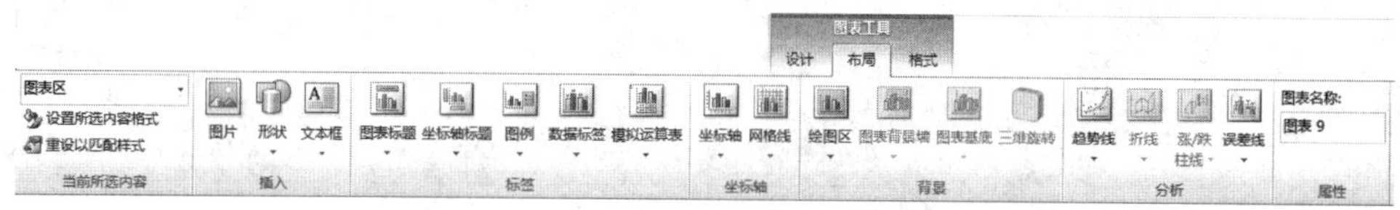


图 7-26 “图表工具”的“布局”选项卡

1）“设置所选内容格式”按钮

“当前所选内容”组最上面的“图表元素”组合框显示了当前被选中的图表元素，也可以通过单击其后的按钮打开组合框的下拉菜单来选择需要设置格式的图表元素。单击“设置所选内容格式”按钮，将打开如图 7-27 所示的“设置图表区格式”对话框来设置“图表元素”组合框中对象的格式。在对话框的左侧选择需要设置的格式类别，在右侧区域设置对应的

格式。

图 7-27 “设置图表区格式”对话框

2）“插入”组

在“布局”选项卡的“插入”组中提供了 3 个按钮，分别用于在图表区中插入“图片”“形状”和“文本框”。具体操作与 Word 中一致，在此不再赘述。

3）“标签”组

“标签”组中提供了 5 个按钮来设置图表元素在图表中的排列位置，单击相应的按钮，在下拉菜单中可以设置对象是否显示及其排列方式。

4）“坐标轴”组

“坐标轴”组中可以设置坐标轴和网格线的显示方式。

5）“背景”组

“背景”组可以设置图表不同区域的背景是否显示，根据不同的图表类型，可以设置背景的图表区域动态变化。

6）“分析”组

“分析”组可以在图表的绘图区添加趋势线、误差线等分析数据。

**3. “格式”选项卡**

在“格式”选项卡下可以设置图表的边框样式、字体样式、填充颜色等，如图 7-28 所示。

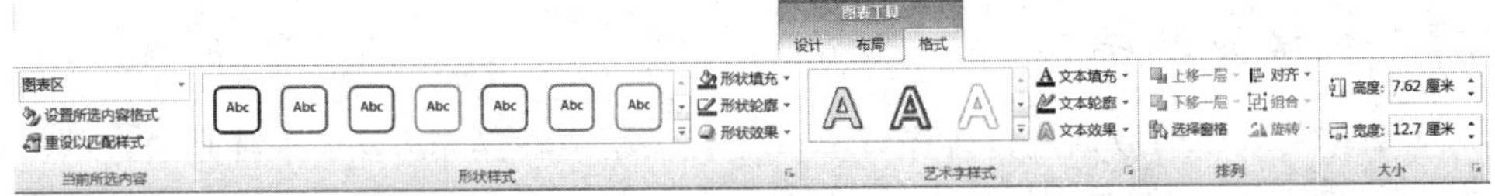

图 7-28 “图表工具”的“格式”选项卡

除上述方法外，直接双击图表元素，可以打开与该图表项相关的属性设置对话框，通过该对话框也可以修改图表元素的属性。

# 7.8 数据管理

Excel 2010 提供了强大的数据管理功能，如排序、分类汇总、筛选等，所有的数据管理操作都是基于数据列表进行的。

## 7.8.1 数据列表与记录单

**1. 数据列表**

数据列表是指包含一组相关数据的若干工作表数据行。有关数据列表的概念以及一些约定如下。

(1) 每个数据列表相当于一个二维表，由标题行(表头)和数据两部分组成。

(2) 数据列表中的每一列称为一个字段，用于存放相同类型的数据。标题行中的每一项即为字段名。

(3) 数据列表中的每一行称为一个记录，存放一组相关的数据。

(4) 一个数据列表最好单独占用一个工作表。

(5) 一个数据列表中应该避免出现空行或空列。

**2. 使用记录单编辑数据列表**

数据列表中的数据行可单击单元格直接编辑，但是当数据量较大时，频繁在行列之间切换很容易出错，因此可以选择使用记录单编辑数据。记录单是数据列表的一种管理工具，使用记录单不仅可以向数据列表中添加数据，还可以修改、删除、移动和查询数据记录。

使用记录单编辑数据列表的操作步骤如下。

(1) 在"开始"选项卡下单击"选项"命令，打开"Excel 选项"对话框。

(2) 在对话框左侧选择"快速访问工具栏"，如图 7-29 所示。

(3) 在"从下列位置选择命令"下拉列表中选择"不在功能区中的命令"。在下方的列表框中选择"记录单"命令，单击"添加"按钮。

(4) 单击"确定"按钮，关闭对话框，在 Excel 的快速访问工具栏中添加了"记录单"按钮 。

(5) 选中数据列表中任意一个单元格，单击"记录单"按钮 ，打开如图 7-30 所示的对话框。在对话框中对数据进行编辑即可。

在记录单对话框中，单击"上一条""下一条"按钮可浏览数据列表中的各行数据；单击"删除"按钮则可删除当前正在查看的一条记录。需要注意的是，使用记录单删除的数据，不能通过"撤销"命令恢复，所以在删除时需小心谨慎。

## 7.8.2 数据的排序

对于数据列表中的数据进行排序，Excel 中提供了两种操作方法：一种是通过单击功能区的"升序"按钮 或"降序"按钮 进行快速排序；另一种是单击"数据"选项卡"排序和筛选"组中的"排序"按钮 ，打开"排序"对话框进行排序。

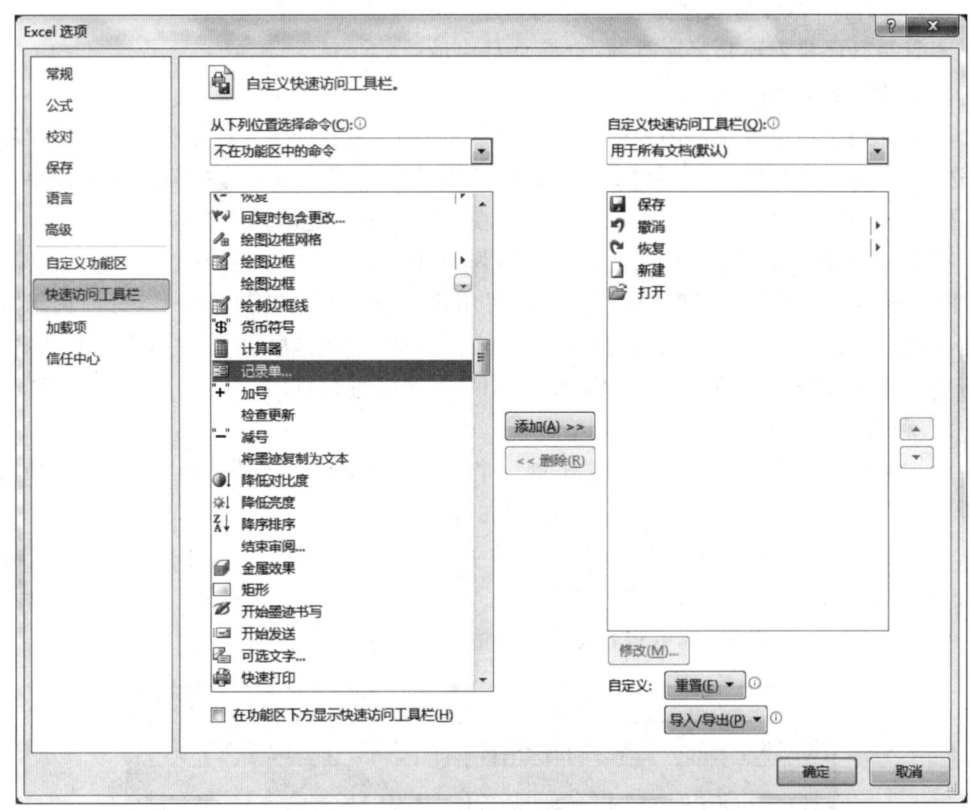


图 7-29　“Excel 选项”对话框

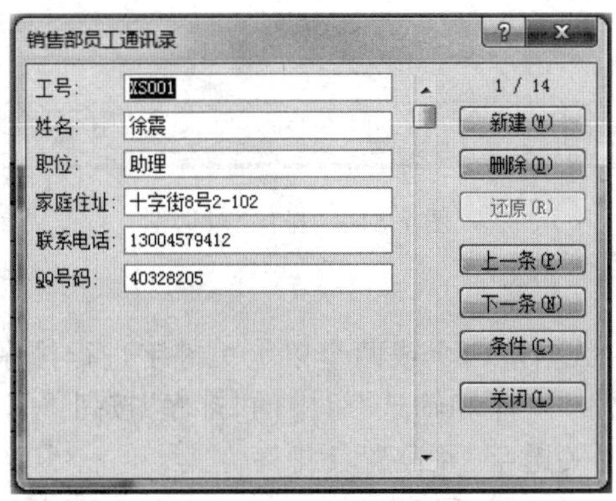


图 7-30　记录单对话框

Excel 的排序规则如下。

(1) 数值数据按数学上的大小规则进行排序。

(2) 文本数据按字符的 ASCII 码进行排序,数字小于大写字母,大写字母小于小写字母,小写字母小于汉字,汉字按字母顺序排。

(3) 日期时间数据按日期时间对应的数值大小进行排序。

若在同一列中有多种数据,则排序规则如下。

(1) 按降序排列时,顺序为错误值、逻辑值、汉字、字母、数字、空格。

(2) 按升序排列时，顺序为数字、字母、汉字、逻辑值、错误值、空格。

不管是升序排列还是降序排列，空格总是在最后。

**1. 利用“排序”按钮排序**

将光标定位在需要排序的列中任意一个单元格中，注意一定要在数据列表内。单击“数据”选项卡“排序和筛选”组中的或按钮，对数据进行降序或升序排列。也可以单击“开始”选项卡“编辑”组中的“排序和筛选”按钮，在下拉菜单中选择或按钮。

排序时只需要将光标定位在需要排序的列中即可，无须选中整个列。若选中了某列数据，则 Excel 会打开“排序提醒”对话框。此时用户可以只对当前列排序，也可以选择“扩展选定区域”来实现整个数据列表的排序。但是若只对当前列排序，则会造成数据行中的数据对应关系紊乱，因此，一般情况下，不建议选中某列数据进行排序。

**2. 利用对话框排序**

(1) 将光标定位在数据列表中的任意一个单元格中，单击“数据”选项卡“排序和筛选”组中的“排序”按钮，打开如图 7-31 所示的“排序”对话框。

(2) 在“主要关键字”中选择排序的关键字；在“排序依据”中选择排序的依据，如“数值”；在“次序”中选择排序的方式，如“升序”。

(3) 单击“确定”按钮，即可将数据列表中的记录按照“工号”升序排列。

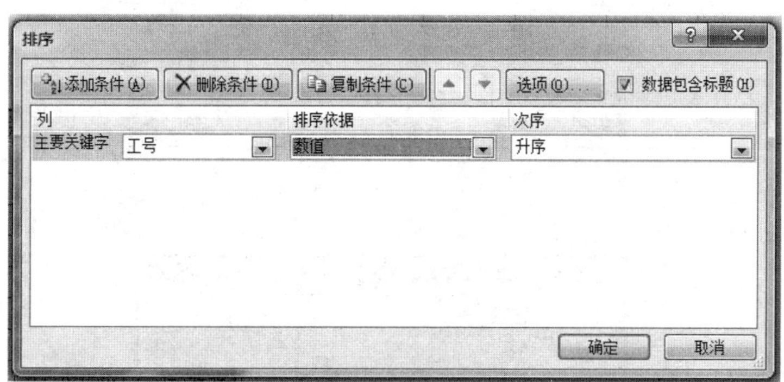


图 7-31 “排序”对话框

**3. 多关键字排序**

若要对数据列表中的数据按两个或两个以上关键字进行排序，具体操作步骤如下。

(1) 单击“数据”选项卡“排序和筛选”组中的“排序”按钮，打开“排序”对话框。

(2) 添加排序的“主要关键字”并设置其排序方式。

(3) 单击“添加条件”按钮，对话框中将多出一行“次要关键字”。根据排序需求，设置次要关键字及其排序依据等信息。

(4) 若需要继续增加排序关键字，则重复上述步骤，图 7-32 中设置了三个排序关键字，还可以根据需要继续增加。

(5) 若要删除某个条件，则选中该条件后单击“删除条件”按钮。

(6) 单击“确定”按钮，关闭对话框。

### 7.8.3 数据的筛选

数据筛选是查询出满足条件的数据。Excel 中主要有两种方法可以实现数据的筛选：

图 7-32　多关键字"排序"对话框

自动筛选和高级筛选。本节主要讲述自动筛选，高级筛选的内容请参考 7.10.14 节内容。

使用自动筛选的方法是选中数据列表中的任意一个单元格，单击"数据"选项卡"排序和筛选"组中的"筛选"按钮，此时数据列表的标题行中的每个单元格右侧出现"筛选"按钮。单击所需筛选的字段旁的按钮，可以在下拉列表中选择相关筛选项进行筛选。

**1. 在值列表中筛选**

例如，在如图 7-33 所示的医药用品销售情况表中，筛选出所有品牌为"医疗器械"的相关数据。

| | A | B | C | D | E | F | G | H |
|---|---|---|---|---|---|---|---|---|
| 1 | 日期 | 药品编号 | 药品类别 | 品名 | 零售价 | 数量 | 金额 | 零售单位 |
| 2 | 2008/1/8 | YPYL003 | 饮片原料 | 灵芝草 | ¥ 150.00 | 2 | ¥ 300.00 | 元/袋（250g） |
| 3 | 2008/1/8 | YPYL004 | 饮片原料 | 冬虫夏草 | ¥ 260.00 | 1 | ¥ 260.00 | 元/盒（10g） |
| 4 | 2008/1/8 | YLQ002 | 医疗器械 | 周林频谱仪 | ¥ 225.00 | 1 | ¥ 225.00 | 元/台 |
| 5 | 2008/1/8 | YLQ003 | 医疗器械 | 颈椎治疗仪 | ¥ 198.00 | 1 | ¥ 198.00 | 元/个 |
| 6 | 2008/1/8 | BJP007 | 保健品 | 燕窝 | ¥ 198.00 | 1 | ¥ 198.00 | 元/盒 |
| 7 | 2008/1/8 | BJP005 | 保健品 | 朵儿胶囊 | ¥ 77.40 | 2 | ¥ 154.80 | 元/盒 |
| 8 | 2008/1/8 | BJP003 | 保健品 | 排毒养颜 | ¥ 67.20 | 2 | ¥ 134.40 | 元/盒 |
| 9 | 2008/1/8 | BJP004 | 保健品 | 太太口服液 | ¥ 38.00 | 3 | ¥ 114.00 | 元/盒 |
| 10 | 2008/1/8 | BIP005 | 保健品 | 朵儿胶囊 | ¥ 77.40 | 1 | ¥ 77.40 | 元/盒 |
| 11 | 2008/1/8 | YLQ004 | 医疗器械 | 505神功元气带 | ¥ 69.50 | 1 | ¥ 69.50 | 元/个 |
| 12 | 2008/1/8 | YLQ007 | 医疗器械 | 月球车 | ¥ 58.00 | 1 | ¥ 58.00 | 元/个 |
| 13 | 2008/1/8 | ZCY007 | 中成药 | 国公酒 | ¥ 11.40 | 5 | ¥ 57.00 | 元/瓶 |
| 14 | 2008/1/8 | BJP002 | 保健品 | 红桃K | ¥ 44.80 | 1 | ¥ 44.80 | 元/瓶 |
| 15 | 2008/1/8 | YPYL007 | 饮片原料 | 枸杞 | ¥ 18.00 | 2 | ¥ 36.00 | 元/袋（100g） |
| 16 | 2008/1/8 | YPYL001 | 饮片原料 | 人参 | ¥ 0.13 | 250 | ¥ 32.50 | 元/g |
| 17 | 2008/1/8 | XY004 | 西药 | 青霉素 | ¥ 25.00 | 1 | ¥ 25.00 | 元/盒 |
| 18 | 2008/1/8 | ZCY005 | 中成药 | 感冒冲剂 | ¥ 12.30 | 2 | ¥ 24.60 | 元/盒 |
| 19 | 2008/1/8 | ZCY002 | 中成药 | 舒肝和胃丸 | ¥ 11.00 | 2 | ¥ 22.00 | 元/盒 |
| 20 | 2008/1/8 | XY006 | 西药 | 去痛片 | ¥ 8.60 | 2 | ¥ 17.20 | 元/瓶 |

图 7-33　医药用品销售情况表

具体操作步骤如下。

(1) 单击数据列表中任意一个单元格，或者选中数据列表 A2:H20。

(2) 单击"数据"选项卡"排序和筛选"组中的"筛选"按钮，此时数据列表的标题行中的每个单元格右侧出现"筛选"按钮。也可以单击"开始"选项卡"编辑"组中的"排序和筛

选”按钮,在下拉菜单中选择“筛选”命令。

(3)单击“药品类别”单元格右侧的“筛选”按钮,在下拉菜单中取消勾选“全选”复选框,再勾选“医疗器械”复选框,如图7-34所示,单击“确定”按钮。

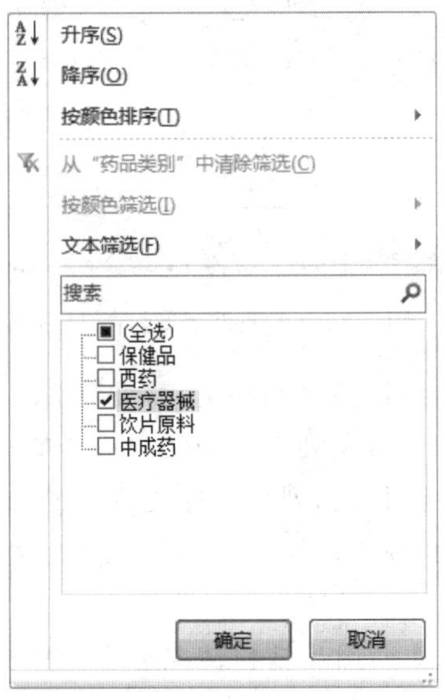


图7-34 “自动筛选”下拉菜单

## 2. 根据数据筛选

很多情况下,不仅需要按照现有的值列表来筛选,还要根据列数据中的数据大小、内容等来筛选,如在上述“医药用品销售情况表”中,筛选出品名中含有“草”字的相关数据,需打开“品名”列的“自动筛选”按钮的下拉菜单,选择“文本筛选”命令,在子菜单中选择“包含”命令,打开如图7-35所示的对话框,设置包含内容为“草”,单击“确定”按钮。

图7-35 “自定义自动筛选方式”对话框

除了对文本型数据可以进行文本内容的筛选以外,还可以对数值型数据的大小进行筛选。例如在“医药用品销售情况表”中筛选出零售价低于50元的相关数据,打开“零售价”列的“自动筛选”按钮的下拉菜单后,选择“数字筛选”命令,在子菜单中选择“小于”命令,打开对话框后进行相关设置即可。

日期和时间型数据同样有相应的筛选模式,步骤与之类似,不再赘述。

**3. 多条件筛选**

若需要对多列数据同时进行筛选，则反复多次执行筛选步骤即可。需要注意的是，多个筛选条件之间为“并且”的关系，也就是说，所有筛选条件都满足的数据才会显示。

**4. 取消筛选**

取消数据筛选的方法为单击“开始”选项卡“编辑”组中的“排序和筛选”按钮，在下拉菜单中再次选择“筛选”命令可取消筛选。取消筛选会令所有筛选结果都取消，即所有因筛选而被隐藏的行将全部显示出来。

## 7.8.4　数据的分类汇总

分类汇总可以实现对数据的分类统计，即将分类字段中字段值相同的记录合并为一个组，然后按某一种汇总方式进行合并计算。

Excel 在检查分类字段时，每遇到一个不同的字段值就会认为一个分组结束，因此在执行分类汇总操作之前，一定要对分类字段进行排序，将字段值相同的记录排列在一起。

| | A | B | C | D | E | F |
|---|---|---|---|---|---|---|
| 1 | 姓名 | 性别 | 部门 | 身份证号 | 出生日期 | 毕业院校 |
| 2 | 王志强 | 男 | 行政部 | 322920197903021932 | 1979年3月2日 | 苏州大学 |
| 3 | 马爱华 | 女 | 生产部 | 330101197610120104 | 1976年10月12日 | 河海大学 |
| 4 | 马勇 | 男 | 行政部 | 330203196908023318 | 1969年8月2日 | 苏州大学 |
| 5 | 王传 | 男 | 生产部 | 210302198607160938 | 1986年7月16日 | 南京大学 |
| 6 | 吴晓丽 | 女 | 售后部 | 210303198412082729 | 1984年12月8日 | 复旦大学 |
| 7 | 张晓军 | 男 | 销售部 | 130133197310132131 | 1973年10月13日 | 常熟理工大学 |
| 8 | 朱强 | 男 | 销售部 | 622723198602013432 | 1986年2月1日 | 南京大学 |
| 9 | 朱晓晓 | 女 | 生产部 | 32058419701107020X | 1970年11月7日 | 南京理工大学 |
| 10 | 包晓燕 | 女 | 行政部 | 21030319841208272X | 1984年12月8日 | 苏州科技大学 |
| 11 | 顾志刚 | 男 | 销售部 | 210303196508131212 | 1965年8月13日 | 同济大学 |
| 12 | 李冰 | 男 | 销售部 | 152123198510030654 | 1985年10月3日 | 浙江大学 |
| 13 | 任卫杰 | 男 | 研发部 | 120117198507020614 | 1985年7月2日 | 苏州大学 |
| 14 | 王刚 | 男 | 研发部 | 210303198105153618 | 1981年5月15日 | 苏州大学 |
| 15 | 吴英 | 女 | 行政部 | 210304198503040065 | 1985年3月4日 | 南京理工大学 |
| 16 | 李志 | 女 | 售后部 | 370212197910054747 | 1979年10月5日 | 苏州大学 |
| 17 | 刘畅 | 女 | 销售部 | 37010219780709298X | 1978年7月9日 | 南京大学 |
| 18 | | | | | | |

图 7-36　人事档案表

例如，在如图 7-36 所示的人事档案表中，统计各个部门的人数。具体操作步骤如下。

(1) 使用“排序”功能将数据列表按照“部门”升序或降序排列。

(2) 单击“数据”选项卡“分级显示”组中的“分类汇总”按钮，打开“分类汇总”对话框。

(3) 在对话框中选择“分类字段”为“部门”，汇总方式为“计数”，在“选定汇总项”列表框中勾选“毕业院校”复选框，如图 7-37(a)所示。

(4) 单击“确定”按钮，关闭对话框，分类汇总结果如图 7-37(b)所示。

在分类汇总的结果中，左侧出现了分级按钮 1 2 3，若单击 1 按钮，显示总的汇总结果，单击 2 按钮可以显示各职称的平均值，单击 3 按钮则可以显示明细数据。

此外，单击左侧的 − 按钮可以隐藏相关的数据，同时按钮变为 +。单击 + 按钮则可以显示相关数据，同时按钮变为 −。

若要删除分类汇总，可以打开“分类汇总”对话框，单击对话框左下角的“全部删除”按钮即可。

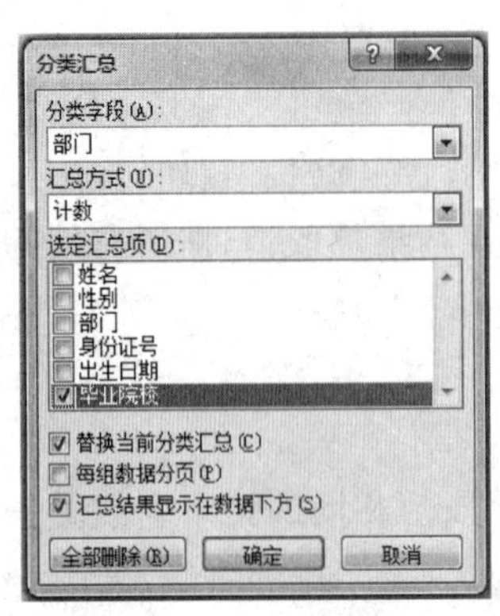


(a)"分类汇总"对话框

| | A | B | C | D | E | F |
|---|---|---|---|---|---|---|
| 1 | 姓名 | 性别 | 部门 | 身份证号 | 出生日期 | 毕业院校 |
| 2 | 王志强 | 男 | 行政部 | 322920197903021932 | 1979年3月2日 | 苏州大学 |
| 3 | 马勇 | 男 | 行政部 | 330203196908023318 | 1969年8月2日 | 苏州大学 |
| 4 | 包晓燕 | 女 | 行政部 | 21030319841208272X | 1984年12月8日 | 苏州科技大学 |
| 5 | 吴英 | 女 | 行政部 | 210304198503040065 | 1985年3月4日 | 南京理工大学 |
| 6 | | | 行政部 计数 | | | 4 |
| 7 | 马爱华 | 女 | 生产部 | 330101197610120104 | 1976年10月12日 | 河海大学 |
| 8 | 王传 | 男 | 生产部 | 210302198607160938 | 1986年7月16日 | 南京大学 |
| 9 | 朱晓晓 | 女 | 生产部 | 32058419701107020X | 1970年11月7日 | 南京理工大学 |
| 10 | | | 生产部 计数 | | | 3 |
| 11 | 吴晓丽 | 女 | 售后部 | 210303198412082729 | 1984年12月8日 | 复旦大学 |
| 12 | 李志 | 女 | 售后部 | 370212197910054747 | 1979年10月5日 | 苏州大学 |
| 13 | | | 售后部 计数 | | | 2 |
| 14 | 张晓军 | 男 | 销售部 | 130133197310132131 | 1973年10月13日 | 常熟理工大学 |
| 15 | 朱强 | 男 | 销售部 | 622723198602013432 | 1986年2月1日 | 南京大学 |
| 16 | 顾志刚 | 男 | 销售部 | 210303196508131212 | 1965年8月13日 | 同济大学 |
| 17 | 李冰 | 男 | 销售部 | 152123198510030654 | 1985年10月3日 | 浙江大学 |
| 18 | 刘畅 | 女 | 销售部 | 37010219780709298X | 1978年7月9日 | 南京大学 |
| 19 | | | 销售部 计数 | | | 5 |
| 20 | 任卫杰 | 男 | 研发部 | 120117198507020614 | 1985年7月2日 | 苏州大学 |
| 21 | 王刚 | 男 | 研发部 | 210303198105153618 | 1981年5月15日 | 苏州大学 |
| 22 | | | 研发部 计数 | | | 2 |
| 23 | | | 总计数 | | | 16 |
| 24 | | | | | | |

(b)分类汇总结果

图 7-37 分类汇总

# 7.9 打印工作表

制作完成后的工作表需要打印时,可以根据不同的用户需求,设置不同的打印格式。

## 7.9.1 设置页面布局

Excel 2010 中的页面布局包括设置页面的方向、纸张的大小、页边距、打印方向、页眉和页脚等。在"页面布局"选项卡下有多个页面布局的功能按钮,如页边距、纸张方向、纸张大小等,如图 7-38 所示,单击各按钮可以完成对页面布局的相关设置。

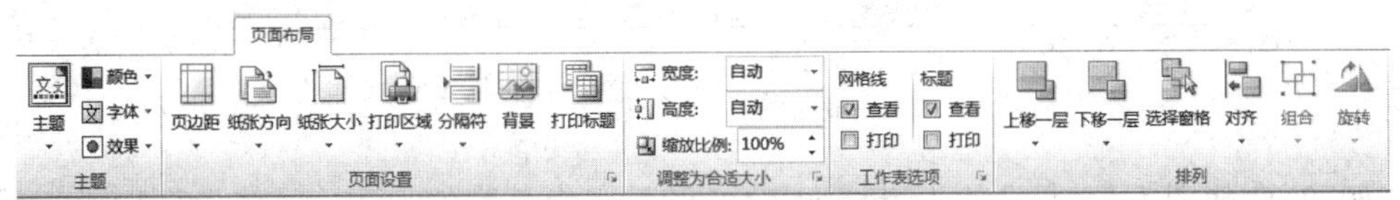


图 7-38 "页面布局"选项卡

单击"页面设置"组右下角的按钮 ,可以打开"页面设置"对话框,里面包含了四个选项卡,分别为"页面""页边距""页眉/页脚"以及"工作表",如图 7-39 所示。

**1. "页面"选项卡**

- "方向"设置区用于选择工作表的打印方向(纵向或横向)。
- "缩放"设置区用于设置打印区域的缩放比例(百分比形式),或在"页宽"和"页高"编辑框中指定数值,使打印区域自动缩放到合适比例。
- "纸张大小"下拉列表用于选择纸张的大小,如 A3、A4、B4 等。

**2. "页边距"选项卡**

- "上""下""左""右"编辑框分别用于设置打印区域与纸张的上边缘、下边缘、左边缘和右边缘的距离。

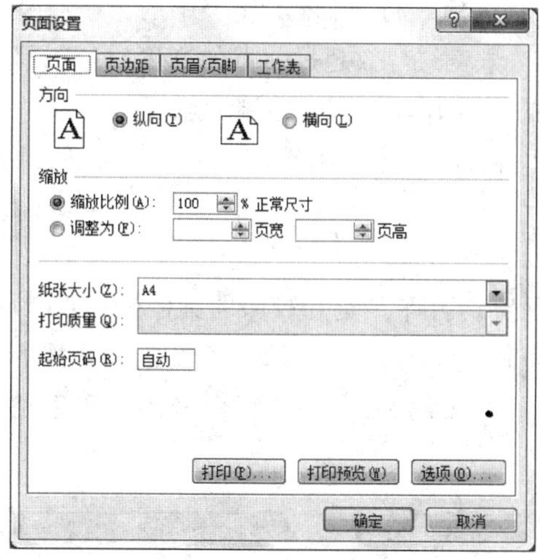


(a)"页面"选项卡

(b)"页边距"选项卡

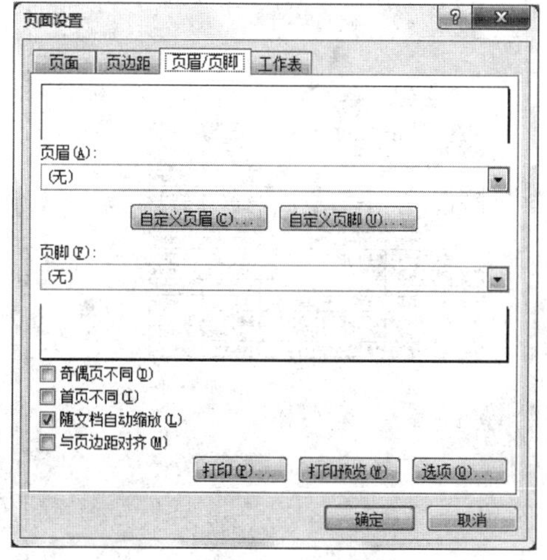


(c)"页眉/页脚"选项卡

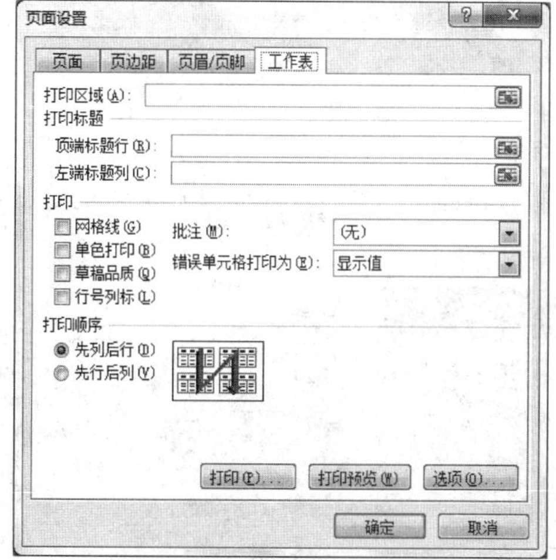


(d)"工作表"选项卡

图 7-39 "页面设置"对话框

- "页眉""页脚"编辑框分别用于设置页眉与纸张上边缘的距离、页脚与纸张下边缘的距离。
- 居中方式中的"水平"和"垂直"复选框若同时被勾选,则可将打印区域打印在纸张的中心位置。

**3. "页眉/页脚"选项卡**

- 设置页眉。在"页眉"下拉列表框中选择一种系统预定义的页眉样式,或单击"自定义页眉"按钮来插入页码、日期、时间或图片等内容。
- 设置页脚的方法与之类似。

**4. "工作表"选项卡**

- 打印区域。若不设置打印区域,则系统默认打印所有包含数据的单元格。如果只想打印部分单元格区域,则单击"打印区域"右端的按钮,选择打印区域范围。

• 打印标题。通过设置“顶端标题行”和“左端标题行”可将工作表中的第一行或第一列设置为打印时每页的标题。通常，当工作表的行数超过一页的高度时，需设置“顶端标题行”；当工作表的列数超过一页的宽度时，需设置“左端标题行”。

• 打印。勾选需要打印的项目复选框，如网格线、行号列标等。

## 7.9.2 打印预览和打印

在正式打印之前，最好先进行打印效果的预览。打印预览和打印的具体操作步骤如下。

(1) 选择“文件”选项卡下的“打印”功能，窗口右侧显示打印的相关设置和文档的预览效果，如图 7-40 所示。在窗口的底部显示了当前的页码和总页数，可以输入页码来切换打印预览的对象。

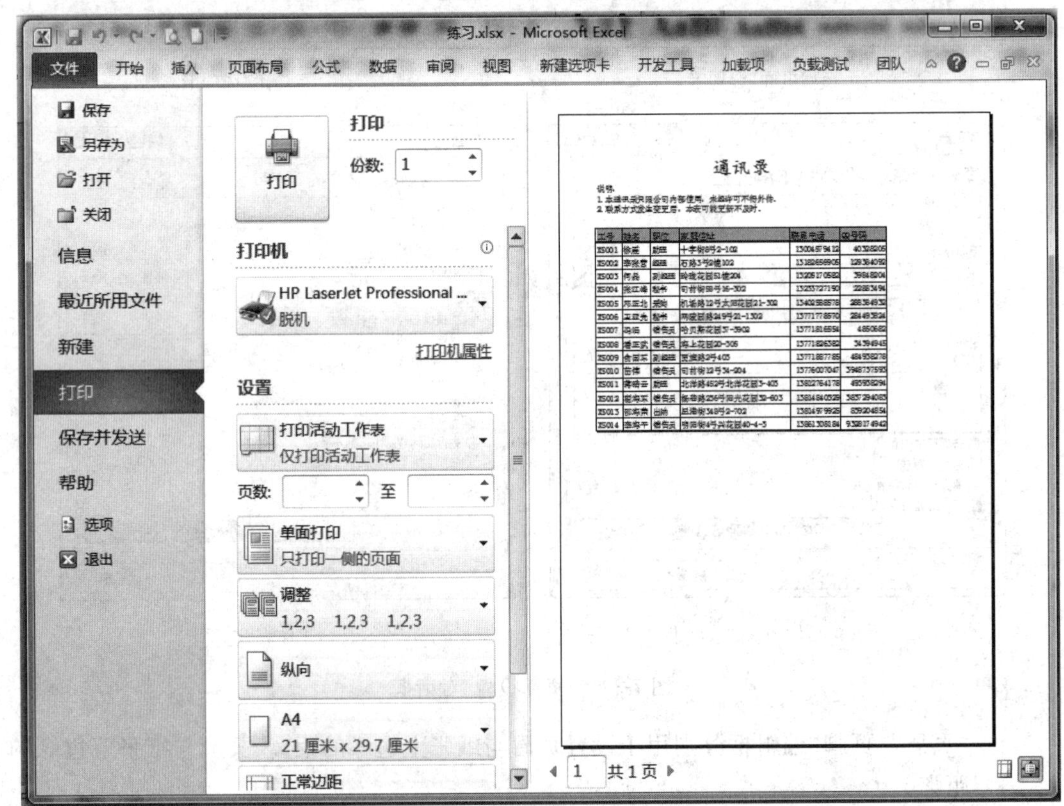


图 7-40 “打印”功能

(2) 单击窗口右下角的按钮▣，可以对预览的文件进行放大和缩小。单击窗口右下角的按钮□，可以在预览的页面上以细实线显示出页边距的距离，通过鼠标拖动可以改变页边距的大小。

(3) 在中间的窗格中，根据需要设置打印参数，如选择需要的打印机、设置打印份数、选择打印的范围等操作。

(4) 设置完成后，单击“打印”按钮即可打印该文档。

# 7.10 实用高级操作技巧

## 7.10.1 设置数据有效性

为了在输入数据时尽量少出错，可以通过使用 Excel 的数据有效性来设置单元格中允许输入的数据类型或者有效数据的取值范围。默认情况下，输入单元格的有效数据为任意值。当输入值不符合指定的约束条件时，系统将拒绝接受数据。

选中某单元格后，单击“数据”选项卡“数据工具”组中的“数据有效性”按钮，打开如图 7-41 所示的“数据有效性”对话框。

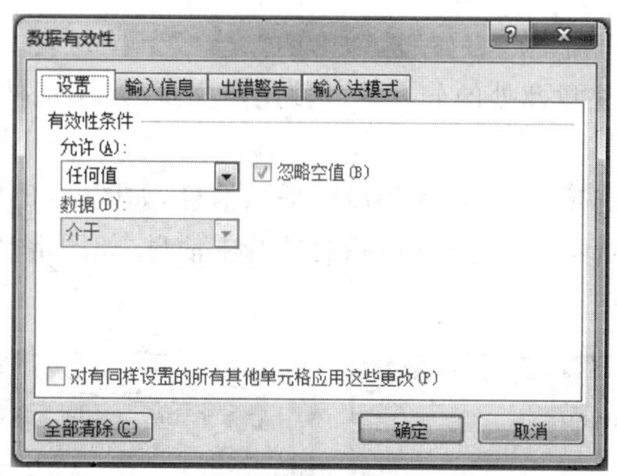


图 7-41 “数据有效性”对话框

“允许”下拉列表中的有效性类型及含义如表 7-2 所示。

表 7-2 数据有效性类型及含义

| 类 型 | 含 义 |
|---|---|
| 任何值 | 数据无约束 |
| 整数 | 输入的数据必须是符合条件的整数 |
| 小数 | 输入的数据必须是符合条件的小数 |
| 序列 | 输入的数据必须是指定序列内的数据 |
| 日期 | 输入的数据必须是符合条件的日期 |
| 时间 | 输入的数据必须是符合条件的时间 |
| 文本长度 | 输入数据的长度必须满足指定的条件 |
| 自定义 | 允许使用公式、表达式指定单元格中数据必须满足的条件。公式或表达式的返回值为 TRUE 时数据有效，返回值为 FALSE 时数据无效 |

例如制作如图 7-42 所示的学生成绩登记表时，需要为“性别”与各科成绩设置数据有效性，同时还可以设置输入提示信息与出错警告信息。

**1. 利用序列设置有效性**

设置性别字段的有效性：只允许为男或女。具体步骤如下。

(1) 选中 C4:C13 单元格区域，单击“数据”选项卡“数据工具”组中的“数据有效性”按钮。

| | A | B | C | D | E | F | G |
|---|---|---|---|---|---|---|---|
| 1 | 学生成绩登记表 | | | | | | |
| 2 | | | | | | 填表日期 | 2017/11/28 |
| 3 | 学号 | 姓名 | 性别 | 语文 | 数学 | 英语 | 总分 |
| 4 | 2016060301 | 王勇 | 男 | 89 | 98 | 70 | 257 |
| 5 | 2016060302 | 刘田田 | 女 | 78 | 67 | 90 | 235 |
| 6 | 2016060303 | 李冰 | 女 | 80 | 90 | 78 | 248 |
| 7 | 2016060304 | 任卫杰 | 男 | 67 | 78 | 59 | 204 |
| 8 | 2016060305 | 吴晓丽 | 女 | 90 | 88 | 96 | 274 |
| 9 | 2016060306 | 刘唱 | 男 | 67 | 89 | 76 | 232 |
| 10 | 2016060307 | 王强 | 男 | 88 | 97 | 89 | 274 |
| 11 | 2016060308 | 马爱军 | 男 | 95 | 80 | 79 | 254 |
| 12 | 2016060309 | 张晓华 | 女 | 67 | 89 | 98 | 254 |
| 13 | 2016060310 | 朱刚 | 男 | 94 | 89 | 87 | 270 |

图 7-42　学生成绩登记表

（2）在打开的对话框中，在“设置”选项卡的“允许”下拉列表中选择“序列”。在“来源”编辑框中输入“男,女”(注意此处的分隔符应使用英文逗号，不能使用中文逗号)，如图 7-43(a)所示。

（3）在“输入信息”选项卡下，输入相应的提示信息，如图 7-43(b)所示。

（4）在“出错警告”选项卡下，输入出错时的警告信息，如图 7-43(c)所示。

（5）单击“确定”按钮。

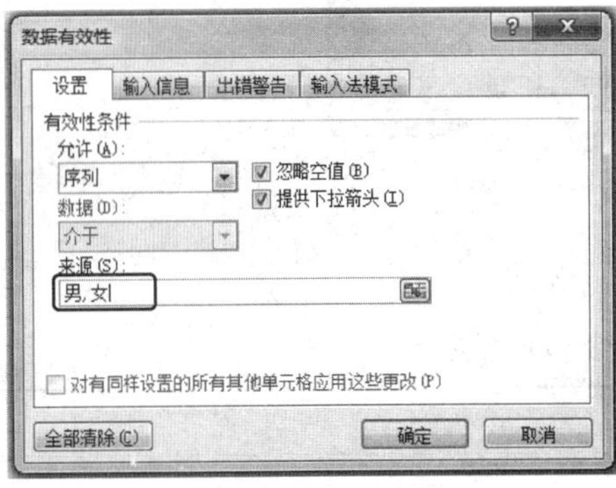


(a)“设置”选项卡

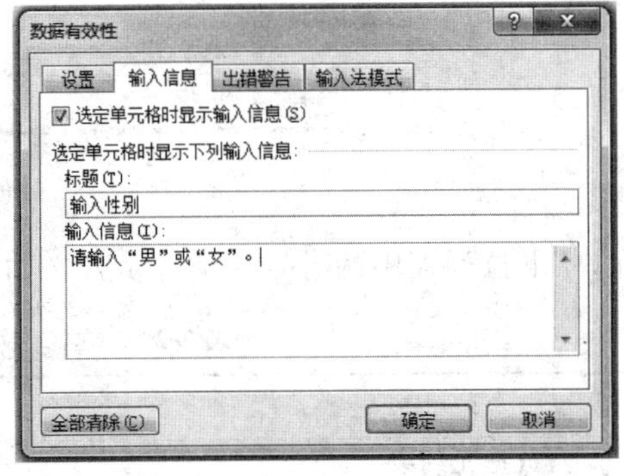


(b)“输入信息”选项卡

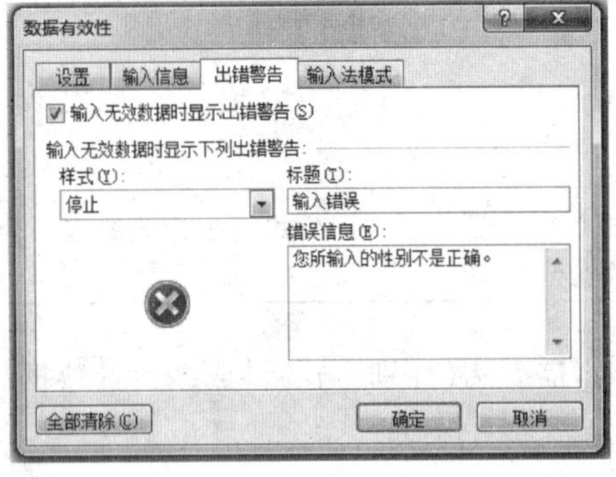


(c)“出错警告”选项卡

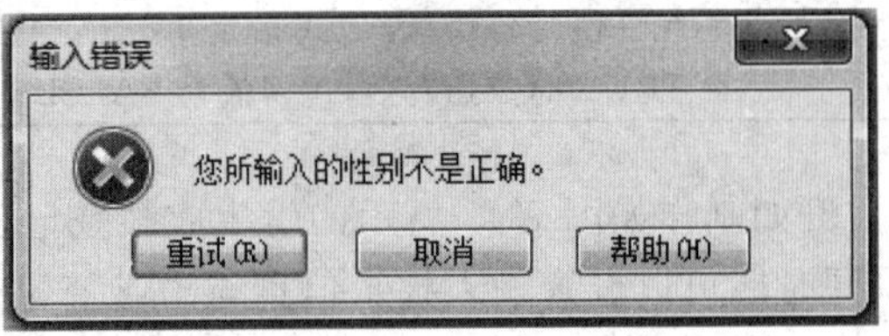


(d) 出错警告

图 7-43　数据有效性设置

设置完成后，当光标在“性别”列中时，会出现一个下拉列表。用户既可以在列表中选择数据，也可以直接输入数据。若输入的性别不是“男”或“女”时，则系统会提示出错警告，如图 7-43(d)所示。

**2. 利用数值大小设置数据有效性**

设置各门课程成绩的有效性：成绩只能为 0～100。具体操作步骤如下。

(1) 选中 D4:F13 单元格区域，打开“数据有效性”对话框。

(2) 在“设置”选项卡的“允许”下拉列表中选择“整数”。

(3) 在“最小值”编辑框中输入“0”，在“最大值”编辑框中输入“100”。

(4) 分别设置输入信息和出错警告，单击“确定”按钮。

**3. 利用文本长度设置数据有效性**

设置学号的长度必须为 10 位。具体步骤如下。

(1) 选中 A4:A13 单元格区域，打开“数据有效性”对话框。

(2) 在“允许”下拉列表中选择“文本长度”，“数据”下拉列表中选择“等于”，“长度”下拉列表中输入“10”。

(3) 分别设置输入信息和出错警告后，单击“确定”按钮，关闭对话框。

## 7.10.2 数据的保护、共享及修订

**1. 工作簿的保护与撤销保护**

在工作中，为了防止他人打开或查看具有保密性质的数据(如公司的财务报表)，可对工作簿、工作表或单元格采取一些保护措施。

选择“文件”选项卡下的“信息”命令，在中间窗格中单击“保护工作簿”按钮，打开下拉菜单，如图 7-44 所示。

其中常用的选项含义如下。

(1) 标记为最终状态：选择该选项，打开确认对话框，若单击“确定”按钮，则再次打开 Excel 文档时提示该工作簿为最终版本，并且工作簿的属性设为只读，不支持用户修改。

(2) 用密码进行加密：选择该选项，打开“加密文档”对话框，如图 7-45(a)所示，输入密码后单击“确定”按钮，在打开的“确认密码”对话框中再次输入密码后单击“确定”按钮，关闭对话框。此时文档权限更改为“需要密码才能打开此工作簿”，如图 7-45(b)所示。

取消工作簿文件密码的操作步骤与设置步骤类似，只需在输入密码的对话框中将原来设置的密码删除即可。

(3) 保护当前工作表：选择该选项，可以限制其他用户对工作表进行单元格格式修改、插入或删除行(列)、排序、自动筛选等操作，对工作表实施保护。在如图 7-44 所示的“保护工作簿”下拉菜单中选择“保护当前工作表”命令，打开如图 7-46 所示的对话框，根据需要勾选允许用户进行的操作即可。也可以设置“取消工作表保护时使用的密码”，使通过授权的用户可以在某些特殊情况下修改工作表结构。

(4) 保护工作簿结构：选择该项，可以防止他人对打开的工作簿进行调整窗口大小或添加、删除、移动工作表等操作，可对工作簿设置保护。此操作将打开“保护结构和窗口”对话框，如图 7-47 所示。

勾选“结构”复选框可使工作簿的结构保持不变，例如，对工作表进行插入、移动、删除、

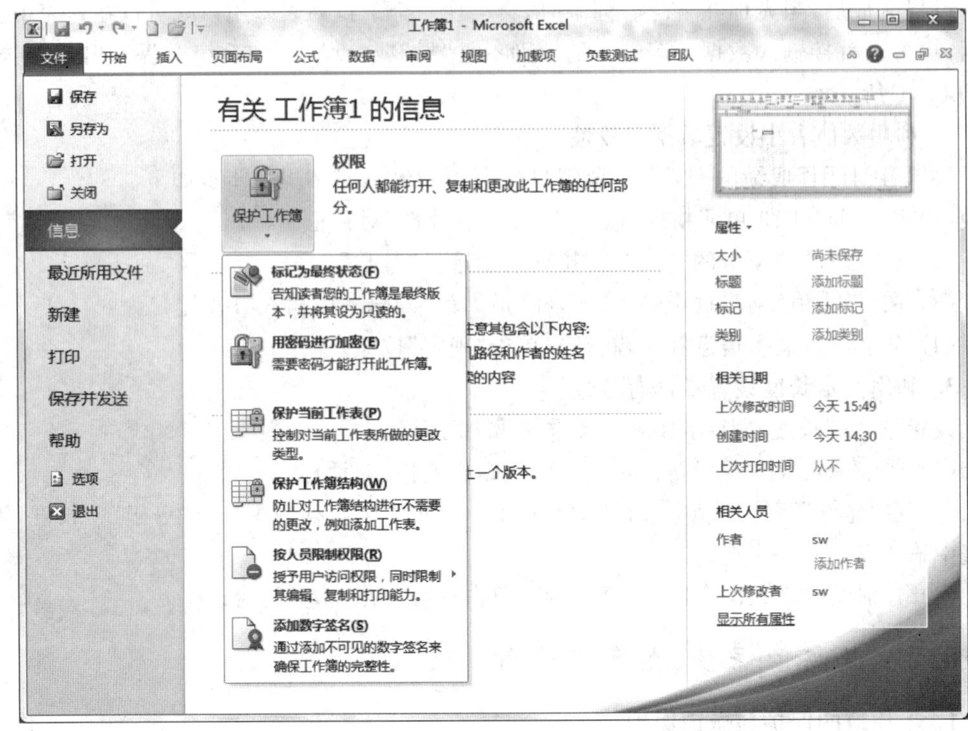


图 7-44 “保护工作簿”按钮的下拉菜单

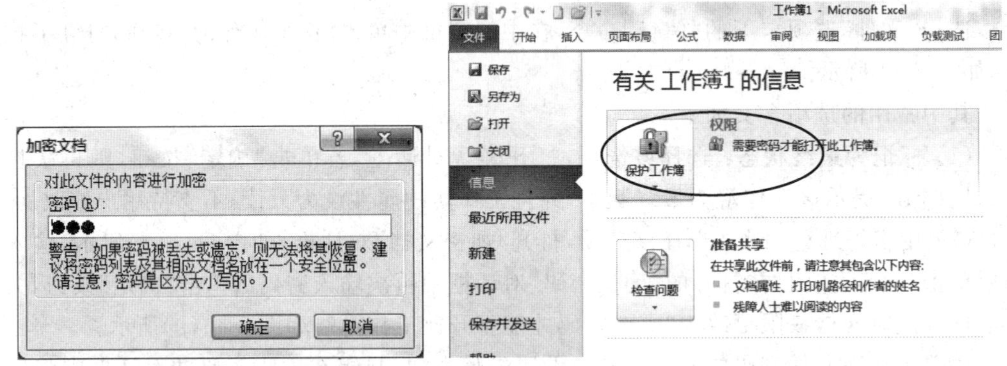


(a) “加密文档”对话框

(b) 文档权限为加密

图 7-45 为文档加密

复制、重命名、隐藏等操作均无效。

勾选“窗口”复选框则不能最小化、最大化、关闭工作表窗口，也不能调整工作表窗口的大小和位置。

若填写了密码，可以使某些拥有密码的用户获得修改结构和窗口的权限。

**注意**：实现保护工作表和保护工作簿的操作，也可以单击“审阅”选项卡“更改”组中的“保护工作表”按钮和“保护工作簿”按钮。

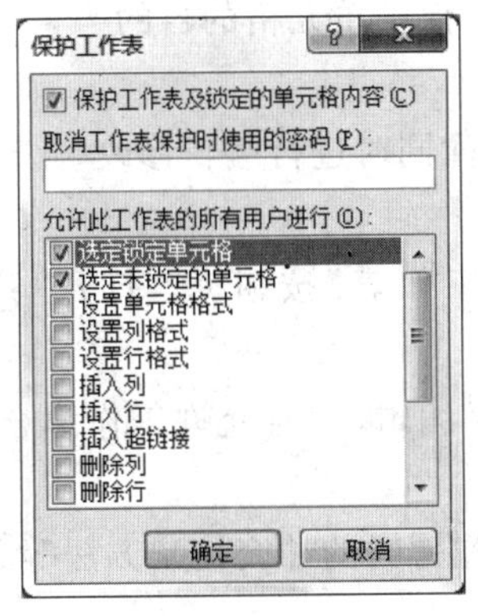

图 7-46　“保护工作表”对话框

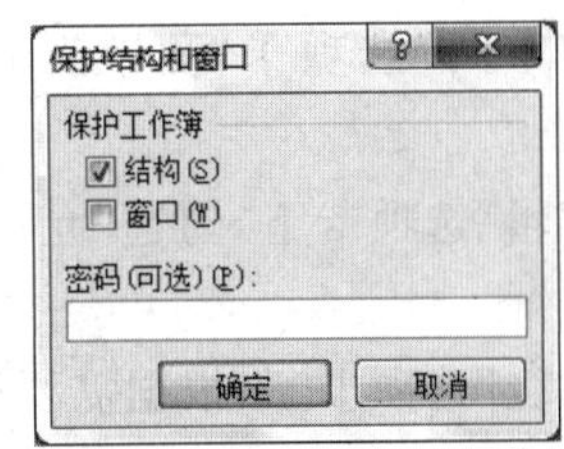


图 7-47　“保护结构和窗口”对话框

**2. 单元格的保护**

在日常使用中，工作表中一些单元格区域的内容，如商品编号、商品名称等是不允许改动的，而其他的数据单元格区域，如商品数量、商品单价等允许随时改动，此时可以对不允许改动的单元格区域实施保护。具体操作步骤如下。

(1) 在 Excel 工作表中选中允许用户修改的单元格区域，右击，在弹出的快捷菜单中选择“设置单元格格式”命令，打开“设置单元格格式”对话框。

(2) 在对话框中单击“保护”选项卡，取消勾选“锁定”复选框，如图 7-48 所示，单击“确定”按钮，关闭对话框。

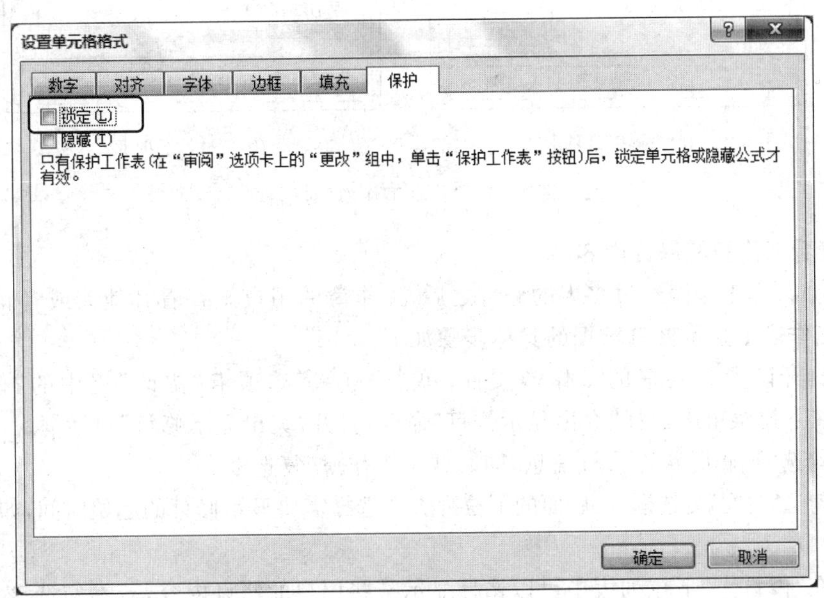


图 7-48　“设置单元格格式”对话框的“保护”选项卡

(3) 打开如图 7-46 所示的“保护工作表”对话框，取消勾选“选定锁定单元格”复选框，单击“确定”按钮，关闭对话框。

设置完成后，允许用户修改的单元格可以被选中并修改，除此以外，其他的单元格均不允许被鼠标选中，因此用户也无法修改，从而达到了保护单元格的目的。

**3. 工作簿的共享**

为了提高工作效率，有时允许多个用户对工作簿同时进行编辑修改，此时可将工作簿进行共享。具体操作步骤如下。

（1）单击“审阅”选项卡“更改”组中的“共享工作表”按钮，打开“共享工作簿”对话框。

（2）在“编辑”选项卡下，勾选“允许多用户同时编辑，同时允许工作簿合并”复选框，如图 7-49 所示。

（3）在“高级”选项卡下，根据需要设置共享工作簿时的冲突控制方法等参数。

（4）单击“确定”按钮，关闭对话框。

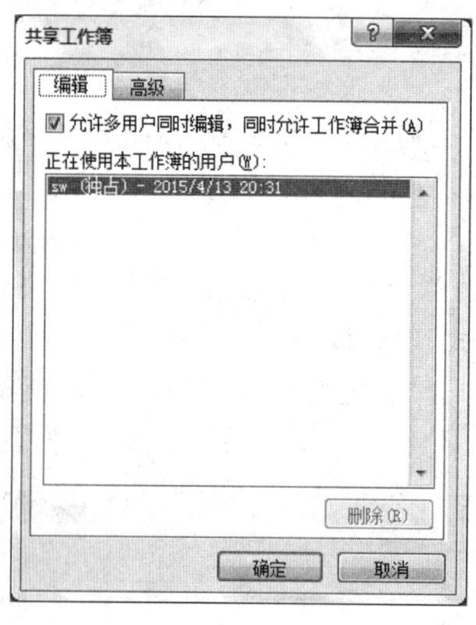
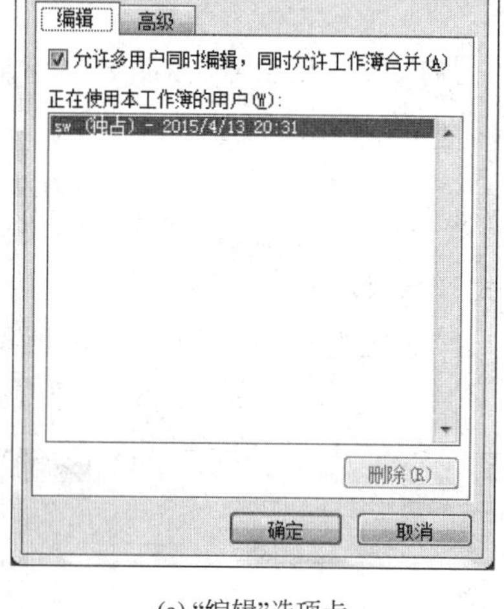


(a)“编辑”选项卡

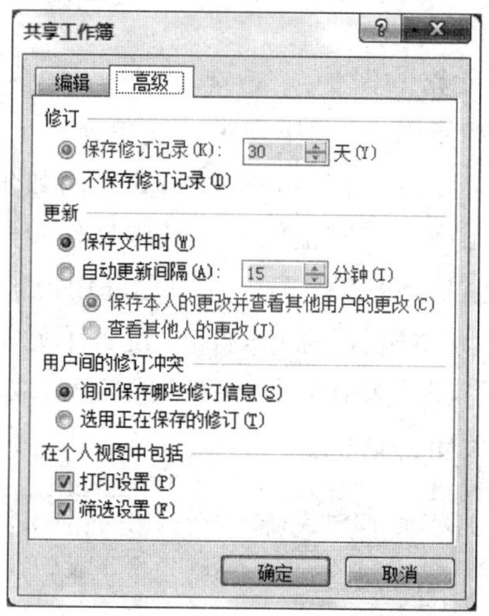


(b)“高级”选项卡

图 7-49 “共享工作簿”对话框

**4. 查看工作簿的修订内容**

当一个共享工作簿经过多人的修订之后，工作簿的用户想查看其他人或者自己的修订数据，在工作表上显示修订数据的具体步骤如下。

（1）打开设置为共享的工作簿文件，单击“审阅”选项卡“更改”组中的“修订”按钮 修订▾，在下拉菜单中选择“突出显示修订”命令，打开“突出显示修订”对话框。

（2）勾选“编辑时跟踪修订信息，同时共享工作簿”复选框。

（3）勾选“时间”复选框，在后面的下拉列表中选择需要显示修订的起始时间，如图 7-50(a)所示。

（4）在“修订人”下拉列表中可以选择显示某些用户的修订内容，若不勾选该复选框，默认为显示所有人的修订内容。

（5）若在“位置”文本框中选择某些单元格区域，则 Excel 将只显示这些单元格区域内的修订内容。

（6）勾选“在屏幕上突出显示修订”复选框。

（7）单击“确定”按钮。

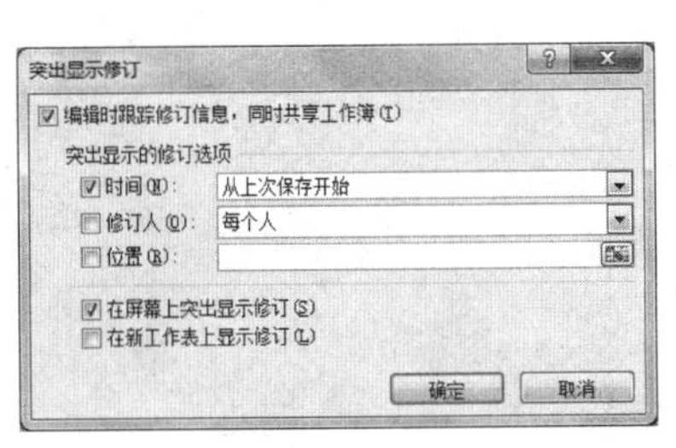


(a)“突出显示修订”对话框

| | A | B | C | D | E | F | G |
|---|---|---|---|---|---|---|---|
| 1 | 高三（3）班学生成绩登记表 | | | | | | |
| 2 | | | | | | 填表日期 | 2010/11/28 |
| 3 | 学号 | 姓名 | 性别 | 语文 | 数学 | 英语 | 总分 |
| 4 | 2008060301 | 王勇 | 男 | 89 | 98 | 70 | 257 |
| 5 | 2008060302 | 刘田田 | 女 | 78 | 67 | 90 | 235 |
| 6 | 2008060303 | 李冰 | 女 | 80 | | | 248 |
| 7 | 2008060304 | 任卫杰 | 男 | 80 | | | 217 |
| 8 | 2008060305 | 吴晓丽 | 女 | 90 | | | 274 |
| 9 | 2008060306 | 刘唱 | 男 | 67 | | | 232 |
| 10 | 2008060307 | 王强 | 男 | 88 | | | 274 |
| 11 | 2008060308 | 马爱军 | 男 | 95 | 80 | 79 | 254 |
| 12 | 2008060309 | 张晓华 | 女 | 67 | 89 | 98 | 254 |
| 13 | 2008060310 | 朱刚 | 男 | 94 | 89 | 87 | 270 |
| 14 | | | | | | | |

sw, 2018/2/28 13:24:
单元格 D7 从“67”更改为“80”。

(b) 突出显示修订信息

图 7-50 查看修订内容

此时，Excel 会将工作表中修改过的内容、插入或删除的单元格以突出的颜色标记显示，且为每一个用户的修改都分配一种不同的颜色。当鼠标指针停留在修订过的单元格上时，会用批注形式显示出修订的详细信息，如图 7-50(b)所示。

**5. 合并工作簿修订内容**

在合并修订时，可以根据需要接受或拒绝所做的修订。

单击“审阅”选项卡“更改”组中的“修订”按钮，在下拉菜单中选择“接受/拒绝修订”命令，打开如图 7-51(a)所示的“接受或拒绝修订”对话框。根据需要选择修订时间、修订人与位置后，单击“确定”按钮，对话框即如图 7-51(b)所示。

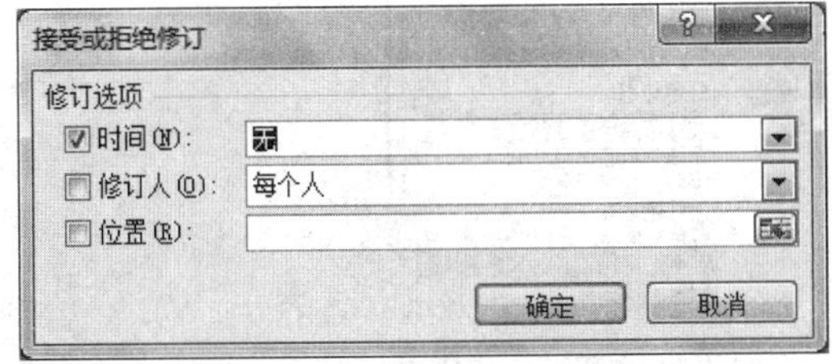


(a) 设置前

接受或拒绝修订
对文档所做的 1 个更改中的第 1 个:
sw, 2018/2/28 13:25:
单元格 D7 从“67”更改为“80”。
接受(A) 拒绝(R) 全部接受(C) 全部拒绝(J) 关闭

(b) 设置后

图 7-51 “接受或拒绝修订”对话框

根据需要单击相关按钮。单击“接受”按钮，接受修订并清除突出显示标记，若某处经过多次修改，还会提示用户为单元格从多个修改值中选择一个。单击“拒绝”按钮，放弃对当前工作表的修改。单击“全部接受”或“全部拒绝”按钮，可以一次性完成修改或拒绝修改。

## 7.10.3 设置条件格式

条件格式用于将所有符合某个特定条件的单元格内容以指定格式显示。使用条件格式可以直观地查看和分析数据、发现关键问题以及识别模式和趋势。

选中要使用条件格式的单元格区域后，单击“开始”选项卡“样式”组中的“条件格式”按钮，打开如图 7-52 所示的下拉菜单。

**1. 突出显示单元格规则**

当需要对某些符合特定条件的单元格设置特殊的格式时，可以使用该命令。

例如，将“语文”成绩数据小于 60 的单元格内容设置为加红色边框的字体格式，具体操

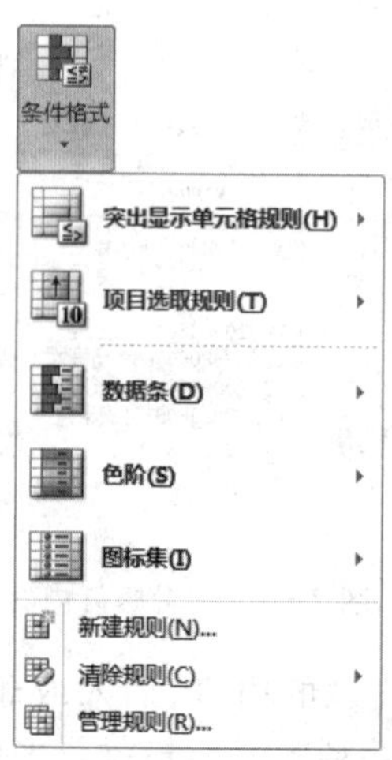


图 7-52 “条件格式”按钮的下拉菜单

作步骤如下。

(1) 选定“语文”列数据，单击“开始”选项卡“样式”组中的“条件格式”按钮，在下拉菜单中选择“突出显示单元格规则”→“小于”命令。

(2) 在打开的对话框中，输入数值“60”，如图 7-53 所示。

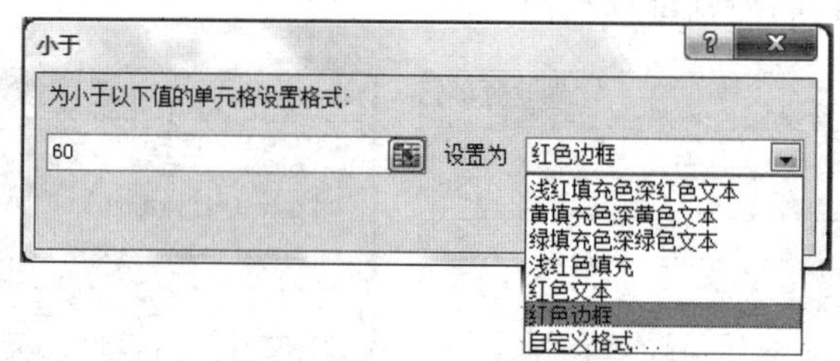


图 7-53 设置条件格式——突出显示单元格规则

(3) 在“设置为”下拉列表框中选择“红色边框”。

(4) 单击“确定”按钮，关闭对话框。

完成上述设置以后，单元格的格式如图 7-54 中“语文”列数据所示。

| | A | B | C | D | E | F | G | H |
|---|---|---|---|---|---|---|---|---|
| 1 | | | | 学生成绩登记表 | | | | |
| 2 | | | | | | 填表日期 | | 2017/11/28 |
| 3 | 学号 | 姓名 | 性别 | 语文 | 数学 | 英语 | 体育 | 总分 |
| 4 | 2016060301 | 王勇 | 男 | 89 | 98 | 70 | 60 | 317 |
| 5 | 2016060302 | 刘田田 | 女 | 78 | 67 | 90 | 95 | 330 |
| 6 | 2016060303 | 李冰 | 女 | 80 | 90 | 78 | 94 | 342 |
| 7 | 2016060304 | 任卫杰 | 男 | 80 | 78 | 59 | 48 | 265 |
| 8 | 2016060305 | 吴晓丽 | 女 | 40 | 88 | 96 | 69 | 293 |
| 9 | 2016060306 | 刘唱 | 男 | 67 | 89 | 76 | 90 | 322 |
| 10 | 2016060307 | 王强 | 男 | 88 | 97 | 89 | 89 | 363 |
| 11 | 2016060308 | 马爱军 | 男 | 95 | 80 | 79 | 85 | 339 |
| 12 | 2016060309 | 张晓华 | 女 | 45 | 89 | 98 | 83 | 315 |
| 13 | 2016060310 | 朱刚 | 男 | 94 | 89 | 87 | 50 | 320 |
| 14 | | | | | | | | |

图 7-54 使用“条件格式”的效果

如果在“设置为”下拉列表中没有需要的格式，可以选择“自定义格式”，打开“设置单元格格式”对话框，设置需要的字体、边框、底纹等格式即可。

**2. 项目选取规则**

项目选取规则可以突出显示选定区域中最大或最小的一部分数据所在的单元格，可以用百分数或数字来指定，也可以指定大于或小于平均值的单元格。

例如，用红色底纹突出显示“数学”成绩高出平均分的单元格，具体操作步骤如下。

(1) 选定“数学”列的单元格区域，单击“开始”选项卡“样式”组中的“条件格式”按钮，在下拉菜单中选择“项目选取规则”→“高于平均值”命令，如图 7-55 所示。

(2) 在打开的对话框中，选择“设置为”下拉列表框中的“自定义格式”。

(3) 在“设置单元格格式”对话框中设置“背景”为“红色”。

(4) 单击“确定”按钮，关闭对话框。

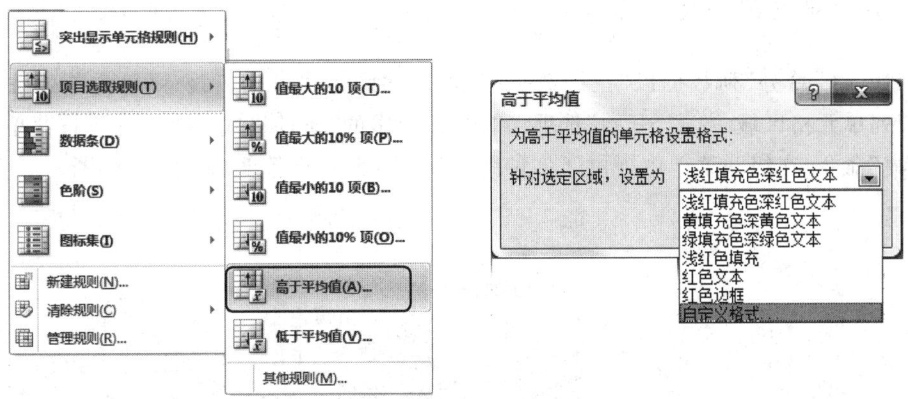


图 7-55 设置条件格式——项目选取规则

完成上述设置后的单元格格式效果如图 7-54 中“数学”列数据所示。

**3. 数据条**

利用数据条功能，可以非常直观地查看选定区域中数值的大小情况。

例如，将“英语”列数据设置为数据条的显示方式，如图 7-54 中“英语”列数据所示，数据条越长，表示数值越大，具体操作方法是选定“英语”列单元格区域，单击“开始”选项卡“样式”组中的“条件格式”按钮，在下拉菜单中选择“数据条”命令，在级联菜单中选择“渐变填充”中的“蓝色数据条”，如图 7-56 所示。

**4. 色阶**

色阶功能可以利用颜色的变化表示数据值的高低，帮助用户迅速地了解数据的分布趋势，Excel 2010 提供了 12 种色阶供用户使用。

例如，将“物理”成绩设置“白-绿色阶”，分数越高的单元格底纹越接近白色，分数越低的单元格底纹越接近绿色，如图 7-54 中的“物理”列数据所示。具体操作方法是选定“物理”列单元格区域，单击“开始”选项卡“样式”组中的“条件格式”按钮，在下拉菜单中选择“色阶”命令，在级联菜单中选择“白-绿色阶”，如图 7-57 所示。

**5. 图标集**

利用图标集标识数据就是把单元格内的数值按照大小进行分级，然后根据不同的等级，用不同方向、不同形状的图标进行标识。

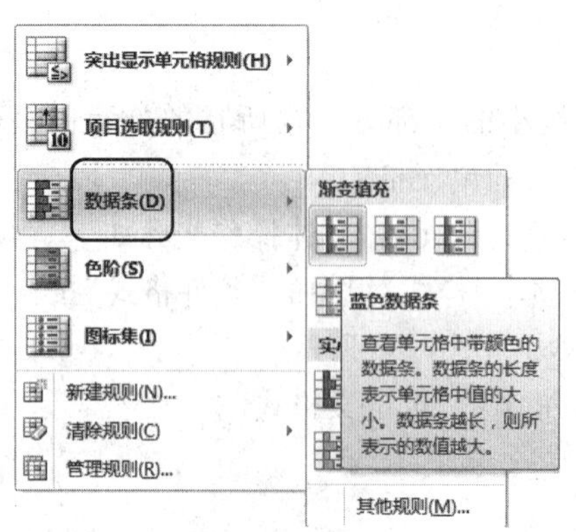


图 7-56 设置条件格式——数据条

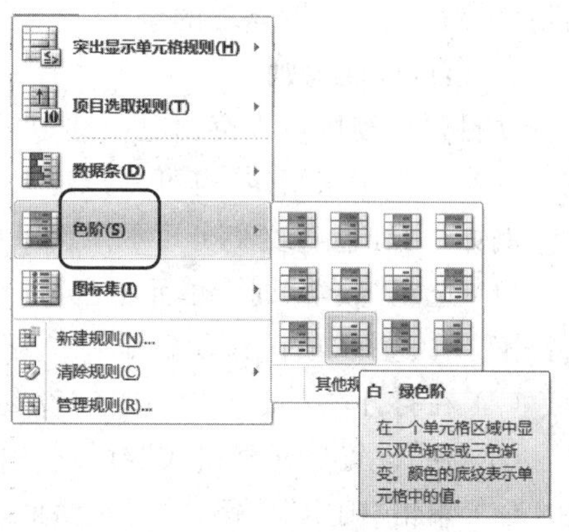


图 7-57 设置条件格式——色阶

例如，将“总分”列数据以“三向箭头(彩色)”的图标集形式表现，具体操作方法是选定“总分”列单元格区域，单击“开始”选项卡“样式”组中的“条件格式”按钮，在下拉菜单中选择“图标集”命令，在级联菜单中提供了多种图标集，选择“三向箭头(彩色)”，如图 7-58 所示。

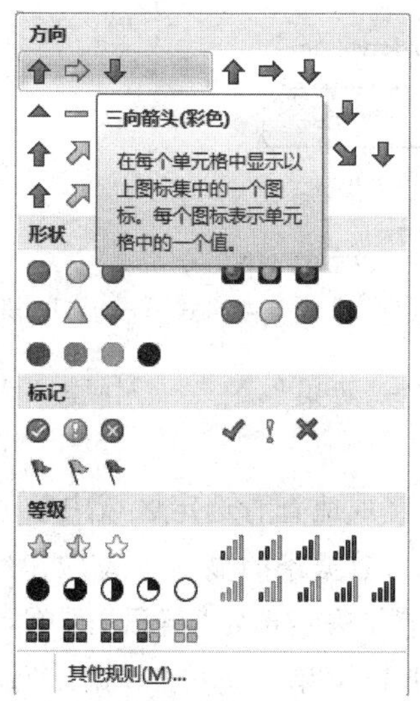


图 7-58 设置条件格式——图标集

**6. 新建规则**

若要对条件格式做出更高级的条件设置，可在上面几种设置中选择“其他规则”命令，或者在“条件格式”菜单中选择“新建规则”命令，均可打开“新建格式规则”对话框，如图 7-59 所示。在该对话框中，可以选择不同的规则类型，并做详细规则设置。

**7. 清除规则**

使用“条件格式”中的“清除规则”，可以一次性清除所选单元格规则或者整个工作表的格式规则等。

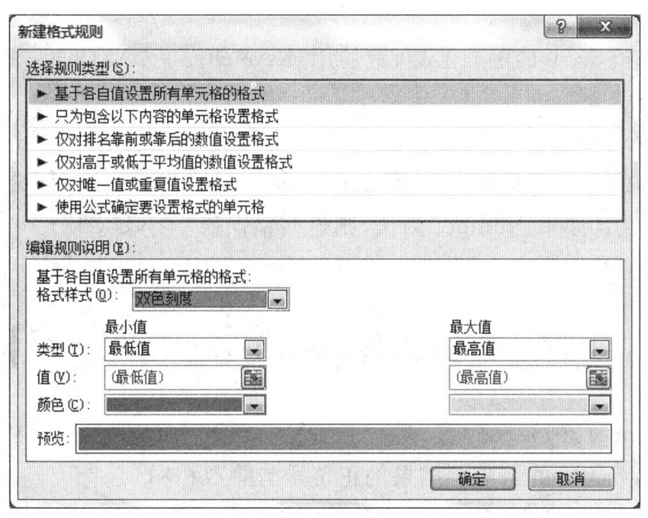


图 7-59 “新建格式规则”对话框

**8. 管理规则**

若要修改条件格式的规则,则选择“条件格式”中的“管理规则”命令,打开“条件格式规则管理器”对话框,如图 7-60 所示。

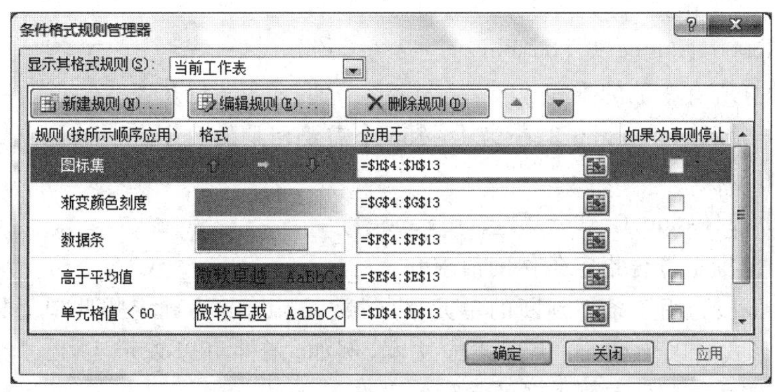


图 7-60 “条件格式规则管理器”对话框

在“显示其格式规则”的下拉列表框中选择“当前工作表”,则对话框显示本工作表中所有的条件格式规则。在该列表框中也可以选择“当前选择”来对选中的单元格区域的条件规则进行修改。或者选择其他的工作表名称,来显示对应工作表中的条件格式规则。

“新建规则”按钮可以打开如图 7-59 所示的对话框来新建一个条件格式;“编辑规则”按钮可以对现有的条件格式规则进行修改;“删除规则”按钮可以删除选中的条件格式规则。

## 7.10.4 数学函数

**1. RAND 函数**

格式:RAND()

功能:返回大于等于 0 且小于 1 的均匀分布随机实数,每次计算工作表时都将返回一个新的随机实数。

说明：若要生成 a～b 的随机实数，请使用“RAND( ) * (b-a)＋a”。

**2. FACT 函数**

格式：FACT(Number)

功能：返回 Number 的阶乘，一个数的阶乘等于 1×2×3×…×该数。如果 Number 不是整数，则截尾取整。如果 Number 为负，则返回错误值“#NUM!”。

**3. POWER 函数**

格式：POWER(Number,Power)

功能：返回 Number 的 Power 次乘幂。例如，POWER(5,2)表示 $5^2$，即 25。

**4. MOD 函数**

格式：MOD(Number,Divisor)

功能：返回两数相除的余数。结果的正负号与除数相同。

参数：Number 为被除数，Divisor 为除数。

**5. SQRT 函数**

格式：SQRT(Number)

功能：返回 Number 的平方根。如果 Number 为负值，函数 SQRT 返回错误值“#NUM!”。

**6. PRODUCT 函数**

格式：PRODUCT(Number1,[Number2],…)

功能：计算所有参数的乘积。

参数：Number1，Number2，…为 1～255 个需要相乘的数字。

**7. SUMIF 函数**

格式：SUMIF(Range,Criteria,[Sum_range])

功能：对范围中符合指定条件的值求和。

参数：Range 为用于条件判断的单元格区域。Criteria 为确定哪些单元格将被相加求和的条件，其形式可以为数字、表达式或文本，例如，条件可以表示为 32、"32"、"＞32"或"apples"。Sum_range 是需要求和的实际单元格。

说明：

- 只有 Range 区域中相应单元格符合条件的情况下，Sum_range 中对应单元格才求和。
- 如果省略了 Sum_range，则对 Range 区域中符合条件的单元格求和。

**8. SUMPRODUCT 函数**

格式：SUMPRODUCT(Array1,[Array2],[Array3], …)

功能：在给定的几组数组中，将数组间对应的元素(元素的位置号相同)相乘，并返回乘积之和。

参数：Array1，Array2，Array3，…为若干个数组，其相应元素需要进行相乘并求和。

说明：

- 数组参数必须具有相同的维数，否则，函数 SUMPRODUCT 将返回错误值“#VALUE!”。

- 函数 SUMPRODUCT 将非数值型的数组元素作为 0 处理。

**9. INT 函数**

格式：INT(Number)

功能：返回小于等于 Number 的最大整数。

### 7.10.5　文本函数

涉及处理文本的问题时，经常要用到文本函数。文本函数可以用来提取特定位置上的字符、字母的大小写转换、查找字符等。

**1. FIND 函数**

格式：FIND(find_text,within_text,start_num)

功能：用于查找文本字符串 within_text 内的文本字符串 find_text，并从 within_text 的首字符开始返回 find_text 的起始位置编号。

参数：find_text 是要查找的文本。within_text 是包含要查找文本的文本。start_num 指定开始进行查找的位置。

使用示例如图 7-61 所示。

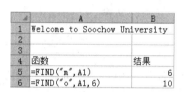

| | A | B |
|---|---|---|
| 1 | Welcome to Soochow University | |
| 2 | | |
| 3 | | |
| 4 | 函数 | 结果 |
| 5 | =FIND("m",A1) | 6 |
| 6 | =FIND("o",A1,6) | 10 |

图 7-61　FIND 函数示例

**2. SEARCH 函数**

格式：SEARCH(find_text,within_text,start_num)

功能：返回从 start_num 开始首次找到特定字符或文本字符串的位置。

参数：find_text 是要查找的文本。within_text 是要在其中查找 find_text 的文本。start_num 是 within_text 中开始查找的位置。

SEARCH 函数类似于 FIND 函数，其区别如下。

- FIND 函数区分大小写，而 SEARCH 函数不区分大小写。
- FIND 函数的参数 find_text 不能使用通配符，而 SEARCH 函数中的参数 find_text 可以使用通配符，包括问号(?)和星号(*)。问号可匹配任意的单个字符，星号可匹配任意一串字符。

**3. LEN 函数**

格式：LEN(text)

功能：返回文本字符串中的字符数。

参数：text 是要计算查找其长度的文本。空格将作为字符进行计数。

例如，LEN("hello")的返回值是 5。

**4. LEFT 函数**

格式：LEFT(text,num_chars)

功能：返回文本字符串中的第一个或前几个字符。

参数：text 是包含要提取字符的文本字符串。num_chars 指定要提取的字符数。

例如，LEFT("好好学习 Excel",6)返回的结果为“好好学习 Ex”。

**5. RIGHT 函数**

格式：RIGHT(text,num_chars)

功能：返回文本字符串中最后一个或多个字符。

参数：text 是包含要提取字符的文本字符串。num_chars 指定需要提取的字符数。

**6. MID 函数**

格式：MID(text,start_num,num_chars)

功能：返回文本字符串中从指定位置开始的特定数目的字符，该数目由用户指定。

参数：text 是包含要提取字符的文本字符串。start_num 是文本中要提取的第一个字符的位置。num_chars 指定希望从文本中返回字符的个数。

例如，MID("好好学习 Excel",3,7)返回的结果为“学习 Excel”。

**7. TRIM 函数**

格式：TRIM(text)

功能：清除文本的前导空格和尾随空格。

参数：text 是需要清除其中空格的文本。

**8. REPLACE 函数**

格式：REPLACE(old_text,start_num,num_chars,new_text)

功能：根据所指定的字符数使用其他文本字符串替换某文本字符串中的部分文本。

参数：old_text 是要替换其部分字符的文本。start_num 是要用 new_text 替换 old_text 中字符的位置。num_chars 是使用 new_text 替换 old_text 中字符的个数。new_text 是用于替换 old_text 中字符的文本。

**9. SUBSTITUTE 函数**

格式：SUBSTITUTE(text,old_text,new_text,instance_num)

功能：在文本字符串中用 new_text 替代 old_text。

参数：text 为需要替换其中字符的文本，或对含有文本的单元格的引用。old_text 为需要替换的旧文本。new_text 是用于替换 old_text 的文本。instance_num 为一数值，用来指定以 new_text 替换第几次出现的 old_text。如果指定了 instance_num，则只有满足要求的 old_text 被替换；否则将用 new_text 替换 text 中出现的所有 old_text。

如果需要在某一文本字符串中替换指定的文本，请使用 SUBSTITUTE 函数；如果需要在某一文本字符串中替换指定位置处的任意文本，请使用 REPLACE 函数。

**10. TEXT 函数**

格式：TEXT(value,format_text)

功能：将数值转换为按指定数字格式表示的文本。

参数：value 为数值或计算结果为数字值的公式，或对包含数字值的单元格的引用。format_text 为“设置单元格格式”对话框中“数字”选项卡下“分类”框中的文本形式的数字格式。

例如，TEXT(2500,"＄0,000.00")返回的结果为“＄2,500.00”；TEXT(4000,"mm-dd-yyyy")返回的结果为“07-06-2009”；TEXT(30000,"yyyy 年 m 月 d 日")返回的结果为

“2009 年 7 月 6 日”。

## 7.10.6　统计函数

**1. AVERAGE 函数**

格式：AVERAGE(number1,number2,…)

功能：返回参数的平均值(算术平均值)。

参数：number1，number2，…为需要计算平均值的参数。

说明：参数可以是数字，或者是包含数字的名称、数组或引用。如果参数包含文本、逻辑值或空白单元格，则这些值将被忽略；但包含零值的单元格将计算在内。

**2. COUNT 函数**

格式：COUNT(value1,value2,…)

功能：返回包含数字以及包含参数列表中的数字的单元格的个数。

参数：value1，value2，…为包含或引用各种类型数据的参数。

说明：COUNT 函数仅计算数值类型的单元格个数，而空白单元格、逻辑值、文字或错误值都将被忽略。

**3. COUNTA 函数**

格式：COUNTA(value1,value2,…)

功能：返回参数列表中非空值的单元格个数。

参数：value1，value2，…为包含或引用各种类型数据的参数(1～30 个)。

说明：COUNTA 函数将计算所有非空单元格的个数，包括非数值类型的单元格。

**4. COUNTIF 函数**

格式：COUNTIF(range,criteria)

功能：计算区域中满足给定条件的单元格的个数。

参数：range 为需要计算其中满足条件的单元格数目的单元格区域。criteria 用于确定哪些单元格将被计算在内，其形式可以为数字、表达式或文本。

COUNT、COUNTA 和 COUNTIF 函数的示例如图 7-62 所示。

|  | A | B | C | D | E |
|---|---|---|---|---|---|
| 1 | **学号** | **姓名** | **性别** | **语文** |  |
| 2 | 2008060301 | 王勇 | 男 | 89 |  |
| 3 | 2008060302 | 刘田田 | 女 | 78 |  |
| 4 | 2008060303 | 李冰 | 女 | 80 |  |
| 5 | 2008060304 | 任卫杰 | 男 | 缺考 |  |
| 6 | 2008060305 | 吴晓丽 | 女 | 90 |  |
| 7 | 2008060306 | 刘唱 | 男 | 67 |  |
| 8 | 2008060307 | 王强 | 男 | 88 |  |
| 9 | 2008060308 | 马爱军 | 男 | 95 |  |
| 10 | 2008060309 | 张晓华 | 女 | 67 |  |
| 11 | 2008060310 | 朱刚 | 男 | 94 |  |
| 12 |  |  |  |  |  |
| 13 | **应考人数：** | 10 | =COUNTA(D2:D11) |  |  |
| 14 | **实考人数：** | 9 | =COUNT(D2:D11) |  |  |
| 15 | **85分以上人数：** | 5 | =COUNTIF(D2:D11,">=85") |  |  |

图 7-62　COUNT 开头的函数示例

**5. MAX 函数**

格式：MAX(number1,number2,…)

功能：返回一组数中的最大值。

参数：number1，number2，…为要计算最大值的数字参数。

**6. MIN 函数**

格式：MIN(number1,number2,…)

功能：返回一组数中的最小值。

参数：number1，number2，…为要计算最小值的数字参数。

**7. MEDIAN 函数**

格式：MEDIAN(number1,number2,…)

功能：MEDIAN 函数返回一组数中的中值。

参数：number1，number2，…为要计算中值的数字参数。

说明：中值是在一组数据中居于中间的数，即在这组数据中，有一半的数据比它大，有一半的数据比它小。如果参数集合中包含偶数个数字，MEDIAN 函数将返回位于中间的两个数的平均值。

**8. RANK.EQ 函数**

格式：RANK.EQ(number,ref,order)

功能：返回一个数字在数字列表中的排位。

参数：number 为需要找到排位的数字。ref 为数字列表或对数字列表的引用，其中的非数值型参数将被忽略。order 为一个数字，指明排位的方式。如果 order 为 0(零)或省略，则排位按照降序排列。如果 order 不为零，则排位按照升序排列。

例如，在如图 7-63 所示的成绩表中，求各位学生的名次。具体操作步骤如下。

|  | A | B | C | D | E |
|---|---|---|---|---|---|
| 1 | 学号 | 姓名 | 性别 | 语文 | 名次 |
| 2 | 2008060301 | 王勇 | 男 | 89 | 4 |
| 3 | 2008060302 | 刘田田 | 女 | 78 | 7 |
| 4 | 2008060303 | 李冰 | 女 | 80 | 6 |
| 5 | 2008060304 | 任卫杰 | 男 | 67 | 8 |
| 6 | 2008060305 | 吴晓丽 | 女 | 90 | 3 |
| 7 | 2008060306 | 刘唱 | 男 | 67 | 8 |
| 8 | 2008060307 | 王强 | 男 | 88 | 5 |
| 9 | 2008060308 | 马爱军 | 男 | 95 | 1 |
| 10 | 2008060309 | 张晓华 | 女 | 67 | 8 |
| 11 | 2008060310 | 朱刚 | 男 | 94 | 2 |

图 7-63　RANK.EQ 函数示例

(1) 选定 E2 单元格后，单击“公式”选项卡“函数库”组中的“其他函数”按钮，在下拉菜单中选择“统计”类别中的 RANK.EQ 函数，打开该函数的参数对话框，对话框中的参数设置如图 7-64 所示。

(2) 单击“确定”按钮。

(3) 拖动 E2 单元格的填充柄，快速填充到 E11 单元格。

若用户对函数及其参数都比较熟悉，本例也可以直接在 E4 单元格中输入公式“=RANK.EQ(D2,$D$2:$D$11)”后按 Enter 键即可。

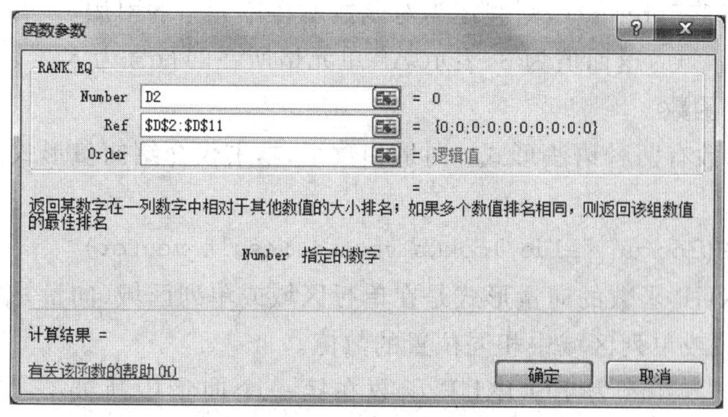


图 7-64　RANK.EQ 函数参数对话框

## 7.10.7　查找和引用函数

### 1. ADDRESS 函数

格式：ADDRESS(row_num,column_num,abs_num,a1,sheet_text)

功能：按照给定的行号和列标，建立文本类型的单元格地址。

参数：row_num 是在单元格引用中使用的行号。column_num 是在单元格引用中使用的列标。abs_num 指定返回的引用类型，具体含义如表 7-3 所示。a1 用以指定 A1 或 R1C1 引用样式的逻辑值。如果 a1 为 TRUE 或省略，函数 ADDRESS 返回 A1 样式的引用；如果 a1 为 FALSE，函数 ADDRESS 返回 R1C1 样式的引用。sheet_text 为一文本，指定作为外部引用的工作表的名称，如果省略 sheet_text，则不使用任何工作表名。

表 7-3　abs_num 的取值及意义

| abs_num | 返回的引用类型 |
|---|---|
| 1 或省略 | 绝对引用 |
| 2 | 绝对行号，相对列标 |
| 3 | 相对行号，绝对列标 |
| 4 | 相对引用 |

例如，ADDRESS(3,4)的返回值为 $D$3，ADDRESS(3,4,4)的返回值为 D3。

### 2. COLUMN 函数

格式：COLUMN(reference)

功能：返回给定引用的列标。

参数：reference 为需要得到其列标的单元格或单元格区域。

说明：如果省略 reference，则假定为是对函数所在单元格的引用。

例如，COLUMN(A3)的返回值为 1，表示 A3 单元格所在的列号为 1。

### 3. ROW 函数

格式：ROW(reference)

功能：返回引用的行号。

参数：reference 为需要得到其行号的单元格或单元格区域。

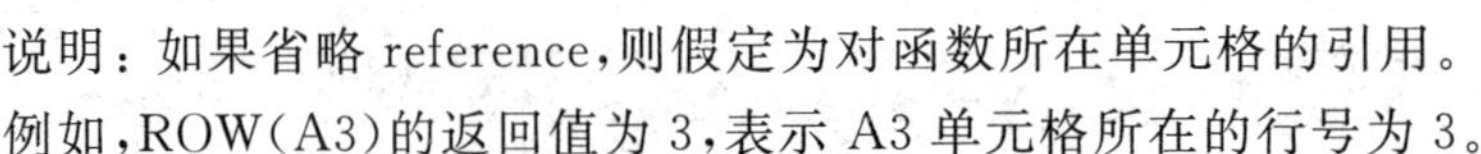

说明：如果省略 reference，则假定为对函数所在单元格的引用。

例如，ROW(A3)的返回值为 3，表示 A3 单元格所在的行号为 3。

**4. LOOKUP 函数**

LOOKUP 函数有两种语法形式：向量和数组，本书仅介绍向量形式。向量为只包含一行或一列的区域。

格式：LOOKUP(lookup_value,lookup_vector,result_vector)

功能：LOOKUP 函数的向量形式是在单行区域或单列区域（向量）中查找数值，然后返回第二个单行区域或单列区域中相同位置的数值。

参数：lookup_value 为 LOOKUP 函数在第一个向量中所要查找的数值。lookup_vector 为只包含一行或一列的区域。result_vector 只包含一行或一列的区域，其单元格个数必须与 lookup_vector 相同。

说明：lookup_vector 的数值必须按升序排序，否则 LOOKUP 函数不能返回正确的结果。如果 LOOKUP 函数找不到 lookup_value，则查找 lookup_vector 中小于或等于 lookup_value 的最大数值。

例如，利用 LOOKUP 函数在如图 7-65 所示的工作表中构造一个简单的查询。在 B13 单元格中输入要查询的学号，对应的 E13:E16 单元格中显示该学生对应的信息。具体操作步骤如下。

(1) 选中 B13 单元格，输入一个学号。

(2) 选中 E13 单元格，输入公式"=LOOKUP(B13,A2:A11,B2:B11)"后按 Enter 键。

(3) 选中 E14 单元格，输入公式"=LOOKUP(B13,A2:A11,D2:D11)"后按 Enter 键。

(4) 选中 E15 单元格，输入公式"=LOOKUP(B13,A2:A11,E2:E11)"后按 Enter 键。

(5) 选中 E16 单元格，输入公式"=LOOKUP(B13,A2:A11,F2:F11)"后按 Enter 键。

|  | A | B | C | D | E | F |
|---|---|---|---|---|---|---|
| 1 | 学号 | 姓名 | 性别 | 语文 | 数学 | 英语 |
| 2 | 2008060301 | 王勇 | 男 | 89 | 98 | 70 |
| 3 | 2008060302 | 刘田田 | 女 | 78 | 67 | 90 |
| 4 | 2008060303 | 李冰 | 女 | 80 | 90 | 78 |
| 5 | 2008060304 | 任卫杰 | 男 | 67 | 78 | 59 |
| 6 | 2008060305 | 吴晓丽 | 女 | 90 | 88 | 96 |
| 7 | 2008060306 | 刘唱 | 男 | 67 | 89 | 76 |
| 8 | 2008060307 | 王强 | 男 | 88 | 97 | 89 |
| 9 | 2008060308 | 马爱军 | 男 | 95 | 80 | 79 |
| 10 | 2008060309 | 张晓华 | 女 | 67 | 89 | 98 |
| 11 | 2008060310 | 朱刚 | 男 | 94 | 89 | 87 |
| 12 |  |  |  |  |  |  |
| 13 | 请输入学号 | 2008060303 |  | 姓名 | 李冰 |  |
| 14 |  |  |  | 语文 | 80 |  |
| 15 |  |  |  | 数学 | 90 |  |
| 16 |  |  |  | 英语 | 78 |  |

图 7-65 LOOKUP 函数示例

当改变 B13 单元格中输入的内容时，对应的数据也会跟着变化。

**5. HLOOKUP 函数**

格式：HLOOKUP(lookup_value,table_array,row_index_num,range_lookup)

功能：在表格的首行查找指定的数值，并由此返回表格中指定行的对应列处的数值。

参数：lookup_value 为需要在数据表第一行中进行查找的数值。table_array 为需要在

其中查找数据的数据表。row_index_num 为 table_array 中待返回的匹配值的行序号。range_lookup 为一逻辑值，指明 HLOOKUP 函数查找时是精确匹配还是近似匹配。如果其值为 TRUE 或省略，则返回近似匹配值。也就是说，如果找不到精确匹配值，则返回小于 lookup_value 的最大数值。如果 range_value 为 FALSE，HLOOKUP 函数将查找精确匹配值，如果找不到，则返回错误值"#N/A!"。

例如，利用 HLOOKUP 函数在如图 7-66 所示的表格中计算不同奖金所应得的提成比例。

| | A | B | C | D | E | F |
|---|---|---|---|---|---|---|
| 1 | 销售金额下限 | ¥0.00 | ¥100,001.00 | ¥200,001.00 | ¥300,001.00 | ¥5,000,001.00 |
| 2 | 销售金额上限 | ¥100,000.00 | ¥200,000.00 | ¥300,000.00 | ¥5,000,000.00 | |
| 3 | 提成比例 | 0.00% | 0.75% | 1.00% | 1.50% | 2.00% |
| 4 | | | | | | |
| 5 | **销售金额** | | | | | |
| 6 | **提成比例** | | | | | |

图 7-66　HLOOKUP 函数示例

具体方法是在 B5 单元格中输入一个金额，如 150000。设置 B6 单元格为百分比样式，保留两位小数。选中 B6 单元格，输入公式"=HLOOKUP(B5,B1:F3,3)"后按 Enter 键。

**6. VLOOKUP 函数**

格式：VLOOKUP(lookup_value,table_array,col_index_num,range_lookup)

功能：在表格或数值数组的首列查找指定的数值，并由此返回表格或数组当前行中指定列处的数值。

参数：与 HLOOKUP 函数类似。

**7. INDEX 函数**

INDEX 函数返回表或区域中的值或值的引用。INDEX 函数有两种形式：数组和引用。本书仅介绍数组形式的 INDEX 函数。

格式：INDEX(array,row_num,column_num)

功能：返回数组中指定行、列交叉处的单元格的数值。

参数：array 为单元格区域或数组常量。row_num 为数组中某行的行序号。column_num 为数组中某列的列序号。

**8. MATCH 函数**

格式：MATCH(lookup_value,lookup_array,match_type)

功能：返回在指定方式下与指定数值匹配的数组中元素的相应位置。如果需要找出匹配元素的位置而不是匹配元素本身，则应该使用 MATCH 函数而不是 LOOKUP 函数。

参数：lookup_value 为需要在数据表中查找的数值。lookup_array 可能包含所要查找数值的连续单元格区域。match_type 的取值和意义如表 7-4 所示。

**表 7-4　match_type 的取值和意义**

| match_type 的取值 | 意　义 |
|---|---|
| 1 或省略 | 查找小于或等于 lookup_value 的最大数值。lookup_array 必须按升序排列 |
| 0 | 查找等于 lookup_value 的第一个数值。lookup_array 可以按任何顺序排列 |
| −1 | 查找大于或等于 lookup_value 的最小数值。lookup_array 必须按降序排列 |

**9. INDIRECT 函数**

格式：INDIRECT(ref_text, a1)

功能：返回由文本字符串指定的引用。此函数立即对引用进行计算，并显示其内容。当需要更改公式中单元格的引用而不更改公式本身时，请使用 INDIRECT 函数。

参数：ref_text 为对单元格的引用。a1 为一逻辑值，指明包含在单元格 ref_text 中的引用的类型。如果 a1 为 TRUE 或省略，ref_text 被解释为 A1 样式的引用；如果 a1 为 FALSE，ref_text 被解释为 R1C1 样式的引用。

例如，INDIRECT("B1")将返回 B1 单元格中的值。

### 7.10.8 日期和时间函数

**1. NOW 函数**

格式：NOW()

功能：返回当前日期和时间所对应的序列号。

**2. TODAY 函数**

格式：TODAY()

功能：返回当前日期的序列号。

**3. YEAR 函数**

格式：YEAR(serial_number)

功能：返回某日期对应的年份。返回值为 1900～9999 的整数。

参数：serial_number 为一个日期值，其中包含要查找年份的日期。

例如，YEAR("2015-5-6")的返回值为 2015。

**4. MONTH 函数**

格式：MONTH(serial_number)

功能：返回以序列号表示的日期中的月份。月份是介于 1(一月)到 12(十二月)的整数。

参数：serial_number 为一个日期值，其中包含要查找的月份。

例如，MONTH("2015-5-6")的返回值为 5。

**5. DAY 函数**

格式：DAY(serial_number)

功能：返回以序列号表示的某日期的天数，用整数 1～31 表示。

参数：serial_number 为要查找的那一天的日期。

例如，DAY("2015-5-6")的返回值为 6。

**6. DATE 函数**

格式：DATE(year,month,day)

功能：返回代表特定日期的序列号。

参数：year 代表日期中年份的数字。month 代表日期中月份的数字。day 代表在该月份中第几天的数字。

例如，DATE(2015,10,1)的返回值为日期值 2015/10/1。

**7. WEEKDAY 函数**

格式：WEEKDAY(serial_number,return_type)

功能：返回某日期为星期几。默认情况下，其值为 1(星期日)到 7(星期六)之间的整数。

参数：serial_number 是一个日期值。return_type 为控制返回值类型的数字，如表 7-5 所示。

表 7-5　return_type 的含义

| return_type | 函数返回的数字含义 |
|---|---|
| 1 或省略 | 数字 1(星期日)到数字 7(星期六) |
| 2 | 数字 1(星期一)到数字 7(星期日) |
| 3 | 数字 0(星期一)到数字 6(星期日) |

**8. DATEDIF 函数**

该函数是一个隐秘函数，在 Excel 的“插入函数”对话框和函数帮助中都没有 DATEDIF 函数，但是可以直接输入函数名称来使用 DATEDIF 函数。

格式：DATEDIF(start_date,end_date,unit)

功能：返回两个日期之间间隔的年数、月数或天数等。

参数：start_date 为时间段内的起始日期。end_date 为时间段内的结束日期。unit 为所需信息的返回类型，如表 7-6 所示。

表 7-6　unit 的含义

| return_type | 信息的返回类型 |
|---|---|
| Y | 时间段中的整年数 |
| M | 时间段中的整月数 |
| D | 时间段中的天数 |

例如，DATEDIF("1999-4-1","2007-7-12","Y")函数的返回值为 8，即两个日期之间相差了 8 年。DATEDIF("1999-4-1","2007-7-12","M")的返回值为 99，即两个日期之间相差了 99 个月。

## 7.10.9　逻辑函数

**1. NOT 函数**

格式：NOT(logical)

功能：对参数值求反。当要确保一个值不等于某一特定值时，可以使用 NOT 函数。

参数：logical 为一个可以计算出 TRUE 或 FALSE 的逻辑值或逻辑表达式。

说明：如果逻辑值为 FALSE，则返回 TRUE；如果逻辑值为 TRUE，则返回 FALSE。

**2. AND 函数**

格式：AND(logical1,logical2, …)

功能：所有参数的逻辑值为 TRUE 时，返回 TRUE；只要一个参数的逻辑值为 FALSE，即返回 FALSE。

参数：Logical1，logical2，…表示待检测的条件值。

**3. OR 函数**

格式：OR(logical1,logical2,…)

功能：在其参数中，任何一个参数逻辑值为 TRUE，则返回 TRUE；所有参数的逻辑值为 FALSE，则返回 FALSE。

参数：logical1，logical2，…表示待检测的条件值，各条件值可为 TRUE 或 FALSE。

**4. IF 函数**

格式：IF(logical_test,value_if_true,value_if_false)

功能：根据对条件表达式真假值的判断，返回不同结果。

参数：logical_test 是返回结果为 TRUE 或 FALSE 的任意值或表达式。value_if_true 为 logical_test 为 TRUE 时返回的值。value_if_false 为 logical_test 为 FALSE 时返回的值。

例如，计算如图 7-67 所示的成绩等级评定表中的等级评定。评定方法为：若成绩在 90 分及以上，并且老师评价或同学打分中有 90 分及以上的同学，评为“优秀”；若成绩在 80 分及以上，并且老师评价或同学打分中有 80 分及以上的同学，评为“良好”；若成绩在 60 分及以上，并且老师评价或同学打分中有 60 分及以上的同学，评为“合格”；除此以外，其他都为“重修”。

| | A | B | C | D | E |
|---|---|---|---|---|---|
| 1 | 姓名 | 成绩 | 老师评价 | 同学打分 | 等级 |
| 2 | 王勇 | 92 | 98 | 85 | 优秀 |
| 3 | 刘田田 | 78 | 67 | 78 | 合格 |
| 4 | 李冰 | 80 | 90 | 92 | 良好 |
| 5 | 任卫杰 | 67 | 78 | 70 | 合格 |
| 6 | 吴晓丽 | 90 | 88 | 95 | 优秀 |
| 7 | 刘唱 | 77 | 89 | 85 | 合格 |
| 8 | 王强 | 88 | 97 | 88 | 良好 |
| 9 | 马爱军 | 95 | 80 | 80 | 良好 |
| 10 | 张晓华 | 67 | 55 | 50 | 重修 |
| 11 | 朱刚 | 94 | 89 | 90 | 优秀 |

图 7-67　If 函数示例

具体操作步骤如下。

(1) 选定 E2 单元格，输入公式“=IF(AND(B2>=90, OR(C2>=90, D2>=90)), "优秀", IF(AND(B2>=80, OR(C2>=80, D2>=80)),"良好", IF(AND(B2>=60, OR(C2>=60, D2>=60)), "合格", "重修")))”后按 Enter 键。

(2) 选定 E2 单元格，拖动填充柄至 E11 单元格。

## 7.10.10　数据库函数

数据库函数主要用于对数据列表或数据库中的数据进行分析。简单地说，数据库函数就是将普通的统计函数与高级筛选合二为一。关于高级筛选的知识点讲解，请参考 7.10.14 节内容。

数据库函数一般都具有相同的参数。

- database 构成列表或数据库的单元格区域。
- field 指定函数所使用的数据列。列表中的数据列必须在第一行具有标志项。

- criteria 为一组包含给定条件的单元格区域。可以为参数 criteria 指定任意区域，至少包含一个列标志或列标志下方用于设定条件的单元格。

Excel 提供了 12 个数据库函数，如表 7-7 所示。

**表 7-7　Excel 中的数据库函数**

| 函　　数 | 功　　能 |
|---|---|
| DAVERAGE | 返回列表或数据库中满足指定条件的列中数值的平均值 |
| DCOUNT | 返回数据库或列表的列中满足指定条件并且包含数字的单元格个数。参数 field 为可选项，如果省略，则返回数据库中满足条件 criteria 的所有记录数 |
| DCOUNTA | 返回数据库或列表的列中满足指定条件的非空单元格个数。参数 field 为可选项。如果省略，则返回数据库中满足条件的所有记录数 |
| DGET | 从列表或数据库的列中提取符合指定条件的单个值。如果没有满足条件的记录，则函数 DGET 将返回错误值“＃VALUE!”；如果有多个记录满足条件，则函数 DGET 将返回错误值“＃NUM!” |
| DMAX | 返回列表或数据库的列中满足指定条件的最大数值 |
| DMIN | 返回列表或数据库的列中满足指定条件的最小数值 |
| DPRODUCT | 返回列表或数据库的列中满足指定条件的数值的乘积 |
| DSTDEV | 将列表或数据库的列中满足指定条件的数字作为一个样本，估算样本总体的标准偏差 |
| DSTDEVP | 将列表或数据库的列中满足指定条件的数字作为样本总体，计算总体的标准偏差 |
| DSUM | 返回列表或数据库的列中满足指定条件的数字之和 |
| DVAR | 将列表或数据库的列中满足指定条件的数字作为一个样本，估算样本总体的方差 |
| DVARP | 将列表或数据库的列中满足指定条件的数字作为样本总体，计算总体的方差 |

例如，在如图 7-68 所示的表格中，计算出三门课有不及格的人数。

具体方法是在 I1:K4 区域中，构造筛选条件，如图 7-69 所示。在 F21 单元格中输入公式“=DCOUNT(A1:G19,E1,I1:K4)”，运行结果在 F21 单元中显示 1，代表三门课有 1 人不及格。

| | A | B | C | D | E | F | G |
|---|---|---|---|---|---|---|---|
| 1 | 班级 | 姓名 | 性别 | 语文 | 数学 | 英语 | 总分 |
| 2 | 一班 | 吴晓丽 | 女 | 90 | 88 | 96 | 274 |
| 3 | 二班 | 王刚 | 男 | 88 | 97 | 89 | 274 |
| 4 | 一班 | 朱强 | 男 | 94 | 89 | 87 | 270 |
| 5 | 三班 | 王勇 | 男 | 89 | 98 | 70 | 257 |
| 6 | 一班 | 马爱华 | 女 | 95 | 80 | 79 | 254 |
| 7 | 一班 | 张晓军 | 男 | 67 | 89 | 98 | 254 |
| 8 | 二班 | 李冰 | 女 | 80 | 90 | 78 | 248 |
| 9 | 三班 | 刘甜甜 | 女 | 78 | 67 | 90 | 235 |
| 10 | 三班 | 刘畅 | 男 | 67 | 89 | 76 | 232 |
| 11 | 二班 | 任卫杰 | 男 | 67 | 78 | 59 | 204 |
| 12 | 一班 | 马勇 | 男 | 82 | 62 | 64 | 208 |
| 13 | 三班 | 李志 | 男 | 68 | 88 | 98 | 254 |
| 14 | 一班 | 王石 | 男 | 67 | 45 | 80 | 192 |
| 15 | 二班 | 包晓晓 | 女 | 78 | 78 | 69 | 225 |
| 16 | 一班 | 朱晓 | 女 | 70 | 90 | 87 | 247 |
| 17 | 二班 | 顾志刚 | 男 | 99 | 89 | 87 | 275 |
| 18 | 三班 | 孙茜 | 女 | 88 | 80 | 90 | 258 |
| 19 | 二班 | 吴英 | 女 | 90 | 98 | 97 | 285 |
| 20 | | | | | | | |
| 21 | | 三门课有不及格的人数 | | | | | |

图 7-68　数据库函数示例

| I | J | K |
|---|---|---|
| 语文 | 数学 | 英语 |
| <60 | | |
| | <60 | |
| | | <60 |

图 7-69　筛选条件

### 7.10.11 信息函数

**1. IS类函数**

IS类函数可以检验数据的类型，并根据参数值返回 TRUE 或 FALSE。

IS类函数的功能如表 7-8 所示。

**表 7-8 IS类函数的功能**

| 函　数 | 功　能 |
|---|---|
| ISBLANK | 值为空，则返回 TRUE |
| ISERR | 值为除＃N/A以外的任意错误值，则返回 TRUE |
| ISERROR | 值为任意错误值(＃N/A、＃VALUE!、＃REF!、＃DIV/0!、＃NUM!、＃NAME? 或＃NULL!)，则返回 TRUE |
| ISLOGICAL | 值为逻辑值，则返回 TRUE |
| ISNA | 值为错误值＃N/A(值不存在)，则返回 TRUE |
| ISNONTEXT | 值为不是文本的任意项(注意此函数在值为空白单元格时也返回 TRUE)，则返回 TRUE |
| ISNUMBER | 值为数字，则返回 TRUE |
| ISREF | 值为引用，则返回 TRUE |
| ISTEXT | 值为文本，则返回 TRUE |

value 为需要进行检验的数据。分别为空白(空白单元格)、错误值、逻辑值、文本、数字、引用值或对于以上任意参数的名称引用。

IS类函数的参数 value 是不可转换的。例如，在其他大多数需要数字的函数中，文本值 19 会被转换成数字 19。然而在公式 ISNUMBER("19")中，19 并不由文本值转换成别的类型的值，ISNUMBER 函数返回 FALSE。

IS类函数在用公式检验计算结果时十分有用。当它与 IF 函数结合在一起使用时，可以提供一种方法用来在公式中查出错误值。

**2. CELL函数**

格式：CELL(info_type,[reference])

功能：返回某一引用区域的左上角单元格的格式、位置或内容等信息。

参数：info_type 为一个文本值，指定所需要的单元格信息的类型。reference 表示要获取其有关信息的单元格，如果忽略，则在 info_type 中所指定的信息将返回给最后更改的单元格。

**表 7-9 info_type的值与函数结果**

| info_type的值 | 函 数 结 果 |
|---|---|
| "address" | 引用中第一个单元格的引用，文本类型 |
| "col" | 引用中单元格的列标 |
| "color" | 如果单元格中的负值以不同颜色显示，则为 1，否则返回 0 |
| "contents" | 引用中左上角单元格的值，不是公式 |
| "filename" | 包含引用的文件名(包括全部路径)、文本格式。如果包含目标引用的工作表尚未保存，则返回空文本("") |

续表

| info_type 的值 | 函数结果 |
|---|---|
| "format" | 与单元格中不同的数字格式相对应的文本值。如果单元格中负值以不同颜色显示，则在返回的文本值的结尾处加"-"；如果单元格中为正值或所有单元格均加括号，则在文本值的结尾处返回() |
| "parentheses" | 如果单元格中为正值或全部单元格均加括号，则为 1，否则返回 0 |
| "prefix" | 与单元格中不同的标志前缀相对应的文本值。如果单元格文本左对齐，则返回单引号(')；如果单元格文本右对齐，则返回双引号(")；如果单元格文本居中，则返回插入字符(^)；如果单元格文本两端对齐，则返回反斜线(\)；如果是其他情况，则返回空文本("") |
| "protect" | 如果单元格没有锁定，则为 0；如果单元格锁定，则为 1 |
| "row" | 引用中单元格的行号 |
| "type" | 与单元格中的数据类型相对应的文本值。如果单元格为空，则返回 b。如果单元格包含文本常量，则返回 l；如果单元格包含其他内容，则返回 v |
| "width" | 取整后的单元格的列宽。列宽以默认字号的一个字符的宽度为单位 |

例如，函数 CELL("row",A5)所表示的含义为返回 A5 单元格的行号，即返回 5。若在 A1 单元格中输入 CELL("address")，表示的含义为返回最后更改的单元格的地址，此时 A1 单元格为最后更改的单元格，因此返回值为 $A$1，若此时选中 B1 单元格并按 F9 快捷键来刷新单元格，则 A1 单元格中的函数返回值则立刻更改为 $B$1。

### 7.10.12　合并计算

在实际工作中，经常有这样的情况：某公司有几个分公司，各分公司分别建立各自的年终报表，现在该公司想要得到总的年终报表，以了解整个公司的全局情况，就需要用到数据的合并计算。Excel 的合并计算功能可以方便地将多个工作表的数据合并计算并存放到另一个工作表中。

例如，将如图 7-70(a)(b)(c)所示的三张工作表中数据合并到如图 7-70(d)所示的工作表中。

具体操作步骤如下。

(1) 选中"一季度"工作表中的 A3 单元格，单击"数据"选项卡"数据工具"组中的"合并计算"按钮，打开"合并计算"对话框。

(2) 在"函数"下拉列表中选择"求和"。

(3) 单击"引用位置"文本框右侧的折叠对话框按钮，折叠"合并计算"对话框。

(4) 单击工作表标签切换到"1 月"工作表中，选择 A3:C10 区域，单击展开对话框按钮，重新打开"合并计算"对话框。

(5) 单击"添加"按钮，将已经选中的区域添加到"所有引用位置"列表框中。

(6) 重复上述步骤，将工作表"2 月"和"3 月"中的对应数据区域添加到"所有引用位置"列表框中。

(7) 选中"标签位置"中的"最左列"复选框，如图 7-71 所示。

(8) 单击"确定"按钮，关闭对话框，合并计算的结果如图 7-72 所示。

| | A | B | C |
|---|---|---|---|
| 1 | 1月销售情况表 | | |
| 2 | 商品名称 | 销售额 | 销售利润 |
| 3 | 电饭煲 | 15682.5 | 5488.88 |
| 4 | 电水壶 | 12500 | 4375.00 |
| 5 | 电火锅 | 13005 | 4551.75 |
| 6 | 台灯 | 5690 | 1991.50 |
| 7 | 洗衣粉 | 17525.8 | 4381.45 |
| 8 | 肥皂香皂 | 3560 | 890.00 |
| 9 | 领洁净 | 2666 | 666.50 |
| 10 | 洗涤灵 | 3784 | 946.00 |

(a) 1月销售情况表

| | A | B | C |
|---|---|---|---|
| 1 | 2月销售情况表 | | |
| 2 | 商品名称 | 销售额 | 销售利润 |
| 3 | 电饭煲 | 13682 | 4788.70 |
| 4 | 电水壶 | 13000 | 4550.00 |
| 5 | 电火锅 | 15260 | 5341.00 |
| 6 | 台灯 | 4050 | 1417.50 |
| 7 | 洗衣粉 | 18765 | 4691.25 |
| 8 | 肥皂香皂 | 5400 | 1350.00 |
| 9 | 领洁净 | 2768 | 692.00 |
| 10 | 洗涤灵 | 4051 | 1012.75 |

(b) 2月销售情况表

| | A | B | C |
|---|---|---|---|
| 1 | 3月销售情况表 | | |
| 2 | 商品名称 | 销售额 | 销售利润 |
| 3 | 电饭煲 | 16203 | 5671.05 |
| 4 | 电水壶 | 13452 | 4708.20 |
| 5 | 台灯 | 6700 | 2345.00 |
| 6 | 洗衣粉 | 17050 | 4262.50 |
| 7 | 肥皂香皂 | 4000 | 1000.00 |
| 8 | 领洁净 | 2500 | 625.00 |
| 9 | 洗涤灵 | 3865 | 966.25 |

(c) 3月销售情况表

| | A | B | C |
|---|---|---|---|
| 1 | 一季度销售情况统计 | | |
| 2 | 商品名称 | 销售额 | 销售利润 |
| 3 | | | |
| 4 | | | |
| 5 | | | |
| 6 | | | |
| 7 | | | |
| 8 | | | |
| 9 | | | |

(d) 一季度销售情况统计

图 7-70　合并计算

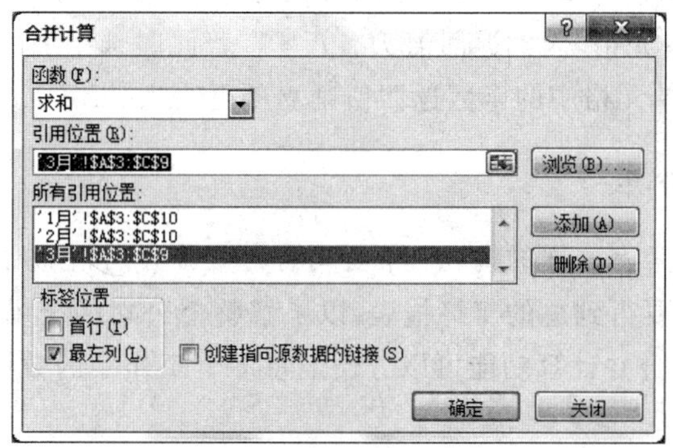


图 7-71　“合并计算”对话框

| | A | B | C |
|---|---|---|---|
| 1 | 一季度销售情况统计 | | |
| 2 | 商品名称 | 销售额 | 销售利润 |
| 3 | 电饭煲 | 45567.5 | 15948.63 |
| 4 | 电水壶 | 38952 | 13633.20 |
| 5 | 电火锅 | 28265 | 9892.75 |
| 6 | 台灯 | 16440 | 5754.00 |
| 7 | 洗衣粉 | 53340.8 | 13335.20 |
| 8 | 肥皂香皂 | 12960 | 3240.00 |
| 9 | 领洁净 | 7934 | 1983.50 |
| 10 | 洗涤灵 | 11700 | 2925.00 |

图 7-72　合并计算结果

## 7.10.13　高级排序

在 Excel 中除了可以对数据进行简单的升序和降序排序以外，还可以进行一些更复杂的排序。

**1. 按行排序**

一般情况下，排序操作都是按照列数据来排序的，但是有些表格的设计风格会使数据列表的第一列是字段标题，其他列中存放了具体数据，如图 7-73 所示。

| | A | B | C | D | E | F | G | H | I | J | K |
|---|---|---|---|---|---|---|---|---|---|---|---|
| 1 | 姓名 | 王勇 | 刘田田 | 李冰 | 任卫杰 | 吴晓丽 | 刘唱 | 王强 | 马爱军 | 张晓华 | 朱刚 |
| 2 | 语文 | 89 | 78 | 80 | 67 | 90 | 67 | 88 | 95 | 67 | 94 |
| 3 | 数学 | 98 | 67 | 90 | 78 | 88 | 89 | 97 | 80 | 89 | 89 |
| 4 | 英语 | 70 | 90 | 78 | 59 | 96 | 76 | 89 | 79 | 98 | 87 |

图 7-73　按行排序的数据列表

例如，将图 7-73 中的数据列表按照“语文”成绩降序排列。具体操作步骤如下。

(1) 选中数据列表中 B1:K4 单元格区域，单击“数据”选项卡“排序和筛选”组中的“排序”按钮，打开“排序”对话框。

(2) 单击“选项”按钮，打开“排序选项”对话框，如图 7-74 所示。

(3) 在“方向”中选择“按行排序”单选按钮，单击“确定”按钮。

(4) 返回“排序”对话框中，“主要关键字”上方的“列”变为“行”，表示此时的排序为按行排序。“语文”在数据列表中的行号为 2，因此，在“主要关键字”列表框中选择“行 2”，“排序依据”为“数值”，“次序”为“降序”，如图 7-75 所示。

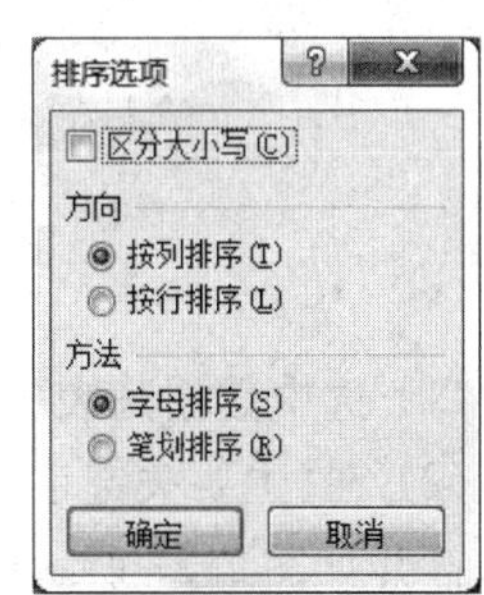


图 7-74　“排序选项”对话框

(5) 单击“确定”按钮，关闭对话框，此时数据列表按照“语文”成绩降序排列。

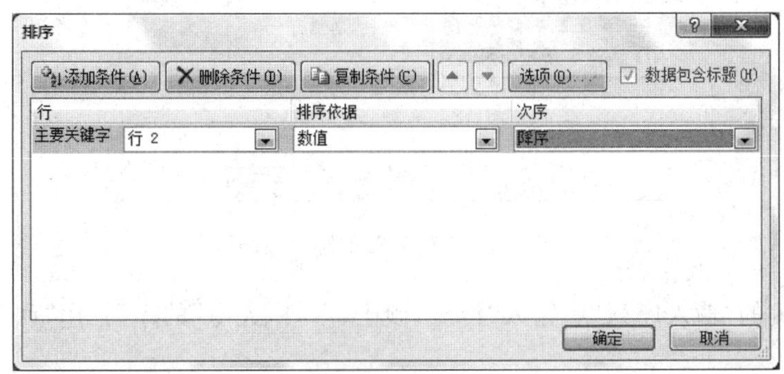


图 7-75　按行排序时的“排序”对话框

**注意**：第一步操作中选择的单元格区域不能包括第一列标题列，也不可以像按列排序一样选择数据列表中的任意一个单元格，因为在按行排序时，Excel 不会自动识别标题列，会将标题列也当作数值列来处理，即将标题列和数值列一起按照排序规则进行排序，导致标题列被移动位置。

**2. 自定义序列排序**

有时候，用户不希望按照 Excel 提供的标准顺序进行排序，而是希望按照某种特殊的顺序来排列，如职称、部门等数据。

例如，在如图 7-76 所示的员工信息表中，将数据按照学历从高到低的顺序排序，即按照

"博士,硕士,本科,大专"的顺序排列。具体操作步骤如下。

| | A | B | C | D | E | F |
|---|---|---|---|---|---|---|
| 1 | 员工信息表 | | | | | |
| 2 | 编号 | 姓名 | 学历 | 性别 | 年龄 | 职位 |
| 3 | XSB001 | 马爱华 | 本科 | 女 | 28 | 地区经理 |
| 4 | XSB002 | 马勇 | 硕士 | 女 | 33 | 地区经理 |
| 5 | XSB003 | 王传 | 大专 | 男 | 21 | 助理 |
| 6 | XSB004 | 吴晓丽 | 本科 | 女 | 20 | 业务骨干 |
| 7 | XSB005 | 张晓军 | 硕士 | 女 | 43 | 业务骨干 |
| 8 | XSB006 | 朱强 | 博士 | 男 | 29 | 业务骨干 |
| 9 | XSB007 | 朱晓晓 | 本科 | 女 | 30 | 业务骨干 |
| 10 | XSB008 | 包晓燕 | 本科 | 女 | 39 | 助理 |
| 11 | XSB009 | 顾志刚 | 硕士 | 男 | 28 | 助理 |
| 12 | XSB010 | 李冰 | 硕士 | 女 | 34 | 业务骨干 |
| 13 | XSB011 | 任卫杰 | 博士 | 男 | 39 | 地区经理 |
| 14 | XSB012 | 王刚 | 本科 | 男 | 27 | 业务骨干 |
| 15 | XSB013 | 吴英 | 大专 | 女 | 28 | 业务骨干 |
| 16 | XSB014 | 李志 | 博士 | 男 | 31 | 业务骨干 |
| 17 | XSB015 | 刘畅 | 大专 | 男 | 23 | 业务骨干 |

图 7-76 员工信息表

(1) 选中数据列表中的任意一个单元格,利用"排序"按钮打开"排序"对话框。

(2) 在"主要关键字"列表框中选择"学历","排序依据"为"数值","次序"为"自定义序列",打开如图 7-77 所示的"自定义序列"对话框。

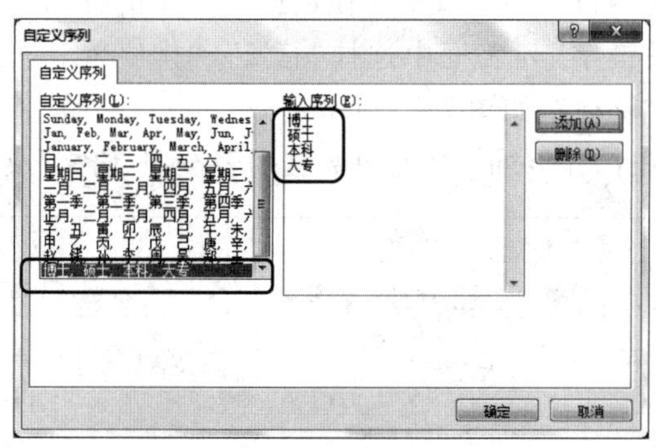


图 7-77 "自定义序列"对话框

(3) 在右侧的"输入序列"中输入"博士,硕士,本科,大专"的序列,用"回车符"或英文的逗号分隔。

(4) 单击"添加"按钮,将序列添加到左侧的"自定义序列"中。

(5) 选中已经添加的序列,单击"确定"按钮,关闭对话框。此时"排序"对话框如图 7-78 所示,单击"确定"按钮即可。

## 7.10.14 高级筛选

在自动筛选时,列与列之间的条件关系为"与",即需要多个条件同时成立,但是有些情况下,条件之间需要采用"或"的关系,因此,需要使用高级筛选来完成任务。要使用高级筛选,需要按如下规则建立条件区域。

(1) 条件区域必须位于数据列表区域外,即与数据列表之间至少间隔一个空行和一个空列。

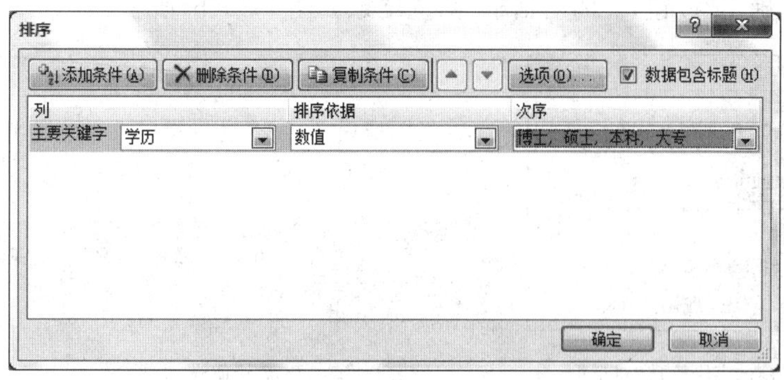


图 7-78　“排序”对话框

(2) 条件区域的第一行是高级筛选的标题行，其名称必须和数据列表中的标题行名称完全相同。条件区域的第二行及以下行是条件行。

(3) 同一行中条件单元格之间的逻辑关系为“与”，即条件之间是“并且”的关系。

(4) 不同行中条件单元格之间的逻辑关系为“或”，即条件之间是“或者”的关系。

例如，在如图 7-79 所示的成绩表 A1:F11 区域中筛选出有不及格科目的男生。

| | A | B | C | D | E | F |
|---|---|---|---|---|---|---|
| 1 | 学号 | 姓名 | 性别 | 语文 | 数学 | 英语 |
| 2 | 2008060301 | 王勇 | 男 | 89 | 98 | 70 |
| 3 | 2008060302 | 刘田田 | 男 | 54 | 48 | 90 |
| 4 | 2008060303 | 李冰 | 女 | 80 | 90 | 78 |
| 5 | 2008060304 | 任卫杰 | 男 | 67 | 78 | 59 |
| 6 | 2008060305 | 吴晓丽 | 女 | 90 | 88 | 96 |
| 7 | 2008060306 | 刘唱 | 男 | 67 | 52 | 76 |
| 8 | 2008060307 | 王强 | 男 | 88 | 97 | 89 |
| 9 | 2008060308 | 马爱军 | 男 | 95 | 80 | 79 |
| 10 | 2008060309 | 张晓华 | 女 | 67 | 89 | 50 |
| 11 | 2008060310 | 朱刚 | 男 | 94 | 89 | 87 |
| 12 | | | | | | |
| 13 | 性别 | 语文 | 数学 | 英语 | | |
| 14 | 男 | <60 | | | | |
| 15 | 男 | | <60 | | | |
| 16 | 男 | | | <60 | | |

图 7-79　成绩表

使用高级筛选的操作步骤如下。

(1) 在数据列表之外，按照条件区域的建立规则创建条件区域，例如 A13:D16 区域。

(2) 单击数据列表中任一单元格，单击“数据”选项卡“排序和筛选”组中的“高级”按钮高级，打开“高级筛选”对话框。

(3) 在“列表区域”选择 A1:F11 单元格区域，“条件区域”选择 A13:D16 单元格区域，如图 7-80(a)所示。

(4) 选择筛选结果存放方式。“在原有区域显示筛选结果”是将筛选结果放置在原来数据列表处，隐藏不符合条件的数据行。“将筛选结果复制到其他位置”是将筛选结果复制到当前活动工作表的其他位置。

若上一步中选择了“将筛选结果复制到其他位置”，则在“复制到”文本框中选择一个需要存放筛选结果的起始单元格。

(5) 单击“确定”按钮，关闭对话框，筛选结果如图 7-80(b)所示。

(a)“高级筛选”对话框

| | A | B | C | D | E | F |
|---|---|---|---|---|---|---|
| 1 | 学号 | 姓名 | 性别 | 语文 | 数学 | 英语 |
| 3 | 2008060302 | 刘田田 | 男 | 54 | 48 | 90 |
| 5 | 2008060304 | 任卫杰 | 男 | 67 | 78 | 59 |
| 7 | 2008060306 | 刘唱 | 男 | 67 | 52 | 76 |

(b)高级筛选结果

图 7-80 高级筛选

## 7.10.15 创建复杂图表

依照之前介绍的图表制作方法，虽然可以制作出相应的图表，但是在一些特殊情况下，并不能满足用户的需求，为此，介绍以下两种特殊的图表：动态图表和动态混合图表。

**1. 创建动态图表**

如果在同一张图表上，根据不同的需要查看每一科的考试情况，则需要借助公式来制作动态图表。主要使用的是查找与引用函数和信息函数，具体函数的格式和含义请参考 7.10.7 节和 7.10.11 节内容。

例如，基于图 7-81 所示的某班学生成绩表中的数据，创建动态图表。要求：单击不同科目列可以显示相应科目的成绩图表。

| | A | B | C | D | E | F | G |
|---|---|---|---|---|---|---|---|
| 1 | 高三(3)班学生成绩登记表 | | | | | | |
| 2 | | | | | | | |
| 3 | 学号 | 姓名 | 性别 | 语文 | 数学 | 英语 | 总分 |
| 4 | 2016060301 | 王勇 | 男 | 89 | 98 | 70 | 257 |
| 5 | 2016060302 | 刘田田 | 女 | 78 | 67 | 90 | 235 |
| 6 | 2016060303 | 李冰 | 女 | 80 | 90 | 78 | 248 |
| 7 | 2016060304 | 任卫杰 | 男 | 67 | 78 | 59 | 204 |
| 8 | 2016060305 | 吴晓丽 | 女 | 90 | 88 | 96 | 274 |
| 9 | 2016060306 | 刘唱 | 男 | 67 | 89 | 76 | 232 |
| 10 | 2016060307 | 王强 | 男 | 88 | 97 | 89 | 274 |
| 11 | 2016060308 | 马爱军 | 男 | 95 | 80 | 79 | 254 |
| 12 | 2016060309 | 张晓华 | 女 | 67 | 89 | 98 | 254 |
| 13 | 2016060310 | 朱刚 | 男 | 94 | 89 | 87 | 270 |
| 14 | | | | | | | |

图 7-81 某班成绩表

具体操作方法是首先将 B3:B13 区域复制到 I3:I13，然后在 J3 中输入公式“=INDIRECT(ADDRESS(ROW(D3),CELL("COL")))”。按下 Enter 键后会弹出一个错误提示框。这是因为该公式中包含循环引用。在输入公式时，CELL("COL")返回的是公式所在单元格的列号。如果单击其他单元格必须按 F9 快捷键，让 Excel 重新计算公式的值。单击“确定”按钮，则在 J3 中显示数值 0。拖动 J3 单元格的填充柄，复制数据到 J13。将光标定位于“数学”列中的任何一个单元格，按下 F9 快捷键，这时 J3:J13 中便显示出与 E3:E13 区域中相同内容的数据，如图 7-82 所示。

| | A | B | C | D | E | F | G | H | I | J |
|---|---|---|---|---|---|---|---|---|---|---|
| 1 | | | 高三（3）班学生成绩登记表 | | | | | | | |
| 2 | | | | | | | | | | |
| 3 | 学号 | 姓名 | 性别 | 语文 | 数学 | 英语 | 总分 | | 姓名 | 数学 |
| 4 | 2016060301 | 王勇 | 男 | 89 | 98 | 70 | 257 | | 王勇 | 98 |
| 5 | 2016060302 | 刘田田 | 女 | 78 | 67 | 90 | 235 | | 刘田田 | 67 |
| 6 | 2016060303 | 李冰 | 女 | 80 | 90 | 78 | 248 | | 李冰 | 90 |
| 7 | 2016060304 | 任卫杰 | 男 | 67 | 78 | 59 | 204 | | 任卫杰 | 78 |
| 8 | 2016060305 | 吴晓丽 | 女 | 90 | 88 | 96 | 274 | | 吴晓丽 | 88 |
| 9 | 2016060306 | 刘唱 | 男 | 67 | 89 | 76 | 232 | | 刘唱 | 89 |
| 10 | 2016060307 | 王强 | 男 | 88 | 97 | 89 | 274 | | 王强 | 97 |
| 11 | 2016060308 | 马爱军 | 男 | 95 | 80 | 79 | 254 | | 马爱军 | 80 |
| 12 | 2016060309 | 张晓华 | 女 | 67 | 89 | 98 | 254 | | 张晓华 | 89 |
| 13 | 2016060310 | 朱刚 | 男 | 94 | 89 | 87 | 270 | | 朱刚 | 89 |

图 7-82　动态数据结果

选择数据区域 I3:J13，插入一张簇状柱形图，如图 7-83 所示。

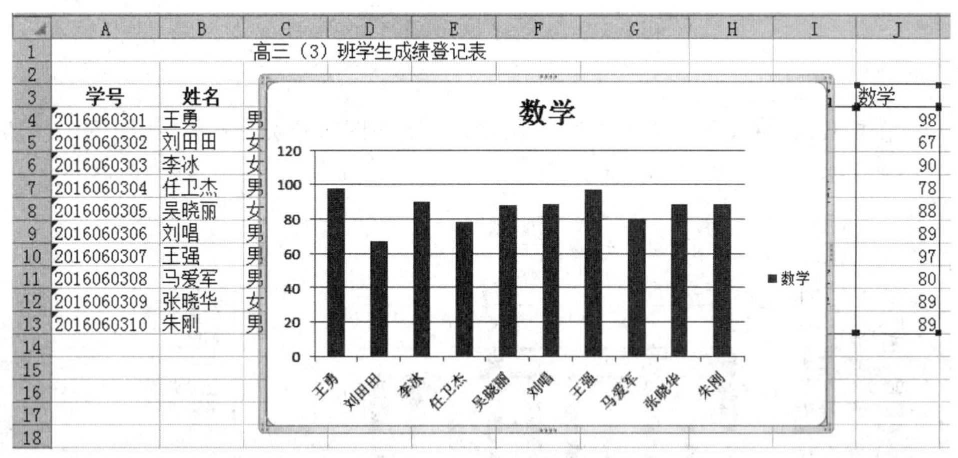


图 7-83　动态图表结果

单击“语文”列中任何一格，再按下 F9 快捷键，此时图表便变成了显示语文成绩。

**2. 创建动态混合图表**

上面创建的是各科成绩的柱形图，如果能将平均成绩也显示在图表中，就可以很容易地看出哪些学生的某科成绩是平均分以下或以上。

接着图 7-83 继续创建一张混合图表，在原有图表基础上，以折线图形式显示各科目的平均分，这样可以清晰地看出哪些学生的成绩在平均分以下。具体操作步骤如下。

(1) 在 K3 单元格中输入“平均分”。

(2) 在 K4 单元格中输入公式“=AVERAGE($J$4:$J$13)”，按下 Enter 键，忽略出现的错误。

(3) 拖动 K4 单元格的填充柄到 K13，复制“平均分”，然后设置“平均分”列显示一位小数。

(4) 选中一门课程，如数学，则在 E 列的任意一个单元格中按 F9 快捷键，此时 J 列为数学成绩，K 列为数学的平均分。

(5) 选中 I3:K13 区域，创建簇状柱形图，如图 7-84 所示。

(6) 在图表上右击“平均分”数据系列，在弹出的快捷菜单中选择“更改系列图表类型”

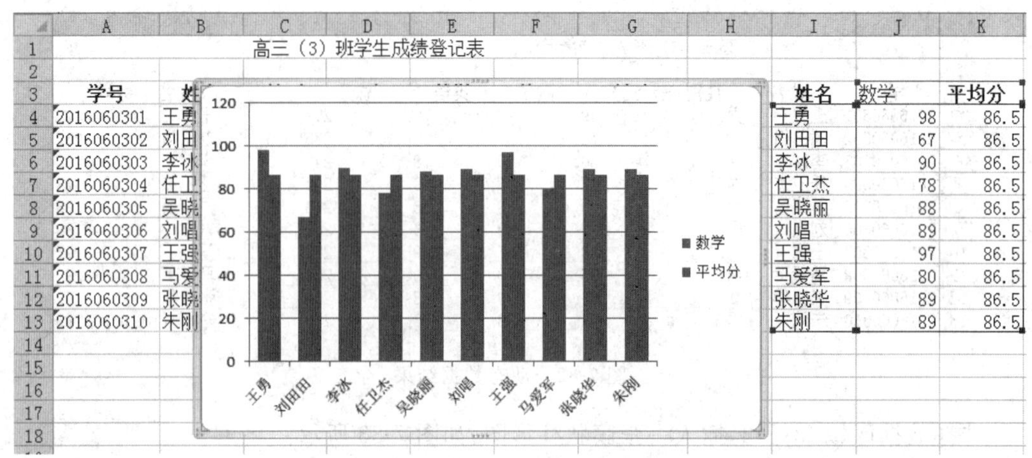


图 7-84　包含“平均分”的簇状柱形图

命令。

(7) 在打开的“更改图表类型”对话框中选择“折线图”，子类型选择“折线图”，然后单击“确定”按钮，此时图表如图 7-85 所示。

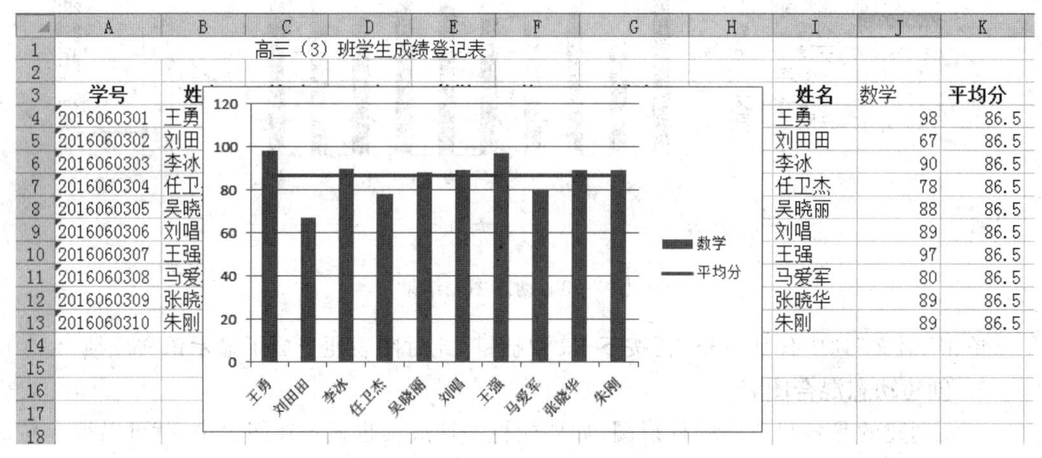


图 7-85　更改“平均分”数据系列图表类型

单击其他科目列，然后按下 F9 快捷键，可以查看各科目的成绩与平均分情况。

## 7.10.16　数据透视表和数据透视图

利用 Excel 的数据透视表或数据透视图可以对工作表中的大量数据进行快速汇总并建立交互式表格，用户可以通过选择不同的行或列标签来筛选数据，查看对数据源的不同汇总。

**1. 创建数据透视表**

例如，在如图 7-86 所示的工作表中，根据数据列表创建数据透视表的操作方法是选择要创建数据透视表的源数据区域。若是对整个数据列表创建数据透视表，则单击数据列表中任意单元格即可。具体操作步骤如下。

| | A | B | C | D | E | F | G | H | I | J |
|---|---|---|---|---|---|---|---|---|---|---|
| 1 | 文化用品公司销售情况表 | | | | | | | | | |
| 2 | 日期 | 业务员 | 商品代码 | 品牌 | 克重 | 规格 | 单价 | 数量 | 销售额 | 订货单位 |
| 204 | 2000/03/22 | 游妍妍 | **JD70B5** | 金达牌 | 70g | B5 | 200 | 116 | ¥ 23,200.00 | 明月商场 |
| 205 | 2000/03/23 | 李良 | **SY70B4** | 三一牌 | 70g | B4 | 210 | 113 | ¥ 23,730.00 | 蓝图公司 |
| 206 | 2000/03/23 | 何宏禹 | **SP70A4** | 三普牌 | 70g | A4 | 225 | 75 | ¥ 16,875.00 | 星光出版社 |
| 207 | 2000/03/24 | 高嘉文 | **JN70B5** | 佳能牌 | 70g | B5 | 189 | 109 | ¥ 20,601.00 | 阳光公司 |
| 208 | 2000/03/24 | 方依然 | **SG80A3** | 三工牌 | 80g | A3 | 290 | 127 | ¥ 36,830.00 | 明月商场 |
| 209 | 2000/03/24 | 孙建 | **SG80A3** | 三工牌 | 80g | A3 | 290 | 98 | ¥ 28,420.00 | 明月商场 |
| 210 | 2000/03/25 | 张一帆 | **SP70A4** | 三普牌 | 70g | A4 | 220 | 89 | ¥ 19,580.00 | 开心商场 |
| 211 | 2000/03/25 | 李良 | **SY70B4** | 三一牌 | 70g | B4 | 210 | 129 | ¥ 27,090.00 | 蓝图公司 |
| 212 | 2000/03/25 | 林木森 | **XL70A4** | 雪莲牌 | 70g | A4 | 275 | 10 | ¥ 2,750.00 | 开心商场 |
| 213 | 2000/03/26 | 游妍妍 | **XL70A3** | 雪莲牌 | 70g | A3 | 230 | 128 | ¥ 29,440.00 | 蓓蕾商场 |
| 214 | 2000/03/27 | 叶佳 | **FG80B4** | 富工牌 | 80g | B4 | 230 | 72 | ¥ 16,560.00 | 期望公司 |
| 215 | 2000/03/27 | 高嘉文 | **JN70B5** | 佳能牌 | 70g | B5 | 189 | 30 | ¥ 5,670.00 | 阳光公司 |
| 216 | 2000/03/27 | 李良 | **JN80A3** | 佳能牌 | 80g | A3 | 290 | 59 | ¥ 17,110.00 | 星光出版社 |
| 217 | 2000/03/28 | 张一帆 | **SP70A4** | 三普牌 | 70g | A4 | 220 | 42 | ¥ 9,240.00 | 开心商场 |
| 218 | 2000/03/28 | 方依然 | **JD70B4** | 金达牌 | 70g | B4 | 260 | 29 | ¥ 7,540.00 | 开缘商场 |
| 219 | 2000/03/30 | 叶佳 | **FG80B4** | 富工牌 | 80g | B4 | 230 | 34 | ¥ 7,820.00 | 期望公司 |
| 220 | 2000/03/30 | 林木森 | **XL70A4** | 雪莲牌 | 70g | A4 | 275 | 96 | ¥ 26,400.00 | 开心商场 |
| 221 | 2000/03/30 | 高嘉文 | **SG80A3** | 三工牌 | 80g | A3 | 295 | 32 | ¥ 9,440.00 | 白云出版社 |
| 222 | 2000/03/30 | 叶佳 | **JD70B5** | 金达牌 | 70g | B5 | 210 | 105 | ¥ 22,050.00 | 蓝图公司 |
| 223 | 2000/03/30 | 李良 | **FG80A4** | 富工牌 | 80g | A4 | 330 | 51 | ¥ 16,830.00 | 海天公司 |

图 7-86 文化用品销售表

(1) 单击“插入”选项卡“表格”组中的“数据透视表”按钮，打开“创建数据透视表”对话框，如图 7-87 所示。

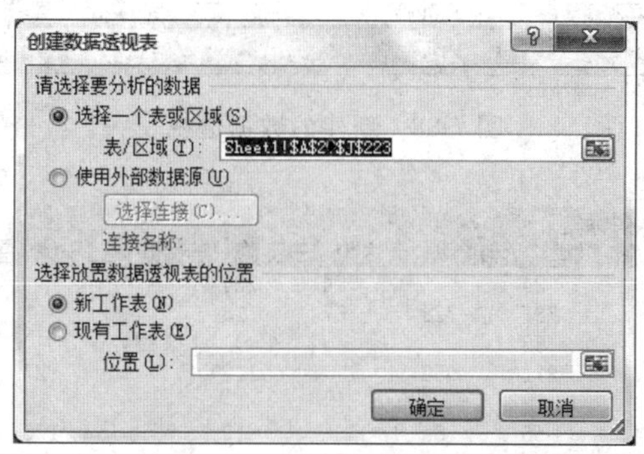


图 7-87 “创建数据透视表”对话框

(2) 在“表/区域”文本框中显示了已经选中的数据源，在此可以重新选择。

在对话框中可以选择创建的数据透视表放置的位置，若选择“新工作表”则将创建一张新的工作表来放置数据透视表；若选择“现有工作表”，则需要在“位置”框中选择一个单元格，数据透视表将从该单元格开始存放。本例选择“新工作表”作为存放位置。

(3) 设置完毕后，单击“确定”按钮。

新建的工作表如图 7-88 所示，右侧显示“数据透视表字段列表”窗格，用鼠标将需要的字段拖动到“数据透视表字段列表”窗格下方的对应区域，如“行标签”“列标签”或“数值”区域。

例如将“业务员”拖动到“行标签”，“品牌”拖动到“列标签”，“数量”拖动到“数值”，则生成基于各品牌、各业务员的销售数量的数据透视表，如图 7-89 所示。

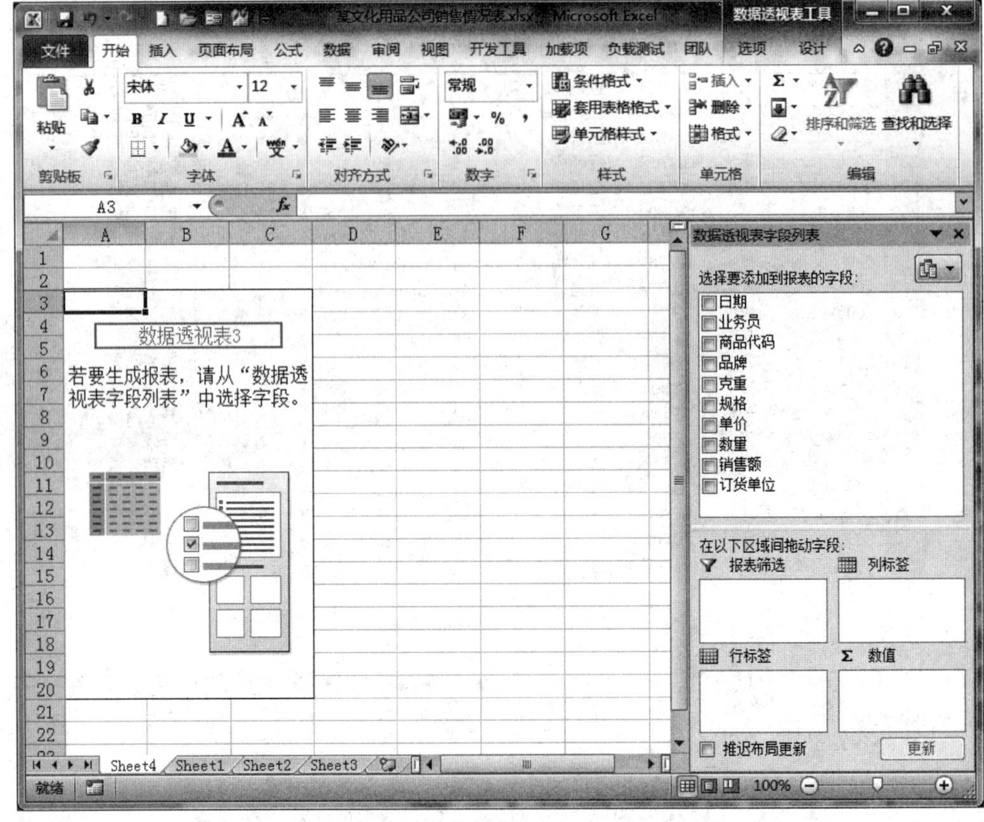


图 7-88　新建的数据透视表

| 求和项:数量 | 列标签 | | | | | | | |
|---|---|---|---|---|---|---|---|---|
| 行标签 | 富工牌 | 佳能牌 | 金达牌 | 三工牌 | 三普牌 | 三一牌 | 雪莲牌 | 总计 |
| 方依然 | 24 | | 774 | 224 | | | | 1022 |
| 高嘉文 | 787 | 728 | 57 | 716 | | | 67 | 2355 |
| 何宏禹 | 53 | | | | 834 | | 1129 | 2016 |
| 李良 | 811 | 959 | | 112 | | 927 | | 2809 |
| 林木森 | | 83 | | | | | 898 | 981 |
| 孙建 | 56 | 38 | | 919 | | 126 | | 1139 |
| 叶佳 | 807 | | 937 | | | | | 1744 |
| 游妍妍 | 28 | | 925 | | | | 1253 | 2206 |
| 张一帆 | | | | | 1113 | | | 1113 |
| 总计 | 2566 | 1808 | 2693 | 1971 | 1947 | 1053 | 3347 | 15385 |

图 7-89　销售数量数据透视表

**2. 编辑数据透视表**

对于建立好的数据透视表，由于各类分析的具体要求不同，有时还需要对数据透视表进行各种操作。例如，重新组织表格、改变数据透视表的页面布局等，以便从不同的角度对数据进行分析。

1）更改和设置字段

根据分析数据的要求不同，若需要改变数据透视表的分析字段，可以使用鼠标将已经添加的字段拖回到“数据透视表字段列表”中，再重新拖动需要的字段到数据透视表中。

并且，对于行字段和列字段的数据，Excel 还提供了筛选功能。如在如图 7-89 的数据透

视表中，单击“行标签”右侧的按钮，可以打开如图 7-90 所示的下拉菜单，根据需要勾选需要的业务员姓名即可。

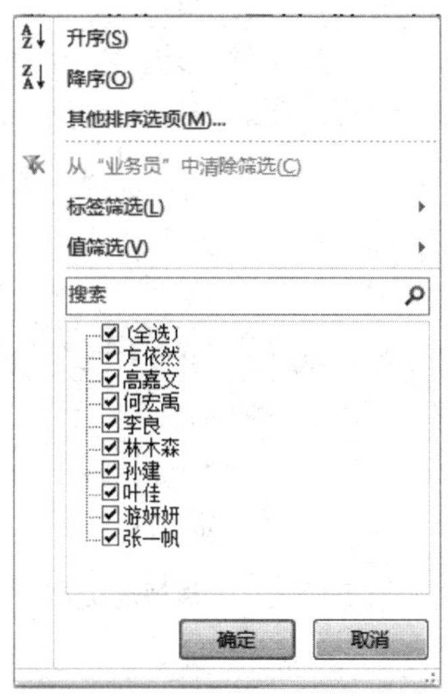


图 7-90　“行标签”下拉菜单

2）更改汇总方式

数据透视表默认的汇总方式为“求和”，若要改变为其他汇总方式，如“最大值”，其操作方法是将鼠标移动到窗口右侧的“数值”框中，单击 求和项:数量 ▼ 按钮，在下拉菜单中选择“值字段设置”命令，打开如图 7-91 所示的“值字段设置”对话框。在“计算类型”列表框中选择“最大值”。若需要设置数据的格式，则单击对话框的“数字格式”按钮，在打开的“设置单元格格式”对话框中设置合适的数字格式，单击“确定”按钮，关闭对话框。

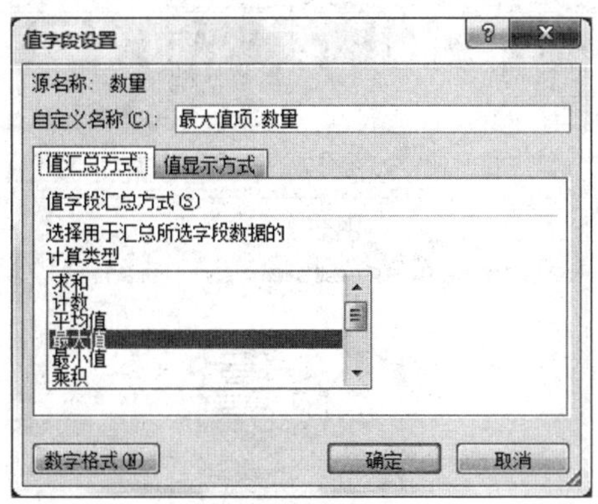


图 7-91　“值字段设置”对话框

3）设置数据透视表格式

创建数据透视表后，功能区中增加了“数据透视表工具”，包含有“选项”和“设计”选项卡(如图 7-92 所示)，分别提供了更改数据源、更改汇总方式、更改数据排序方式和设置数据透视表布局、数据透视表样式等功能。

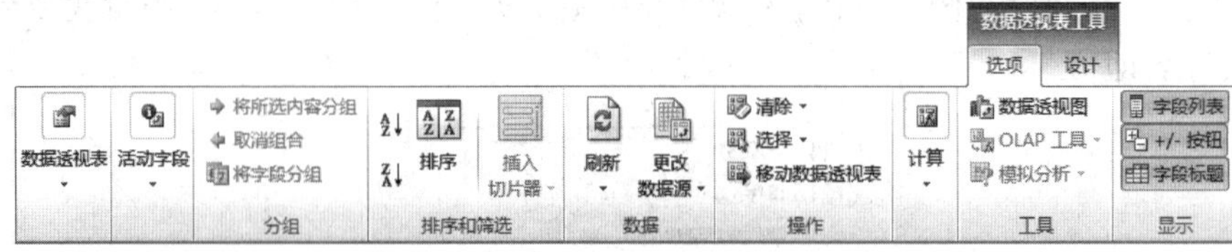

(a)“选项”选项卡

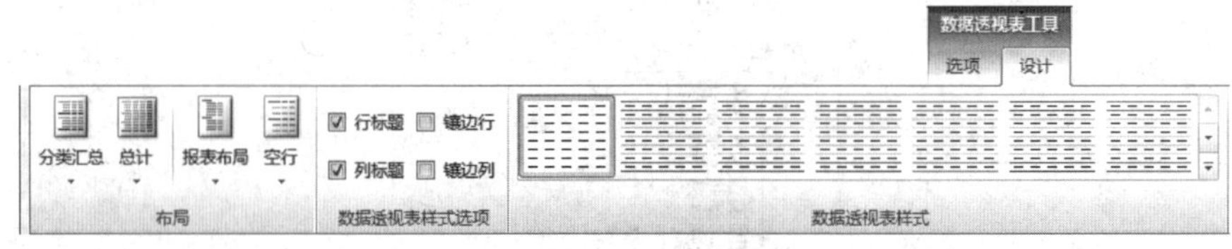

(b)“设计”选项卡

图 7-92　数据透视表工具

**3. 创建数据透视图**

创建数据透视图必须先创建数据透视表，操作方法有如下两种。

方法一：根据数据源创建。选择要创建数据透视图的源数据区域，单击“插入”选项卡下“数据透视表”按钮右侧的按钮，在下拉菜单中选择“数据透视图”命令，打开“创建数据透视表及数据透视图”对话框，对话框的设置方法与“创建数据透视表”的对话框一致。Excel 将创建一个新的工作表，如图 7-93 所示。与创建数据透视表一样，拖动需要的字段到数据透视表中，在生成数据透视表的同时，也会生成对应的数据透视图。

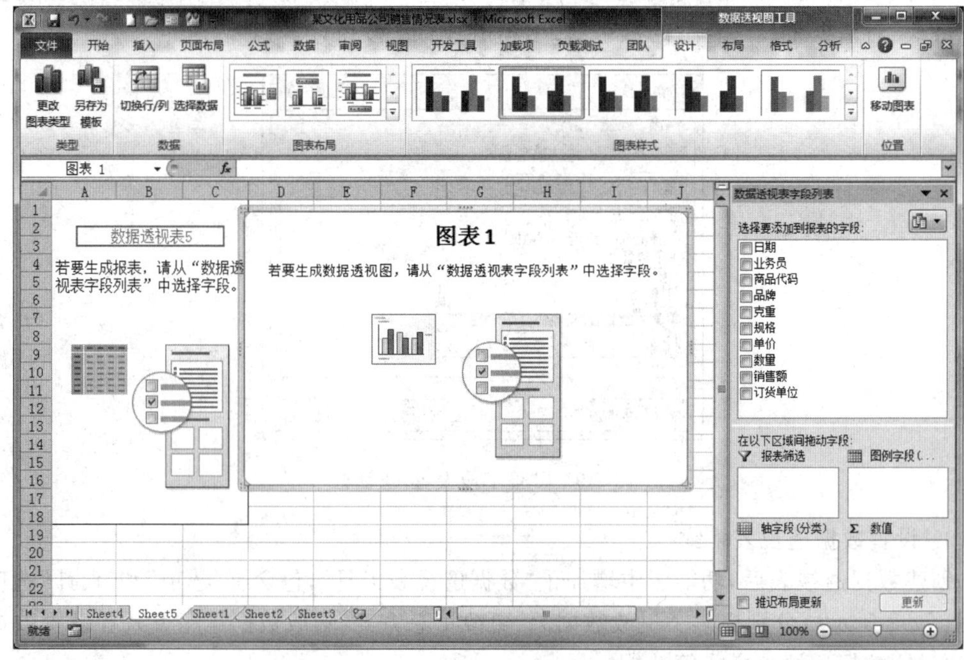

图 7-93　创建数据透视表和数据透视图

方法二：根据数据透视表创建。在建立好的数据透视表中，单击任意单元格。在如图 7-92(a)所示的“数据透视表工具”的“选项”选项卡下单击“数据透视图”按钮。在打开的“插入图表”对话框中，选择需要的图表类型，单击“确定”按钮即可。

## 7.10.17 其他实用操作

### 1. 通过自定义快速录入数据

当用户经常需要在单元格中重复输入固定的某些内容，例如，在如图 7-94 所示的 D3：D17 区域中，需要输入性别“男”或“女”，可以使用自定义方式，将常用的文本序列添加到 Excel 中。使用自定义方式快速录入数据的具体操作步骤如下。

| | A | B | C | D | E | F | G |
|---|---|---|---|---|---|---|---|
| 1 | 员工信息表 | | | | | | |
| 2 | 编号 | 姓名 | 学历 | 性别 | 年龄 | 部门 | 职位 |
| 3 | XSB001 | 马爱华 | 本科 | | 28 | 销售部 | 地区经理 |
| 4 | XSB002 | 马勇 | 硕士 | | 33 | 销售部 | 地区经理 |
| 5 | XSB003 | 王传 | 大专 | | 21 | 销售部 | 助理 |
| 6 | XSB004 | 吴晓丽 | 本科 | | 20 | 销售部 | 业务骨干 |
| 7 | XSB005 | 张晓军 | 硕士 | | 43 | 销售部 | 业务骨干 |
| 8 | XSB006 | 朱强 | 博士 | | 29 | 销售部 | 业务骨干 |
| 9 | XSB007 | 朱晓晓 | 本科 | | 30 | 销售部 | 业务骨干 |
| 10 | XSB008 | 包晓燕 | 本科 | | 39 | 销售部 | 助理 |
| 11 | XSB009 | 顾志刚 | 硕士 | | 28 | 销售部 | 助理 |
| 12 | XSB010 | 李冰 | 博士 | | 34 | 销售部 | 业务骨干 |
| 13 | XSB011 | 任卫杰 | 博士 | | 39 | 销售部 | 地区经理 |
| 14 | XSB012 | 王刚 | 本科 | | 27 | 销售部 | 业务骨干 |
| 15 | XSB013 | 吴英 | 大专 | | 28 | 销售部 | 业务骨干 |
| 16 | XSB014 | 李志 | 博士 | | 31 | 销售部 | 业务骨干 |
| 17 | XSB015 | 刘畅 | 大专 | | 23 | 销售部 | 业务骨干 |

图 7-94 员工信息表

(1) 选中 D3:D17 区域，在选中区域右击，在弹出的快捷菜单中选择“设置单元格格式”命令，打开“设置单元格格式”对话框。

(2) 选择“数字”选项卡，在“分类”列表框中单击“自定义”选项。

(3) 在右侧的“类型”文本框中输入“[=1]"男";[=2]"女"”，注意所有标点符号均为英文输入法中的标点符号，如图 7-95 所示。

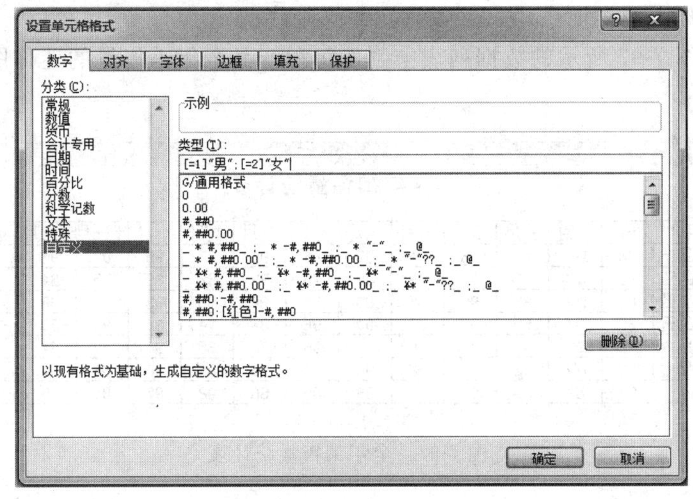


图 7-95 “设置单元格格式”对话框

(4) 单击“确定”按钮，关闭对话框。

设置完成后，在“性别”列中输入 1 或 2，按下 Enter 键即可输入“男”或“女”。

使用同样的方法，也可以为“学历”“职位”等列数据设置快速输入方式。

**2. 插入表单控件**

在用 Excel 制作表格时，有时需要使用表单控件来丰富表格的使用功能。插入表单控件的操作，必须在“开发工具”选项卡下完成。默认情况下，Excel 的选项卡区域是没有“开发工具”选项卡的，因此，首先需要打开“开发工具”选项卡。

插入表单控件的方法是选中需要插入表单控件的单元格。单击“开发工具”选项卡“控件”组中的“插入”按钮，在下拉菜单中选择需要插入的表单控件，如“选项按钮”◉。在单元格中拖动鼠标绘制出一个大小合适的控件。在控件上右击，在弹出的快捷菜单中选择“编辑文字”命令可以更改控件上显示的文字内容。

制作完成后单击其他单元格，此时控件为可以使用的状态，单击鼠标左键可以触发控件。若要重新修改控件的属性或删除控件，则需在控件上右击。

图 7-96 中的“性别”“学历”和“爱好”后的单元格中分别添加了“选项按钮”控件◉和“复选框”控件☑。需要注意的是“性别”和“学历”是两组独立的选项按钮，因此，在添加选项按钮之前，应该先添加“分组框”控件，然后在不同的分组框中再添加选项按钮。

| | A | B | C | D |
|---|---|---|---|---|
| 1 | 姓名 | | 年龄 | |
| 2 | 性别 | ◉男 | ○女 | |
| 3 | 学历 | ◉本科 | ○硕士 | |
| 4 | 爱好 | ☐篮球<br>☐游泳 | ☑足球<br>☐唱歌 | ☑乒乓球<br>☑乐器 |

图 7-96　表单控件示例

**3. 创建迷你图**

在数据处理中，图表能比较直观、形象地反映数据的变化，但是大图表占空间较大，排版较费时，因此迷你图应运而生。

例如，在如图 7-97 所示的数据列表中制作每种产品全年销售量的迷你图。具体操作步骤如下。

| | A | B | C | D | E | F | G | H | I | J | K | L | M | N |
|---|---|---|---|---|---|---|---|---|---|---|---|---|---|---|
| 1 | 全年销售量统计表 | | | | | | | | | | | | | |
| 2 | | | | | | | | | | | | | | |
| 3 | 月份 | 一月 | 二月 | 三月 | 四月 | 五月 | 六月 | 七月 | 八月 | 九月 | 十月 | 十一月 | 十二月 | 迷你图 |
| 4 | 产品一 | 88 | 100 | 89 | 98 | 91 | 97 | 86 | 96 | 85 | 95 | 87 | 94 | |
| 5 | 产品二 | 98 | 98 | 87 | 96 | 79 | 94 | 76 | 92 | 68 | 89 | 75 | 84 | |
| 6 | 产品四 | 82 | 100 | 87 | 89 | 87 | 89 | 98 | 86 | 79 | 93 | 78 | 98 | |
| 7 | 产品五 | 85 | 97 | 85 | 99 | 97 | 90 | 96 | 84 | 74 | 87 | 96 | 89 | |
| 8 | 产品六 | 82 | 99 | 83 | 100 | 80 | 89 | 85 | 90 | 85 | 94 | 57 | 84 | |
| 9 | 产品七 | 89 | 100 | 92 | 96 | 88 | 90 | 80 | 99 | 81 | 86 | 68 | 94 | |
| 10 | 产品八 | 75 | 87 | 59 | 68 | 96 | 88 | 85 | 86 | 98 | 87 | 84 | 79 | |

图 7-97　全年销售量统计表

(1) 选中 N4 单元格,单击“插入”选项卡“迷你图”组中的“折线图”按钮。

(2) 打开“创建迷你图”对话框,在“数据范围”中选中 B4:M4 单元格区域,如图 7-98 所示。

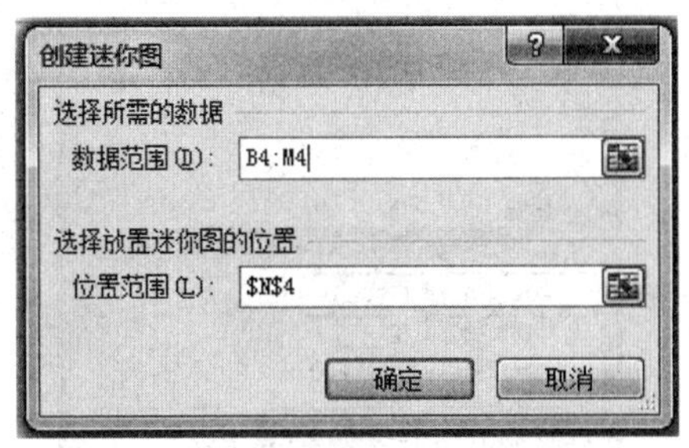


图 7-98　“创建迷你图”对话框

(3) 单击“确定”按钮,关闭对话框。

(4) 使用填充柄,填充至 N10 单元格,制作好的迷你图如图 7-99 所示。

| | A | B | C | D | E | F | G | H | I | J | K | L | M | N |
|---|---|---|---|---|---|---|---|---|---|---|---|---|---|---|
| 1 | 全年销售量统计表 | | | | | | | | | | | | | |
| 2 | | | | | | | | | | | | | | |
| 3 | 月份 | 一月 | 二月 | 三月 | 四月 | 五月 | 六月 | 七月 | 八月 | 九月 | 十月 | 十一月 | 十二月 | 迷你图 |
| 4 | 产品一 | 88 | 100 | 89 | 98 | 91 | 97 | 86 | 96 | 85 | 95 | 87 | 94 | |
| 5 | 产品二 | 98 | 98 | 87 | 96 | 79 | 94 | 76 | 92 | 68 | 89 | 75 | 84 | |
| 6 | 产品四 | 82 | 100 | 87 | 89 | 87 | 89 | 98 | 86 | 79 | 93 | 78 | 98 | |
| 7 | 产品五 | 85 | 97 | 85 | 99 | 97 | 90 | 96 | 84 | 74 | 87 | 96 | 89 | |
| 8 | 产品六 | 82 | 99 | 83 | 100 | 80 | 89 | 85 | 90 | 85 | 94 | 57 | 84 | |
| 9 | 产品七 | 89 | 100 | 92 | 96 | 88 | 90 | 80 | 99 | 81 | 86 | 68 | 94 | |
| 10 | 产品八 | 75 | 87 | 59 | 68 | 96 | 88 | 85 | 86 | 98 | 87 | 84 | 79 | |

图 7-99　“全年销售量统计表”工作表中的迷你图

**注意**:迷你图无法使用 Delete 键删除,要删除迷你图,必须单击“迷你图工具”的“设计”选项卡“分组”组中的“清除”按钮。

### 4. 分类汇总嵌套

在对数据进行一个字段的分类汇总后,若继续进行其他要求的分类汇总,即构成了分类汇总的嵌套。分类汇总的嵌套,可以针对同一个字段采用不同的汇总方式进行多次汇总,也可以针对不同的字段进行不同分类的汇总。

例如,在人事档案表中,统计各部门平均工资与工资总额。这样的分类汇总需要做两次,第一次制作各部门平均工资的汇总,第二次制作各部门工资的总额。两次分类汇总的分类字段都为“部门”,因此在分类汇总前,只需将数据按照“部门”排序即可。需要注意的是,第二次分类汇总时必须取消勾选“分类汇总”对话框中的“替换当前分类汇总”复选框,如图 7-100 所示。

再如,在人事档案表中,统计各部门男、女职工人数。这时分类汇总同样需要做两次嵌套,但这两次分类汇总的分类字段分别为“部门”和“性别”,而且必须第一次按照“部门”分类,第二次按照“性别”分类。因此,在分类汇总之前,需要将表中数据按照“部门”为第一关键字、“性别”为第二关键字的排序规则排序。其余步骤与上例相同。

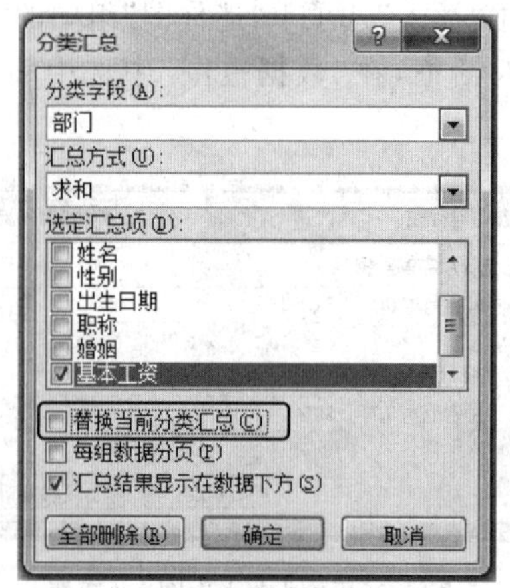


图 7-100 "分类汇总"对话框

# 习　　题

## 一、单选题

1. 在工作表的区域 B2:E2 中分别输入数值 100、200、300、400,在单元格 G4 中输入公式"=AVERAGE(B2:E2)+80",则 G4 显示结果为________。

A. 240　　B. 330　　C. 480　　D. 1080

2. 在进行公式计算时,当出现"########"错误时,可能的原因是________。

A. 使用了负的日期或时间　　B. 数字被零除

C. 单元格无法容纳计算结果　　D. 使用的参数类型错误

3. 函数以等号"="开始,后面是函数名和括号,其中括号里的内容是________。

A. 参数　　B. 值　　C. 公式　　D. 嵌套

4. 若 Excel 单元格的值大于 0,则在本单元格中显示"已完成";若单元格的值小于 0,则在本单元格中显示"还未开始";若单元格的值等于 1,则在本单元格中显示"正在进行中",最优操作方法是________。

A. 使用 IF 函数

B. 通过自定义单元格格式,设置数据显示方式

C. 使用条件格式命令

D. 使用自定义函数

5. 在 Excel 中,当两个都包含数据的单元格进行合并时________。

A. 所有的数据丢失　　B. 所有的数据合并放入新的单元格

C. 只保留最左上角单元格中的数据　　D. 只保留最右上角单元格中的数据

6. 在 Excel 中,当右击清除单元格的内容时________。

A. 将删除该单元格所在列　　B. 将删除该单元格所在行

C. 将彻底删除该单元格　　D. 以上都不对

7. 在 Excel 的单元格中输入手机号码 13511111111 时,应输入________。

A. '13511111111　　B. "13511111111"　　C. 13511111111　　D. '13511111111'

8. 在 Excel 中,对于上下相邻两个含有数值的单元格使用填充柄用拖曳法向下做自动填充,默认的填充规则是________。

A. 等比序列　　B. 等差序列　　C. 自定义序列　　D. 日期序列

9. Excel 2010 工作簿文件的扩展名为________。

A. lsx　　B. docx　　C. pptx　　D. xls

10. 在 Excel 2010 中,在单元格中输入文字时,默认的对齐方式是________。

A. 左对齐　　B. 右对齐　　C. 居中对齐　　D. 两端对齐

11. 在 Excel 中,下面________选项不属于“单元格格式”对话框中“数字”选项卡下的内容。

A. “字体”　　B. “货币”　　C. “日期”　　D. “自定义”

12. 在 Excel 中,分类汇总的默认汇总方式是________。

A. 求和　　B. 求平均　　C. 求最大值　　D. 求最小值

13. Excel 中向单元格输入“0 3/5”,Excel 会认为是________。

A. 分数 3/5　　B. 日期 3 月 5 日　　C. 小数 3.5　　D. 错误数据

14. 如果 Excel 某单元格显示为＃DIV/0,这表示________。

A. 除数为零　　B. 格式错误　　C. 行高不够　　D. 列宽不够

15. 按________可执行保存 Excel 工作簿的操作。

A. Ctrl ＋ C 快捷键　　B. Ctrl ＋ E 快捷键

C. Ctrl ＋ S 快捷键　　D. Esc 键

16. 工作表是用行和列组成的表格,其行、列分别用________表示。

A. 数字和数字　　B. 数字和字母　　C. 字母和字母　　D. 字母和数字

17. 如果删除的单元格是其他单元格的公式所引用的,那么这些公式将会显示________。

A. ＃＃＃＃＃＃＃＃　　B. ＃REF!　　C. ＃VALUE!　　D. ＃NUM

18. 在 Excel 2010 中,进行分类汇总之前,我们必须对数据列表进行________。

A. 筛选　　B. 排序　　C. 建立数据库　　D. 有效计算

19. 当输入的数据位数太长,一个单元格放不下时,数据将自动改为________。

A. 科学记数　　B. 文本数据　　C. 备注类型　　D. 特殊数据

20. 在 Excel 中,单元格中的换行可以按________。

A. Ctrl＋Enter 快捷键　　B. Alt＋Enter 快捷键

C. Shift＋Enter 快捷键　　D. Enter 键

21. 在 Excel 中,输入当前时间可按________快捷键。

A. Ctrl＋;　　B. Shift＋;　　C. Ctrl＋Shift＋;　　D. Ctrl＋Shift＋:

22. 在 Excel 中有一个数据非常多的成绩表,从第二页到最后一页均不能看到每页最上面的行表头,应________。

A. 设置打印区域　　B. 设置打印标题行

C. 设置打印标题列　　D. 无法实现

23. 下列函数中,能对数据进行绝对值运算的是________。

A. ABS　　B. ABX　　C. EXP　　D. INT

24. 在 Excel 2010 中移动或复制公式单元格时，以下说法正确的是________。

A. 公式中的绝对地址和相对地址都不变

B. 公式中的绝对地址和相对地址都会自动调整

C. 公式中的绝对地址不变，相对地址自动调整

D. 公式中的绝对地址自动调整，相对地址不变

25. Excel 2010 图表中的水平 X 轴通常用来作为________。

A. 排序轴　　B. 分类轴　　C. 数值轴　　D. 时间轴

26. 删除工作表中与图表链接的数据时，图表将________。

A. 被复制　　B. 必须用编辑删除相应的数据点

C. 不会发生变化　　D. 自动删除相应的数据点

27. ________函数用来返回某个数字在数字列表中的排位。

A .SUM　　B. RANK　　C. COUNT　　D. AVERAGE

28. 已知单元格 A1 中存有数值 563.68，若输入函数"＝INT(A1)"，则该函数值为________。

A. 563.7　　B. 563.78　　C. 563　　D. 563.8

29. 现 A1 和 B1 单元格中分别有内容 12 和 34，在 C1 单元格中输入公式"＝A1&B1"，则 C1 中的结果是________。

A. 1234　　B. 12　　C. 34　　D. 46

30. 关于 Excel 文件的保存，________说法错误。

A. Excel 文件可以保存为多种类型的文件

B. 高版本的 Excel 工作簿不能保存为低版本的工作簿

C. 高版本的 Excel 工作簿可以打开低版本的工作簿

D. 要将本工作簿保存在别处，不能选择"保存"，要选择"另存为"

31. 在 Excel 中，打印学生成绩单时，对不及格的成绩用醒目的方式表示(如用红色表示等)，当要处理大量的学生成绩时，利用________命令最为方便。

A. "条件格式"　　B. "定位"　　C. "查找"　　D. "数据筛选"

32. 在 Excel 2010 中，为了使以后在查看工作表时能了解某些重要的单元格的含义，可以给其添加________。

A. 批注　　B. 公式　　C. 特殊符号　　D. 颜色标记

**二、多选题**

1. Excel 中关于筛选后隐藏起来的记录的叙述，下面正确的是________。

A. 不打印　　B. 不显示　　C. 永远丢失　　D. 可以恢复

2. 下列关于电子表格的基本概念，正确的是________。

A. 工作簿是 Excel 中存储和处理数据的文件

B. 工作表是存储和处理数据的工作单位

C. 单元格是存储和处理数据的基本编辑单位

D. 活动单元格是已输入数据的单元格

3. 以下属于 Excel 中单元格数据类型的有________。

A. 文本　　B. 数值　　C. 逻辑值　　D. 出错值

4. 在 Excel 2010 中，Delete 键和“全部清除”命令的区别在于________。

A. Delete 删除单元格的内容、格式和批注

B. Delete 仅能删除单元格的内容

C. 清除命令可删除单元格的内容、格式或批注

D. 清除命令仅能删除单元格的内容

5. 下列关于 Excel 图表的说法，正确的是________。

A. 图表与生成的工作表数据相独立，不自动更新

B. 图表类型一旦确定，生成后不能再更新

C. 图表选项可以在创建时设定，也可以在创建后修改

D. 图表可以作为对象插入，也可以作为新工作表插入

6. 在 Excel 费用明细表中，列标题为“日期”“部门”“姓名”“报销金额”等，欲按部门统计报销金额，可用________方法。

A. 高级筛选　　B. 分类汇总

C. 用 SUMIF 函数计算　　D. 用数据透视表计算汇总

7. 在 Excel 2010 中要输入身份证号码，应________。

A. 直接输入

B. 先输入单引号，再输入身份证号码

C. 先输入冒号，再输入身份证号码

D. 先将单元格格式转换成文本，再直接输入身份证号码

8. 下列关于 Excel 2010 的“排序”功能的说法，正确的有________。

A. 可以按行排序　　B. 可以按列排序

C. 最多允许有三个排序关键字　　D. 可以自定义序列排序

9. 在 Excel 2010 中，关于条件格式的规则有________。

A. 项目选取规则　　B. 突出显示单元格规则

C. 数据条规则　　D. 色阶规则

**三、判断题**

1. 在进行分类汇总时一定要先排序。

2. Excel 允许用户根据自己的习惯自己定义排序的次序。

3. 数据透视图跟数据透视表一样，可以在图表上拖动字段名来改变其外观。

4. 在 Excel 中，原始数据列表中的数据变更后，数据透视表的内容也随之更新。

5. 降序排序时序列中空白的单元格行将被放置在排序数据列表最后。

6. 数据列表的排序，既可以按行进行，也可以按列进行。

7. 利用复杂的条件来筛选数据库时，必须使用“高级筛选”功能。

8. SUMIF 函数的功能是根据指定条件对若干单元格求和。

9. 迷你图可以使用 Delete 键删除。

10. 对 Excel 中工作表的数据进行分类汇总，汇总选项可有多个。

# 第8章 演示文稿软件 PowerPoint 2010

## 8.1 PowerPoint 2010 概述

PowerPoint2010 是 Microsoft 公司推出的办公自动化软件 Microsoft Office 2010 家族中的一员，主要用于设计和制作广告宣传、产品展示、课堂教学课件等电子版幻灯片，其制作的演示文稿可以通过计算机屏幕或大屏幕投影仪播放，是人们在各种场合下进行信息交流的重要工具，也是计算机办公软件的重要组成部分。

应用 PowerPoint 2010 制作的演示文稿可以集文字、图形以及多媒体对象于一体，将要表达的内容以图文并茂的形式展示出来，为人们进行信息传播与交流提供了强有力的手段。PowerPoint 2010 对用户界面进行了改进并增强了对智能标记的支持，使用户可以更加便捷地创建和查看高品质的演示文稿。

### 8.1.1 PowerPoint 2010 的工作界面

**1. PowerPoint 2010 的界面组成**

启动 PowerPoint 2010 后，将会看到如图 8-1 所示的工作界面，其主要由以下几部分组成。

(1) 快速访问工具栏：提供了最常用的“保存”“撤销”“重复”等按钮。

(2) 标题栏：位于窗口顶部，显示当前演示文稿的文件名。

(3) 选项卡：位于标题栏下方，通常有“文件”“开始”“插入”“设计”“切换”“动画”“幻灯片放映”“审阅”“视图”选项卡。

(4) 功能区：分组显示相应选项卡下的命令按钮。

(5) 任务窗格：位于左侧，包括“大纲”和“幻灯片”两个选项卡，可以控制任务窗格的显示形式。

(6) 幻灯片窗格：位于中间，用来编辑和制作幻灯片以及查看每张幻灯片的整体效果。

(7) 备注窗格：位于下部，用来保存备注信息。

(8) 状态栏：显示页计数、总页数、设计模板、拼写检查等信息。

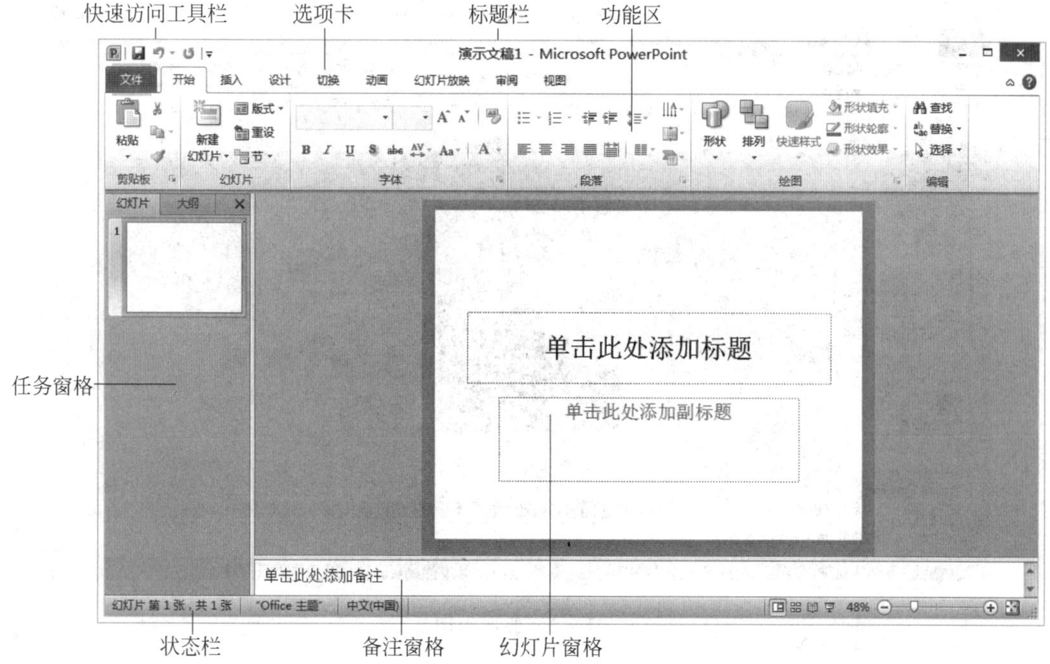


图 8-1　PowerPoint 2010 的界面组成

**2. PowerPoint 2010 的视图模式**

为了使演示文稿便于浏览和编辑，PowerPoint 2010 根据不同的需要提供了多种视图模式来显示演示文稿的内容，包括演示文稿视图以及母版视图。

1）演示文稿视图

(1) 普通视图。

普通视图是建立和编辑幻灯片的主要环境，是 PowerPoint 2010 默认的视图模式，也是最常用的视图模式。在此视图模式下可以编写和设计演示文稿，也可以同时显示幻灯片、大纲和备注内容。

单击窗口右下角的"普通视图"按钮或单击"视图"选项卡"演示文稿视图"组中的"普通视图"按钮，即可打开普通视图模式，如图 8-2 所示。

普通视图是阅读视图、幻灯片浏览视图和备注页视图 3 种模式的综合，它将工作区分为 3 个窗格，窗口左侧是任务窗格，右上方是"幻灯片"窗格，右下方则是"备注"窗格。使用任务窗格可组织和开发演示文稿中的内容。使用"幻灯片"窗格可以查看、编辑和设计每张幻灯片中的文本外观，并能够在单张幻灯片中添加图片和声音等，还可创建超链接以及添加动画。使用"备注"窗格可以添加与观众共享的演说者备注或信息。

(2) 幻灯片浏览视图。

在幻灯片浏览视图中，可以从整体上对幻灯片进行浏览，对幻灯片的顺序进行排列和组织，并可以对幻灯片的背景、配色方案进行调整，还可以同时对多个幻灯片进行移动、复制和删除等操作。

若要切换到幻灯片浏览视图，可单击 PowerPoint 2010 窗口右下角的视图模式按钮中的"幻灯片浏览视图"按钮，或者单击"视图"选项卡"演示文稿视图"组中的"幻灯片浏览"

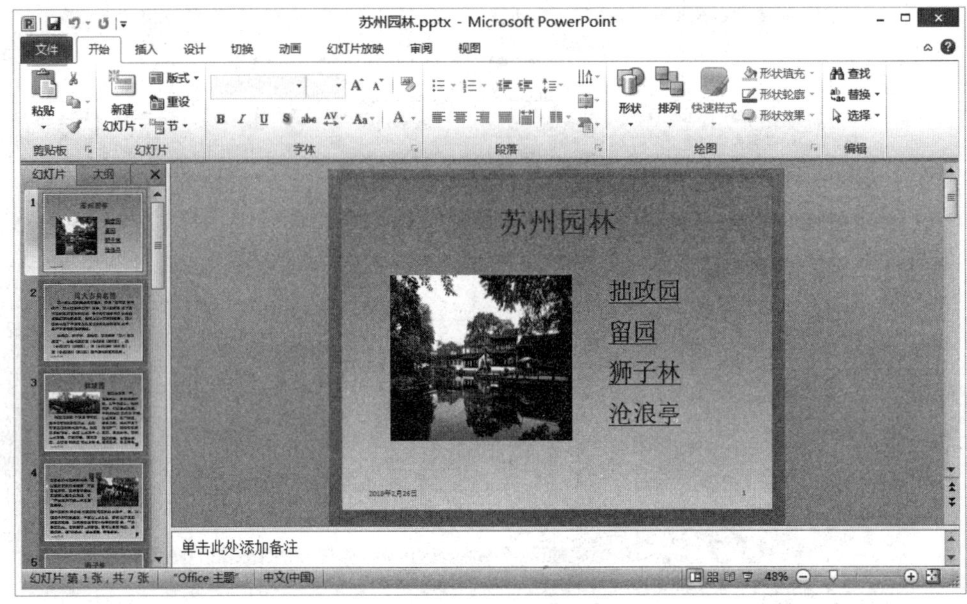

图 8-2　普通视图

按钮，即打开幻灯片浏览视图模式，如图 8-3 所示。

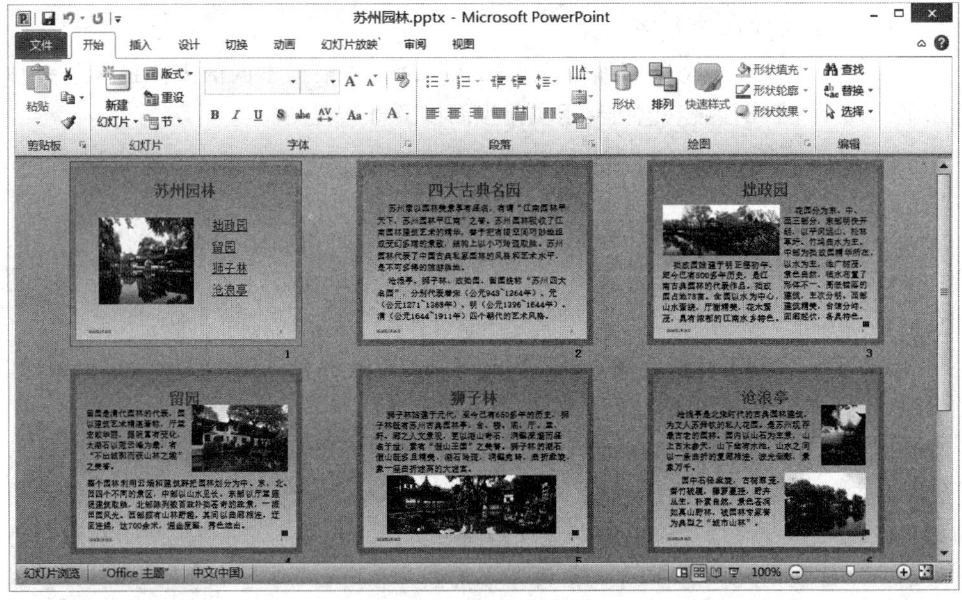

图 8-3　幻灯片浏览视图

(3) 备注页视图。

备注页视图用于显示和编辑备注页。在该视图下，既可插入文本内容也可以插入图片等对象信息。该视图一般提供给演讲者使用。

单击"视图"选项卡"演示文稿视图"组中的"备注页"按钮可以切换到备注页视图，如图 8-4 所示。

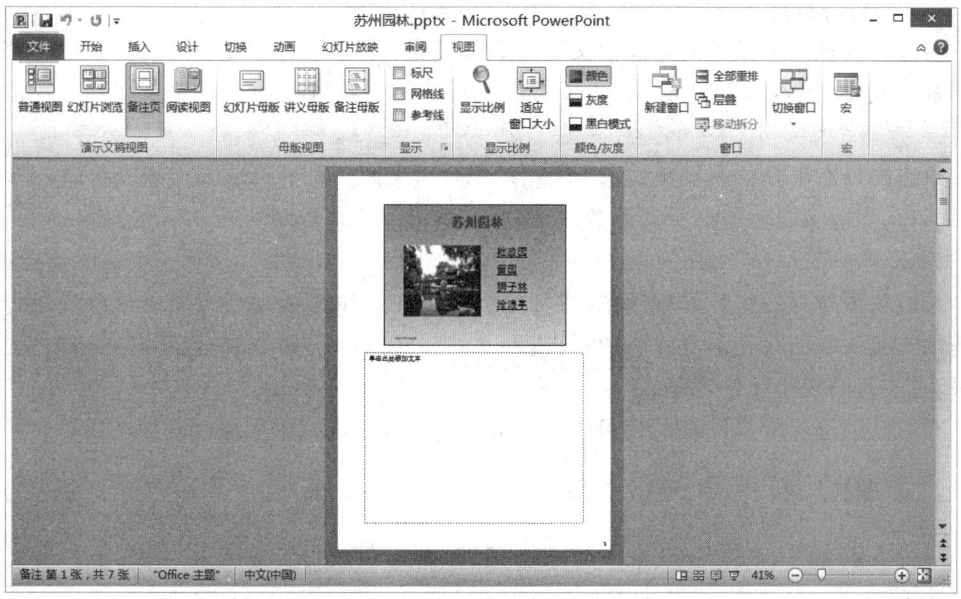


图 8-4　备注页视图

备注页视图的画面被分为上下两部分：上面是幻灯片；下面是一个文本框，这个文本框用来输入和编辑备注内容。

(4) 阅读视图。

阅读视图用于在方便审阅的窗口中查看演示文稿，而不使用全屏幕的幻灯片放映视图。若要切换到阅读视图，可单击视图模式按钮中的“阅读视图”按钮，或者单击“视图”选项卡“演示文稿视图”组中的“阅读视图”按钮，如图 8-5 所示。

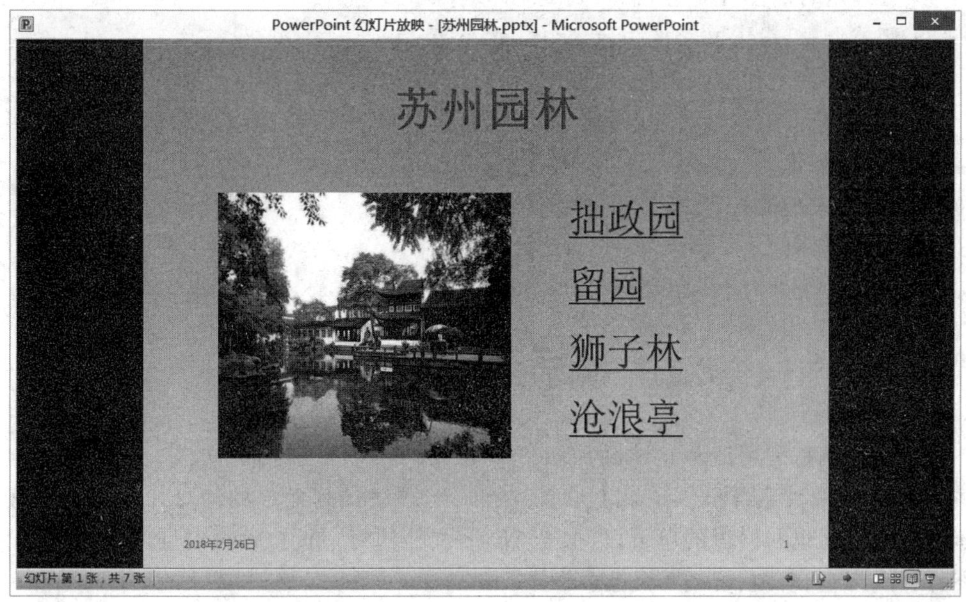


图 8-5　阅读视图

(5) 幻灯片放映视图

幻灯片放映视图显示的是演示文稿的放映效果,是制作演示文稿的最终目的。在这种全屏幕视图中,可以看到图形、时间、影片、动画等元素及对象的动画效果和幻灯片的切换效果。

单击窗口右下角的视图模式按钮中的“幻灯片放映”按钮 ,或者按 Shift+F5 快捷键,均可从当前编辑的幻灯片开始放映,即进入幻灯片放映视图。

2) 母版视图

母版视图包括幻灯片母版视图、讲义母版视图和备注母版视图。使用母版视图可以对与演示文稿关联的每张幻灯片、备注页或讲义的样式进行全局更改,包括背景、颜色、字体、效果、占位符的大小和位置等。

在“视图”选项卡“母版视图”组中可单击相应的按钮进行不同母版视图的切换。

### 8.1.2 PPT 制作的一般流程

每个人做 PPT 的风格和顺序都是不同的,但总的来说,制作 PPT 的整个流程大致如下。

(1) 从一个空白的 PPT 开始。

(2) 先确定配色方案,即选定一个配色方案定义到 PPT 的配色方案中。

(3) 将所有的文字打在每页幻灯片上,注意区别标题和正文。

(4) 考虑是否需要一个模板,如果需要,就设计模板,然后替换到 PPT 中。

(5) 文字组块,需要用设计图示。

(6) 确定每张幻灯片是否需要配图,如果需要,将每张的配图要点全部列出在一张纸上,开始找图。

(7) 处理所有的图片,然后插入到 PPT 中。

(8) 版式调整,设置文字的位置、字体、大小等。

(9) 每页的音乐和动画处理。

(10) 检查全部幻灯片,查找漏洞,如有无多余的空白文本、错误的动画等。

(11) 收尾细化。

(12) 文件大小检查、压缩。

(13) 测试核对。

(14) 交付。

## 8.2 演示文稿的基本操作

演示文稿就是利用演示软件(例如 PowerPoint 2010)制作出的文档。一份完整有意义的演示文稿,通常由若干张具有相互联系并按一定顺序排列而成的幻灯片组成。幻灯片就是演示文稿中创建和编辑的单页,类似于 Word 文档的每一页。每页幻灯片中可以有文字、表格、图片、声音、动画、视频等元素。

## 8.2.1 新建演示文稿

在启动 PowerPoint 2010 后，系统会自动新建一个空白演示文稿，用户可以直接利用此空白演示文稿工作，也可以自行新建演示文稿。单击窗口左上角的“文件”按钮，在弹出的命令项中选择“新建”命令，系统显示如图 8-6 所示。

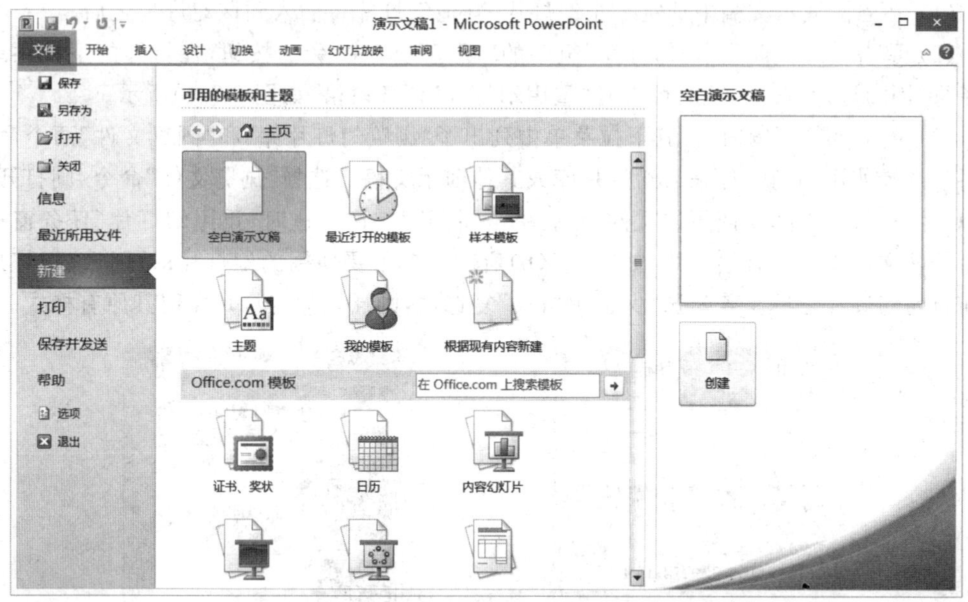


图 8-6 新建演示文稿

在图 8-6 所示的界面中可以选择空白演示文稿、模板、主题或者 Office. com 模板等方式来创建演示文稿。

## 8.2.2 操作幻灯片

### 1. 选择幻灯片

在对幻灯片编辑之前，首先要选择欲进行操作的幻灯片。

(1) 选择单张幻灯片。如果是在幻灯片浏览视图中可很方便地选择，用鼠标单击它即可。如果是在普通视图中，则在左侧单击“幻灯片”选项卡，单击幻灯片，或者单击“大纲”选项卡，单击文字左侧的幻灯片标记图标▭。

(2) 如果希望选择连续的多张幻灯片，则先选中第一张幻灯片，然后按住 Shift 键单击要选中的最后一张幻灯片，就可以完成连续多张幻灯片的选择。

(3) 如果希望选择不连续的多张幻灯片，可先选中第一张幻灯片，然后按住 Ctrl 键单击其他幻灯片。

### 2. 添加与插入幻灯片

当建立了一个演示文稿后，常常需要增加幻灯片。所谓添加是把新增加的幻灯片安排在已有幻灯片的最后面；而插入操作的结果是新增加的幻灯片位于当前幻灯片之后。

(1) 选择一张幻灯片，即使被选中的幻灯片成为当前幻灯片。

(2) 单击“开始”选项卡“幻灯片”组中的“新建幻灯片”按钮，则在当前幻灯片后插入了一张新的幻灯片，该幻灯片具有与之前幻灯片相同的版式。若单击“新建幻灯片”旁的下拉按钮，则可在打开的下拉菜单中为新增幻灯片选择新的版式。

**3. 重用幻灯片**

可将已有的其他演示文稿中的幻灯片插入到当前演示文稿中，具体操作步骤如下。

(1) 在当前演示文稿中选定一张幻灯片，其他幻灯片将插入到该幻灯片之后。

(2) 单击“开始”选项卡“幻灯片”组中的“新建幻灯片”旁的按钮，在打开的下拉菜单中选择“重用幻灯片”命令，此时可打开“重用幻灯片”任务窗格，如图 8-7(a)所示。

(3) 单击“浏览”按钮，在其下拉菜单中列出了“浏览幻灯片库”和“浏览文件”两个命令，可用于选择使用的幻灯片来自幻灯片库或其他演示文稿。选择“浏览文件”命令，则打开“浏览”对话框，从中选择要使用的文件，然后单击“打开”按钮。这时“重用幻灯片”任务窗格中列出了该文件中的所有幻灯片，如图 8-7(b)所示。单击要使用的幻灯片即可将该幻灯片插入到当前幻灯片之后。若勾选“保留源格式”复选框，则插入的幻灯片保留其原有格式。

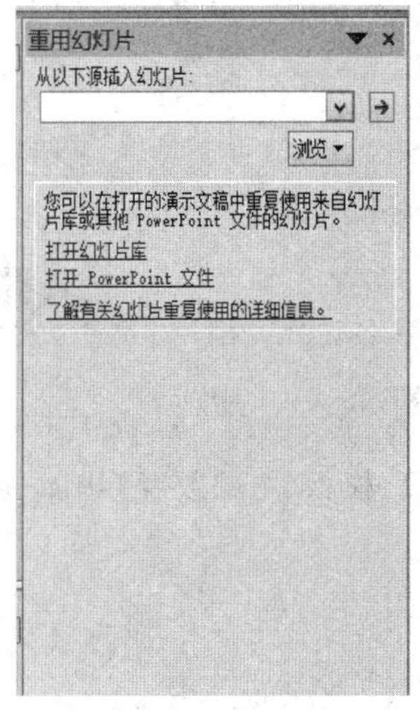


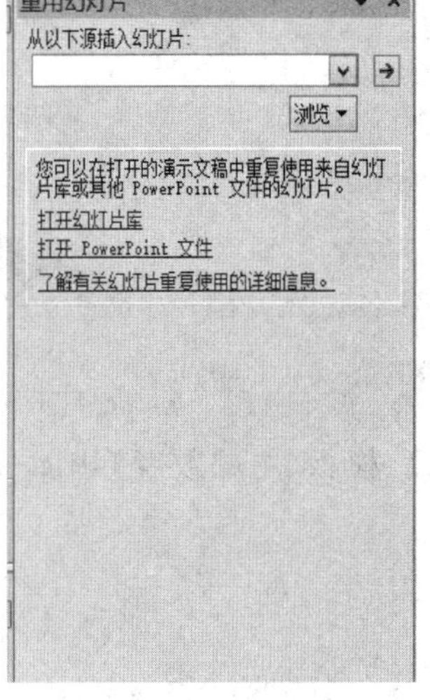

(a) 浏览文件前　　(b) 浏览文件后

图 8-7　“重用幻灯片”任务窗格

**4. 删除幻灯片**

选中待删除的幻灯片，直接按 Delete 键，或右击，在弹出的快捷菜单中选择“删除幻灯片”命令，该幻灯片立即就被删除了，后面的幻灯片会自动向前排列。

**5. 复制幻灯片**

幻灯片的复制有 3 种方法，在复制之前，首先需选定待复制的幻灯片。

方法一：使用“复制”和“粘贴”命令复制幻灯片。

方法二：使用“开始”选项卡“幻灯片”组中的“新建幻灯片”按钮。单击“新建幻灯片”按钮旁的下拉按钮，在打开的下拉菜单中选择“复制所选幻灯片”命令。

方法三：使用鼠标拖放复制幻灯片。在幻灯片浏览视图中，选中要复制的幻灯片，按住 Ctrl 键并拖动鼠标，移动到指定位置后释放鼠标及 Ctrl 键即可将选中的幻灯片复制到新的

位置。

**6. 重新排列幻灯片的次序**

在幻灯片浏览视图中或普通视图的幻灯片选项卡下，单击要改变次序的幻灯片，该幻灯片的外框出现一个粗的边框，用鼠标拖动该幻灯片到新位置后释放鼠标，即把幻灯片移动到新的位置。此外，也可以利用“剪切”和“粘贴”命令来移动幻灯片。

### 8.2.3 打开、关闭和保存演示文稿

PowerPoint 2010 可以打开该版本及之前任一版本下制作的演示文稿和演示文稿模板文件，打开、关闭和保存演示文稿的操作方法与所有的 Office 文档的操作方式类似，这里不再赘述。

演示文稿的扩展名为 pptx，若要以其他格式保存，则需要打开“另存为”对话框，在“保存类型”下拉列表中选择需要的文件格式进行保存。

## 8.3 编辑演示文稿

### 8.3.1 输入和编辑文本

文本是演示文稿中的重要内容，几乎所有的幻灯片中都有文本内容。在幻灯片中添加文本是制作幻灯片的基础，对于输入的文本还要进行必要的格式设置。

**1. 文本的输入**

在幻灯片中创建文本对象有两种方法。

1）在占位符中输入文本

占位符就是预先占住的一个固定位置，等待用户在其中输入内容，是带有虚线或阴影线的边框。在这些边框内可以放置标题、正文、图表、表格、图片等对象。

当创建一个空演示文稿时，系统会自动插入一张“标题幻灯片”。在该幻灯片中，共有两个虚线框，这两个虚线框就是占位符，占位符中显示“单击此处添加标题”和“单击此处添加副标题”的字样。将光标移至占位符中，单击即可输入文字。

2）使用文本框输入文本

如果要在占位符之外的其他位置输入文本，可以在幻灯片中插入文本框。

单击“插入”选项卡，选择其中的“文本框”命令，在幻灯片的适当位置拖出文本框的位置，此时就可在文本框的插入点处输入文本了。在选择文本框时默认的是“横排文本框”，如果此时需要的是“竖排文本框”，可以单击“文本框”命令的下拉按钮，然后进行选择。

将鼠标指针指向文本框的边框，按住鼠标左键可以移动文本框到任意位置。

**2. 文本的格式化**

文本的格式化包括对文本的字体、字号、样式及颜色进行必要的设定。通常文本的字体、字号、样式及颜色由当前模板或主题设置和定义，模板或主题作用于每个文本对象或占位符。

在格式化文本之前必须先选择该文本。若格式化文本对象中的所有文本，先单击文本对象的边框，选择文本对象本身及其所包含的全部文本。若格式化某些内容的格式，则先拖

动鼠标指针选择要修改的文字，使其呈高亮显示，然后执行所需的格式化命令。

利用“开始”选项卡“字体”组中的有关按钮可以进行文字的格式设置，包括字体、字号、字形、颜色等，还可以单击“字体”组右下角的按钮 ，打开“字体”对话框进行设置。

**3. 段落的格式化**

段落的格式化包括以下 3 种。

1）段落对齐设置

演示文稿均在文本框中输入文字，设置段落的对齐方式主要是用来调整文本在文本框中的排列方式。首先选择文本框或文本框中的某段文字，然后单击“开始”选项卡“段落”组中的有关文本对齐按钮进行设置，如图 8-8 所示。

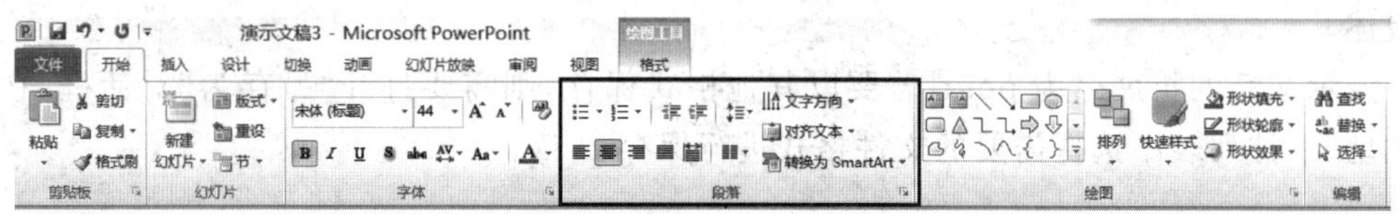


图 8-8 “段落”组中的按钮

2）行距和段落间距的设置

单击“开始”选项卡“段落”组右下角的按钮 ，在打开的“段落”对话框中可进行段前、段后及行距的设置，如图 8-9 所示。

段落

缩进和间距(I) 中文版式(H)

常规
对齐方式(G): 居中

缩进
文本之前(R): 0 厘米 特殊格式(S): (无) 度量值(Y):

间距
段前(B): 0 磅 行距(N): 单倍行距 设置值(A): .00
段后(E): 0 磅

制表位(T)... 确定 取消

图 8-9 “段落”对话框

3）项目符号和编号的设置

在默认情况下，在幻灯片各层次小标题的开头位置会显示项目符号，为增加或删除项目符号或编号，可单击“开始”选项卡“段落”组中的“项目符号”或“编号”按钮。若需要重新设置，可单击“项目符号”或“编号”按钮旁的下拉按钮，在打开的下拉菜单中选择“项目符号和编号”命令，打开“项目符号和编号”对话框，从中可重新对项目符号或编号进行设置。

在 PowerPoint 2010 中涉及对文字的复制、粘贴、删除、移动的操作，对文字字体、字号、颜色，对段落的设置等均与 Word 中的相关操作类似，可以和 Word 中的相关操作进行比较，掌握其操作方法。

## 8.3.2　插入图片和艺术字

**1. 插入图片**

在幻灯片中插入图片的步骤如下。

(1) 单击“插入”选项卡“图像”组中的“图片”按钮，打开“插入图片”对话框。

(2) 在打开的“插入图片”对话框中选择所需的图片。

(3) 单击“插入”按钮。

在演示文稿中，对插入幻灯片的图片进行编辑是图片处理的重要环节，关系着图片的实际应用效果，编辑图片的操作步骤如下。

(1) 选中待编辑的图片。

(2) 单击“格式”选项卡“图片样式”组中的相关按钮，可以设置图片样式和图片效果等，如图 8-10 所示。

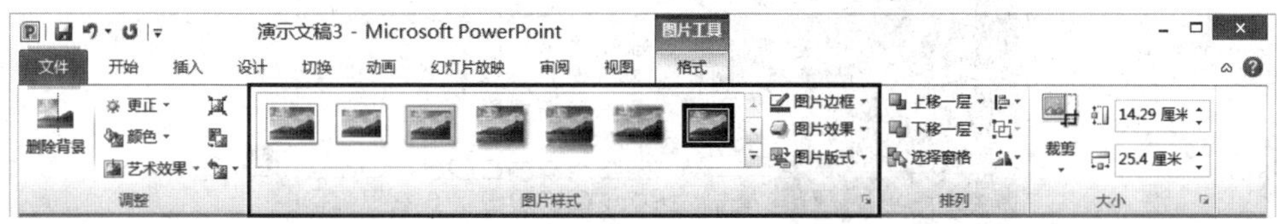


图 8-10　“图片样式”组中的按钮

**2. 插入剪贴画**

(1) 单击“插入”选项卡“图像”组中的“剪贴画”按钮，在窗口右侧弹出“剪贴画”任务窗格。

(2) 单击“搜索文字”右侧的“搜索”按钮，在下拉菜单中将显示搜索到的剪贴画。

(3) 单击“剪贴画”窗格中相应的剪贴画，即可在幻灯片上插入所选的剪贴画，用户可根据需要调整剪贴画的大小和位置。

**3. 插入艺术字**

(1) 单击“插入”选项卡“文本”组中的“艺术字”按钮。

(2) 从打开的下拉菜单中选择合适的艺术字样式。

(3) 幻灯片中将显示相应提示信息“请在此放置您的文字”，将艺术字文本框拖曳到适当的位置。

(4) 选中艺术字文本框中的文字“请在此放置您的文字”，按 Delete 键将其删除，然后输入所需文字，进一步可设置文字的相应属性。

## 8.3.3　绘制和编辑图形

**1. 绘制图形**

在幻灯片中，用户可以自行绘制图形，具体操作步骤如下。

(1) 单击“插入”选项卡“插图”组中的“形状”按钮，打开如图 8-11 所示的下拉菜单。

(2) 从下拉菜单中选择合适的形状。

(3) 在当前幻灯片适当位置拖动鼠标光标绘制图形。

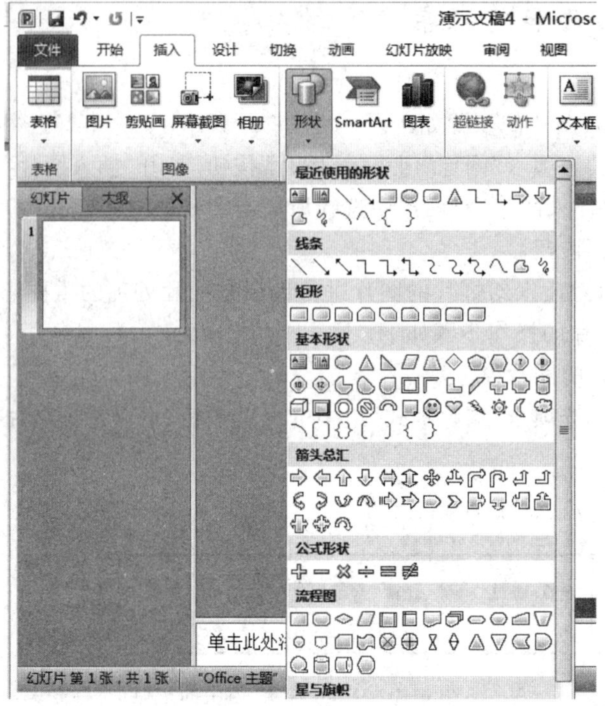

图 8-11　插入形状

**2. 编辑图形**

(1) 选中绘制好的图形。

(2) 右击,在弹出的快捷菜单中选择"设置形状格式"命令,打开"设置形状格式"对话框,如图 8-12 所示。

图 8-12　"设置形状格式"对话框

(3) 在"设置形状格式"对话框中对图形的填充颜色、线条颜色等效果进行设置。

### 8.3.4 插入和编辑表格

**1. 插入表格**

(1) 单击占位符或直接单击"插入"选项卡"表格"组中的"表格"按钮。

(2) 在打开的下拉菜单中单击"插入表格"按钮，如图 8-13 所示。

(3) 在打开的"插入表格"对话框中设置需要的列数和行数。

(4) 单击"确定"按钮，即可在幻灯片中插入表格，将光标移至表格边框的轮廓上，单击鼠标左键并拖曳至合适位置后释放鼠标左键。

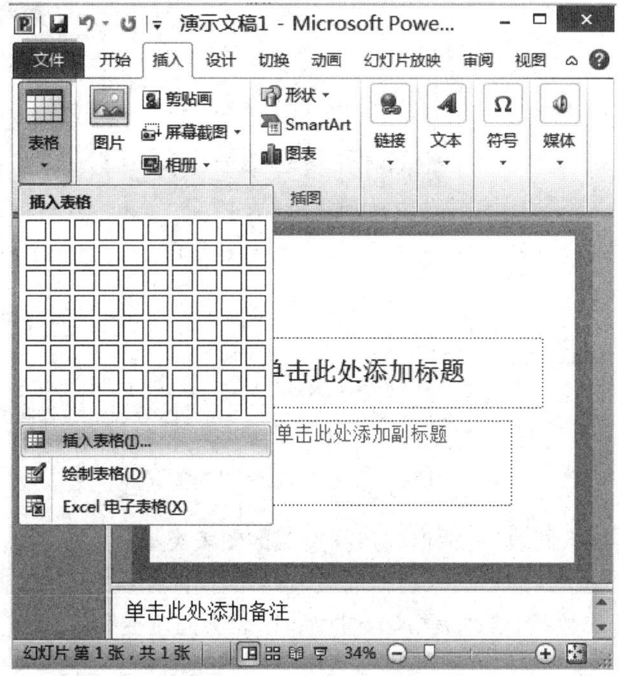


图 8-13　插入表格

**2. 编辑表格**

(1) 在幻灯片上选中需要设置样式的表格。

(2) 单击"图表工具"下"设计"选项卡"表格样式"组中的相应表格样式按钮，即可完成表格样式的设置，如图 8-14 所示。

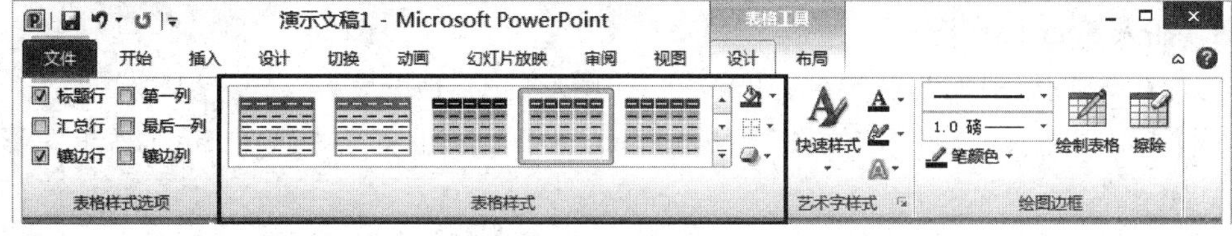


图 8-14　"表格样式"组中的按钮

### 8.3.5 制作和编辑图表

图表具有较好的视觉效果，当演示文稿中需要用数据说明问题时，往往用图表显示更为直观。利用 PowerPoint 2010 可以制作出常用的图表形式，包括二维图表和三维图表。在 PowerPoint 2010 中可以链接或嵌入 Excel 文件中的图表，并可以在 PowerPoint 2010 提供的数据表窗口中进行修改和编辑。

**1. 制作图表**

(1) 单击“插入”选项卡“插图”组中的“图表”按钮，打开“插入图表”对话框，如图 8-15 所示。

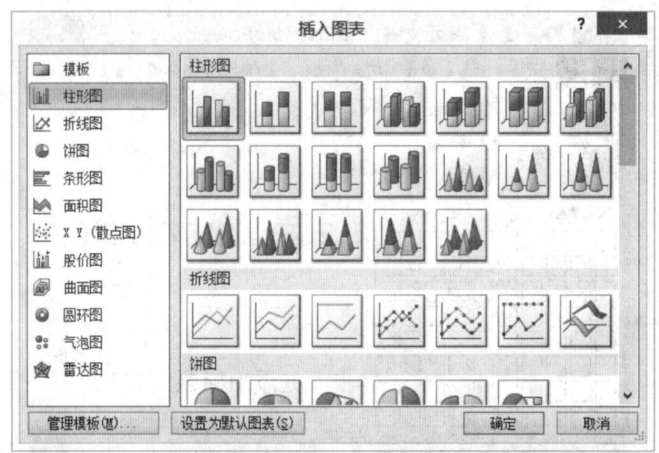


图 8-15 “插入图表”对话框

(2) 在打开的“插入图表”对话框中选择所需的图表类型。

(3) 单击“确定”按钮，即可插入选择的图表样式，同时系统会自动启动 Excel 2010 应用程序，其中显示了图表数据，修改表格和数据后，图表会同步变化。

**2. 编辑图表**

在幻灯片中选中需要编辑的图表，然后右击，在弹出的快捷菜单中用户可根据需要选择相应的命令对图表进行编辑和修改，还可单击“布局”选项卡“标签”组中的相应按钮设置图表布局等。

### 8.3.6 插入和编辑 SmartArt 图形

SmartArt 图形包括层次结构图、流程图、循环图、关系图等。

**1. 插入 SmartArt 图形**

(1) 在普通视图中，选择要插入 SmartArt 图形的幻灯片。

(2) 单击“插入”选项卡“插图”组中的 SmartArt 按钮，打开“选择 SmartArt 图形”对话框。

(3) 从左侧的列表框中选择一种类型，再从右侧的列表框中选择子类型，如图 8-16 所示。

(4) 单击“确定”按钮，即可创建一个 SmartArt 图形。

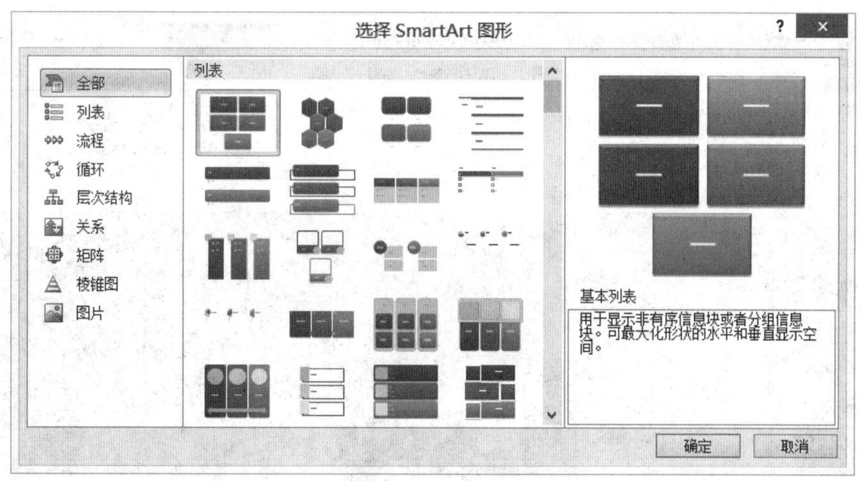


图 8-16　“选择 SmartArt 图形”对话框

**2. 编辑 SmartArt 图形**

输入图形中所需的文字，可利用“SmartArt 工具”下的“设计”选项卡和“格式”选项卡下的相关按钮设置图形的格式，如图 8-17 和图 8-18 所示。

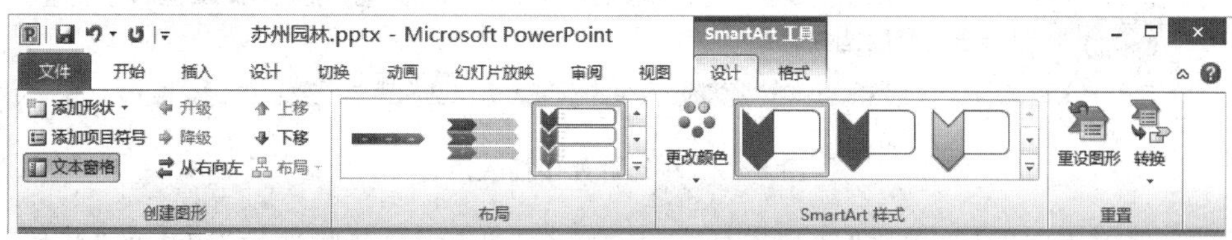


图 8-17　“SmartArt 工具”下的“设计”选项卡

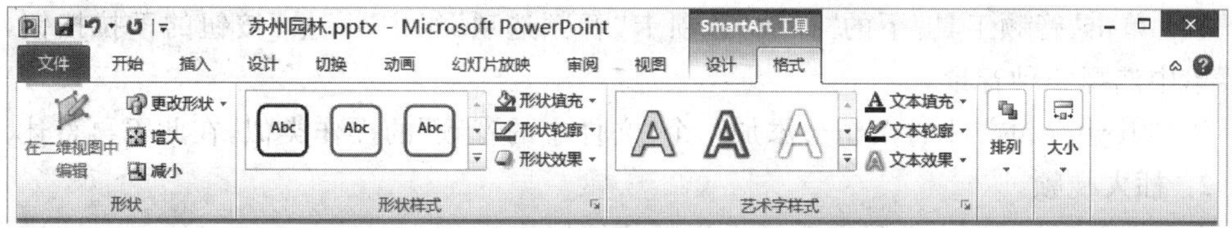


图 8-18　“SmartArt 工具”下的“格式”选项卡

## 8.3.7　插入声音和视频

为了改善幻灯片放映时的视听效果，PowerPoint 2010 为用户提供了一个功能强大的媒体剪辑库，其中包含了“音频”和“视频”。用户可以在幻灯片中插入声音、视频等多媒体对象，从而制作出有声有色的幻灯片。

**1. 插入声音**

(1) 在普通视图中，选择需要插入声音的幻灯片。

(2) 单击“插入”选项卡“媒体”组中的“音频”按钮的下拉按钮，从下拉菜单中选择一种插入音频的方式，有“文件中的音频”“剪贴画音频”和“录制音频”。例如，选择“文件中的音频”命令后，将打开“插入音频”对话框，在本机中选择需要的音频文件，单击“插入”按钮，该音频文件将插入幻灯片中。同时，幻灯片中会出现声音图标和播放控制，如图 8-19 所示。

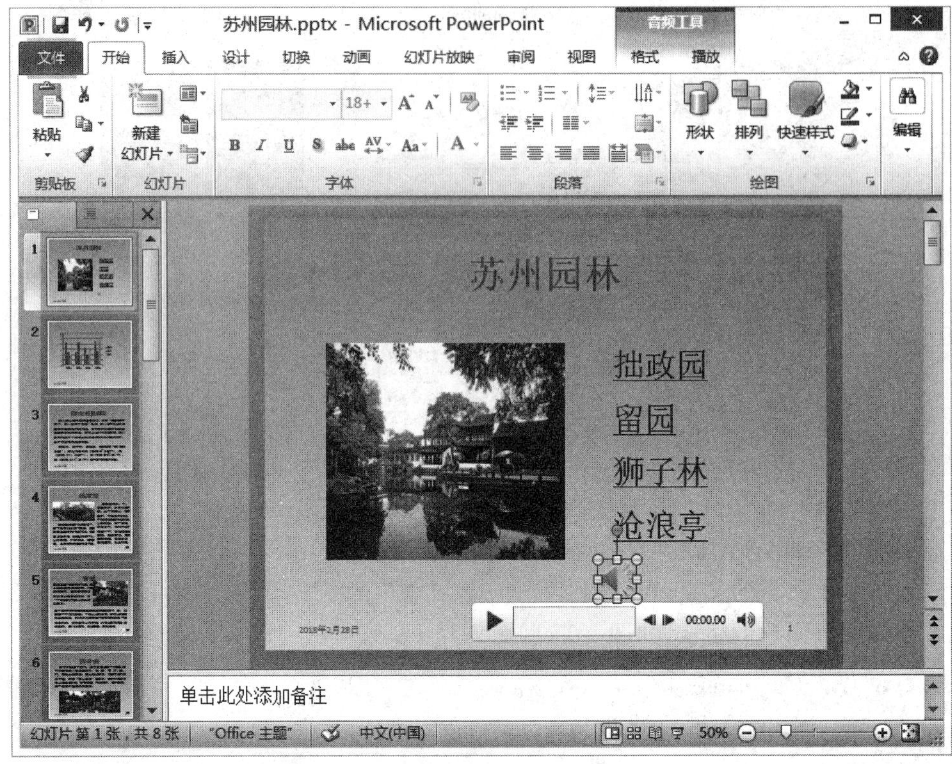


图 8-19　在幻灯片中插入声音

(3) 选中声音图标，单击"音频工具"下的"播放"选项卡"音频选项"组中的"开始"按钮右侧的下拉按钮，从下拉菜单中选择一种播放方式。

(4) 单击"音频工具"下的"播放"选项卡"音频选项"组中"音量"按钮的下拉按钮，从下拉菜单中选择一种音量。

添加其他音频文件的操作与添加一个"文件中的音频"的操作类似，在此不再赘述。

**2. 插入视频**

(1) 在普通视图中，选择需要插入视频的幻灯片。

(2) 单击"插入"选项卡"媒体"组中的"视频"按钮的下拉按钮，从下拉菜单中选择一种插入视频的方式，有"文件中的视频""来自网站的视频"和"剪贴画视频"等操作。例如，选择"文件中的视频"命令，打开"插入视频文件"对话框，从中选择要插入的影片文件，单击"插入"按钮即可在当前幻灯片中插入视频图像。

(3) 选中插入的视频对象，单击"视频工具"下的"播放"选项卡"视频选项"组中的"开始"按钮的下拉按钮，从下拉菜单中选择一种播放方式。

(4) 单击"视频工具"下的"播放"选项卡"视频选项"组中的"音量"按钮的下拉按钮，从下拉菜单中选择一种音量。当放映幻灯片时，会按照已设置的方式来播放该视频对象。

添加其他视频文件的操作与添加一个"文件中的视频"的操作类似，在此就不再赘述。

需要注意的是，在向幻灯片插入了来自"文件中的音频"和来自"文件中的视频"时，被添加的音频和视频文件的路径不能修改，否则被添加的音频和视频文件在放映幻灯片时将不能被播放。

**3. 设置音频/视频播放效果**

(1) 选中幻灯片中要设置效果选项的音频或视频对象。

(2) 单击“动画”选项卡“动画”组右下角的按钮 ，根据媒体对象的不同，打开的对话框有所不同，例如，媒体对象是音频文件打开的是“播放音频”对话框，如图 8-20 所示。

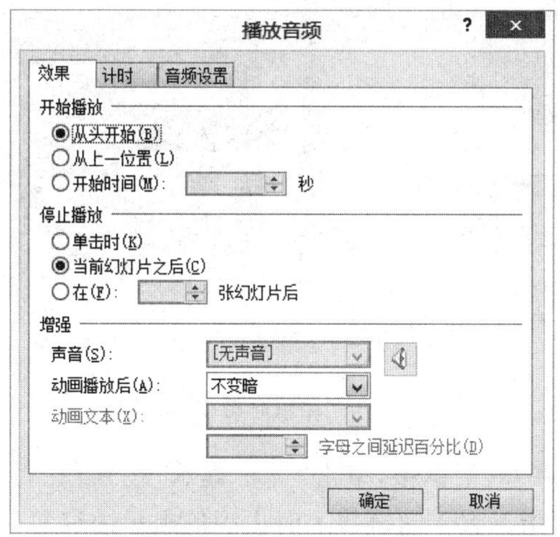


图 8-20　“播放音频”对话框

(3) 在“效果”选项卡下可以设置包括如何开始播放、如何停止播放以及声音增强方式等；在“计时”选项卡下可以设置“开始”“延迟”等；在“音频设置”或“视频设置”选项卡下可以设置音量、幻灯片放映时是否隐藏图标等。

## 8.3.8　插入和编辑超链接

在 PowerPoint 中，超链接是指从一张幻灯片到另一张幻灯片、一个网页或一个文件的连接。超链接本身可能是文本或其他对象(例如，图片、图形、形状、艺术字等)。表示超链接的文本用下画线显示，图片、形状和其他对象的超链接没有附加格式。

**1. 插入超链接**

(1) 在普通视图下，选择要创建超链接的文本或对象。

(2) 单击“插入”选项卡“链接”组中的“超链接”按钮，打开“编辑超链接”对话框，如图 8-21 所示。可以在左侧的“链接到”列表框中选择“现有文件或网页”“本文档中的位置”“新建文档”或“电子邮件地址”。

① 单击“现有文件或网页”图标，在“编辑超链接”对话框右侧选择或输入此超链接要链接到的文件或 Web 页的地址。

② 单击“本文档中的位置”图标，右侧将列出本演示文稿的所有幻灯片以供选择。

③ 单击“新建文档”图标，系统会显示“新建文档名称”对话框。在“新建文档名称”文本框中输入新建文档的名称。单击“更改”按钮，设置新文档所在的文件夹名，再在“何时编辑”中设置是否立即开始编辑新文档。

④ 单击“电子邮件地址”图标，系统会显示“电子邮件地址”对话框。在“电子邮件地址”文本框中输入要链接的邮件地址，在“主题”文本框中输入邮件的主题。当用户希望访问者

给自己回信，并且将信件发送到自己的电子信箱中去时，就可以创建一个电子邮件地址的超链接。

图 8-21 “编辑超链接”对话框

⑤ 在如图 8-21 所示的对话框中，单击“屏幕提示”按钮，在打开的“设置超链接屏幕提示”对话框中设置当鼠标指针置于超链接上时出现的提示内容。

(3) 单击“确定”按钮，完成超链接的插入。

在放映演示文稿时，如果将鼠标指针移到超链接上，鼠标指针会变成“手形”，再单击鼠标就可以跳转到相应的链接位置。

**2. 删除超链接**

要删除超链接，先选中链接文字或对象，再单击“插入”选项卡“链接”组中的“超链接”按钮，打开“编辑超链接”对话框，单击右下角的“删除链接”按钮即可。

如果要删除整个超链接，请选定包含超链接的文本或图形，然后按 Delete 键，即可删除该超链接以及代表该超链接的文本或图形。

**3. 动作按钮设置超链接**

PowerPoint 2010 提供了一组代表一定含义的动作按钮，为使演示文稿的交互界面更加友好，用户可以在幻灯片上插入各式各样的交互按钮，并像其他对象一样为这些按钮设置超链接。这样在幻灯片放映过程中，可以通过这些按钮在不同的幻灯片间跳转，也可以播放图像、声音等文件，还可以用它启动应用程序或链接到 Internet 中。

在幻灯片上插入动作按钮的具体操作步骤如下。

(1) 选择需要插入动作按钮的幻灯片。

(2) 单击“插入”选项卡“插图”组中的“形状”按钮，在打开的下拉菜单中的动作按钮区选择所需的按钮，将鼠标移到幻灯片中要放置该动作按钮的位置，按下鼠标左键并拖动鼠标直到动作按钮的大小符合要求为止。此时，系统自动打开“动作设置”对话框，如图 8-22 所示。

(3) 在对话框中有“单击鼠标”选项卡和“鼠标移过”选项卡。“单击鼠标”选项卡设置的超链接是通过鼠标单击动作按钮时发生跳转；而“鼠标移过”选项卡设置的超链接则是通过鼠标移过动作按钮时跳转的，一般鼠标移过方式适用于提示、播放声音或影片。

(4) 无论在哪个选项卡下，当选择“超链接到”单选按钮后，都可以在其下拉列表框中选

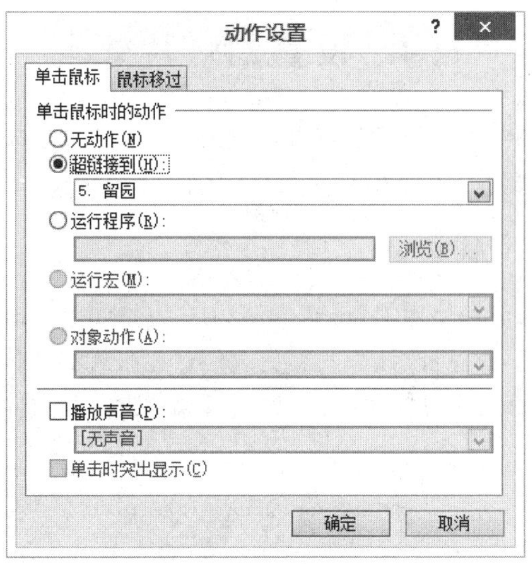


图 8-22　"动作设置"对话框

择跳转目的地，如图 8-23 所示。选择的跳转目的地既可以是当前演示文稿中的其他幻灯片，也可以是其他演示文稿或其他文件，或是某一个 URL 地址。勾选"播放声音"复选框，在其下拉列表框中可选择对应的声音效果。

(5) 单击"确定"按钮。

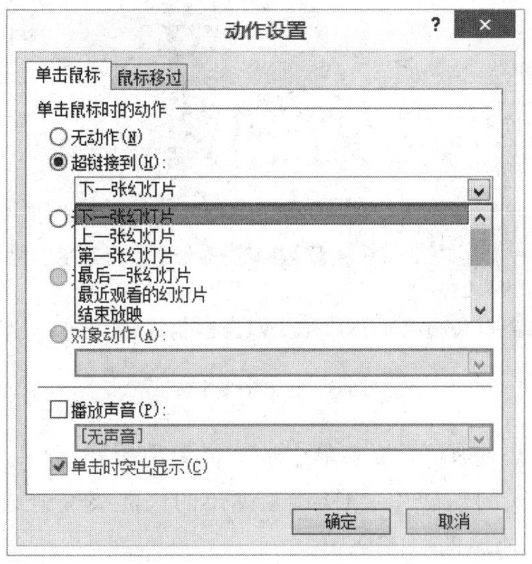


图 8-23　超链接

**4. 为对象设置动作**

编辑动作链接的步骤是先选中要创建动作链接的文字或对象，再单击"插入"选项卡"链接"组中的"动作"按钮，系统会打开"动作设置"对话框，如图 8-23 所示。根据提示选择"超链接到"的位置即可。

## 8.4 设置幻灯片外观

PowerPoint 2010 的一大特色就是可以使演示文稿的所有幻灯片具有一致的外观。控制幻灯片外观的方法主要有 5 种：幻灯片版式、背景、页眉页脚、主题及母版。

### 8.4.1 使用幻灯片版式

在创建新幻灯片时，可以使用 PowerPoint 2010 的幻灯片自动版式。在创建幻灯片后，如果发现版式不合适，还可以更改该版式。更改幻灯片版式的具体操作步骤如下。

(1) 选中需要修改版式的幻灯片，然后单击“开始”选项卡“幻灯片”组中的“版式”按钮，如图 8-24 所示。

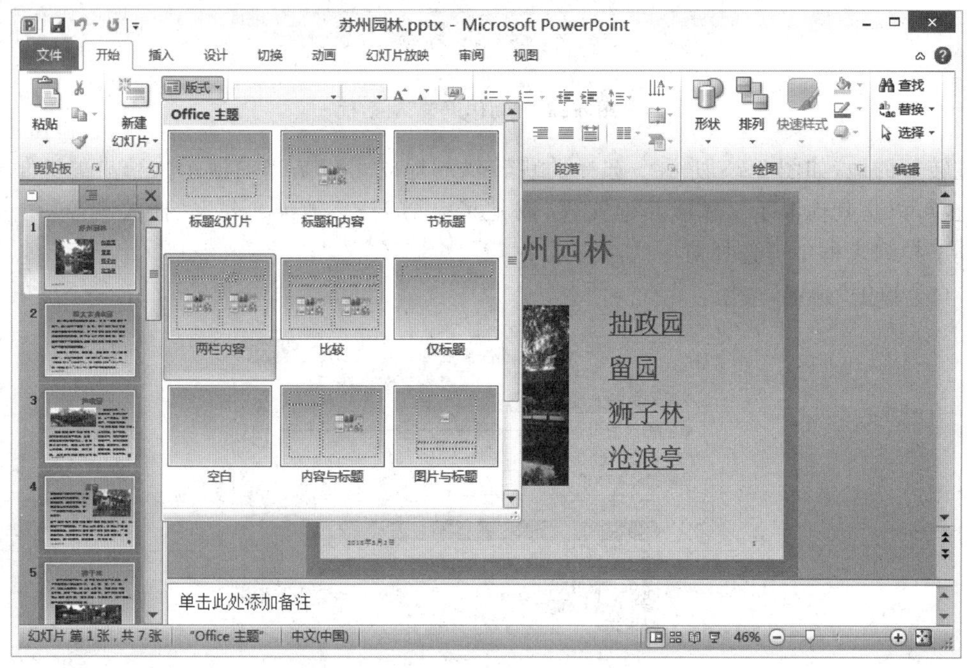


图 8-24 幻灯片版式

(2) 在打开的“Office 主题”下拉菜单中选择需要的版式即可。

或者在需要修改版式的幻灯片上右击，在弹出的快捷菜单中选择“版式”命令，在其级联菜单中列出了如图 8-24 所示的版式列表。

### 8.4.2 设置幻灯片背景

利用 PowerPoint 的“背景样式”功能，可自己设计幻灯片背景颜色或填充效果，并将其应用于演示文稿中指定的幻灯片或所有幻灯片。为幻灯片设置背景颜色的具体操作步骤如下。

(1) 选中需要设置背景颜色的一张或多张幻灯片。

(2) 单击“设计”选项卡“背景”组中的“背景样式”按钮，或者单击“背景”组右下角的按

钮 ，或者在要设置背景颜色的幻灯片中任意位置（占位符除外）右击，然后在弹出的快捷菜单中选择"设置背景格式"命令。不论采用哪种方法，都将打开"设置背景格式"对话框，如图 8-25 所示。

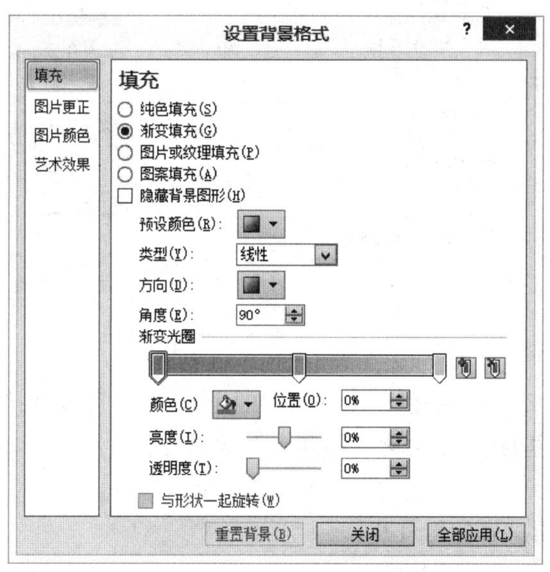


图 8-25 "设置背景格式"对话框

（3）在左侧窗格中选择"填充"，在右侧的列表框中选择所需的背景设置，如选择"渐变填充"单选按钮，则可以进行预设效果的设置。选择"图片或纹理填充"单选按钮，可为幻灯片设置纹理效果或将某一图片文件作为背景。

（4）完成上述操作后，单击"关闭"按钮只将背景格式应用于当前选定的幻灯片；如果单击"全部应用"按钮，则将背景格式应用于演示文稿中的所有幻灯片。

### 8.4.3 设置页眉和页脚

在幻灯片上添加页眉和页脚，可以使演示文稿中的每张幻灯片显示幻灯片编号，或者作者单位、时间等信息。设置和修改页眉页脚的具体操作步骤如下。

（1）单击"插入"选项卡"文本"组中的"页眉页脚"按钮，打开"页眉和页脚"对话框，如图 8-26 所示。

（2）在"幻灯片"选项卡下勾选"日期和时间"复选框，表示在幻灯片的"日期区"显示日期和时间；若选择"自动更新"单选按钮，则时间域会随着制作日期和时间的变化而改变；勾选"幻灯片编号"复选框，则每张幻灯片上将增加编号；勾选"页脚"复选框，并在页脚区输入内容作为每一页的页脚注释。

（3）单击"应用"按钮，只将页眉页脚格式应用于当前选定的幻灯片；单击"全部应用"按钮，则将页眉页脚格式应用于演示文稿中的所有幻灯片。

### 8.4.4 应用主题

应用主题可以使演示文稿中的每一张幻灯片都具有统一的风格，如色调、字体格式及效

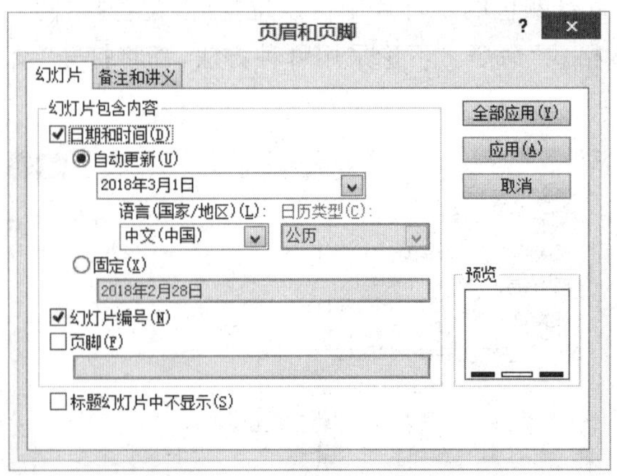


图 8-26 “页眉和页脚”对话框

果等。在 PowerPoint 2010 中提供了多种内置的主题，用户可以直接进行选择，还可以根据需要分别设置不同的主题颜色、主题字体和主题效果等。

**1. 应用内置主题**

(1) 选择需要应用主题的幻灯片。

(2) 在“设计”选项卡的“主题”组中列出了一部分主题效果，单击“其他”按钮 ，打开“所有主题”列表，如图 8-27 所示。在“内置”区列出了 PowerPoint 2010 提供的所有主题，从中选择一种效果即可将其应用到当前演示文稿中。

图 8-27 设置内置主题

**2. 自定义主题效果**

除了内置的主题效果外,用户还可根据需要对主题的颜色、字体、效果等进行更改。例如,若要对主题的颜色进行修改,具体操作步骤如下。

(1) 单击"设计"选项卡"主题"组中的"颜色"按钮,在打开的下拉菜单中列出了各个主题效果的配色方案及名称,如图 8-28 所示。这些配色方案是用于演示文稿的 8 种协调色的集合,包括文本、背景、填充、强调文字所用的颜色等。方案中的每种颜色都会自动用于幻灯片上的不同组件。

(2) 选择"新建主题颜色"命令,打开"新建主题颜色"对话框,如图 8-29 所示。该对话框中,主题颜色包含 12 种颜色方案,前 4 种颜色用于文本和背景,后面 6 种为强调文字颜色,最后两种颜色为超链接和已访问的超链接。

(3) 单击需要修改的颜色块后的下拉按钮,可对该颜色进行更改。然后在"名称"文本框中输入主题颜色的名称,单击"保存"按钮,可对该自定义配色方案进行保存,同时将该配色方案应用到演示文稿中。这样,当再次单击"颜色"按钮时,已保存过的主题色名称就会出现在其下拉菜单中。

同样的方法,还可以对主题字体、主题效果进行设置,这里不再详细介绍。

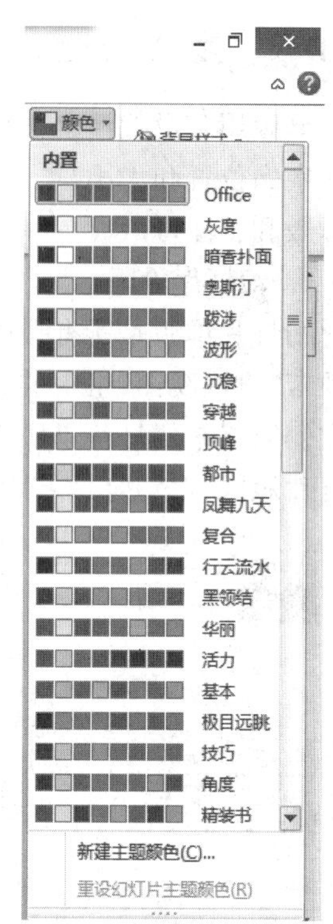


图 8-28　"颜色"下拉菜单

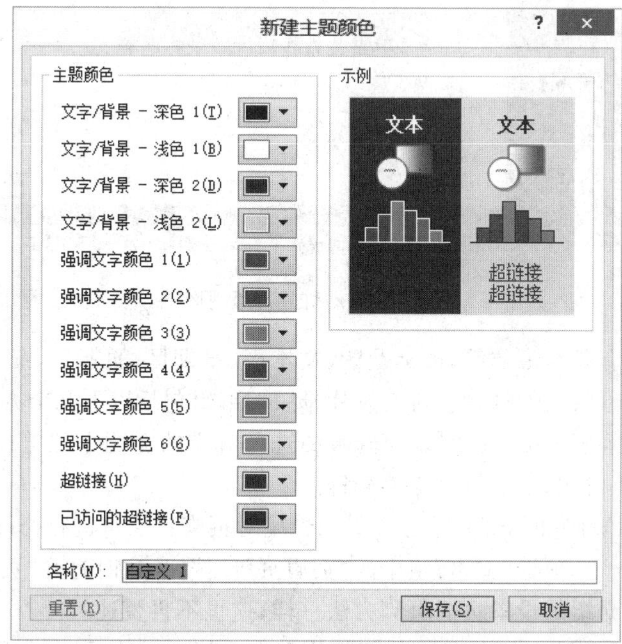


图 8-29　"新建主题颜色"对话框

### 8.4.5 应用幻灯片母版

母版用于设置演示文稿中每张幻灯片的预设格式。这些格式包括每张幻灯片标题及正文文字的位置和大小、项目符号的样式、背景图案等。母版可以分成3类：幻灯片母版、讲义母版和备注母版。

**1. 幻灯片母版**

幻灯片母版是所有母版的基础，控制演示文稿中所有幻灯片的默认外观。单击“视图”选项卡“母版视图”组中的“幻灯片母版”按钮，就进入了“幻灯片母版”视图，如图8-30所示。在左侧窗格中幻灯片母版以缩略图的方式显示，下面列出了与上面的幻灯片母版相关联的幻灯片版式，对幻灯片母版中文本格式的编辑会影响这些版式中的占位符格式。

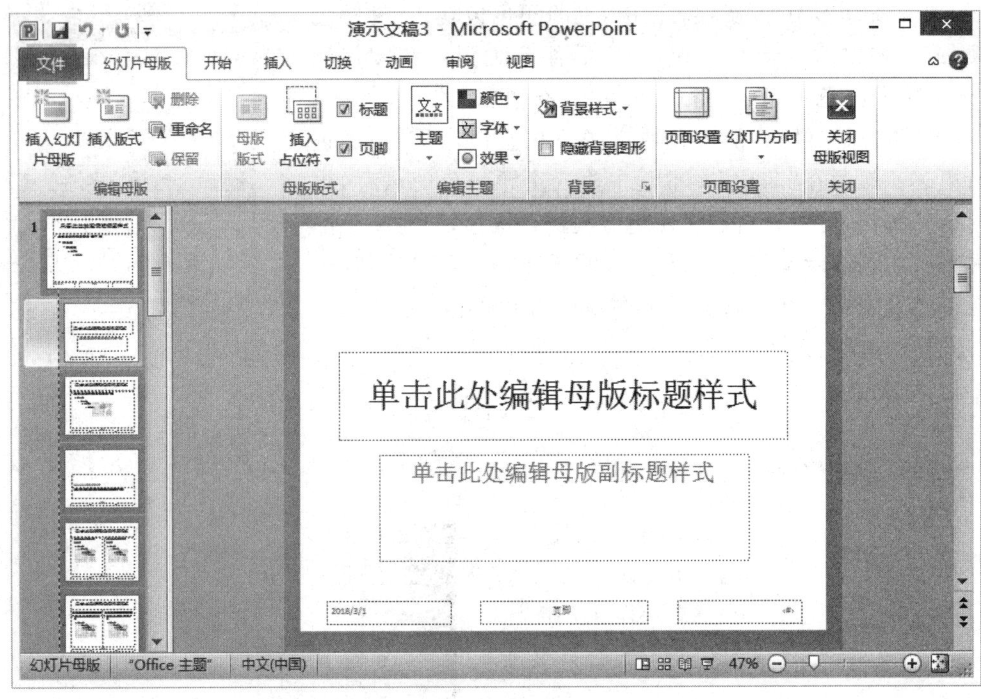


图8-30 幻灯片母版视图

幻灯片母版中有5个占位符，即标题区、文本区、日期区、页脚区、编号区。修改占位符可影响所有基于该母版的幻灯片。对幻灯片母版的编辑包括以下几个方面。

(1) 编辑母版标题样式。在幻灯片母版中选择对应的标题占位符或文本占位符，可以设置字体格式、段落格式、项目符号与编号等。

(2) 设置页眉、页脚和幻灯片编号。如果希望对页脚占位符进行修改，可以在幻灯片母版状态下单击“插入”选项卡“文本”组中的“页眉页脚”按钮，这时打开“页眉和页脚”对话框，其设置方法与前文介绍的设置页眉页脚方法一样，这里不再赘述。

(3) 向母版插入对象。要使每一张幻灯片都出现某个对象，可以向母版中插入该对象。例如，在某个演示文稿的幻灯片母版中插入一个剪贴画，则每一张幻灯片(除了标题幻灯片外)都会自动拥有该对象。

完成对幻灯片母版的编辑后，单击“幻灯片母版”选项卡“关闭”组中的“关闭母版视图”按钮，则可返回原视图模式。

**2. 讲义母版和备注母版**

除了幻灯片母版外，PowerPoint 2010 的母版还有讲义母版和备注母版。讲义母版用于控制幻灯片以讲义形式打印的格式，如页面设置、讲义方向、幻灯片方向、每页幻灯片数量等，还可增加日期、页码(并非幻灯片编号)、页眉、页脚等。

备注母版用来格式化演示者备注页面，以控制备注页的版式和文字的格式。

# 8.5　设置动画效果

## 8.5.1　为幻灯片的对象设置动画效果

PowerPoint 2010 提供了动画功能，利用动画可为幻灯片上的文本、图片或其他对象设置出现的先后顺序及声音效果。

**1. 为对象设置动画效果**

使用“动画”选项卡可对幻灯片上的对象应用、更改或删除动画。具体操作步骤如下。

(1) 在幻灯片中选定要设置动画效果的对象，单击“动画”选项卡，在“动画”组中列出了多种动画效果，单击按钮 ▾，在打开的列表中列出了更多的动画选项，如图 8-31 所示。

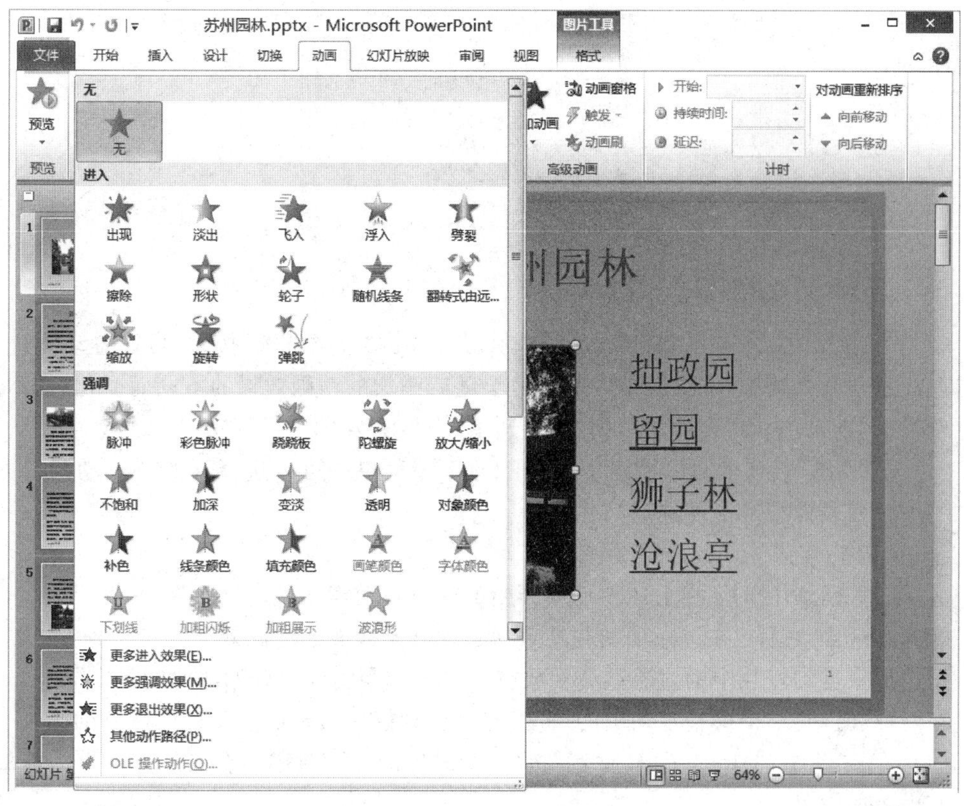


图 8-31　动画效果

这里的动画选项包括“进入”“强调”“退出”和“动作路径”4类，每类中又包含了不同的效果。

① “进入”指使对象以某种效果进入幻灯片放映演示文稿。

② “强调”指为已出现在幻灯片上的对象添加某种效果进行强调。

③ “退出”指为对象添加某种效果以使其在某一时刻以该种效果离开幻灯片。

④ “动作路径”指为对象添加某种效果以使其按照指定的路径移动。

若选择“更多进入效果”“更多强调效果”等命令，则可以得到更多不同类型的效果。图8-32所示为选择“更多进入效果”命令后打开的对话框，其中包括“基本型”“细微型”“温和型”和“华丽型”效果。对同一个对象不仅可同时设置上述4类动画效果，而且还可对其设置多种不同的强调效果。

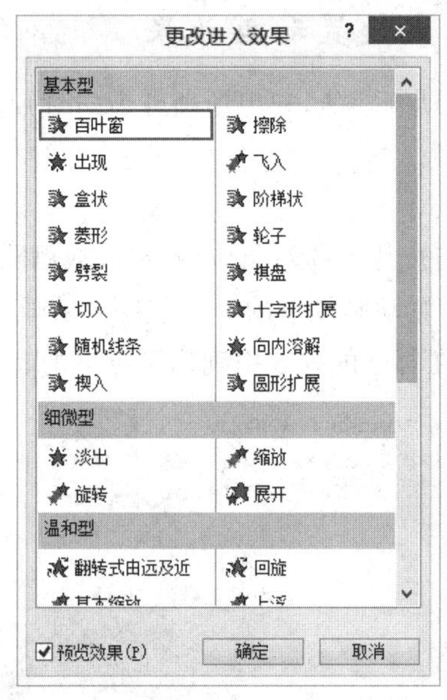


图8-32 “更多进入效果”对话框

(2) 在幻灯片中选定一个对象，单击“动画”组中的“效果选项”按钮，可设置动画进入的方向。注意，“效果选项”下拉菜单中的内容会随着添加的动画效果的不同而变化，如添加的动画效果是“进入”中的“百叶窗”，则“效果选项”中显示为“垂直”和“水平”。

(3) 在“动画”选项卡“计时”组中的“开始”下拉菜单中可以选择开始播放动画的方式。“开始”下拉列表框中有3种选择。

① 单击时：当鼠标单击时开始播放该动画效果。

② 与上一动画同时：在上一项动画开始的同时自动播放该动画效果。

③ 上一动画之后：在上一项动画结束后自动开始播放该动画效果。

用户应根据幻灯片中的对象数量和放映方式选择动画效果开始的时间。

在“持续时间”框中可指定动画的长度，在“延迟”框中指定经过几秒后播放动画。

(4) 单击“动画”选项卡下的“预览”按钮，则设置的动画效果将在幻灯片区自动播放，用来观察设置的效果。

**2. 效果列表和效果标号**

当对一张幻灯片中的多个对象设置了动画效果后，有时需要重新设置动画的出现顺序，此时可利用“动画窗格”实现。

单击“动画”选项卡“高级动画”组中的“动画窗格”命令，则会出现“动画窗格”任务窗格，如图 8-33 所示。

图 8-33 “动画窗格”任务窗格

在“动画窗格”任务窗格中有该幻灯片中的所有对象的动画效果列表，各个对象按添加动画的顺序从上到下依次列出，并显示有标号。通常该标号从 1 开始，但当第一个添加动画效果的对象的开始效果设置为“与上一动画同时”或“上一动画之后”时，则该标号从 0 开始。设置了动画效果的对象也会在幻灯片上标注出非打印编号标记，该标记位于对象的左上方，对应于列表中的效果标号。注意，在幻灯片放映视图中并不显示该标记。

**3. 设置效果选项**

右击动画效果列表中的任意一项，则在该效果的右端会出现一个下拉按钮，单击该按钮会出现一个下拉菜单，如图 8-34 所示。

该下拉菜单的前 3 项对应于“计时”组中“开始”下拉菜单中的 3 项，可以选择“单击开始”“从上一项开始”或“从上一项之后开始”命令。对于包含多个段落的占位符，该选项将作用于所有的子段落。在下拉菜单中选择“效果选项”命令，则会打开一个含有“效果”“计时”“正文文本动画”3 个选项卡的对话框，如图 8-35 所示。在该对话框中可以对效果的各项进行详细设置。由于不同的动画效果具体的设置是不同的，所以选择不同的效果出现的对话框也不一样。另外，单击“动画”组右下角的按钮 ，也可打开相同的对话框。

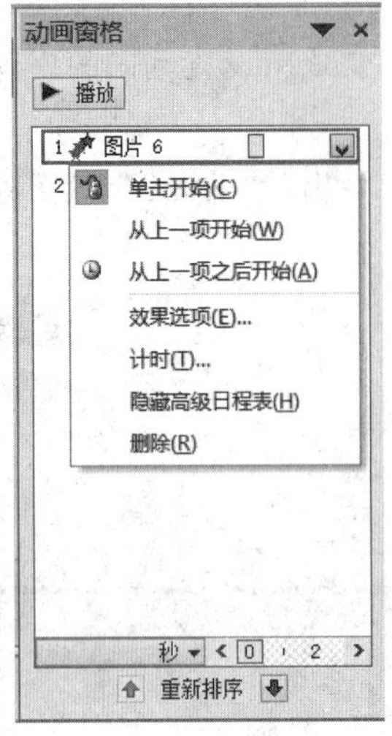


图 8-34　设置效果选项

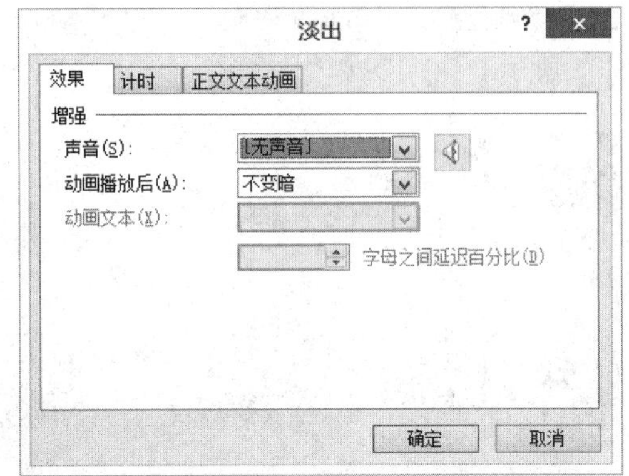


图 8-35　“效果选项”对话框

## 8.5.2　设置幻灯片切换效果

幻灯片间的切换效果是指演示文稿播放过程中，幻灯片进入和离开屏幕时产生的视觉效果，也就是让幻灯片以动画方式放映的特殊效果。PowerPoint 2010 提供了多种切换效果，在演示文稿制作过程中，可以为每一张幻灯片设计不同的切换效果，也可以为一组幻灯片设计相同的切换效果。具体操作步骤如下。

(1) 在演示文稿中选定要设置切换效果的幻灯片。

(2) 单击“切换”选项卡“切换到此幻灯片”组右侧的“其他”按钮，可打开如图 8-36 所示的列表框，在该列表框中列出了各种不同类型的切换效果。

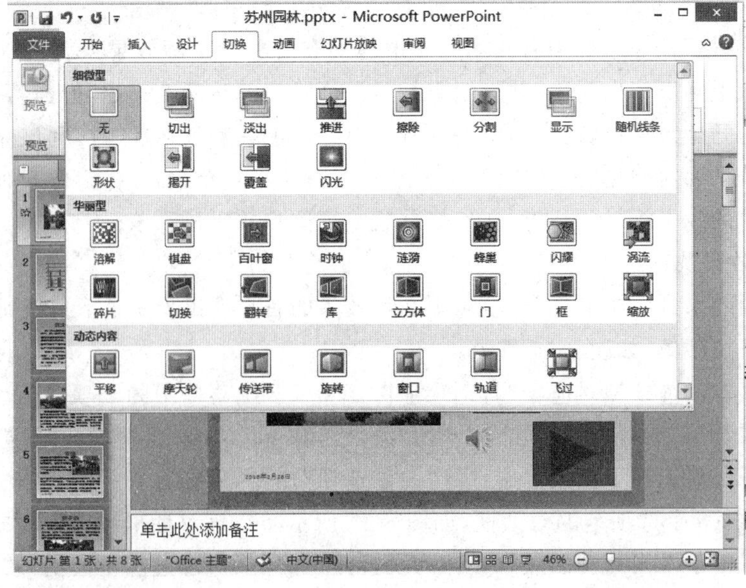


图 8-36　幻灯片切换效果列表框

(3) 在幻灯片切换效果列表框中选择一种切换效果,如“细微型”中的“擦除”。

(4) 单击“效果选项”按钮,可从中选择切换的效果,如“自右侧”“自顶部”“自左侧”等。

(5) 在“计时”选项组中可设置换片方式,即一张幻灯片切换到下一张幻灯片的方式。勾选“单击鼠标时”复选框,则在单击鼠标时出现下一张幻灯片;勾选“设置自动换片时间”复选框,则在一定时间后自动出现下一张幻灯片。另外,在“声音”下拉菜单中选择幻灯片切换时播放的声音效果。

(6) 选择“全部应用”命令,可将设置的切换效果应用于演示文稿中的所有幻灯片。否则,用于当前选定的幻灯片。

# 8.6 放映演示文稿

## 8.6.1 设置放映方式

在幻灯片放映前可以根据使用者的不同,通过设置放映方式满足各自的需要。单击“幻灯片放映”选项卡“设置”组中的“设置幻灯片放映”按钮,就可以打开“设置放映方式”对话框,如图 8-37 所示。

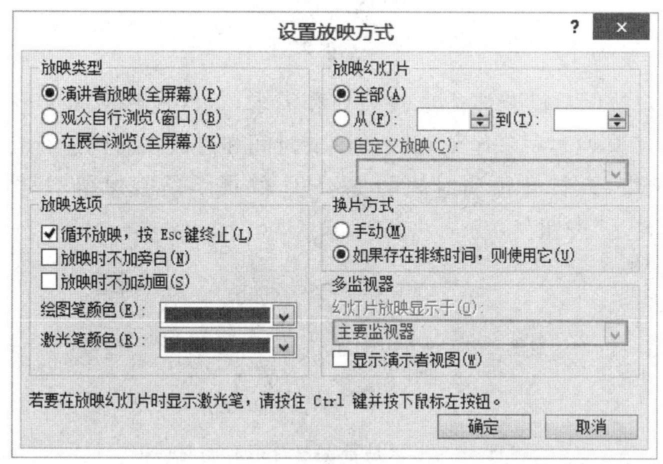


图 8-37 “设置放映方式”对话框

**1. 放映类型**

在对话框的“放映类型”选项组中,有 3 种放映类型。

(1) 演讲者放映(全屏幕):以全屏幕形式显示,可以通过快捷菜单或 PageDown、PageUp 键显示不同的幻灯片,并提供了绘图笔进行勾画。

(2) 观众自行浏览(窗口):以窗口形式显示,可以利用状态栏上的“上一张”或“下一张”按钮进行浏览,或单击“菜单”按钮,在打开的菜单中浏览所需幻灯片;还可以利用该菜单中的“复制幻灯片”命令将当前幻灯片复制到 Windows 的剪贴板上。

(3) 在展台浏览(全屏幕):以全屏幕形式在展台上做演示,在放映过程中,除了保留鼠标指针用于选择屏幕对象外,其余功能全部失效(连终止也要按 Esc 键),因为此时不需要现场修改,也不需要提供额外功能,以免破坏演示画面。

**2. 放映选项**

在对话框的“放映选项”选项组中，也提供了 3 种放映选项。

(1) 循环放映，按 Esc 键终止：在放映过程中，当最后一张幻灯片放映结束后，会自动跳转到第一张幻灯片继续播放，按 Esc 键则终止放映。

(2) 放映时不加旁白：在放映幻灯片的过程中不播放任何旁白。

(3) 放映时不加动画：在放映幻灯片的过程中，先前设定的动画效果将不起作用。

## 8.6.2 排练计时

除了利用“切换”选项卡“计时”组中的“设置自动换片时间”复选框右侧的微调框设置幻灯片的放映时间外，还可以通过单击“幻灯片放映”选项卡“设置”组中的“排练计时”按钮来设置幻灯片的放映时间。具体操作步骤如下。

(1) 在演示文稿中选定要设置放映时间的幻灯片。

(2) 单击“幻灯片放映”选项卡“设置”组中的“排练计时”命令，系统自动切换到幻灯片放映视图，同时打开“录制”工具栏，如图 8-38 所示。

图 8-38 “录制”工具栏

(3) 此时，用户按照自己总体的放映规划和需求，依次放映演示文稿中的幻灯片，在放映过程中，“录制”工具栏对每一个幻灯片的放映时间和总放映时间进行自动计时。

(4) 当放映结束后，打开预演时间的提示框，并提示是否保留幻灯片的排练时间，如图 8-39 所示，单击“是”按钮。

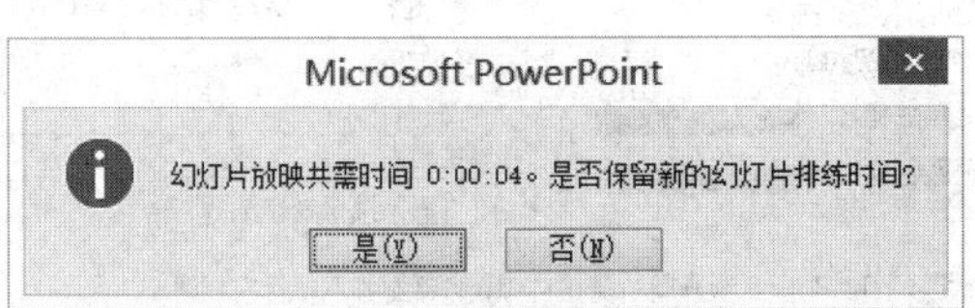


图 8-39 提示是否保留排练时间对话框

(5) 此时系统自动切换到幻灯片浏览视图，并在每个幻灯片图标的左下角给出幻灯片的放映时间。

至此，演示文稿的放映时间设置完成，以后再放映该演示文稿时，将按照这次的设置自动放映。

## 8.6.3 画笔的使用

在演示文稿放映与讲解的过程中，对于文稿中的一些重点内容，有时需要勾画一下，以突出重点，引起观看者的注意。为此，PowerPoint 2010 提供了“画笔”功能，使用此功能可以在放映过程中随意在屏幕上勾画、标注重点内容。

在放映的幻灯片上右击，在弹出的快捷菜单中选择“指针选项”命令，弹出如图 8-40 所示的级联菜单，其常用命令如下。

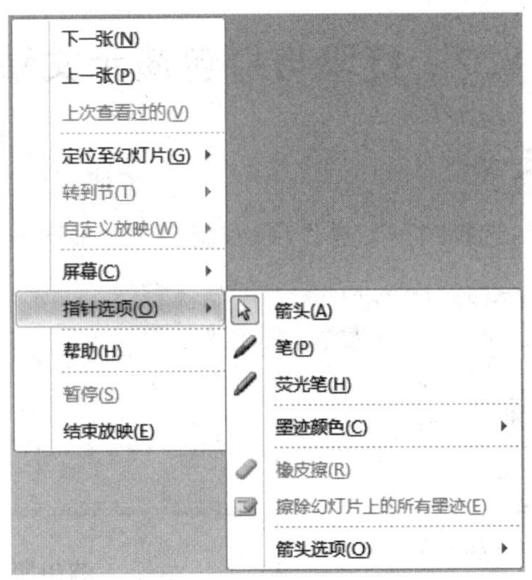


图 8-40 "画笔"功能

(1)"笔"命令：可以画出较细的线形。

(2)"荧光笔"命令：可以为文字涂上荧光底色，突出该段文字。

(3)"墨迹颜色"命令：可以为画笔设置一种新的颜色。

(4)"橡皮擦"命令：可以将画的线擦除掉。

(5)"擦除幻灯片上的所有墨迹"命令：可以清除当前幻灯片上的所有画线墨迹等，使幻灯片恢复清洁。

## 8.6.4 观看放映

**1. 观看放映幻灯片**

打开演示文稿后，启动幻灯片放映的常用方法有 3 种。

方法一：单击演示文稿窗口右下角状态栏中的视图切换区中的"幻灯片放映"按钮。

方法二：单击"幻灯片放映"选项卡"开始放映幻灯片"组中的"从头开始"或"从当前幻灯片开始"按钮。

方法三：按 F5 键从第一张开始放映，按 Shift+F5 快捷键则从当前幻灯片开始放映。

**2. 观看放映时的操作**

在演讲者放映模式下观看放映时，移动鼠标就会在屏幕的左下角出现 4 个按钮。单击是放映上一张幻灯片。单击是放映下一张幻灯片。单击可以弹出"放映控制"快捷菜单，用户可以根据需要选择相应的命令。单击将在屏幕上画出轨迹，可以用于演讲时强调重点部分。

在播放的幻灯片任意位置右击也会出现"放映控制"快捷菜单。

**3. 结束观看**

要结束幻灯片的放映，除了可以选择快捷菜单中的"结束放映"命令之外，也可以按 Esc 键来结束放映。

# 8.7 打印与打包演示文稿

## 8.7.1 打印演示文稿

(1) 单击“文件”按钮，选择“打印”操作项，系统会显示如图 8-41 所示的界面。

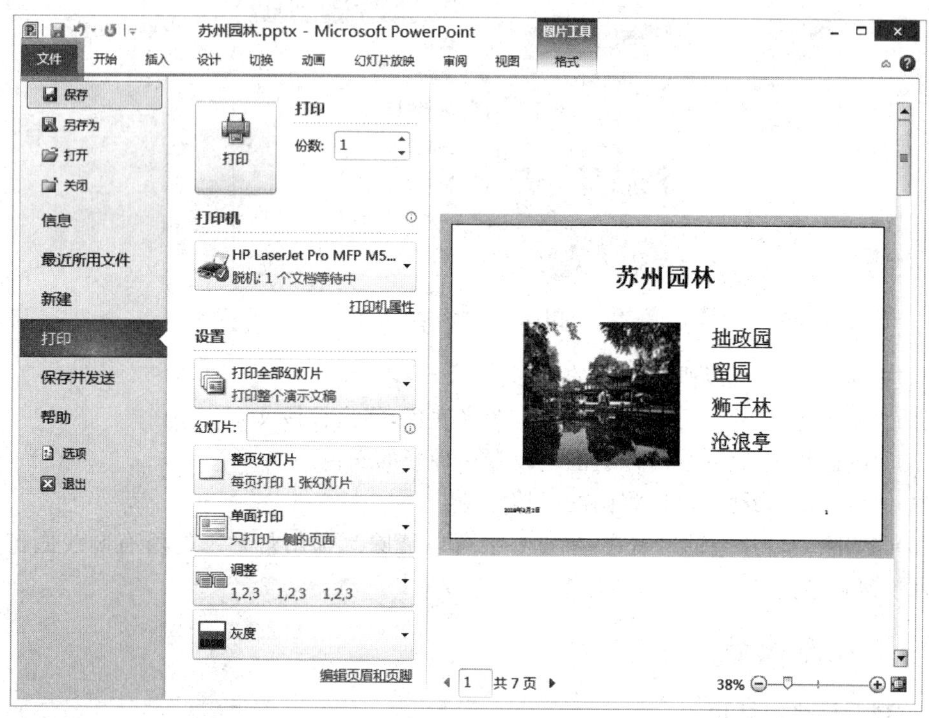


图 8-41 “打印”设置界面

(2) 单击“整页幻灯片”下拉按钮，可以对每张纸张上的打印内容进行选择，如图 8-42 所示。

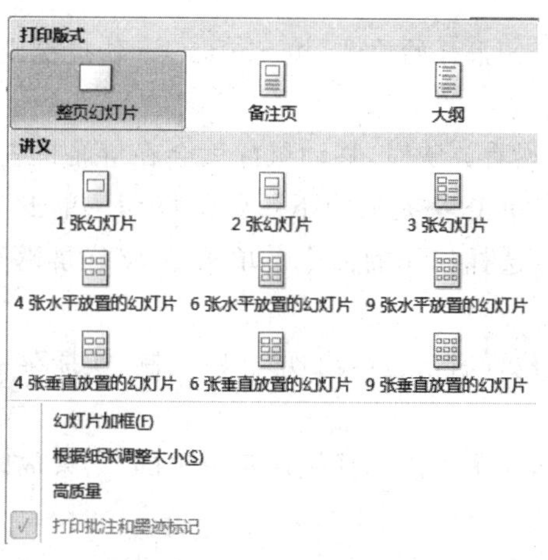


图 8-42 打印内容选项

在“打印”设置界面中还允许设定或修改默认打印机、打印份数、打印颜色等信息。

### 8.7.2　打包演示文稿

制作好的演示文稿可以复制到需要演示的计算机中进行放映，但是要保证演示的计算机安装有 PowerPoint 2010 环境。如果需要脱离 PowerPoint 2010 环境放映演示文稿，则必须将演示文稿打包后再放映。

**1. 打包演示文稿**

(1) 打开需要打包的演示文稿。

(2) 单击“文件”选项卡下的“保存并发送”按钮，在打开的右侧窗格中选择“将演示文稿打包成 CD”命令，如图 8-43 所示。

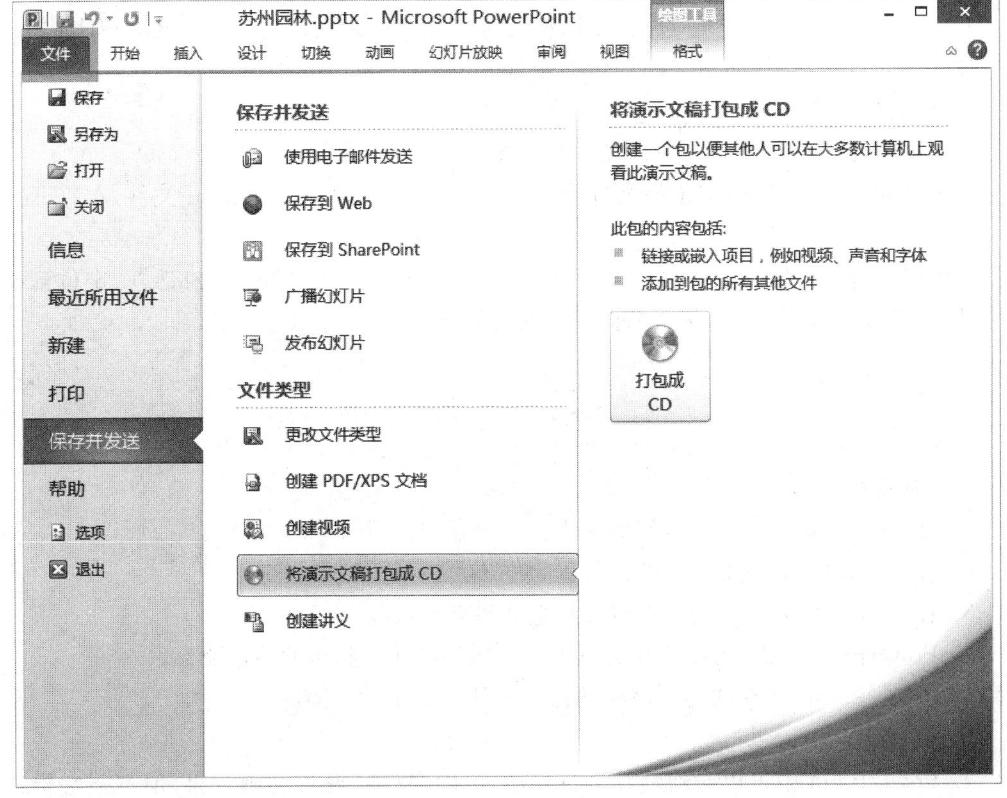


图 8-43　打包演示文稿

(3) 单击“打包成 CD”按钮，在“打包成 CD”对话框的列表框中显示了当前要打包的演示文稿，若还要对其他演示文稿打包的话，单击“添加”按钮，在打开的对话框中选择要添加的演示文稿。

(4) 单击“选项”按钮，打开“选项”对话框。在“包含这些文件”选项组中根据需要勾选相应的复选框，如图 8-44 所示。如果勾选“链接的文件”复选框，则在打包的演示文稿中含有链接关系的文件。如果勾选“嵌入的 TrueType 字体”复选框，则在打包演示文稿时，可以确保其在其他计算机上看到正确的字体。如果需要对打包的演示文稿进行密码保护，可以

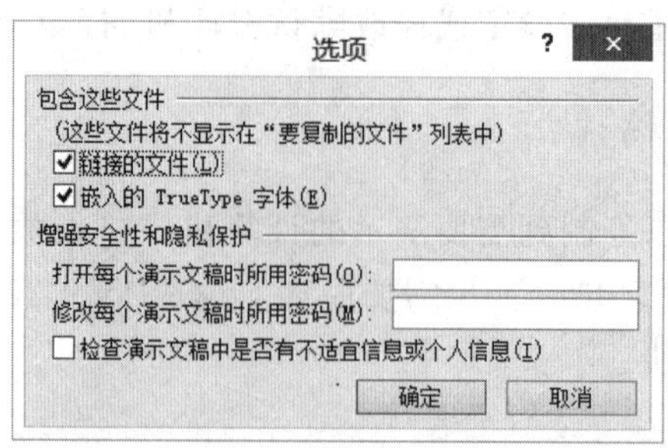


图 8-44 "选项"对话框

在"打开每个演示文稿时所用密码"文本框中输入密码，用来保护文件。

(5) 单击"确定"按钮，返回到"打包成 CD"对话框。

(6) 单击"复制到文件夹"按钮，可以将打包文件保存到指定的文件夹中；单击"复制到 CD"按钮，则可以直接将演示文稿打包到光盘中。

**2. 运行打包文件**

(1) 打开打包的文件夹下的子文件夹 PresentationPackage。

(2) 在联网的情况下，双击该文件夹下的 PresentationPackage.html 文件，在打开的网页上单击 Download Viewer 按钮，下载 PowerPoint 播放器并安装。

(3) 启动 PowerPoint 播放器，出现 Microsoft PowerPoint Viewer 对话框，定位到打包文件夹，选定演示文稿文件，单击"打开"按钮，即可放映该演示文稿。

# 习　　题

**一、判断题**

1. 在 PowerPoint 2010 中，幻灯片中一个对象只能设置一种动画效果。
2. 在 PowerPoint 2010 中，幻灯片母版中不可以插入图片。
3. 在 PowerPoint 2010 中，幻灯片只能从头开始放映。
4. PowerPoint 2010 可以直接打开 PowerPoint 2003 制作的演示文稿。
5. PowerPoint 2010 的功能区中的命令不能进行增加和删除。

**二、选择题**

1. PowerPoint 中可以对幻灯片进行移动，删除、复制、设置动画效果，但不能编辑幻灯片具体内容的视图是________。

A. 普通视图　　B. 幻灯片视图
C. 幻灯片浏览视图　　D. 大纲视图

2. ________不是 PowerPoint 允许插入的对象。

A. 图形、图表　　B. 表格、声音
C. 视频剪辑、数学公式　　D. 组织结构图、数据库

3. 下列对 PowerPoint 的主要功能叙述不正确的是________。

A. 课堂教学　　B. 学术报告　　C. 产品介绍　　D. 休闲娱乐

4. 由 PowerPoint 产生的________类型文件，可以在 Windows 7 环境下双击而直接

放映。

A. ppt　　B. pps　　C. pot　　D. ppa

5. 在 PowerPoint 中,“视图”表示________。

A. 一种视图　　B. 显示幻灯片的方式

C. 编辑演示文稿的方式　　D. 一张正在修改的幻灯片

6. PowerPoint 中,“打包”的含义是________。

A. 压缩演示文稿便于存放

B. 将嵌入的对象与演示文稿压缩在同张盘上

C. 压缩演示文稿便于携带

D. 将播放其余演示文稿压缩到同一张盘上

7. 在 PowerPoint 2010 中,大纲工具栏无法实现的功能是________。

A. 升级　　B. 降级　　C. 摘要　　D. 版式

8. 在 PowerPoint 2010 中,占位符的实质是________。

A. 一种特殊符号

B. 一种特殊的文本框

C. 含有提示信息的对象框

D. 在所有的幻灯片版式中都存在的一种对象

**三、填空题**

1. 要在 PowerPoint 2010 中显示标尺、网络线、参考线,以及对幻灯片母版进行修改,应在________选项卡中进行操作。

2. 在 PowerPoint 2010 中要用到拼写检查、语言翻译、中文简繁体转换等功能时,应在________选项卡中进行操作。

3. 在 PowerPoint 2010 中对幻灯片进行页面设置时,应在________选项卡中操作。

4. 要在 PowerPoint 2010 中设置幻灯片的切换效果以及切换方式,应在________选项卡中进行操作。

5. 要在 PowerPoint 2010 中插入表格、图片、艺术字、视频、音频时,应在________选项卡中进行操作。

6. 在 PowerPoint 2010 中对幻灯片进行另存、新建、打印等操作时,应在________选项卡中进行操作。

# 参考文献

[1] 张福炎,孙志辉.大学计算机信息技术教程[M].6版.南京：南京大学出版社,2015.
[2] 金海东,朱锋,黄蔚.大学计算机信息技术[M].上海：上海交通大学出版社,2017.
[3] 李海燕,周克兰,吴瑾.大学计算机基础[M].北京：清华大学出版社,2013.
[4] 黄蔚.新编大学计算机信息技术教程[M].北京：清华大学出版社,2010.
[5] 颜烨,刘嘉敏.大学计算机基础[M].重庆：重庆大学出版社,2013.
[6] 战德臣,聂兰顺.大学计算机：计算思维导论[M].北京：电子工业出版社,2013.
[7] 周洪利,朱卫东,陈连坤.计算机硬件技术基础[M].北京：清华大学出版社,2012.
[8] 谢永宁.计算机组成与结构[M].北京：中国铁道出版社,2013.
[9] 林福宗.多媒体技术基础[M].3版.北京：清华大学出版社,2012.
[10] 胡晓峰,吴玲达,老松杨,等.多媒体技术教程[M].4版.北京：人民邮电出版社,2015.
[11] 洪杰文,归伟夏.新媒体技术[M].重庆：西南师范大学出版社,2016.
[12] 刘鹏.大数据[M].北京：电子工业出版社,2017.
[13] 林子雨.大数据技术原理与应用[M].2版.北京：人民邮电出版社,2017.
[14] 王鹏,等.云计算与大数据技术[M].北京：人民邮电出版社,2014.
[15] 陈志德,等.大数据技术与应用基础[M].北京：人民邮电出版社,2017.
[16] 王珊,萨师煊.数据库系统概论[M].4版.北京：高等教育出版社,2006.
[17] 戴维·M.克伦克,戴维·J.奥尔.数据库原理[M].5版.赵艳铎,葛萌萌,译.北京：清华大学出版社,2011.
[18] 郑小玲,张宏,卢山,等.Access数据库实用教程[M].2版.北京：人民邮电出版社,2013.
[19] 王飞飞,崔洋,贺亚茹.MySQL数据库应用从入门到精通[M].2版.北京：中国铁道出版社,2014.
[20] 蒋银珍,周红,李海燕,等.大学计算机基础应用案例教程[M].北京：人民邮电出版社,2015.
[21] 沈玮,周克兰,钱毅湘,等.Office高级应用案例教程[M].北京：人民邮电出版社,2015.